科學技術叢書

Physical Chemistry

物理化學

卓靜哲 施良垣
黃守仁 蘇世剛
何瑞文 著

三民書局

國家圖書館出版品預行編目資料

物理化學／卓靜哲等著. －－修訂二版六刷. －－臺北市；三民，2009
面；　公分
參考書目：面
含索引
ISBN 978-957-14-2342-5　(平裝)
1. 物理化學

348　　85004213

© 物　理　化　學

著作人　卓靜哲等
發行人　劉振強
著作財產權人　三民書局股份有限公司
臺北市復興北路386號
發行所　三民書局股份有限公司
地址／臺北市復興北路386號
電話／(02)25006600
郵撥／0009998-5
印刷所　三民書局股份有限公司
門市部　復北店／臺北市復興北路386號
重南店／臺北市重慶南路一段61號
初版一刷　1996年6月
修訂二版一刷　1997年9月
修訂二版六刷　2009年5月
編　號　S 340610
行政院新聞局登記證局版臺業字第〇二〇〇號

ISBN　978-957-14-2342-5　(平裝)
http : // www.sanmin.com.tw　三民網路書店

序

本書之編輯，旨在介紹物理化學之基礎理論及其在相關科學領域之應用。全書內容具連貫性，對各種現象及原理的介紹均力求簡單明確，循序漸進，深入淺出，並配合適當的圖表說明及適量的例題及習題，以期學習者修習明確而具體的物理化學概念，奠定穩固的理論基礎，以供化學、化學工程，及相關之科學領域研究之用。本書所用的中文名詞及術語概依教育部公布之化學名詞、化學工程名詞及化學命名原則為準，並附原英文名詞及術語，以供對照。本書除可作為專科學校物理化學課程的教科書外，也極適合供各研究機構及工業界有關技術及研究人員自習及參考之用。

本書由國立成功大學化學系五位不同專長領域之物理化學教師同心協力編著而成。編者的學識與經驗均屬有限，力有不逮及謬誤之處，在所難免，尚祈先進專家學者及讀者不吝指正。

編者感謝三民書局編輯部諸位同仁的鼎力協助，在此深致謝意。

卓靜哲

物理化學

目　次

第三章 熱力學第一定律/施良垣

第四章　熱力學第二及第三定律／施良垣

第五章　熱化學／黃守仁

第六章 化學平衡/黃守仁

第七章 物理平衡/蘇世剛

第八章　溶液/蘇世剛

第九章　界面化學/何瑞文

第十章 電化學/何瑞文

第十一章 化學動力學/卓靜哲

第一章 緒論

1－1　物理化學簡介

人類生活在相當複雜的宇宙環境中，爲了尋求生存的空間而不斷運用其高超的智慧，去了解及克服其周圍的生態環境。在這過程中，人們除了學會利用環境所提供的資源外，還進一步去發展出一些與物質的行爲有關的基礎原理，以解釋所看到的一些現象。經過長期知識的累積，乃發展出一般所謂的科學。化學是自然科學中的一個重要領域，演變至今已成爲「中心科學」。化學所涵蓋的領域甚多，如物理化學、有機化學、無機化學、分析化學、生物化學、環境化學、地質化學、材料化學等。

物理化學的根源來自物理及化學兩個領域。最初，這兩個科學領域之發展是獨立的。在十九世紀時，科學家發覺在物理所發現的原理在化學裡有重要的應用性。因此，化學家覺得在化學裡極需有一個領域，可專門處理及應用物理定律，以解釋化學方面所觀察的現象。此種需要促使奧士瓦（W. Ostwald），凡特荷夫（J. H. van't Hoff）及阿瑞尼士（Arrhenius）將此主題加以組織並系統化，並於 1881 年創刊 *Zeitschrift für Physikalishe Chemie*，而「物理化學(Physical Chemistry)」的由來應可追溯至此期刊之出現。該期刊之出現更激勵化學家的研究，使得物理化學之成長神速。其後，在物理之領域內諸如電子、X 射線及放射性等的發現及量子理論之建立等，使得科學家對次原子粒子有更進一層的了解。物理化學也因而在化學領域中佔有非常重要的地位，甚至於在其他科學領域中也非常重要。物理化學可簡單定義爲將物理定律應用於化學問題的化學領域，它關係著物質的物性及結構，化學作用之定律及理論等。物理化學的目的，首先是收集合適的資料以定義氣體、液體、固體、溶液及膠體懸浮液，將它們系統化並歸納獲得相關之定律及建立其理論基礎。其次，建立物理及化學變化時能量的關係，測定反應程度及速率等。最後，分析物質以了解其性質及結構。爲達此目的，物理化學除了理論發展上須廣泛應用物理及數學外，也必須依賴相當程度的實驗。實驗技術及精密儀器的開發及使用在物理化學裡非常重要。理論及實驗結果相互印證及相輔相成的結果，使得物理化學的應用範圍相當廣泛，許多科學領域均須有物理化學的基礎。化學與化工除了在基礎及應用上的差別外，化學家往往在實驗室進行較小規模的反應研究以開發技術，而化工學家則在化學工廠進行大規模商業化化學品的製造。從實驗室至設計工廠生產的技術移轉時，化工學家須利用物理化學去了解一些化學反應過程中的相關原理，以便能使工廠的設計及產品的製造，均能有較高的投資報酬率及更合乎經濟效益。化學工程學常被比喻爲應用物理化學，乃因化工原理及單元操作等均係以物理化學爲基礎。其他科學領域如物理學、生物學、地質學、材料科學、冶金學、藥學及醫學等均會涉及物理化學。

物理化學可分爲四個主要領域：化學熱力學(Chemical Thermodynamics)；量子化學(Quantum Chemistry)；統計熱力學(Statistical Thermodynamics)及化學動力學(Chemical Kinetics)。化學熱力學是一個巨觀科學，它主要討論化學物系在平衡下一些性質之相互關連，其自發性變化方向及相關之能量變化等問題。量子化學則是從微觀觀點探討原子及分子結構，分子鍵結理論及光譜等問題。統計熱力學連繫了化學物系的微觀及巨觀世界，它可由分子的性質計算物質的巨觀性質並幫助了解熱力學定律的基礎理論。化學動力學主要關係到化學反應，擴散及電池裡電荷流動之速率及機構等問題。化學動力學之理論發展不如化學熱力學、量子化學及統計熱力學完全，但與此三領域有密不可分的關係。本書根據教育部 83 年公布專科學校「物理化學」課程標準之教材大綱編寫而成，未涵蓋上述物理化學的全部內容，而以介紹化學及化工熱力學及其應用爲主，並介紹化學反應動力學。

1-2　學習物理化學的方法

物理化學是一門理論及實驗並重的科學。講授或學習物理化學時，常需利用數學推導一些公式、方程式及定律並進行物理量的演算，以幫助一些觀念的釐淸及觀測現象之解釋。因此，學習物理化學必須具備某種程度的數學基礎及細心演算的能力。物理量的單位換算也是不容忽視的。目前各科學領域大部分均採行國際單位系統（SI 制，International System of Units），本書中各物理量的單位也採用 SI 制。爲幫助學習，本書在附錄 A 中介紹一些基礎的數學。學習物理化學應採循序漸進方式，從最簡單而基礎的觀念及理論著手，確實學習，再逐次加深其程度。學習過程必須配合例題及習題的實際演練，演練時應不厭其煩的將過程及單位詳細列出，可先作較簡易的習題，建立思維方法及信心，然後再演練較難的習題。勤作習題對於課本內容的融會貫通有相當大的助益。本書每章均選擇了適量的習題以配合及幫助初學者的學習。若能多多參考有關物理化學的書籍，則將能使學習效果倍增。此時，初學者將會覺得物理化學並非想像中那麼困難學習，更何況它是一門極重要而必須好好學習的課程。

第二章

氣體及液體

在物質的三態中，最簡單的狀態爲氣態。氣體分子的運動是完全混亂且其速率隨溫度之上升而增快。由於氣體分子間的吸引力很小，每一氣體分子可說是自由且幾乎獨立而與其他分子不相關。在常溫及常壓下，以氣態存在的物質稱爲氣體（Gas），而在常溫及常壓下爲液體之物質，其氣態形式則稱爲蒸氣（Vapor）。在一大氣壓及 25 ℃下，元素氣體有氫（H_2），氮（N_2），氧（O_2），臭氧（O_3），氟（F_2），氯（Cl_2），氦（He），氖（Ne），氬（Ar），氪（Kr），氙（Xe）及氡（Rn）；化合物之氣體有氟化氫（HF），氯化氫（HCl），溴化氫（HBr），碘化氫（HI），一氧化碳（CO），二氧化碳（CO_2），氨（NH_3），一氧化氮（NO），二氧化氮（NO_2），一氧化二氮（N_2O），二氧化硫（SO_2），硫化氫（H_2S），氰化氫（HCN）及甲烷（CH_4）。有毒的氣體有 CO，NO_2，O_3，SO_2，H_2S 及 HCN，而其中 H_2S，CO 及 HCN 氣體是較易致命的毒氣。大部分的氣體爲無色的，而 F_2，Cl_2 及 NO_2 氣體則爲有色的。二氧化氮的深紅棕色顏色有時可在污染的空氣中見到。由於地心引力的關係，大氣層的分佈約 50% 是在離地面 6.4 公里內，約 90% 在 16 公里內，而約 99% 在 32 公里內。在約 9 公里之高空中，空氣將太稀薄而難以呼吸，因此飛機內艙必須加壓。人類在生理上早已調適於大氣的環境而未察覺空氣的存在，就如同海底之魚類不覺得有水壓的存在一樣。隨著溫度及壓力的改變，氣體行爲所遵循的定律遠比液體或固體的來得簡單。由於對氣體的研究，使得化學發展成爲重要的定量科學，而其他科學及工程學領域之發展也均以研究氣體爲開端。在本章中將介紹理想氣體的一些相關定律，眞實氣體的狀態方程式，氣體和液體的 *PVT* 關係，氣體的動力理論及氣體及液體的黏度等。

2－1 理想氣體狀態方程式

一個物質的物理狀態決定於其物理性質。例如，一個純氣體的狀態可由所給予的體積（V），壓力（P），溫度（T），密度（ρ）及莫耳數（n）等之值而確定。實驗得知，並非所有物理性質都是獨立的，因此往往只需告知幾個物理性質就足夠去明確說明一個氣體的狀態，而其他物理性質也因而可確定。若不特別指出那一個物理性質是獨立變數，則一個氣體的狀態可以狀態方程式（Equation of State）（2－1）式表示之。

$$\Phi(P, V, T, n) = 0 \qquad (2-1)$$

在相當低壓下的氣體稱為稀薄氣體。實驗發現，所有稀薄氣體均有一共同的巨觀行為。此乃由於在相當低壓下，氣體分子所佔體積與其總體積比較顯得很小而可忽視，且因氣體內的自由空間（Free space）相當大，使得分子間的吸引力變得很小而可忽略。研究發現，在高溫及低壓下，氣體將遵守一共同的極限狀態方程式，稱為理想氣體方程式（Ideal Gas Equation）（2－2）式，式中 P 為壓力，V 為體積，T 為絕對溫度，n 為莫耳數，R 為氣體常數（Gas constant）。

$$PV = nRT \qquad (2-2)$$

遵守此理想氣體定律（Ideal Gas Law）的氣體稱為理想氣體（Ideal gas）或完美氣體（Perfect gas），否則稱之為眞實氣體（Real gas）。理想氣體定律為一組合定律，它實際上可包含波義耳定律（Boyle's Law），查理或給呂薩克定律（Charles' or Gay-Lussac's Law）及亞佛加厥定律（Avogadro's Law）。茲扼要敍述理想氣體的相關定律如下。

2－1－1　波義耳定律

波義耳（Robert Boyle）研究氣體之壓力與體積的關係，於 1662 年報告其結論，謂一定量理想氣體在恆溫下之體積與其壓力成反比，此即波義耳定律，它可以（2－3）式表示。

$$PV = K_1 \quad (\text{恆溫下}) \qquad (2-3)$$

K_1 爲一比例常數，其值視氣體之量，溫度及（PV）之單位而定。在定量氣體及恆溫下，P 對 V 作圖可得雙曲線形的等溫線（Isotherm），溫度愈高則 PV 等溫線值也愈大（圖 2－1）。

圖 2－1　理想氣體的 PV 恆溫線

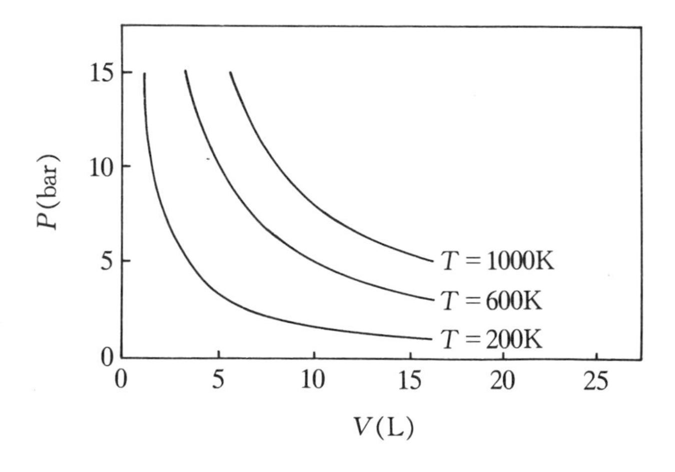

（2－3）式可改寫成（2－4）式或（2－5）式。

$$P_1V_1 = P_2V_2 \qquad (2-4)$$

$$\frac{P_1}{P_2} = \frac{V_2}{V_1} \qquad (2-5)$$

【例 2－1】

在摩托車汽缸中將汽油及空氣混合氣體壓縮的過程，假設壓縮前氣體的體積爲 0.24 L，壓力爲 0.98 bar，而壓縮後之體積爲 0.024 L，試計算壓縮後之氣體壓力爲若干 bar？假設該混合氣體爲理想氣體。

【解】

壓縮前：$P_1 = 0.98\ \text{bar}$，$V_1 = 0.24\ \text{L}$

壓縮後：$P_2 = ?$，$V_2 = 0.024\ \text{L}$

因

$$P_1V_1 = P_2V_2$$

故

$$(0.98\ \text{bar})(0.24\ \text{L}) = (P_2)(0.024\ \text{L})$$

$$P_2 = 9.8\ \text{bar}\ (\text{巴})$$

2－1－2 阿蒙頓定律

在十七世紀末葉，法國物理學家阿蒙頓（Guillaume Amontons）發現氣體在定量及定容下，壓力與溫度成正比關係，此即爲阿蒙頓定律（Amontons's Law）(2－6) 式，他並利用

$$\frac{P}{T} = K_2 \quad (\text{定容下}) \qquad (2-6)$$

此關係設計了一個溫度計。在 1779 年，蘭伯特（Joseph Lambert）以壓力對溫度作圖，外插至 $P = 0$ 而提出絕對零度的定義（T (K) $= t$ (℃) + 273.15）。

【例 2－2】

若汽車輪胎之胎壓在 20 ℃時爲 1.90 bar，則在 40 ℃時，其胎壓將爲多少 bar？

【解】

起始狀態：$P_1 = 1.90\ \text{bar}$，$T_1 = 293.15\ \text{K}$

最後狀態：$P_2 = ?$，$T_2 = 313.15\ \text{K}$

因

$$\frac{P_1}{P_2} = \frac{T_1}{T_2}$$

故

$$\frac{1.90\ \text{bar}}{P_2} = \frac{293.15\ \text{K}}{313.15\ \text{K}}$$

$$P_2 = 2.03\ \text{bar}\ (\text{巴})$$

圖 2−2　理想氣體壓力與溫度之關係圖

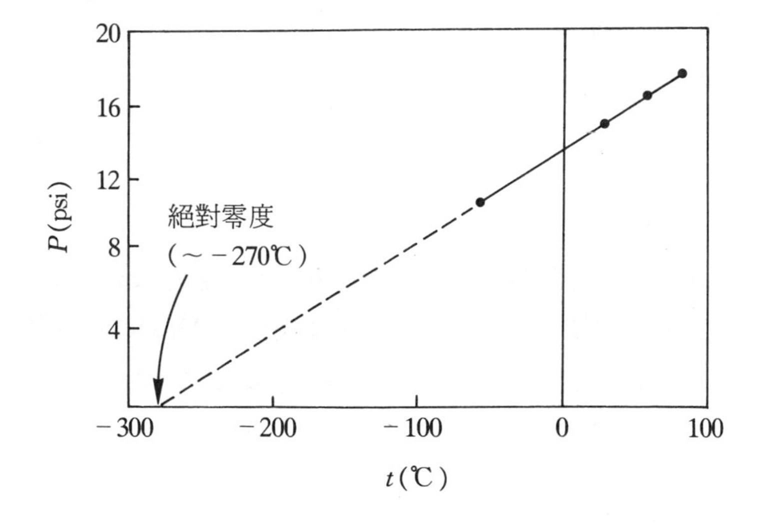

2−1−3　查理或給呂薩克定律

查理（Alexandre Charles）於西元 1787 年觀察發現氫氣、空氣、二氧化碳及氧氣在恆壓下，自 0 ℃加熱至 80 ℃時，其體積作等量膨脹，但他並未正式發表其結果。給呂薩克(Joseph Louis Gay-Lussac)於1802年報導所有氣體在恆壓下，當溫度每升高1 ℃時，其體積增加量約為0 ℃時體積的1/273（更精確值為1/273.15）。設 V_0 為一氣體在0 ℃時之體積，V 為氣體在 t ℃時之體積，則 V 可以（2－7）式表示。

$$V = V_0\left(1 + \frac{t}{273.15}\right) \quad (\text{恆壓下})$$

$$= (273.15 + t)\frac{V_0}{273.15} \qquad (2-7)$$

若令 $T = 273.15 + t$，$T_0 = 273.15$，則（2－7）式可改寫為（2－8）式。

$$V = V_0\left(\frac{T}{T_0}\right)$$

$$\frac{V_1}{T_1} = \frac{V_2}{T_2} = K_2'$$

或

$$V = K_2'T \qquad (2-8)$$

在此式中，K_2' 為比例常數，其值視氣體的量，壓力及體積之單位而定。在（2－8）式中，所用溫度為絕對溫標（Absolute temperature scale）或克耳文溫標（Kelvin temperature scale），其單位為（K），而－273.15 ℃為絕對零度（0 K）。在恆壓下，定量氣體之體積與絕對溫度成正比，稱為查理或給呂薩克定律（Charles' or Gay-Lussac's Law）。若以 V 對 T 作圖，可得一直線形之等壓線（Isobar），壓力愈大其等壓線之斜率愈小（圖2－3）。其實，給呂薩克之主要貢獻是有關一個化學反應中，各氣體體積比的研究。在1808年他提出重要結論是「在一個化學反應中，產生或消耗之氣體體積比為一簡單的整數比」，此即為眞正的給呂薩克定律。

圖 2－3　理想氣體的 $V-T$ 等壓線

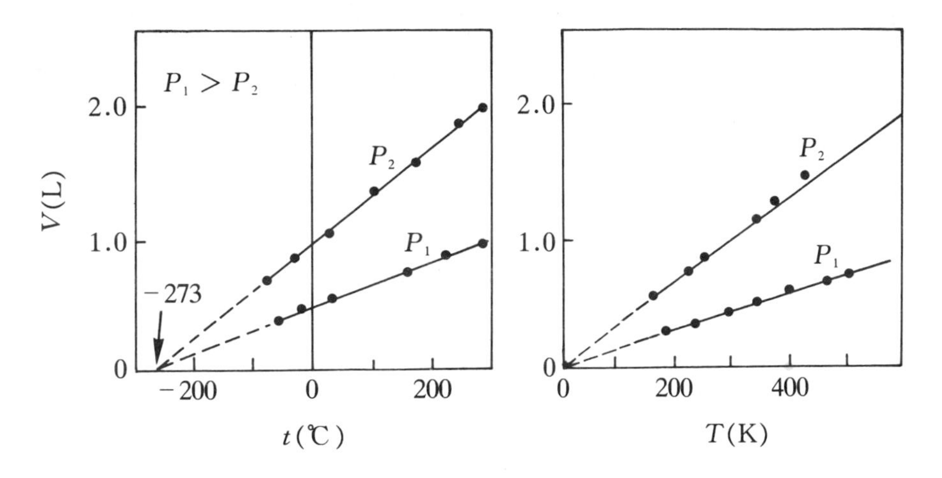

【例 2－3】

氬氣（Ar）爲電燈泡中所使用之鈍氣。若 450 mL 的氬氣在恆壓下，由 20 ℃加熱至 200 ℃，則其最後的體積將爲若干 mL?

【解】

起始狀態：$V_1 = 450$ mL，$T_1 = 293.15$ K

最後狀態：$V_2 = ?$，$T_2 = 473.15$ K

因

$$\frac{V_1}{T_1} = \frac{V_2}{T_2}$$

故

$$\frac{450\ \text{mL}}{293.15\ \text{K}} = \frac{V_2}{473.15\ \text{K}}$$

$V_2 = 726$ mL(毫升)

2－1－4　亞佛加厥定律

在 1808 年給呂薩克研究報導，在同溫及同壓下，二體積的氫氣與一體積的氧氣，可反應產生二體積的水蒸氣，而一體積的氧氣與二體積的一氧化碳可反應產生二體積的二氧化碳。為了解釋此結果，亞佛加厥（Amadeo Avogadro）於 1811 年提出其假說，謂在同溫及同壓下，等體積的不同氣體含有相同的分子數目，此即所謂的亞佛加厥假說（Avogadro's Hypothesis）。根據此假說，則上述的反應可分別以（2－9）式及（2－10）式表示。

$$2H_2(g) + O_2(g) \longrightarrow 2H_2O(g) \qquad (2-9)$$

$$O_2(g) + 2CO(g) \longrightarrow 2CO_2(g) \qquad (2-10)$$

由於自 1811 年之後，亞佛加厥假說已由實驗印證其真實性，故現已稱之為亞佛加厥定律，（2－11）式。式中 K_3 為比例常數，n 為氣體的莫耳數。

$$V = K_3 n \quad (\text{溫度及壓力一定}) \qquad (2-11)$$

合併（2－3）式、（2－8）式及（2－11）式，可得一組合式，（2－12）式。

$$V = R\left(\frac{nT}{P}\right) \quad \text{或} \quad PV = nRT \qquad (2-12)$$

其中組合之比例常數（R）為一通用常數（Universal constant），也即所謂之氣體常數（Gas constant）。方程式（2－12）稱為理想氣體方程式（Ideal Gas Equation）或理想氣體定律（Ideal Gas Law）。在常溫及常壓下，只有少數的氣體如 H_2，N_2，及較輕的鈍氣（He，Ne，Ar）比較接近理想氣體的行為，而 CO_2 及 NH_3 則有顯著的偏離。在低壓下，氣體偏離理想氣體的行為隨著壓力的下降而減少。在非常低壓下，所有的氣體均有接近理想氣體的行為。氣體常數（R）之值隨單位不同而不同，（2－13）式。

$$\begin{aligned} R &= 8.31451 \text{ J K}^{-1}\text{ mol}^{-1} \\ &= 8.20578 \times 10^{-2} \text{ L atm K}^{-1}\text{ mol}^{-1} \\ &= 8.31451 \times 10^{-2} \text{ L bar K}^{-1}\text{ mol}^{-1} \end{aligned}$$

$$= 8.31451 \ m^3 \ Pa \ K^{-1} mol^{-1}$$
$$= 1.98722 \ cal \ K^{-1} mol^{-1} \qquad (2-13)$$

以前所指的標準溫度及壓力（Standard temperature and pressure，STP）爲 0 ℃ 及 1 atm；在 SI 單位制下則爲 0 ℃（273.15 K）及 1 bar。標準常溫及常壓（Standard ambient temperature and pressure，SATP）則爲 25 ℃（298.15 K）及 10^5 Pa。一些常用的單位如下：

$$1 \ Pascal(Pa) \equiv 1 \ N \ m^{-2}$$
$$1 \ bar = 10^5 \ Pa = 100 \ kPa$$
$$1 \ atm = 1.01325 \ bar = 760 \ mmHg = 760 \ torr = 14.7 \ lb/in^2$$
$$1 \ L \ atm = 101.325 \ N \ m = 101.325 \ J$$

（2－12）式可改寫爲（2－14）式及（2－15）式。

$$\frac{P_1V_1}{n_1T_1} = \frac{P_2V_2}{n_2T_2} \qquad (2-14)$$

$$P\overline{V} = RT \qquad (2-15)$$

在此，$\overline{V} = V/n$ 爲莫耳體積。在 STP 條件下，理想氣體的莫耳體積 $\overline{V} = 22.414 \ L \ mol^{-1}$，而在 SATP 條件下，$\overline{V} = 24.789 \ L \ mol^{-1}$。

【例 2－4】

有一小氣泡由湖底（6 ℃及 7.0 bar）上升至湖面（25 ℃及 1 bar）。若該氣泡最初的體積爲 2.0 mL，則上升至湖面時其體積將爲若干 mL?

【解】

起始狀態：$P_1 = 7.0$ bar，$V_1 = 2.0$ mL，$T_1 = 279.15$ K

最後狀態：$P_2 = 1.0$ bar，$V_2 = ?$，$T_2 = 298.15$ K

因

$$\frac{P_1V_1}{T_1} = \frac{P_2V_2}{T_2}$$

故

$$\frac{(7.0\ \text{bar})(2.0\ \text{mL})}{279.15\ \text{K}} = \frac{(1.0\ \text{bar})V_2}{298.15\ \text{K}}$$

$V_2 = 15\ \text{mL}$（毫升）

【例 2－5】

試計算在 1 bar 及 25 ℃下，一個球形（直徑 0.50 cm）的肥皂泡內所含的氣體分子的數目。

【解】

$$\text{肥皂泡之體積}\ V = \frac{4}{3}\pi r^3 = \frac{1}{6}\pi d^3 = \frac{1}{6}\times\pi\times(0.50\ \text{cm})^3$$

$$= 0.066\ \text{cm}^3$$

$$n = \frac{PV}{RT} = \frac{(1.0\ \text{bar})(0.066\times10^{-3}\ \text{L})}{(0.08315\ \text{L bar K}^{-1}\ \text{mol}^{-1})(298.15\ \text{K})}$$

$$= 2.6\times10^{-6}\ \text{mol}$$

$$\text{氣體分子數} = (2.6\times10^{-6}\ \text{mol})(6.022\times10^{23}\ \text{mol}^{-1})$$

$$= 1.6\times10^{18}$$

【例 2－6】

在一些汽車安全氣囊中含有 NaN_3。當汽車嚴重碰撞時，會引發 NaN_3 之分解反應：

$$2NaN_3(s) \longrightarrow 2Na(s) + 3N_2(g)$$

分解所產生之氮氣將迅速充脹整個氣囊而擋在駕駛及汽車擋風玻璃之間以保護駕駛的安全。試計算 50.0 g NaN_3 在 25 ℃及 800 torr 下，分解所產生氮氣的體積。

【解】

$$N_2\ \text{莫耳數} = 50.0\ \text{g NaN}_3 \times \frac{1\ \text{mol NaN}_3}{65.0\ \text{g NaN}_3} \times \frac{3\ \text{mol N}_2}{2\ \text{mol NaN}_3}$$

$= 1.15 \text{ mol}$（莫耳）

體積 $V = \dfrac{nRT}{P}$

$= \dfrac{(1.15 \text{ mol})(0.0821 \text{ L atm K}^{-1} \text{ mol}^{-1})(298.15 \text{ K})}{(800 \text{ torr}/760 \text{ torr})}$

$= 26.7 \text{ L}$（公升）

2-2　理想混合氣壓及道爾敦分壓定律

若混合不同氣體於同一容器中，則各氣體將快速互相擴散而形成均勻的混合氣體，此時所呈現的氣體壓力爲該混合氣體的總壓(Total pressure)，而其一成分氣體所呈現的壓力則稱爲該成分氣體的分壓(Partial pressure)。根據實驗結果，英國化學家道爾敦(John Dalton)於1801年提出其結論，謂理想混合氣體之總壓爲各成分氣體單獨存在於相同容器時所呈現壓力(即分壓)之總和，此即爲道爾敦分壓定律(Dalton's Law of Partial Pressures)，它可以（2－16）式表示。

$$P = \sum_i p_i \tag{2-16}$$

在此，P 爲總壓，p_i 爲成分氣體 i 的分壓。分壓定律之理論如下：

設一混合氣體之各成分氣體之莫耳數分別爲 $n_1, n_2, n_3, \cdots, n_i, \cdots$，溫度 T，容器體積 V。

總莫耳數　$n = n_1 + n_2 + n_3 + \cdots + n_i + \cdots$

若各成分氣體均遵守理想氣體定律，則各成分的壓力可表示如下：

$$p_1 = \frac{n_1 RT}{V}$$

$$p_2 = \frac{n_2 RT}{V}$$

$$p_3 = \frac{n_3RT}{V}$$

$$\vdots$$

$$p_i = \frac{n_iRT}{V}$$

$$\vdots$$

因此，

$$p_1 + p_2 + p_3 + \cdots + p_i + \cdots = \frac{(n_1 + n_2 + n_3 + \cdots + n_i + \cdots)RT}{V}$$

$$= \frac{nRT}{V} = P$$

又因 $p_i/P = n_i/n = y_i$，y_i 爲莫耳分率（Mole fraction），故混合理想氣體中各成分氣體之分壓可以（2－17）式表示。若各成分氣體間產生作用，則分壓定律將不能完全適用。

$$p_i = y_iP \qquad (2-17)$$

【例 2－7】

在海平面之乾燥空氣的質量組成百分率約爲 N_2 75.5；O_2 23.2；Ar 1.3。若總壓爲 1.000 bar，求各成分氣體的分壓。

【解】

各成分氣體在 100.0 g 空氣中之莫耳數爲

$$n(N_2) = \frac{100.0\ \text{g} \times 0.755}{28.02\ \text{g mol}^{-1}} = 2.694\ \text{mol}$$

$$n(O_2) = \frac{100.0\ \text{g} \times 0.232}{32.00\ \text{g mol}^{-1}} = 0.725\ \text{mol}$$

$$n(\text{Ar}) = \frac{100.0\ \text{g} \times 0.013}{39.95\ \text{g mol}^{-1}} = 0.032\ \text{mol}$$

總莫耳數　$n = 2.694 + 0.725 + 0.032 = 3.451\ \text{mol}$

因各成分氣體的莫耳分率爲

$$y(N_2) = 0.781,\ y(O_2) = 0.210,\ y(\text{Ar}) = 0.0093$$

故各成分氣體的分壓爲

$$p(N_2) = 0.781\ \text{bar}\ (巴)$$

$$p(O_2) = 0.210\ \text{bar}\ (巴)$$

$$p(Ar) = 0.0093\ \text{bar}\ (巴)$$

2-3　理想氣體的濃度及密度

理想氣體的濃度及密度可由其狀態方程式（2-12）式獲得，即

$$P = \left(\frac{n}{V}\right)RT = CRT \qquad (2-18)$$

C 爲體積莫耳濃度。

若氣體之重量爲 w，分子量爲 M，則（2-12）式可改寫爲（2-19）式，

$$PM = \left(\frac{nM}{V}\right)RT = \rho RT \qquad (2-19)$$

式中 $\rho = w/V$ 爲氣體的密度。

由（2-19）式可知，測定某一理想氣體之密度將可獲得該氣體的分子量（$M = \rho RT/P$）。由於在大氣壓下，大部分的氣體不能完全遵守理想氣體定律，故只能得到分子量的近似值。若欲求出正確的分子量，可利用極限密度法（Method of limiting density），其原理乃根據所有氣體在壓力趨近於零時，均接近理想氣體。在恆溫下，一般氣體的 ρ/P 可寫爲 P 的多項方程式（2-20）式。

$$\frac{\rho}{P} = \frac{M}{RT} + BP + CP^2 + \cdots \qquad (2-20)$$

在較低壓力下，高次方項 P^2，P^3，…可忽略，即

$$\frac{\rho}{P} = \frac{M}{RT} + BP \qquad (2-21)$$

以 ρ/P 對 P 作圖，若可得一直線，則用外插法可獲得 ρ/P 之極限值，(2－22) 式。若是混合氣體則用此法只能測得平均分子量。

$$\lim_{P \to 0} \frac{\rho}{P} = \frac{M}{RT} \tag{2-22}$$

某些氣體常因解離(如 N_2O_4部分解離爲 NO_2)或聚合(如醋酸部分形成雙分子)而導致偏差，但由所測得的表觀分子量(Apparent molecular weight)可計算氣體的解離度或聚合度及其反應的平衡常數。

【例 2－8】

一個 500 mL 容器內裝有一混合氣體。若 0.530 g 的該混合氣體在 25 ℃時之壓力爲 1.25 bar，試求該混合氣體的視分子量。

【解】

因

$$PV = \left(\frac{w}{M}\right) RT$$

故

$$\begin{aligned} M &= \frac{wRT}{PV} \\ &= \frac{(0.530\ \text{g})(0.08315\ \text{L bar K}^{-1}\ \text{mol}^{-1})(298\ \text{K})}{(1.25\ \text{bar})(0.500\ \text{L})} \\ &= 21.0\ \text{g mol}^{-1}\ (\text{克 / 莫耳}) \end{aligned}$$

2－4 壓縮因數

理想氣體實際上是不存在的，因氣體分子所佔的體積及分子間的吸引力並不能完全忽略，尤其在高壓及低溫時，氣體的行爲與理想氣體定律有顯著的偏差。不能符合理想氣體定律的氣體稱爲眞實氣體

(Real gas)。根據理想氣體定律，定量氣體在恆溫下，PV 乘積爲一常數值。因此，以 PV 對 P 作圖可了解氣體的行爲是否符合理想氣體定律。一般而言，PV 對 P 之圖形可分爲兩種類型：其一爲 PV 乘積隨壓力增加而增加（如氫及氦）；另一爲 PV 乘積有一極小值，即在低壓範圍，PV 值低於理想氣體之值且隨壓力的增加而減小，但經過一極小值後，則隨壓力之增加而增加（如一氧化碳及甲烷）。表示眞實氣體偏離理想氣體定律的最簡單方法是加入一校正因數（Correction factor）Z，如（2－23）式所示。Z 又稱爲壓縮因數（Compressibility factor）。

$$PV = Z(nRT) \quad 或 \quad Z = \frac{PV}{nRT} = \frac{P\overline{V}}{RT} \qquad (2-23)$$

壓縮因數爲溫度及壓力的函數，由氣體的 PVT 實驗數據，可得 Z 值與 P 及 T 之關係。圖 2－4 爲一些代表性氣體的壓縮因數與壓力

圖 2－4　一些代表性氣體的壓縮因數與壓力的關係（298 K）

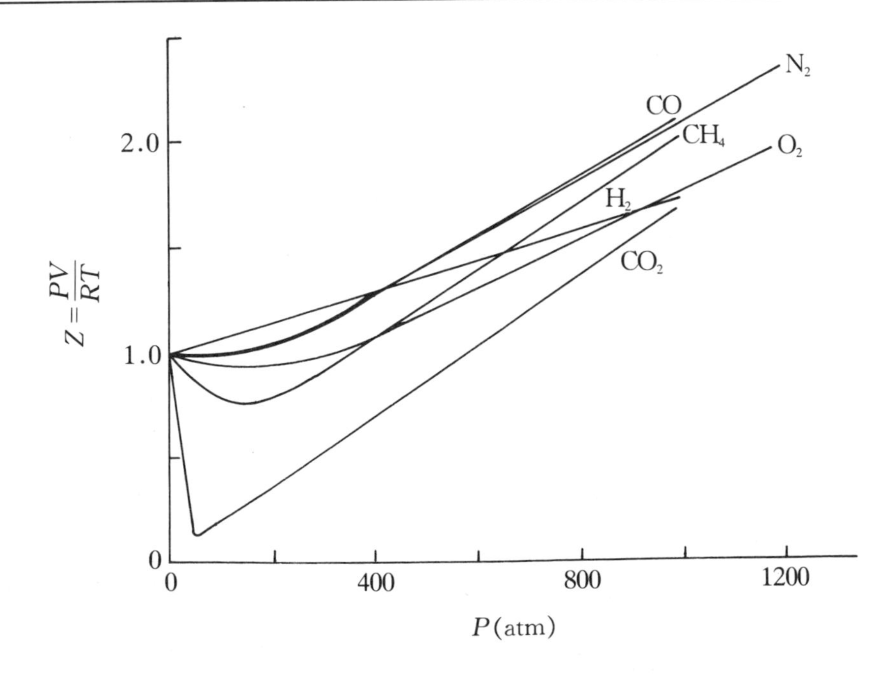

的關係圖，而圖 2－5 爲氮氣之壓縮因數與壓力及溫度之關係圖。理想氣體的 Z 值爲 1，所有氣體之 Z 值在高壓範圍均大於 1，而壓力趨近於零時，Z 值也趨近於 1，即

$$\lim_{P \to 0} Z = 1 \tag{2-24}$$

圖 2－5　氮氣之壓縮因數與溫度及壓力的關係圖

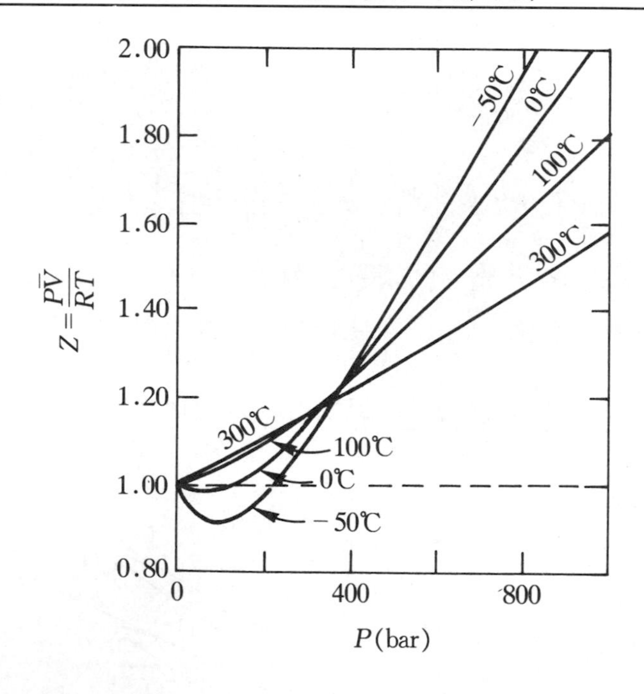

較大分子的氣體（如一氧化碳及甲烷）則在中等壓力時其 Z 值小於 1。當 $Z>1$ 表示眞實氣體較理想氣體難以壓縮，而 $Z<1$ 則表示眞實氣體較易於壓縮。氮氣在 －50 ℃及 800 bar 時 $Z=1.95$，而在 100 ℃及 200 bar 時 $Z=1.10$。在 0 ℃時，甲烷之 Z 值在 100 bar 及 600 bar 下，分別爲 0.783 及 1.367。

在高壓範圍，氣體分子所佔的體積變成顯著而不可忽略。在 1000 bar 及 500 K 時 $N_2(g)$之莫耳體積 $\overline{V}=59\ \text{mL mol}^{-1}$，而在非常低溫

時，其固體 $N_2(g)$之 $\overline{V}$ 爲 27 mL mol^{-1}，可知氣體可自由運動的空間只是所實測體積的一部分而非全部。圖 2－6 表示氣體分子間之作用位能與分子間距離之關係簡圖。在低壓時，分子間距離非常遙遠，作用位能趨於零，氣體分子所佔的空間也小至可忽略。因此，氣體的行爲接近理想氣體 ($Z = 1$)。在中等壓力時，由於分子間吸引力變得顯著而重要，使得氣體較理想氣體更易於壓縮 ($Z < 1$)。在高壓範圍，則由於氣體分子所佔的空間不可忽視，分子間的作用力也變成排斥力，而使得氣體較理想氣體更不易於壓縮 ($Z > 1$)。

圖 2－6　氣體分子間作用位能與距離之關係示意圖

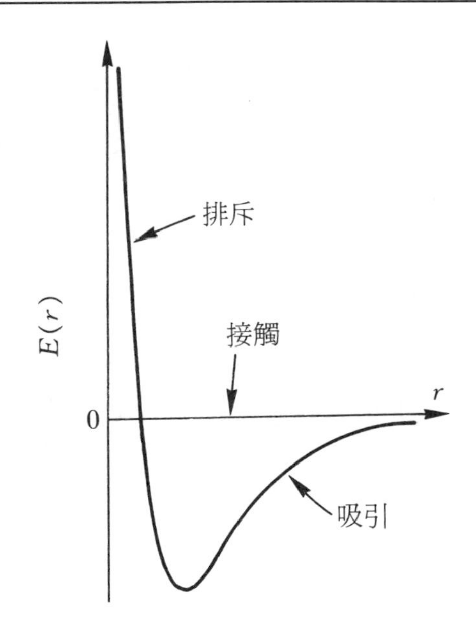

【例 2－9】

某定量甲烷在 200 ℃及 300 bar ($Z = 1.07$) 下，佔有體積 0.138 L，試計算在 0 ℃及 600 bar ($Z = 1.37$) 下所佔的體積。

【解】

由(2－23) 式可得

$$\frac{P_1V_1}{P_2V_2}=\frac{Z_1nRT_1}{Z_2nRT_2}=\frac{Z_1T_1}{Z_2T_2}$$

$$\therefore V_2=\left(\frac{P_1V_1}{P_2}\right)\left(\frac{Z_2T_2}{Z_1T_1}\right)$$

$$=\left(\frac{300\ \text{bar}\times 0.138\ \text{L}}{600\ \text{bar}}\right)\left(\frac{1.37\times 273.15\ \text{K}}{1.07\times 473.15\ \text{K}}\right)$$

$$=0.0510\ \text{L(公升)}$$

2－5 氣體和液體的 *PVT* 關係及臨界常數

任何氣體在充分低溫下，由於分子的動能相對較小，此時，若充分加壓，則因分子間吸引力增大，凝結在一起而變成液體。但若氣體的溫度高於某一最低特定溫度，則雖一直施加壓力仍無法使其變成液體，此特性溫度稱爲該氣體的臨界溫度 T_c (Critical temperature)。在臨界溫度以下，任何氣體均可加壓而液化。在臨界溫度時，使氣體液化所需最低壓力稱爲臨界壓力 P_c (Critical pressure)。換言之，臨界溫度是某一氣體能夠液化的最高溫度，而臨界壓力是某一液體能加熱沸騰的最高壓力。任何一個純物質均有其臨界點（T_c ，P_c）(Critical point)。在臨界點以下，液體與其蒸氣可共存而可區分，且在兩相間會有一彎月形之界面。在臨界點時，此彎月形的界面將會消失。此時，液體與其蒸氣將無法區分，一般通稱之爲流體 (Fluid)，其狀態則稱爲臨界狀態 (Critical state)。圖 2－7 所示爲一莫耳二氧化碳之一些代表性 $P-V$ 等溫線圖。在高溫如 48 ℃時，二氧化碳之 $P-V$ 等溫線接近雙曲線，較符合波義耳定律，即使在高壓下也無液態二氧化碳存在。在 35.5 ℃的等溫線則顯示 PV 的關係已不符合波義耳定律且有反曲點出現。在 31.04 ℃下，二氧化碳氣相存在至 72.8 bar（線

圖 2-7　二氧化碳之 $P-V$ 等溫線圖

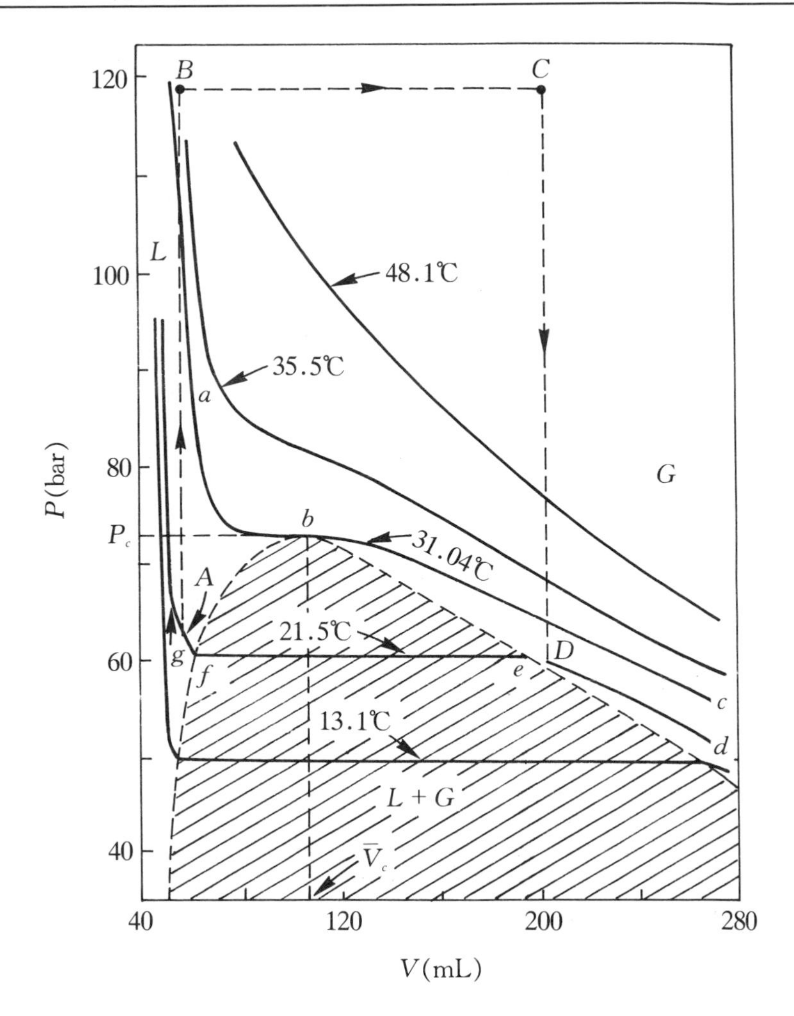

bc），在 *b* 點則等溫線有反曲現象且開始有液相出現。若繼續加壓，則僅出現液相（線 *ab*）。由於液體壓縮性比氣體小很多，故 *ab* 線變成相當峻峭。在此，31.04 ℃為二氧化碳氣體液化之最高溫度，稱為其臨界溫度，而 72.8 bar 則稱為其臨界壓力。若溫度低於臨界溫度則等溫線顯示更不相同的變化。例如，在 21.5 ℃時，沿 *de* 線壓縮二氧

化碳氣體，將於 e 點出現液體，但繼續加壓卻僅能使氣體繼續液化而壓力並不起變化，至 f 點後，氣體將完全凝結成液體。fg 線為二氧化碳液體之 $P-V$ 等溫線。e 點與 f 點間為二氧化碳氣—液二相共存區。若溫度更降低，則此二相共存區將會更增大（圖 2－7 之斜線區）。若由圖 2－7 21.5 ℃等溫線之 A 點加壓至 B 點，再由 B 點恆壓膨脹至 C 點，然後在恆容下冷卻至 D 點，則二氧化碳將可由液體變成氣體而中間卻不會有氣—液二相共存的現象。

表 2－1 列示一些代表性物質之臨界常數（T_c，P_c，$\overline{V_c}$），其中

表 2－1 一些常見物質之臨界常數值

物質	T_c (K)	P_c (bar)	V_c (L mol^{-1})	Z_c
He	5.2	2.27	0.0573	0.301
H_2	33.2	13.0	0.0650	0.306
N_2	126.2	34.0	0.0895	0.290
O_2	154.6	50.5	0.0734	0.288
Cl_2	417.2	77.0	0.124	0.275
Br_2	584.2	103.0	0.127	0.269
CO_2	304.2	73.8	0.094	0.274
H_2O	647.1	220.5	0.056	0.230
NH_3	405.6	113.0	0.0725	0.252
CH_4	190.6	46.0	0.099	0.287
C_2H_6	305.4	48.9	0.148	0.285
C_2H_4	282.4	50.4	0.129	0.277
C_6H_6	562.1	49.0	0.259	0.272

臨界壓縮因數 $Z_c = P_cV_c/RT_c$

$\overline{V}_c$ 爲臨界莫耳體積(Critical molar volume)，它即是某物質在臨界點時，每一莫耳的體積。測定某物質之臨界溫度時，可將其液體封入能承受高壓的容器內徐徐加熱，當氣一液二相之界面消失時之溫度即爲該物質的臨界溫度。臨界莫耳體積不易直接測得，但可利用直線直徑定律(Law of Rectilinear Diameter)間接求得。此定律說明純物質的液體及其相對應飽和蒸氣的平均密度與溫度有線性關係，(2－25)式。

$$\frac{\rho_l + \rho_v}{2} = A + BT \qquad (2-25)$$

式中 ρ_l 及 ρ_v 各別爲同一溫度下，液體及其飽和蒸氣的密度，T 爲溫度，A 及 B 爲常數。於臨界溫度 T_c 下，$\rho_v = \rho_l = \rho_c$(ρ_c 爲臨界密度)，(2－25) 式可改寫爲 (2－26) 式。由 (2－26) 式

$$\rho_c = A + BT_c \qquad (2-26)$$

可求得臨界密度 ρ_c，而臨界莫耳體積 $\overline{V}_c$，可以分子量除以 ρ_c ($\overline{V} = M/\rho_c$) 求得。圖 2－8 圖示二氟二氯甲烷 (CCl_2F_2) 之液體及蒸氣之平均密度與溫度間的直線關係。

圖 2－8　二氟二氯甲烷之臨界密度

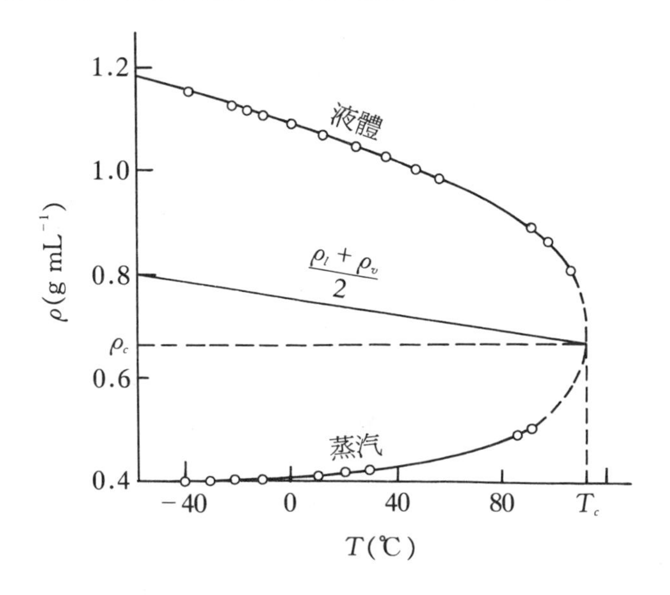

臨界現象不只在科學方面的興趣而已。目前它在商業及工業方面也有許多有趣的應用。由上面得知，在臨界溫度以上，純物質將無法液化。在此狀態下，該物質以超臨界流體（Supercritical fluid，SCF）狀態存在。超臨界流體像氣體一樣可膨脹充滿整個容器，但也像液體一樣可當做溶劑，溶解固體及液體。因此，小心控制 SCF之溫度及壓力，人們可改變 SCF 之密度及其溶劑性質，使得其可選擇性地溶解混合物中某一個特定成分而達到萃取分離的目的。目前最成功且多用途的溶劑爲二氧化碳的超臨界流體。例如，二氧化碳之 SCF 可萃取咖啡豆中之咖啡因而仍保有咖啡原有的品味，這比傳統利用有毒的二氯甲烷（CH_2Cl_2）來萃取咖啡因的方法更好。超臨界流體技術也已發展爲一個新而非常有用的化學分析技術，稱爲超臨界流體層析法(Supercritical Fluid Chromatography)。

2-6 真實氣體方程式

2-6-1 凡得瓦方程式

如前所述，眞實氣體的行爲不能完全符合理想氣體狀態方程式。又因能眞正符合眞實氣體的行爲的狀態方程式不易獲得，故科學家找尋一些近似的狀態方程式以描述眞實氣體的行爲。凡得瓦（Johannes Diderik van der Waals）根據理想氣體定律進行修正，而於 1879 年提出著名的凡得瓦方程式（van der Waals Equation)，(2-27) 式。

$$\left(P + \frac{n^2a}{V^2}\right)(V - nb) = nRT$$

或

$$\left(P+\frac{a}{\overline{V}^2}\right)(\overline{V}-b)=RT \tag{2-27}$$

式中 a 及 b 稱爲凡得瓦常數（van der Waals Constant）。

凡得瓦乃根據理想氣體的二個主要假設去修正理想氣體定律，以符合眞實氣體的行爲。理想氣體的二個主要假設爲理想氣體分子不佔體積且分子間無作用力存在。因氣體分子所佔之體積與氣體之體積有關，而分子間之作用力與氣體的壓力有關，故凡得瓦針對理想氣體方程式中的 P 及 V 二項進行如下的修正：

(a)**氣體體積的修正**

定量氣體在低壓時所佔體積大，氣體分子的體積比氣體總體積相對地小很多而可忽略不計，但在較高壓時，氣體分子的體積卻不能完全忽略。由於氣體分子不能靠近或重疊在一起，其所佔的體積將較實際分子的體積爲大，此體積必需從總體積中扣除，才能得到氣體分子眞正有效的活動空間，故稱之爲摒除體積（Excluded volume）。若理想氣體定律中之 V 項以有效體積 $(V-nb)$ 代入，則可得（2－28）式。

$$P(V-nb)=nRT \tag{2-28}$$

式中 b 稱爲每莫耳氣體的摒除體積。若氣體分子爲硬球體（Hard sphere）且除彈性碰撞外無作用力存在，則其摒除體積可如下估算之：圖 2－9 所示爲直徑 σ 之硬球體分子之摒除體積。因兩硬球體中心間最靠近的距離爲 σ，故每對分子之摒除體積爲 $(4/3)\pi\sigma^3$。如此，則每一分子之摒除體積爲 $(2/3)\pi\sigma^3=4((1/6)\pi\sigma^3)=4\times$(分子體積)。由此，可知每一硬球體分子的摒除體積爲其體積的 4 倍，但大部分之分子並非硬球體，會因分子間的作用而產生變形，故眞正的摒除體積不易以理論計算獲得。

(b)**氣體壓力的修正**

氣體壓力乃氣體分子碰撞容器器壁時，器壁每單位面積所受的力

圖 2－9 硬球體分子體積及每對分子的摒除體積

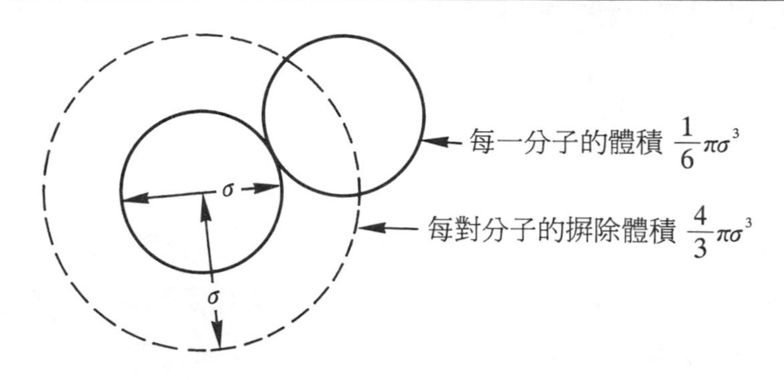

量。因理想氣體的分子間無作用力，故其分子的運動相當於自由粒子的運動，不受周圍其他分子的影響。在眞實氣體中則分子間會有吸引力而相互影響分子的運動及碰撞，此分子間的吸引力統稱爲凡得瓦力 (van der Waals Force)。在遠離器壁的氣體分子，由於四面八方被其他分子所包圍，故處於較均勻力場中，所受的淨吸引力幾乎等於零，但對即將碰撞器壁的氣體分子而言，則處於不均勻力場中，而受向內的淨吸引力。由於此吸引力將牽制氣體分子碰撞器壁的力量，故氣體的壓力將因而降低。因容器器壁所受的壓力正比於單位面積所受的分子碰撞數（即單位體積內氣體分子數 n/V），且碰撞分子所受淨吸引力也正比於 n/V，故總壓力的降低將正比於 $(n/V)^2$。由上述理由可推知理想氣體方程式中，壓力 P 應可修正爲 $(P+an^2/V^2)$，其中 a 爲比例常數，如 (2－29) 式所示。

$$\left(P+\frac{an^2}{V^2}\right)V = nRT \tag{2-29}$$

合併 (2－28) 式及 (2－29) 式，將可得凡得瓦方程式，(2－27) 式。式中凡得瓦常數 b 之單位爲 L mol^{-1}，而 a 之單位爲 L^2 bar mol^{-2}。一些代表性氣體的凡得瓦常數值列示於表 2－2。一般而言，分子愈大且電子分佈愈鬆散的分子，其 a 及 b 值也愈大。

表 2－2　一些代表性氣體的凡得瓦常數值

物質	a (L^2 bar mol^{-2})	b (L mol^{-1})
H_2	0.247	0.0266
He	0.0341	0.0237
N_2	1.408	0.0391
O_2	1.378	0.0318
Cl_2	6.579	0.0562
Ar	1.350	0.0322
CO	1.505	0.0398
NO	1.358	0.0279
CO_2	3.637	0.0427
SO_2	6.799	0.0564
H_2O	5.532	0.0305
NH_3	4.225	0.0371
CH_4	2.280	0.0428

【例 2－10】

試以理想氣體方程式及凡得瓦方程式分別計算 1.000 mole CO_2 在 0 ℃及 20.00 L 容器中之壓力。

【解】

依理想氣體方程式計算:

$$P = \frac{nRT}{V} = \frac{(1.000\ \text{mol})(0.08315\ \text{L bar/mol K})(273.15\ \text{K})}{20.00\ \text{L}}$$

$$= 1.136\ \text{bar}$$

依凡得瓦方程式計算:

$$\left(P + \frac{an^2}{V^2}\right)(V - nb) = nRT$$

$$\left[P + \frac{(3.637\ \text{L}^2\ \text{bar/mol}^2)(1.000\ \text{mol})^2}{(20.00\ \text{L})^2}\right]$$

$$[20.00\ \text{L} - (1.000\ \text{mol})(0.0427\ \text{L mol}^{-1})]$$

$$= (1.000\ \text{mol})(0.08315\ \text{L bar/mol K})(273.15\ \text{K})$$

$$P = 1.129\ \text{bar}$$

2－6－2 維里方程式

上述之凡得瓦方程式，由於修正理想氣體方程式之參數只有二個，其物理意義也簡明易懂，因而廣被接受，但實際上它僅適用於近似理想氣體之狀態。另一個數學方法來表示眞實氣體方程式爲利用較大數目的參數來修正理想氣體方程式，使更合乎眞實氣體的行爲，但所得的狀態方程式卻實用上較無法一般化，尤其是在熱力學方面的應用。再者，由於參數過多，使得一些參數之物理意義不清楚。卡麥林翁奈司（Heike Kamerlingh-Onnes）於 1901 年提出將壓縮因數以 $1/\overline{V}$ 之冪級數展開式表示眞實氣體方程式，（2－30）式，而賀爾邦(Holborn)則以 P 之冪級數展開式表示之，（2－31）式。一般均稱此種多項方程式爲維里方程式（Virial equation）。

$$Z = \frac{P\overline{V}}{RT} = 1 + \frac{B(T)}{\overline{V}} + \frac{C(T)}{\overline{V}^2} + \frac{D(T)}{\overline{V}^3} + \cdots \qquad (2-30)$$

$$Z = \frac{P\overline{V}}{RT} = 1 + B'(T)P + C'(T)P^2 + D'(T)P^3 + \cdots \qquad (2-31)$$

式中之各項係數均稱爲維里係數（Virial coefficient），它們均是溫度的函數。$B(T)$ 及 $B'(T)$ 爲第二維里係數（The second virial coefficient），$C(T)$ 及 $C'(T)$ 爲第三維里係數（The third virial coefficient)，依此類推。第二維里係數與每對分子的作用有關，而第三以上之維里係數則與更高階之作用有關。表 2－3 列舉甲烷在壓力 400 bar 以下之維里係數。

表 2－3　甲烷之維里係數

T (℃)	$B(T)(10^{-2}$ L mol$^{-1})$	$C(T)(10^{-3}$ L^2 mol$^{-2})$	$D(T)(10^{-4}$ L^3 mol$^{-3})$
0	−5.335	2.392	2.6
25	−4.281	2.102	1.5
50	−3.423	2.150	0.13
100	−2.100	1.834	0.27
200	−0.417	1.514	0.43
300	+0.598	1.360	0.57
T (℃)	$B'(T)$ $(10^{-3}$ bar$^{-1})$	$C'(T)(10^{-6}$ bar$^{-2})$	$D'(T)(10^{-9}$ bar$^{-3})$
0	−2.349	−0.877	29
25	−1.727	+0.438	17
50	−1.274	+1.353	7.9
100	−0.677	+1.447	4.1
200	−0.106	+0.967	0.99
300	+0.125	+0.583	0.31

在極低壓力時，維里方程式右邊第二項以下可忽略，故可化簡而趨近於理想氣體方程式。圖 2－10 爲一些代表性氣體第二維里係數 $B(T)$ 與溫度之關係圖。圖中顯示 $B(T)$ 值可隨溫度之增加而由負值變成正值。當 $B(T)$ 值爲零時，眞實氣體的行爲趨近於理想氣體定律，此時之溫度稱爲波義耳溫度（Boyle Temperature，T_B），即 $B(T_B)=0$。

圖 2－10 一些代表性氣體之第二維里係數與溫度之關係

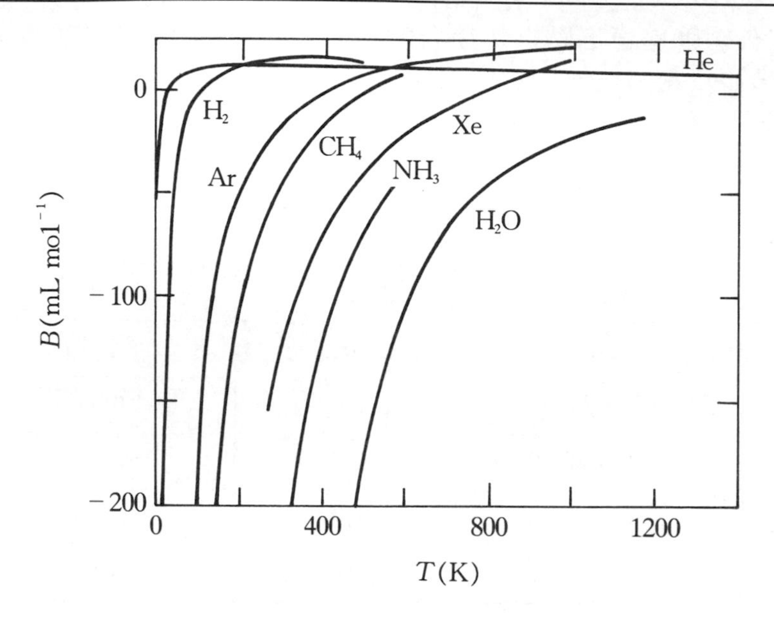

凡得瓦方程式，(2－27) 式，也可改寫爲維里形，其方法如下：

$$P\overline{V} = \frac{RT}{1 - \dfrac{b}{\overline{V}}} - \frac{a}{\overline{V}} \qquad (2-32)$$

當 $b/\overline{V} < 1$ 時，$(1 - b/\overline{V})^{-1}$ 可展開如 (2－33) 式，因

$$(1 - x)^{-1} = 1 + x + x^2 + \cdots \quad (|x| < 1)$$

故

$$\left(1 - \frac{b}{\overline{V}}\right)^{-1} = 1 + \frac{b}{\overline{V}} + \frac{b^2}{\overline{V}^2} + \cdots \qquad (2-33)$$

如此，(2－32) 式可改寫爲

$$\frac{P\overline{V}}{RT} = 1 + \frac{b - \dfrac{a}{RT}}{\overline{V}} + \frac{b^2}{\overline{V}^2} + \frac{b^3}{\overline{V}^3} + \cdots \qquad (2-34)$$

比較 (2－30) 式及 (2－34) 式可得

$$B(T) = b - \frac{a}{RT} \tag{2-35}$$

因在波義耳溫度時 $B(T)=0$　故

$$T_B = \frac{a}{Rb} \tag{2-36}$$

表 2－4 列示一些雙參數眞實氣體狀態方程式以供參考。

表 2－4　一些雙參數眞實氣體狀態方程式

van der Waals equation	$(P + n^2a/V^2)(V - nb) = nRT$
Berthelot equation	$(P + n^2a\ T/V^2)(V - nb) = nRT$
Dieterici equation	$(P \times e^{na/RTV})(V - nb) = nRT$
Redlich-Kwong	$[P + n^2a/T^{1/2}V(V + nb)](V - nb) = nRT$

2－7　凡得瓦常數與臨界常數

假若眞實氣體的行爲符合凡得瓦方程式（即所謂的凡得瓦氣體），則理論上可利用（2－27）式去了解眞實氣體的臨界現象。由圖 2－7 可知，眞實氣體之臨界溫度 $P-V$ 等溫線在臨界點爲一反曲點（Inflection point），其數學條件爲

$$\left(\frac{\partial P}{\partial V}\right)_{T_c} = 0 \quad 及 \quad \left(\frac{\partial^2 P}{\partial V^2}\right)_{T_c} = 0 \tag{2-37}$$

當 $n=1$ 時，凡得瓦方程式可改寫爲

$$P = \frac{RT}{\overline{V} - b} - \frac{a}{\overline{V}^2} \tag{2-38}$$

上式對 $\overline{V}$ 偏微分可得

$$\left(\frac{\partial P}{\partial \overline{V}}\right)_T = \frac{-RT}{(\overline{V} - b)^2} + \frac{2a}{\overline{V}^3} \tag{2-39}$$

$$\left(\frac{\partial^2 P}{\partial \overline{V}^2}\right)_T = \frac{2RT}{(\overline{V} - b)^3} - \frac{6a}{\overline{V}^4} \qquad (2-40)$$

在臨界點時，由（2－38）式，（2－39）式及（2－40）式可得（2－41）式，（2－42）式及（2－43）式。

$$P_c = \frac{RT_c}{\overline{V}_c - b} - \frac{a}{\overline{V}_c^{\,2}} \qquad (2-41)$$

$$\frac{-RT_c}{(\overline{V}_c - b)^2} + \frac{2a}{\overline{V}_c^{\,3}} = 0 \qquad (2-42)$$

$$\frac{2RT_c}{(\overline{V}_c - b)^3} - \frac{6a}{\overline{V}_c^{\,4}} = 0 \qquad (2-43)$$

解此聯立方程式可得

$$a = 3P_c\overline{V}_c^{\,2} \qquad (2-44)$$

$$b = \frac{\overline{V}_c}{3} \qquad (2-45)$$

$$R = \frac{8P_c\overline{V}_c}{3T_c} \qquad (2-46)$$

凡得瓦常數也可利用下述的方法求得：將（2－38）式展開及重排可得

$$\overline{V}^3 - \left(b + \frac{RT}{P}\right)\overline{V}^2 + \left(\frac{a}{P}\right)\overline{V} - \frac{ab}{P} = 0 \qquad (2-47)$$

此式爲 $\overline{V}$ 之三次方程式，對於任何 P 與 T 之值，$\overline{V}$ 本應有三個根，但在臨界點時，則僅有一實根，即

$$(\overline{V} - \overline{V}_c)^3 = 0 \qquad (2-48)$$

將（2－48）式展開可得

$$\overline{V}^3 - (3\overline{V}_c)\overline{V}^2 + (3\overline{V}_c^{\,2})\overline{V} - \overline{V}_c^{\,3} = 0 \qquad (2-49)$$

在臨界點時，（2－47）式可改寫爲

$$\overline{V}^3 - \left(b + \frac{RT_c}{P_c}\right)\overline{V}^2 + \left(\frac{a}{P_c}\right)\overline{V} - \frac{ab}{P_c} = 0 \qquad (2-50)$$

比較（2－49）式及（2－50）式中之各相對應項可得

$$3\overline{V}_c = b + \frac{RT_c}{T_c} \qquad (2-51)$$

$$3\overline{V}_c^{\,2} = \frac{a}{P_c} \qquad (2-52)$$

$$\overline{V}_c^{\,3} = \frac{ab}{P_c} \qquad (2-53)$$

由（2－51）式，（2－52）式及（2－53）式也可得（2－44）式，（2－45）式及（2－46）式。臨界莫耳體積 $\overline{V}_c$ 不易精確測得，它可利用（2－46）式計算獲得，即

$$\overline{V}_c = \frac{3RT_c}{8P_c} \qquad (2-54)$$

將（2－54）式代入（2－44）式及（2－45）式可得

$$a = \frac{27R^2T_c^{\,2}}{64P_c} \qquad (2-55)$$

$$b = \frac{RT_c}{8T_c} \qquad (2-56)$$

另言之，若已知氣體的凡得瓦常數，則可得氣體的臨界常數，即

$$\overline{V}_c = 3b \qquad (2-57)$$

$$P_c = \frac{a}{27b^2} \qquad (2-58)$$

$$T_c = \frac{8a}{27bR} \qquad (2-59)$$

【例 2－11】

正己烷之臨界溫度 $T_c = 507.7$ K，臨界壓力 $P_c = 30.3$ bar，試計算其凡得瓦常數 a 及 b 。

【解】

$$a = \frac{27R^2T_c^{\,2}}{64P_c} = \frac{(27)(0.08315\ \text{L bar K}^{-1}\ \text{mol}^{-1})^2(507.7\ \text{K})^2}{(64)(30.3\ \text{bar})}$$

$$= 24.81\ \text{L}^2\ \text{bar mol}^{-1}$$（公升^2 巴／莫耳）

$$b = \frac{RT_c}{8P_c} = \frac{(0.08315\ \text{L bar K}^{-1}\ \text{mol}^{-1})(507.7\ \text{K})}{8(30.3\ \text{bar})}$$

$$= 0.174\ \text{L mol}^{-1}\ \text{(公升 / 莫耳)}$$

2-8 對應狀態原理

比較不同物質的性質的一個常用而重要的方法即是去選擇相同類型的相關基本性質並建立相同基礎下的相對規格。由上面的介紹不難了解氣體臨界現象的特性，將是用來比較不同氣體的重要指標。研究發現任一氣體愈接近臨界點時，偏離理想氣體的程度愈顯著。此種共同的傾向提示若欲比較眞實氣體對理想氣體的偏差，似乎以臨界點爲參考標準較適合。1881 年，凡得瓦首先以對比變數（Reduced variables）來表示凡得瓦方程式。若將（2-44）式，（2-45）式及（2-46）式代入（2-38）式可得（2-60）式。

$$P = \frac{8P_c\overline{V}_cT}{3T_c\left(\overline{V} - \frac{\overline{V}_c}{3}\right)} - \frac{3P_c\overline{V}_c^{\,2}}{\overline{V}^2} \quad (2-60)$$

上式同除以 P_c 並整理可得

$$\frac{P}{P_c} = \frac{8\left(\frac{T}{T_c}\right)}{\left[3\left(\frac{\overline{V}}{\overline{V}_c}\right) - 1\right]} - \frac{3}{\left(\frac{\overline{V}}{\overline{V}_c}\right)^2} \quad (2-61)$$

$$\left[\frac{P}{P_c} + 3\left(\frac{\overline{V}_c}{\overline{V}}\right)^2\right]\left[3\left(\frac{\overline{V}}{\overline{V}_c}\right) - 1\right] = 8\left(\frac{T}{T_c}\right) \quad (2-62)$$

若定義對比壓力（Reduced pressure）P_r，對比體積（Reduced volume）$\overline{V}_r$，及對比溫度（Reduced temperature）T_r 如下：

$$P_r = \frac{P}{P_c} \tag{2-63}$$

$$\overline{V}_r = \frac{\overline{V}}{\overline{V}_c} \tag{2-64}$$

$$T_r = \frac{T}{T_c} \tag{2-65}$$

則（2－61）式及（2－62）式可簡化爲

$$P_r = \frac{8T_r}{3\overline{V}_r - 1} - \frac{3}{\overline{V}_r^2} \tag{2-66}$$

$$\left(P_r + \frac{3}{\overline{V}_r^2}\right)(3\overline{V}_r - 1) = 8T_r \tag{2-67}$$

（2－66）式或（2－67）式中不包含不同氣體的個別特性常數，理論上應可適用於所有的凡得瓦氣體。此方程式稱爲對比狀態方程式（Reduced Equation of State）。根據此方程式，不同氣體若限制在相同的 $\overline{V}_r$ 及 T_r 下，將呈現相同的 P_r，此即所謂的對應狀態原理（Principle of Corresponding States）。圖 2－11 圖示一些符合對應狀態原理的代表性氣體。一般而言，（2－67）式仍只是一個近似方程式，研究發現對應狀態原理較適用於球形氣體分子，而非球形的氣體分子則會有偏差，有時甚至於偏差相當大。

2－9　理想氣體動力論

前述有關氣體行爲的各定律，均係依據實驗結果，歸納推導而得，但對於理想氣體爲何遵守各定律並未以理論加以說明。氣體動力論（Kinetic Theory of Gases）則以理想氣體爲模式，以理論來闡釋氣體分子的行爲。早在 1738 年，柏努利（Bernoulli）就已提出氣體分子的動力理論，先後經克勞吉斯（Clausius），馬克威爾（Maxwell），波

圖 2－11 壓縮因數與對比壓力及對比溫度的關係圖

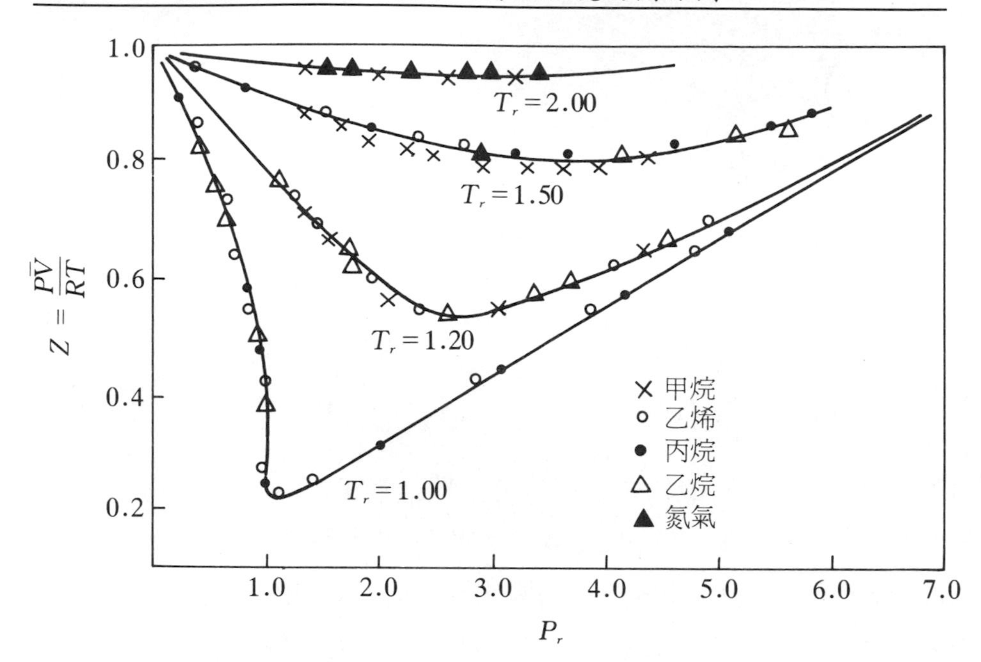

茲曼（Boltzmann）及凡得瓦等人的修飾及證明，而發展為現今廣被重視的氣體動力論，它不但能解釋各種有關理想氣體的相關定律，而且在化學反應的動力學方面的探討也扮演相當重要的角色。

氣體動力論的基本假設如下：

(1)氣體均由代表其特性的極小粒子（原子或分子）所組成。氣體分子的體積與容器體積相比可忽略不計。

(2)氣體分子不斷進行混亂的運動，其運動遵從牛頓運動定律。

(3)氣體分子間無作用力。

(4)氣體分子碰撞前均以直線方式運動。氣體分子間之碰撞或分子與器壁之碰撞，均屬於完全彈性碰撞（Elastic collision），也即碰撞時其移動動能（Translational kinetic energy）保持不變。

因氣體的壓力乃由於分子碰撞器壁而產生，故氣體的壓力與分子的動能必有密切的關係。現以一個簡單的模式來導出氣體動力論。設

有一邊長爲 l 之正立方體（圖 2－12(a)），內含 N 個分子質量爲 m 的氣體分子。先考慮其中一個分子，其速度爲 u ，如圖 2－12(b)所示，u 爲一向量，可分解爲 u_x ，u_y 及 u_z 之分向量，根據幾何定理可得

$$u^2 = u_x{}^2 + u_y{}^2 + u_z{}^2 \qquad (2-68)$$

設垂直於 x 軸之容器之二平行面爲 A 及 A' 。上述分子以 u_x 分速度碰撞 A 面時，所施加於 A 面之力量可藉其動量的變化算出。當分子移向 A 面時動量爲 mu_x ，由於碰撞爲完全彈性，故由 A 面彈回時其動量爲 $m(-u_x)$ 。碰撞前後之動量變化將爲 $2mu_x$ 。在相距 l 之 A 及 A' 面間，垂直運動的分子碰撞 A 面之頻率爲 $u_x/2l$ 。因此，單位時間之動量變化，即在 A 面上所加之力 f_x 爲

$$f_x = (2mu_x)\left(\frac{u_x}{2l}\right) = \frac{mu_x^2}{l} \qquad (2-69)$$

A 面每單位面積所受之力，即壓力 p_x 將爲

$$p_x = \frac{mu_x{}^2}{l} \times \frac{1}{l^2} = \frac{mu_x{}^2}{l^3} = \frac{mu_x{}^2}{V} \qquad (2-70)$$

由於總共有 N 個分子，故 A 面所受之總壓 P 爲

$$P = p_{x1} + p_{x2} + p_{x3} + \cdots$$

圖 2－12　(a)邊長爲 l 之正立方體，(b)速度 u 之分向量解析

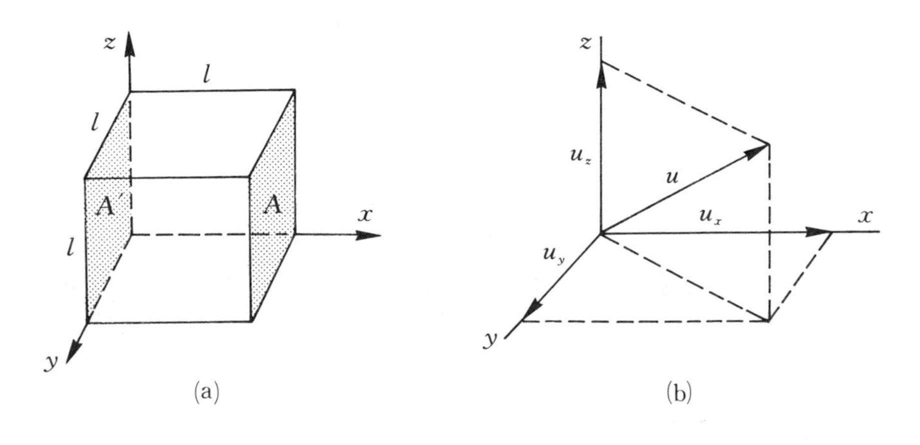

$$= \frac{m}{V}(u_{x1}^2 + u_{x2}^2 + u_{x3}^2 + \cdots)$$

$$= \frac{m}{V}\sum_{i=1}^{N} u_{xi}^2 = \frac{Nm}{V}\langle u_x^2\rangle \qquad (2-71)$$

其中 $\langle u_x^2\rangle = (\sum_{i=1}^{N} u_{xi}^2)/N$ 為 x 方向之平均平方速率（Mean square speed)。

由（2－68）式可得

$$\langle u^2\rangle = \langle u_x^2\rangle + \langle u_y^2\rangle + \langle u_z^2\rangle \qquad (2-72)$$

若分子數目相當大，則因分子運動非常混亂而無規則性，以統計學理論可得

$$\langle u_x^2\rangle = \langle u_y^2\rangle = \langle u_z^2\rangle = \frac{1}{3}\langle u^2\rangle \qquad (2-73)$$

此即所謂氣體是等向性（Isotropic）的。

將（2－73）式代入（2－71）式可得

$$PV = \frac{Nm}{3}\langle u^2\rangle = \left(\frac{2N}{3}\right)\varepsilon_t \qquad (2-74)$$

式中 $\varepsilon_t = \frac{1}{2}m\langle u^2\rangle$ 為每一分子的平均移動動能。分子數 $N = nN_A$，故

$$PV = \frac{2n}{3}(N_A\varepsilon_t) = \frac{2n}{3}\bar{U}_t \qquad (2-75)$$

式中 $\bar{U}_t$ 為每莫耳平均移動動能，n 為莫耳數，(2－75）式表示理想氣體的 PV 乘積與其分子平均動能成正比。比較（2－75）式與理想氣體定律（2－12）式可得（2－76）式及（2－77）式。

$$\frac{2}{3}\bar{U}_t = RT \quad 或 \quad \bar{U}_t = \frac{3}{2}RT \qquad (2-76)$$

$$\varepsilon_t = \frac{3}{2}\frac{R}{N_A}T = \frac{3}{2}kT \qquad (2-77)$$

由（2－77）式可知理想氣體的分子平均移動動能與絕對溫度成正比，而與氣體的種類無關，它也是理想氣體溫度計（Ideal gas thermometer）所根據的理論。利用（2－75）式及（2－76）式之關係，可導出或解釋理想氣體的一些相關定律，如波義耳定律、給呂薩克定律、亞佛加厥定律及分壓定律等。

2－10　格拉漢擴散定律

氣體分子由容器的一個小洞逸出的現象稱爲逸散（Effusion），而氣體藉由分子運動而逐漸混合均勻的現象稱爲擴散（Diffusion），由氣體動力論可推知氣體的擴散或逸散速率與其分子的平均動能有密切的關係。格拉漢（Thomas Graham）於 1832 年提出擴散的定律，謂：在相同溫度及壓力下，不同氣體的擴散速率與其密度或分子量的平方根成反比，此即所謂的格拉漢擴散定律（Graham's Law of Diffusion）。此定律實爲氣體動力論所可預期的結果。

由（2－77）式可得

$$\varepsilon_t = \frac{1}{2}m\langle u^2\rangle = \frac{3}{2}kT \tag{2-78}$$

即

$$\langle u^2\rangle^{1/2} = \left(\frac{3kT}{m}\right)^{1/2} = \left(\frac{3RT}{M}\right)^{1/2} \tag{2-79}$$

式中 $\langle u^2\rangle^{1/2}$ 稱爲均方根速率（Root-mean-square speed）。

由（2－79）式可推知在相同溫度及壓力下，

$$M_1\langle u_1^2\rangle = M_2\langle u_2^2\rangle$$

即

$$\frac{\langle u_1^2\rangle^{1/2}}{\langle u_2^2\rangle^{1/2}} = \left(\frac{M_2}{M_1}\right)^{1/2} = \left(\frac{\rho_2}{\rho_1}\right)^{1/2} \tag{2-80}$$

式中 M 及 ρ 分別代表氣體的分子量及密度，(2－80) 式即為格拉漢擴散定律。在第二次世界大戰期間，此定律成功地利用於分離$^{235}UF_6$ 及$^{238}UF_6$，而獲得製造原子彈所需之濃縮鈾 (^{235}U)。

【例 2－12】

在一 3.00 L 之玻璃泡中含有 0.600 mol 的氦氣，試計算其在 25 ℃時之總動能。

【解】

$$\text{總動能} = \frac{3}{2}nRT$$

$$= \frac{3}{2}(0.600\ \text{mol})(8.315\ \text{J mol}^{-1}\ \text{K}^{-1})(298.15\ \text{K})$$

$$= 2.23\ \text{kJ}\ (\text{仟焦耳})$$

【例 2－13】

若在一玻璃瓶中的六隻蚊子在某瞬間的速率分別為 1.00，2.00，2.00，3.00，4.00 及 6.00 m s^{-1}，試計算其平均速率 $\langle u\rangle$，平均平方速率 $\langle u^2\rangle$，及均方根速率 $\langle u^2\rangle^{1/2}$。

【解】

$$\langle u\rangle = \frac{(1.00+2.00+2.00+3.00+4.00+6.00)\ \text{m s}^{-1}}{6}$$

$$= 3.00\ \text{m s}^{-1}\ (\text{公尺 / 秒})$$

$$\langle u^2\rangle = \frac{(1.00^2+2.00^2+2.00^2+3.00^2+4.00^2+6.00^2)\ \text{m}^2\,\text{s}^{-2}}{6}$$

$$= 11.7\ \text{m}^2\,\text{s}^{-2}\ (\text{公尺}^2/\text{秒}^2)$$

$$\langle u^2\rangle^{1/2} = (11.7\ \text{m}^2\,\text{s}^{-2})^{1/2} = 3.42\ \text{m s}^{-1}$$

【例 2－14】

比較在同溫及同壓下，氦氣與氧氣的逸散速率。

【解】

$$\frac{r_{He}}{r_{O_2}} = \left(\frac{M_{O_2}}{M_{He}}\right)^{\frac{1}{2}} = \left(\frac{32.00\ \text{g/mol}}{4.033\ \text{g/mol}}\right)^{\frac{1}{2}} = 2.827$$

*2－11　馬克威爾—波茲曼氣體分子速率分佈定律

在前述簡單的氣體動力論中，假設氣體分子之碰撞屬於完全彈性碰撞，即它們將以固定不變的速率運動。實際上，氣體分子的碰撞並非完全彈性，即每次碰撞均可能有動量上的交換而改變其速率。因此，氣體分子之速率會形成分佈的狀態。然而，由於在指定溫度下，整個氣體分子的平均動能仍然正比於絕對溫度而保持不變。因此，氣體分子的速率分佈最後會達到一個分佈平衡的狀態。馬克威爾（Maxwell）首先導出氣體分子速率分佈定律，而波茲曼（Boltzmann）則嚴謹的加以證明，故合稱馬克威爾—波茲曼分子速率分佈定律（Maxwell-Boltzmann Distribution Law of Molecular Speeds）。此定律可用速率分佈或然率函數（Probability function）$F(u)du$ 表示如下：

$$F(u)du = 4\pi\left(\frac{m}{2\pi kT}\right)^{\frac{3}{2}} u^2 \exp\left(\frac{-mu^2}{2kT}\right) du \qquad (2-81)$$

式中 u 爲速率，m 爲氣體分子的質量，k 爲波茲曼常數。$F(u)$ 爲或然率密度函數（Probability density function），而 $F(u)du$ 爲速率介於 u 及 $u+du$ 間之或然率。以 $F(u)$ 對 u 作圖可得如圖 2－13 之速率分佈曲線。如圖 2－13 所示，氣體分子之速率分佈將出現一極大值，其對應之速率稱爲最可能速率（The most probable speed）u_{mp}。另外有二個特性速率爲平均速率(Mean speed)$\langle u \rangle$及前面提及的均方根速率$\langle u^2 \rangle^{1/2}$ ((2－79)式)。

u_{mp} 及 $\langle u \rangle$ 可表示如下：

$$u_{mp} = \left(\frac{2kT}{m}\right)^{\frac{1}{2}} = \left(\frac{2RT}{M}\right)^{\frac{1}{2}} \quad (2-82)$$

$$\langle u \rangle = \left(\frac{8kT}{\pi m}\right)^{\frac{1}{2}} = \left(\frac{8RT}{\pi M}\right)^{\frac{1}{2}} \quad (2-83)$$

在相同溫度下，同一氣體之三特性速率比如下：

$$\langle u^2 \rangle^{1/2} : \langle u \rangle : u_{mp} = (3)^{1/2} : \left(\frac{8}{\pi}\right)^{1/2} : (2)^{1/2}$$
$$= 1.224 : 1.128 : 1.000 \quad (2-84)$$

由圖 2－13 可獲得以下的結論：

圖 2－13　氣體分子速率之分佈與(a)溫度及(b)質量的關係

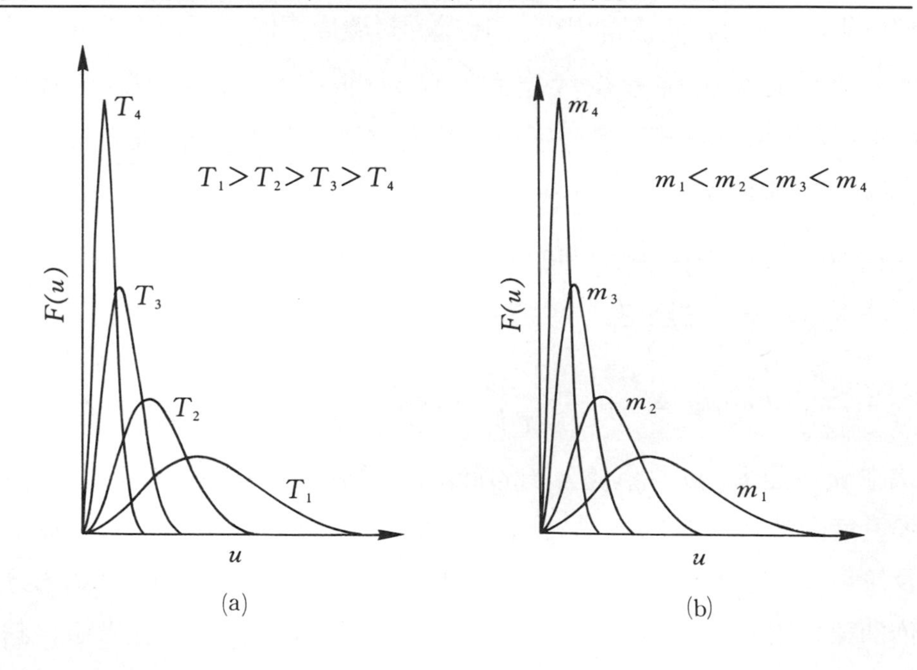

⑴在各溫度下，氣體分子速率之分佈並不對稱於其最可能速率。
⑵最可能速率、平均速率及均方根速率隨溫度增加而增加。
⑶在較高溫度時，具有高速率之氣體分子數目也相對較多。
⑷速率分佈曲線隨溫度之增加而變成更扁平，但曲線下的面積保持不變（因總共之或然率爲 1）。
⑸在同溫下，質量較低的氣體速率分佈曲線較質量高者爲扁平。

氣體分子分佈定律可用於了解氣體分子的一些性質如擴散、質傳、黏度及熱容量等，同時，它在化學反應動力學方面也有極重要的應用。

2－12 氣體的液化

在適當的溫度及壓力等條件下，使氣體分子凝結成液體之過程稱之爲液化（Liquefaction）。由於氣體的性質不同，其液化的條件及方法也就不同。理論上，理想氣體將無法液化。在常溫及常壓下爲液體的物質，其蒸氣只需冷卻就可液化。在較低溫下爲液體的物質，其氣體則需加壓或經由壓縮及冷卻方可液化。像氧、氮、氫及氦等所謂的永久氣體（Permanent gas）則需特殊的條件及方法方可液化。氣體必須冷卻至臨界溫度以下才可能液化。永久氣體的臨界溫度甚低，因此要使其液化須高度冷卻及壓縮方可達成。工業上實際所採用之液化機，常利用(a)焦耳—湯木生效應（Joule-Thomson Effect），(b)氣體絕熱膨脹作功之原理而設計的（此二項原理將於第三章熱力學第一定律中介紹）。林得法（Linde process）是採用焦耳—湯木生效應之原理而設計的。此法之主要步驟如圖 2－14 所示。首先將空氣以二段式之空氣壓縮機壓至 200 atm，經淨化乾燥器 CD 及熱交換器 HE1 受初步的冷卻，繼入液態二氧化碳或液氨之冷卻器 C 內之蛇形管中，再度冷卻之，而後進入熱交換器 HE2 之三重蛇形管之最內管，而被流於其外管之空氣所冷卻，溫度降至更低。此高壓冷卻空氣經第一細活瓣 V1 噴出後膨脹爲 17 atm，由焦耳一湯木生效應，一部分液化而容於容器 R1，未液化之空氣則經 HE2 中三重蛇形管之中間管，冷卻最內管之空氣而重返空氣壓縮機。R1 內之液態空氣經第二減壓活瓣 V2 進入容器 R2 內，此時液態空氣之壓力變得與大氣壓力相同，雖然壓力

圖 2－14　林得法液化空氣流程

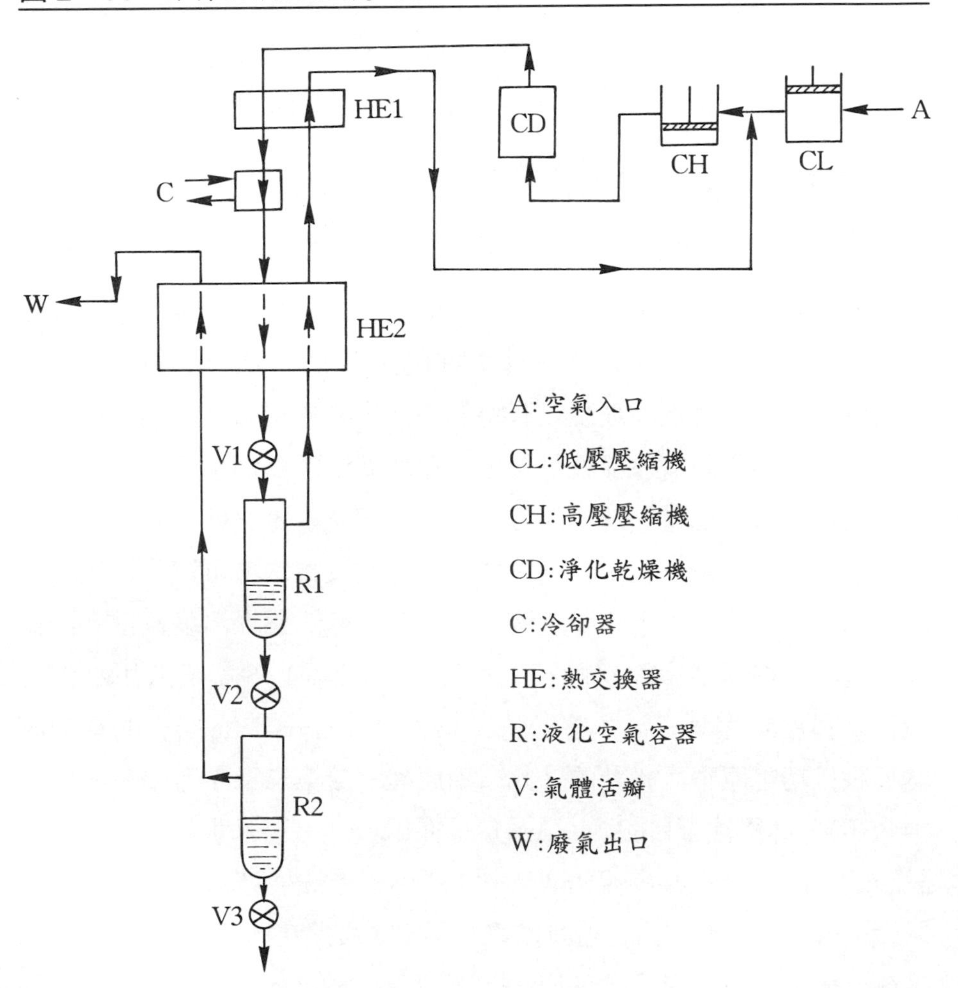

減低有一部分將氣化，然因氣化吸收熱，使得溫度更下降，故大部分仍保持液態，經活瓣 V3 而取出。在 R2 氣化之氣體則以最冷之溫度進入 HE2 之最外層蛇形管而逸散於大氣中。在克洛得法（Claude process)中，氣體對抗活塞而作功，以代替林得法之自由膨脹。當氣體於對抗外壓作功而行絕熱膨脹之際必導致溫度下降。其初壓及終壓之差異愈大者，其溫度下降也愈大。所作的功可用以推動空氣壓縮機。

一般所謂之冷凍劑，雖可利用它以獲得低溫，然而在液化氣體方面之應用則較少見。容易液化的氣體如氨、二氧化硫、氯甲烷及氟氯碳化物（Freon 如 CF_2Cl_2）等常用作冷凍劑及空氣調節用。實驗室常用的冷凍劑有冰、乾冰及液態氮等。

2－13　氣體和液體的黏度

流體反抗外加的剪力(Shearing force)的性質稱爲黏度(Viscosity)。氣體及液體均具有黏度的性質。如圖 2－15 所示，假設置一流體於二平行板間，在保持板面間之距離（ z 軸）下，考慮若將上方之平面在 y 方向做相對的平移，則此流體將會受到何種影響。假設此板面相當大，使得邊緣效應可忽略，則緊鄰上方板面之流體層將隨板面向 y 方向移動，而緊鄰相對不動的底面的流體層將靜止不動，而在兩平行板面間的其他流體層將隨 z 軸方向之距離而變化（經常爲線性的），此形成之速度梯度（Velocity gradient）可以 du_y/dz 表示。此方式之流動稱爲層流（Laminar flow），以與渦流（Turbulent flow）區別。

依照牛頓層流定律（Newton's Law for Laminar Flow），黏度（係數）η 可以（2－85）式定義之：

$$\frac{F}{A} = -\eta\left(\frac{du_y}{dz}\right) \qquad (2-85)$$

圖 2－15 層流狀態之速度梯度

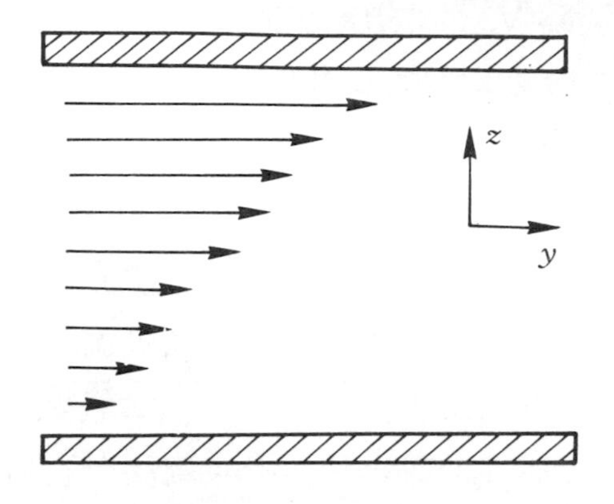

式中 F 爲力量，A 爲接觸面積。若 F 是朝向 $+y$ 之方向，則速度 u_y 將隨著遠離移動面之距離而遞減，故加負號。若 F 之單位爲 kg m s^{-2}，A 之單位爲 m^2，du_y/dz 之單位爲 m s^{-1}/m，則 η 之單位爲 kg $m^{-1}s^{-1}$。由於 kg $m^{-1}s^{-1}$=Pa s，故黏度之 SI 單位爲 Pa s。假設將流體置於距離 1 m，面積爲 1 m^2 的兩個平行面間，若使二平行面以 1 m s^{-1}速度作相對平移時所需之力爲 1 N（牛頓），則該流體之黏度爲 1 Pa s。在以前之 cgs 單位中，黏度之單位爲泊（Poise，p），它等於 dyne s/cm^2=0.1 Pa s。黏度是一種傳導性質（Transport properties）。流體由於受外在剪力的影響產生速率梯度，即會有動量分佈不均勻現象，而當流體由高速度區（高動量區）將動量傳送至低速度區（低動量區）時就產生黏度現象。

氣體的黏度可利用氣體動力理論導出。以較嚴謹的理論，推導硬球體氣體分子的黏度可得（2－86）式。

$$\eta = \frac{\left(\frac{5}{16\pi^{1/2}}\right)(mkT)^{1/2}}{d^2} = \frac{\left(\frac{5}{16\pi^{1/2}}\right)(MRT)^{1/2}}{N_A d^2} \qquad (2-86)$$

式中 m 爲氣體分子的質量，M 則爲其分子量，d 爲硬球形氣體分子的直徑。理想氣體的黏度與密度或壓力無關。眞實氣體在低壓下也有近似的結論。由（2－86）式可知，氣體的黏度係數隨溫度的上升而增加。一些代表性氣體之黏度列於表 2－5。

表 2－5　一些代表性氣體之黏度（25 ℃）

氣體	η (10^{-6} Pa s)	氣體	η (10^{-6} Pa s)
H_2	8.8	O_2	20.8
He	19.6	Ar	22.7
CH_4	11.1	CO_2	15.0
N_2	17.8	Hg	25.0

【例 2－15】

在 0 ℃及 1 bar 下，HCl(g) 之黏度爲 1.31×10^{-5} Pa s。試計算 HCl 分子的硬球形直徑。

【解】

因

$$\eta = \frac{\left(\frac{5}{16\pi^{1/2}}\right)(MRT)^{1/2}}{N_A d^2}$$

故

$$d^2 = \frac{\left(\frac{5}{16\pi^{1/2}}\right)[(36.5\times10^{-3}\ \text{kg mol}^{-1})(8.315\ \text{J mol}^{-1}\ \text{K}^{-1})(273.15\ \text{K})]^{1/2}}{(6.02\times10^{23}\ \text{mol}^{-1})(1.31\times10^{-5}\ \text{N s m})}$$

$$= 2.03\times10^{-19}\ \text{m}^2$$

$$d = 4.51\times10^{-10}\ \text{m}$$（公尺）

液體流動比氣體流動顯示較大的阻力而有較高的黏度。液體的黏度尚無法用理論，滿意地去計算或預測獲得。有別於氣體，液體的黏度隨壓力的增加而增加，而隨溫度的上升而減小。此種差別主要來自於在液體裏分子間的吸引力相當重要，當一個分子要移動時會受到周圍的其他分子的牽制。一般而言，分子間作用力愈強的液體其黏度也愈大。表 2－6 列示一些代表性液體的黏度。圖 2－16 顯示水的黏度與溫度的變化關係。一個分子在液體中若要移動必須擁有足夠的能量去克服周圍其他分子的吸引力所導致的能量障礙。黏度愈高的液體，其能量障礙也愈高，其關係式可用（2－90）式表示。

$$\eta = A\exp\left(\frac{E_a}{RT}\right) \tag{2-90}$$

式中 A 爲常數，E_a 爲能量障礙（Energy barrier）。若以 $\ln\eta$ 對 $1/T$ 作圖可得直線，則 E_a 可由斜率 E_a/R 計算獲得。在常溫左右，水的 E_a 值約在 12～15 kJ $\mathrm{mol^{-1}}$間。由於黏度的關係，兩個液體若要擴散混合，將比兩個氣體的擴散混合慢得多。同時，化學反應若在液體溶

表 2－6　一些代表性液體之黏度（20 ℃）

液體	η (10^{-4} kg m^{-1} s^{-1})	液體	η (10^{-4} kg m^{-1} s^{-1})
乙醚（$C_2H_5OC_2H_5$）	2.33	乙醇（C_2H_5OH）	12.0
丙酮（CH_3COCH_3）	3.16	汞（Hg）	15.5
己烷（C_6H_{14}）	3.26	血液	40
甲醇（CH_3OH）	5.97	乙二醇（$HOCH_2CH_2OH$）	173
苯（C_6H_6）	6.52	硫酸（H_2SO_4）	254
四氯化碳（CCl_4）	9.69	甘油（$HOCH_2CHOHCH_2OH$）	14900
水（H_2O）	10.1		

圖 2－16　水的黏度與溫度之關係圖

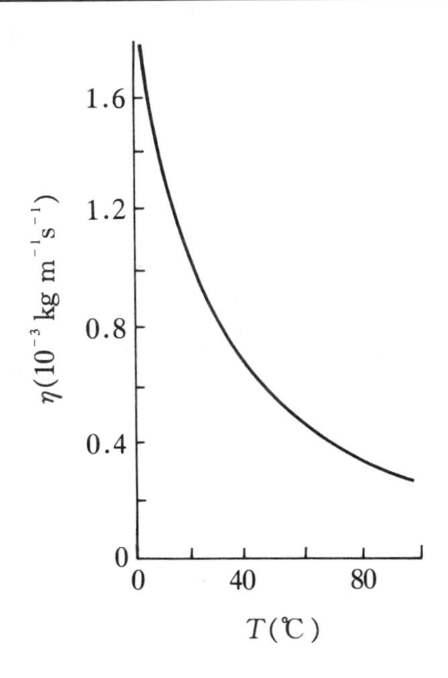

液中進行，反應速率將可能受到反應物分子擴散的影響，如一些非常快速的反應，其反應速率將因擴散的控制，最大也只能等於擴散速率。

測定液體黏度的一個簡單而方便的裝置爲奧士瓦黏度計(Ostwald viscometer)(圖2－17)，它乃根據卜瓦醉方程式(Poiseuille's equation)((2－91)式)而設計的。

$$\frac{V}{t}=\frac{\pi r^4 \Delta P}{8\eta l} \qquad (2-91)$$

式中 V 爲在時間 t 內流過之液體的體積。管柱的半徑及長度分別爲 r 及 l，ΔP 爲管柱兩端的壓力差。在奧士瓦黏度計中，(2－91) 式可改寫爲 (2－92) 式。

$$\frac{dV}{dt}=\frac{\pi r^4 \rho g h}{8\eta l} \qquad (2-92)$$

圖 2－17 奧士瓦黏度計

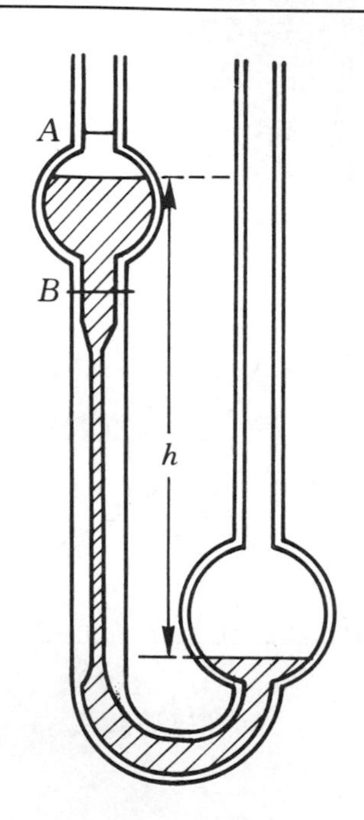

式中 ρ 爲液體的密度，h 爲液面之高度差。若兩液體以同一個奧士瓦黏度計來測量其黏度，則由（2－92）式可得。

$$\frac{\eta_s}{\eta_r} = \frac{\rho_s t_s}{\rho_r t_r} \qquad (2-93)$$

式中下標 r 及 s 分別代表參考液體及試樣液體，參考液體之黏度係數爲已知而且精確，最常用之參考液體爲水。測定黏度時，奧士瓦黏度計需置於恆溫槽中，注入液體須高於 A 點，在恆溫後分別測量參考液及試樣液由 A 點降至 B 點所需的時間，而以（2－93）式計算試樣液體之黏度。

詞　彙

1. 波義耳定律（Boyle's Law）

定量的理想氣體在恆溫下的體積與其壓力成反比。

2. 阿蒙頓定律（Amontons's Law）

定量的理想氣體在定體積下，其壓力與溫度成正比。

3. 查理或給呂薩克定律（Charles' or Gay-Lussac's Law）

定量的理想氣體在定壓力下，其體積與溫度成正比。

4. 亞佛加厥定律（Avogadro's Law）

在同溫度及同壓力下，同體積的不同理想氣體含有相同的分子數目。

5. 理想氣體方程式（Ideal Gas Equation）

理想氣體的莫耳數 n，壓力 P，體積 V 及溫度間之關係符合 $PV = nRT$ 的狀態方程式。

6. 道爾敦分壓定律（Dalton's Law of Partial Pressures）

理想混合氣體的總壓爲各成分氣體單獨存在於相同容器時所呈現壓力（即分壓）的總和。

7. 壓縮因數（Compressibility）

修正眞實氣體與理想氣體之偏差的因數，即 $Z = \dfrac{PV}{nRT}$。

8. 臨界溫度（Critical temperature）

某一氣體能夠液化的最高溫度。

9. 臨界壓力（Critical pressure）

某一液體能夠加熱沸騰的最高壓力。

10. 凡得瓦方程式（van der Waals Equation）

凡得瓦考慮氣體分子的體積及分子間吸引作用力而修正理想

氣體方程式，所得的二個參數的近似眞實氣體狀態方程式，即

$$\left(P+\frac{an^2}{V^2}\right)(V-nb)=nRT\ ,$$

a 及 b 爲凡得瓦常數。

11.維里方程式（Virial equation）

將壓縮因素以 $1/V$ 或 P 之冪級數展開之多項方程式，以近似表示眞實氣體的狀態方程式，其各項係數稱爲維里係數。

12.波義耳溫度

（Boyle Temperature）

眞實氣體的維里方程式中的第二維里係數爲零時之溫度，此時眞實氣體的行爲趨近於理想氣體方程式。

13.對應狀態原理（Principle of Corresponding States）

符合凡得瓦方程式的不同氣體，若在相同的對應於各別臨界點的對比狀態下，則將會有相同的行爲。

14.格拉漢擴散定律

（Graham's Law of Diffusion）

在相同溫度及壓力下，不同氣體的擴散速率與其密度或分子量的平方根成反比。

習　題

2－1　在工業上製造硝酸的第一步驟是將 NH_3 氧化成 NO，即

$$4NH_3(g) + 5O_2(g) \longrightarrow 4NO(g) + 6H_2O(g)$$

若在 800 ℃及 1.30 atm 下，將 3.00 L NH_3 依上述反應完全反應，則所產生的水蒸氣在 125 ℃及 1.00 atm 下之體積將為若干 L?

2－2　一實驗室常用的眞空裝置若在 25 ℃下，將一實驗系統抽至 1.00×10^{-6} torr，試計算在此狀況下每 mL 中所含氣體分子的數目。

2－3　海平面上的空氣在 0 ℃時之密度為 1.29 kg m^{-3}，試計算該空氣的平均分子量。

2－4　在標準狀況下，一 22.4 L 混合理想氣體的體積百分率組成為 20%乙烯（C_2H_4），50%甲烷（CH_4）及 30%氮（N_2）。試求此氣體所含的碳的莫耳數。

2－5　氧化亞砷（As_2O_3）在 571 ℃及 743 torr 時形成蒸氣，其密度為 5.66 g L^{-1}，求其蒸氣的分子量及分子式。

2－6　在一個 10.0 L 的容器中裝入 2.00 g H_2 及 8.00 g N_2，求此混合氣體在 273 K 時之壓力。

2－7　以二氧化錳催化氯酸鉀之分解反應（$2KClO_3 \longrightarrow 2KCl + O_2$），並以排水集氣法收集所產生的氧氣。若在 24 ℃，762 torr 下收集的氣體體積為 128 mL，試計算所收集氧氣的質量（在 24 ℃時水之蒸氣壓為 22.4 torr）。

2－8 四氧化二氮 N_2O_4 可部分分解成二氧化氮 NO_2($N_2O_4(g) \rightleftharpoons 2NO_2(g)$)，若 250 mL 的 N_2O_4 及 NO_2 混合氣體，重量爲 0.181 g，總壓爲 0.257 bar，求各氣體的分壓。

2－9 已知 0 ℃及 100 atm 下，甲烷 10 莫耳的實測體積爲 1.936 L，而在此狀況下其壓縮因數值爲 0.86。試以(a)理想氣體方程式及(b)壓縮因數分別求出甲烷的體積，並與實測體積比較。

2－10 溴化氫（HBr）在 0 ℃下，不同壓力時所測得的密度如下：

P (atm)	1	2/3	1/3
ρ (g L^{-1})	3.6444	2.4220	1.2074

試以極限密度法求溴化氫的分子量。

2－11 在 47 ℃下，將 3.50 mol NH_3 裝入 5.20 L 的容器中。試依(a)理想氣體方程式，(b)凡得瓦方程式計算其壓力。

2－12 試依(a)理想氣體方程式及(b)凡得瓦方程式計算正己烷(C_6H_{14})，在 660 K 及 91 bar 時之莫耳體積（$T_c = 507.7$ K，$P_c = 30.3$ bar）。

2－13 甲烷的凡得瓦常數 $a = 2.28$ L^2 bar mol^{-2}，$b = 0.04278$ L mol^{-1}，求甲烷在 300 K 及 400 K 時之第二維里係數 B 之值。

2－14 求 N_2 分子在 25 ℃時之均方根速率。

2－15 一未知氣體在相同溫度及壓力下，其擴散速率爲 $O_2(g)$之 0.468 倍，求此氣體的分子量。

2－16 (a)求 $NH_3(g)$及 $HCl(g)$之相對擴散速率。
(b)若使 $NH_3(g)$及 $HCl(g)$同時由一 10.0 m 長管之二端進入，則將在何處可看到白雲狀之 NH_4Cl。

2－17 (a)以格拉漢定律求 $^{235}UF_6$ 及 $^{238}UF_6$ 之分離因數（擴散速率比）。
(b)若 $^{235}UF_6$ 及 $^{238}UF_6$ 經過 1000 層之擴散分離，則其分離因數將爲多少。

第二章 熱力學第一定律

熱力學（Thermodynamics）一詞起源於「熱所產生的機械動力」。早在 1824 年，卡諾（S. Carnot）的熱機（Heat engine）操作效率的分析論文中，就曾提出熱力學的概念。其中的「動力」，我們現在稱之為「功」。簡言之，熱力學所研究的就是熱與功的關係。它是物理、化學、化工、機械、材料、航太等科學與工程的共同基本學科。熱力學原理雖不多，但應用無窮。舉凡化學反應、物理變化、核反應、飛機與汽車引擎、電冰箱與冷氣機之操作、物質之溶解、電池之操作無不應用熱力學原理。

在化學上，利用熱力學原理可以計算氫與氮合成為氨時，在不同溫度與壓力下最大的產率，這對於化學肥料工廠的運作是極為重要的。類似的，鈉與鉀離子在紅血球與血漿之間的平衡分佈，也可由熱力學關係推導出。藉著比較實驗值與達成平衡時理論值的偏差，可以研究鹼金屬離子進出細胞膜的反應機構。此外，由熱力學計算可以得知溫度與壓力對於石墨與鑽石互相轉換的影響，也可以推測天然鑽石形成時的地質狀況，並預測人工鑽石合成的條件。

熱力學依研究方法可分為二：(1)觀察巨觀系統（Macroscopic system），即以克、莫耳等計量之物質的性質並推導而得的古典熱力學（Classical Thermodynamics），及(2)由微觀系統（Microscopic system）的性質，即分子結構及作用力，分析巨觀系統的統計熱力學(Statistical Thermodynamics)。兩者大體上產生相同的結果。由於古典熱力學的研究方法較直接且易於了解，本書將遵循此一方法，而在適當的場合輔以統計熱力學的概念。

熱力學原理涵蓋的範圍極廣，本章以後的絕大多數篇幅，除了第十一章化學動力學外，也將著重於這些原理及應用的介紹。熱力學有三大定律，這些定律又可以應用到熱化學、化學平衡、物理平衡、溶液、界面化學、電化學等領域，我們將依次闡明，本章先討論熱力學第一定律。

本章首先介紹熱力學系統的各種定義，作爲敍述熱力學各種觀念的基礎。接著討論熱力學第一定律，並介紹焓及熱容量的觀念。最後討論絕熱膨脹及焦耳一湯木生效應，第一定律的應用，及理想氣體與固體的熱容量。最後二個小節是以統計熱力學的觀點處理熱容量的問題。

3-1 系統的定義及特性

熱力學是處理物理世界(Physical world)中熱與各種型式能量相互關係的一門科學。但物理世界何其大，爲了方便討論，習慣上將它分成系統(System)與外界(Surroundings)二部分。系統是我們有興趣探討的宇宙的一小部分；系統以外的物理世界，稱爲外界。例如，我們可能會關心一個蒸氣引擎、一個燒杯，或一個反應槽內發生了那些變化。此時，引擎、燒杯，或反應槽內之物質就稱爲系統。這些系統的熱力學性質可由其溫度、壓力、體積、密度或其他可測量的物理量來描述。再舉一例，若討論 1 克的水在 0 ℃，1 大氣壓下的相變化

$$H_2O(l) \longrightarrow H_2O(s) + 334 \text{ 焦耳 / 克}$$

則水是系統，裝水的容器及大氣都是外界的一部分。

系統與外界可能進行熱能或物質的傳遞（Transfer），也有可能完全沒有互動關係，因此可將系統分成三種：

(a)**封閉系統（Closed system）**

系統之熱與功可與外界交換，但物質則不可交換。(例如將定量的流體密封於玻璃瓶中，再將瓶子置於恆溫槽內，則瓶內的流體會隨著恆溫槽溫度的調整，而與外界進行熱交換。但瓶子是密封的，流體無法自由進出於瓶內外。)

(b)**開放系統（Open system）**

系統與外界的物質、熱與功均可互相交換。(例如在(a)之例子中，若將玻璃瓶蓋打開，則流體可能會逸出，外界的空氣也會進來，所以在溫度變化前後，瓶內物質的組成就不同了。)

(c)**孤立系統（Isolated system）**

系統完全與外界隔絕，其物質、熱與功均無法與外界交換。(例如密封於眞空熱水瓶內的水或氣體，既無法與外界傳熱，也無法逸出熱水瓶，所以形成孤立的系統。)

一系統在任何特定時間所具有的狀況，稱爲該系統之狀態(State)。系統之狀態可藉一組適當之性質（Property）如壓力、溫度及密度等物理量描述。當系統的狀態改變時，其性質亦隨之改變。但若系統恢復其原來狀態，則所有性質必恢復至原來數值。

當系統由狀態 A 變爲狀態 B 時，若某性質的改變量與狀態變化的路徑（Path）無關，而僅與系統的初始及最終狀態有關，則此性質稱爲狀態函數（State function)。此觀念非常重要，我們以後將要介紹的內能、焓、熵及自由能等熱力學性質都是狀態函數。

與狀態函數相反的是路徑函數（Path function)，此時改變量與路徑有關。以後我們將提到熱與功都是屬於路徑函數，或者稱爲非狀態函數。

一個系統可能含有一個或一個以上的相（Phase)。所謂「相」乃系統內具有均勻之化學組成及物理性質之部分，有明顯的界面可與系統內其他均勻部分區分者。例如氣體、液體、固體各爲個別的相。互不相溶的二個液體，如油與水，則爲二個不同的液相。

在熱力學中我們主要以探討平衡狀態（Equilibrium state）爲主。在平衡狀態，系統內的各種性質皆維持固定，並且均勻存在於系統中，故系統無任何變化的趨勢，與時間完全無關。

熱力學性質習慣上可分爲示強（Intensive）及示量(Extensive)二種。設想我們將一個母系統分成二個或多個子系統。若母系統的整體性質爲各個子系統的總和，則此種性質稱爲示量性質。體積、質量、莫耳數、內能、焓、熵，與自由能都屬於這類性質。相反地，若母系統的性質均與任何子系統相同，則此類性質稱爲示強性質，例如壓力、溫度等。值得注意的是，二個示量性質相除後可得一個示強性質。所以密度（質量除以體積）、比體積（體積除以質量）、莫耳體積(體積除以莫耳數)、比熱（熱容量除以質量）也都是示強性質。

3-2 程序

當系統的一個或多個性質改變時，它的狀態已經改變了。假設有一圓筒（Cylinder）裝有可移動的活塞（Piston），活塞上有砝碼，且圓筒內含有氣體，如圖 3-1 所示。若移去活塞上部分的砝碼，活塞會升高，氣體的狀態也改變了。(因爲壓力降低，而且氣體的比體積也增加了。）若移去更多砝碼或加熱此圓筒內的氣體，則系統的狀態還會有新的變化。系統所經歷的一系列狀態的改變的路徑，稱爲熱力學程序（Thermodynamic process)。以圖 3-1 之氣體爲例，總莫耳數是固定的，其狀態由(P_1, V_1, T_1)，變成(P_2, V_2, T_2)，最後演變成(P_n, V_n, T_n)的過程就是一個熱力學程序。

有些程序的某個性質（例如溫度、壓力或體積）在狀態變化過程中一直保持不變，這些程序就分別稱爲恆溫（Isothermal)、恆壓(Isobaric）或恆容(Isochoric)程序。恆溫程序與絕熱程序(Adiabatic process)是二種最常見的熱力學程序。將裝滿氣體的鋼瓶置於恆溫槽內，則熱可自由進出於鋼瓶內外，使溫度維持定值，此程序稱爲恆溫程序。若將氣體置於由絕熱材料做成的容器，則熱無法進出於系統(由絕熱容器與氣體組成）與外界（即恆溫槽及其以外的物理世界）間，稱爲絕熱程序。

圖 3－1　氣體之壓縮或膨脹示意圖

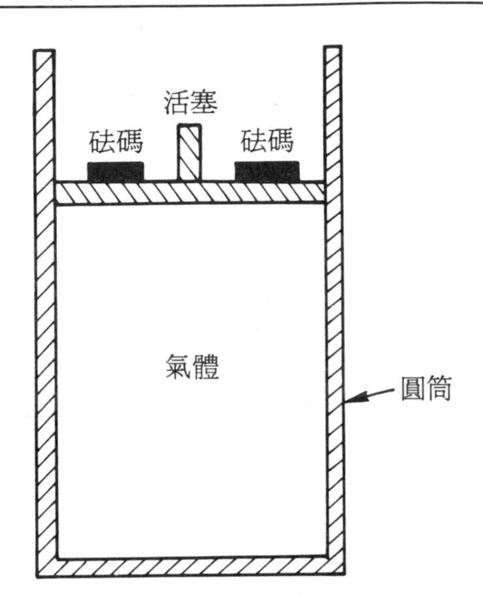

一個系統，若不以外力干擾它的話，有二種情形可能會發生。第一種情形是系統原就已和外界達成平衡，所以無論再等多久，系統的熱力學性質都不會有任何的變化。第二種情形是系統會隨著時間而變化，最後趨向平衡狀態。此種由不平衡狀態，變成平衡狀態的程序稱爲自發程序（Spontaneous process）。自發程序是一種自然發生的程序。例如氫與氧的混合氣體，在室溫下遇火花可化合成水：

$$H_2(g) + O_2(g) \longrightarrow H_2O(l)$$

此乃爲一種自發程序。

它的逆反應，即水在室溫下分解成氫與氧的反應，在無外力奧援下，是不可能發生的。這是一種非自發程序。值得注意的是，若對系統施加適當的推動力（Driving force），則非自發程序仍有可能發生。例如我們可藉電池的電力（即推動力）將水分解。

3-3 能、熱及功

將不同溫度的二個金屬球互相接觸，則熱會由高溫的金屬球流向低溫者，使低溫者溫度升高，最後達成熱平衡，溫度相等。高溫的金屬球具有較高的能量，因此熱是由於能量差（即溫差）所造成的能量傳遞。

將 1 公斤的物體提升 1 公尺所需的功（Work）為

$$
\begin{aligned}
W &= \int mgdr \\
&= mgh \\
&= (1.0\ \mathrm{kg}) \cdot (9.8\ \mathrm{m/sec^2}) \cdot (1.0\ \mathrm{m}) \\
&= 9.8\ \mathrm{kg\ m^2/sec^2} \\
&= 9.8\ \mathrm{J}\ (\text{焦耳})
\end{aligned}
$$

此值恰等於 1 公斤的物體在高度差為 1 公尺的二個位置的位能差，故可推知功乃是能量的一種型式。

熱與功在熱力學中相當重要，此二者同屬於能（Energy）的不同型態，均可加到系統，也可從系統中移去。熱與功是有正負號的。國際純粹及應用化學聯盟對於熱與功的符號約定如下：

(1)作用於系統的功為正功，系統對外界所作的功為負功。

(2)熱由外界輸入系統時，稱為正熱；熱由系統流至外界時稱為負熱。

功可以藉著不同的型式「流」到系統，使系統內能增加。如圖 3-2 所示，我們可用三種不同的方式對系統作功，使水溫升高：

(1)以外加電場趨使電流通過加熱器 D，所做的功為

$$W = EI(t_2 - t_1)$$

式中之 E：電位差，I：電流，t_1，t_2：時間

(2)安排一組滑輪，使落體 C 轉動攪拌器 B，所作的功爲

$$W = -mg\Delta h$$

此處，$\Delta h = h_2 - h_1$

(3)以外力推動活塞，壓縮氣體，對系統作功。這種壓力一體積變化所產生的功，稱爲壓容功 (Pressure-volume work)，在熱力學上特別重要，我們將推導它的數學表示法。由牛頓力學，以力 F 作用於某物體，使沿力的方向移動 ds 的距離，則所作的功爲

$$dW = Fds$$

若活塞表面積爲 A，所施的外壓力爲 P_e (參考圖 3-2)，則

$$P_e = \frac{F}{A}$$

所以

$$dW = A \cdot P_e ds$$

積分後

$$W = \int_{s_1}^{s_2} A \cdot P_e ds$$

圖 3-2　對系統作功的三個方式：(1)電功；(2)壓縮功；(3)勢能。

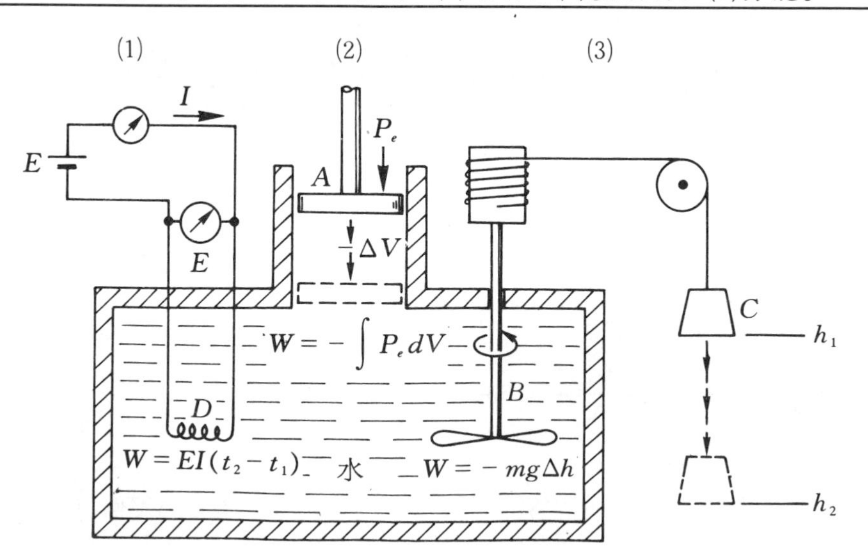

由於 $A \cdot ds = -dV$（ds 爲活塞位移之距離，爲正值；dV 爲氣體之體積變化量，爲負值），所以

$$W = -\int_{V_1}^{V_2} P_e \, dV \qquad (3-1)$$

若外壓力爲定值，則

$$W = -P_e \Delta V \qquad (3-2)$$

由於壓縮後氣體之體積變小，所以

$$\Delta V < 0$$

因此

$$W > 0$$

換言之，我們對系統作功，所以功是正的。(3－1）式爲壓容功的公式，我們在熱力學計算中將一再用到此式。

若外界對活塞之壓力 P_e 隨體積而變化（由 P_1 變爲 P_2），則所作的功爲圖 3－3(a)中，PV 曲線下斜線部分之面積。

若外界對活塞的壓力爲定值（P_2），則所作之功爲圖 3－3(b)中矩形所包含之斜線部分面積：

$$W = -P_e \Delta V = -P_2(V_2 - V_1)$$

圖 3－3　外界對活塞施力而壓縮所作之功

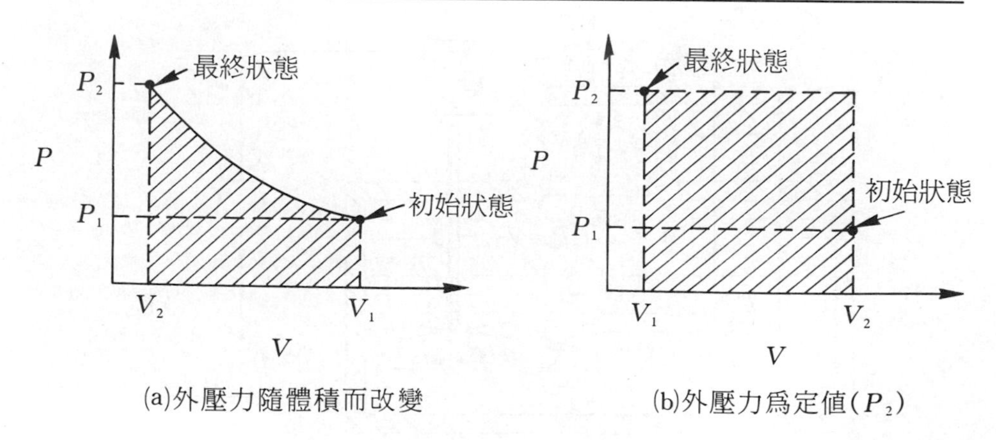

(a)外壓力隨體積而改變　　(b)外壓力爲定值(P_2)

比較圖 3－3(a)及 3－3(b)可知功不是狀態函數，它與路徑有關。

一個系統的內能是系統內各成分能量的總和，包含物質內分子之動能及由於分子間相互作用所造成的位能。動能可分爲移動（Translation）、轉動（Rotation），及振動（Vibration）三部分。圖 3－4 說明雙原子分子（如 N_2，O_2）的運動模式。

在氣相中，分子可任意移動。在液相中，分子之移動不如氣相中自由，但分子群仍能移動相當的距離，所以移動能雖較氣相者小，仍不可忽略。在固相中，分子被限定在固定的格子結構（Lattice structure），故無移動能。

圖 3－4　雙原子分子的運動模式

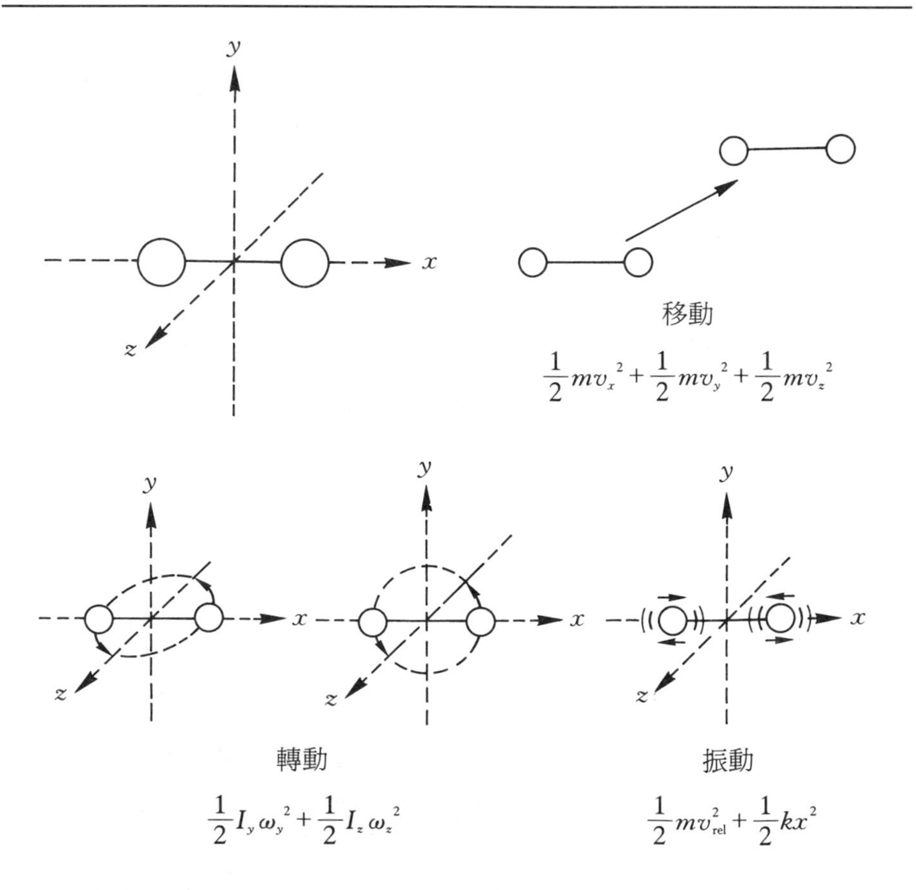

氣體分子也能進行轉動，如圖 3－4 中的雙原子分子可依 y 軸及 z 軸作旋轉軸而旋轉，旋轉的動能可由古典力學推導。對液體與固體而言，由於分子之轉動受到鄰近分子的作用力所限制，旋轉能不大重要。

原子與原子之間的共價鍵就如同彈簧一樣，當溫度升高時，原子會離開它的平衡位置，上下或左右振動，使鍵長收縮或伸張。此外，鍵角也有可能變大或變小。這些振動都會使得內能增加。振動能在氣相之多原子分子中最爲顯著。在固態中，由於分子在固定的格子結構上（如圖 3－5），無移動能及轉動能，此時振動能最爲重要。我們將在稍後固體的熱容量一節（3－12 節）中討論振動對於固體熱容量的影響。

圖 3－5　固相中的原子與鄰近原子之作用力以彈簧鍵模擬之示意圖

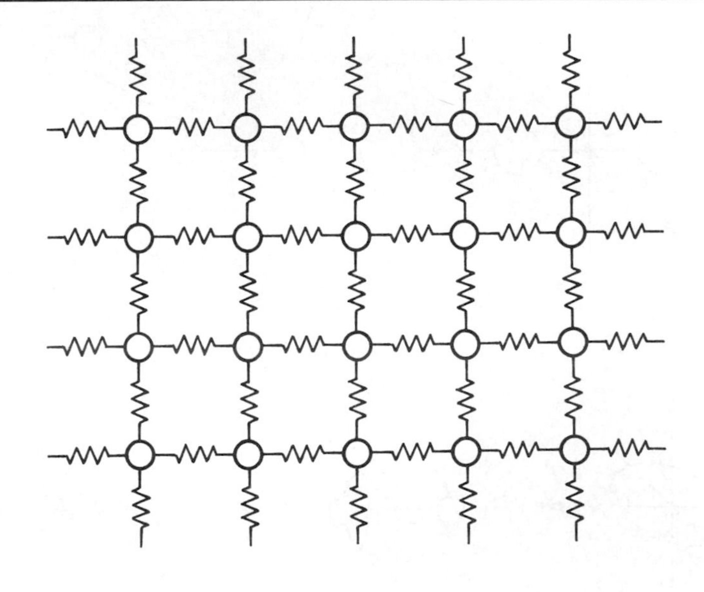

當原子或分子彼此接近時，它們之間的吸引力相當重要。雖然距離極爲短小時，此力爲斥力，但當距離稍大時，即變爲引力。此引力

能左右物質之狀態。若分子具有足夠的移動能以克服此種引力時，物質爲氣相；若移動能太小則物質由氣相轉爲液相或固相。在液相中，分子仍可繼續移動，但較不自由。固相中，分子之移動完全停止，此時分子間之引力變得相當重要。

原子內電子繞原子核旋轉，由於電子與原子核間的吸引力，使電子在一定軌域上運行而具有位能。此外，電子及原子核可依其本身之軸自轉（Spin）而具有動能。電子繞原子核旋轉，通常都在離原子核較近的內軌道（Inner orbital），但在高溫時，電子運動加速，會移至離核較遠的外軌道（Outer orbital），其能量較高。當電子由高能階移至較安定之低能階時，也會釋出能量。以上所述的這些能量都是內能的一部分。

在熱力學上，我們所感興趣，而且需要的是二狀態間內能的差值，ΔU，而非內能之絕對值。我們稍後將舉例說明。

3－4　可逆與不可逆程序

考慮如圖 3－6(a)的裝置。定量的理想氣體在圓筒內，其壓力與體積分別爲 P_1 及 V_1。圓筒沈浸在溫度爲 T 的恆溫槽內，而且圓筒上方是眞空的，假設活塞無重量，滑動時也沒有摩擦力，所以最後氣體受的壓力完全是來自於質量 m。當活塞栓移開時，活塞往下滑落，至系統的壓力爲 P_2，體積爲 V_2。此處 $P_2 = mg/A$，其中 A 爲活塞之截面積（圖 3－6(b)）。

若活塞滑落之距離爲 h，則外界對系統所作的功爲

$$W = mgh = -P_2(V_2 - V_1)$$

恰爲圖 3－6(c)之斜線部分之面積，圖中之曲線 Q 是依據理想氣體公式 $P = nRT/V$ 所描繪。

圖 3-6 氣體由 P_1, V_1, T 以單段壓縮爲 P_2, V_2, T

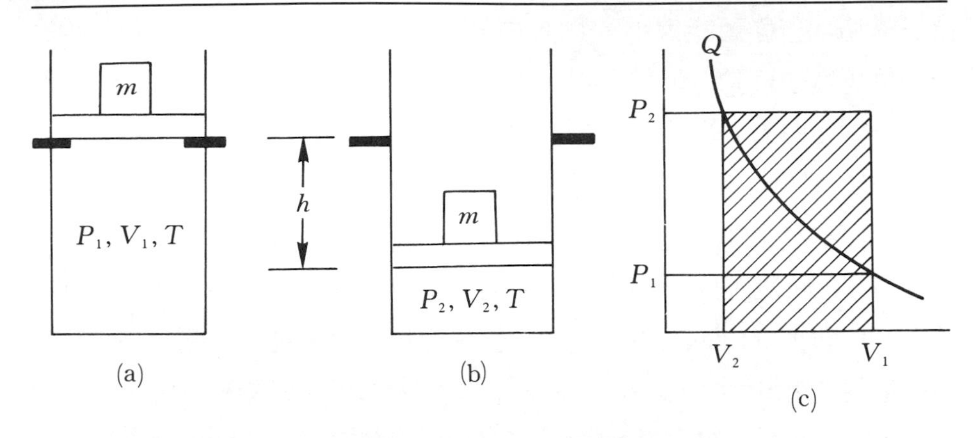

然而我們若以二段或多段來進行這個壓縮程序，則外界對系統所作的功是會減少的。首先，以質量 m_1 使氣體恰足以壓縮至 $(V_1+V_2)/2$；其次再以較大之質量 m_2 壓縮至 V_2。外界對系統所作的功爲圖 3-7(a)斜線部分之面積。若以無窮多段達成，使每一段中，外壓力與氣體壓力之差值甚小，且在達成平衡後，再進行下一段的壓縮，則此法所作的功最小。其值爲

$$W=-\int_{V_1}^{V_2}PdV=-\int_{V_1}^{V_2}\frac{nRT}{V}\,dV=-\,nRT\ln V\Big|_{V_1}^{V_2}$$

$$=-\,nRT\ln\left(\frac{V_2}{V_1}\right)$$

由於恆溫，所以

$$P_1V_1=P_2V_2$$

因此，所作的功可寫成

$$W=-\,nRT\ln\left(\frac{P_1}{P_2}\right)=nRT\ln\left(\frac{P_2}{P_1}\right)$$

恰爲圖 3-7(c)曲線底下之面積。

與此類似者，一段、二段、三段及多段膨脹過程中，所牽涉到的裝置及功，如圖 3-8 及 3-9 所示。

圖3-7　氣體由 P_1, V_1, T 以二段，三段及無窮多段壓縮爲 P_2, V_2, T 所作的功

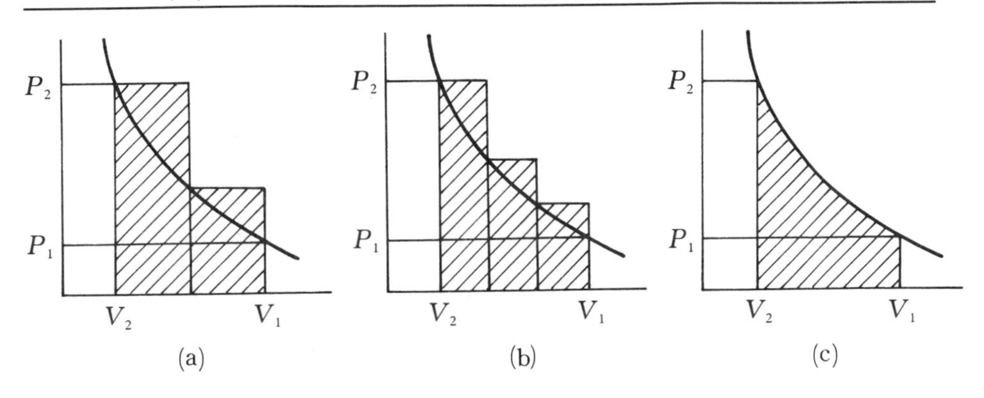

圖3-8　氣體由 P_1, V_1, T 以單段膨脹爲 P_2, V_2, T

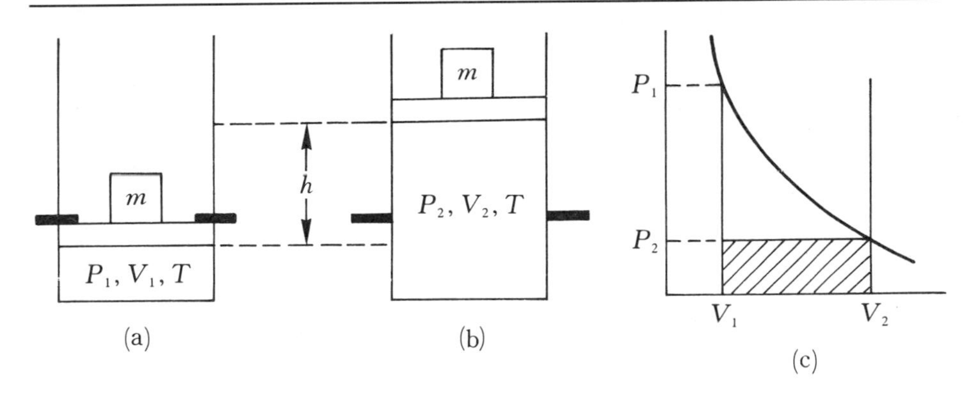

圖3-9　氣體由 P_1, V_1, T 以二段、三段及無窮多段膨脹爲 P_2, V_2, T 所作的功

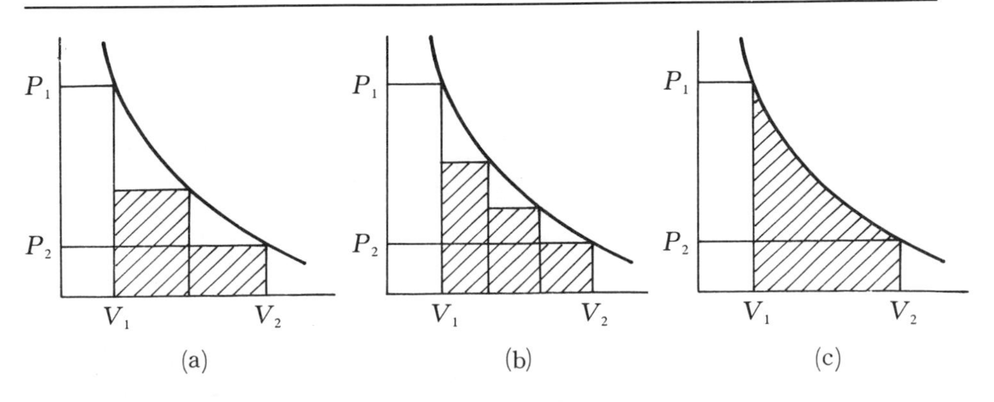

以上所描述的無窮多次的壓縮或膨脹，稱爲可逆程序(Reversible process)。這些理想的程序是可逆的，因爲膨脹過程中外界得到的能量恰等於將氣體壓縮回原來狀態所需的能量。即由 P_1，V_1 變成 P_2，V_2，再恢復爲 P_1, V_1，做一個循環（Cycle）時所作的功爲零：

$$W_{\text{cycle}} = -\int_{V_1}^{V_2} PdV - \int_{V_2}^{V_1} PdV = -\int_{V_1}^{V_2} PdV + \int_{V_1}^{V_2} PdV = 0$$

由於可逆程序是經過一連串中間平衡的狀態，但推動力無窮小時，執行一個程序所需的時間將是無窮大，故可逆程序是一理想程序。所有眞實的程序都是不可逆的，但某些眞實的程序可以非常靠近可逆。例如，若溫度差非常小的話，熱的傳輸幾乎是可逆的。若液體上方之蒸氣壓僅稍小於其平衡時之飽和蒸氣壓時，則液體的蒸發幾乎是可逆的。

自發程序爲不假外力而能自然發生的程序。程序之所以能自然發生是由於某種力的不平衡。因此，凡是自發程序皆爲不可逆程序。

可逆程序的概念相當重要，因爲有些熱力學計算只有在可逆的條件下才能進行。對於化工程序而言，不可逆性愈大，有一部分能量需用在摩擦等沒有實質生產力的部位，所以成本愈高。

【例 3－1】

凡得瓦氣體在恆溫 T 下，由 V_1可逆地壓縮爲 V_2時，所作的功爲多少?

【解】

對於凡得瓦氣體而言

$$\left(P + \frac{n^2 a}{V^2}\right)(V - nb) = nRT$$

所以

$$P = \frac{nRT}{V - nb} - \frac{n^2 a}{V^2}$$

由

$$W_{rev} = -\int_{V_1}^{V_2} PdV = -\int_{V_1}^{V_2}\left[\left(\frac{nRT}{V-nb}\right) - \frac{n^2a}{V^2}\right]dV$$

$$= -nRT\ln(V-nb) - \frac{n^2a}{V}\Bigg|_{V_1}^{V_2}$$

$$= -nRT\ln\left(\frac{V_2-nb}{V_1-nb}\right) - n^2a\left(\frac{1}{V_2}-\frac{1}{V_1}\right)$$

3-5　熱力學第一定律

熱力學第一定律就是我們所熟知的能量不滅定律，即能量不能被創造，也不能被消滅。若有任何形態之能消失，必有和其消失之量相等的其他型態之能出現。

一個系統若對外界作功，內能會減少。從外界吸收熱量的話，內能會增加。若系統同時對外界作功，又從外界吸收熱量，則系統內能的變化量爲

$$\Delta U = q + W \tag{3-3}$$

其中 q 爲熱量，W 爲功。在此例中，系統對外界作功，所以 W 爲負值；又從外界吸熱，所以 q 爲正值。

對於一個微小的狀態變化，則（3－3）式可寫成微分式

$$dU = dq + dW \tag{3-4}$$

（3－3）及（3－4）式即熱力學第一定律的數學式。此公式在目前看來理所當然，但在 1850 年以前並非如此。在 1850 年以前，機械系統之能量守恆已確立，但熱的角色並不清楚，直至焦耳（J. P. Joule）的實驗才引出了第一定律。值得注意的是，第一定律提供我們一個決定內能變化量的方法，而非最初或最終的內能。

一個封閉的系統若歷經一連串狀態的變化，最後又回到其初始狀態（即 $A \rightarrow B \rightarrow C \rightarrow \cdots \rightarrow A$），則系統內能的變化量爲零：

$$\oint dU = 0$$

此因內能爲一狀態函數，只與最初及最終的狀態有關，而與路徑無關。但是功及熱就不是狀態函數，所以一個循環程序的功及熱

$$\oint dq \quad 及 \quad \oint dW$$

可能爲零或任意值，與其路徑有關。

在 3－4 節中，我們曾提到，1 莫耳氣體在可逆及恆溫的條件下，由狀態 A 膨脹爲 B，再由 B 壓縮爲 A 所作的功爲

$$W_{\text{cycle}} = \oint dW = -\int_{V_1}^{V_2} PdV - \int_{V_2}^{V_1} PdV = 0$$

但並非所有的循環程序所作的總功皆爲零。如圖 3－10 所示，將氣體由體積 V_A 經 ACB 途徑膨脹爲體積 V_B，再將氣體由 V_B 經 BDA 途徑壓縮成 V_A，則整個循環程序所作的總功等於封閉曲線 $ACBDA$ 所圍的面積，而不爲零。

圖 3－10　循環程序 $ACBDA$ 所作的功

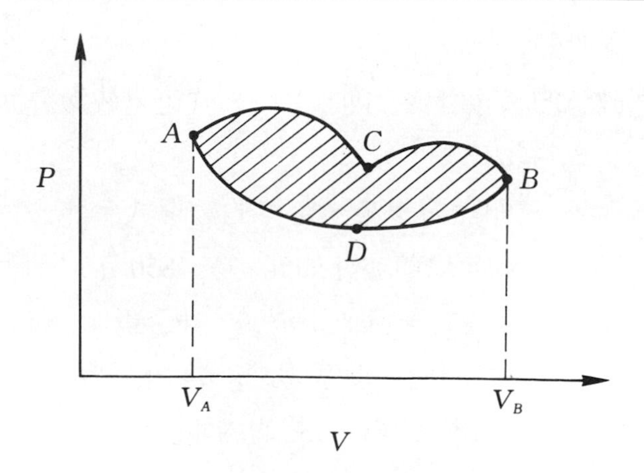

值得注意的是，單單由狀態 A 演變爲狀態 B，若採取的路徑不同，則所作的功也會不同，其值恰爲曲線底下之面積。(見圖 3－11)

有沒有可能系統膨脹而對外不作功呢？這是有可能的。考慮 1 莫耳理想氣體密封於圖 3－12 左側之空間內，氣體可自外界吸收熱量，以保持恆溫狀態。氣體之壓力與體積分別爲 P_1 及 V_1，圖 3－12 右側之外壓力爲 P_{ext}，且 $P_1 > P_{ext}$。將活塞栓 C 移去後，氣體會對抗外壓

圖 3－11　狀態 A 變爲狀態 B 時，不同路徑所作的功

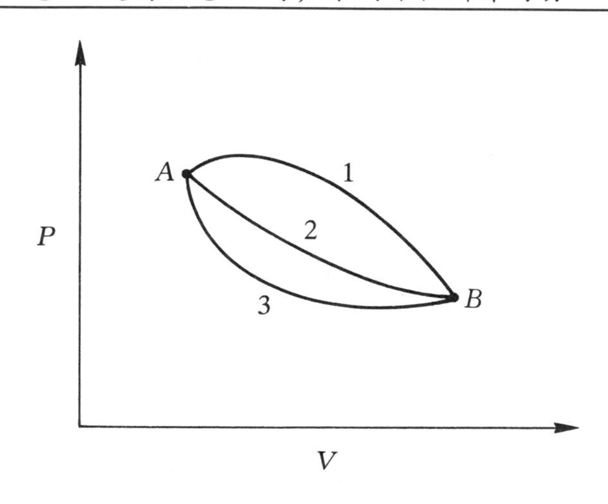

圖 3－12　氣體對抗外壓力 P_{ext} 作功。當 $P_{ext}=0$ 時，爲自由膨脹

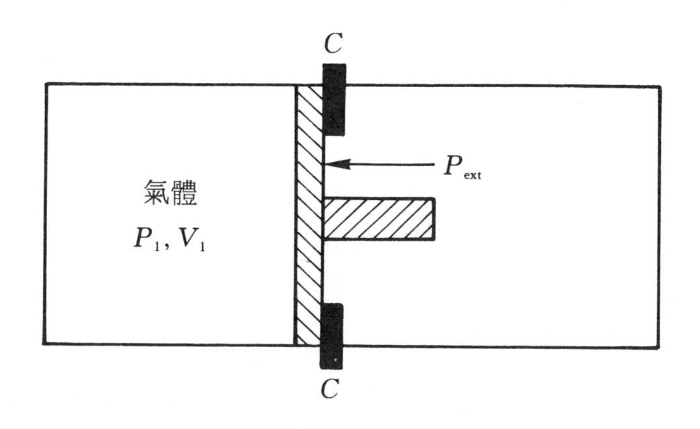

力，往右膨脹，直至最終壓力 $P_2 = P_{ext}$為止。我們首先分析這個程序的 ΔU，q 及 W。

我們以後將提到，對於理想氣體而言，內能只是溫度的函數而已，即 $U(T)$。目前先接受這個事實。由於恆溫，所以 $\Delta U = 0$，因此由熱力學第一定律

$$q = -W$$

由（3－2）式

$$W = -P_{ext}\Delta V = -P_{ext}(V_2 - V_1)$$

因此

$$q = -W = P_{ext}(V_2 - V_1)$$

值得注意的是，如果 $P_{ext} = 0$（即右側是眞空的），則

$$q = W = 0$$

此種情形稱爲自由膨脹（Free expansion）。

自由膨脹時，作功的量爲零，所以依熱力學第一定律

$$\Delta U = q + W = q$$

即自由膨脹時，系統所吸收熱量完全轉變爲內能之增加（即溫度升高）。若系統爲孤立系統，與外界絕熱，則 $q = 0$，因此 $\Delta U = 0$。換言之，絕熱下之理想氣體作自由膨脹時，溫度沒有變化。

實驗上如何測量 ΔU 呢？若是只有壓容功存在，則

$$dW = -P_{ext}dV$$

所以第一定律可寫成

$$dU = dq - P_{ext}dV \tag{3-5}$$

若維持恆容，則 $dV = 0$，所以

$$dU = dq_V \tag{3-6}$$

將（3－6）式積分可得

$$\Delta U = \int dq_V = q_V \tag{3-7}$$

即在恆容下所吸收或放出之熱量恰爲內能的變化量。彈卡計（Bomb calorimeter）的設計就是根據此原理。

如圖 3－13 所示，我們在不銹鋼製成的圓柱體內放置可燃性樣品。灌入氧氣後，以通電後之火花引燃樣品，由於不銹鋼彈體之體積固定，所以作功爲零，因此

$$\Delta U = q_V$$

反應熱由彈體、攪拌器、溫度計及周遭的水所吸收。若知卡計常數、溫度變化量及水的質量，可算出 ΔU。

圖 3－13　彈卡計示意圖

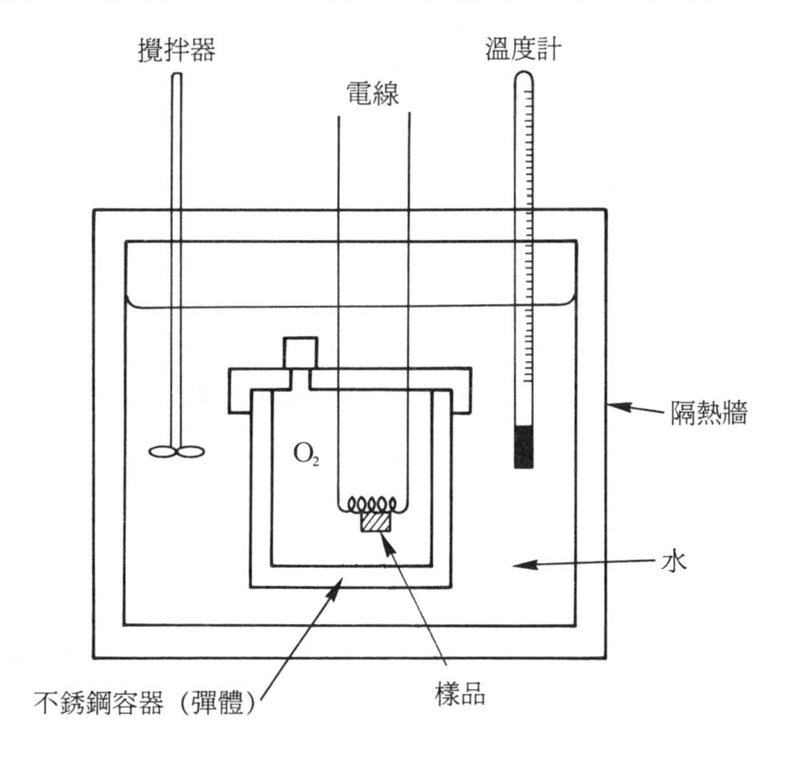

3-6 焓

若僅考慮壓容功，則在恆壓程序中($P_{ext}=P$)

$$W=-\int_{V_1}^{V_2}PdV=-P(V_2-V_1)$$

所以第一定律可寫成

$$\Delta U=U_2-U_1=q_P-P(V_2-V_1) \qquad (3-8)$$

此處 q_P 表示恆壓下系統所吸收的熱。

將（3－8）式重新整理可得

$$(U_2+PV_2)-(U_1+PV_1)=q_P \qquad (3-9)$$

若定義焓（Enthalpy），H，或稱熱含量，為

$$H=U+PV \qquad (3-10)$$

則（3－9）式可寫成

$$\Delta H=H_2-H_1=q_P \qquad (3-11)$$

(3－11）式表示在恆壓下，焓的變化量恰為其所吸收或放出之熱量。值得注意的是，因為 U，P 及 V 均為狀態函數，故 H 亦為狀態函數，即 ΔH 只與初始及最終狀態有關。

利用（3－11）式，我們可以很容易經由實驗上 q_P 的測量得知 ΔH。例如測量燃燒或溶解的反應熱時，只需將反應容器之蓋子打開，使與大氣壓力相等，則所測得之熱量恰為產物及反應物熱含量之差。

測得 ΔH 後，由於 $\Delta H=\Delta U+\Delta PV$，且 P 為定值，所以 ΔU 可以計算出來：

$$\Delta U=\Delta H-P\Delta V$$

若由彈卡計測出 ΔU，則 ΔH 可由

$$\Delta H=\Delta U+\Delta PV \qquad (3-12)$$

計算。由於液體及固體之 PV 在反應前後變化不大，所以可以忽略，只考慮氣體反應物及產物之 PV。假設爲理想氣體，則 $PV = n_g RT$，其中 n_g 代表氣體之莫耳數。因此（3－12）式可近似成

$$\Delta H \approx \Delta U + \Delta n_g RT = \Delta U + RT \cdot (\Delta n_g) \qquad (3-13)$$

此處 Δn_g = 氣體產物之莫耳數－氣體反應物之莫耳數。若 $\Delta n_g = 0$，則 $\Delta H = \Delta U$。

（3－10）式微分後可得

$$dH = dU + d(PV) = dU + PdV + VdP \qquad (3-14)$$

若只有壓容功存在，則

$$dU = dq - PdV \qquad (3-15)$$

將（3－15）式代回（3－14）式得

$$dH = (dq - PdV) + PdV + VdP$$
$$= dq + VdP \qquad (3-16)$$

在第四章中我們將介紹在可逆程序時

$$dq = TdS \qquad (3-17)$$

因此

$$dH = TdS + VdP \qquad (3-18)$$

（3－18）式在熱力學關係式的推導中極爲重要。

【例 3－2】

1 莫耳理想氣體在 300 K 下，以 202.65 bar 之固定外壓力將其由 2.0265 bar 壓縮成 101.325 bar，試求此過程之 ΔH，ΔU，q 及 W。

【解】

因爲等溫壓縮，所以 $\Delta T = 0$。由於理想氣體之內能只是溫度的函數而已，溫度不變，所以

$$\Delta U = 0$$

此外，

$$\Delta H = \Delta U + \Delta PV = 0 + \Delta RT$$
$$= 0 \ (\because \Delta T = 0)$$

此不可逆程序之功爲

$$W = -\int_{V_1}^{V_2} P_e\, dV = -P_e(V_2 - V_1) = -P_e\left(\frac{nRT}{P_2} - \frac{nRT}{P_1}\right)$$
$$= -(202.65 \times 10^5 \ \text{Pa})(nRT)\left(\frac{1}{P_2} - \frac{1}{P_1}\right)$$
$$= -(202.65 \times 10^5 \ \text{Pa})(1 \ \text{mol})(8.315 \ \text{J/mol K})(300 \ \text{K})$$
$$\left(\frac{1}{101.325 \times 10^5 \ \text{Pa}} - \frac{1}{2.0265 \times 10^5 \ \text{Pa}}\right)$$
$$= -(5.05 \times 10^{10})(9.87 \times 10^{-8} - 4.93 \times 10^{-6}) \ \text{J}$$
$$= 244.2 \times 10^3 \ \text{J}（焦耳）$$

因爲 $\Delta U = 0 = q + W$，所以

$$q = -W = -244.2 \times 10^3 \text{J} = -244.2 \ \text{kJ}（仟焦耳）$$

【例 3－3】

假設水在 0 ℃及 1.013 bar 的壓力下之凝固熱爲 − 6010 J/mol，且水在 0 ℃之密度爲 1 g/cm^3，冰爲 0.918 g/cm^3。試求 1 莫耳水在 0 ℃及 1.013 bar 下凝固時所作的功，ΔU 及 ΔH。

【解】

$$W = -P_{\text{ext}}\Delta V = -(1.013 \times 10^5 \text{Pa})(\overline{V}_2 - \overline{V}_1)$$

但水的莫耳體積，

$$\overline{V}_1 = \frac{18 \ \text{g/mol}}{1 \ \text{g/cm}^3} = 18 \ \text{cm}^3 = 1.8 \times 10^{-5} \ \text{m}^3$$

冰的莫耳體積，

$$\overline{V}_2 = \frac{18 \ \text{g/mol}}{0.918 \ \text{g/cm}^3} = 19.6 \ \text{cm}^3 = 1.96 \times 10^{-5} \ \text{m}^3$$

$$\therefore W = -(1.013\times10^{5}\ \text{Pa})(1.96\times10^{-5}\ \text{m}^3 - 1.8\times10^{-5}\ \text{m}^3)$$
$$= -0.162\ \text{J}\ (焦耳)$$

即水凝結成冰時，體積膨脹，對外所作的功爲 −0.162 焦耳。由第一定律

$$\Delta U = q + W = -6010\ \text{J} - 0.162\ \text{J}$$
$$= -6010.16\ \text{J}\ (焦耳)$$
$$\Delta H = \Delta U + \Delta(PV) = (q - P\Delta V) + P\Delta V$$
$$= q = -6010\ \text{J}\ (焦耳)$$

（或由 $\Delta H = q_P = 6010$ J 亦可）

【例 3−4】

$C_2H_5OH(l)$於恆容卡計內燃燒產生 1364.34 kJ/mol 之熱量（在 25 ℃下）。試計算下列燃燒反應的 ΔH：

$$C_2H_5OH(l) + 3O_2(g) \longrightarrow 2CO_2(g) + 3H_2O(l)$$

【解】

$$\Delta H = \Delta U + RT(\Delta n_g)$$

由於 $\Delta n_g = 2 - 3 = -1$，所以

$$\Delta H = \Delta U - RT$$
$$= -1364.34\ \text{kJ/mol}$$
$$-(8.315\times10^{-3}\ \text{kJ/mol K})(298\ \text{K})$$
$$= -1366.82\ \text{kJ/mol}\ (仟焦耳 / 莫耳)$$

3−7　熱容量

物質升高 1 K 所需之熱量稱爲熱容量（Heat capacity），通常可分爲恆容下測得之熱容量 C_V，及恆壓下測得之熱容量 C_P，其定義式爲

$$C_V = \frac{dq_V}{dT} \tag{3-19}$$

$$C_P = \frac{dq_P}{dT} \tag{3-20}$$

上二式中之 dq_V 及 dq_P 分別代表恆容及恆壓下所吸收的熱量。

C_V 及 C_P 也可以表示成內能及焓之偏微分，我們以下將依次說明。

一般而言，系統的內能 U 爲 P、V 及 T 的函數，但 P、V、T 三者之間可用狀態方程式（例如理想氣體定律或凡得瓦氣體公式）表明。所以只要其中二個變數確定，則第三個變數就確定了。故內能可表示成 P、T，或 T、V，或 P、V 的函數。爲了方便起見，令 $U = U(T,V)$，同時對 U 作全微分得

$$dU = \left(\frac{\partial U}{\partial T}\right)_V dT + \left(\frac{\partial U}{\partial V}\right)_T dV \tag{3-21}$$

在恆容下

$$dV = 0$$

所以

$$\begin{aligned} dU &= dq + dW \\ &= dq_V \quad (\because dW = 0) \end{aligned} \tag{3-22}$$

將（3－22）式代回（3－21）式中，得

$$dU = \left(\frac{\partial U}{\partial T}\right)_V dT = dq_V$$

將上式重排可得

$$C_V = \left(\frac{\partial q}{\partial T}\right)_V = \left(\frac{\partial U}{\partial T}\right)_V \tag{3-23}$$

（3－23）式說明 C_V 代表恆容下，內能對於溫度的變化率。

類似地，可令 $H = H(P,T)$，則

$$dH = \left(\frac{\partial H}{\partial T}\right)_P dT + \left(\frac{\partial H}{\partial P}\right)_T dP$$

在恆壓下，$dP=0$，因此

$$dH = \left(\frac{\partial H}{\partial T}\right)_P dT \tag{3-24}$$

此外，由（3－11）式

$$dH = dq_P$$

將上式代回（3－24）式，得

$$C_P = \left(\frac{\partial H}{\partial T}\right)_P = \left(\frac{\partial q}{\partial T}\right)_P \tag{3-25}$$

若對（3－23）式及（3－25）式積分可得

$$\Delta U = \int dU = \int C_V dT \tag{3-26}$$

及

$$\Delta H = \int dH = \int C_P dT \tag{3-27}$$

這表示若 C_V（或 C_P）對 T 作圖，則曲線底下之面積，即為 ΔU（或 ΔH）。（圖 3－14）

圖 3－14　C_V（或 C_P）曲線底下之面積為 ΔU（或 ΔH）

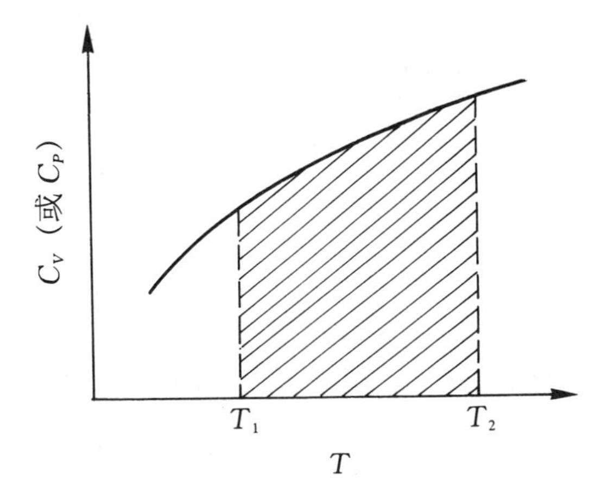

眞實物質之熱容量可用卡計（Calorimeter）的實驗方法測得，或根據光譜數據，由統計力學方法計算。物質在不同溫度下之熱容量，常表示成溫度的函數，如（3－28）式：

$$C_P = a + bT + cT^2 + dT^3 \tag{3-28}$$

或（3－29）式：

$$C_P = a + bT + \frac{c'}{T^2} \tag{3-29}$$

數種不同氣體之 a，b，c，d 及 c'值列於表 3－1。

圖 3－15 顯示數種有機物質之莫耳熱容量與溫度的關係。由本圖及（3－28）及（3－29）式都可以看出莫耳熱容量隨溫度的增加而增加的現象。這主要是因爲高溫時，分子的振動可以被激發至較高能階狀態，所以每升高 1 K 需要更多的熱量。但是莫耳熱容量的增加，並非沒有止境的。我們稍後在理想氣體的熱容量一節中將詳細說明原委。

在一個窄小的溫度範圍內，C_V 及 C_P 可看成與溫度無關的常數，因此

$$\Delta U = \int_{T_1}^{T_2} C_V dT = C_V (T_2 - T_1) \tag{3-30}$$

且

$$\Delta H = \int_{T_1}^{T_2} C_P dT = C_P (T_2 - T_1) \tag{3-31}$$

（3－30）及（3－31）式在熱力學計算中經常用到。

若溫度的變動範圍較廣，而且沒有產生相的變化，可將（3－28）或（3－29）式代回（3－27）式以求得 ΔH。例如

$$\Delta H = \int C_P dT = \int (a + bT + cT^2 + dT^3) dT$$

表 3－1　常壓下之莫耳熱容量

物質	溫度範圍（K）	a	$b\times10^3$	$c\times10^7$	$c'\times10^{-5}$	$d\times10^9$
H_2（g）	300－1500	6.9469	−0.1999	4.808		
O_2（g）	300－1500	6.148	3.102	−9.23		
N_2（g）	300－1500	6.524	1.250	−0.01		
Cl_2（g）	300－1500	7.5755	2.4244	−9.650		
Br_2（g）	300－1500	8.4228	0.9739	−3.555		
H_2O（g）	300－1500	7.256	2.298	2.83		
CO_2（g）	300－1500	6.214	10.396	−35.45		
CO（g）	300－1500	6.420	1.665	−1.96		
CNCl（g）	250－1000	11.304	2.441		−1.159	
HCl（g）	300－1500	6.7319	0.4325	3.697		
SO_2（g）	300－1800	11.895	1.089		−2.642	
SO_3（g）	300－1200	3.603	36.310	−288.28		8.649
CH_4（g）	300－1500	3.381	18.044	−43.00		
C_2H_6（g）	300－1500	2.247	38.201	−110.49		
C_3H_8（g）	300－1500	2.410	57.195	−175.33		
$n-C_4H_{10}$（g）	300－1500	4.453	72.270	−222.14		
$n-C_5H_{12}$（g）	300－1500	5.910	88.449	−273.88		
Benzene（g）	300－1500	−0.409	77.621	−264.29		
Pyridine（g）	290－1000	−3.016	88.083	−386.65		
Carbon (graphite)	300－1500	−1.265	14.008	−103.31		2.751

註：表列之 a，b，c，d 及 c' 數據適用於（3－28）式及（3－29）式，且 C_p 的單位爲cal/mol K。

$$= \left[aT + \frac{b}{2}T^2 + \frac{c}{3}T^3 + \frac{d}{4}T^4 \right]_{T_1}^{T_2}$$

$$= a(T_2 - T_1) + \frac{b}{2}(T_2^2 - T_1^2)$$

$$+ \frac{c}{3}(T_2^3 - T_1^3) + \frac{d}{4}(T_2^4 - T_1^4) \qquad (3-32)$$

圖 3－15 一些有機物質之 C_P 與溫度的關係

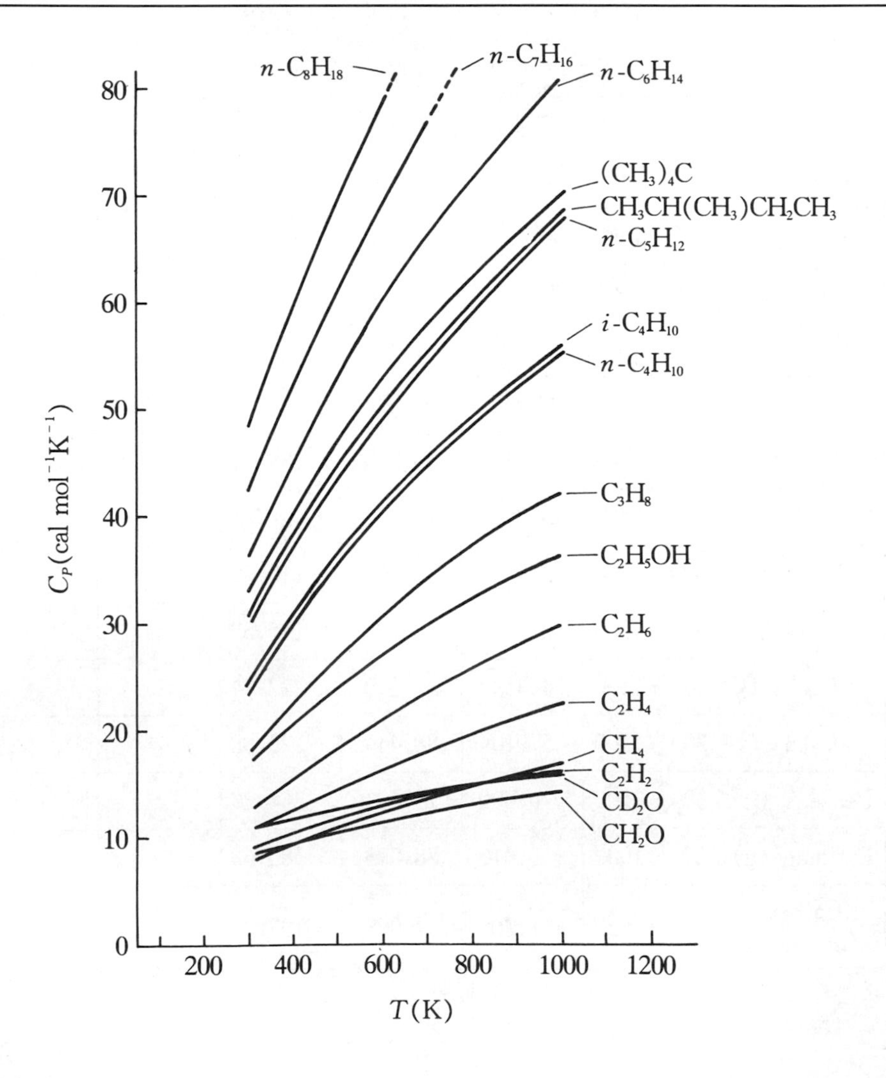

【例 3－5】

氧氣在恆容下之莫耳熱容量若可表示成

$$C_V = \alpha + \beta T + \gamma T^2$$

其中 $\alpha = 17.23$ J/mol K，$\beta = 13.61 \times 10^{-3}$ J/mol K^{2}且 $\gamma = 42.55 \times 10^{-7}$ J/mol K^3，試估計氧氣由 298 K 加熱至 500 K 時內能的變化量。

【解】

$$\begin{aligned}
\Delta U &= \int_{298}^{500} C_V dT = \int (\alpha + \beta T + \gamma T^2) dT \\
&= \alpha(T_2 - T_1) + \frac{\beta}{2}(T_2^2 - T_1^2) + \frac{\gamma}{3}(T_2^3 - T_1^3) \\
&= (17.23 \text{ J/mol K})(500 \text{ K} - 298 \text{ K}) \\
&\quad + \frac{1}{2}(13.61 \times 10^{-3} \text{ J/mol K}^2)(500^2 \text{ K}^2 - 298^2 \text{ K}^2) \\
&\quad + \frac{1}{3}(42.55 \times 10^{-7} \text{ J/mol K}^3)(500^3 \text{ K}^3 - 298^3 \text{ K}^3) \\
&= 4437 \text{ J/mol（焦耳 / 莫耳）}
\end{aligned}$$

值得注意的是，由於恆容下，作功等於零。因此 4437 J/mol 同時也是此恆容程序下加熱所吸收的熱量。

C_P 與 C_V 二者間的數學關係式，可由熱力學第一定律推導。若系統所作的功僅限於壓容功，則第一定律可寫成

$$dU = dq - P_{\text{ext}} dV$$

由（3－21）式

$$dU = \left(\frac{\partial U}{\partial T}\right)_V dT + \left(\frac{\partial U}{\partial V}\right)_T dV = C_V dT + \left(\frac{\partial U}{\partial V}\right)_T dV$$

所以

$$dq = dU + P_{\text{ext}} dV = C_V dT + \left(\frac{\partial U}{\partial V}\right)_T dV + P_{\text{ext}} dV$$

若在變化過程中，P 維持定值，則上式中 $dq = dq_P$ 且 $P_{\text{ext}} = P$，即

$$dq_P = C_V dT + \left[\left(\frac{\partial U}{\partial V}\right)_T + P\right] dV$$

將上式二邊各除以 dT 得

$$\frac{dq_P}{dT} = C_V + \left[\left(\frac{\partial U}{\partial V}\right)_T + P\right]\left(\frac{\partial V}{\partial T}\right)_P$$

即

$$C_P - C_V = \left[\left(\frac{\partial U}{\partial V}\right)_T + P\right]\left(\frac{\partial V}{\partial T}\right)_P \qquad (3-33)$$

(3－33) 式中$(\partial U/\partial V)_T$ 項具有壓力之單位，習稱爲內壓力 (Internal pressure)。

對理想氣體而言，由於分子間沒有吸引力或排斥力 (它們只是數學上的一個點而已，不具有體積與作用力)，所以不管分子存在的體積受到外壓力的影響而有任何的變化，其內能在恆溫時均維持定值，所以$(\partial U/\partial V)_T = 0$，即內能只是溫度的函數而已。由於 $H = U + PV = U + nRT$ (對理想氣體而言)，所以理想氣體的焓也是溫度的函數而已。我們可因此歸納出：

理想氣體，

$$\left(\frac{\partial U}{\partial P}\right)_T = \left(\frac{\partial U}{\partial V}\right)_T = 0 \qquad (3-34)$$

$$\left(\frac{\partial H}{\partial P}\right)_T = \left(\frac{\partial H}{\partial V}\right)_T = 0 \qquad (3-35)$$

$$U = U(T) \qquad (3-36)$$

$$H = H(T) \qquad (3-37)$$

將 (3－34) 式代回 (3－33) 式可得

$$C_P - C_V = P \cdot \left(\frac{\partial V}{\partial T}\right)_P = P \cdot \left[\frac{\partial\left(\frac{nRT}{P}\right)}{\partial T}\right]_P$$

$$= P \cdot \left(\frac{nR}{P}\right) = nR \qquad (3-38)$$

(3－38) 式適用於理想氣體。

眞實氣體分子間具有吸引力，因此膨脹時需作額外的功以克服分子間的吸引力，使能彼此離開較大距離。事實上，可以證明凡得瓦氣體之$(\partial U/\partial V)_T = a/V^2$，此處 a 爲氣體之凡得瓦係數。由於 a 爲正值，因此$(\partial U/\partial V)_T > 0$，即恆溫下，分子彼此遠離時內能會增加。

【例 3－6】

1 莫耳理想氣體在 1 bar 及 273 K 下對抗 0.315 bar 的外壓力作絕熱膨脹，直至最終體積爲原來的 2 倍。假設氣體之莫耳恆容熱容量爲$\frac{3}{2}R$，試計算(a)氣體對外作了多少功，(b)最終的溫度，(c)氣體內能的變化量。

【解】

(a) 最初體積 $V_1 = \dfrac{RT}{P_1} = \dfrac{(0.08315 \text{ L bar/mol K})(273 \text{ K})}{(1 \text{ bar})}$

$= 22.71 \text{ L/mol}$

最終體積 $V_2 = 2V_1 = 45.42 \text{ L/mol}$

$$W = -P_{\text{ext}}(V_2 - V_1)$$

$$= -(0.315 \times 10^5 \text{ Pa})(45.42 \text{ L/mol} - 22.71 \text{ L/mol})(1 \times 10^{-3} \text{ m}^3/\text{L})$$

$= -715.4$ J/mol（焦耳 / 莫耳）

(b)因爲絕熱，$q = 0$，所以

$$\Delta U = q + W = W$$

$= -715.4$ J/mol（由 (a)）

但是

$$\Delta U = C_V \Delta T = \frac{3}{2}R(T_2 - T_1)$$

所以

$$-715.4\ \text{J/mol} = \frac{3}{2}(8.315\ \text{J/mol K})(T_2 - 273\ \text{K})$$

得

$$T_2 = 215.8\ \text{K}\ (\text{度})$$

(c) $$\Delta U = W = -715.4\ \text{J/mol}\ (焦耳/莫耳)$$

或

$$\Delta U = C_V \Delta T = \frac{3}{2}R(T_2 - T_1)$$

$$= \frac{3}{2}(8.315\ \text{J/mol K})(215.8\ \text{K} - 273\ \text{K})$$

$$= -715.4\ \text{J/mol}\ (焦耳/莫耳)$$

【例 3－7】

1 莫耳凡得瓦氣體由(P_1, V_1, T)恆溫可逆地膨脹爲(P_2, V_2, T)。若$\left(\frac{\partial U}{\partial V}\right)_T = T\left(\frac{\partial P}{\partial T}\right)_V - P$，試求 W，ΔU 及 q。

【解】

(a)凡得瓦氣體公式爲

$$\left(P + \frac{n^2 a}{V^2}\right)(V - nb) = RT$$

因此

$$P = \frac{RT}{V - nb} - \frac{n^2 a}{V^2}$$

膨脹所作的功爲

$$W = -\int_{V_1}^{V_2} P dV$$

$$= -\int_{V_1}^{V_2} \left(\frac{RT}{V - nb} - \frac{n^2 a}{V^2}\right) dV$$

$$= -RT\ln(V - nb) - \frac{n^2 a}{V}\Bigg|_{V_1}^{V_2}$$

$$= -RT\ln\left(\frac{V_2 - nb}{V_1 - nb}\right) - n^2a\left(\frac{1}{V_2} - \frac{1}{V_1}\right)$$

$$= -RT\ln\left(\frac{V_2 - b}{V_1 - b}\right) - a\left(\frac{1}{V_2} - \frac{1}{V_1}\right) \quad (\because n = 1)$$

(b)
$$\left(\frac{\partial P}{\partial T}\right)_V = \left[\frac{\partial\left(\frac{RT}{V - nb} - \frac{n^2a}{V^2}\right)}{\partial T}\right]_V = \frac{R}{V - nb}$$

所以

$$\left(\frac{\partial U}{\partial V}\right)_T = T\left(\frac{\partial P}{\partial T}\right)_V - P$$

$$= T\left(\frac{R}{V - nb}\right) - \left(\frac{RT}{V - nb} - \frac{n^2a}{V^2}\right)$$

$$= \frac{n^2a}{V^2} \qquad (3-39)$$

積分（3－39）式可得

$$\Delta U = \int_{V_1}^{V_2}\left(\frac{n^2a}{V^2}\right)dV = n^2a\left(-\frac{1}{V}\right)\Bigg|_{V_1}^{V_2} = n^2a\left(\frac{1}{V_1} - \frac{1}{V_2}\right)$$

因 $V_2 > V_1$ 且 $a > 0$（a 代表眞實氣體間之吸引力），所以

$$\Delta U > 0$$

即內能會因膨脹使分子間相對距離增加，吸引力降低，使內能增加。此題 $n = 1$，所以

$$\Delta U = a\left(\frac{1}{V_1} - \frac{1}{V_2}\right)$$

(c)由熱力學第一定律

$$q = \Delta U - W$$

$$= a\left(\frac{1}{V_1} - \frac{1}{V_2}\right) - \left[-RT\ln\left(\frac{V_2 - b}{V_1 - b}\right) - a\left(\frac{1}{V_2} - \frac{1}{V_1}\right)\right]$$

$$= RT\ln\left(\frac{V_2 - b}{V_1 - b}\right) > 0 \quad (因\ V_2 > V_1)$$

注意：凡得瓦氣體行可逆且恆溫膨脹時，所吸收的熱量大於對外所作的功，所以內能增加了。若是理想氣體，答案會有怎樣的變化呢？理想氣體之 a 與 b 均爲零，所以

$$\Delta U = a\left(\frac{1}{V_1} - \frac{1}{V_2}\right) = 0$$

$$W = -RT\ln\left(\frac{V_2 - b}{V_1 - b}\right) - a\left(\frac{1}{V_2} - \frac{1}{V_1}\right) = -RT\ln\left(\frac{V_2}{V_1}\right)$$

$$q = RT\ln\left(\frac{V_2 - b}{V_1 - b}\right) = RT\ln\left(\frac{V_2}{V_1}\right)$$

由於 $W = -q$，因此

$$\Delta U = 0$$

在例 3－7 中，曾用到

$$\left(\frac{\partial U}{\partial V}\right)_T = T\left(\frac{\partial P}{\partial T}\right)_V - P \qquad (3-40)$$

此式相當重要，將在第四章中證明，目前暫時直接使用。(3－40) 式中之 $(\partial P/\partial T)_V$ 可用微積分證明爲

$$\left(\frac{\partial P}{\partial T}\right)_V = -\frac{\left(\frac{\partial V}{\partial T}\right)_P}{\left(\frac{\partial V}{\partial P}\right)_T} \qquad (3-41)$$

【例 3－8】

試證明 (3－41) 式。

【解】

令 $V = V(T, P)$，則 V 的全微分式爲

$$dV = \left(\frac{\partial V}{\partial T}\right)_P dT + \left(\frac{\partial V}{\partial P}\right)_T dP$$

若 V 爲定值，則 $dV = 0$，所以

$$0=\left(\frac{\partial V}{\partial T}\right)_P dT+\left(\frac{\partial V}{\partial P}\right)_T dP$$

重排後可得

$$\left(\frac{\partial P}{\partial T}\right)_V=-\left(\frac{\partial V}{\partial T}\right)_P\left(\frac{\partial P}{\partial V}\right)_T=\frac{-\left(\frac{\partial V}{\partial T}\right)_P}{\left(\frac{\partial V}{\partial P}\right)_T} \qquad (3-42)$$

若將（3－42）式二邊乘以$(\partial T/\partial P)_V$得

$$\left(\frac{\partial V}{\partial T}\right)_P\left(\frac{\partial P}{\partial V}\right)_T\left(\frac{\partial T}{\partial P}\right)_V=-1$$

即

$$\left(\frac{\partial V}{\partial T}\right)_P\left(\frac{\partial T}{\partial P}\right)_V\left(\frac{\partial P}{\partial V}\right)_T=-1 \qquad (3-43)$$

（3－43）式稱爲偏微分之連鎖法則（Chain rule）。

注意：（3－41）及（3－43）式均含有 3 個變數 P，T，V 而且等式需要一個負號。

由於熱膨脹係數（Thermal expansion coefficient）α，及恆溫壓縮係數（Isothermal compressibility）κ，分別定義爲

$$\alpha=\frac{1}{V}\left(\frac{\partial V}{\partial T}\right)_P \qquad (3-44)$$

$$\kappa=-\frac{1}{V}\left(\frac{\partial V}{\partial P}\right)_T \qquad (3-45)$$

所以$(\partial P/\partial T)_V$根據（3－41）式可化簡成

$$\left(\frac{\partial P}{\partial T}\right)_V=\frac{\alpha}{\kappa} \qquad (3-46)$$

同時，（3－40）式變爲

$$\left(\frac{\partial U}{\partial V}\right)_T = T\left(\frac{\alpha}{\kappa}\right) - P \tag{3-47}$$

因此，根據（3－33）式

$$C_P - C_V = \left[P + T\left(\frac{\alpha}{\kappa}\right) - P\right]V\alpha = \frac{TV\alpha^2}{\kappa} \tag{3-48}$$

（3－48）式適用於固體、液體及氣體。但由於液體及固體之 α 及 κ 甚小，所以 C_P 與 C_V 之值非常接近。對於理想氣體而言，$V = nRT/P$，所以

$$\alpha = \frac{1}{V}\left(\frac{\partial V}{\partial T}\right)_P = \frac{1}{V}\left[\frac{\partial\left(\frac{nRT}{P}\right)}{\partial T}\right]_P$$

$$= \frac{nR}{PV} = \frac{1}{T} \tag{3-49}$$

且

$$\kappa = -\frac{1}{V}\left(\frac{\partial V}{\partial P}\right)_T = -\frac{1}{V}\left[\frac{\partial\left(\frac{nRT}{P}\right)}{\partial P}\right]_T$$

$$= \frac{nRT}{V}\frac{1}{P^2} = \frac{1}{P} \tag{3-50}$$

所以

$$\left(\frac{\partial U}{\partial V}\right)_T = T\left(\frac{\alpha}{\kappa}\right) - P = T\frac{\left(\frac{1}{T}\right)}{\left(\frac{1}{P}\right)} - P$$

$$= P - P = 0 \tag{3-51}$$

而且

$$C_P - C_V = \frac{TV\alpha^2}{\kappa} = \frac{TV\left(\frac{1}{T}\right)^2}{\left(\frac{1}{P}\right)} = \frac{PV}{T} = nR \tag{3-52}$$

上式爲（3－38）式之另一個證明方法。

3－8　絕熱膨脹

在絕熱情況下，$q=0$，所以

$$\Delta U = W = -\int P_{\text{ext}} dV \tag{3-53}$$

上式適用於可逆與不可逆程序。

若外壓力 P_{ext} 爲零（即對於眞空作絕熱膨脹），則功也等於零，所以內能也不會有任何變化。

若氣體對抗一個不爲零的外壓力作膨脹，則氣體對外界作功，功爲負值，因此內能及溫度都會下降。由於

$$\Delta U = \int C_V dT$$

若 C_V 與溫度無關，則

$$\Delta U = C_V(T_2 - T_1) = W \tag{3-54}$$

上式適用於絕熱膨脹，不管程序是否爲可逆，因爲內能是一個狀態函數。

若絕熱膨脹的過程是可逆的，且氣體爲理想氣體，則可用平衡壓力 P 代替（3－53）式之 P_{ext}，得

$$C_V dT = -PdV = -\left(\frac{nRT}{V}\right) dV$$

即

$$\frac{C_V}{n}\frac{dT}{T} = -R\frac{dV}{V} \tag{3-55}$$

令 $\overline{C}_V = C_V/n$（即莫耳熱容量），且假設 $\overline{C}_V$ 與溫度無關，則(3－55)式可作積分，得

$$\overline{C}_V\int_{T_1}^{T_2}\frac{dT}{T}=-R\int_{V_1}^{V_2}\frac{dV}{V}$$

即

$$\overline{C}_V\ln\left(\frac{T_2}{T_1}\right)=-R\ln\left(\frac{V_2}{V_1}\right)=R\ln\left(\frac{V_1}{V_2}\right)$$

所以

$$\left(\frac{T_2}{T_1}\right)=\left(\frac{V_1}{V_2}\right)^{\frac{R}{\overline{C}_V}} \qquad (3-56)$$

由（3－52）式

$$\overline{C}_P-\overline{C}_V=R$$

所以（3－56）式可改寫成

$$\left(\frac{T_2}{T_1}\right)=\left(\frac{V_1}{V_2}\right)^{\frac{\overline{C}_P-\overline{C}_V}{\overline{C}_V}}=\left(\frac{V_1}{V_2}\right)^{\gamma-1} \qquad (3-57)$$

或

$$T\cdot V^{\gamma-1}=\text{常數} \qquad (3-58)$$

（3－57）及（3－58）式中之 $\gamma=\overline{C}_P/\overline{C}_V$。

因爲 $P=nRT/V$，所以

$$\left(\frac{T_2}{T_1}\right)=\left(\frac{P_2V_2}{P_1V_1}\right)=\left(\frac{V_1}{V_2}\right)^{\gamma-1} \quad (\text{由}(3-57)\text{式})$$

將上式重排可得

$$\left(\frac{P_2}{P_1}\right)=\left(\frac{V_1}{V_2}\right)^{\gamma} \qquad (3-59)$$

或

$$P\cdot V^{\gamma}=\text{常數} \qquad (3-60)$$

（3－58）及（3－60）式只適用於理想氣體之可逆絕熱膨脹程序。(3－60) 式且可與恆溫程序下理想氣體之 $P\cdot V=$常數比較。

對於理想的單原子氣體（如鈍氣）而言，

$$\overline{C}_V = \frac{3}{2}R$$

所以

$$\overline{C}_P = \overline{C}_V + R = \frac{5}{2}R$$

因此

$$\gamma = \frac{\overline{C}_P}{\overline{C}_V} = \frac{\left(\frac{5}{2}R\right)}{\left(\frac{3}{2}R\right)} = \frac{5}{3}$$

圖 3－16 說明當理想的單原子氣體由初始狀態 A，分別作可逆恆溫及絕熱膨脹時，壓力與體積的變化情形。由於 $\gamma>1$，所以絕熱程序中壓力下降之幅度比恆溫時大，因此所作的功的絕對值比恆溫時小。

圖 3－16　理想單原子氣體分別作可逆恆溫及絕熱膨脹時其壓力與體積之變化圖

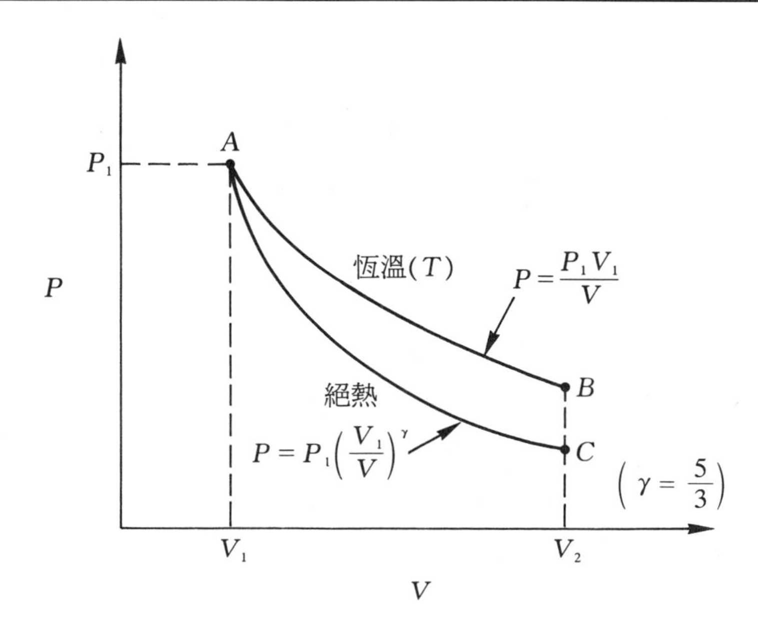

【例 3－9】

1 莫耳理想氣體（$T_1=300$ K，$V_1=20$ dm^3），經可逆絕熱膨脹成 $V_2=40$ dm^3。若$\overline{C}_V=\frac{3}{2}R$，求 T_2，ΔU 及 W。

【解】

因爲可逆絕熱膨脹，所以

$$T_1 \cdot V_1^{\gamma-1} = T_2 \cdot V_2^{\gamma-1}$$

或寫成

$$\left(\frac{T_1}{T_2}\right) = \left(\frac{V_2}{V_1}\right)^{\gamma-1} \tag{3-61}$$

其中

$$\gamma = \frac{\overline{C}_P}{\overline{C}_V} = \frac{\frac{3}{2}R + R}{\frac{3}{2}R} = \frac{5}{3}$$

將數據代入（3－61）式得

$$\frac{300\ \text{K}}{T_2} = \left(\frac{40\ \text{dm}^3}{20\ \text{dm}^3}\right)^{5/3-1} = 2^{2/3}$$

所以

$$T_2 = (300\ \text{K})(2)^{-2/3} = 189\ \text{K}（度）$$

$$\Delta U = n\,\overline{C}_V\,\Delta T = n\left(\frac{3}{2}R\right)(189\ \text{K} - 300\ \text{K})$$

$$= (1\ \text{mol})\left(\frac{3}{2}\right)(8.315\ \text{J/mol K})(-111\ \text{K})$$

$$= -1384\ \text{J}（焦耳）$$

由於絕熱，$q=0$，所以

$$\Delta U = q + W = W$$

所以

$$W = -1384\ \text{J}（焦耳）$$

【例 3－10】

1 莫耳理想氣體（$P_1=200$ kPa，$T_1=300$ K）經絕熱可逆膨脹成 $P_2=100$ kPa。若 $\overline{C}_V=\frac{3}{2}R$，試求此氣體所作的功及最終溫度。

【解】

可逆絕熱膨脹的公式有 $P\cdot V^{\gamma}$ = 常數及 $T\cdot V^{\gamma-1}$ = 常數，但是題目告訴我們的是 P 與 T，怎麼辦呢？可將理想氣體公式 $V=nRT/P$ 代入

$$P\cdot V^{\gamma} = \text{常數}$$

中，得

$$P\cdot\left(\frac{nRT}{P}\right)^{\gamma} = \text{常數}$$

即

$$P^{1-\gamma}\cdot T^{\gamma} = \text{常數}$$

或

$$\left(\frac{P_2}{P_1}\right)^{\frac{1-\gamma}{\gamma}} = \left(\frac{T_1}{T_2}\right)$$

其中 $\gamma=5/3$。代入數據得

$$\left(\frac{100\ \text{kPa}}{200\ \text{kPa}}\right)^{\frac{1-5/3}{5/3}} = \left(\frac{300\ \text{K}}{T_2}\right)$$

即

$$\left(\frac{1}{2}\right)^{\frac{-2/3}{5/3}} = \left(\frac{300\ \text{K}}{T_2}\right)$$

所以

$$2^{2/5} = \left(\frac{300\ \text{K}}{T_2}\right)$$

因此

$$T_2 = (300\ \text{K})(2^{-2/5}) = 227\ \text{K（度）}$$

由於絕熱，$q=0$，所以

$$
\begin{aligned}
W &= \Delta U = n\,\overline{C}_V \Delta T \\
&= n\left(\frac{3}{2}R\right)(T_2 - T_1) \\
&= (1\ \text{mol})\left(\frac{3}{2}\right)(8.315\ \text{J/mol K})(227\ \text{K} - 300\ \text{K}) \\
&= -910\ \text{J}\ (\text{焦耳})
\end{aligned}
$$

3-9 焦耳—湯木生效應

3-7 節中曾提過，H 可表示成 T 與 P 的函數

$$
dH = \left(\frac{\partial H}{\partial T}\right)_P dT + \left(\frac{\partial H}{\partial P}\right)_T dP
$$

其中$(\partial H/\partial T)_P = C_P$。若一個程序是等焓的，則 $dH=0$，因此

$$
0 = \left(\frac{\partial H}{\partial T}\right)_P dT + \left(\frac{\partial H}{\partial P}\right)_T dP
$$

即

$$
\left(\frac{\partial H}{\partial P}\right)_T = -\left(\frac{\partial H}{\partial T}\right)_P \left(\frac{\partial T}{\partial P}\right)_H = -C_P \mu_{\text{JT}} \qquad (3-62)
$$

上式中之 $\mu_{\text{JT}} = (\partial T/\partial P)_H$，稱爲焦耳—湯木生係數(Joule-Thomson Coefficient)。若能由實驗上測得 μ_{JT}，則$(\partial H/\partial P)_T$ 可由（3-62）式計算出。

焦耳與湯木生（W. Thomson）於 1852 至 1862 年間進行了一系列實驗，以測量氣體膨脹時所產生的溫度變化，其實驗裝置如圖 3-17 所示。整個裝置以熱絕緣壁包覆，故系統與外界間無熱量的傳遞。實驗前（圖 3-17(a)），壓力爲 P_1，體積爲 V_1 的氣體密封於多孔障壁（Porous barrier）的左側。障壁右側無氣體，其活塞承受的外壓力爲 P_2（$P_2 < P_1$）。若藉外力緩慢推動左邊之活塞（無摩擦），則最終

圖 3－17　焦耳—湯木生實驗

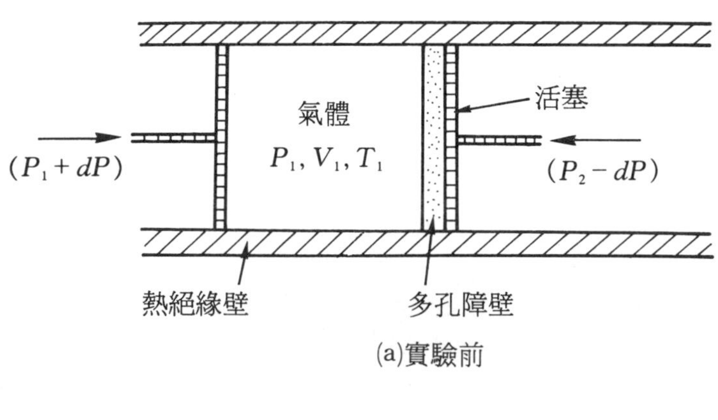

(a)實驗前

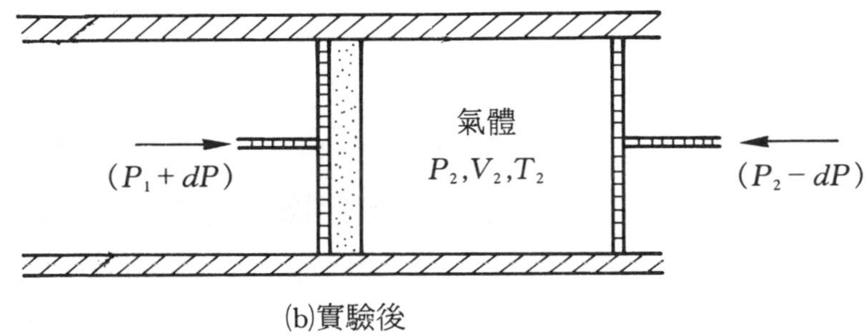

(b)實驗後

所有的氣體會通過障壁流至右側，其壓力爲 P_2，體積爲 V_2（圖 3－17(b)）。通常可觀察到最後的溫度不等於初始溫度。

我們將證明焦耳—湯木生膨脹是恆焓（Isoenthalpic）的，即實驗前後 $\Delta H=0$。

在多孔障壁左側區間，作用於氣體的功爲

$$W_1=-\int_{V_1}^{0}P_1dV=-P_1(0-V_1)=P_1V_1$$

在障壁右側所作的功爲

$$W_2=-\int_{0}^{V_2}P_2dV=-P_2(V_2-0)=-P_2V_2$$

所以淨功爲

$$W_{淨功} = W_1 + W_2 = P_1V_1 - P_2V_2$$

由熱力學第一定律

$$\Delta U = q + W_{淨功} = W_{淨功} \quad (\because q = 0)$$

即

$$U_2 - U_1 = P_1V_1 - P_2V_2$$

所以

$$U_1 + P_1V_1 = U_2 + P_2V_2$$

因此

$$H_1 = H_2$$

故

$$\Delta H = 0$$

在焦耳—湯木生實驗中，氣體由高壓流至低壓環境，即 μ_{JT}定義式中之$\partial P<0$，所以在實驗中若觀察到氣體溫度降低了，表示 $\mu_{JT}>0$。若溫度升高，則表示 $\mu_{JT}<0$。換言之，若 μ_{JT}爲正値，表示氣體膨脹時（即壓力變小），溫度會降低。

由（3－62）式

$$\mu_{JT} = -\frac{1}{C_P}\left(\frac{\partial H}{\partial P}\right)_T \tag{3-63}$$

當溫度與壓力改變時，C_P 及$(\partial H/\partial P)_T$ 値亦異，所以 μ_{JT}値隨溫度與壓力而變。表 3－2 列出氬與氮在不同溫度與壓力下之焦耳—湯木生係數。

若將 $H = U + PV$ 代入（3－63）式得

$$\mu_{JT} = -\frac{1}{C_P}\left[\left(\frac{\partial U}{\partial P}\right)_T + \left(\frac{\partial (PV)}{\partial P}\right)_T\right] \tag{3-64}$$

對於理想氣體而言，

$$\left(\frac{\partial H}{\partial P}\right)_T = \left(\frac{\partial U}{\partial P}\right)_T = 0$$

表 3-2　氬與氮的焦耳—湯木生係數

氣體	溫度（℃）	μ_{JT}（K/atm）		
		1 atm	100 atm	200 atm
氬	300	0.0643	0.0445	0.0276
	0	0.4307	0.3010	0.1883
	-150	1.8120	-0.0277	-0.0640
氮	300	0.0140	-0.0075	-0.0171
	0	0.2656	0.1679	0.0891
	-150	1.2659	0.0202	-0.0284

而且

$$\left(\frac{\partial(PV)}{\partial P}\right)_T = \left(\frac{\partial(nRT)}{\partial P}\right)_T = 0$$

所以 $\mu_{JT}=0$。

在某特定狀態時，μ_{JT}值會等於零，此相對應之溫度稱爲反轉溫度（Inversion temperature）。在反轉溫度下，氣體膨脹前後溫度維持不變，故觀察不到焦耳—湯木生效應。

圖 3-18 說明當氮氣之 $\mu_{JT}=0$ 時之溫度與壓力之關係曲線。在曲線左側之溫度及壓力下，μ_{JT}爲正值，即氣體遇膨脹會冷卻；曲線右側區間則遇膨脹會升溫。此性質對於氣體的液化極爲重要。譬如氫氣在壓力爲 1 bar 時的反轉溫度爲 -80 ℃，若溫度高於此值，μ_{JT}爲負值。亦即在高於 -80 ℃ 的溫度下，氫氣膨脹時溫度會上升。因此若欲將氫氣藉膨脹方法液化，則需先將其冷卻至 -80 ℃ 以下，此時μ_{JT}爲正值，即膨脹時溫度會下降，故可藉焦耳—湯木生膨脹將氫氣液化。其他有關氣體液化之原理，請參考第二章之氣體的液化一節之說明。

圖 3－18 氮氣之反轉溫度與壓力的關係

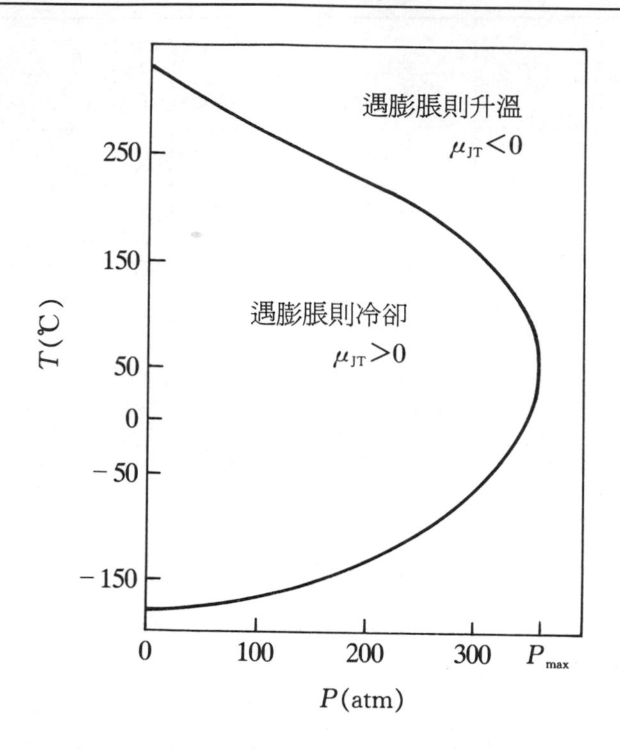

【例 3－11】

若 $\mu_{JT}=\frac{1}{C_P}\left(\frac{2a}{RT}-b\right)$，試求 1 莫耳氣體在恆溫（$T$）下，由 P_1 壓縮爲 P_2 時的 ΔH。

【解】

由(3－63) 式

$$\mu_{JT}=-\frac{1}{C_P}\left(\frac{\partial H}{\partial P}\right)_T$$

得知

$$\left(\frac{\partial H}{\partial P}\right)_T=b-\frac{2a}{RT}$$

所以

$$\Delta H = \int_{P_1}^{P_2}\left(b - \frac{2a}{RT}\right) dP = \left(b - \frac{2a}{RT}\right)(P_2 - P_1)$$

我們在第四章中將證明（3－63）式中之$(\partial H/\partial P)_T$為

$$\left(\frac{\partial H}{\partial P}\right)_T = V - T\left(\frac{\partial V}{\partial T}\right)_P = V(1 - \alpha T) \qquad (3-65)$$

【例 3－12】

已知液態苯（Benzene）的熱膨脹係數為 $1.237\times10^{-3}\ K^{-1}$，密度為 $0.879\ g/cm^3$。若在 25 ℃時，苯的壓力由 1 bar 增為 11 bar，試計算莫耳焓（Molar enthalpy）的變化量。

【解】

$$\text{苯之莫耳體積}\overline{V} = \frac{\text{分子量}}{\text{密度}} = \frac{78\ g/mol}{0.879\ g/cm^3} = 88.74\ cm^3/mol$$

$$\left(\frac{\partial \overline{H}}{\partial P}\right)_T = \overline{V}(1 - \alpha T)$$

$$= (88.74\ cm^3/mol)(10^{-6}\ m^3/cm^3)$$

$$[1 - (1.237 \times 10^{-3}\ K^{-1})(298\ K)]$$

$$= 5.60 \times 10^{-5}\ m^3/mol$$

$$\Delta \overline{H} = \int_{1bar}^{11bar}(5.60 \times 10^{-5}\ m^3/mol)dP$$

$$= (5.60 \times 10^{-5}\ m^3/mol)(11\ bar - 1\ bar)(10^5\ Pa/bar)$$

$$= 56.0\ J/mol \text{（焦耳 / 莫耳）}$$

【例 3－13】

N_2 在 300 ℃及 0～60 atm 時，其焦耳—湯木生係數為 $\mu_{JT}=0.0142-2.60\times10^{-4}P$。試求 N_2 在 300 ℃時由 60 atm 膨脹至 20 atm，其溫度下降量。

【解】

$$\mu_{\mathrm{JT}} = \left(\frac{\partial T}{\partial P}\right)_H = 0.0142 - 2.60 \times 10^{-4} P$$

所以

$$\begin{aligned}\Delta T &= \int_{60}^{20} (0.0142 - 2.60 \times 10^{-4} P)\, dP \\ &= 0.0142P - 1.30 \times 10^{-4} P^2 \Big|_{60}^{20} \\ &= 0.0142(20 - 60) - 1.30 \times 10^{-4}(20^2 - 60^2) \\ &= -0.152 \text{（度）}\end{aligned}$$

故溫度下降了 0.152 ℃。

3－10　熱力學第一定律的應用

3－10－1　理想氣體之恆溫膨脹

在 3－7 節中曾提到，理想氣體之內能及焓不隨體積或壓力而異，即$(\partial U/\partial V)_T = (\partial U/\partial P)_T = 0$且$(\partial H/\partial V)_T = (\partial H/\partial P)_T = 0$。所以在恆溫膨脹時，$\Delta H = \Delta U = 0$。但 $\Delta U = 0 = q + W$，所以

$$q = -W$$

吸收的熱量及所作的功與路徑有關。

(a)**可逆程序**

$$\begin{aligned} q &= -W = \int_{V_1}^{V_2} P\,dV = \int_{V_1}^{V_2} \frac{nRT}{V}\,dV = nRT\ln\left(\frac{V_2}{V_1}\right) \\ &= nRT\ln\left(\frac{P_1}{P_2}\right) \quad \left(\because \text{恆溫，} \frac{V_2}{V_1} = \frac{P_1}{P_2}\right) \end{aligned} \tag{3－66}$$

膨脹時，$V_2 > V_1$，所以 $q > 0$。此表示氣體對外界作功，但同時

也自外界擷取能量使內能維持不變，此由外界供給的能量是以熱的型式出現。

(b)**不可逆程序**

假設理想氣體對抗某固定的外壓力 P_2，由體積 V_1 膨脹至 V_2，則

$$q=-W=\int_{V_1}^{V_2}P_2dV=P_2(V_2-V_1)$$
$$=P_2\left(\frac{nRT}{P_2}-\frac{nRT}{P_1}\right)=nRT\left(1-\frac{P_2}{P_1}\right)$$
$$=nRT\left(1-\frac{V_1}{V_2}\right) \quad (3-67)$$

表 3－3 說明當 V_2/V_1 改變時，可逆與不可逆程序所吸收熱量的差異。當 $V_2=V_1$（即未膨脹時），兩程序所吸收的熱量均爲零。隨著 V_2/V_1 的增加，兩程序所吸收的熱量（即所作功的絕對值）均逐步遞增，但可逆程序增加的幅度較大。當 V_2/V_1 趨向無窮大時，可逆程序所吸收的熱量也趨向無窮大，但不可逆程序的熱量則趨向一定值（nRT）（圖 3－19）。

由表 3－3 及圖 3－19 也可看出熱與功屬於非狀態函數，它們的值與路徑有關。

表 3－3　可逆與不可逆恆溫膨脹時，理想氣體所吸收的熱量

$\left(\frac{V_2}{V_1}\right)$	1	2	4	10	100	∞
$\frac{q_{可逆}}{nRT}=\frac{\lvert W_{可逆}\rvert}{nRT}$	0	0.693	1.386	2.303	23.03	∞
$\frac{q_{不可逆}}{nRT}=\frac{\lvert W_{不可逆}\rvert}{nRT}$	0	0.500	0.750	0.900	0.99	1

圖 3－19 可逆與不可逆恆溫程序吸收熱量比較圖

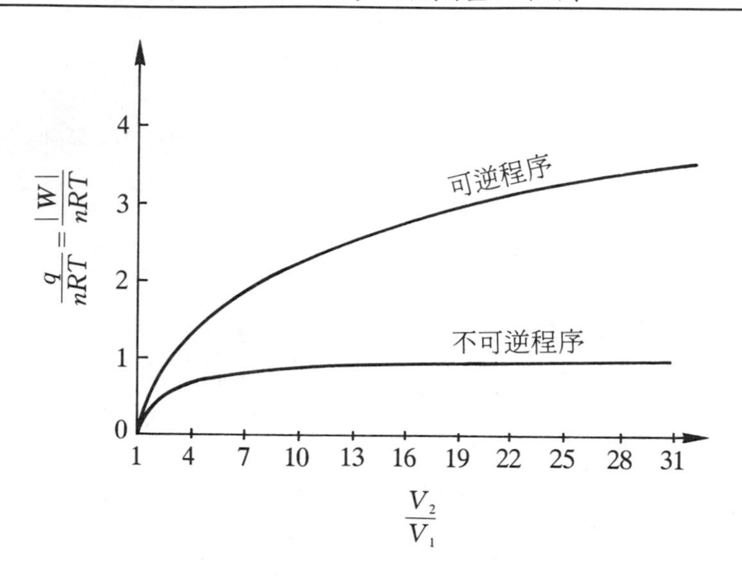

3－10－2 理想氣體之絕熱膨脹

在 3－8 節中曾提到，絕熱則 $dU=dW$，但

$$dU = n\bar{C}_V dT \quad 且 \quad dW = -P_{ext}dV$$

所以

$$n\bar{C}_V dT = -P_{ext}dV \tag{3-68}$$

上式適用於可逆與不可逆程序。

(a)**可逆程序**

3－8 節中已證明 $P\cdot V^{\gamma}=$ 常數，$P^{1-\gamma}T^{\gamma}=$ 常數，及 $T\cdot V^{\gamma-1}=$ 常數。

(b)**不可逆程序**

若理想氣體由 (P_1, V_1, T_1) 對抗固定外壓力 P_2 而成爲 (P_2, V_2, T_2)，則由（3－68）式得

$$n\,\overline{C}_V dT = -P_2 dV$$

假設$\overline{C}_V$為定值，作積分可得

$$\begin{aligned} n\,\overline{C}_V(T_2 - T_1) &= -P_2(V_2 - V_1) \\ &= -P_2\left(\frac{nRT_2}{P_2} - \frac{nRT_1}{P_1}\right) \\ &= -nR\left(T_2 - \frac{T_1P_2}{P_1}\right) \end{aligned} \tag{3-69}$$

即

$$\overline{C}_V(T_2 - T_1) = -R\left(T_2 - \frac{T_1P_2}{P_1}\right)$$

乘開並移項後得

$$(\overline{C}_V + R)T_2 = T_1\left[\overline{C}_V + \left(\frac{P_2}{P_1}\right)R\right]$$

但$\overline{C}_V + R = \overline{C}_P$，所以

$$T_2 = T_1\left[\frac{\overline{C}_V + R\left(\frac{P_2}{P_1}\right)}{\overline{C}_P}\right] \tag{3-70}$$

若已知$\overline{C}_V, T_1, P_1$及 P_2，則由（3－70）式可求得 T_2，再代入（3－69）式可算出 ΔU 及 W。至於 ΔH 呢?

$$\begin{aligned} dH &= dU + dPV \\ &= n\,\overline{C}_V dT + d(nRT) \\ &= n(\overline{C}_V + R)dT \\ &= n\,\overline{C}_P dT \end{aligned}$$

所以

$$\Delta H = n\,\overline{C}_P \Delta T \tag{3-71}$$

（3－71）式同時適用於可逆與不可逆程序，不過這兩個程序之 ΔT 可能不同。

【例 3－14】

1 莫耳理想單原子氣體由初始狀態（300 K，10 atm）膨脹至 1 atm。試分別計算在可逆及不可逆程序時(a)恆溫及(b)絕熱下的 q，W 及 ΔU。

【解】

(1) 可逆程序

(a) 恆溫

$$T_2 = 300\ \text{K},\ V_2 = \frac{P_1}{P_2}V_1 = \frac{10\ \text{atm}}{1\ \text{atm}}V_1 = 10V_1$$

$$W = -\int PdV = -\int_{V_1}^{V_2}\left(\frac{nRT}{V}\right)dV = -nRT\ln\left(\frac{V_2}{V_1}\right)$$

$$= -(1\ \text{mol})(8.315\ \text{J/mol K})(300\ \text{K})\ln\left(\frac{10V_1}{V_1}\right)$$

$$= -5743.8\ \text{J}（焦耳）$$

因為恆溫，$\Delta U = 0$，所以

$$q = -W = 5743.8\ 焦耳$$

(b)絕熱

由 $P^{1-\gamma}\cdot T^{\gamma}=$常數，得

$$\left(\frac{P_2}{P_1}\right)^{\frac{1-\gamma}{\gamma}} = \left(\frac{T_1}{T_2}\right)$$

由於 $\gamma = 5/3$，所以

$$\frac{1-\gamma}{\gamma} = \frac{1-\frac{5}{3}}{\frac{5}{3}} = -\frac{2}{5}$$

因此

$$\left(\frac{1}{10}\right)^{-\frac{2}{5}} = \left(\frac{300\ \text{K}}{T_2}\right)$$

故

$$T_2 = (300\ \text{K})\left(\frac{1}{10}\right)^{\frac{2}{5}} = 119.4\ \text{K}$$

由於 $q=0$，

$$\Delta U = W = n\,\overline{C}_V\Delta T = n\left(\frac{3}{2}R\right)(T_2 - T_1)$$

$$= (1\ \text{mol})\left(\frac{3}{2}\right)(8.315\ \text{J/mol K})(119.4\ \text{K} - 300\ \text{K})$$

$$= -2252.5\ \text{J}\ (\text{焦耳})$$

$$\frac{V_2}{V_1} = \frac{P_1T_2}{P_2T_1} = \left(\frac{10\ \text{atm}}{1\ \text{atm}}\right)\left(\frac{119.4\ \text{K}}{300\ \text{K}}\right) = 3.98$$

(2)不可逆程序

(a)恆溫

因爲恆溫，$\Delta U=0$，且 $V_2/V_1=P_1/P_2=10$，所以

$$W = -P_2(V_2 - V_1)$$

$$= -P_2\left(\frac{nRT}{P_2} - \frac{nRT}{P_1}\right) = -nRT\left(1 - \frac{P_2}{P_1}\right)$$

$$= -(1\ \text{mol})(8.315\ \text{J/mol K})(300\ \text{K})\left(1 - \frac{1\ \text{atm}}{10\ \text{atm}}\right)$$

$$= -2245.0\ \text{J}\ (\text{焦耳})$$

$$q = -W = 2245.0\ \text{焦耳}$$

(b)絕熱

$q=0$，所以 $\Delta U = W$

由（3－70）式

$$T_2 = T_1\left[\frac{\overline{C}_V + R\left(\frac{P_2}{P_1}\right)}{\overline{C}_P}\right] = (300\ \text{K})\left[\frac{\frac{3}{2}R + R\left(\frac{1\ \text{atm}}{10\ \text{atm}}\right)}{\frac{5}{2}R}\right]$$

$$= (300\ \text{K})\left(\frac{3}{5} + \frac{2}{50}\right) = 192\ \text{K}$$

$$\Delta U = W = n\,\overline{C}_V \Delta T$$
$$= (1\ \text{mol})\left(\frac{3}{2}\right)(8.315\ \text{J/mol K})(192\ \text{K} - 300\ \text{K})$$
$$= -1347.0\ \text{J}\ (焦耳)$$

$$\frac{V_2}{V_1} = \frac{P_1 T_2}{P_2 T_1} = \left(\frac{10\ \text{atm}}{1\ \text{atm}}\right)\left(\frac{192\ \text{K}}{300\ \text{K}}\right) = 6.4$$

以上二個程序之計算結果彙整於表 3－4。

表 3－4　可逆與不可逆膨脹計算結果之比較

程序	最終壓力	最終溫度(K)	最終體積	W (J)	q (J)	ΔU (J)
恆溫可逆	$\frac{1}{10}P_1$	300	$10V_1$	－5743.8	5743.8	0
恆溫不可逆	$\frac{1}{10}P_1$	300	$10V_1$	－2245.0	2245.0	0
絕熱可逆	$\frac{1}{10}P_1$	119.4	$3.98V_1$	－2252.5	0	－2252.5
絕熱不可逆	$\frac{1}{10}P_1$	192	$6.4V_1$	－1347.0	0	－1347.0

由表 3－4 可以看出不管程序是否可逆，恆溫過程所作的功的絕對值比絕熱過程大，此因恆溫過程之體積增加量較大所致。此外，不管是恆溫或絕熱，不可逆程序所作的功都比可逆時來得小，此因不可逆程序所需對抗之外壓力較可逆時之逐步平衡壓力小。以上計算假設氣體爲理想氣體，若爲眞實氣體，則計算值會稍有不同，但定性方面的比較仍是正確的。

【例 3－15】

1 莫耳理想氣體由 300 K 及 100 kPa 經恆壓加熱成 400 K 及 100 kPa。假設$\overline{C}_V = \frac{3}{2}R$，且此程序爲可逆的，試求 ΔU，ΔH，q 及 W。

【解】

等壓下加熱,則氣體之體積會膨脹。

$$W = -\int PdV = -P\int dV = -P(V_2 - V_1)$$
$$= -P\left(\frac{nRT_2}{P} - \frac{nRT_1}{P}\right) = nR(T_1 - T_2)$$
$$= (1\ \text{mol})(8.315\ \text{J/mol K})(300\ \text{K} - 400\ \text{K})$$
$$= -831.5\ \text{J}\ (\text{焦耳})$$

也可由

$$dW = -d(PV) = -PdV$$
$$= -nRdT \quad (\because P\ \text{爲常數})$$

所以

$$\Delta W = -nR\Delta T$$
$$= -(1\ \text{mol})(8.315\ \text{J/mol K})(400\ \text{K} - 300\ \text{K})$$
$$= -831.5\ \text{J}\ (\text{焦耳})$$

注意：由於膨脹，所以 $\Delta W < 0$。

$$\Delta U = n\,\overline{C}_V\Delta T$$
$$= (1\ \text{mol})\left(\frac{3}{2}\right)(8.315\ \text{J/mol K})(400\ \text{K} - 300\ \text{K})$$
$$= 1247.25\ \text{J}(\text{焦耳})$$

$$q = \Delta U - W = (1247.25\ \text{J}) - (-831.5\ \text{J})$$
$$= 2078.75\ \text{J}\ (\text{焦耳})$$

$$\Delta H = C_P\,\Delta T = n\,\overline{C}_P\Delta T = n\left(\frac{5}{2}R\right)(T_2 - T_1)$$
$$= (1\ \text{mol})\left(\frac{5}{2}\right)(8.315\ \text{J/mol K})(400\ \text{K} - 300\ \text{K})$$
$$= 2078.75\ \text{J}\ (\text{焦耳})$$

注意：由於恆壓，所以 $\Delta H = q$。

【例 3－16】

1 莫耳理想氣體$\left(\overline{C}_V=\frac{3}{2}R\right)$歷經下列二階段：⑴恆容加熱：由（100 kPa，300 K）→（x kPa，400 K）。⑵絕熱自由膨脹：由（x kPa，400 K）→（100 kPa，400 K）。其中⑵爲不可逆程序。試計算 ΔU，ΔH，q 及 W。

【解】

因爲理想氣體的內能只是溫度的函數而已，所以

$$\begin{aligned}\Delta U_1 &= n\overline{C}_V\Delta T\\ &= (1\ \text{mol})\left(\frac{3}{2}\right)(8.315\ \text{J/mol K})(400\ \text{K}-300\ \text{K})\\ &= 1247.25\ \text{J}\end{aligned}$$

$$\Delta U_2 = n\overline{C}_V\,\Delta T = 0 \quad (\because \Delta T = 0)$$

因此

$$\Delta U = \Delta U_1 + \Delta U_2 = 1247.25\ \text{J}\ (\text{焦耳})$$

$$W_1 = 0 \quad (\because \text{體積固定})$$

$$W_2 = 0 \quad (\because \text{自由膨脹})$$

所以

$$W = W_1 + W_2 = 0$$

$$q_1 = \Delta U_1 - W_1 = \Delta U_1 = 1247.25\ (\text{焦耳})$$

$$q_2 = 0 \quad (\because \text{絕熱})$$

所以

$$q = q_1 + q_2 = q_1 = 1247.25\ \text{焦耳}$$

$$\begin{aligned}\Delta H_1 &= n\overline{C}_P\,\Delta T = n\left(\frac{5}{2}R\right)\Delta T\\ &= (1\ \text{mol})\left(\frac{5}{2}\right)(8.315\ \text{J/mol K})(400\ \text{K}-300\ \text{K})\\ &= 2078.75\ \text{J}\end{aligned}$$

$$\Delta H_2 = n\overline{C}_P\Delta T = 0\ (\because \Delta T = 0)$$

所以

$$\Delta H = \Delta H_1 + \Delta H_2 = 2078.75 \text{ 焦耳}$$

注意：由於第二階段爲不可逆，所以二階段的組合亦爲不可逆程序，但此組合之初始及終結狀態與例 3－15 相同。由於內能及焓均爲狀態函數，所以本題算出之 ΔU 與 ΔH 應與例題 3－15 相同，但 q 及 W 與例 3－15 不同，因爲它們的值與路徑有關。

＊3－11　理想氣體之熱容量

理想氣體之內能是移動能、轉動能、振動能、電子激發能與核子激發能的總和，所以討論氣體之熱容量時需考慮來自於各方面的貢獻。由於將電子及核子激發需要相當高的能量，平常可忽略。

理想的單原子氣體只有移動能，由分子動力學原理可以證明 1 莫耳理想氣體分子的移動能爲$\frac{3}{2}RT$，所以其內能及焓分別爲

$$U = \frac{3}{2}RT \tag{3-72}$$

$$H = U + PV = \frac{3}{2}RT + RT = \frac{5}{2}RT \tag{3-73}$$

所以恆容及恆壓熱容量爲

$$\overline{C}_V = \left(\frac{\partial U}{\partial T}\right)_V = \frac{3}{2}R = 12.47 \text{ J/mol} \tag{3-74}$$

$$\overline{C}_P = \left(\frac{\partial H}{\partial T}\right)_P = \frac{5}{2}R = 20.79 \text{ J/mol K} \tag{3-75}$$

(3－74) 式爲本章例題中一再假設$\overline{C}_V = \frac{3}{2}R$ 之由來。我們可以這麼理解 (3－74) 式：一個單原子或多原子分子的移動在直角坐標系中有 x，y，z 三個方向，所以它有三個移動自由度 (Degree of freedom)，每個自由度對$\overline{C}_V$ 的貢獻爲 $R/2$。

含有二個或二個以上原子之多原子分子還需考慮轉動與振動對於$\overline{C}_V$的貢獻。雙原子分子（如N_2，NO）及線型的（Linear）多原子分子（如CO_2，N_2O，C_2H_2）僅有二個轉動自由度。換言之，它們以沿著通過質心且垂直於分子對稱軸的主軸旋轉即失去一自由度（見圖3－4）。非線型分子則有三個轉動自由度。每個轉動自由度對於$\overline{C}_V$的貢獻均爲$R/2$。在常溫下，理想氣體之莫耳熱容量幾乎全來自於移動與轉動的貢獻，所以

線型分子：

$$\overline{C}_V = \frac{3}{2}R + \frac{R}{2}(2) = \frac{5}{2}R \tag{3-76}$$

$$\overline{C}_P = \overline{C}_V + R = \frac{7}{2}R \tag{3-77}$$

非線型分子：

$$\overline{C}_V = \frac{3}{2}R + \frac{R}{2}(3) = 3R \tag{3-78}$$

$$\overline{C}_P = \overline{C}_V + R = 4R \tag{3-79}$$

由N個原子所組成的分子，由於每一個原子有x，y，z三個自由度，原本擁有$3N$個自由度，扣除掉移動及轉動自由度後，就剩下$3N-5$（線型分子）或$3N-6$（非線型分子）個自由度。這些自由度用來作振動，使化學鍵及其夾角有伸長、縮短、或彎曲的現象。實驗及統計熱力學的計算結果顯示，當溫度高至2000～3000 K（視分子種類而定）時，每個振動自由度對$\overline{C}_V$的貢獻達到其最大值（R）。在常溫下，大多數分子沒有足夠的熱能作振動，所以振動對於$\overline{C}_V$的貢獻並不大。當溫度夠高，使振動對於$\overline{C}_V$有百分之百的貢獻時，分子的莫耳熱容量如下：

線型分子：

$$\overline{C}_V = \frac{3}{2}R + \frac{R}{2}(2) + R(3N-5)$$

$$= \frac{5}{2}R + (3N - 5)R \tag{3-80}$$

$$\overline{C}_P = \overline{C}_V + R = \frac{7}{2}R + (3N - 5)R \tag{3-81}$$

非線型分子：

$$\overline{C}_V = \frac{3}{2}R + \frac{R}{2}(3) + R(3N - 6)$$

$$= 3R + (3N - 6)R \tag{3-82}$$

$$\overline{C}_P = \overline{C}_V + R = 4R + (3N - 6)R \tag{3-83}$$

表 3－5 比較數種眞實氣體的理論與實驗$\overline{C}_P$ 值。

表 3－5 眞實氣體之恆壓莫耳熱容量其實驗值與理論值

分子	自由度			$\frac{\overline{C}_P}{R}$(理論)	$\frac{\overline{C}_P}{R}$(實驗)	
	移動	轉動	振動	高溫	298 K	3000 K
H	3	0	0	2.5	2.500	2.500
H_2	3	2	1	4.5	3.468	4.458
CO_2	3	2	4	7.5	4.466	7.484
H_2O	3	3	3	7	4.038	6.695
CH_4	3	3	9	13	4.286	12.195

【例 3－17】

試估計酒精氣體（C_2H_5OH）在極高溫時之$\overline{C}_V$ 及$\overline{C}_P$ 值。

【解】

C_2H_5OH 有 3 個移動自由度，3 個轉動自由度(∵ 非線型分子) 及 $3N - 6 = 3 \cdot 9 - 6 = 21$ 個振動自由度。在極高溫時，

$$\overline{C}_V = \frac{3}{2}R + \frac{R}{2}(3) + R(21) = 24R$$

$$\overline{C}_P = \overline{C}_V + R = 25R$$

若振動能對$\overline{C}_V$ 完全沒有貢獻時，則

$$\overline{C}_V = \frac{3}{2}R + \frac{R}{2}(3) = 3R$$

$$\overline{C}_P = \overline{C}_V + R = 4R$$

＊3－12 固體之熱容量

當溫度大於或等於室溫時，在週期表上比鉀重的固態元素之$\overline{C}_V$大約等於 25 J/mol K，此爲 1819 年杜龍（P. L. Dulong）及柏第（A. T. Petit）根據實驗數據所歸納出來的結果，習稱爲杜龍—柏第定律（Law of Dulong and Petit）。原子量比鉀還小的固體元素在室溫下之熱容量較小。

愛因斯坦（A. Einstein）將原子在晶格內的運動（圖 3－5）視爲簡諧振盪（Harmonic oscillation），每個原子有 3 個振動自由度，每個自由度對$\overline{C}_V$ 的貢獻爲 R（如同氣體分子振動之貢獻）。當溫度夠高時，

$$\overline{C}_V = 3R = 3(8.315 \text{ J/mol K}) = 24.945 \text{ J/mol K}$$
$$\approx 25 \text{ J/mol K}$$

此恰爲杜龍—柏第定律。爲何固體元素在室溫左右，其振動對於$\overline{C}_V$的貢獻就已經是 R，而氣體需在 2000～3000 K 才有百分之百的貢獻呢? 此因固體原子振動的頻率（正比於所需的能量）遠比氣體分子者爲低，所以溫度不需太高，就有足夠的熱能使振動處於激發態。

當溫度趨近絕對零度（0 K）時，$\overline{C}_V$ 趨近於零。在極低溫時(約 15 K)，得拜（P. Debye）證明$\overline{C}_V$ 正比於溫度的 3 次方：

$$\overline{C}_V \propto T^3 \qquad (3-84)$$

此爲著名的 T^3 定律（Debye's Third Power Law）。由於極低溫時之 $\overline{C}_V$ 值很難由實驗測量出來，(3－84) 式有助於將實驗的 $\overline{C}_V$ 值外插至 0 K 附近。

圖 3－20 爲鈉及鈀金屬之 $\overline{C}_P$（實驗值）與溫度的關係。圖中 $\overline{C}_P$ 隨溫度之增加而遞增，最後趨向於一定值。

圖 3－20 鈉與鈀金屬之恆壓莫耳熱容量與溫度的關係

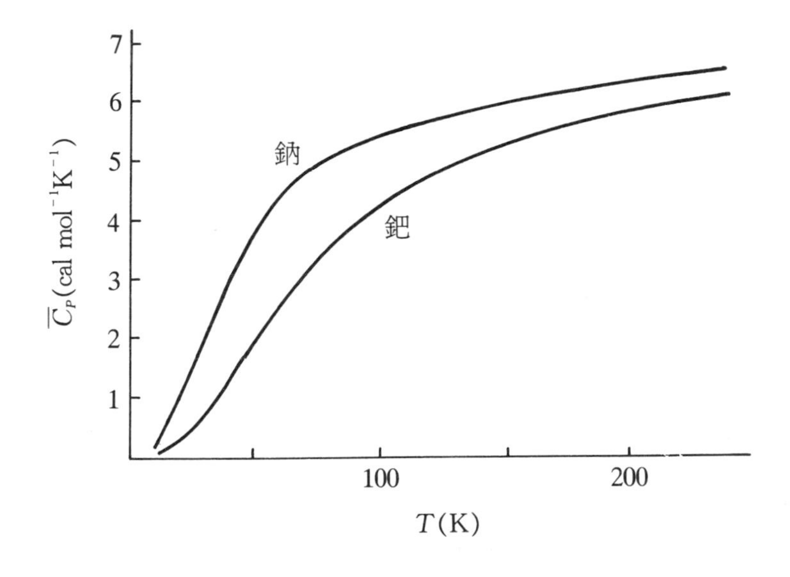

詞　彙

1. 系統（System）

我們有興趣研究的物理世界的一部分。

2. 外界（Surroundings）

系統以外的物理世界。

3. 封閉系統（Closed system）

可與外界作熱與功的交換，但不作物質交換的系統。

4. 開放系統（Open system）

可與外界作熱、功、與物質交換之系統。

5. 孤立系統（Isolated system）

完全與外界隔絕，與外界無法作熱、功、與物質交換之系統。

6. 示強性質（Intensive property）

將一個母系統分成二個或多個子系統，若母系統的某些性質與任何子系統均相同，則這些系統稱爲示強性質，如溫度、壓力、密度、比體積、比熱等。

7. 示量性質（Extensive property）

將一個母系統分成二個或多個子系統，若母系統的某些性質爲各個子系統的總和，則這些性質稱爲示量性質，如體積、質量、莫耳數、內能、焓等。

8. 狀態性質（State property）

描述熱力學狀態之性質，如溫度、壓力、體積、內能、焓、莫耳數等，這些性質與系統所經歷的變化過程無關。

9. 狀態函數（State function）

同狀態性質。

10. 非狀態性質（Nonstate property）

與系統所經歷的變化過程有關的性質，如熱與功。

11. 路徑函數（Path function）

同非狀態性質。

12. 程序（Process）

系統自一狀態變爲另一狀態所取的路徑。

13.**可逆程序**
(Reversible process)
一程序在各階段均以一無窮小的推動力進行，且改變推動力方向可使該程序逆行。

14.**不可逆程序**
(Irreversible process)
任何非可逆之程序均屬於不可逆程序。

15.**自發程序**
(Spontaneous process)
不假外力而能自然發生的程序。

16.**循環程序**(Cyclic process)
使系統回到原來熱力學狀態的程序。

17.**恆溫程序**
(Isothermal process)
狀態變化過程中，溫度保持不變。

18.**恆容程序**(Isochoric process)
狀態變化過程中，體積保持不變。

19.**恆壓程序**(Isobaric process)
狀態變化過程中，壓力保持不變。

20.**恆焓程序**
(Isoenthalpic process)
狀態變化過程中，焓保持不變。

21.**內能**(Internal energy)
系統內各種能量的總和。

22.**絕熱程序**(Adiabatic process)
系統在狀態變化過程中，與外界不作熱交換。

23.**熱力學第一定律**(First Law of Thermodynamics)
系統內能的變化量等於熱與功的總和，即

$$\Delta U = q + W$$

24.**壓容功**
(Pressure-volume work)
與體積之壓縮或膨脹有關之功。

25.**自由膨脹**(Free expansion)
系統對眞空作不可逆之膨脹。

26.**焓**(Enthalpy)
系統之熱含量，即

$$H = U + PV$$

27.**熱容量**(Heat capacity)
物質升高 1 K 之溫度所需

之熱量。

28.**莫耳熱容量**

(Molar heat capacity)

1 莫耳物質升高 1 K 之溫度所需之熱量。

29.**比熱**(Specific heat)

1 克物質升高 1 K 之溫度所需之熱量。

30.**內壓力**(Internal pressure)

恆溫下，由於體積的變化所產生的內能的變化率，即

$$\left(\frac{\partial U}{\partial V}\right)_T$$

31.**絕熱膨脹**

(Adiabatic expansion)

在絕熱情況下，系統對外界作膨脹。

32.**焦耳一湯木生效應**

(Joule-Thomson Effect)

恆焓下，氣體膨脹所引起的溫度變化情形。

33.**焦耳一湯木生係數**

(Joule-Thomson Coefficient)

μ_{JT}，即恆焓下，溫度對於壓力之變化率。

34.**反轉溫度**

(Inversion temperature)

焦耳—湯木生係數等於零時所對應的溫度。

35.**杜龍一柏第定律**

(Law of Dulong and Petit)

大多數固體元素之莫耳熱容量約等於 25 J/mol K。

36.**得拜三次方定律**

(Debye's Third Power Law)

極低溫時，固體之莫耳恆容熱容量正比於溫度的三次方。

習　題

3－1　假設在 100 ℃時水的密度爲 0.9573 kg/dm^3，莫耳蒸發熱爲 40668.48 J/mol，水蒸氣的莫耳體積爲 30.2 dm^3。試計算 1 莫耳水在 100 ℃及 101.325 kPa 下，蒸發成氣體之過程之 ΔU，W 及 ΔH。

3－2　在恆壓下，下列程序之功爲大於零，小於零或等於零？

(a)$H_2O(s) \longrightarrow H_2O(l)$

(b)$H_2O(g) \longrightarrow H_2O(s)$

(c)$2Na(s) + 2H_2O(l) \longrightarrow 2NaOH(s) + H_2(g)$

(d)$3H_2(g) + N_2(g) \longrightarrow 2NH_3(g)$

(e)$CaCO_3(s) \longrightarrow CaO(s) + CO_2(g)$

(f)$N_2(g) + O_2(g) \longrightarrow 2NO(g)$

3－3　1 莫耳固態 $CaCO_3$（體積 34.2 mL）在 25 ℃及 1.00 atm 下解離成固態 CaO（體積 16.9 mL）及 $CO_2(g)$。假設 CO_2 爲理想氣體，試計算作功多少？

3－4　1 莫耳石墨在 25 ℃及 1 大氣壓下變成鑽石需吸收 1.897 kJ 的熱量。此二者之莫耳燃燒熱，何者較大？

$$C(\text{石墨}) + O_2(g) \longrightarrow CO_2(g)$$

$$C(\text{鑽石}) + O_2(g) \longrightarrow CO_2(g)$$

3－5　某氣體對抗 0.50 atm 的外壓力膨脹，體積由 10.0 L 增爲 16.0 L，同時也吸收 125 J 熱量。試計算此氣體內能之變化量。

3－6 1莫耳氮氣在25 ℃及1 bar下作恆溫可逆膨脹,最後壓力為0.132 bar。
(a)計算作功多少?
(b)若氮氣對抗0.132 bar的外壓力膨脹，則作功多少?

3－7 1莫耳 CH_4 氣體在25 ℃下作可逆膨脹，體積由1 L增為50 L。試分別計算下列二種情況下所作的功：
(a)假設 CH_4 遵守理想氣體定律。
(b)假設 CH_4 遵守凡得瓦氣體公式（$a = 2.283\ L^2\ bar/mol^2$，$b = 0.04278\ L/mol$）。

3－8 某氣體之莫耳體積可表示成

$$\overline{V} = \frac{RT}{P} + \left(b - \frac{a}{RT}\right)$$

(a)焦耳—湯木生效應之反轉溫度是多少?
(b)溫度低於反轉溫度時，ΔT 之符號為何?

3－9 甲烷之初始溫度與壓力分別為25 ℃及1 bar。假設甲烷為理想氣體，且 $\overline{C}_P$ 與溫度的關係為

$$\overline{C}_P = 22.34 + 48.1 \times 10^{-3}T$$

($\overline{C}_P$ 單位為 J/mol K)，計算甲烷在恆壓下加熱至體積膨脹為原來二倍時之(a)$\Delta\overline{H}$，(b)$\Delta\overline{U}$。

3－10 1莫耳氦氣（0 ℃，44.8 L）可逆絕熱壓縮為22.4 L，試計算(a)最終溫度，(b)最終壓力。

3－11 一鋼瓶內含有20 L高壓氮氣，其壓力為10 bar，溫度為25 ℃。試分別計算此氣體在(a)恆溫，及(b)絕熱條件下，可逆膨脹至壓力為1 bar時，所作的功。

3－12 n 莫耳理想氣體，歷經下列二階段：
(1)恆壓冷卻：由$(P_1, T_1, V_1) \longrightarrow (P_1, T_2, V_2)$
(2)恆容加熱：由$(P_1, T_2, V_2) \longrightarrow (P_2, T_1, V_2)$

(a)計算每個階段之 ΔH，ΔU，q 及 W。

(b)計算二個階段之 ΔH，ΔU，q 及 W 之總和。

3－13　1莫耳理想單原子氣體（298 K，1 bar）作可逆絕熱膨脹，最終壓力為0.5 bar。試計算其 q，W 及 ΔU。

3－14　氮氣之焦耳—湯木生係數在50 atm及0 ℃時為0.044 K/atm。

(a)若氮氣經多孔性障壁膨脹，壓力由60 atm，0 ℃降為40 atm，試估計最後溫度。

(b)若氮氣之 $\overline{C}_P$ 為 $\frac{7}{2}R$，試估計氮氣在50 atm及0 ℃時之 $\left(\frac{\partial \overline{H}}{\partial P}\right)_T$。

3－15　對於凡得瓦氣體而言，證明

(a) $d\overline{U} = \overline{C}_V dT + \frac{a}{\overline{V}^2} d\overline{V}$

(b) $dW = -\left(\frac{RT}{\overline{V}-b} - \frac{a}{\overline{V}^2}\right) d\overline{V}$

(c)若 $\overline{C}_V$ 為常數，且程序為可逆、絕熱，則

$$\left(\frac{T_2}{T_1}\right) = \left(\frac{\overline{V}_1 - b}{\overline{V}_2 - b}\right)^{\frac{R}{\overline{C}_V}}$$

(d)若 $V_1 = 5.000$ L，$V_2 = 20.00$ L，$T_1 = 373.15$ K，$\overline{C}_V = \frac{3}{2}R$，$b = 3.219 \times 10^{-5}\ \mathrm{m^3/mol}$，試由(c)計算最終溫度 T_2。

3－16　若凡得瓦氣體之 $\overline{C}_V$ 可由下式表示

$$\overline{C}_V = \alpha + \beta T$$

試證明凡得瓦氣體作可逆、絕熱膨脹時，下列關係成立：

$$\left(\frac{T_2}{T_1}\right)\exp\left[\frac{\beta(T_2 - T_1)}{\alpha}\right] = \left(\frac{\overline{V}_1 - b}{\overline{V}_2 - b}\right)^{\frac{R}{\alpha}}$$

3－17　(a)證明對於任何狀態上的改變

$$\Delta(PV) = P_1\Delta V + V_1\Delta P + (\Delta P)(\Delta V)$$

(b)何時 $\Delta(PV) = P\Delta V$?

(c)何時 $\Delta(PV) = V\Delta P$?

(d)何時 $\Delta(PV) = P\Delta V + V\Delta P$?

3－18 (a)氧氣之 $\overline{C}_P$ 可表示成

$$\overline{C}_P = (30.0\ \mathrm{J/mol\ K}) + (4.18\times10^{-3}\ \mathrm{J/mol\ K^2})T + (-1.67\times10^{5}\ \mathrm{J/mol\ K})T^{-2}$$

分別計算氧氣在 298.15 K 及 500 K 之 $\overline{C}_P$，並估計這些值與 $\frac{5}{2}R$ 之百分誤差。

(b)若銅與鐵在 298.15 K 之恆壓比熱分別爲 0.0924 cal/g K 及 0.1075 cal/g K，試計算銅與鐵之 $\overline{C}_P$，並估計這些值與 $3R$ 之百分誤差。(原子量：Cu (63.54)，Fe (55.85))

3－19 若定義 μ_J（焦耳係數）爲

$$\mu_J = \left(\frac{\partial T}{\partial V}\right)_U$$

(a)試證明

$$\left(\frac{\partial U}{\partial V}\right)_T = -\mu_J C_V$$

(b)理想氣體之 μ_J 與 $(\partial U/\partial V)_T$ 爲何?

3－20 1.000 mol 氬氣經某程序由 298.15 K，2.000 L 變爲 373.15 K，20.000 L，試計算此程序之 ΔU。

3－21 1.000 莫耳氦氣由狀態（5.000 L，298.15 K）變爲（10.000 L，373.15 K）。假設氣體爲理想氣體，且 $\overline{C}_P = \frac{5}{2}R$，計算此程序之 q，W 及 ΔH。

3－22 2.000 莫耳過冷(supercooled)的液態水在 －15.00 ℃ 及 1.000 atm 下，不可逆地凝結成 －15.00 ℃ 之冰。若水與冰之 $\overline{C}_P$ 分

別爲 76.1 J/mol K 及 37.15 J/mol K，且水在 0.00 ℃時凝固所放出的熱量爲 12.02 kJ/mol，試計算此程序之 ΔH 與 q。

3－23　1.234 g 之萘丸（分子式 $C_{10}H_8$，分子量 128.19 g/mol）在彈卡計中燃燒。假設卡計每升高 1 K 需要吸收 14.225 kJ 的熱量，且卡計之初始及終結溫度分別爲 298.150 K 及 301.634 K。試計算 1 莫耳萘燃燒時之 ΔU 及 ΔH：

$$C_{10}H_8(s) + 12O_2(g) \longrightarrow 10CO_2(g) + 4H_2O(l)$$

3－24　蒽（分子式 $C_{14}H_{10}$，分子量 178.24 g/mol）之莫耳燃燒熱爲 －7114.5 kJ/mol。若將 1.555 g 之蒽放在卡計常數爲 14.225 kJ/K 之彈卡計中燃燒，則卡計之溫度升高量爲多少？

3－25　假設水的比熱爲 1 cal/g K，且熱量不會傳送至外界，則水由 100 m 高的瀑布頂端降至底部且呈靜止狀態時，水溫之升高量爲多少？

3－26　2 莫耳理想氣體對抗 1 atm 之外壓力由 2.5 L 不可逆地膨脹爲 40 L。此氣體與熱源接觸，使其溫度在整個過程中保持 27 ℃。求 ΔU，ΔH，ΔPV，q 及 W。

3－27　3 莫耳理想單原子氣體對抗 1 atm 之外壓力作不可逆絕熱膨脹至氣體之體積增加 10% 爲止。此氣體之初溫爲 27 ℃，初壓爲 10 atm，求 ΔU，ΔH，q，W 及 ΔT。

3－28　某氣體遵循

$$P(\overline{V} - b) = RT$$

之狀態方程式。試求將 2.0 莫耳此種氣體在 300 K 恆溫下由 35 dm^3 壓縮成 5 dm^3 時所作的功。（b 爲 0.06 dm^3/mol）

3－29　某氣體可用 $P(V - nb) = nRT$ 的狀態方程式表示其 $P-V-T$ 之關係，且 $(\partial U/\partial V)_T = 0$。試計算

(a)可逆恆溫膨脹所作之功爲何？

(b)可逆絕熱膨脹時 T 與 V 的關係爲何？

3－30 若 $N_2(g)$之$\overline{C}_V$ 為 $2.5R$，試求 2 莫耳 N_2

(a)從 10 L，25 ℃可逆恆溫膨脹成 20 L 所作的功。

(b)從 10 L，25 ℃可逆絕熱膨脹成 20 L 所作的功。

第四章

熱力學第二及第三定律

系統趨向於平衡的自然傾向，出現在我們日常生活中熟悉的許多例子裡。當冷熱不同的二個物體接觸後，熱會由高溫物體流向低溫物體。我們未曾觀察到同溫且相互接觸的二個物體會有熱的淨流動，導致最終物體一熱一冷。類似地，將裝有氣體之瓶子連接到眞空容器後，氣體必逸散到眞空容器，直至二個容器內之氣體壓力相等。一旦達成平衡，我們未曾觀察到氣體會有淨流動，產生壓力差的現象。此外，溶質會由高濃度溶液擴散至稀釋溶液中，而不會作逆向流動，造成更大的濃度差的現象，也是一種自然發生的程序。

科學家對於熱力學的興趣就在於建立一個能判斷物理或化學變化的可行性的標準。熱力學第一定律歸納許多與系統內能有關的實驗觀察，但並沒有提到這個標準該如何建立。經驗顯示，內能的確是一個狀態性質，因此由初始狀態 A 變爲終結狀態 B 之任何路徑，必伴隨著等量的內能變化量，ΔU_{AB}。同樣的，由 B 變爲 A 所產生的內能變化量爲 ΔU_{BA}。二者間具有如下的關係：

$$\Delta U_{AB}(\text{正向}) = -\Delta U_{BA}(\text{逆向})$$

第一定律並沒有說明那一個反應（正向或逆向）是自發性的。有很多自發性的反應，其 ΔU 是負的，即會釋放熱。如水在 -10 ℃下凝結成冰的反應：

$$H_2O(l, -10\ ℃) \longrightarrow H_2O(s, -10\ ℃)$$

其 ΔU 爲 -1.3 仟卡/莫耳。也有些反應之 ΔU 是正的，卻自發地進行。例如水在低壓下之蒸發：

$$H_2O(l, P = 10\ \text{mmHg}, 25\ ℃) \longrightarrow H_2O(g, P = 10\ \text{mmHg}, 25\ ℃)$$

其 ΔU 爲 9.9 仟卡/莫耳。很清楚的，ΔU 並不能作爲判斷自發與否的標準。

另一個物理量，焓，也是一個狀態性質。曾經有一陣子，科學家相信若 $\Delta H<0$，則反應會自發進行。在某些條件下，這規則的確可以作爲一個近似的標準（這些特殊的條件在「自由能與平衡」一節中

將會提到)。然而愈來愈多的實驗事實顯示，有不少自然發生的反應之 ΔH 是正的。例如石英（二氧化矽）在 848 K 下之晶相轉變熱爲 0.21 仟卡/莫耳。

很明顯的，ΔU 與 ΔH 並不足以提供判斷反應自發與否的標準，因此有必要加入其他的定律，以涵蓋實驗上所觀察到的自發變化。

此外，熱力學第一定律並不限定由一種能轉變爲另一種能之難易程度。實驗的事實證明，有許多形式之能可以容易地完全轉變爲熱，但由熱轉變爲功，卻無法百分之百達成。由此可見熱力學第一定律有許多不足之處，這些都有賴熱力學第二及第三定律協助解決。

本章首先說明熱機與卡諾循環的概念，並據以建立溫度的標準。隨後介紹熱力學第二定律及熵的定義、公式與計算。最後敍述熱力學第三定律，判斷反應自發與否的標準，自由能及重要的熱力學關係式。這些觀念與公式極有助於我們對於物理世界中種種變化之了解。

4－1　卡諾循環

4－1－1　熱機

熱機（Heat engine）是利用循環程序將熱轉換爲功的裝置，如發電廠及蒸汽火車所用的蒸汽機（Steam engine），即爲一個應用的例子。在轉換過程中，工作物質（Working substance），如水，在高溫與低溫之熱源（Heat reservoir）間循環運作；自高溫熱源吸收熱量，將部分熱量轉變爲功，並將其餘熱量排放至低溫熱源。此處之熱源爲能供給或吸收熱而本身溫度不變之物體，例如鍋爐、大氣等。圖4－1爲熱機操作原理示意圖。

圖 4－1　熱機操作原理

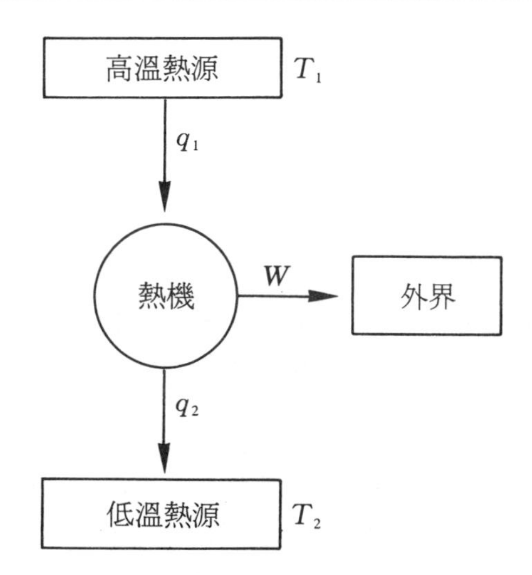

圖中高、低溫熱源之溫度分別為 T_1 及 T_2，所吸收的熱量為 q_1，放出的熱量為 q_2，作功為 W。由第三章中功與熱的符號約定得知：q_1 為正值，q_2 及 W 為負值。工作流體吸收的熱量與所作的功的比值，稱為熱機效率（Efficiency of heat engine），以 η 表示：

$$\eta = \frac{|\text{對外界所作的功}|}{\text{自高溫熱源吸收之熱量}} = \frac{-W}{q_1} \qquad (4-1)$$

換言之，熱機效率為所供給的熱量轉換為功的比率。

以蒸汽機為例，其工作循環可分為四個步驟：

(1)煤或重油在鍋爐（高溫熱源）燃燒，將水（工作物質）加熱成高溫、高壓之水蒸汽。

(2)水蒸汽在渦輪機（Turbine）中膨脹，推動活塞，作機械功，推動火車或產生電力。

(3)膨脹後之水蒸汽進入冷凝器（低溫熱源）中，凝結成水，並釋放出熱量。

(4)水流經泵（Pump），返回鍋爐，完成一個循環。

在步驟(1)中，水吸收熱量 q_1；步驟(3)中，水蒸汽釋放熱量 q_2。步驟(2)與(4)均爲絕熱；在步驟(2)中，水蒸汽膨脹而對外作功 W_1（負值）；步驟(4)中，外界對水作功 W_2（正值）。水對外所作的「淨功」，W，爲

$$W = W_1 + W_2$$

此淨功即爲（4－1）式之 W。

在一個循環程序中，工作物質（系統）由某初始狀態吸收熱量，變爲另一狀態，再對外作功與釋出多餘熱量而恢復原初始狀態，所以系統內能的變化量爲零。因此由熱力學第一定律

$$\Delta U = q_1 + q_2 + W = 0$$

故

$$W = -(q_1 + q_2) \tag{4-2}$$

將（4－2）式代回（4－1）式得

$$\eta = \frac{q_1 + q_2}{q_1} = 1 + \frac{q_2}{q_1} \tag{4-3}$$

由於 $q_2<0$，$q_1>0$，且 $|q_2|<|q_1|$（即吸收熱量比釋放熱量還多），所以

$$\eta \leqslant 1 \tag{4-4}$$

當 $q_2=0$（不放熱）或 $q_1=\infty$（吸收無窮多的熱量），則 $\eta=1$，即效率百分之百。値得注意的是，由於（4－1）式之 q 及 W 均爲路徑函數，所以熱機操作程序之可逆與否會影響熱機效率。我們在附錄（4－A）中將證明：

(1)可逆熱機之效率恆大於不可逆熱機，及

(2)在相同高、低溫運轉的所有可逆熱機之效率均相同。

4-1-2　卡諾正循環

眞實熱機之運作通常包含亂流（Turbulence）、摩擦，及其他非平衡效應，無法以平衡熱力學處理。卡諾（N. L. S. Carnot）於 1824 年提出的理想熱機循環，現在稱爲卡諾循環（Carnot cycle），假設完全沒有這些不平衡效應，故可用熱力學精確分析熱轉換爲功的過程中，熱量與功的定量關係。

卡諾以氣體作爲熱機的工作物質，設想如下的操作程序：

⑴氣體在恆溫（T_1）下，作可逆膨脹，由狀態 1 變爲狀態 2。

⑵氣體作可逆絕熱膨脹，由狀態 2 變爲狀態 3。

⑶氣體在恆溫（T_2）下，作可逆壓縮，由狀態 3 變爲狀態 4。

⑷氣體經可逆絕熱壓縮，由狀態 4 回到狀態 1。

由於四個程序皆爲可逆，所以整個程序亦爲可逆。此外，氣體在整個程序中歷經各種變化，最後又返回其初始狀態，故整個程序是一個循環程序，稱爲卡諾循環。

我們可用第三章的方法，分析卡諾循環過程中的功與熱如下：

⑴步驟 1：氣體自高溫（T_1）熱源吸收 q_1 熱量，同時對外界作功 W_{12}，但氣體溫度維持不變。

⑵步驟 2：氣體與外界絕熱，但對外界作功 W_{23}，所以溫度下降。

⑶步驟 3：外界對氣體作功 W_{34}，同時氣體釋放 q_2 熱量至低溫（T_2）熱源，氣體之溫度維持不變。

⑷步驟 4：氣體與外界絕熱，但外界對氣體作功 W_{41}，所以溫度上升。

對於一個循環而言，

$$\begin{aligned}\Delta U &= 0 \\ &= q_1 + W_{12} + W_{23} + W_{34} + q_2 + W_{41} \\ &= q_1 + q_2 + W \qquad (4-5)\end{aligned}$$

其中 $W=W_{12}+W_{23}+W_{34}+W_{41}$爲氣體對外界之淨功。與上一小節類似，$q_1$爲正值，$q_2$與 W 均爲負值，且卡諾熱機之效率如（4－1）式所示

$$\eta=\frac{-W}{q_1}$$

圖 4－2 說明卡諾循環之四段步驟。

圖 4－2　卡諾循環之四段步驟

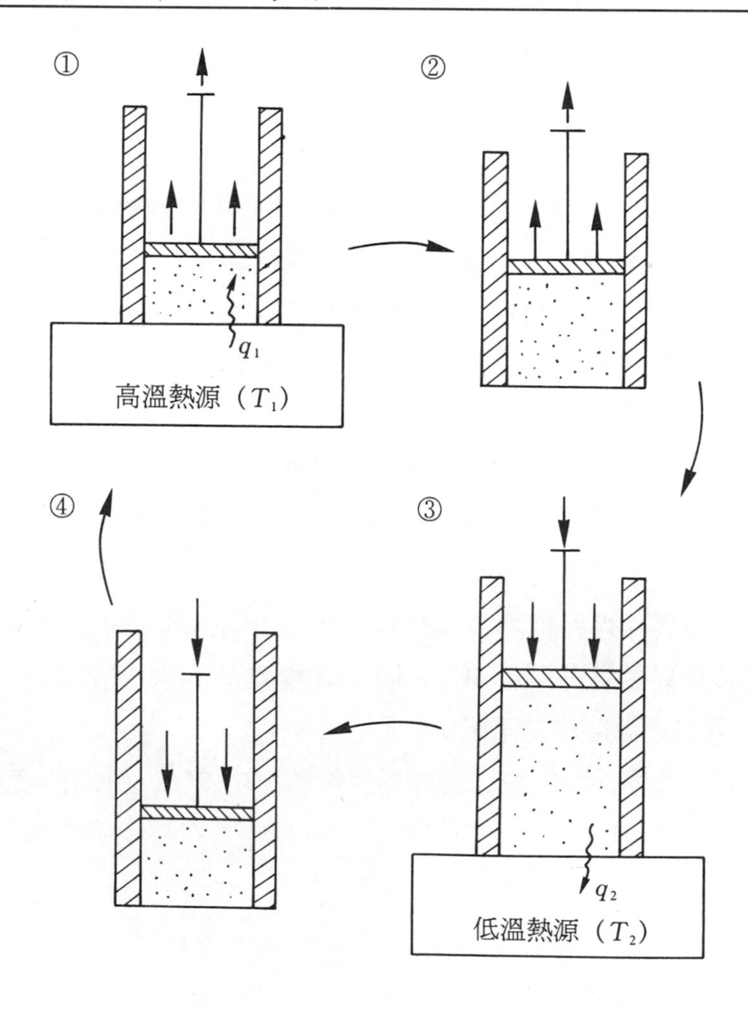

圖 4－3 表示卡諾循環之壓力與體積之關係。各步驟所作的功可由圖中所對應的曲線下方面積求得；整個循環之淨功爲圖中斜線部分之面積。圖 4－4 則爲溫度與體積之關係圖。

圖 4－3　卡諾循環之 $P-V$ 圖

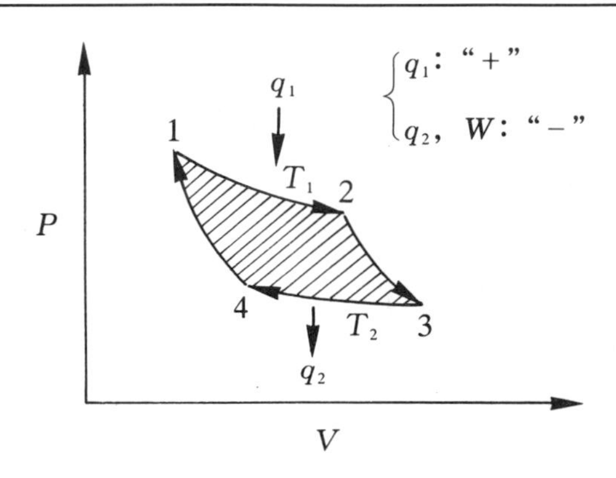

圖 4－4　卡諾循環之 $T-V$ 圖

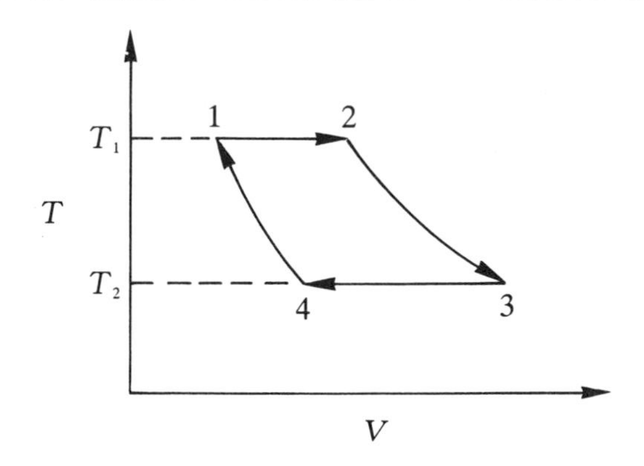

4－1－3　卡諾逆循環

因爲卡諾熱機是一種可逆的熱機，故可以相反程序運轉，即由狀態 1 經絕熱膨脹成爲狀態 4，再經恆溫（T_2）膨脹成爲狀態 3，再經絕熱壓縮爲狀態 2，最後經恆溫（T_1）壓縮返回狀態 1，其 $P-V$ 圖如圖 4－5 所示。作逆循環時，外界對氣體作功 W'，同時氣體也由低溫（T_2）熱源吸收熱量 q_2'，排放 q_1'熱量至高溫（T_1）熱源。此時卡諾熱機的功能就如同冰箱或熱泵（Heat pump）一樣，使低溫者更冷，高溫者更熱。

圖 4－5　卡諾熱機作逆循環時之 $P-V$ 圖

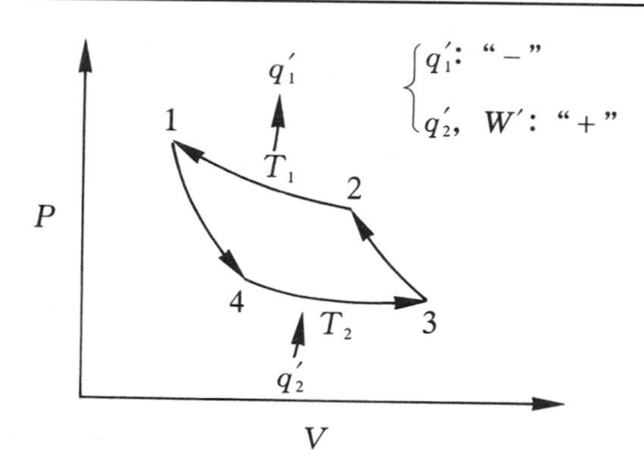

值得注意的是，逆循環時之功與熱之絕對值與正循環時相同，但符號相反：(有 ′ 記號者爲逆循環)

$$W' = -W$$

$$q_1' = -q_1$$

$$q_2' = -q_1$$

因此正、逆循環之效率均相同。

$$\eta = \frac{-W}{q_1} = \frac{W'}{-q_1'} = \eta'$$

作逆循環時，熱與功的關係如圖 4－6 所示。以冰箱的操作爲例，液態冷媒在冰箱內部（低溫熱源）吸收熱量，使冰箱內部溫度降低，冷媒同時也由液態變成氣態。氣態冷媒在冰箱外側經由電動馬達對壓縮機之作功，凝結成液體，並將熱量由散熱片排至大氣（高溫熱源）。

冷氣機的操作與冰箱類似，室內爲低溫熱源，室外爲高溫熱源。在冰箱的操作中，我們所關心的是如何在對系統作最少功的情況下，自低溫熱源吸收最大的熱量，即如何得到最大的冷卻效果，因此其性能係數（Coefficient of performance），β，的定義爲

$$\beta = \frac{\text{從低溫熱源吸收之熱量}}{\text{對系統所作的功}} = \frac{q_2'}{W'} \tag{4-6}$$

圖 4－6 冰箱、冷氣機、熱泵之熱機原理

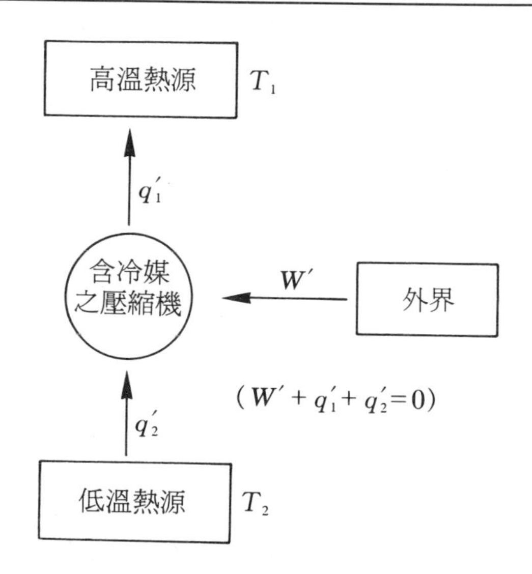

在熱泵的應用中，低溫熱源常爲室外大氣，高溫熱源則爲溫室或建築物內部，我們期待的是在對系統作最少功的情況下，提供最大量的熱給高溫熱源，故其性能係數，β'，的定義爲

$$\beta' = \frac{|\text{釋放至高溫熱源之熱量}|}{\text{對系統所作的功}} = \frac{-q_1'}{W'} \tag{4-7}$$

由（4－3）式可知，爲了改善卡諾熱機之效率，我們可以試著降低排至低溫熱源之熱量 q_2，但實驗顯示無法將 q_2降爲零，使效率 $\eta=1$。換言之，由熱轉換爲功的過程一定會散失一些熱量。類似的，

由（4－6）式可知若降低外界對系統所作的功可以提升冰箱運轉之效率。但實驗也顯示無法將此功降爲零，也就是說一定要對系統作功，才能將熱由低溫熱源傳送至高溫熱源。這些實驗事實經克耳文（W. T. Kelvin）及克勞吉斯（R. Clausius）歸納後成爲熱力學第二定律（Second Law of Thermodynamics），其內涵詳述於下一節。

4－2 熱力學第二定律

第二定律有數種不同的敘述方式。

克耳文說：不可能建造一個在循環過程中，將熱完全轉變爲功的機器。

克勞吉斯說：若不借助外力，不可能建造一個能在循環過程中，將熱由低溫熱源傳送至高溫熱源之裝置。

以上二種說法是一致的，因爲可以證明若其中一種說法成立，則另一說法也會成立。第二定律是歸納許多經驗事實而成的假設（Postulate）。它被接受是因爲由此假設推導出來的結果與我們的經驗相符。一般說來，除了古典熱力學不能應用的極微觀現象外，熱力學定律並無例外。

克耳文的敘述尤其與我們當前環境的熱污染（Thermal pollution）問題有關。燃燒煤、汽油、或核燃料產生的熱轉換爲功（或電力）的過程中，一定會有廢熱（Waste heat）散失至外界（低溫熱源）。一般我們都假設熱源的容量夠大，可與系統交換熱量而溫度不變。但在眞實世界中，人口密集的都會區的機動車輛、工廠、電廠所累積的廢熱，就足以使都會區的溫度較郊區高了幾度。當人類對於動力的需求愈多，熱污染的問題還會更嚴重。根據熱力學第二定律的敘述，唯有節約能源，降低我們對於動力的需求，同時改進熱機運轉的效率，才能減少熱污染的威脅，並提高生產力。

我們也可由日常生活經驗理解如果克勞吉斯的敍述不成立的話，會有什麼結果。我們將可用熱機連接冰箱（視爲低溫熱源）與加熱爐（視爲高溫熱源），屆時不需作任何功，可將熱由冰箱移出，並傳給加熱爐。如此不需電力可令冰箱與加熱爐持續運轉，但此違反我們的經驗，故克勞吉斯的敍述是成立的。

第二定律還有其他的敍述方式（例如：宇宙之熵趨向於最大値，及所有自發程序均爲不可逆等）與數學表示法，我們將在隨後幾個小節中詳加說明。

*4－3 溫標

4－1 節中曾提到（並於附錄 4－A 證明）在相同高、低溫間運轉之可逆熱機之效率均相等。既然卡諾熱機也是一個可逆熱機，則卡諾熱機之效率必只與操作之高、低溫度有關，而與工作物質無關，此爲卡諾定理（Carnot's theorem）。本節將利用這些原理設定溫度的指標（Temperature scale），簡稱溫標。

4－3－1 熱力學溫標

由於所有在 T_1（高溫）與 T_2（低溫）二熱源間運轉之可逆熱機之效率均相同，因此其效率 η 可表示成溫度的函數

$$\eta = f(T_1, T_2)$$

但由（4－3）式

$$\eta = 1 + \frac{q_2}{q_1} = 1 - \frac{|q_2|}{|q_1|}$$

所以

$$\frac{|q_2|}{|q_1|} = 1 - \eta = 1 - f(T_1, T_2) = g(T_1, T_2) \tag{4-8}$$

即 $\frac{|q_2|}{|q_1|}$ 亦爲溫度之函數。

爲確定函數 g 之型式，假設在原來的 T_1 與 T_2 溫度間，有二個可逆熱機，a 與 b，在運轉（圖 4－7）。熱機 a 自 T_1 吸收 q_1 熱量，而向 T_3 排出 q_3 熱量，並作功 W_a。熱機 b 自 T_3 吸收 q_3 熱量而向 T_2 排出 q_2，並作功 W_b。

圖 4－7　運轉於相同溫度差之原始熱機與複合熱機

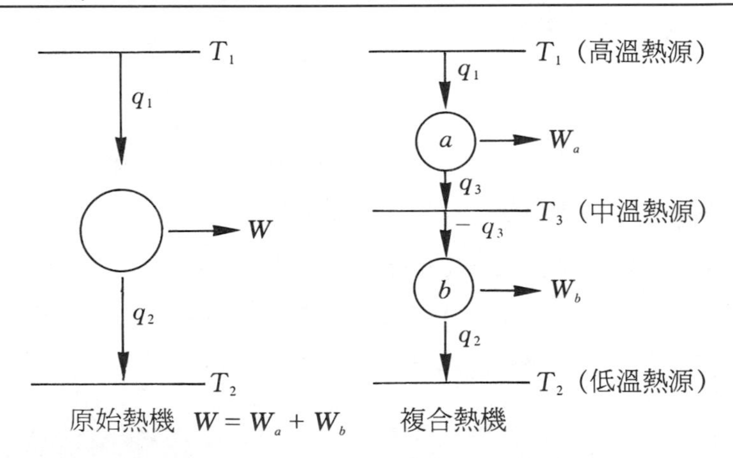

由於熱機 a、b 與原來之熱機均爲可逆熱機，其溫度函數之型式應相同，故

$$\frac{|q_3|}{|q_1|} = g(T_1, T_3) \tag{4-9}$$

且

$$\frac{|q_2|}{|-q_3|} = g(T_3, T_2) \tag{4-10}$$

將（4－9）式與（4－10）式相乘可得

$$\frac{|q_2|}{|q_1|} = g(T_1, T_3) \cdot g(T_3, T_2) \tag{4-11}$$

但由（4－8）式，上式之左側恰等於 $g(T_1, T_2)$，因此

$$g(T_1, T_2) = g(T_1, T_3) \cdot g(T_3, T_2) \tag{4-12}$$

（4－12）式之等號左側僅爲 T_1 與 T_2 之函數，但右側則爲 T_1，T_2，與 T_3 之函數。很明顯的，二個函數 g 相乘以後，與 T_3 有關的部分被消掉了，怎麼樣的函數 g 會有此特性呢？

若令

$$g(T_i, T_j) = \frac{h(T_j)}{h(T_i)} = \frac{|q_j|}{|q_i|} \tag{4-13}$$

則

$$\begin{cases} g(T_1, T_2) = \dfrac{h(T_2)}{h(T_1)} = \dfrac{|q_2|}{|q_1|} & (4-14) \\ g(T_1, T_3) = \dfrac{h(T_3)}{h(T_1)} = \dfrac{|q_3|}{|q_1|} & (4-15) \\ g(T_3, T_2) = \dfrac{h(T_2)}{h(T_3)} = \dfrac{|q_2|}{|q_3|} & (4-16) \end{cases}$$

則

$$\begin{aligned} g(T_1, T_3) \cdot g(T_3, T_2) &= \frac{h(T_3)}{h(T_1)} \cdot \frac{h(T_2)}{h(T_3)} = \frac{h(T_2)}{h(T_1)} \\ &= g(T_1, T_2) \end{aligned}$$

滿足（4－12）式。故由（4－13）式所定義之函數 g 正是我們所要找的，它表示可逆熱機放熱與吸熱之比值，恰爲另一個溫度函數 $h(T)$ 之比值。克耳文利用此式作爲熱力學溫標（Thermodynamic temperature scale）之基礎。

函數 $h(T)$ 最簡單的型式爲

$$h(T) = T$$

將上式代回（4－14）式，得

$$\frac{h(T_2)}{h(T_1)} = \frac{T_2}{T_1} = \frac{|q_2|}{|q_1|} \qquad (4-17)$$

再將上式代回（4－3）式或（4－8）式可得效率 η 為

$$\eta = 1 - \frac{|q_2|}{|q_1|} = 1 - \frac{T_2}{T_1} = \frac{T_1 - T_2}{T_1} \qquad (4-18)$$

此式說明可逆熱機之效率僅與操作溫度有關。任何工作物質只要操作於相同的溫度（T_1 與 T_2），則其效率均相同。

由於 T_1 恆大於 T_2，所以（4－18）式也說明所有可逆熱機（包含卡諾熱機）之效率恆小於 1，即所吸收的熱量未能完全轉換為功，其中有一部分會傳給低溫熱源而消耗掉，此與熱力學第二定律中克耳文的敍述完全一致。(4－18）式同時也表示，熱力學溫標（即現在通稱之絕對溫度）之零點為效率等於 1 時，低溫熱源之溫度。即 $T_2=0$，則 $\eta=1$。

由於可逆熱機之效率恆大於不可逆機，因此（4－18）式提示我們：這是人類所能發明的任何熱機之效率的極大值。

由於熱力學溫標的建立，冰箱與熱泵的性能係數公式（4－6）式與（4－7）式可改寫如下：（記得$|W'|+|q_2'|=|q_1'|$）

(1)冰箱（冷氣機）

$$\beta = \frac{|q_2'|}{|W'|} = \frac{|q_2'|}{|q_1'|-|q_2'|} = \frac{T_2}{T_1 - T_2} \qquad (4-19)$$

(2)熱泵

$$\beta' = \frac{|q_1'|}{|W'|} = \frac{|q_1'|}{|q_1'|-|q_2'|} = \frac{T_1}{T_1 - T_2} \qquad (4-20)$$

注意 β 與 β'之值可能大於 1。

【例 4－1】

(a)某核能發電廠之蒸汽引擎在 330 與 800 K 之間操作，則由 1 kW h（仟瓦小時）之吸熱可得到之最大功為何？

(b)某家用冰箱在 273 與 373 K 之間操作，則理論上每仟瓦小時的功可移去多少焦耳之熱量?

(c)某熱泵用來提供建築物暖氣，室內溫度爲 295 K，室外爲 273 K。理論上，欲得到 1 仟瓦小時之熱需花費多少功?

【解】

(a) $$|W| = |q_1|\frac{T_1 - T_2}{T_1} = (1\ \text{kW h})\frac{(800\ \text{K} - 330\ \text{K})}{800\ \text{K}}$$
$$= 0.588\ \text{kW h}\ (\text{仟瓦小時})$$

(b) $$|q_2| = |W_1|\frac{T_2}{T_1 - T_2} = (1\ \text{kW h})\frac{(273\ \text{K})}{(373\ \text{K} - 273\ \text{K})}$$
$$= (2.73\ \text{kW h})(10^3\ \text{J s}^{-1}/\text{kW})(60\ \text{min/h})(60\ \text{s/min})$$
$$= 9.828 \times 10^6\ \text{J}\ (\text{焦耳})$$

(c) $$|W| = |q_1|\frac{T_1 - T_2}{T_1} = (1\ \text{kW h})\frac{(295\ \text{K} - 273\ \text{K})}{295\ \text{K}}$$
$$= 0.0746\ \text{kW h}\ (\text{仟瓦小時})$$

4-3-2　理想氣體溫標

由於卡諾熱機之效率與工作物質的種類無關，故可將 n 莫耳理想氣體作爲卡諾循環之工作物質，以計算每一步驟之功與熱。(爲了避免混淆，底下以 θ_1與 θ_2 分別代表高、低溫熱源之溫度)

(4-5) 式中之 W_{12}，W_{23}，W_{34}及 W_{41}可分別寫成

$$W_{12} = -\int_1^2 PdV = -\int_1^2 \frac{nR\theta_1}{V}dV = -nR\theta_1\ln\left(\frac{V_2}{V_1}\right)$$

$$W_{23} = -\int_2^3 PdV = \Delta U \quad (\because \text{絕熱},\ q = 0)$$

$$= \int_{\theta_1}^{\theta_2} C_V\, d\theta$$

$$W_{34} = -\int_3^4 PdV = -\int_3^4 \frac{nR\theta_2}{V}dV = -nR\theta_2\ln\left(\frac{V_4}{V_3}\right)$$

$$W_{41} = -\int_4^1 PdV = \Delta U \quad (\because \text{絕熱}, q = 0)$$

$$= \int_{\theta_2}^{\theta_1} C_V dT$$

因此，淨功爲

$$W = W_{12} + W_{23} + W_{34} + W_{41}$$

$$= -nR\theta_1 \ln\left(\frac{V_2}{V_1}\right) + \int_{\theta_1}^{\theta_2} C_V d\theta - nR\theta_2 \ln\left(\frac{V_4}{V_3}\right) + \int_{\theta_2}^{\theta_1} C_V d\theta$$

$$= -nR\theta_1 \ln\left(\frac{V_2}{V_1}\right) - nR\theta_2 \ln\left(\frac{V_4}{V_3}\right) \quad (4-21)$$

由狀態 2 變爲狀態 3，及由狀態 4 變爲狀態 1 均爲絕熱程序，故應滿足（3－58）式，即

$$\theta \cdot V^{\gamma-1} = \text{常數}$$

將初始及終結狀態分別代入上式可得

$$\theta_1 V_2^{\gamma-1} = \theta_2 V_3^{\gamma-1}$$

$$\theta_1 V_1^{\gamma-1} = \theta_2 V_4^{\gamma-1}$$

以上二式相除得

$$\frac{V_2}{V_1} = \frac{V_3}{V_4} \quad (4-22)$$

將（4－22）式代回（4－21）式，得

$$W = -nR\theta_1 \ln\left(\frac{V_2}{V_1}\right) - nR\theta_2 \ln\left(\frac{V_1}{V_2}\right)$$

$$= -nR(\theta_1 - \theta_2) \ln\left(\frac{V_2}{V_1}\right) \quad (4-23)$$

$$< 0 \ (\text{由於 } \theta_1 > \theta_2 \text{ 且 } V_2 > V_1)$$

至於 q_1 與 q_2 如何表示呢？由於步驟 1 爲恆溫膨脹，所以

$$q_1 = -W_{12} = nR\theta_1 \ln\left(\frac{V_2}{V_1}\right) \quad (4-24)$$

$$> 0 \ (\text{由於 } V_2 > V_1)$$

步驟 3 爲恆溫壓縮，故

$$q_2 = -W_{34} = nR\theta_2\ln\left(\frac{V_4}{V_3}\right) = nR\theta_2\ln\left(\frac{V_1}{V_2}\right)$$

$$= -nR\theta_2\ln\left(\frac{V_2}{V_1}\right) \qquad (4-25)$$

$$< 0\ (由於\ V_2 > V_1)$$

將（4－23）式及（4－24）式代入 η 的公式((4－1)式)，得

$$\eta = \frac{-W}{q_1} = \frac{nR(\theta_1 - \theta_2)\ln\left(\frac{V_2}{V_1}\right)}{nR\theta_1\ln\left(\frac{V_2}{V_1}\right)} = \frac{\theta_1 - \theta_2}{\theta_1} \qquad (4-26)$$

恰與熱力學溫標之計算結果((4－18)式)一致。若取水的三相點（0℃）作爲相同的參考點

$$T_{三相點} = \theta_{三相點} = 273.15\ \mathrm{K}$$

則二個溫標完全一致，因此我們用 T 表示理想氣體溫標與熱力學溫標。

4－4　熵

4－4－1　可逆程序

由卡諾熱機之效率公式

$$\eta = \frac{T_1 - T_2}{T_1} = \frac{q_1 + q_2}{q_1}$$

可得

$$1 - \frac{T_2}{T_1} = 1 + \frac{q_2}{q_1}$$

即

$$\frac{q_2}{q_1}+\frac{T_2}{T_1}=0$$

上式二邊各乘以 q_1/T_2 得

$$\frac{q_2}{T_2}+\frac{q_1}{T_2}=0 \qquad (4-27)$$

(4－27) 式表示在一個循環程序中，q/T 的總和爲零。這暗示著 q/T 是一個狀態函數。

克勞吉斯於 1854 年定義熵（Entropy）的微小變化量，dS，爲

$$dS=\frac{dq_{可逆}}{T} \qquad (4-28)$$

此處 $dq_{可逆}$爲系統在溫度爲 T 時，於可逆條件下所吸收的極微小熱量。將 (4－28) 式積分可得

$$\Delta S=\int_1^2 dS=\int_1^2\frac{dq_{可逆}}{T} \qquad (4-29)$$

此爲由狀態 1 變爲狀態 2 過程之熵變化量。

若程序是可逆，而且絕熱，則 $dq_{可逆}=0$，因此

$$\Delta S=0$$

若程序爲恆溫、可逆，則 (4－29) 式可寫成

$$\Delta S=\frac{q_{可逆}}{T} \qquad (4-30)$$

當 $q_{可逆}$爲正值時 (即系統吸熱)，ΔS 亦爲正值，即系統之熵增加了。相反的，系統放熱時，熵會降低。

由 (4－28) 式，$dq_{可逆}=TdS$，因此

$$q_{可逆}=\int TdS \qquad (4-31)$$

上式表示可逆程序所吸收之熱量等於 $T-S$ 圖中曲線底下之面積（圖 4－8)。

圖 4−8　$q_{可逆}$ 爲 $T-S$ 圖之曲線底下面積

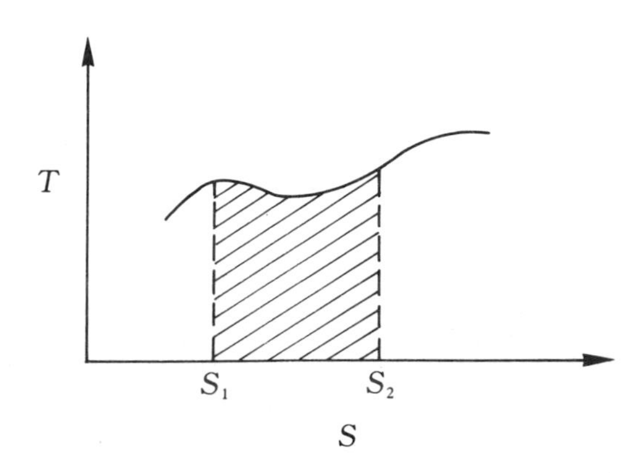

以卡諾循環爲例，其四個步驟之熵變化量分別如下：

(1)恆溫膨脹（由狀態 1 ⟶ 狀態 2)

$$\Delta S_1 = \frac{q_1}{T_1} = \frac{nRT_1\ln\left(\frac{V_2}{V_1}\right)}{T_1} \quad (由(4-24)式)$$

$$= nR\ln\left(\frac{V_2}{V_1}\right) > 0$$

(2)絕熱膨脹（由狀態 2 ⟶ 狀態 3)

$$\Delta S_2 = \int \frac{dq}{T} = 0 \quad (\because 絕熱，dq = 0)$$

(3)恆溫壓縮（由狀態 3 ⟶ 狀態 4)

$$\Delta S_3 = \frac{q_2}{T_2} = \frac{-nRT_2\ln\left(\frac{V_2}{V_1}\right)}{T_2} \quad (由(4-25)式)$$

$$= -nR\ln\left(\frac{V_2}{V_1}\right) < 0$$

(4)絕熱壓縮（由狀態 4 ⟶ 狀態 1)

$$\Delta S_4 = \int \frac{dq}{T} = 0 \quad (\because 絕熱，dq = 0)$$

熵的總變化量，ΔS，爲

$$\begin{aligned}\Delta S &= \Delta S_1 + \Delta S_2 + \Delta S_3 + \Delta S_4 \\ &= nR\ln\left(\frac{V_2}{V_1}\right) + 0 - nR\ln\left(\frac{V_2}{V_1}\right) + 0 \\ &= 0 \end{aligned} \tag{4-29}$$

由於歷經一個循環，因此上式可寫成

$$\Delta S = \oint dS = \sum_{i=1}^{4} \frac{q_i}{T_i} = 0 \tag{4-30}$$

故熵爲狀態函數。圖 4－9 爲卡諾循環之 $T-S$ 圖，圖中斜線部分面積爲工作物質作一個循環後之淨吸收熱量。由於內能的變化量爲零，故此面積也相當於系統對外所作的功。

圖 4－9　卡諾循環之 $T-S$ 圖

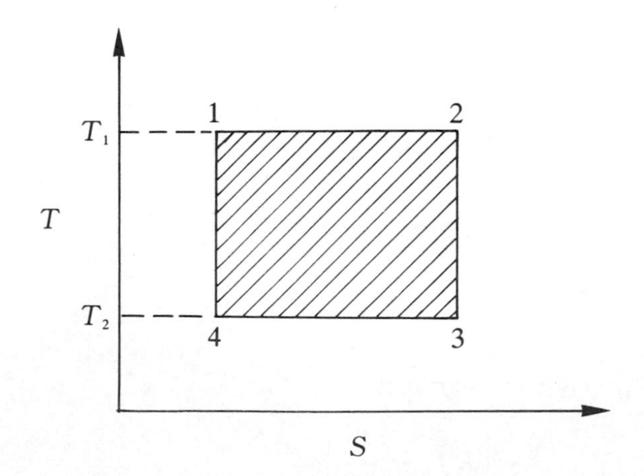

熵的單位爲 cal/K 或 J/K，習慣上將 cal/K 寫爲 eu，其全名爲 Entropy unit。

1 cal/K = 1 eu

熵是系統紊亂（Randomness）程度的指標，若系統愈紊亂、愈不具規則性，則熵值愈大。固體熔解時，由規則的狀態（原子均排列在晶格上）變為較不規則的液態（原子無固定之位置），所以熵會增加。隨著溫度的增加，液態分子之排列更不規則，熵也會持續增加。當物質由液態變為氣態時，移動的現象更為顯著，此時熵最大（圖 4－10）。由於熵與紊亂程度有關，故熵也稱為亂度。

圖 4－10　固體、液體與氣體之熵

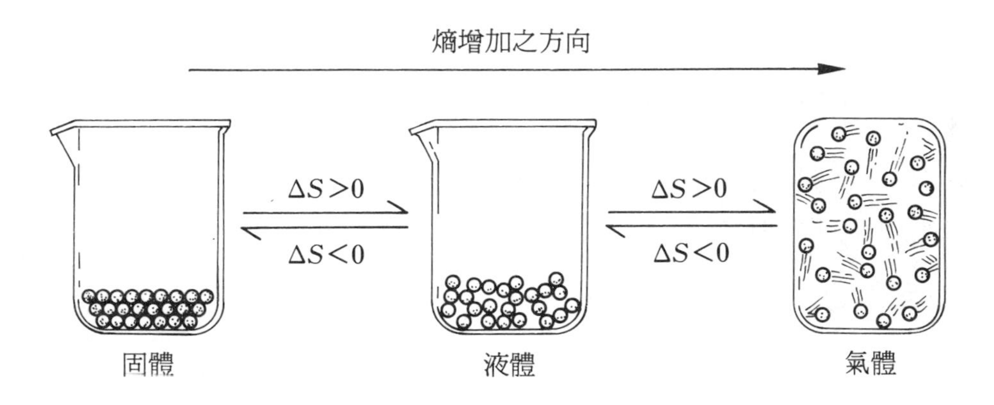

（4－27）式適用於熱源容量無限大時。若熱源大小有限，則 T_1 與 T_2 並非保持不變，此時可將熱傳遞分成無限多階段，每階段內之溫度均為定值，故（4－27）式可改寫成

$$\int \frac{dq_1}{T_1} + \int \frac{dq_2}{T_2} = 0 \qquad (4-31)$$

【例 4－2】

一熱機自 10 kg，90 ℃水吸進熱量，以致於水溫降至 60 ℃。經作功後，熱機向含有 5 kg 水之低溫熱源放出熱量，水之初始溫度為 5 ℃。假設熱機可得最高效率，水之熱容量為 1 cal/g K，且無能量之損失，試計算熱機所作之功。

【解】

$$dq_1 = m_1 C_P dT_1 = (10 \times 10^3 \text{ g})(1 \text{ cal/g K}) dT_1$$

$$= (1 \times 10^4 \text{ cal/K}) dT_1$$

$$dq_2 = m_2 C_P dT_2 = (5 \times 10^3 \text{ g})(1 \text{ cal/g K}) dT_2$$

$$= (5 \times 10^3 \text{ cal/K}) dT_2$$

將 dq_1 與 dq_2 代入(4 − 31) 式得

$$\int_{363}^{333} \frac{(1 \times 10^4 \text{ cal/K}) dT_1}{T_1} + \int_{278}^{T_f} \frac{(5 \times 10^3 \text{ cal/K}) dT_2}{T_2} = 0$$

即

$$(1 \times 10^4 \text{ cal/K}) \ln\left(\frac{333}{363}\right) + (5 \times 10^3 \text{ cal/K}) \ln\left(\frac{T_f}{278}\right) = 0$$

此處 T_f 爲低溫熱源之最終溫度。

算出之 T_f 爲 331 K，故

$$Q_1 = \int dq_1 = \int_{363}^{333} (1 \times 10^4 \text{ cal/K}) dT_1$$

$$= (1 \times 10^4 \text{ cal/K})(333 \text{ K} - 363 \text{ K})$$

$$= -3 \times 10^5 \text{ cal}$$

$$Q_2 = \int dq_2 = \int_{278}^{331} (5 \times 10^3 \text{ cal/K})(331 \text{ K} - 278 \text{ K})$$

$$= 2.65 \times 10^5 \text{ cal}$$

$$W = -Q_1 - Q_2 \quad (\because \Delta U = 0)$$

$$= (3 \times 10^5 \text{ cal}) - (2.65 \times 10^5 \text{ cal})$$

$$= 3.5 \times 10^4 \text{ cal (卡)}$$

(4 − 30) 式不僅適用於卡諾循環，也適用於任何可逆循環，我們在附錄 (4 − B) 中將證明任一可逆循環程序可分割成無窮多個卡諾循環，由於每一子循環均滿足

$$\oint_{\text{子循環}} \frac{dq}{T} = 0$$

故

$$\oint_{\text{任一可逆循環}} \frac{dq}{T} = \sum_{i=1}^{\infty}\left(\oint_{\text{子循環}} \frac{dq}{T}\right) = 0$$

4-4-2 克勞吉斯不等式

若程序爲不可逆，則 ΔS 不能由（4-29）式

$$\Delta S = \int_1^2 \frac{dq}{T}$$

求得，因爲在不可逆程序中，其路徑變化很多，若路徑不同，$dq_{不可逆}$ 就不同，所以

$$\int_1^2 \frac{dq_{不可逆}}{T}$$

之值會隨路徑而異。但此與 S 爲狀態函數之事實違背，所以

$$\Delta S \neq \int_1^2 \frac{dq_{不可逆}}{T} \qquad (4-32)$$

（4-32）式之等號既然不成立，到底應爲大於或小於之符號呢？考慮系統由某初始狀態，分別經可逆與不可逆程序，最後達成相同的終結狀態，則由熱力學第一定律

$$\Delta U = q_{可逆} + W_{可逆} \quad (可逆程序) \qquad (4-33)$$

$$\Delta U = q_{不可逆} + W_{不可逆} \quad (不可逆程序) \qquad (4-34)$$

（4-33）式減（4-34）式得

$$q_{可逆} - q_{不可逆} = -(W_{可逆} - W_{不可逆}) \qquad (4-35)$$

若系統吸熱，同時也對外作功，則 q 爲正值，W 爲負值。由於可逆程序對外所作的功之絕對值爲最大（見圖 3-9），即

$$|W_{可逆}| > |W_{不可逆}|$$

將上式代入（4-35）式得

$$q_{可逆} - q_{不可逆} = |W_{可逆}| - |W_{不可逆}| > 0 \qquad (4-36)$$

(4－36) 式說明可逆程序吸收之熱及對外作的功的絕對值均比不可逆時還大。將此式二邊除以 T，得

$$\Delta S = \frac{q_{可逆}}{T} > \frac{q_{不可逆}}{T}$$

寫成微分式，得

$$dS > \frac{dq_{不可逆}}{T} \qquad (4-37)$$

到目前爲止，我們證明了 (4－32) 式之符號應爲「大於」。(4－37) 式可與 (4－28) 式合併寫成

$$dS \geqslant \frac{dq}{T} \quad \begin{cases} 可逆時：= \\ 不可逆時：> \end{cases} \qquad (4-38)$$

此爲有名的克勞吉斯不等式 (Clausius inequality)。

在一個孤立系統中，系統與外界無能量與物質之交換，所以 $dq = 0$。若系統狀態之變化爲可逆的，則依 (4－38) 式

$$\Delta S = 0 \quad (孤立系統，可逆時) \qquad (4-39)$$

若狀態變化爲不可逆的，則

$$\Delta S > 0 \quad (孤立系統，不可逆時) \qquad (4-40)$$

宇宙可視爲一個超大型的孤立系統 (包含我們有興趣的一個小系統及其外界)，由於一切自發的程序都是不可逆的，因此適用(4－40)式，即宇宙之熵一直在增加，此爲熱力學第二定律之重要結果，我們在 4－2 節中曾約略提到，此處提出完整的證明。依熱力學第一定律，宇宙之內能爲一常數；再由第二定律，宇宙之熵趨向最大值，故克勞吉斯合併敘述爲「宇宙之內能爲一定值，宇宙之熵趨向最大值」。

在 (4－30) 式中我們曾提到，一個可逆循環程序之 $\oint \frac{dq}{T}$ 爲零：

$$\Delta S = \oint \frac{dq}{T} = 0 \quad (可逆循環程序)$$

若此循環是不可逆的，則結果爲何呢？考慮如圖 4－11 之循環程序，其中虛線部分（由狀態 1 變爲狀態 2）爲不可逆，但實線部分（由狀態 2 返回狀態 1）則爲可逆，故整個循環程序是不可逆的，其 $\oint \frac{dq}{T}$ 爲

$$\oint \frac{dq}{T} = \int_1^2 \frac{dq_{\text{不可逆}}}{T} + \int_2^1 \frac{dq_{\text{可逆}}}{T} = \int_1^2 \frac{dq_{\text{不可逆}}}{T} + \int_2^1 dS$$

$$= \int_1^2 \frac{dq_{\text{不可逆}}}{T} - \int_1^2 dS \tag{4－41}$$

圖 4－11　由可逆與不可逆程序組合而成的不可逆循環程序

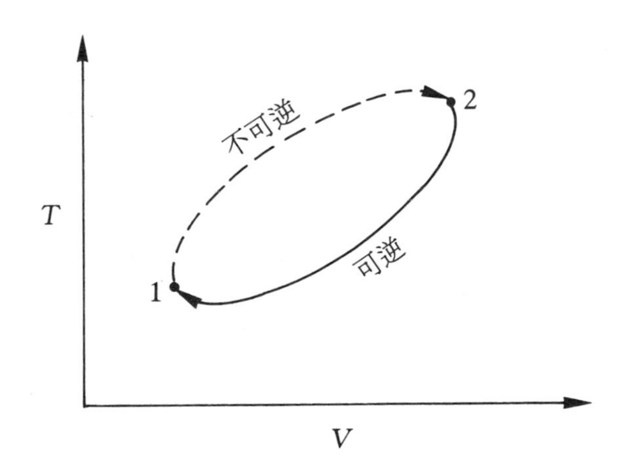

但由克勞吉斯不等式((4－38)式)，

$$\int_1^2 dS \geqslant \int_1^2 \frac{dq_{\text{不可逆}}}{T}$$

所以（4－41）式小於 0，即

$$\oint \frac{dq}{T} < 0 \quad (\text{不可逆循環程序}) \tag{4－42}$$

值得注意的是，$\oint \frac{dq}{T}$ 並非不可逆循環之熵變化量，眞正的 ΔS 不管程序可逆與否，均爲零，因爲熵爲一個狀態函數。

*4－5 熵之熱力學關係式

在只有 PV 功及可逆的情況下（$dW = -PdV$），熱力學第一定律（$dU = dq + dW$）可與第二定律（$dS = dq_{可逆}/T$）合併寫成

$$dU = TdS - PdV \tag{4-43}$$

值得注意的是，上式的推導過程雖然利用到可逆時之結果（$dS = dq_{可逆}/T$），但因爲 U 是一個狀態函數，與路徑無關，所以（4－43）式同時適用於封閉系統之可逆與不可逆程序。此處，封閉系統是指有固定組成之系統。若系統內的物質與外界有交換的情形（開放系統）或系統內產生化學反應，則物質的量會有增減，則（4－43）式還需添加額外的項以反應莫耳數的變化情形。除此之外，若有非 PV 功牽涉在內，（4－43）式也需再加上其他項。

（4－43）式極爲重要，用途也極廣，是熱力學的四個基本方程式（Fundamental equation）之一。其他的三個基本方程式稍後將會一一說明。

4－5－1 熵表示成溫度與體積之函數

將 S 相對於 T 與 V 作全微分得

$$dS = \left(\frac{\partial S}{\partial T}\right)_V dT + \left(\frac{\partial S}{\partial V}\right)_T dV \tag{4-44}$$

但由（4－43）式

$$dS = \frac{1}{T}(dU + PdV) \tag{4-45}$$

上式之 dU 也可表示成 T 與 V 之函數

$$dU = \left(\frac{\partial U}{\partial T}\right)_V dT + \left(\frac{\partial U}{\partial V}\right)_T dV$$

$$= C_V dT + \left(\frac{\partial U}{\partial V}\right)_T dV \qquad (4-46)$$

將上式代回（4－45）式得

$$dS = \frac{1}{T}\left[C_V dT + \left(\frac{\partial U}{\partial V}\right)_T dV + PdV\right]$$

$$= \frac{C_V}{T} dT + \frac{1}{T}\left[P + \left(\frac{\partial U}{\partial V}\right)_T\right]dV$$

分別比較上式與（4－44）式之 dT 與 dV 之係數可得

$$\left(\frac{\partial S}{\partial T}\right)_V = \frac{C_V}{T} \qquad (4-47)$$

及

$$\left(\frac{\partial S}{\partial V}\right)_T = \frac{1}{T}\left[P + \left(\frac{\partial U}{\partial V}\right)_T\right] \qquad (4-48)$$

（4－47）式表示若系統在恆容下加熱（或冷卻），則其熵變化量為

$$\Delta S = \int_{T_1}^{T_2}\left(\frac{C_V}{T}\right) dT = C_V \ln\left(\frac{T_2}{T_1}\right) \qquad (4-49)$$

上式之計算中假設 C_V 與溫度無關。若與溫度有關，則常將 C_V 表示成溫度的多項式，以（C_V/T）對 T 作圖，則曲線下之面積即為熵之變化量（見圖 4－12）。

（4－48）式等號右側之$(\partial U/\partial V)_T$ 不易由實驗直接測得，本章稍後將證明

$$\left(\frac{\partial S}{\partial V}\right)_T = \left(\frac{\partial P}{\partial T}\right)_V \qquad (4-50)$$

由（3－41）與（3－46）式

$$\left(\frac{\partial P}{\partial T}\right)_V = \frac{\left(\frac{\partial V}{\partial T}\right)_P}{-\left(\frac{\partial V}{\partial P}\right)_T} = \frac{\alpha}{\kappa} \qquad (4-51)$$

圖 4－12 C_V/T 對 T 作圖曲線底下面積爲恆容下之熵變化量

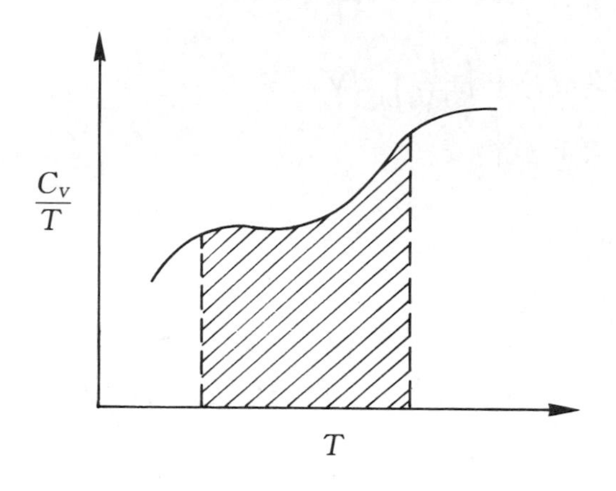

其中 α 爲熱膨脹係數，κ 爲恆溫壓縮係數。故(4－44)式可改變成

$$dS = \frac{C_V}{T}dT + \frac{\alpha}{\kappa}dV \tag{4-52}$$

若眞實物質之 α，κ 及 C_V 已知，則代入（4－52）式後積分即可得熵之變化量。

對於理想氣體而言，$\alpha = 1/T$ 且 $\kappa = 1/P$，故（4－52）式可寫成

$$\begin{aligned} dS &= \frac{C_V}{T}dT + \frac{P}{T}dV \\ &= \frac{C_V}{T}dT + \frac{nR}{V}dV \end{aligned}$$

積分後得

$$\Delta S = C_V \ln\left(\frac{T_2}{T_1}\right) + nR\ln\left(\frac{V_2}{V_1}\right) \tag{4-53}$$

（4－53）式表示：系統由 (T_1, V_1) 狀態變爲 (T_2, V_2) 之熵變化可視爲二個可逆過程熵變化之總和；第一個過程爲恆容下之溫度變化，第二個過程爲恆溫下之體積變化，如圖 4－13 所示。

圖 4－13　計算系統由$(T_1, V_1) \longrightarrow (T_2, V_2)$之熵變化的二個過程

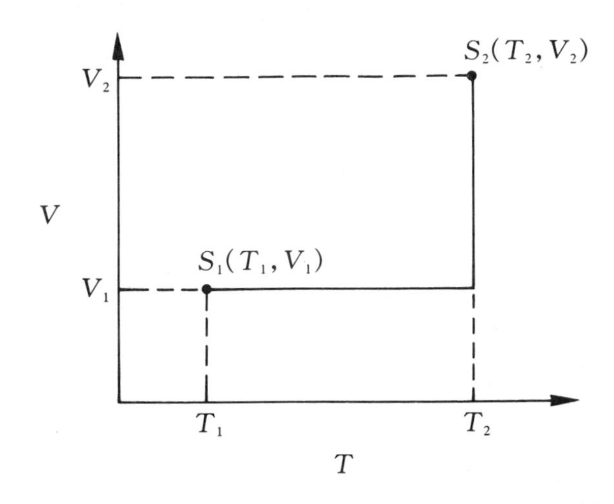

【例 4－3】

推導 1 莫耳凡得瓦氣體在恆溫（T）下，由 V_1 膨脹爲 V_2 之熵變化之公式。

【解】

$$\Delta S = \int \left(\frac{\partial S}{\partial V}\right)_T dV = \int_{V_1}^{V_2} \left(\frac{\partial P}{\partial T}\right)_V dV$$

但是

$$P = \frac{RT}{V-b} - \frac{a}{V^2}$$

所以

$$\Delta S = \int_{V_1}^{V_2} \left(\frac{\partial\left(\frac{RT}{V-b} - \frac{a}{V^2}\right)}{\partial T}\right)_V dV = \int_{V_1}^{V_2} \left(\frac{R}{V-b}\right) dV$$

$$= R\ln\left(\frac{V_2 - b}{V_1 - b}\right)$$

【例 4－4】

某 0 ℃之銅塊（密度為 8.900 g/cm^3）加熱至 100 ℃時，密度降為 8.856 g/cm^3。假設銅之$\overline{C}_V$為$3R$，α與κ為定值，且分別為5×10^{-5} K^{-1}及8×10^{-12} m^2/N，試計算每公斤銅塊由 0 ℃加熱至 100 ℃時之熵變化量。(銅之原子量為 63.5 g/mol)

【解】

$$\Delta S = \int dS = \int \frac{C_V}{T} dT + \int \frac{\alpha}{\kappa} dV$$

$$= n\,\overline{C}_V \ln\left(\frac{T_2}{T_1}\right) + \frac{\alpha}{\kappa}(V_2 - V_1)$$

1 公斤銅相當於$\dfrac{10^3}{63.5} = 15.748$ 莫耳

0 ℃ 時，1 公斤銅之體積為

$$V_1 = \frac{1000\ \text{g}}{8.900\ \text{g/cm}^3} \times (10^{-6}\ \text{m}^3/\text{cm}^3)$$
$$= 1.124 \times 10^{-4}\ \text{m}^3$$

100 ℃ 時之體積

$$V_2 = \frac{1000\ \text{g}}{8.856\ \text{g/cm}^3} \times (10^{-6}\ \text{m}^3/\text{cm}^3)$$
$$= 1.129 \times 10^{-4}\ \text{m}^3$$

$$\therefore \Delta S = (15.748\ \text{mol})(3)(8.314\ \text{J/mol K})\ln\frac{373}{273}$$
$$+ \frac{5\times10^{-5}\ \text{K}^{-1}}{8\times10^{-12}\ \text{m}^2/\text{N}}(1.129\times10^{-4}\ \text{m}^3 - 1.124\times10^{-4}\ \text{m}^3)$$
$$= 122.591\ \text{J/K} + 3.125\ \text{J/K}$$
$$= 125.716\ \text{J/K}\ (\text{焦耳 / 度})$$

由此計算可以發現溫度及體積之增加，均會造成熵的增加，但由於固體之體積變化量很小，故體積對於熵的影響遠小於溫度。

4-5-2　熵表示成溫度與壓力之函數

S 若對 T 與 P 作全微分可得

$$dS = \left(\frac{\partial S}{\partial T}\right)_P dT + \left(\frac{\partial S}{\partial P}\right)_T dP \qquad (4-54)$$

$(\partial S/\partial P)_T$ 及 $(\partial S/\partial T)_P$ 各等於那些物理量呢？這是本節要討論的重點。由於 $H = U + PV$，所以 $dH = dU + PdV + VdP$。

將基本方程式（4-43）式

$$dU = TdS - PdV$$

代入上式可得

$$dH = TdS + VdP$$

即

$$dS = \frac{1}{T}[dH - VdP] \qquad (4-55)$$

上式之 dH 也可寫為 T 與 P 之微分式

$$dH = \left(\frac{\partial H}{\partial T}\right)_P dT + \left(\frac{\partial H}{\partial P}\right)_T dP$$

$$= C_P dT + \left(\frac{\partial H}{\partial P}\right)_T dP \qquad (4-56)$$

（4-56）式代入（4-55）式後，得

$$dS = \frac{1}{T}\left[C_P dT + \left(\frac{\partial H}{\partial P}\right)_T dP - VdP\right] \qquad (4-57)$$

比較（4-57）式與（4-54）式得

$$\left(\frac{\partial S}{\partial T}\right)_P = \frac{C_P}{T} \qquad (4-58)$$

及

$$\left(\frac{\partial S}{\partial P}\right)_T = \frac{1}{T}\left[\left(\frac{\partial H}{\partial P}\right)_T - V\right] \qquad (4-59)$$

$(\partial H/\partial P)_T$ 之值不易由實驗直接測得，故在熱力學上常利用另一關係式（稍後證明）來計算 $(\partial S/\partial P)_T$：

$$\left(\frac{\partial S}{\partial P}\right)_T = -\left(\frac{\partial V}{\partial T}\right)_P = -V\alpha \qquad (4-60)$$

因此（4－54）式可改寫成

$$dS = \frac{C_P}{T}dT - V\alpha dP \qquad (4-61)$$

由於 α（熱膨脹係數）恆大於 0，故（4－60）式表示壓力增加時（即體積降低），熵會變小，此因分子活動空間降低所致。此外，（4－58）式表示恆壓下溫度增加時，會使系統之熵增加，此因分子熱運動（Thermal motion）增加，促使系統更爲混亂所致。此效果與恆容下增加溫度時一致。在恆壓下，若將（C_P/T）對 T 作圖，其曲線底下之面積恰爲系統之熵變化量（圖 4－14）：

$$\Delta S = \int\left(\frac{C_P}{T}\right)dT \quad （恆壓下） \qquad (4-62)$$

圖 4－14 C_P/T 對 T 作圖之曲線底下之面積爲恆壓下熵變化量

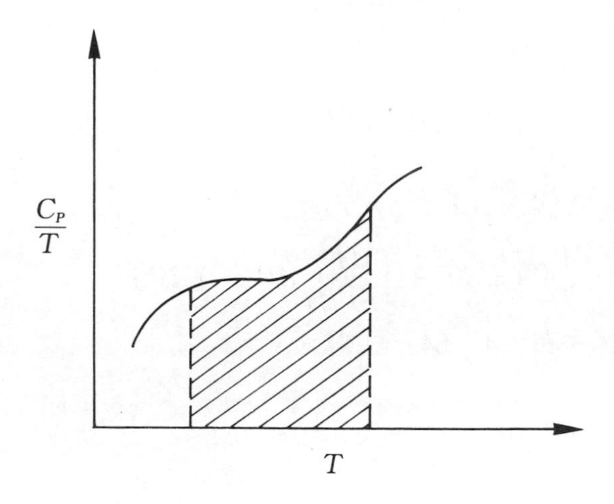

【例 4－5】

2 莫耳固態 NaCl 由 298 K，2.000 bar 變爲 700 K，3.000 bar。若NaCl 之莫耳體積爲 27.0 mL/mol，α 爲 $1.21\times10^{-4}\ \text{K}^{-1}$，$\overline{C}_P$ 爲 45.94 J/mol K＋（16.32×10^{-3} J/mol K^2）T，試計算此變化過程之 ΔS。

【解】

$$
\begin{aligned}
\Delta S &= \int_{T_1}^{T_2} \frac{C_P}{T}\,dT - \int_{P_1}^{P_2} V\alpha dP \\
&= n\int \frac{[45.94\ \text{J/mol K} + (16.32\times10^{-3}\ \text{J/mol K}^2)T]\,dT}{T} \\
&\quad - n\,\overline{V}\alpha(P_2 - P_1) \\
&= (2\ \text{mol})[(45.94\ \text{J/mol K})\ln\frac{700\ \text{K}}{298\ \text{K}} \\
&\quad + (16.32\times10^{-3}\ \text{J/mol K}^2)(700\ \text{K} - 298\ \text{K})] \\
&\quad - (2\ \text{mol})(27.0\ \text{mL/mol})(10^{-6}\ \text{m}^3/\text{mL}) \\
&\quad (1.21\times10^{-4}\ \text{K}^{-1})(3.000\ \text{bar} - 2.000\ \text{bar})\cdot(10^5\ \text{Pa/bar}) \\
&= 91.585\ \text{J/K} - 6.534\times10^{-4}\ \text{J/K} \\
&= 91.584\ \text{J/K}\ (\text{焦耳 / 度})
\end{aligned}
$$

【例 4－6】

已知水在 90 ℃之 α 爲 $8.3\times10^{-4}\ \text{K}^{-1}$，試計算在此溫度下，壓力由 1 bar 增爲 100 bar 時之莫耳熵變化量。(假設水的密度爲 1 g/cm^3)

【解】

$$
\begin{aligned}
\Delta S &= \int - V\alpha dP = - V\alpha\Delta P \\
&= -\left(\frac{18\ \text{g/mol}}{1\ \text{g/cm}^3}\right)(8.3\times10^{-4}\ \text{K}^{-1})(100\ \text{bar} - 1\ \text{bar}) \\
&= (-18\ \text{cm}^3/\text{mol})(10^{-6}\ \text{m}^3/\text{cm}^3)(8.3\times10^{-4}\ \text{K}^{-1}) \\
&\quad (99\ \text{bar})(10^5\ \text{Pa/bar}) \\
&= -0.15\ \text{J/mol K}
\end{aligned}
$$

對於理想氣體而言，$\alpha = 1/T$，所以（4－61）式可寫成

$$dS = \frac{C_P}{T}dT - \frac{V}{T}dP = \frac{C_P}{T}dT - \frac{nR}{P}dP$$

故

$$\Delta S = \int dS = \int \frac{C_P}{T}\,dT - \int \frac{nR}{P}\,dP$$

$$= C_P \ln\left(\frac{T_2}{T_1}\right) - nR\ln\left(\frac{P_2}{P_1}\right) \qquad (4-63)$$

上式表示：由 (T_1, P_1) 變爲 (T_2, P_2) 之熵變化可視爲二個可逆步驟熵變化之總和；步驟 1 爲恆壓下之變溫，步驟 2 爲恆溫下之變壓（見圖 4－15)。

圖 4－15　計算系統由 (T_1, P_1) 變爲 (T_2, P_2) 之熵變化之二個假想步驟

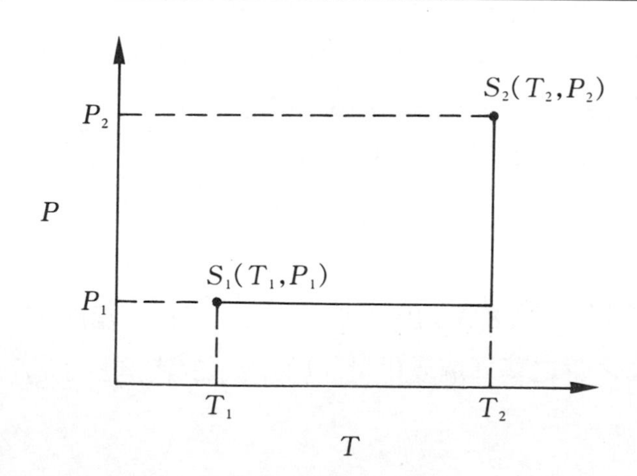

【例 4－7】

1 莫耳氧氣在恆壓（1.0 bar）下加熱，溫度由 300 K 增爲 500 K，若 $\overline{C}_P$（以 J/mol K 爲單位）$= \alpha + \beta T + \gamma T^2$，其中 $\alpha = 25.503$，$\beta = 13.612 \times 10^{-3}$，$\gamma = 85.106 \times 10^{-7}$，試計算熵變化量。

【解】

$$\Delta S=\int_{T_1}^{T_2}\left(\frac{C_P}{T}\right)dT=n\int_{T_1}^{T_2}\left(\frac{\alpha}{T}+\beta+\gamma T\right)dT$$

$$=n\left[\alpha\ln\left(\frac{T_2}{T_1}\right)+\beta(T_2-T_1)+\frac{\gamma}{2}(T_2^2-T_1^2)\right]$$

$$=(1\ \text{mol})\left[25.503\ln\left(\frac{500}{300}\right)+(13.612\times10^{-3})(500-300)+\frac{85.106\times10^{-7}}{2}(500^2-300^2)\right](\text{J/mol K})$$

$$=15.07\ \text{J/K}\ (焦耳/度)$$

4-6　熵變化之計算

4-6-1　可逆程序

當熱量由物體 A 流向比 A 之溫度低無窮小之物體 B 時，若增加 B 或減少 A 之溫度無窮小量，則可逆轉熱流的方向，此時的狀態變化可視爲可逆的。固體之熔解、昇華，固相間之相變化，及液體之氣化過程，因此均可視爲可逆程序，其系統之熵變化爲

$$\Delta S=\int\frac{dq_{可逆}}{T}$$

當系統吸收熱量 $dq_{可逆}$時，外界會喪失相同熱量 $dq_{外界}$，因此

$$dq_{系統}=-dq_{外界}$$

上式二邊各除以 T，再作積分得

$$\int\frac{dq_{系統}}{T}+\int\frac{dq_{外界}}{T}=0 \qquad (4-64)$$

因此，

$$\Delta S_{系統} = -\Delta S_{外界} \tag{4-65}$$

即熵的總變化量爲零。

【例 4－8】

正己烷在 1 大氣壓時之沸點爲 68.7 ℃，莫耳汽化熱爲 28.850 kJ/mol，試計算正己烷汽化前後之莫耳熵變化量。

【解】

$$\Delta S = \frac{\Delta H}{T} = \frac{(28.850 \times 10^3 \text{ J/mol})}{(273.15 + 68.7 \text{ K})}$$

$$= 84.41 \text{ J/mol K}\ (焦耳／莫耳－度)$$

由於 ΔS 大於 0，表示氣態時之分子排列較液態時不規則。

【例 4－9】

鐵由 298 K 加熱至 1800 K 時會有二個固相→固相之晶相變化。在 1184 K 時爲 $\alpha \rightarrow \gamma$ 之相變化，其 ΔH 爲 0.900 kJ/mol。在 1665 K 時會有 $\gamma \rightarrow \delta$ 之相變化，其 ΔH 爲 0.873 kJ/mol。試計算這二個相變化之 ΔS。

【解】

$$\Delta S_{\alpha \rightarrow \gamma} = \frac{\Delta H}{T} = \frac{(0.900 \times 10^3 \text{ J/mol})}{1184 \text{ K}}$$

$$= 0.760 \text{ J/mol K}\ (焦耳／莫耳－度)$$

$$\Delta S_{\gamma \rightarrow \delta} = \frac{\Delta H}{T} = \frac{(0.837 \times 10^3 \text{ J/mol})}{1665 \text{ K}}$$

$$= 0.503 \text{ J/mol K}\ (焦耳／莫耳－度)$$

算出之 $\Delta S_{\alpha \rightarrow \gamma}$ 及 $\Delta S_{\gamma \rightarrow \delta}$ 均大於 0，這表示相變化後鐵原子之排列比原來不規則。

【例 4－10】

1 莫耳水在 25 ℃下作可逆絕熱的變化，壓力變化量爲 10.0 bar。若 $\alpha = 2.35 \times 10^{-4}\ K^{-1}$，$\overline{V} = 18.0\ mL/mol$，$\overline{C}_P$ 爲 75.3 J/mol K，試計算水之最終溫度。

【解】

由於絕熱，$dq = 0$，故

$$\Delta S_{系統} = \int \frac{dq}{T} = 0$$

但

$$\Delta S = \int \frac{C_P}{T} dT - \int V\alpha dP$$
$$= n\,\overline{C}_P \ln\left(\frac{T_2}{T_1}\right) - n\,\overline{V}\alpha(P_2 - P_1)$$

所以

$$0 = (1\ mol)(75.3\ J/mol\ K)\ln\left(\frac{T_2}{298.15K}\right)$$
$$- (1\ mol)(18.0 \times 10^{-6}\ m^3/mol)(2.35 \times 10^{-4}\ K^{-1})$$
$$(10.0\ bar)(10^5\ Pa/bar)$$

故

$$\ln\left(\frac{T_2}{298.15\ K}\right) = 5.62 \times 10^{-5}$$

得

$$T_2 = 298.17\ K(度)$$

即溫度之變化量爲 0.02 K。

4－6－2　不可逆程序

欲知不可逆程序之熵變化，需利用熵爲狀態函數之性質，將此不可逆程序改爲幾個連續之可逆程序之總和，再計算各子程序之 ΔS。

例如過冷(Supercooled)的水在冰點以下之凝固爲不可逆程序，若欲計算 1 莫耳 −10 ℃之水在恆溫、恆壓(1 atm)下凝結成冰之 ΔS，可依下圖將此一不可逆程序改爲三個可逆程序之組合（圖 4−16)。

圖 4−16 不可逆程序可視爲數個可逆程序之組合

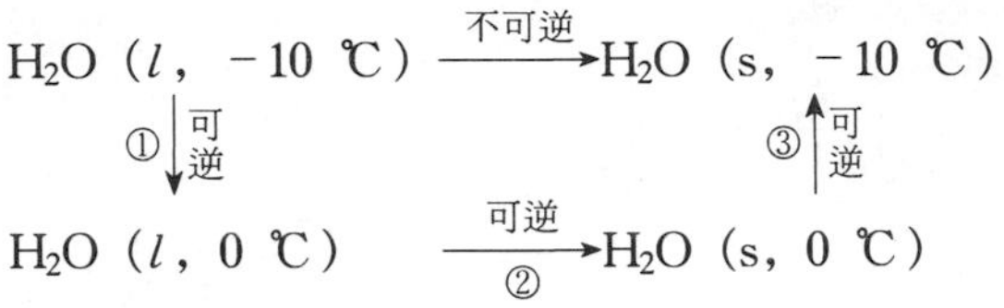

$$
\begin{array}{ccc}
H_2O\,(l,\ -10\ ℃) & \xrightarrow{\text{不可逆}} & H_2O\,(s,\ -10\ ℃) \\
①\downarrow \text{可逆} & & ③\uparrow \text{可逆} \\
H_2O\,(l,\ 0\ ℃) & \xrightarrow[②]{\text{可逆}} & H_2O\,(s,\ 0\ ℃)
\end{array}
$$

程序 1：水在恆壓下之升溫（由 −10 ℃→0 ℃）

程序 2：水在 1 大氣壓及 0 ℃之凝固

程序 3：冰在恆壓下之降溫（由 0 ℃→ −10 ℃）

若已知冰在 0 ℃之溶解熱爲 6004 J/mol，冰之莫耳熱容量 $\overline{C}_{P,H_2O(s)} = 36.8$ J/mol K，及水之莫耳熱容量 $\overline{C}_{P,H_2O(l)} = 75.3$ J/mol K，則三個子程序之 ΔS 可分別計算如下：

$$
\begin{aligned}
\Delta S_1 &= \int_{263}^{273} \frac{C_{P,H_2O(l)}}{T}\,dT = n\,\overline{C}_{P,H_2O(l)} \ln\frac{T_2}{T_1}\Bigg|_{263}^{273} \\
&= (1\ \text{mol})(75.3\ \text{J/mol K})\left(\ln\frac{273\ \text{K}}{263\ \text{K}}\right) \\
&= 2.810\ \text{J/K}
\end{aligned}
$$

$$
\begin{aligned}
\Delta S_2 &= \frac{\Delta H}{T} = \frac{n\Delta \overline{H}}{T} = \frac{(1\ \text{mol})(-6004\ \text{J/mol K})}{(273.15\ \text{K})} \\
&= -21.981\ \text{J/K}
\end{aligned}
$$

$$
\begin{aligned}
\Delta S_3 &= \int_{273}^{263} \frac{C_{P,H_2O(s)}}{T}\,dT = n\,\overline{C}_{P,H_2O(s)} \ln\left(\frac{263}{273}\right) \\
&= (1\ \text{mol})(36.8\ \text{J/mol K}) \ln\left(\frac{263\ \text{K}}{273\ \text{K}}\right) \\
&= -1.373\ \text{J/K}
\end{aligned}
$$

所以

$$\Delta S = \Delta S_1 + \Delta S_2 + \Delta S_3$$
$$= (2.810\ \text{J/K}) + (-21.981\ \text{J/K}) + (-1.373\ \text{J/K})$$
$$= -20.54\ \text{J/K}$$

算出之 ΔS 爲負值，表示系統之亂度降低了，這是因爲凝固後冰的排列較水更有規則所致。

若將上述過冷的水與 −10 ℃之熱源接觸，則水與熱源組合成一個孤立系統。此孤立系統之熵變化爲

$$\Delta S_{\text{孤立系統}} = \Delta S_{\text{水}} + \Delta S_{\text{熱源}}$$

欲求 $\Delta S_{\text{熱源}}$，需先計算水在 −10 ℃時之凝固熱 ΔH。由於焓也是一個狀態函數，因此

$$\Delta H = \Delta H_1 + \Delta H_2 + \Delta H_3$$
$$= \int C_{P,H_2O(l)} dT + \Delta H_2 + \int C_{P,H_2O(s)} dT$$
$$= n\overline{C}_{P,H_2O(l)}(273\text{K} - 263\text{K}) + n\Delta\overline{H}_2 + n\overline{C}_{P,H_2O(s)}(263\ \text{K} - 273\ \text{K})$$
$$= (1\ \text{mol})(75.3\ \text{J/mol K})(10\ \text{K}) + (1\ \text{mol})(-6004\ \text{J/mol K}) + (1\ \text{mol})(36.8\ \text{J/mol K})(-10\ \text{K})$$
$$= -5619\ \text{J}$$

假設熱源夠大，則吸收此凝固熱後所造成之溫度差幾乎爲零，因此熱源之吸熱程序可視爲可逆的，故

$$\Delta S_{\text{熱源}} = \frac{q}{T} = -\frac{\Delta H}{T} = \frac{5619\ \text{J}}{263.15\ \text{K}} = 21.37\ \text{J/K}$$

所以

$$\Delta S_{\text{孤立系統}} = \Delta S_{\text{水}} + \Delta S_{\text{熱源}}$$
$$= (-20.54\ \text{J/K}) + (21.37\ \text{J/K})$$
$$= 0.83\ \text{J/K}$$

算出之 $\Delta S_{\text{孤立系統}} > 0$，與（4−40）式相符。

再舉一例說明不可逆化學反應之熵變化之計算。氫與氧化合成水之反應在室溫下為自發反應（雖然沒有催化劑存在下，速率很小）：

$$H_2(g)+\frac{1}{2}O_2(g)\longrightarrow H_2O\,(l)$$

在 298.15 K 及 1 大氣壓下，此不可逆反應之反應熱為 − 68.315 kcal/mol，因此其熵變化量為

$$\Delta S>\frac{(-68.315\times 10^3\ \text{cal/mol})}{(298.15\ \text{K})}=-229.11\ \text{cal/mol K}$$

為了確實計算此一熵變化值，可選擇一組適當的電極，以電化學方法將上述反應以可逆方式進行，結果測得之 $\Delta H_{可逆}$ 為 − 11.627 kcal/mol，因此化學反應之 ΔS 為

$$\Delta S_{反應}=\frac{q}{T}=\frac{-11627\ \text{cal/mol}}{298.15\ \text{K}}=-39.00\ \text{cal/mol K}$$

化學反應進行時所處之環境（大氣）可視為無窮大之熱源。此熱源吸收 68.315 kcal 熱量之過程可視為可逆的，其熵變化為

$$\Delta S_{外界}=\frac{q}{T}=\frac{68315\ \text{cal/mol}}{298.15\ \text{K}}=229.11\ \text{cal/mol K}$$

因此化學反應與外界之熵總變化量為

$$\begin{aligned}\Delta S&=\Delta S_{反應}+\Delta S_{外界}\\&=(-39.00\ \text{cal/mol K})+(229.11\ \text{cal/mol K})\\&=190.11\ \text{cal/mol K}\end{aligned}$$

總變化量為正值，這是由於此孤立系統含有不可逆程序所致。

【例 4−11】

二個體積同為 V_0 之容器以玻璃管相接，管上裝有活栓，如圖 4 − 17 所示。最初左側容器含有 1 莫耳理想氣體，而右側為真空。若打開活栓，氣體由左側容器往右邊擴散(Diffusion)，直至二邊壓力相等為止。假設初始溫度為 T，且此裝置與外界絕熱，試計算系統、外界，與

(系統+外界) 之熵變化量。

圖 4－17　相連之二玻璃球

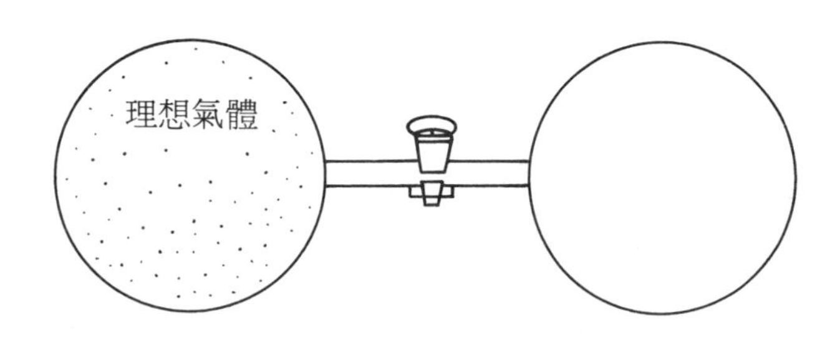

【解】

活栓打開時，氣體作自由膨脹，作功爲零

$$W = 0$$

又因爲絕熱，$q = 0$，所以

$$\Delta U = q + W = 0$$

由於理想氣體之內能只是溫度的函數而已，內能不變則氣體之溫度爲定值，故

$$\Delta S_{外界} = \frac{q}{T} = 0 \quad (\because q = 0)$$

但氣體之熵變化量則大於 0

$$\Delta S_{系統} > \frac{q_{不可逆}}{T} = 0 \quad (\because q = 0)$$

$\Delta S_{系統}$ 之確實值可由(4 − 53) 式

$$\Delta S = C_V \ln\left(\frac{T_2}{T_1}\right) + nR\ln\left(\frac{V_2}{V_1}\right)$$

求得，此因熵爲狀態函數。

由於 $T_1 = T_2$，且 $V_2 = 2V_1 = 2V_0$，故

$$\Delta S_{系統} = nR\ln\left(\frac{2V_1}{V_1}\right) = (1\text{ mol})(8.314\text{ J/mol K})\ln 2$$

$$= 5.763\text{ J/K (焦耳 / 度)}$$

故

$$\Delta S_{系統+外界} = \Delta S_{系統} + \Delta S_{外界} = (5.763 \text{ J/K}) + 0$$
$$= 5.763 \text{ J/K（焦耳 / 度）}$$

此與可逆時 $\Delta S_{系統+外界} = 0$ 不同，因爲本題之擴散爲自發程序，它是不可逆的，故依 (4 − 40) 式，$\Delta S > 0$。

若此程序能逆行，即右側容器內之氣體流回左側容器，則熵變化量爲

$$\Delta S_{外界} = 0 \quad (\because \text{絕熱})$$

$$\Delta S_{系統} = nR\ln\frac{V_0}{2V_0} = -R\ln 2$$

故

$$\Delta S_{系統} + \Delta S_{外界} = -R\ln 2 < 0$$

如此會違反熱力學第二定律，故逆程序不可能發生。

4－7 理想氣體混合之熵變化

考慮 n_1 莫耳理想氣體 1 與 n_2 莫耳理想氣體 2 分別處於圖 4－18 容器之左右二側。

圖 4－18 混合前之理想氣體

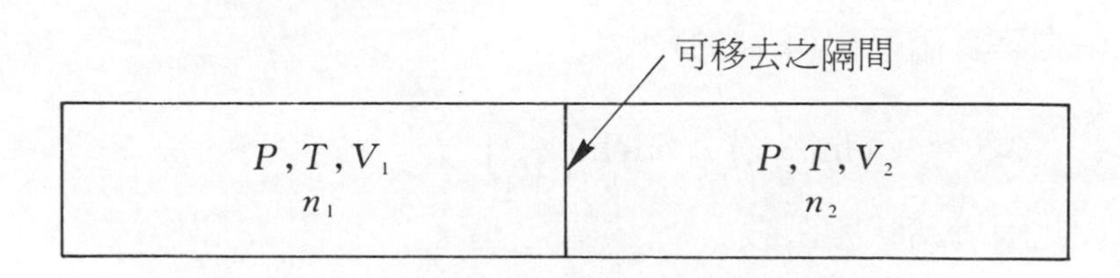

二種不同氣體具有相同的溫度與壓力，但體積則分別爲 V_1 與 V_2。當容器之隔間移去時，氣體會互相擴散，至均勻混合爲止(圖4－19)。

圖 4－19　混合後之理想氣體

$P, T, (V_1 + V_2)$
$n_1 + n_2$

此混合過程爲不可逆。若欲計算混合前後之熵變化，可假想如下二個可逆程序：

(I)氣體 1 與 2 分別由其初始體積（V_1 及 V_2）作恆溫可逆膨脹至相同的最後體積（$V_1 + V_2$）：

依（4－53）式

$$\Delta S_1 = n_1 R \ln \frac{V_1 + V_2}{V_1} = n_1 R \ln \frac{n_1 + n_2}{n_1}$$

上式之計算利用到「恆溫、恆壓下，體積與莫耳數成正比」的關係。若定義第 i 種氣體之莫耳分率，y_i，爲

$$y_i = \frac{n_i}{\sum_{i=1}^{2} n_i} \quad (i = 1 \text{ 或 } 2) \tag{4-66}$$

則

$$\Delta S_1 = -n_1 R \ln y_1$$

類似的，我們可得

$$\Delta S_2 = -n_2 R \ln y_2$$

此程序之熵變化量爲

$$\Delta S_{\rm I} = \Delta S_1 + \Delta S_2 = -n_1 R \ln y_1 - n_2 R \ln y_2 \tag{4-67}$$

(II)膨脹後之氣體在恆溫下進行可逆的混合：

考慮如圖 4－20 之裝置。混合前二種氣體分別處於容器之二側，二氣體之溫度壓力與體積均相同，其值分別爲 T，P，及（$V_1 + V_2$）。容器的中間部分含有二種半透膜，記號爲－－－－者僅容許氣體 1 滲透，記號爲………者則僅容許氣體 2 滲透。若將氣體 2 所

處之右側容器沿著無摩擦力之軌道以無窮小之速率往左側推動，則氣體會開始混合。圖 4－21 爲混合之中間過程之示意圖，由圖中可見介於－－－－薄膜與………薄膜間之氣體已經混合。圖 4－22 爲混合完全後之圖形。

由於推動時沒有摩擦力，不需作功，故 $W=0$。此外由於初始溫度一致，且氣體間沒有作用力，故混合前後內能之變化量爲零，即 $\Delta U=0$。

圖 4－20　可逆混合前之理想氣體

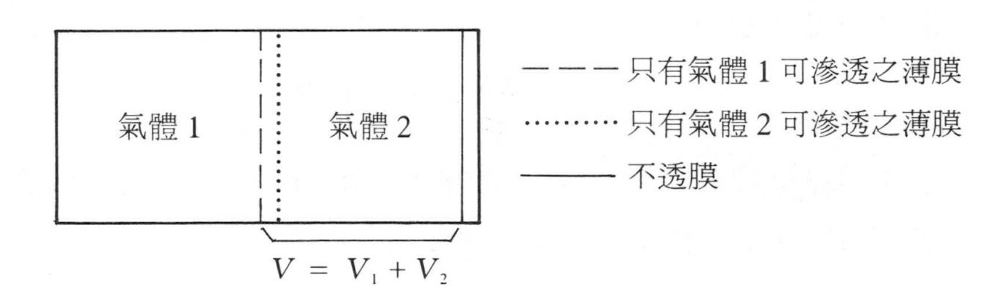

圖 4－21　可逆混合之中間過程

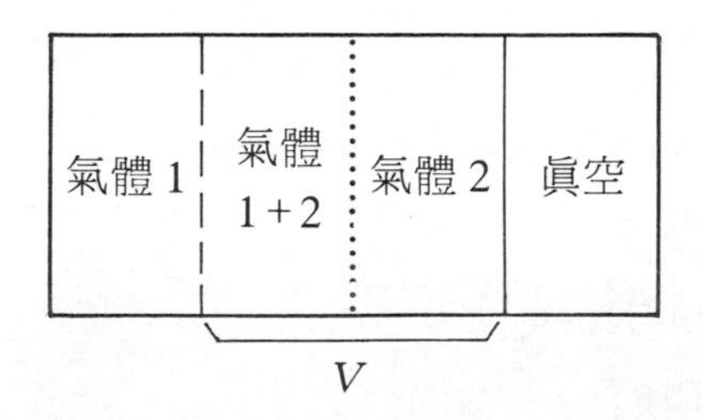

圖 4－22　可逆混合完成後之示意圖

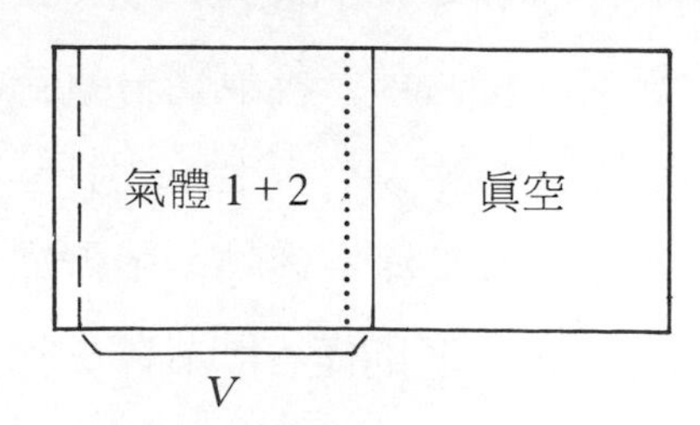

由熱力學第一定律

$$\Delta U = q + W = q + 0 = 0$$

故 $q=0$，即此可逆混合程序之 ΔS 爲

$$\Delta S_{\mathrm{II}} = \int \frac{dq}{T} = 0 \quad (\because q = 0)$$

熵的總變化量爲

$$\Delta S = \Delta S_{\mathrm{I}} + \Delta S_{\mathrm{II}} = -n_1 R\ln y_1 - n_2 R\ln y_2 + 0$$

$$= -n_1 R\ln y_1 - n_2 R\ln y_2 \qquad (4-68)$$

將上式之等號二側同除以總莫耳數，(n_1+n_2)，可得 1 莫耳氣體混合物之熵變化量，$\Delta \overline{S}_{\mathrm{mix}}$

$$\Delta \overline{S}_{\mathrm{mix}} = -\frac{n_1}{n_1+n_2}R\ln y_1 - \frac{n_2}{n_1+n_2}R\ln y_2$$

$$= -R(y_1\ln y_1 + y_2\ln y_2) \qquad (4-69)$$

上式可推廣至混合 N 種理想氣體時之結果

$$\Delta \overline{S}_{\mathrm{mix}} = -R\sum_{i=1}^{N} y_i\ln y_i \qquad (4-70)$$

由於 $0<y_i<1$，且 $\ln y_i<0$，所以 $\Delta \overline{S}_{\mathrm{mix}}$ 恆大於 0，即混合後熵一定增加。

對於一個只有二成分的系統，y_2 可表示成 y_1 之函數，

$$y_2 = 1 - y_1$$

故（4－69）式可改寫成

$$\Delta \overline{S}_{\mathrm{mix}} = -R[y_1\ln y_1 + (1-y_1)\ln(1-y_1)] \qquad (4-71)$$

若以（$\Delta \overline{S}_{\mathrm{mix}}/R$）對於 y_1 作圖，可發現圖形對稱於 $y_1=0.5$，而且在 $y_1=y_2=0.5$ 時（各佔一半），混合熵變化量最大（圖 4－23）。若只有氣體 1（或 2）時，$y_1=1$（或 0），此時因爲完全混合之現象發生，故 $\Delta \overline{S}_{\mathrm{mix}}$ 爲 0。

以上公式僅適用於理想氣體之混合。眞實氣體混合時，由於分子間的吸引力會使公式的推導更爲複雜。

圖 4－23 理想氣體混合時熵變化量

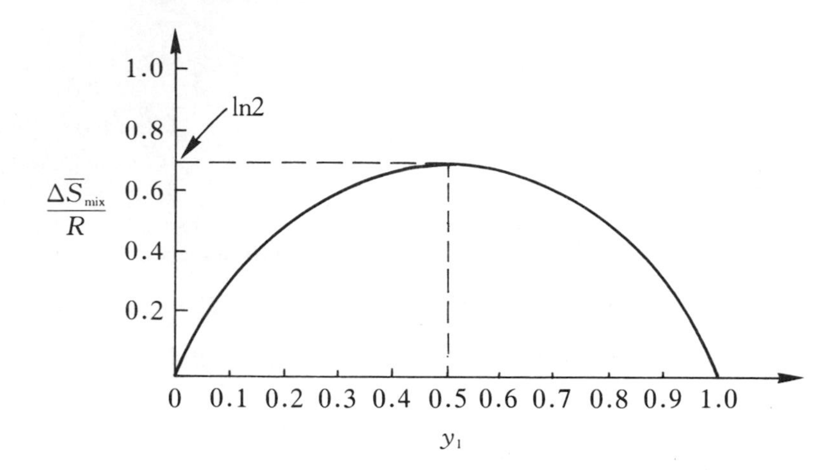

【例 4－12】

假設氧氣與氮氣均爲理想氣體，試計算混合 0.5 莫耳 O_2 與 0.5 莫耳 N_2 之熵變化量。

【解】

由(4 − 71) 式

$$\begin{aligned}\Delta\overline{S}_{mix} &= -R[0.5\ln 0.5 + (1-0.5)\ln(1-0.5)]\\ &= -2(8.315\ \text{J/mol K})(0.5\ln 0.5)\\ &= 5.764\ \text{J/mol K}\ (\text{焦耳 / 莫耳 − 度})\end{aligned}$$

【例 4－13】

證明二種理想氣體各以莫耳分率 0.5，0.5 混合時之熵變化量最大。

【解】

由(4 − 71) 式

$$\Delta\overline{S}_{mix} = -R[y_1\ln y_1 + (1-y_1)\ln(1-y_1)]$$

將 $\Delta\overline{S}_{mix}$對 y_1 作微分得

$$\frac{d(\Delta \overline{S}_{mix})}{dy_1} = -R\left[\ln y_1 + \frac{y_1}{y_1} - \ln(1-y_1) + \frac{1-y_1}{1-y_1}(-1)\right]$$
$$= -R\left[\ln y_1 - \ln(1-y_1)\right]$$

當熵變化量最大時，其導數爲 0，故

$$0 = -R\left[\ln y_1^* - \ln(1-y_1^*)\right]$$

即

$$\ln y_1^* = \ln(1-y_1^*)$$

故

$$y_1^* = 1 - y_1^*$$

所以

$$y_1^* = 0.5 = y_2^*$$

（4－69）式及（4－70）式也可由統計的觀點推導。依統計熱力學，熵與熱力學機率（Thermodynamic probability），W，有如下關係

$$S = k\ln W \tag{4-72}$$

其中 k 爲波茲曼常數，W 爲系統處於某熱力學（巨觀）狀態時之微觀狀態數目。若是系統愈有規則，則 W 愈小。我們可分別算出氣體單獨存在，及混合時之 W，代入（4－72）式後，用混合後之熵減去氣體分別單獨存在時之熵即可求得混合過程之熵變化量。

＊4－8　熵的生成與損失的功

在 4－4－2 節中曾經提到，若系統由某初始狀態，分別經由可逆與不可逆程序，自外界吸收熱量，且對外作功，最後達成相同的終結狀態，則可得（4－36）式

$$q_{可逆} - q_{不可逆} = |W_{可逆}| - |W_{不可逆}| > 0 \tag{4-36}$$

這表示可逆程序時所吸收之熱量與對外所作功的絕對值均比不可逆時還大。

因 $q_{可逆}$表示系統作可逆變化時所吸收的熱量，若狀態變化的過程保持恆溫（T），則

$$q_{可逆} = T\Delta S_{系統} \tag{4-73}$$

若系統作不可逆恆溫變化，且吸熱 $q_{不可逆}$，則外界的熵變化量爲

$$\Delta S_{外界} = \frac{-q_{不可逆}}{T}$$

即

$$-q_{不可逆} = T\Delta S_{外界} \tag{4-74}$$

將（4－73）式及（4－74）式代入（4－36）式得

$$\begin{aligned} |W_{可逆}| - |W_{不可逆}| &= T\Delta S_{系統} + T\Delta S_{外界} \\ &= T(\Delta S_{系統} + \Delta S_{外界}) \\ &= T\Delta S_{孤立系統} > 0 \end{aligned} \tag{4-75}$$

上式表示，孤立系統作任何不可逆狀態變化時，系統之熵會增加，即會有熵的生成，此熵的生成實際上是來自於因爲不可逆程序而少作的功。換言之，由於有功的損失，才會有熵的生成，故利用（4－75）式可計算損失的功（Loss work）。

值得注意的是，在可逆程序中，$\Delta S_{系統} = -\Delta S_{外界}$，故 $\Delta S_{孤立系統} = 0$，即沒有熵的生成與功的損失。

（4－75）式之 T 爲外界之絕對溫度，通常爲大氣之溫度。在蒸汽動力廠中，T 相當於冷卻水之溫度；電冰箱之 T 相當於冷凝器內之溫度。

【例 4－14】

一個重 30 kg，溫度 450 ℃之鋼球擲入 120 kg 且溫度爲 20 ℃之油中淬火（Quenching）。鋼球與油之熱容量分別爲 0.12 kcal/kg ℃及 0.6

kcal/kg ℃。假設沒有熱損失，試計算(a)鋼球之熵變化，(b)油之熵變化，(c)熵總變化，(d)損失的功。

【解】

假設鋼球與油之最終溫度為 T，則由於鋼球放出之熱量等於油吸入之熱量，故

$$(30\ \text{kg})(0.12\ \text{kcal/kg ℃})(450\ \text{℃} - T) = (120\ \text{kg})(0.6\ \text{kcal/kg ℃})(T - 20\ \text{℃})$$

得

$$T = 40.5\ \text{℃}$$

$$\Delta S = \int \frac{dq}{T} = \int \frac{m\,\overline{C}_P\,dT}{T} = m\,\overline{C}_P \ln\left(\frac{T_2}{T_1}\right)$$

此處 m 表示質量。

(a) $$\Delta S_{\text{鋼球}} = (30\ \text{kg})(0.12\ \text{kcal/kg ℃})\ln\frac{40.5 + 273.15}{450 + 273.15} = -3.01\ \text{kcal/℃} = -3.01\ \text{kcal/K}\ (\text{仟卡/度})$$

(b) $$\Delta S_{\text{油}} = (120\ \text{kg})(0.6\ \text{kcal/kg ℃})\ln\frac{40.5 + 273.15}{20 + 273.15} = 4.87\ \text{kcal/K}\ (\text{仟卡/度})$$

(c)總熵變化

$$\Delta S = \Delta S_{\text{鋼球}} + \Delta S_{\text{油}} = 4.87\ \text{kcal/K} - 3.01\ \text{kcal/K} = 1.86\ \text{kcal/K}\ (\text{仟卡/度})$$

(d)損失的功 $= T\Delta S = (20 + 273.2\ \text{K})(1.86\ \text{kcal/K}) = 545.4\ \text{kcal}$（仟卡）

4－9　熱力學第三定律

本世紀初期，理查（T. W. Richards）及能士特（W. Nerst）在

研究恆溫下的化學反應時發現當溫度降低時，反應之熵趨近於零。隨後在固態物質的晶相變化研究中也發現當溫度趨近於絕對零度時，熵變化趨近於零。1913 年浦朗克（M. Planck）進一步假設「完全結晶的元素或物質在絕對零度的熵爲零，且在零度以上的溫度時之值大於零」，此爲熱力學第三定律。

由統計熱力學觀點可以了解爲何選定零這個值作爲完全結晶的物質在零度 K 時之熵。當完全結晶時，物質內之原子排列方式只有一種，即熱力學機率，W，爲 1，因此依（4－72）式

$$S = k\ln W = k\ln 1 = 0$$

以卡計測至 0 K 附近所得之熵，通稱爲第三定律熵（Third Law Entropy）。第三定律使得 S 的絕對值可以求出，此與我們僅能求得內能（U）及焓（H）的相對值，頗不相同。

若物質在各溫度的熱容量及各種物態之轉變熱已知，則依下式可算出該物質在氣態（溫度 $T>$沸點）時之熵：

$$S_T = \int_0^{T_m} \frac{C_{P(\mathrm{s})}}{T}dT + \frac{\Delta H_{\mathrm{fus}}}{T_m} + \int_{T_m}^{T_b} \frac{C_{P(l)}}{T}dT + \frac{\Delta H_{\mathrm{vap}}}{T_b} + \int_{T_b}^{T} \frac{C_{P(\mathrm{g})}}{T}dT \qquad (4-76)$$

其中，T_m，T_b 分別爲熔點與沸點；$C_{P(\mathrm{s})}$，$C_{P(l)}$及 $C_{P(\mathrm{g})}$分別爲固態、液態與氣態之恆壓熱容量；ΔH_{fus}與 ΔH_{vap}分別爲熔解熱與汽化熱。若物質在 0 K 與 T_m 之間有不同的晶型，則需包括晶型轉變熱。在極低溫時，需使用得拜之熱容量公式((3－84)式)，即$\overline{C}_{V(\mathrm{s})} \approx \overline{C}_{P(\mathrm{s})} = aT^3$。

以二氧化硫（SO_2）之計算爲例，其實驗測得之熱容量與溫度的關係如圖 4－24 所示。固態 SO_2 在 197.64 K 熔解，其熔解熱爲 7.402 kJ/mol；液態 SO_2 在 263.08 K 汽化，其汽化熱爲 24.937 kJ/mol。表 4－1 列出 SO_2 在 25 ℃時熵的計算過程。

圖 4－24　SO_2 之恆壓（1 bar）熱容量與溫度的關係

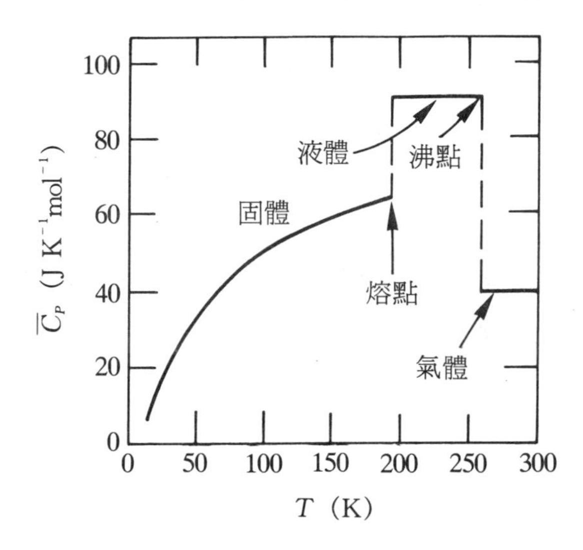

表 4－1　SO_2 熵之評估（依圖 4－24）

溫度（K）	計算方法	ΔS（J/mol K）
0～15	得拜函數（$\bar{C}_P = aT^3$）	1.26
15～197.64	圖解（固態）	84.18
197.64	熔解，$\frac{7402}{197.64}$	37.45
197.64～263.08	圖解（液態）	24.94
263.08	汽化，$\frac{24937}{263.08}$	94.79
263.08～298.15	圖解（氣態）	5.23
		$\bar{S}°(298.15) = 247.85$

表 4－2 列出若干元素、無機及有機物質在 25 ℃及 1 大氣壓之標準狀態下之熵。

表 4-2 一些常見物質之標準熵

物質	$\overline{S}^{\circ}_{298.15}$, cal mol^{-1} K^{-1}	物質	$\overline{S}^{\circ}_{298.15}$, cal mol^{-1} K^{-1}
	元素		
Al(s)	6.77	Bi(s)	13.56
Sb(s)	10.92	B(s)	1.40
Ar(g)	36.9822	$Br_2(l)$	36.384
As(s)	8.4	Cd(s)	12.37
Ba(s)	16.0	Ca(s)	9.95
Be(s)	2.28	C(graphite)	1.372
$Cl_2(g)$	53.288	Ne(g)	34.9471
Cr(s)	5.68	Ni(s)	7.14
Co(s)	7.18	$N_2(g)$	45.77
Cu(s)	7.923	$O_2(g)$	49.003
$F_2(g)$	48.44	P(red)	5.45
Ge(s)	7.43	K(s)	15.34
He(g)	30.1244	Rn(g)	42.09
$H_2(g)$	31.208	Se(black)	10.144
$D_2(g)$	34.620	Si(s)	4.50
$I_2(s)$	27.757	Ag(s)	10.17
Fe(s)	6.52	Na(s)	12.24
Kr(g)	39.1905	S(rhombic)	7.60
Pb(s)	15.49	Sn(white)	12.32
Li(s)	6.75	Te(s)	11.88
Mg(s)	7.81	Ti(s)	7.32
Mn(s)	7.65	V(s)	6.91
Hg(l)	18.17	Xe(g)	40.5290
Mo(s)	6.85	Zn(s)	9.95
		Zr(g)	9.32

無機化合物			
$BaO(s)$	16.8	$HF(g)$	41.508
$BaCl_2 \cdot 2H_2O(s)$	48.5	$HI(g)$	49.351
$BaSO_4(s)$	31.6	$ICl(g)$	59.140
$BF_3(g)$	60.71	$NO(g)$	50.347
$Ca(OH)_2(s)$	19.93	$NaCl(s)$	17.33
$CO(g)$	47.219	$SO_2(g)$	59.30
$CO_2(g)$	51.06	$SO_3(g)$	61.34
$CNCl(g)$	56.42	$SiO_2(s)$；α quartz	10.00
$CuO(s)$	10.19	$SiO_2(s)$；α cristobalite	10.20
$H_2O(l)$	16.71	$SiO_2(s)$；α tridymite	10.4
$H_2O(g)$	45.104	$CaSO_4(s)$；anhydrite	25.5
$HBr(g)$	47.463	$CaSO_4 \cdot 2H_2O(s)$；gypsum	46.4
$HCl(g)$	44.646	$Fe_2SiO_4(s)$；fayalite	35.5
		$Mg_2SiO_4(s)$；forsterite	22.8
有機化合物			
Methane(g)	44.492	1-Butene(g)	73.48
Ethane(g)	54.85	Acetylene(g)	48.00
Propane(g)	64.51	Benzene(g)	64.34
n-Butane(g)	74.10	Toluene (g)	76.42
Ethylene(g)	52.45	*o*-Xylene(g)	84.31
Propylene(g)	63.80	*m*-Xylene(g)	85.49
p-Xylene(g)	84.23	DL-Leucine(s)	49.5
Cyclohexane(g)	71.28	DL-Leucylglycine(s)	67.2
Glycine(s)	26.1		

第三定律熵可與另二個來源，即平衡常數及光譜數據，得到的熵比較。在第六章中，我們將會提到，若在某溫度範圍內測得平衡常數 K_{eq}，則 ΔH° 與 ΔS° 可分別由 $\ln K_{eq}$ 與 $1/T$ 作圖所得之斜率與截矩求得。利用光譜數據，也可計算出簡單氣體分子在任意溫度之熵。一般而言，不同來源之熵大致符合，但是也有少許例外。例如 $N_2O(g)$ 在 25 ℃時由卡計實驗所得的熵比由光譜數據得到的計算值小 5.8 J/mol K。這表示在 0 K 時之熵，以光譜數據得到的值爲 5.8 J/mol K。爲何會有這個現象呢？底下我們將說明這並沒有違反熱力學第三定律。原來 N_2O 是一個非對稱的線性分子，這多餘的熵（Residual entropy）是來自於 N_2O 分子在結晶中排列之不規則所致。在 0 K 時，N_2O 分子的排列並非完全具有規則性（如 NNO，NNO，NNO，NNO，NNO 排列），而是隨機的(Random)(如 NNO，ONN，NNO，NNO，ONN 排列)。若方向完全隨機，則晶體可視爲一個混合晶體，其中含有相同莫耳分率（各佔 0.5）的 NNO 及 ONN。此混合晶體之熵即爲混合過程之熵變化量。由於（4－72）式同時適用於理想氣體及理想晶體，故

$$\Delta \overline{S}_{mix} = -R\left(\frac{1}{2}\ln\frac{1}{2} + \frac{1}{2}\ln\frac{1}{2}\right) = 5.76 \text{ J/mol K}$$

算出來的值（5.76 J/mol K）與光譜數據所得的 5.8 J/mol K 非常接近，故光譜數據的值爲正確。

4－10 化學反應之熵變化

在溫度 T 之化學反應熵變化，ΔS，可依下式計算：

$$\Delta S = \sum_j \nu_j \overline{S}_{T,j}(\text{生成物}) - \sum_i \nu_i \overline{S}_{T,i}(\text{反應物}) \qquad (4-77)$$

其中 ν_j 與 ν_i 分別爲生成物與反應物在化學反應中之計量係數。利用表 4－2 之標準熵數據，可計算在標準狀況下（25 ℃，1 atm）之反應熵。

【例 4－15】

已知 $CO_2(g)$，C(石墨)與 $O_2(g)$之標準熵分別爲 51.061 cal/mol K，49.003 cal/mol K 及 1.3609 cal/mol K，試計算石墨氧化反應之標準熵變化。

$$C(\text{石墨}) + O_2(g) \longrightarrow CO_2(g) \quad \Delta H^\circ_{298} = -94.0518 \text{ kcal}$$

【解】

$$\begin{aligned}\Delta S^\circ_{298} &= (1\text{ mol})[\overline{S}^\circ_{298,CO_2(g)}] \\ &\quad -(1\text{ mol})[\overline{S}^\circ_{298,C(s)}]-(1\text{ mol})[\overline{S}^\circ_{298,O_2(g)}] \\ &-(1\text{ mol})(51.061\text{ cal/mol K})-(1\text{ mol}) \\ &\quad (49.003\text{ cal/mol K})-(1\text{ mol})(1.3609\text{ cal/mol K}) \\ &= 0.697\text{ cal/K}\ (\text{卡 / 度})\end{aligned}$$

由以上計算可知，在標準狀況下此反應會使熵增加，同時放熱。

利用表 4－2 之標準熵也可求得許多化合物之標準莫耳生成熵 (Standard molar entropy of formation)，$\Delta\overline{S}^\circ_{298}$，其定義爲在標準狀態下由元素形成 1 莫耳化合物時所產生的熵變化。在例 4－15 中之熵變化即 CO_2 之標準莫耳生成熵。一個化學反應在溫度 T 時之標準熵變化，也可由化合物之標準莫耳生成熵求出：

$$\Delta S = \sum_j \nu_j \Delta\overline{S}^\circ_{f,298}(\text{生成物}) - \sum_i \nu_i \Delta\overline{S}^\circ_{f,298}(\text{反應物}) \quad (4-78)$$

其中 $\Delta\overline{S}^\circ_{f,298}$爲標準莫耳生成熵，其他符號之定義與（4－77）式完全相同。

在例 4－15 之反應中，外界的熵變化爲

$$\Delta S_{外界} = \frac{-\Delta H^\circ_{298}}{T} = \frac{94051.8 \text{ cal}}{298 \text{ K}}$$
$$= 315.6 \text{ cal/K}$$

因此系統與外界之熵總變化量爲

$$\Delta S_{系統} + \Delta S_{外界} = 0.697 \text{ cal/K} + 315.6 \text{ cal/K}$$
$$= 316.3 \text{ cal/K}$$

故此反應爲自發反應。

我們也可利用熱容量與標準熵計算化學反應在溫度 T 時之熵變化，其方法如圖 4－25 所示。

圖 4－25 由熱容量與標準熵計算化學反應在溫度 T 時之反應熵

反應物(T) $\xrightarrow{\Delta S_T}$ 生成物(T)

$\Delta S_1 = \int_T^{298} \frac{\Sigma \nu_i \overline{C}_{P,i}}{T} dT$ ↓　　　　↑ $\Delta S_2 = \int_{298}^{T} \frac{\Sigma \nu_j \overline{C}_{P,j}}{T} dT$

反應物(298 K) $\xrightarrow{\Delta S^\circ_{298}}$ 生成物(298 K)

$$\Delta S_T = \Delta S_1 + \Delta S^\circ_{298} + \Delta S_2$$
$$= \Delta S^\circ_{298} + \int_T^{298} \frac{\Sigma \nu_i \overline{C}_{P,i}}{T} dT + \int_{298}^{T} \frac{\Sigma \nu_j \overline{C}_{P,j}}{T} dT$$
$$= \Delta S^\circ_{298} + \int_{298}^{T} \frac{\Sigma \nu_j \overline{C}_{P,j} - \Sigma \nu_i \overline{C}_{P,i}}{T} dT$$
$$= \Delta S^\circ_{298} + \int_{298}^{T} \frac{\Delta C_P}{T} dT \qquad (4-79)$$

$$\Delta C_P = \Sigma \nu_j \overline{C}_{P,j}(\text{生成物}) - \Sigma \nu_i \overline{C}_{P,i}(\text{反應物})$$

其中$\overline{C}_{P,j}$與$\overline{C}_{P,i}$分別爲生成物與反應物之恆壓莫耳熱容量。

【例 4－16】

已知下列反應之 ΔS°_{298}為 -198.76 J/K：

$$N_2(g) + 3H_2(g) \longrightarrow 2NH_3(g)$$

而且

$$\overline{C}_P(N_2) = 27.565 + 5.230 \times 10^{-3}T - 0.04 \times 10^{-7}T^2$$

$$\overline{C}_P(H_2) = 28.894 - 0.836 \times 10^{-3}T + 20.17 \times 10^{-7}T^2$$

$$\overline{C}_P(NH_3) = 25.895 + 32.999 \times 10^{-3}T - 30.46 \times 10^{-7}T^2$$

其中$\overline{C}_P$ 之單位為 J/mol K，試將上列反應之反應熵表示成溫度的函數。

【解】

$$\begin{aligned}\Delta C_P &= 2\,\overline{C}_P(NH_3) - \overline{C}_P(N_2) - 3\,\overline{C}_P(H_2)\\ &= [2(25.895) - 27.565 - 3(28.894)]\\ &\quad + [2(32.999 \times 10^{-3}) - 5.230 \times 10^{-3}\\ &\quad + 3(0.836 \times 10^{-3})]T + [2(-30.46 \times 10^{-7})\\ &\quad + (0.04 \times 10^{-7}) - 3(20.17 \times 10^{-7})]T^2\\ &= -62.457 + 63.276 \times 10^{-3}T - 121.39 \times 10^{-7}T^2\end{aligned}$$

故由(4－79)式

$$\begin{aligned}\Delta S_T &= \Delta S^\circ_{298} + \int_{298}^{T} \frac{\Delta C_P}{T}\,dT\\ &= (-198.76\ \mathrm{J/K})\\ &\quad + \int_{298}^{T} \frac{-62.457 + 63.276 \times 10^{-3}T - 121.39 \times 10^{-7}T^2}{T}\,dT\\ &= -198.76 - 62.457\ \ln\frac{T}{298} + (63.276 \times 10^{-3})(T - 298)\\ &\quad - \left(\frac{121.39 \times 10^{-7}}{2}\right)(T^2 - 298^2)\\ &= 138.77 - 62.457\ \ln T + (63.276 \times 10^{-3})T\\ &\quad - 60.695 \times 10^{-7}T^2\end{aligned}$$

其單位為 J/K。

4－11 自由能與平衡

第三章中曾定義過：系統在不受外力干擾下會自然產生的變化，稱爲自發變化。這是一種不可逆的程序。若系統已經處於平衡狀態，則不會發生自發變化。因爲一旦發生，則此一不可逆程序將使系統偏離原來的平衡位置而不能復返，如此就不能稱之爲平衡了。所以在平衡時，任何極微小的變化都是可逆的。

現考慮一個與溫度 T 的熱源（外界）接觸之系統。假設系統內有一極微小變化發生，且所作的功僅有 PV 功，則依克勞吉斯不等式，(4－38) 式，得

$$TdS \geqslant dq \begin{cases} \text{可逆：} = \\ \text{不可逆：} > \end{cases}$$

由於 $dq = dU + P_{\text{ext}}dV$，故

$$0 \geqslant dU + P_{\text{ext}}dV - TdS \qquad (4-80)$$

此不等式可作爲我們在不同情況下判斷平衡達成與否的標準。

(1)若恆容及恆熵，即 $dV = dS = 0$，則

$$(dU)_{V,S} \leqslant 0 \qquad (4-81)$$

上式表示若在恆容及恆熵的系統內有一極微小變化發生，則內能的變化量，dU，必小於或等於零。$dU < 0$ 表示系統會有自發變化，使內能降得更低。$dU = 0$ 則表示系統已達成平衡，內能已是最低值。

(2)若內能與體積爲定值，則 (4－80) 式變爲

$$(dS)_{U,V} \geqslant 0 \qquad (4-82)$$

此表示恆內能及恆容下，自發變化恆使系統之熵增加。當達到平衡時，系統之熵變化量爲零，即系統之熵已達最大值。

(3)若溫度與體積不變，則

$$0 \geqslant dU - TdS = d(U - TS) \qquad (4-83)$$

若定義亥姆霍茲自由能（Helmholtz free energy），A，爲

$$A = U - TS \qquad (4-84)$$

則（4－83）式可寫成

$$(dA)_{T,V} \leqslant 0 \qquad (4-85)$$

即在恆溫恆容下，任何自發變化會使 A 降低，但平衡時已達最小值，故 $dA=0$。爲了避免混淆，亥姆霍茲自由能又稱功函數(Work function)。

(4)若 P 與 S 爲定值時，$P_{ext}=P$ 則

$$0 \geqslant dU + PdV = dU + dPV = d(U + PV) = dH$$

即

$$(dH)_{P,S} \leqslant 0 \qquad (4-86)$$

此表示在自發變化時會放熱，但若平衡已達成則無熱量之吸收或釋放。

(5)若溫度與壓力爲定值時，$P_{ext}=P$ 則（4－80）式可寫成

$$dU + PdV - TdS = dU + d(PV) - d(TS)$$
$$= d(U + PV - TS) \leqslant 0 \qquad (4-87)$$

若定義吉布士自由能（Gibbs free energy），簡稱自由能，G，爲

$$G = U + PV - TS = H - TS \qquad (4-88)$$

則（4－87）式爲

$$(dG)_{T,P} \leqslant 0 \qquad (4-89)$$

如此，在恆溫恆壓下之自發變化會使自由能降低。當它達成最終平衡狀態時，自由能爲最低值，故 $dG=0$。

綜合以上結果，可得表 4－3 之平衡準則。

表 4－3 自發變化與平衡之準則

自發（不可逆程序）	平衡（可逆程序）
$(dS)_{U,V}>0$	$(dS)_{U,V}=0$
$(dU)_{V,S}<0$	$(dU)_{V,S}=0$
$(dA)_{T,V}<0$	$(dA)_{T,V}=0$
$(dH)_{P,S}<0$	$(dH)_{P,S}=0$
$(dG)_{T,P}<0$	$(dG)_{T,P}=0$

由表 4－3 可歸納出：自發程序總是使內能、焓、功函數，及吉布士自由能趨於最低值，而使孤立系統之熵趨於最大值。由於化學反應或物理變化常在恆溫、恆壓下進行，因此表 4－3 之平衡準則中，以吉布士自由能之準則最爲重要。

有了吉布士自由能的定義，我們可以建立一個系統在恆溫、恆壓下作自發變化的標準，而不用去考慮外界的變化情形。若將我們有興趣的系統及其外界組合成一個大系統，則依熱力學第二定律

$$\Delta S_{系統} + \Delta S_{外界} > 0 \ (孤立系統自發程序) \tag{4-90}$$

因爲 T 爲定值，故

$$\Delta S_{外界} = \frac{-\Delta H_{系統}}{T}$$

將上式代回（4－90）式得

$$\Delta S_{系統} - \frac{\Delta H_{系統}}{T} = \frac{1}{T}(T\Delta S_{系統} - \Delta H_{系統}) = \frac{-\Delta G_{系統}}{T} > 0$$

由於 T 恆大於 0，故

$$\Delta G_{系統} < 0 \ (自發程序) \tag{4-91}$$

在恆溫、恆壓下，（4－91）式比熱力學第二定律更適合作爲判斷系統是否會作自發變化之標準。

由於（4－91）式之 ΔG 包含 ΔH 與 $T\Delta S$ 二項：

$$\Delta G = \Delta H - T\Delta S \tag{4-92}$$

因此欲判斷反應是否自發，需視 ΔH 與 $T\Delta S$ 之相對大小。當 $T\Delta S$ 遠小於 ΔH 時，ΔG 與 ΔH 之值相近，故二者皆可用來判斷反應是否會自動進行，這也是早期的科學家認爲 ΔH 之正負號（即吸熱或放熱）是判斷反應自發與否的標準的原因。當溫度高或 ΔS 值大時，$T\Delta S$ 項變得重要，此時單由 ΔH 就不能判斷 ΔG 是否會大於或小於 0。圖 4－26 說明吉布士自由能與溫度的關係。在此圖形中，我們假設 ΔH 與 ΔS 均爲定值（即與溫度無關）。由圖中可發現當 $\Delta H<0$ 且 $\Delta S>0$ 時，反應恆爲自發。相反的，$\Delta H>0$ 且 $\Delta S<0$ 時，ΔG 恆爲正值，即反應不會發生。若 ΔH 與 ΔS 同爲正值或同爲負值，則 ΔG 會隨溫度的改變而變號。

表 4－4 列舉了一些化學反應，及其在 25 ℃，1 大氣壓下之反應熱與反應熵，並說明反應的自發性與溫度的關係。

值得注意的是雖然表 4－3 及（4－91）式告訴我們某些變化是自發的，但這不表示反應會以相當快的速率進行。例如在例 4－15 中我們計算在 25 ℃及 1 大氣壓下碳與氧結合成二氧化碳的反應熱與反應熵分別爲

$$C(s) + O_2(g) \longrightarrow CO_2(g) \qquad \Delta H^\circ_{298} = -94.0518 \text{ kcal}$$
$$\Delta S^\circ_{298} = 0.697 \text{ cal/K}$$

故

$$\begin{aligned} \Delta G^\circ_{298} &= \Delta H^\circ_{298} - T\Delta S^\circ_{298} \\ &= (-94.0518 \times 10^3 \text{ cal}) - (298 \text{ K})(0.697 \text{ cal/K}) \\ &= -94.260 \times 10^3 \text{ cal} < 0 \end{aligned}$$

故反應會自發進行。高溫下此反應可以很快進行，但室溫時就需頗長一段時間。此反應之逆反應：CO_2 (g)在室溫下分解成 C 與O_2，會使自由能增加，則不會自發進行。若硬要使它發生，需借外力的援助。以上所得結論相當重要，即熱力學可以預測反應是否會發生，但發生之快慢則不得而知，可能需時數年，也可能瞬間發生。

圖 4－26 ΔG 與溫度的關係

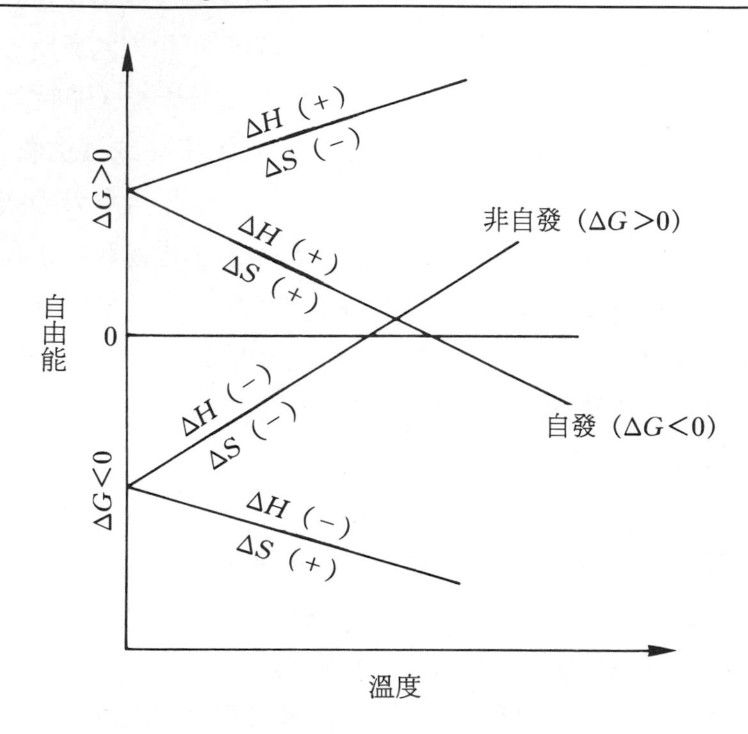

表 4－4 自發與非自發反應之例子

ΔH	ΔS	反應	ΔH°_{298}	ΔS°_{298}(J/K)	自發性
−	+	$H_2(g) + Cl_2(g) \longrightarrow 2HCl$	−185	141	在所有溫度均自發
		$C(s) + O_2(g) \longrightarrow CO_2(g)$	−394	3	
−	−	$H_2O(g) \longrightarrow H_2O(l)$	−44	−119	低溫時自發，
		$2SO_2(g) + O_2(g) \longrightarrow 2SO_3(g)$	−198	−187	高溫時非自發
+	+	$NH_4Cl(s) \longrightarrow NH_3(g) + HCl(g)$	176	284	低溫時非自發，
		$N_2(g) + O_2(g) \longrightarrow 2NO(g)$	180	25	高溫時自發
+	−	$3O_2(g) \longrightarrow 2O_3(g)$	286	−137	在所有溫度均非自發
		$2H_2O(l) + O_2(g) \longrightarrow 2H_2O_2(l)$	196	−126	

＊4－12　封閉系統之熱力學關係式

將目前已學過的熱力學函數，如 U，H，S，A，G 等，經由簡單的數學運算，可推導出一系列非常重要的熱力學關係式。本節將著重於討論封閉系統之相關公式，在此系統中，物質的組成沒有任何改變，沒有化學反應，且僅有 PV 功存在。

4－12－1　基本方程式

熱力學中有四個基本方程式，在（4－43）式中，我們曾推導

$$dU = TdS - PdV \tag{4-43}$$

本節將介紹其餘的基本方程式。

稍早我們曾定義過

$$H = U + PV$$

$$A = U - TS$$

$$G = H - TS$$

若將（4－43）式代入 H 之微分式，可得

$$\begin{aligned} dH &= dU + PdV + VdP \\ &= (TdS - PdV) + PdV + VdP \\ &= TdS + VdP \end{aligned} \tag{4-93}$$

若將（4－43）式代入 A 之微分式，可得

$$\begin{aligned} dA &= dU - TdS - SdT \\ &= (TdS - PdV) - TdS - SdT \\ &= -SdT - PdV \end{aligned} \tag{4-94}$$

將（4－43）式代入 G 之微分式，可得

$$dG = dH - TdS - SdT$$
$$= (TdS + VdP) - TdS - SdT$$
$$= -SdT + VdP \qquad (4-95)$$

(4－43)，(4－93)，(4－94)，及（4－95）式為熱力學的四個基本方程式，相當重要，故列於表 4－5。由此四式可以很容易地推導其他熱力學公式。

表 4－5 熱力學基本方程式

$dU = TdS - PdV$
$dH = TdS + VdP$
$dA = -SdT - PdV$
$dG = -SdT + VdP$

上節所介紹的平衡之準則，也可由表 4－5 看出。如恆壓、恆熵時平衡之條件為 $dH=0$；恆溫、恆壓時之平衡條件為 $dG=0$。

表 4－5 也說明 U、H、A、G 等熱力學性質之變化量，可由能直接測得之物理量，如 T、S、P 與 V 表示。因此 V、S 稱為 U 的自然變數（Natural variable)。同樣的，P 與 S 是 H 的自然變數，V 與 T 是 A 的自然變數，T 與 P 是 G 的自然變數。將 U、H、A、G 對其自然變數作全微分，可得

$$dU = \left(\frac{\partial U}{\partial V}\right)_S dV + \left(\frac{\partial U}{\partial S}\right)_V dS$$

$$dH = \left(\frac{\partial H}{\partial P}\right)_S dP + \left(\frac{\partial H}{\partial S}\right)_P dS$$

$$dA = \left(\frac{\partial A}{\partial V}\right)_T dV + \left(\frac{\partial A}{\partial T}\right)_V dT$$

$$dG = \left(\frac{\partial G}{\partial P}\right)_T dP + \left(\frac{\partial G}{\partial T}\right)_P dT$$

比較此四個全微分式與表 4－5 之基本方程式之係數可得八個偏微分係數：

$$\left(\frac{\partial U}{\partial V}\right)_S = -P, \quad \left(\frac{\partial U}{\partial S}\right)_V = T$$

$$\left(\frac{\partial H}{\partial P}\right)_S = V, \quad \left(\frac{\partial H}{\partial S}\right)_P = T$$

$$\left(\frac{\partial A}{\partial V}\right)_T = -P, \quad \left(\frac{\partial A}{\partial T}\right)_V = -S$$

$$\left(\frac{\partial G}{\partial P}\right)_T = V, \quad \left(\frac{\partial G}{\partial T}\right)_P = -S \qquad (4-96)$$

這些偏微分有何用途呢？試舉二例說明之。

⑴由於系統之熵恆爲正值，因此

$$\left(\frac{\partial G}{\partial T}\right)_P = -S < 0$$

即恆壓下溫度升高會使自由能降低。又由於同一物種在氣態時之熵恆大於固態者，故上式表示隨著溫度的增加，氣體之自由能下降之幅度大於固體，故高溫時，氣態是穩定態。

⑵因爲 $(\partial G/\partial P)_T = V$，因此恆溫下自由能會隨壓力之增加而增加，又由於氣體之體積遠大於固體，故高壓下固態爲穩定態。

4－12－2　馬克威爾關係式

由於 U、H、A、G 爲狀態函數，因此 dU、dH、dA 與 dG 均爲恰當微分（Exact differential），即這些函數對其自然變數的混合二階微分應相等。以內能 U 爲例，

$$\left[\frac{\partial}{\partial S}\left(\frac{\partial U}{\partial V}\right)_S\right]_V = \left[\frac{\partial}{\partial V}\left(\frac{\partial U}{\partial S}\right)_V\right]_S$$

但由（4－96）式

$$\left(\frac{\partial U}{\partial V}\right)_S = -P, \left(\frac{\partial U}{\partial S}\right)_V = T$$

因此

$$-\left(\frac{\partial P}{\partial S}\right)_V = \left(\frac{\partial T}{\partial V}\right)_S \qquad (4-97)$$

若對 H、A 與 G 作類似運算可得

$$\left(\frac{\partial T}{\partial P}\right)_S = \left(\frac{\partial V}{\partial S}\right)_P \qquad (4-98)$$

$$\left(\frac{\partial S}{\partial V}\right)_T = \left(\frac{\partial P}{\partial T}\right)_V \qquad (4-99)$$

$$-\left(\frac{\partial S}{\partial P}\right)_T = \left(\frac{\partial V}{\partial T}\right)_P \qquad (4-100)$$

以上四式稱爲馬克威爾關係式（Maxwell relationship）。應用此四個關係式可將系統之熱力學性質表示成實驗室中容易測得之物理量之函數。

【例 4－17】

由

$$C_P = T\left(\frac{\partial S}{\partial T}\right)_P$$

證明

$$C_P = T\left(\frac{\partial V}{\partial T}\right)_P\left(\frac{\partial P}{\partial T}\right)_S$$

【解】

$$\left(\frac{\partial S}{\partial T}\right)_P = -\left(\frac{\partial S}{\partial P}\right)_T\left(\frac{\partial P}{\partial T}\right)_S$$

且

$$\left(\frac{\partial S}{\partial P}\right)_T = -\left(\frac{\partial V}{\partial T}\right)_P \qquad (由(4-100)式)$$

故

$$C_P = T\left(\frac{\partial V}{\partial T}\right)_P\left(\frac{\partial P}{\partial T}\right)_S$$

【例 4－18】

試證明

$$\left(\frac{\partial U}{\partial P}\right)_T = -T\left(\frac{\partial V}{\partial T}\right)_P - P\left(\frac{\partial V}{\partial P}\right)_T$$

【解】

U 對 T 與 P 作全微分得

$$\begin{aligned} dU &= \left(\frac{\partial U}{\partial P}\right)_T dP + \left(\frac{\partial U}{\partial T}\right)_P dT \\ &= TdS - PdV \end{aligned} \qquad \text{(由(4－43)式)}$$

再將上式之 dS 與 dV 改寫成 T 與 P 之全微分式，得

$$\begin{aligned} \left(\frac{\partial U}{\partial P}\right)_T dP + \left(\frac{\partial U}{\partial T}\right)_P dT &= T\left[\left(\frac{\partial S}{\partial T}\right)_P dT + \left(\frac{\partial S}{\partial P}\right)_T dP\right] \\ &\quad - P\left[\left(\frac{\partial V}{\partial T}\right)_P dT + \left(\frac{\partial V}{\partial P}\right)_T dP\right] \end{aligned}$$

但

$$\left(\frac{\partial S}{\partial T}\right)_P = \frac{C_P}{T}, \quad \left(\frac{\partial S}{\partial P}\right)_T = -\left(\frac{\partial V}{\partial T}\right)_P$$

故上式可寫成

$$\begin{aligned} &\left(\frac{\partial U}{\partial P}\right)_T dP + \left(\frac{\partial U}{\partial T}\right)_P dT \\ &= T\left[\frac{C_P}{T} dT - \left(\frac{\partial V}{\partial T}\right)_P dP\right] - P\left[\left(\frac{\partial V}{\partial T}\right)_P dT + \left(\frac{\partial V}{\partial P}\right)_T dP\right] \\ &= \left[-T\left(\frac{\partial V}{\partial T}\right)_P - P\left(\frac{\partial V}{\partial P}\right)_T\right] dP + \left[C_P - P\left(\frac{\partial V}{\partial T}\right)_P\right] dT \end{aligned}$$

所以

$$\left(\frac{\partial U}{\partial P}\right)_T = -T\left(\frac{\partial V}{\partial T}\right)_P - P\left(\frac{\partial V}{\partial P}\right)_T$$

且

$$\left(\frac{\partial U}{\partial T}\right)_P = C_P - P\left(\frac{\partial V}{\partial T}\right)_P = C_P - PV\alpha$$

4－12－3 狀態方程式

狀態方程式描述系統的各種熱力學變數之間的關係。本節將介紹二個重要的狀態方程式。

將（4－43）式，$dU = TdS - PdV$ 在恆溫下除以 dV 得

$$\left(\frac{\partial U}{\partial V}\right)_T = T\left(\frac{\partial S}{\partial V}\right)_T - P$$

由（4－99）式，

$$\left(\frac{\partial S}{\partial V}\right)_T = \left(\frac{\partial P}{\partial T}\right)_V$$

故

$$\left(\frac{\partial U}{\partial V}\right)_T = T\left(\frac{\partial P}{\partial T}\right)_V - P \qquad (4-101)$$

此爲第一個狀態方程式，我們在第三章中曾提及此式。由於

$$\left(\frac{\partial P}{\partial T}\right)_V = \frac{\alpha}{\kappa} \quad ((4-51)\text{ 式})$$

故（4－101）式可寫成

$$\left(\frac{\partial U}{\partial V}\right)_T = \frac{T\alpha}{\kappa} - P \qquad (4-102)$$

$(\partial U/\partial V)_T$ 稱爲內壓力，它來自於分子間之吸引力與排斥力。

另一個狀態方程式可由 $dH = TdS + VdP$ 推導。定溫下將上式除以 dP 得

$$\left(\frac{\partial H}{\partial P}\right)_T = T\left(\frac{\partial S}{\partial P}\right)_T + V$$

由（4－100）式，

$$-\left(\frac{\partial S}{\partial P}\right)_T = \left(\frac{\partial V}{\partial T}\right)_P$$

得

$$\left(\frac{\partial H}{\partial P}\right)_T = -T\left(\frac{\partial V}{\partial T}\right)_P + V = V(1 - \alpha T) \qquad (4-103)$$

此因 $\alpha=\frac{1}{V}\left(\frac{\partial V}{\partial T}\right)_P$。(4－103) 式爲第二個狀態方程式，此式適用於固體、液體、氣體。

由於理想氣體之分子間無作用力，故內能及焓都只是溫度的函數而已，即

$$\left(\frac{\partial U}{\partial V}\right)_T=0 \quad 且 \quad \left(\frac{\partial H}{\partial P}\right)_T=0$$

故 (4－101) 式變成

$$P = T\left(\frac{\partial P}{\partial T}\right)_V$$

即

$$\frac{dP}{P}=\frac{dT}{T}$$

積分後可得理想氣體之 P 與 T 之關係

$$\ln P = \ln T + 常數$$

或

$$P = KT \quad (體積固定時)$$

此處 K 爲某常數。

類似的，由

$$\left(\frac{\partial H}{\partial P}\right)_T = 0$$

(4－103) 式可寫成

$$V = T\left(\frac{\partial V}{\partial T}\right)_P$$

分離變數再積分後得

$$\ln V = \ln T + 常數$$

即

$$V = K'T \quad (壓力固定時)$$

此爲有名的查理定律 (Charles' Law)。

第三章中曾提到

$$C_P - C_V = \left[P + \left(\frac{\partial U}{\partial V}\right)_T\right]\left(\frac{\partial V}{\partial T}\right)_P \qquad (4-104)$$

若將 $(\partial V/\partial T)_P = V\alpha$ 及（4－101）式代入上式可得

$$C_P - C_V = \frac{TV\alpha^2}{\kappa} \qquad (4-105)$$

由於 C_V 值較難測得，其值當由實驗上測得之 C_P 代入上式求得。

【例 4－19】

液態苯在 25 ℃下，壓力由 1 bar 增為 11 bar。若 α 為 1.237×10^{-3} K^{-1}，密度為 0.879 g/cm^3，試計算莫耳焓之變化量。

【解】

$$\left(\frac{\partial \overline{H}}{\partial P}\right)_T = \overline{V}(1-\alpha T)$$

$$= \frac{(78.11\ g/mol)}{(0.879\ g/cm^3)}[1-(1.237\times10^{-3}K^{-1})(298.15\ K)]$$

$$= 56.1\ cm^3/mol$$

$$\Delta\overline{H} = (56.1\ cm^3/mol)\Delta P$$

$$= (56.1\ cm^3/mol)(11\ bar - 1\ bar)(10^5\ Pa/bar)(10^{-6}\ m^3/cm^3)$$

$$= 56.0\ J/mol\ (焦耳/莫耳)$$

【例 4－20】

某氣體遵守下列狀態方程式

$$P\overline{V} = RT + Pb - \frac{Pa}{RT}$$

試計算其焦耳－湯木生係數。

【解】

$$\overline{V} = \frac{RT}{P} + b - \frac{a}{RT}$$

故

$$\left(\frac{\partial \overline{V}}{\partial T}\right)_P = \frac{R}{P} + \frac{a}{RT^2}$$

因此

$$\left(\frac{\partial H}{\partial P}\right)_T = \overline{V} - T\left(\frac{\partial \overline{V}}{\partial T}\right)_P$$

$$= \left(\frac{RT}{P} + b - \frac{a}{RT}\right) - T\left(\frac{R}{P} + \frac{a}{RT^2}\right)$$

$$= b - \frac{2a}{RT}$$

由(3－62)式

$$\mu_{\text{JT}} = \left(\frac{\partial T}{\partial P}\right)_H = -\frac{1}{C_P}\left(\frac{\partial H}{\partial P}\right)_T = \frac{1}{C_P}\left(\frac{2a}{RT} - b\right)$$

而且反轉溫度爲

$$T_{\text{JT}} = \frac{2a}{Rb}$$

＊4－13　溫度與壓力對自由能之影響

4－13－1　壓力的效應

由（4－96）式

$$\left(\frac{\partial G}{\partial P}\right)_T = V$$

對 P 積分可得

$$\Delta G = \int_{P_1}^{P_2} V dP \qquad (4-106)$$

對於液體與固體而言，由於較不具有壓縮性（Incompressible），

因此體積幾乎與壓力無關，所以（4－106）式可寫成

$$\Delta G = V\Delta P$$

或

$$G_2 = G_1 + V\Delta P$$

即自由能的變化量與壓力差成正比。

對於氣體而言，體積會隨著壓力的改變有明顯的變化，以理想氣體爲例，$V = nRT/P$，故（4－106）式變爲

$$\Delta G = \int_{P_1}^{P_2} \frac{nRT}{P} dP = nRT\ln\left(\frac{P_2}{P_1}\right) \qquad (4-107)$$

或

$$G_2 = G_1 + nRT\ln\left(\frac{P_2}{P_1}\right)$$

若 P_1 爲某標準狀態下之壓力，G_1 爲其相對應之自由能，則上式可寫成

$$G = G^\circ + nRT\ln\left(\frac{P}{P^\circ}\right)$$

以$\left(\frac{G - G^\circ}{nRT}\right)$對$\left(\frac{P}{P^\circ}\right)$作圖，得一自然對數曲線（圖 4－27），此說明理想氣體之自由能隨壓力而遞增，但增加之速率隨壓力之增加而遞減。

4－13－2　溫度的效應

若壓力爲定值，則(G/T)對 T 微分得

$$\left[\frac{\partial\left(\frac{G}{T}\right)}{\partial T}\right]_P = -\frac{G}{T^2} + \frac{1}{T}\left(\frac{\partial G}{\partial T}\right)_P$$

由於

$$\left(\frac{\partial G}{\partial T}\right)_P = -S$$

圖 4－27　理想氣體之自由能與壓力之關係

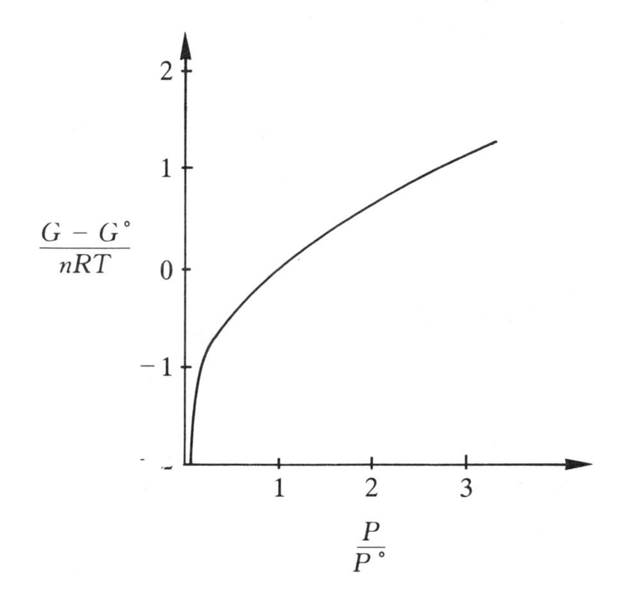

故

$$\left[\frac{\partial\left(\frac{G}{T}\right)}{\partial T}\right]_P = \frac{1}{T^2}(-G-TS) = -\frac{H}{T^2}$$

又因

$$\frac{\partial\left(\frac{1}{T}\right)}{\partial T} = -\frac{1}{T^2}$$

所以

$$\left[\frac{\partial\left(\frac{G}{T}\right)}{\partial\left(\frac{1}{T}\right)}\right]_P = \left[\frac{\partial\left(\frac{G}{T}\right)}{\partial T}\right]_P \frac{\partial T}{\partial\left(\frac{1}{T}\right)} = \left(-\frac{H}{T^2}\right)(-T^2)$$

$$= H \tag{4-108}$$

上式之 G 與 H 亦可分別以 ΔG 與 ΔH 取代，得

$$\left[\frac{\partial\left(\frac{\Delta G}{T}\right)}{\partial\left(\frac{1}{T}\right)}\right]_P = \Delta H \qquad (4-109)$$

此式稱爲吉布士一亥姆霍茲方程式（Gibbs-Helmholtz equation）。（4－109）式表示若一個化學反應系統之$(\Delta G/T)$對$(1/T)$作圖，則所得曲線之斜率即爲反應熱 ΔH。若 ΔH 不隨溫度而變，則所得曲線爲一直線；若 ΔH 隨溫度而變，則在各相對應 $1/T$ 點之切線斜率爲 ΔH。由於自由能的變化量又與平衡常數有關（將在第六章中介紹），故此式極爲重要。

假設 ΔH 與溫度無關，將（4－109）式積分得

$$\frac{\Delta G_2}{T_2} = \frac{\Delta G_1}{T_1} - \Delta H\left(\frac{1}{T_2} - \frac{1}{T_1}\right) \qquad (4-110)$$

若已知 ΔH，T_1 及 ΔG_1，則由上式可求得在另一溫度（T_2）時之 ΔG 值。

【例 4－21】

若已知反應

$$C(石墨) + O_2(g) \longrightarrow CO_2(g)$$

的 ΔH 在適當溫度範圍內可表示成

$$\Delta H_T = -94218 + 1.331T - 3.357\times10^{-3}T^2 + 25.70\times10^{-7}T^3$$

其中 ΔH_T 之單位爲 cal/mol，且在 298.15 K 時反應的自由能變化量爲 －94254 cal/mol，試求此反應的 ΔG_T 公式。

【解】

將下式

$$\left[\frac{\partial\left(\frac{\Delta G}{T}\right)}{\partial T}\right]_P = -\frac{\Delta H}{T^2}$$

積分可得

$$\int d\left(\frac{\Delta G}{T}\right)$$

$$= \int \frac{+94218 - 1.331T + 3.357\times10^{-3}T^2 - 25.70\times10^{-7}T^3}{T^2}dT$$

$$= \int\left(\frac{94218}{T^2} - \frac{1.331}{T} + 3.357\times10^{-3} - 25.70\times10^{-7}T\right)dT$$

所以

$$\frac{\Delta G_T}{T} = I - \frac{94218}{T} - 1.331\ln T + 3.357\times10^{-3}T - 12.85\times10^{-7}T^2$$

其中 I 爲積分常數。

將 T 爲 298.15 K 時之 ΔG 代入得 $I = 15.207$

故

$$\Delta G_T = (15.207)T - 94218 - 1.331T\ln T + 3.357\times10^{-3}T^2 - 12.85\times10^{-7}T^3$$

(ΔG_T 之單位爲 cal/mol)

【例 4－22】

已知如下反應

C(金鋼鑽) $\rightleftharpoons$ C(石墨)

在 1 大氣壓及 298 K 下之反應自由能變化爲 −2866 J/mol，且金鋼鑽與石墨之密度分別爲 3.5 g/cm^3 及 2.25 g/cm^3，試計算平衡時之壓力。

【解】

由於

$$\left(\frac{\partial\Delta\overline{G}}{\partial P}\right)_T = \Delta\overline{V}$$

故

$$d(\Delta\overline{G}) = \Delta\overline{V}dP$$

積分後得

$$\Delta\overline{G}_{P_2} - \Delta\overline{G}_{P_1} = (\overline{V}_{石墨} - \overline{V}_{金鋼鑽})(P_2 - P_1)$$

此處假設莫耳體積的變化量與壓力無關。

若取 P_1 爲 1 大氣壓（即 1.01325 bar），則 $\Delta \overline{G}_{P_1}$ 爲 − 2866 J/mol，P_2 爲欲求之壓力，而且 $\Delta \overline{G}_{P_2} = 0$（∵達成平衡）。

將以上數據代入（4 − 111）式得

$$0 - (-2866 \text{ J/mol})$$
$$= \left[\left(\frac{12 \text{ g/mol}}{2.25 \text{ g/cm}^3} \times 10^{-6}\text{m}^3/\text{cm}^3\right) - \left(\frac{12 \text{ g/mol}}{3.5 \text{ g/cm}^3} \times 10^{-6}\text{m}^3/\text{cm}^3\right)\right]$$
$$(P_2 - 101325 \text{ Pa})$$

即

$$P_2 = 101325 \text{ Pa} + \frac{2866}{1.90476 \times 10^{-6}} \text{ Pa}$$
$$= 1.5047 \times 10^9 \text{ Pa} = 1.5047 \times 10^4 \text{ bar}$$
$$= 1.4850 \times 10^4 \text{ atm}（大氣壓）$$

由此計算可以看出金鋼鑽變爲石墨是一種自發變化（∵$\Delta G < 0$）。若壓力增至約 15000 大氣壓，而溫度保持不變，則金鋼鑽與石墨保持平衡，其 ΔG 爲零。此計算同時也告訴我們，在常溫常壓下要由石墨製造金鋼鑽是不可能的（因爲 $\Delta G > 0$）；唯有壓力大於約 15000 大氣壓時，ΔG 才有可能小於 0，反應才可行。由此計算可知天然的金鋼鑽的產生必經大自然的高溫、高壓過程，可能歷時千萬年，若欲由人工方法合成金鋼鑽也需模擬大自然的作法採高溫、高壓的方式，但可能所費不貲。

詞 彙

1. **熱機**（Heat engine）

利用循環程序將熱轉換爲功的裝置，如蒸汽機。

2. **熱源**（Heat reservoir）

能供給或吸收熱而本身溫度不變之物體，如鍋爐、大氣。

3. **熱機效率**（Efficiency of heat engine）

熱機所吸收的熱量轉換爲功的比率。

4. **卡諾循環**（Carnot cycle）

歷經恆溫膨脹、絕熱膨脹、恆溫壓縮，及絕熱壓縮之可逆熱機循環。

5. **性能係數**（Coefficient of performance）

從低溫熱源吸收之熱量除以對系統所作的功（冰箱）或釋放至高溫熱源之熱量除以對系統所作的功（熱泵）。

6. **熱力學第二定律**（Second Law of Thermodynamics）

(1)不可能建造一個在循環過程中將熱完全轉變爲功之機器。

(2)不借助外力，不可能建造一個能在循環過程中將熱由低溫熱源傳送至高溫熱之裝置。

(3)宇宙之熵恆趨向於最大值。

7. **卡諾定理**（Carnot's theorem）

卡諾熱機之效率只與操作之高、低溫度有關，而與工作物質無關。

8. **溫標**（Temperature scale）

溫度的指標。

9. **熱力學溫標**（Thermodynamic temperature scale）

利用可逆熱機之效率所推導出之溫度標準。

10. **理想氣體溫標**（Ideal gas temperature scale）

以理想氣體爲卡諾熱機之工作物質所推導出之溫度標準。

11.卡諾熱機（Carnot engine）

執行卡諾循環之可逆熱機。

12.熵（Entropy）

表示物質紊亂程度的量，又稱亂度，其數學表示式為

$$dS = \frac{dq_{\text{可逆}}}{T}$$

13.克勞吉斯不等式

（Clausius inequality）

當系統吸收極微小熱量 dq 時，其熵的變化量，dS，大於或等於 dq/T（可逆時為等於，不可逆時為大於）。

14.基本方程式

（Fundamental equations）

熱力學的四個基本公式，即

$$dU = TdS - PdV$$

$$dH = TdS + VdP$$

$$dA = -SdT - PdV$$

$$dG = -SdT + VdP$$

15.熱力學機率

（Thermodynamic probability）

系統處於某巨觀熱力學狀態時之微觀狀態數目。

16.損失的功（Loss work）

由於系統的不可逆所造成的功的損失，其值恰等於溫度乘以生成的熵。

17.熵的生成

（Generation of entropy）

孤立系統中由於不可逆程序所造成的熵的增加。

18.熱力學第三定律（Third Law of Thermodynamics）

完全結晶的元素或物質在絕對零度之熵為零，且在零度以上之溫度時之熵為正值。

19.標準熵（Standard entropy）

1 莫耳物質在標準狀態下（1 atm，25 ℃）之熵。

20.標準莫耳生成熵（Standard molar entropy of formation）

在標準狀態下，由元素生成 1 莫耳化合物時所產生的熵變化。

21.亥姆霍茲自由能

（Helmholtz free energy）

又稱功函數，其定義為

$$A = U - TS$$

22.吉布士自由能

（Gibbs free energy）

又稱自由能，其定義為

$$G = H - TS = A + PV$$

23. 馬克威爾關係式

(Maxwell relationship)

由 U，H，A，G 對其自然變數作二階混合微分所得之關係式，即

$$-\left(\frac{\partial P}{\partial S}\right)_V = \left(\frac{\partial T}{\partial V}\right)_S$$

$$\left(\frac{\partial T}{\partial P}\right)_S = \left(\frac{\partial V}{\partial S}\right)_P$$

$$\left(\frac{\partial S}{\partial V}\right)_T = \left(\frac{\partial P}{\partial T}\right)_V$$

$$-\left(\frac{\partial S}{\partial P}\right)_T = \left(\frac{\partial V}{\partial T}\right)_P$$

24. 吉布士一亥姆霍茲方程式

(Gibbs-Helmholtz equation)

即

$$\left[\frac{\partial\left(\frac{\Delta G}{T}\right)}{\partial\left(\frac{1}{T}\right)}\right]_P = \Delta H$$

附　錄

4－A　熱機效率之比較

將可逆與不可逆熱機連接起來，在 T_1 與 T_2 間作相反方向之運轉，如圖 4A－1 所示。不可逆機 A 自高溫熱源（T_1）吸熱 q_1，部分轉換為功 W 後，向低溫熱源（T_2）釋放 q_2 熱量。熱機 B 是可逆的，因此可作反向運轉。它利用熱機 A 所產生的功自低溫熱源（T_2）吸熱 q_2'後，向高溫熱源（T_1）放熱 q_1'。作一個循環後，熱機 A 與 B 之工作物質之內能變化量均為零，因此

$$\Delta U = 0 = q_1 + q_2 + W$$

$$\Delta U' = 0 = q_1' + q_2' + W'$$

圖 4A－1　可逆與不可逆熱機之結合

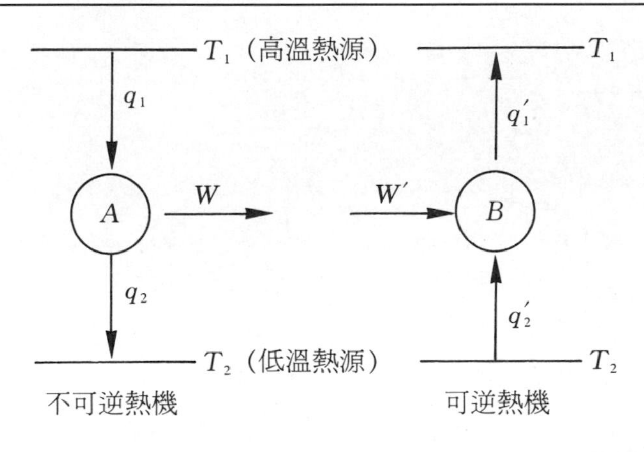

由於 $q_1>0$，q_2 及 $W<0$，$q_1'<0$，q_2'及 $W'>0$，且 $W=-W'$，因此上二式可寫成

$$|q_1|-|q_2|-|W|=0 \qquad (4A-1)$$

$$-|q_1'|+|q_2'|+|W|=0 \qquad (4A-2)$$

二個熱機之效率分別爲

$$\eta_A=\frac{-W}{q_1}=\frac{|W|}{|q_1|} \qquad (4A-3)$$

$$\eta_B=\frac{W'}{-q_1'}=\frac{|W|}{|q_1'|} \qquad (4A-4)$$

假設不可逆機之效率大於可逆機，即 $\eta_A>\eta_B$，則

$$\frac{|W|}{|q_1|}>\frac{|W|}{|q_1'|}$$

因此

$$|q_1|<|q_1'| \qquad (4A-5)$$

(4A－5) 式表示可逆熱機釋放至高溫熱源之熱量大於不可逆機自高溫熱源所吸收者，其差額爲$|q_1'|-|q_1|$。

將 (4A－1) 與 (4A－2) 式相加可得

$$|q_1|-|q_1'|-|q_2|+|q_2'|=0$$

即

$$|q_1'|-|q_1|=|q_2'|-|q_2|>0 \quad (\text{由}(4A-5)\text{式}) \qquad (4A-6)$$

(4A－6) 式表示可逆熱機自低溫熱源所吸收熱量大於不可逆機釋放至低溫熱源之熱量，其差額也爲$|q_1'|-|q_1|$。

綜合以上結果可得，若 $\eta_{不可逆}>\eta_{可逆}$，則會有 $|q_1'|-|q_1|$之淨熱量由低溫熱源 T_2 流至高溫熱源 T_1，但此複合熱機不需作任何功(因爲淨功＝$W+W'=W-W=0$)。此項結論違反熱力學第二定律(見 4－2 節)「不加外力無法將熱由低溫傳送至高溫環境」的說法，所以不可逆機之效率不可能大於可逆機之效率。

若假設 $\eta_{不可逆} < \eta_{可逆}$，則

$$|q_1'| < |q_1| \tag{4A-7}$$

因此

$$|q_1| - |q_1'| = |q_2| - |q_2'| > 0 \tag{4A-8}$$

即$|q_1| - |q_1'|$之熱量由高溫熱源流至低溫熱源，但複合熱機不需作任何功，此符合熱力學第二定律。因此不可逆熱機之效率恆小於可逆熱機。

其次我們證明在相同之高、低溫間運轉之所有可逆熱機之效率均相同。假設將圖 4A－1 之不可逆熱機 A 換爲可逆熱機，其運轉方向保持相同（即由高溫熱源吸收熱量，對外作功，並散熱至低溫熱源），則由以上推論得

$$\eta_A \text{ 不大於 } \eta_B$$

再將可逆熱機 A 和 B 互換，但運轉方向仍如圖 4A－1 所示，則由以上推論得

$$\eta_B \text{ 不大於 } \eta_A$$

綜合以上結果可知

$$\eta_A = \eta_B$$

4－B 任意可逆循環之熵

圖 4A－2(a)爲任意可逆循環，我們可將此循環分割成無窮多個卡諾循環，如圖 4A－2(b)所示。在（4－31）式，我們曾證明對於卡諾循環而言

$$\oint_{卡諾循環} \frac{dq}{T} = 0 \tag{4-31}$$

圖 4A－2　(a)任意可逆循環
(b)分割成無數個卡諾循環之任意可逆循環

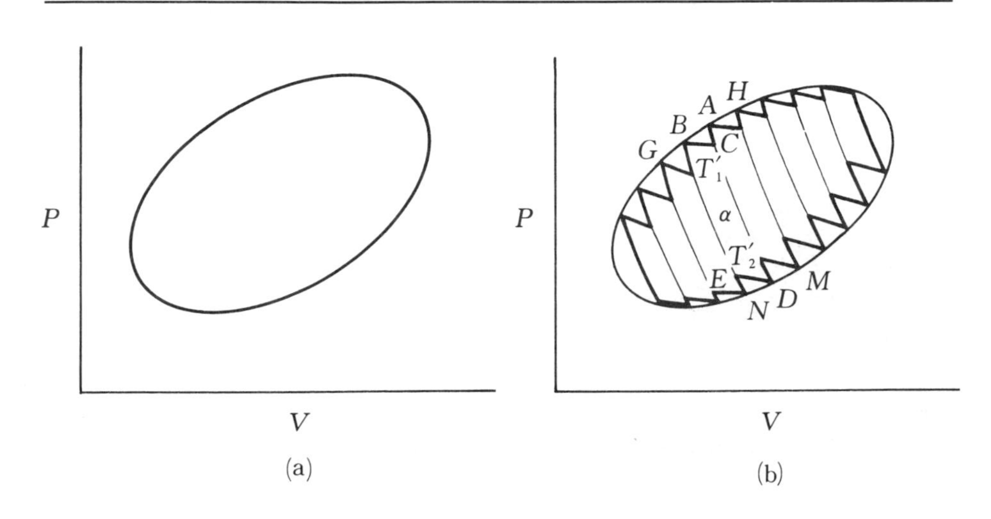

本節的目的是要證明如圖4A－2(a)之任意可逆循環，其 $\oint \frac{dq}{T}$ 亦爲零。

任意可逆循環之 $\oint dS$ 爲

$$\oint_{\text{任意可逆循環}} dS = \oint_{\text{任意可逆循環}} \frac{dq}{T} = \int_G^B \frac{dq}{T} + \int_B^A \frac{dq}{T} + \cdots + \int_M^D \frac{dq}{T} + \int_D^N \frac{dq}{T} + \cdots \tag{4A-9}$$

以圖 4A－2(b)中的 α 循環爲例，此循環循 $BCDEB$ 之路徑作卡諾循環，其中 BC 爲恆溫（T_1'），CD 爲絕熱膨脹，DE 爲恆溫壓縮（T_2'），EB 爲絕熱壓縮。

在 α 循環中，由於絕熱程序對於 dq/T 沒有貢獻，故由(4－31)式

$$\int_{\alpha\text{卡諾循環}} \frac{dq}{T} = \int_B^C \frac{dq_1'}{T_1'} + \int_D^E \frac{dq_2'}{T_2'} = 0 \tag{4A-10}$$

對於循環程序 $BACB$ 而言，

$$\Delta U = 0 = \oint dW + \oint dq$$

故

$$-\oint_{BACB} dW = \oint_{BACB} PdV = BACB\text{ 之面積} = \oint_{BACB} dq$$

$$= \int_B^A dq + \int_A^C dq + \int_C^B dq$$

由於

$$\int_A^C dq = 0 \quad (\because \text{絕熱})$$

$$\int_C^B dq = -\int_B^C dq$$

故

$$\int_B^A dq = BACB\text{ 之面積} + \int_B^C dq = BACB\text{ 之面積} + \int_B^C dq'_1$$

當以無窮多個卡諾循環來近似眞正的可逆循環時，則 $BACB$ 之面積趨近於零，且

$$\int_B^A dq \longrightarrow \int_B^C dq_1{}'$$

同理可證

$$\int_D^N dq \longrightarrow \int_D^E dq_2{}'$$

故（4A－10）式可改寫成

$$\oint_{BACDNEB} \frac{dq}{T} = \int_{\alpha\text{循環}} \frac{dq'}{T} = 0$$

所以

$$\oint_{\text{任意可逆循環}} dS = \int_B^A \frac{dq}{T} + \cdots + \int_D^N \frac{dq}{T} + \cdots$$

$$= \int_B^C \frac{dq_1{}'}{T_1{}'} + \cdots + \int_D^E \frac{dq_2{}'}{T_2{}'} + \cdots = 0 \qquad (4A-11)$$

利用（4A－11）式可證明 S 爲狀態函數。考慮如圖 4A－3 由 a 至 b 的二條可逆路徑，acb 及 adb。

圖 4A－3　從狀態 a 至 b 的二條可逆路徑

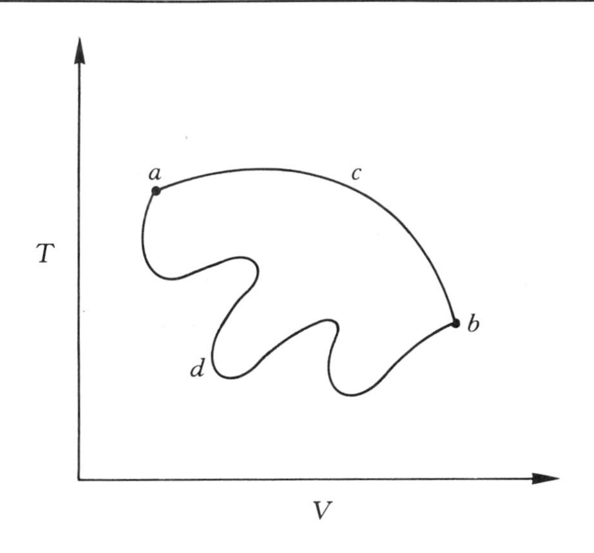

由（4A－11）式

$$\oint_{acbda} dS = \int_{acb} dS + \int_{bda} dS = 0$$

故

$$\oint_{acb} dS = -\oint_{bda} dS = \oint_{adb} dS \qquad (4A-12)$$

（4A－12）式表示不管由 a 至 b 的路徑爲何，其熵變化量均相同，所以 S 的確是一個狀態函數。

習　題

4－1　假設 He 爲理想氣體，且$\overline{C}_P = \frac{5}{2}R$，試計算下列程序之莫耳熵變化量

$$He(298\ K, 1\ bar) \longrightarrow He(100\ K, 10\ bar)$$

4－2　推導凡得瓦氣體作恆溫膨脹時之莫耳熵變化，$\Delta\overline{S}$，之公式。

4－3　1 莫耳理想氣體在 27 ℃作恆溫可逆膨脹，壓力由 10 bar 降爲 1 bar。試計算此過程之 q，W，$\Delta\overline{U}$，$\Delta\overline{H}$，$\Delta\overline{G}$，$\Delta\overline{A}$及$\Delta\overline{S}$。

4－4　1 莫耳理想氣體在 27 ℃對眞空作自由膨脹，壓力由 10 bar 降爲 1 bar，試計算此過程之 q，W，$\Delta\overline{U}$，$\Delta\overline{H}$，$\Delta\overline{G}$，$\Delta\overline{A}$及$\Delta\overline{S}$。

4－5　某熱泵被用來維持室內之溫度爲 18 ℃（當時之室外溫度爲 －5 ℃）。假設熱泵沒有摩擦力，則欲得 1 焦耳的熱量需作多少功?

4－6　(a)某蒸汽機之高、低溫熱源溫度分別爲 100 ℃及 20 ℃。若吸熱 100 J，則最多能作多少功? (b)若使用加壓之過熱蒸汽使鍋爐溫度升爲 150 ℃，則能多作多少功?

4－7　假設 CO_2 爲理想氣體，計算下列程序之$\Delta H°$與$\Delta S°$:

$$CO_2(g,\ 298.15\ K,\ 1\ bar) \longrightarrow CO_2(g,\ 1000\ K,\ 1\ bar)$$

(CO_2 之$\overline{C}^\circ_P$（單位：J/mol K）$= 26.648 + 42.262 \times 10^{-3}T - 142.40 \times 10^{-7}T^2$)

4－8　某理想單原子氣體之溫度由 300 K 增爲 500 K，試分別計算(a)恆容，(b)恆壓下之莫耳熵變化。

4－9　假設氨爲理想氣體，且 $\overline{C}_P$（單位爲 J/mol K）$= 25.895 + 32.999 \times 10^{-3}T - 30.46 \times 10^{-7}T^2$。原來 25 ℃及 1 bar 的氨氣在恆壓下加熱至最終體積爲最初時之 3 倍，試計算(a)$\bar{q}$，(b)$\overline{W}$，(c)$\Delta \overline{H}$，(d)$\Delta \overline{U}$，(e)$\Delta \overline{S}$。

4－10　理想氣體在 298 K 作恆溫膨脹，壓力由 10 bar 降爲 1 bar。試計算下列程序中之$\overline{W}$，$\bar{q}$，$\Delta \overline{H}$，$\Delta \overline{U}$及$\Delta \overline{S}$：
(a)可逆膨脹；(b)自由膨脹；(c)氣體及其外界形成一個孤立系統，且膨脹爲可逆；(d)與(c)同，但自由膨脹。

4－11　10 莫耳 H_2 與 2 莫耳 D_2 在 25 ℃及 1 atm 下混合，試計算其 $\Delta \overline{S}°$。

4－12　鋁之熔點爲 660 ℃，熔解熱爲 393 J/g，熱容量爲 31.8 J/mol K（固體）及 34.3 J/mol K（液體）。試計算鋁由 600 ℃加熱爲 700 ℃時之莫耳熵變化。

4－13　試證明 1 莫耳凡得瓦氣體之$\overline{C}_P - \overline{C}_V$ 爲

$$\overline{C}_P - \overline{C}_V = \frac{R}{1 - \dfrac{2a}{RT}\dfrac{(\overline{V} - b)^2}{\overline{V}^3}}$$

4－14　鐵之 α 爲 35.1×10^{-6} K^{-1}，κ 爲 0.52×10^{-6} bar^{-1}，密度爲 7.86 g/cm^3。試計算鐵之$\overline{C}_P - \overline{C}_V$。

4－15　凡得瓦氣體之壓縮因子，Z，可近似成

$$Z = 1 + \frac{1}{RT}\left(b - \frac{1}{RT}\right) P$$

(a)證明

$$\left(\frac{\partial \overline{H}}{\partial P}\right)_T = b - \frac{2a}{RT}$$

(b)若 $a = 3.640$ $L^2 bar/mol^2$，$b = 0.04267$ L/mol，試計算 CO_2

(g)在 298 K 之$\left(\frac{\partial \overline{H}}{\partial P}\right)_T$。

4－16 理想氣體作恆溫可逆膨脹，壓力由 1 bar 降為 0.1 bar，溫度恆保持 25 ℃。計算(a)莫耳自由能的變化量，(b)若程序不可逆，則莫耳自由能變化為何？

4－17 若自由能與溫度的關係為

$$\frac{G}{T} = a + \frac{b}{T} + \frac{c}{T^2}$$

則 S 與 H 會隨著溫度作何種變化？

4－18 假設－3 ℃冰之密度為 0.917 g/cm^3，蒸氣壓為 475 Pa；－3 ℃過冷的水密度為 0.9996 g/cm^3，蒸氣壓為 489 Pa。計算過冷的水（－3 ℃）在恆溫恆壓下凝固過程之莫耳自由能變化量。

4－19 若反應

$$\text{HgS(r)} \rightleftharpoons \text{HgS(b)}, \Delta G = 4100 - 6.09T(\text{cal/mol})$$

(a)計算在 100 ℃時，何種型式（r 或 b）較穩定？

(b)在何溫度下二者達平衡？

4－20 試證明

(a)$\left(\frac{\partial^2 G}{\partial T^2}\right)_P = -\frac{C_P}{T}$

(b)$\left(\frac{\partial V}{\partial P}\right)_S = -\frac{V\kappa C_V}{C_P}$

4－21 試證明

$$\left(\frac{\partial S}{\partial P}\right)_V = \frac{\kappa C_V}{\alpha T}$$

4－22 若$\left(\frac{\partial S}{\partial V}\right)_U = \frac{P}{T}$，試證明對於理想氣體之恆溫膨脹會有如下之關係：

$$\Delta S = nR\ln\frac{V_2}{V_1} = nR\ln\frac{P_1}{P_2}$$

4－23　有一容器其內用薄膜分成二部分，一裝 0.1 mol 氧氣，另一裝 0.1 mol 氮氣。二種氣體之溫度與壓力均相同，且分別爲 70 ℃及 1 atm。今將薄膜打破，試求 ΔH，ΔV 及 ΔS。（假設氣體爲理想氣體，且程序爲恆溫）。

4－24　二容器以柱塞閥連通，其中 A 容器內裝 1 莫耳 He（壓力 400 kPa，溫度 300 K），B 容器內裝 1 莫耳 Ar（壓力 25 kPa，溫度 300 K）。今將閥打開，試求 ΔS。（視 He，Ar 爲理想氣體，程序爲恆溫）。

4－25　水在 298 K 時之 $\alpha=2\times10^{-4}\ \text{K}^{-1}$，$\beta=5\times10^{-10}\ \text{Pa}$，而密度爲 1 g/cm^3。試求將水在 298 K 恆溫下由 1 atm 壓縮至壓力爲 1000 atm 時，此程序之 ΔS。

4－26　欲以熱泵將 15 ℃的冷水 10 公斤由地底下 12 公尺處泵出到溫度爲 40 ℃之地面，試計算需供應多少熱量予冷水。

4－27　有一以理想氣體爲工作物質之可逆熱機依下圖方式操作，且 $P_1=3P_2$，$V_2=5V_1$，$\overline{C}_V=\dfrac{3}{2}R$，試求此熱機之效率。

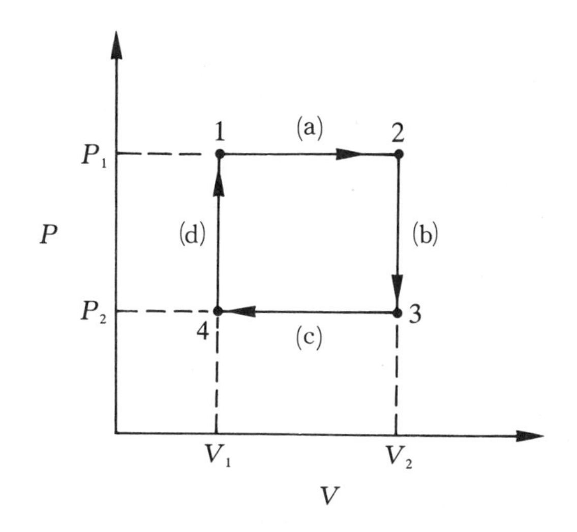

4－28 焦耳—湯木生實驗是否爲可逆程序？在此程序中之 ΔS 等於零或不等於零？

4－29 以 1 莫耳理想氣體作爲卡諾熱機之工作物質，其 $\overline{C}_V$ 爲 40 J/mol K，初始狀態爲 1 MPa 及 600 K，經恆溫膨脹成 0.1 MPa，再經絕熱膨脹爲 300 K，然後經恆溫壓縮及絕熱壓縮回復至初始狀態。

試求(a)每一階段之 q 及 W，(b)效率 η，(c)每一循環之功。

4－30 有熱機 A 及熱機 B 以下列方式操作：

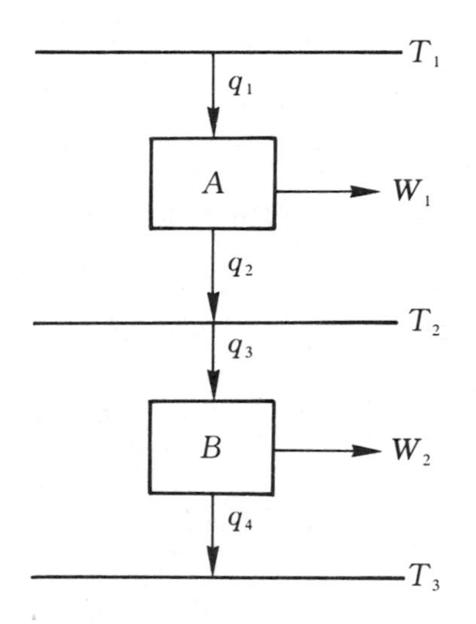

(a)假設熱機 A 及 B 具有相同效率，試求 T_1，T_2 及 T_3 之關係。

(b)假設 $W_1 = W_2$，試求 T_1，T_2 與 T_3 之關係。

第五章

熱化學

熱化學（Thermochemistry）乃研究化學反應或物理變化中有關熱含量變化之量測與計算。表示化學反應中熱變化數值時，通常寫出化學反應及該反應之 ΔH（焓變化）或 ΔU（內能變化）值。若化學反應之 ΔH 或 ΔU 爲負值，則物系在反應中放熱，而該反應稱爲放熱反應（Exothermic reaction）；若化學反應之 ΔH 或 ΔU 值爲正值，則物系在反應中爲吸熱，而該反應稱爲吸熱反應（Endothermic reaction）。例如氫的燃燒生成水蒸氣爲放熱反應，而水蒸氣分解爲氫氣與氧氣爲吸熱反應。

5-1　反應熱

反應熱爲一化學反應前後熱量變化的數值稱爲反應熱（Heat of reaction）。當一化學反應包含熱量變化時，其熱化學方程式之寫法應遵循若干規則，除寫出普通的化學反應式之外，尚須標示各反應物或生成物之物理狀態，例如氣態（g）、液態（l）、固態（s）及水溶液（aq），並標明反應情況下的焓變化，例如：

$$H_2(g) + \frac{1}{2}O_2(g) \longrightarrow H_2O(g) \qquad \Delta H = -57.78\ \text{kcal}\ (25\ ^\circ\text{C})$$

5-1-1　熱化學方程式

一化學反應其熱變化的量，除與反應物質的量有關外，亦與其物理狀態有關。例如在 25 ℃及 1 大氣壓力下，1 莫耳氫氣與1/2莫耳氧氣反應生成水蒸氣時，放熱 57.80 仟卡（$\Delta H = -57.80$ kcal），但若生成 1 莫耳水時，放熱更多爲 68.32 仟卡（$\Delta H = -68.32$ kcal）；若反應物爲 2 莫耳氫氣與 1 莫耳氧氣反應生成水蒸氣時，則放熱 115.60

仟卡（為 57.80 仟卡的兩倍），因此牽涉熱變化的化學平衡式，除平衡的化學反應式外，尚須註明各物質之物理狀態，並於式後附上熱變化的數值，此種方程式稱為熱化學方程式（Thermochemical equation）。一般規定以 25 ℃及 1 大氣壓時為熱力學之標準狀態，在此狀態時所量測的反應熱稱為標準反應熱（Standard heat of reaction），通常用 ΔH°表示，而其物理意義乃此標準狀態下，生物之總焓與反應物之總焓的差值，

$$\Delta H^\circ = \Sigma H(\text{生成物}) - \Sigma H(\text{反應物}) \quad (5-1)$$

因此氫氣與氧氣反應之熱化學方程式可書寫如下：

$$H_2(g) + \frac{1}{2}O_2(g) \longrightarrow H_2O(g) \quad \Delta H^\circ = -57.80 \text{ kcal}$$

$$H_2(g) + \frac{1}{2}O_2(g) \longrightarrow H_2O(l) \quad \Delta H^\circ = -68.32 \text{ kcal}$$

$$2H_2(g) + O_2(g) \longrightarrow 2H_2O(g) \quad \Delta H^\circ = -115.60 \text{ kcal}$$

5－1－2 反應熱之測定

量測一化學反應中熱變化的裝置稱為卡計（Calorimeter），卡計種類很多，形狀與構造依其使用目的及反應物質而不同，彈卡計（Bomb calorimeter，如圖 5－1）常用來量測恆容之下，某一化學反應的反應熱。其主要構造為一盛定量水之絕熱水槽，槽內浸入一鋼製容器，稱為反應室（Reaction chamber），若反應室內之反應為放熱反應，則所生熱量傳遞至水中，以精密溫度計讀取水槽溫度的變化後，由水槽中的水量與比熱，可求出反應熱。為求量測的精確性，對於熱輻射、引起燃燒所加入之電能、卡計之冷卻速率、反應室與攪拌器所增損熱量等因素均應加以校正。一般可藉燃燒一定量已知燃燒熱之物質，以決定卡計之熱容量而校正整個系統。今舉例說明卡計之應用。

圖5－1 彈卡計簡圖

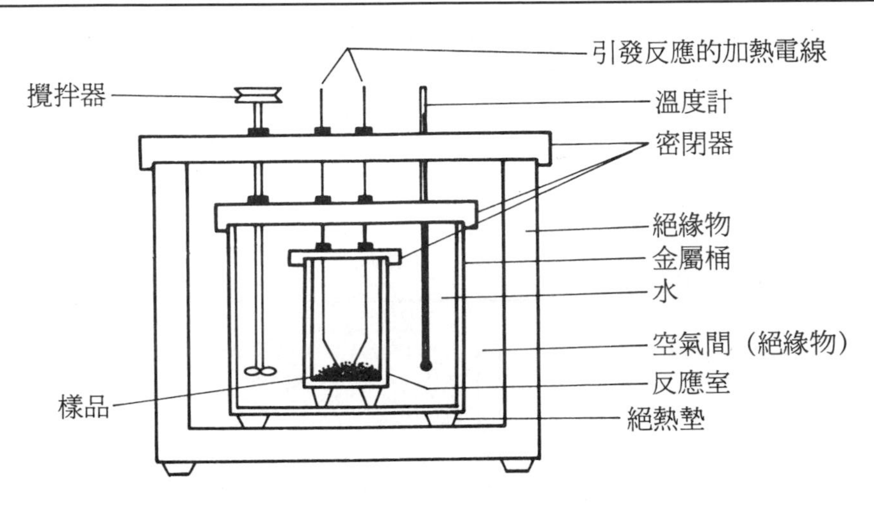

【例5－1】

某卡計含定量的水，每升高 1 ℃需吸熱 1.402 仟卡，若以 0.3 克萘（$C_{10}H_8$）完全燃燒，使水溫上升 2.05 ℃，試求萘之莫耳反應熱。

【解】

萘燃燒之化學反應式為：

$$C_{10}H_8(s) + 12O_2(g) \longrightarrow 10CO_2(g) + 4H_2O(l)$$

已知卡計及其中之水，溫度升高 1 ℃，需吸熱 1.402 kcal，得此卡計之熱容量為 1.402 kcal/℃。今溫度升高 2.05 ℃，則吸熱

$$1.402\ \text{kcal/℃} \times 2.05\ \text{℃} = 2.874\ \text{kcal}$$

此熱量相當於 0.3 克萘反應所放出之熱量，而 0.3 克萘相當於

$$\frac{0.3\ \text{g}}{128.17\ \text{g/mol}} = 2.341 \times 10^{-3}\ \text{mol}$$

因此萘之莫耳反應熱為

$$\frac{2.874\ \text{kcal}}{2.341 \times 10^{-3}\ \text{mol}} = 1228\ \text{kcal/mol}$$

另一種爲壓力保持一定時（一般爲大氣壓力）測量水溶液內發生熱反應的卡計，一般可用裝盛液態氮的容量（Dewar flask）或更簡單的利用保麗龍杯作爲裝盛溶液的容器，內置溫度計及攪拌器（或攪拌棒）再加蓋即可。如圖 5－2 所示，爲一般學生實驗室常用之簡易恆壓卡計。

圖 5－2　定壓卡計簡圖

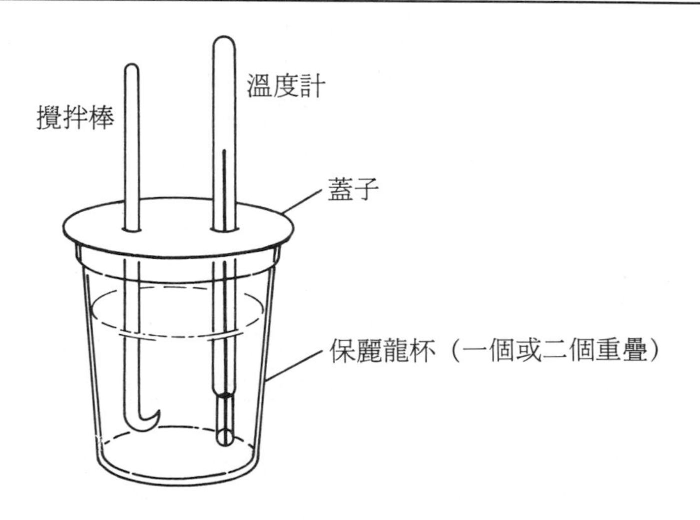

5－1－3　定壓反應熱與定容反應熱

熱化學中反應熱的量測可在恆壓（Constant pressure）與恆容（Constant volume）下進行。前者所測得之定壓反應熱，常以符號 ΔH 表示（或以 q_P 表示）；後者所測得之定容反應熱常以 ΔU（或 q_V）表示。利用彈卡計所測得的爲定容反應熱。

利用熱力學性質之內能（U）與焓（H），可將熱力學第一定律應用於化學反應中熱效應的測量與計算。依熱力學第一定律，外界（Surroundings）對系統（System）所加之熱量通常可使系統之內能增加，並伴隨作功（Work）：

$$q = \Delta U + W = \Delta U + \int_{V_1}^{V_2} P_{ext} dV \qquad (5-2)$$

在定容反應中所測得之反應熱等於內能的變化：

$$q_V = \Delta U \qquad (5-3)$$

在定壓反應下，外界的壓力（P_{ext}）與系統的壓力（P）相等，則

$$W = \int_{V_1}^{V_2} P dV = P(V_2 - V_1) = P\Delta V \qquad (5-4)$$

$$\begin{aligned} q_P &= \Delta U + P\Delta V \\ &= \Delta U + P\Delta V + V\Delta P \quad (V\Delta P = 0) \\ &= \Delta(U + PV) = \Delta H \end{aligned} \qquad (5-5)$$

若反應僅涉及固體與液體，則體積變化很小，$P\Delta V$ 可忽略不計，因此定壓反應與定容反應下所放出或吸收的熱，在實用上可視為相等。但若反應涉及氣體，則 $P\Delta V$ 需加以考量；一般假設氣體為理想氣體，所以 $P\Delta V = RT\Delta n$，其中 Δn 為氣體生成物與氣體反應物的莫耳數差。因此，

$$\Delta H = \Delta U + P\Delta V = \Delta U + RT\Delta n \qquad (5-6)$$

或

$$q_P = q_V + RT\Delta n \qquad (5-7)$$

【例 5－2】

在 25 ℃定容下 1 克甲醇完全燃燒所測得的反應熱為 5.410 仟卡，求定容反應熱 q_V 與定壓反應熱 q_P。

【解】

化學反應式為

$$CH_3OH(l) + \frac{3}{2}O_2(g) \longrightarrow CO_2(g) + 2H_2O(l)$$

甲醇莫耳數為

$$\frac{1\ \text{g}}{32.04\ \text{g/mol}} = 0.03121\ \text{mol}$$

甲醇的定容反應熱

$$q_V = \Delta U = -\frac{5.410\ \text{kcal}}{0.03121\ \text{mol}} = -173.3\ \text{kcal/mol}$$

25 ℃（298 K）時，甲醇與水爲液體，故

$$\Delta n = 1(CO_2) - \frac{3}{2}(O_2) = -\frac{1}{2}$$

$$\therefore q_P = \Delta H = -173.3 - (1.987 \times 10^{-3})(298)\left(\frac{1}{2}\right)$$

$$= -173.6\ \text{kcal/mol}$$

5－2 生成熱

由元素狀態生成一莫耳物質的焓變化量，稱爲該物質的生成熱（Heat of formation）。若在標準狀態下（25 ℃，1 atm）的生成熱稱爲標準生成熱（Standard heat of formation）或莫耳焓（Molar enthalpy），以 $\Delta H_{f,298}^{\circ}$ 或簡略爲 ΔH_f° 表示。依焓之定義 $H = U + PV$，焓值視內能值而定，但因內能之絕對值無法求得，即絕對的焓值無法得知，但吾人所感興趣的爲反應中焓的變化量（ΔH），因此可選定焓的共同相對標準，一般規定標準狀態下，所有穩定元素之焓爲零。例如石墨與鑽石爲碳的同素異形體，但石墨之相對位能較低，即較穩定，故石墨在標準狀態下之焓爲零，而鑽石在標準狀態下之焓則略大於零。今舉例說明：

例如 CO_2 的標準生成熱

$$C(s)(\text{石墨}) + O_2(g) \longrightarrow CO_2(g) \quad \Delta H^{\circ} = -94.05\ \text{kcal/mol}$$

$$\Delta H_{f,298}^{\circ}[CO_2(g)] = -94.05\ \text{kcal/mol}$$

C_6H_6 的標準生成熱

$$6C(s)(石墨) + 3H_2(g) \longrightarrow C_6H_6(l)$$

$$\Delta H^\circ = -11.72 \text{ kcal/mol}$$

$$\Delta H^\circ_{f,298}[C_6H_6(l)] = -11.72 \text{ kcal/mol}$$

第二例可視爲

$$\begin{aligned}\Delta H^\circ_{f,298} &= H^\circ_{298}[C_6H_6(l)] - 6H^\circ_{298}[C(石墨)] \\ &\quad - 3H^\circ_{298}[H_2(g)] \\ &= H^\circ_{298}[C_6H_6(l)] - 0 - 0 \\ &= H^\circ_{298}[C_6H_6(l)]\end{aligned}$$

因此，許多物質之標準生成熱可得自適當反應之反應熱，另可藉若干反應式之反應熱而求得生成熱。表 5－1 爲若干化合物的標準生成熱。

表 5－1　標準生成熱（$\Delta H^\circ_{f,298}$）

元素與無機化合物			
O_3 (g)	34.0	CO (g)	－26.4157
H_2O (g)	－57.7979	CO_2 (g)	－94.0518
H_2O (l)	－68.3174	PbO (s)	－52.5
HCl (g)	－22.063	PbO_2 (s)	－66.12
Br_2 (g)	7.34	$PbSO_4$ (s)	－219.50
HBr (g)	－8.66	Hg (g)	14.54
HI (g)	6.20	Ag_2O (s)	－7.306
S（單斜硫）	0.071	AgCl (s)	－30.362
SO_2 (g)	－70.96	Fe_2O_3 (s)	－196.5
SO_3 (g)	－94.45	Fe_3O_4 (s)	－267.0
H_2S (g)	－4.815	Al_2O_3 (s)	－399.09
H_2SO_4 (l)	－193.91	UF_6 (g)	－505
NO (g)	21.600	UF_6 (s)	－517

NO_2 (g)	8.091	CaO (s)	−151.9
NH_3 (g)	−11.04	$CaCO_3$ (s)	−288.45
HNO_3 (l)	−41.404	NaF (s)	−136.0
P (g)	75.18	NaCl (s)	−98.232
PCl_3 (g)	−73.22	KF (s)	−134.46
PCl_5 (g)	−95.35	KCl (s)	−104.175
C（鑽石）	0.4532	$NaCO_3$ (s)	−270.330
有機化合物			
甲烷，CH_4 (g)	−17.889	丙烯，C_3H_6 (g)	4.879
乙烷，C_2H_6 (g)	−20.236	1－丁烯，C_4H_8 (g)	0.280
丙烷，C_3H_8 (g)	−24.820	乙炔，C_2H_2 (g)	54.194
正丁烷，C_4H_{10}(g)	−29.812	甲醛，CH_2O (g)	−27.7
異丁烷，C_4H_{10}(g)	−31.452	乙醛，CH_3CHO (g)	−39.76
正戊烷，C_5H_{12} (g)	−35.00	甲醇，CH_3OH (l)	−57.02
正己烷，C_6H_{14} (g)	−39.96	乙醇，C_2H_5OH (l)	−66.356
正庚烷，C_7H_{16} (g)	−44.89	甲酸，HCOOH (l)	−97.8
正辛烷，C_8H_{18} (g)	−49.82	醋酸，CH_3COOH (l)	−116.4
苯，C_6H_6 (g)	19.820	草酸，$(CO_2H)_2$ (s)	−197.6
苯，C_6H_6 (l)	11.718	四氯化碳，CCl_4 (l)	−33.3
乙烯，C_2H_4 (g)	12.496	甘氨酸，$H_2NCH_2CO_2H$ (s)	−126.33

【例 5−3】

利用下列三反應式求乙醇之標準生成熱

$$C_2H_5OH(l) + 3O_2(g) \longrightarrow 2CO_2(g) + 3H_2O(l) \quad \Delta H^\circ = -326.7 \text{ kcal}$$

$$3H_2O(l) \longrightarrow 3H_2(g) + \frac{3}{2}O_2(g) \quad \Delta H^\circ = 204.9 \text{ kcal}$$

$$2CO_2\,(g) \longrightarrow 2C\,(s)(石墨) + 2O_2\,(g) \quad \Delta H^\circ = 188.1\ \text{kcal}$$

【解】

利用黑斯定律得

$$C_2H_5OH\,(l) \longrightarrow 3H_2\,(g) + \frac{1}{2}O_2\,(g) + 2C\,(s)\,(石墨)$$
$$\Delta H^\circ = 66.3\ \text{kcal}$$

故乙醇的標準生成熱

$$3H_2\,(g) + \frac{1}{2}O_2\,(g) + 2C\,(s)\,(石墨) \longrightarrow C_2H_5OH\,(l)$$
$$\Delta H_f^\circ[C_2H_5OH\,(l)] = -\,66.3\ \text{kcal/mol}$$

許多反應之標準反應熱可由標準生成熱利用下列關係式求得。

$$\Delta H^\circ = \Sigma n\,\Delta H_f^\circ(生成物) - \Sigma n\,\Delta H_f^\circ(反應物)$$

其中 n 爲各反應物或生成物之計量係數。

【例 5－4】

求下列反應之標準反應熱。

$$C_2H_5OH\,(l) + 3O_2\,(g) \longrightarrow 2CO_2\,(g) + 3H_2O\,(l)$$

【解】

$$\Delta H^\circ = 2\Delta H_f^\circ[CO_2\,(g)] + 3\Delta H_f^\circ[H_2O\,(l)] - \Delta H_f^\circ[C_2H_5OH\,(l)] - 3\Delta H_f^\circ[O_2\,(g)]$$

由表 5－1 可查得各物質之標準生成熱。

$$\Delta H^\circ = 2\times(-\,94.0518) + 3\times(-\,68.3174) - (-\,66.356) - 3\times(0) = -\,326.7\ \text{kcal}$$

5－3 燃燒熱

一莫耳物質完全燃燒時所放出之熱量，稱爲該物質之燃燒熱 (Heat of combustion)。通常燃燒熱的決定是燃燒物質於彈卡計中，再量測上升的水溫，經校正比對後可獲得此數據。若反應物與生成物均在標準狀態下，則所測得之燃燒熱稱爲標準燃燒熱（Standard heat of combustion)。一般以 ΔH°_{comb} 來表示標準燃燒熱，表 5－2 摘列若干物質之標準燃燒熱。

燃燒熱可直接應用於有機化合物生成熱的計算。大部分有機化合物含碳氫或碳氫氧元素，經燃燒後生成二氧化碳及水，故在計算時需考慮二氧化碳及水的生成熱。今舉丙烷（Propane）之燃燒熱如下：

$$C_3H_8\,(g) + 5O_2\,(g) \longrightarrow 3CO_2\,(g) + 4H_2O\,(l)$$

$$\Delta H^\circ_{comb} = -530.61\ \text{kcal}$$

因此

$$\begin{aligned}\Delta H^\circ_{comb} &= 3\Delta H^\circ_f[CO_2(g)] + 4\Delta H^\circ_f[H_2O\,(l)] \\ &\quad - \Delta H^\circ_f[C_3H_8\,(g)] - 5\Delta H^\circ_f[O_2\,(g)] \\ &= 3(-94.052) + 4(-68.317) - \Delta H^\circ_f[C_3H_8\,(g)] \\ &= -530.61\ \text{kcal}\end{aligned}$$

可得

$$\Delta H^\circ_f[C_3H_8(g)] = -24.82\ \text{kcal/mol}$$

此乃由丙烷之標準燃燒熱求得丙烷之標準生成熱的例子，值得注意的是其中燃燒後所得之水爲冷卻至 25 ℃時的液態水，非爲氣態的水蒸氣（標準狀態下）。

表 5－2　有機化合物在 25 ℃時之莫耳燃燒熱（$\Delta H^\circ_{comb,298}$）

化合物	化學式	ΔH°（kcal/mol）
甲烷	CH_4 (g)	－212.8
乙烷	C_2H_6(g)	－372.82
丙烷	C_3H_8(g)	－530.6
正丁烷	C_4H_{10}(g)	－687.98
正戊烷	C_5H_{12}(g)	－845.16
乙烯	C_2H_4(g)	－337.23
乙炔	C_2H_2(g)	－310.62
苯	C_6H_6(g)	－787.20
苯	C_6H_6(l)	－780.98
甲苯	C_7H_8(l)	－934.50
萘	$C_{10}H_8$(s)	－1228.18
蔗糖	$C_{12}H_{22}O_{11}$(s)	－1348.9
甲醇	CH_3OH(l)	－173.67
苯甲酸	$C_6H_5CO_2H$(s)	－771.2

應用物質之燃燒熱可推導元素中同素異形物的熱含量，如碳、硫、磷等。以碳爲例，碳具有兩種晶形即石墨與鑽石，此二物質之燃燒熱分別爲：

$$C(s)(\text{石墨}) + O_2(g) \longrightarrow CO_2(g) \qquad \Delta H^\circ_{comb} = -94.50 \text{ kcal/mol}$$

$$C(s)(\text{鑽石}) + O_2(g) \longrightarrow CO_2(g) \qquad \Delta H^\circ_{comb} = -94.05 \text{ kcal/mol}$$

此乃鑽石之碳的熱含量較石墨的碳爲高，而於石墨轉爲鑽石之反應熱很低：

$$C(s)(石墨) \longrightarrow C(s)(鑽石) \quad \Delta H^\circ = 0.45\ kcal/mol$$

但因其轉換過程的活化能甚高，故實際上非常困難由石墨轉換爲鑽石。

5－4 溶解熱

當一溶質（Solute）溶於某一溶劑（Solvent）中形成溶液（Solution）時，此反應常伴生熱的變化，其數值稱爲溶解熱（Heat of solution），可爲正值（吸熱反應）或負值（放熱反應）。一般而言，溶解熱的大小須視溶質與溶劑的性質及所形成溶液的濃度而定。1 莫耳溶質溶解於 n 莫耳溶劑所產生的焓變化稱爲積分溶解熱（Integral heat of solution）。圖 5－3 表示乙醇溶於水的放熱效應：

$$C_2H_5OH\,(l) + n\,H_2O\,(l) \longrightarrow C_2H_5OH(n\,H_2O) \quad \Delta H(sol, n\,H_2O)$$

圖 5－3 乙醇在 25 ℃之積分溶解熱

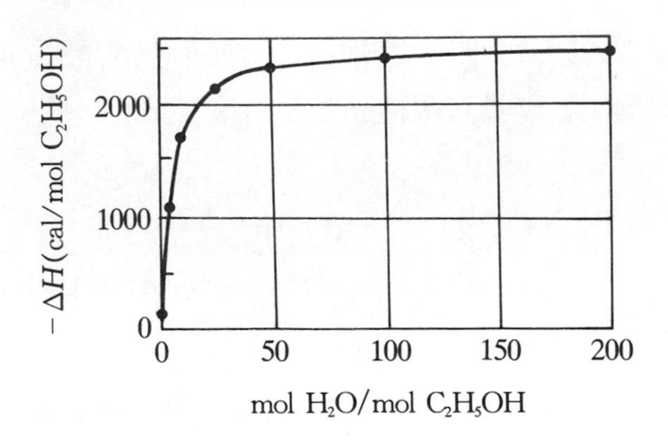

當 $n=5$ 時，$\Delta H(\text{sol},5H_2O)=-1.12$ kcal，而 n 越大即溶液越稀，其溶解熱越大；當溶液無窮稀釋時，溶解熱趨近於一極限定值，此極限值稱爲無限稀釋溶解熱（Heat of solution at infinite dilution）。以乙醇而言，其無限稀釋溶解熱爲 $\Delta H(\text{sol},\infty H_2O)=-2.50$ kcal。

稀釋一定量溶液所產生之焓變化，稱爲積分稀釋熱（Integral heat of dilution）。計算稀釋熱時，應提示初濃度與終濃度，若不提終濃度時，則視爲無限稀釋之溶液。

【例 5－5】

試以圖 5－3 之數據計算一乙醇水溶液（含一莫耳乙醇及五莫耳水）在 25 ℃時之稀釋熱。

【解】

已知當 $n=5$ 時之溶解熱爲 $\Delta H^\circ(\text{sol},n=5)=-1.12$ kcal

$$C_2H_5OH(l)+5H_2O\longrightarrow C_2H_5OH(5H_2O)$$

$$\Delta H^\circ(\text{sol},n=5)=-1.12\ \text{kcal}$$

當 $n=\infty$ 時，其溶解熱爲 $\Delta H^\circ(\text{sol},n=\infty)=-2.50$ kcal

$$C_2H_5OH(l)+\infty H_2O\longrightarrow C_2H_5OH(\infty H_2O)$$

$$\Delta H^\circ(\text{sol},\infty H_2O)=-2.50\ \text{kcal}$$

利用黑斯定律可求出稀釋熱 $\Delta H^\circ(\text{dil})$

$$C_2H_5OH(5H_2O)+\infty H_2O\longrightarrow C_2H_5OH(\infty H_2O)$$

$$\Delta H^\circ(\text{dil})=-1.38\ \text{kcal}$$

即此溶液用水無限稀釋時將放熱 1.38 仟卡。

表 5－3 列出常用溶液之標準生成熱。

表 5－3 溶液之標準生成熱（ΔH°_f，kcal/mol）

NaOH(s)	－101.99	HCl(g)	－22.063
在 100H_2O	－112.108	在 100H_2O	－39.713
在 200H_2O	－112.1	在 200H_2O	－39.798
在∞H_2O	－112.236	在∞H_2O	－40.023
NaCl(s)	－98.232	$HC_2H_3O_2$ (*l*)	－116.4
在 100H_2O	－97.250	在 100H_2O	－116.705
在 200H_2O	－97.216	在 200H_2O	－116.724
在∞H_2O	－97.302	在∞H_2O	－116.743
$NaNO_3$(s)	－111.54	$NaC_2H_3O_2$(s)	－169.8
在 100H_2O	－106.83	在 100H_2O	－173.827
在 200H_2O	－106.70	在 200H_2O	－173.890
在∞H_2O	－106.651	在∞H_2O	－174.122

【例 5－6】

試由表 5－3 計算 25 ℃，1 莫耳 HCl(g)溶於 200 莫耳水的積分溶解熱。

【解】

$$HCl(g) + 200H_2O\,(l) \longrightarrow HCl(200H_2O)$$

利用黑斯定律可求出積分溶解熱 $\Delta H^\circ(sol, 200H_2O)$

$$\begin{aligned}\Delta H^\circ &= \Delta H^\circ_f[HCl\ in\ 200H_2O] - \Delta H^\circ_f[HCl(g)]\\ &= (-39.798) - (-22.063)\\ &= -17.735\ kcal\end{aligned}$$

運動傷害中所使用的即熱包或即冷包即應用溶解熱製成，此種包裝內分別裝盛化學藥劑與水，使用時用手壓迫使水與化學藥劑混合而放出或吸收大量的熱，一般常用氯化鈣爲熱包硝酸銨爲冷包之化學藥劑，其熱化學方程式如下：

$$CaCl_2(s) \xrightarrow{H_2O} Ca^{2+}(aq) + 2Cl^-(aq) \quad \Delta H = -19.8 \text{ kcal}$$

$$NH_4NO_3(s) \xrightarrow{H_2O} NH_4^+(aq) + NO_3^-(aq) \quad \Delta H = 6.26 \text{ kcal}$$

5-5　化學鍵能

斷裂一莫耳某一化學鍵所引起的焓變化，稱爲鍵的標準解離能 (Standard bond-dissociation energy)，簡稱爲鍵能 (Bond energy) 或鍵焓 (Bond enthalpy)。若一化學反應之反應物與生成物皆爲共價鍵，則吾人可利用平均鍵能估算一化學反應的反應熱。今以甲烷燃燒求出 C－H 鍵能爲例加以說明。甲烷解離之反應熱及其鍵能表示如下：

$$CH_4(g) \longrightarrow C(g) + 4H(g) \quad \Delta H^\circ(\text{反應熱})$$

$$\Delta H^\circ(C-H)(\text{鍵能}) = \frac{\Delta H^\circ}{4}$$

其中反應熱 ΔH°可由下列反應式

$$CH_4(g) + 2O_2(g) \longrightarrow CO_2(g) + 2H_2O(l)$$

$$\Delta H^\circ_{comb} = -212.80 \text{ kcal}$$

$$CO_2(g) \longrightarrow C(s)(\text{石墨}) + O_2(g) \quad \Delta H^\circ = 94.05 \text{ kcal}$$

$$2H_2O(l) \longrightarrow 2H_2(g) + O_2(g) \quad \Delta H^\circ = 136.64 \text{ kcal}$$

$$2H_2(g) \longrightarrow 4H(g) \quad \Delta H^\circ = 208.38 \text{ kcal}$$

$$C(s)(\text{石墨}) \longrightarrow C(g) \quad \Delta H^\circ = 171.29 \text{ kcal}$$

計算可得

$$CH_4(g) \longrightarrow C(g) + 4H(g) \quad \Delta H^\circ = 397.56 \text{ kcal}$$

$$\Delta H^\circ(C-H) = -99.39 \text{ kcal}$$

因此 C－H 鍵之平均鍵能爲 99.39 仟卡。表 5－4 爲取自不同化合物之鍵能平均值，需注意的是使用表列之數據時，鍵的解離爲吸熱，故鍵能爲正值，若爲鍵的生成時爲放熱，鍵能爲負值。

表 5－4 平均鍵能（25 ℃）

鍵	ΔH（kcal/mol）	鍵	ΔH（kcal/mol）
H－H	104	C－Cl	79
H－F	135	C－Br	66
H－Br	88	C－S	62
H－Cl	103	C＝S	114
O－O	33	C－N	70
O＝O	118	C＝N	147
O－H	111	C≡N	210
C－H	99	N－N	38
C－O	84	N＝N	100
C＝O	170	N≡N	226
C－C	83	N－H	93
C＝C	147	F－F	37
C≡C	194	Cl－Cl	58
C－F	105	Br－Br	46

【例 5－7】

利用表 5－4 之平均鍵能計算乙烯氫化之反應熱。求

$$H_2C = CH_2(g) + H_2(g) \longrightarrow H_3C - CH_3 \quad \Delta H^\circ = ?$$

【解】

反應物中 $H_2C = CH_2$ 有 4 個 C－H 鍵、1 個 C＝C 鍵，H_2 有一個 H－H 鍵。產物 $H_3C - CH_3$ 中有 6 個 C－H 鍵、1 個 C－C 鍵。故此反應之反應熱

$$\Delta H^\circ = 4\Delta H^\circ(C-H) + \Delta H^\circ(C=C) + \Delta H^\circ(H-H)$$
$$- 6\Delta H^\circ(C-H) - \Delta H^\circ(C-C)$$
$$= 4 \times 99 + 147 + 104 - 6 \times 99 - 83$$
$$= -30 \text{ kcal (放熱反應)}$$

由實驗求得之反應熱爲 −33 仟卡。

利用鍵能估算反應熱乃基於二種假設：⑴所有相同形式之鍵皆具有相同之鍵能，⑵鍵能與含有此鍵之化合物種類無關。事實上這兩種假設皆不完全正確，例如依次斷裂甲烷上的 C−H 鍵，其鍵能各不相同，但利用此法所估算之反應熱與實驗結果亦相差不多。

5−6　溫度對反應熱之影響

前面數節所討論之反應，皆爲標準狀態時（25 ℃及 1 大氣壓）的反應熱。當反應溫度改變時，其反應熱亦將隨之改變。當一反應之溫度非 25 ℃時，可利用焓爲一狀態函數而由其反應始末之焓變化求出其反應熱。今考慮一反應

$$a\text{A} + b\text{B} \longrightarrow c\text{C} + d\text{D}$$
$$\Delta H = \Sigma H(\text{生成物}) - \Sigma H(\text{反應物})$$
$$= cH_C + dH_D - aH_A - bH_B \qquad (5-8)$$

其中 H_C，H_D，H_A 與 H_B 分別爲物質 A，B，C 與 D 的莫耳焓。在定壓反應時，上式對溫度微分可得

$$\left(\frac{\partial(\Delta H)}{\partial T}\right)_P = c\left(\frac{\partial H_C}{\partial T}\right)_P + d\left(\frac{\partial H_D}{\partial T}\right)_P - a\left(\frac{\partial H_A}{\partial T}\right)_P - b\left(\frac{\partial H_B}{\partial T}\right)_P \qquad (5-9)$$

其中右下標之 P 代表定壓。又 $(\partial H/\partial T)_P = C_P$ 稱爲定壓熱容量

(Heat capacity)，故上式可化爲

$$\left(\frac{\partial(\Delta H)}{\partial T}\right)_P = \Delta C_P = cC_{P,C} + dC_{P,D} - aC_{P,A} - bC_{P,B} \tag{5-10}$$

其中 $C_{P,C}$，$C_{P,D}$，$C_{P,A}$與 $C_{P,B}$分別代表物質 A，B，C 與 D 的定壓熱容量，此式稱爲克希霍夫方程式（Kirchhoff's equation）。因溫度由 T_1 變爲 T_2 時，對上式積分得

$$\int_{\Delta H_1}^{\Delta H_2} d(\Delta H) = \Delta H_2 - \Delta H_1 = \int_{T_1}^{T_2} \Delta C_P dT \tag{5-11}$$

其中 ΔH_1，ΔH_2 分別爲溫度 T_1，T_2 時之反應熱。

若已知某一溫度下（常爲 25 ℃）之反應熱及各物質之熱容量，則可利用上式推算另一溫度之反應熱。今考慮一反應 $aA + bB \longrightarrow cC + dD$，其 ΔH_1（在溫度 T_1 時）已知，各物質之熱容量亦已知，則可依下列關係推算 ΔH_2（在溫度 T_2 時）。

$$\begin{array}{ccc} aA + bB & \xrightarrow[T_2]{\Delta H_2} & cC + dD \\ \Delta H_X \uparrow & & \uparrow \Delta H_Y \\ aA + bB & \xrightarrow[T_1]{\Delta H_1} & cC + dD \\ (298K) & & (298K) \end{array}$$

則

$$\Delta H_2 = \Delta H_X + \Delta H_1 + \Delta H_Y \tag{5-12}$$

其中

$$\Delta H_X = \int_{T_2}^{T_1} (aC_{P,A} + bC_{P,B}) dT \tag{5-13}$$

$$\Delta H_Y = \int_{T_1}^{T_2} (cC_{P,C} + dC_{P,D}) dT \tag{5-14}$$

因此，

$$\Delta H_2 = \Delta H_1 + \Delta H_X + \Delta H_Y$$

$$= \Delta H_1 - \int_{T_1}^{T_2}(aC_{P,A} + bC_{P,B})dT + \int_{T_1}^{T_2}(cC_{P,C} + dC_{P,D})dT$$

$$= \Delta H_1 + \int_{T_1}^{T_2}\Delta C_P dT \qquad (5-15)$$

一般而言，ΔH_1 爲 298 K 時之標準反應熱。

若 $T_1 \approx T_2$ 時，反應物與生成物的 C_P 可視爲一常數，則

$$\Delta H_2 = \Delta H_1 + \Delta C_P(T_2 - T_1) \qquad (5-16)$$

若 C_P 爲溫度的函數時，C_P 常用下列實驗式表示

$$C_P = a + bT + cT^2 \qquad (5-17)$$

因此

$$\Delta C_P = \Delta a + \Delta bT + \Delta cT^2 \qquad (5-18)$$

其中 $\Delta a = ca_C + da_D - aa_A - ba_B$ 依此類推 Δb 與 Δc。

將上式代入前式得

$$\Delta H_2 = \Delta H_1 + \int_0^T(\Delta a + \Delta bT + \Delta cT^2)dT$$

$$= \Delta H_1 + \Delta aT + \frac{\Delta b}{2}T^2 + \frac{\Delta c}{3}T^3 \qquad (5-19)$$

上式之 ΔH_1 可藉由溫度 T_1 時決定 ΔH_1 之值。

表 5－5 爲若干氣體之熱容量與溫度之關係，

$$C_P = a + bT + cT^2$$

表 5－5　若干氣體之莫耳熱容量（cal/mol K）

$C_P = a + bT + cT^2$，300～1500 K 之各常數

氣體	a	$b \times 10^3$	$c \times 10^6$
氨	6.189	7.887	−0.728
苯	0.283	77.936	−26.296
正丁烷	4.357	72.552	−22.145
順－2－丁烯	2.047	64.311	−19.834
溴	8.4228	0.9739	−0.3555
二氧化碳	6.214	10.396	−3.545
一氧化碳	6.420	1.665	−0.196
氯	7.576	2.4244	−0.965
乙烷	2.195	38.282	−11.001
氫	6.947	−0.1999	0.4808
溴化氫	6.578	0.9549	0.1581
氯化氫	6.732	0.4325	0.3697
甲烷	3.381	18.044	−4.3000
氮	6.524	1.250	−0.001
氧	6.148	3.102	−0.923
丙烷	2.258	57.636	−17.594
水	7.256	2.298	0.283

【例 5－8】

試求下列反應式

$$2H_2(g) + O_2(g) \longrightarrow 2H_2O(g)$$

在 1500 K 時之反應熱。

【解】

(1) 首先須求水蒸氣之莫耳生成熱，查表得

$$\Delta H_f^\circ[H_2O(g)] = -57.7979 \text{ kcal/mol}$$

(2) 再由表 5－5 得知各氣體之熱容量與溫度之關係如下：

$$C_{P,H_2(g)}^\circ = 6.9469 - 0.1999 \times 10^{-3}T + 0.4808 \times 10^{-6}T^2$$

$$C_{P,O_2(g)}^\circ = 6.148 + 3.102 \times 10^{-3}T - 0.923 \times 10^{-6}T^2$$

$$C_{P,H_2O(g)}^\circ = 7.256 + 2.298 \times 10^{-3}T + 0.283 \times 10^{-6}T^2$$

在某溫度下之反應熱可寫為如下關係式：

$$\begin{aligned}
\Delta H_T^\circ &= \Delta H_{298}^\circ + \Delta H_X^\circ + \Delta H_Y^\circ \\
&= \Delta H_{298}^\circ - 2\int_{298}^{T} C_{P,H_2O}^\circ dT - \int_{298}^{T} C_{P,O_2}^\circ dT \\
&\quad + 2\int_{298}^{T} C_{P,O_2}^\circ dT \\
&= 2(-57.7979) + [-5.530(T-298) + \frac{0.001894}{2} \\
&\quad (T^2 - 298^2) - \frac{0.527 \times 10^{-6}}{3}(T^3 - 298^3)] \times \frac{1}{1000} \\
&= -114.0194 - 5.53 \times 10^{-3}T + 0.947 \times 10^{-6}T^2 \\
&\quad - 0.44 \times 10^{-9}T^3 \text{ kcal}
\end{aligned}$$

故求 1500 K 時之反應熱為

$$\begin{aligned}
\Delta H_{1500}^\circ &= -114.0194 - 5.53 \times 10^{-3}(1500) \\
&\quad + 0.947 \times 10^{-6}T^2 - 0.44 \times 10^{-9}T^3 \\
&= -121.669 \text{ kcal}
\end{aligned}$$

5－7　生成自由能

前面章節已述及焓（H）、熵（S）及自由能（G），而一物質的標準自由能可由標準焓及標準熵求得：

$$G^\circ = H^\circ - TS^\circ \qquad (5-20)$$

標準生成自由能（Standard free energy of formation，ΔG_f°）的定義是一化合物在標準狀態下由其成分元素形成該化合物的反應自由能。假設有下列反應

$$aA + bB \rightleftharpoons cC + dD$$

則反應之自由能變化為

$$\Delta G^\circ = c\Delta G^\circ(C) + d\Delta G^\circ(D) - a\Delta G^\circ(A) - b\Delta G^\circ(B)$$
$$= \Delta G^\circ(反應物) - \Delta G^\circ(產物) \qquad (5-21)$$

而反應物之生成自由能與產物之生成自由能中，其構成元素在標準狀態（25 ℃，1 atm）時為零。表 5－6 所列為各化合物的標準生成自由能。

表 5－6　25 ℃時之標準生成自由能（ΔG_f°，kcal/mol）

元素與無機化合物			
O_3（g）	39.06	C（鑽石）	0.6850
H_2O（g）	−54.6357	CO（g）	−32.8079
H_2O（l）	−56.6902	CO_2（g）	−94.2598
HCl（g）	−22.769	PbO_2（s）	−52.34
Br_2（g）	0.751	$PbSO_4$（s）	−193.89
HBr（g）	−12.72	Hg（g）	7.59
HI（g）	0.31	AgCl（s）	−26.224
S（單斜硫）	0.023	Fe_2O_3（s）	−177.1
SO_2（g）	−71.79	Fe_3O_4（s）	−242.4
SO_3（g）	−88.52	Al_2O_3（s）	−376.77
H_2S（g）	−7.892	UF_6（g）	−485
NO（g）	20.719	UF_6（s）	−486
NO_2（g）	12.390	CaO（s）	−144.4

NH_3 (g)	−3.976	$CaCO_3$ (s)	−269.78
HNO_3 (l)	−19.100	NaCl (s)	−91.785
PCl_3 (g)	−68.42	KF (s)	−127.42
PCl_5 (g)	−77.59	KCl (s)	−97.592
		NaF (s)	−129.3
有機化合物			
甲烷 CH_4 (g)	−12.140	乙烯 C_2H_4 (g)	16.282
乙烷 C_2H_6 (g)	−7.860	丙烯 C_3H_6 (g)	14.990
丙烷 C_3H_8 (g)	−5.614	1−丁烯 C_4H_8 (g)	−17.217
正丁烷 C_4H_{10} (g)	−3.754	乙炔 C_2H_2 (g)	50.000
異丁烷 C_4H_{10} (g)	−4.296	甲醛 CH_2O (g)	−26.3
正戊烷 C_5H_{12} (g)	−1.96	乙醛 CH_3CHO (g)	−31.96
正己烷 C_6H_{14} (g)	0.05	甲醇 CH_3OH (l)	−39.73
正庚烷 C_7H_{16} (g)	2.09	乙醇 C_2H_5OH (l)	−41.77
苯 C_6H_6 (g)	30.989	甲酸 HCOOH (l)	−82.7
苯 C_6H_6 (l)	29.756	醋酸 CH_3COOH (l)	−93.8

標準狀態下（25 ℃，1 atm），反應自由能的變化也可為

$$\Delta G^\circ = \Delta H^\circ - T\Delta S^\circ \qquad (5-22)$$

其變化值的符號可判斷一化學反應的平衡與否及其反應發生的方向；自由能為一狀態函數，故 ΔG° 值僅由初態與終態決定，與變化之途徑無關，故計算 ΔG° 時與 ΔH° 相同可用加減運算。

【例 5−9】

求 N_2O_4 的標準生成自由能 $\Delta G_f^\circ[N_2O_4(g)]$。

【解】

N_2O_4 的生成反應為

$$N_2\,(g) + 2O_2\,(g) \rightleftharpoons N_2O_4\,(g)$$

$$\begin{aligned}\Delta S_f^\circ(N_2O_4) &= S^\circ_{N_2O_4} - S^\circ_{N_2} - 2S^\circ_{O_2} \\ &= 72.70 - 45.77 - 2\,(49.00) \\ &= -\,71.07\ \text{cal/mol K}\end{aligned}$$

所以

$$\begin{aligned}\Delta G_f^\circ(N_2O_4) &= \Delta H_f^\circ(N_2O_4) - T\Delta S_f^\circ(N_2O_4) \\ &= 2.19 - (298)\,(-\,71.07) \times 10^{-3} \\ &= 23.37\ \text{kcal/mol}\end{aligned}$$

【例 5－10】

求反應 $CaCO_3\,(s) \rightleftharpoons CaO\,(s) + CO_2\,(g)$之 ΔG°。

【解】

$$\Delta G^\circ = \Delta G_f^\circ(CaO) + \Delta G_f^\circ(CO_2) - \Delta G_f^\circ(CaCO_3)$$

查表得

$$\begin{aligned}\Delta G^\circ &= (-\,144.37) + (-\,94.25) - (-\,269.80) \\ &= 31.18\ \text{kcal/mol}\end{aligned}$$

可知此反應在標準狀態下爲自發反應。($\because \Delta G^\circ > 0$)

詞　彙

1. 熱化學（Thermochemistry）

研究化學反應或物理變化中有關熱含量變化之量測與計算。

2. 反應熱（Heat of reaction）

一化學反應前後熱量變化的數值。通常用 ΔH 表示，當 $\Delta H>0$ 時，此反應爲吸熱反應；$\Delta H<0$ 時，此反應爲放熱反應。

3. 標準反應熱

（Standard heat of reaction）

一般規定以 25 ℃及 1 大氣壓力時爲熱力學之標準狀態，在此狀態所量測的反應熱稱爲標準反應熱。

4. 熱化學方程式

（Thermochemical equation）

化學平衡式牽涉熱變化時，除平衡的化學反應式外，尙須註明各物質之物理狀態，並於式後附上熱變化的數值，此種方程式稱之。

5. 卡計（Calorimeter）

量測一化學反應中熱變化的裝置稱爲卡計。

6. 彈卡計（Bomb calorimeter）

用來量測定容之下一化學反應熱變化的特殊裝置。因反應室爲一堅硬之容器，固以 Bomb 稱之。

7. 生成熱（Heat of formation）

由元素狀態生成 1 莫耳物質的焓變化量。常用 ΔH_f 表示。

8. 標準生成熱

（Standard heat of formation）

在標準狀態下（25 ℃，1 atm）的生成熱。一般以 ΔH_f°或 $\Delta H_{f,298}^\circ$表示。

9. 燃燒熱（Heat of combustion）

1 莫耳物質完全燃燒時所放出之熱量，常用 ΔH_{comb}表示。

10. 標準燃燒熱

（Standard heat of combustion）

反應物與生成物均在標準狀態下，則所測得之燃燒熱稱之。以 $\Delta H^{\circ}_{\text{comb}}$表示。

11.溶解熱（Heat of solution）

當一溶質溶於一溶劑形成溶液時，此反應常伴生熱的變化，其數值稱為溶解熱。

12.積分溶解熱

（Integral heat of solution）

1 莫耳溶質溶解於 n 莫耳溶劑所產生的焓變化稱之。

13.無限稀釋溶解熱（Heat of solution at infinite dilution）

1 莫耳溶質溶於 n 莫耳溶劑時，當 n 值越大即溶液越稀，其溶解熱越大，當溶液無窮稀釋時，溶解熱趨近於一極限定值，此極限定值稱為無限稀釋溶解熱。

14.積分稀釋熱

（Integral heat of dilution）

稀釋一定量的溶液所產生的焓變化。

15.鍵能（Bond energy）或鍵焓（Bond enthalpy）

斷裂 1 莫耳某一化學鍵所引起的焓變化稱為鍵的標準解離能（Standard bond-dissociation energy），簡稱鍵能或鍵焓。

16.標準生成自由能（Standard free energy of formation）

一化合物在標準狀態下，由其成分元素形成該化合物的反應自由能稱之，常以 ΔG°_{f}表示。

習　題

5－1　鋁的比熱爲 0.2139 cal/g ℃，假設有 156 克的鋁塊由 75.0 ℃ 冷卻至 25.5 ℃，求此鋁塊將放熱多少卡？

5－2　試由下列熱化學式求恆容反應熱。

$$C_6H_6\,(l) + 7\frac{1}{2}O_2\,(g) \longrightarrow 6CO_2\,(g) + 3H_2O\,(l)$$

$$\Delta H^\circ_{298} = -780.98 \text{ kcal}$$

5－3　計算下列反應式焓的變化。

$$2C_2H_6\,(g) + 7O_2\,(g) \longrightarrow 4CO_2\,(g) + 6H_2O\,(g)$$

5－4　利用下列反應與熱含量求 SO_3 的標準生成焓。

$$S_8\,(s) + 8O_2\,(s) \longrightarrow 8SO_2\,(g) \quad \Delta H = -567.6 \text{ kcal}$$

$$2SO_2\,(g) + O_2\,(g) \longrightarrow 2SO_3\,(g) \quad \Delta H = -47.3 \text{ kcal}$$

5－5　利用下列熱反應式：

$$8Al(s) + 3Fe_3O_4(s) \longrightarrow 4Al_2O_3(s) + 9Fe(s)$$

$$\Delta H = -824.57 \text{ kcal}$$

$$4Al(s) + 3O_2(g) \longrightarrow 2Al_2O_3(s) \quad \Delta H = -801.15 \text{ kcal}$$

計算下列反應之焓變化。

$$3Fe(s) + 2O_2(s) \longrightarrow Fe_3O_4(s)$$

5－6　利用標準生成焓求下列反應之焓變化。

$$P_4(g) + 6H_2(g) \longrightarrow 4PH_3(g)$$

5－7　由下列熱反應式求 $PCl_5(s)$ 之標準生成焓。

$$2P(s) + 3Cl_2(g) \longrightarrow 2PCl_3(l) \quad \Delta H^\circ_{298} = -151.8 \text{ kcal}$$

$$PCl_3(l) + Cl_2(g) \longrightarrow PCl_5(s) \quad \Delta H^\circ_{298} = -32.81 \text{ kcal}$$

5－8 由下列熱反應式求 H_2O_2 (g)的標準生成熱。

$$H_2O_2(l) \longrightarrow H_2O_2(g) \quad \Delta H^\circ = 12.33 \text{ kcal}$$

$$H_2O_2(l) \longrightarrow H_2O(l) + \frac{1}{2}O_2(g) \quad \Delta H^\circ = -23.42 \text{ kcal}$$

$$H_2(g) + \frac{1}{2}O_2(g) \longrightarrow H_2O(l) \quad \Delta H^\circ = -68.31 \text{ kcal}$$

5－9 由下列熱反應式

$$C(s) + 2H_2(g) \longrightarrow CH_4(g) \quad \Delta H = -17.88 \text{ kcal}$$

$$C(s) + O_2(g) \longrightarrow CO_2(g) \quad \Delta H = -94.05 \text{ kcal}$$

$$H_2(g) + \frac{1}{2}O_2(g) \longrightarrow H_2O(l) \quad \Delta H = -68.31 \text{ kcal}$$

求甲烷（CH_4）在 25 ℃時的莫耳燃燒熱。

($CH_4(g) + 2O_2(g) \longrightarrow CO_2(g) + 2H_2O(l)$)

5－10 在定容的彈卡計中燃燒 1.435 克的萘（$C_{10}H_8$），水溫從 20.17 ℃上升至 25.84 ℃，假設卡計中之水量爲 2000 克，彈卡的熱容量爲 0.43 kcal/℃，試計算萘的莫耳燃燒熱。

5－11 安息香酸（benzoic acid，C_6H_5COOH）通常可標定卡計之熱容量，其標準燃燒熱爲 −771.2 kcal/mol，今在一彈卡計中燃燒 1.9862 克的安息香酸，可使卡計中的水溫從 21.84 ℃上升至 25.67 ℃，假設卡計中的水量爲 2000 克，試求此卡計的熱容量。

5－12 已知熱反應式

$$N_2(g) + 3H_2(g) \longrightarrow 2NH_3(g) \quad \Delta H^\circ = -22.13 \text{ kcal}$$

求 25 ℃時 12.6 仟克的氨氣產生時，將產生多少熱量?

5－13 氫分子的解離反應

$$H_2(g) \longrightarrow H(g) + H(g)$$

其標準焓變化爲 104.3 kcal，試計算氫原子的標準生成焓。

5－14　試求 25 ℃時下列反應自由能的變化。

$$H_2(g) + O_2(g) \longrightarrow H_2O_2(g)$$

5－15　試求 25 ℃時下列分解反應的標準自由能變化。

$$2SO_3(g) \longrightarrow 2SO_2(g) + O_2(g)$$

試問此反應是否爲自發反應?

5－16　試求 25 ℃時下列反應自由能的變化。

$$C(石墨) + H_2O(g) \rightleftharpoons CO(g) + H_2(g)$$

5－17　承上題，試求在什麼溫度下其 $\Delta G° = 0$?

5－18　一化學反應中，其 $\Delta H = -33.94$ kcal/mol，$\Delta S = -15.30$ cal/mol K。試問在 852 ℃時，此反應是否爲自發反應?

5－19　試利用鍵能計算下列反應之焓變化。

$$N_2(g) + 3H_2(g) \longrightarrow 2NH_3(g)$$

5－20　已知下列反應

$$2CO(g) + O_2(g) \longrightarrow 2CO_2(g) \quad \Delta H = -133.37 \text{ kcal}$$

試計算 C≡O 的鍵能。

第六章

化學平衡

兩個相反方向進行的同一反應步驟，若有相同的進行速率（或反應速率），則產生所謂的動態平衡（Dynamic equilibrium），例如在一結晶固體之熔點其液相及固相之平衡；氣體與其相對的凝結相之平衡，它導致一個液體或固體有固定的蒸氣壓；在飽和溶液中，溶解之溶質與過量溶質間的平衡；或者水溶液中的酸鹼反應，皆可視爲物理平衡或化學平衡。一個體系若處於平衡狀態，則此體系之巨視性質將不隨時間而有明顯地變化，但平衡的本質是動態的，即在兩個或兩個以上不同的化學組成之相或狀態間，隨時都有固定的化學物質的交換。一般而言，化學平衡乃針對化學反應而言，而一般的化學反應中，溫度將影響化學平衡，而壓力也可能影響平衡。本章將對化學平衡及影響化學平衡的定性及定量關係作一探討。

6-1　化學平衡之條件及平衡常數

一個化學反應若在其平衡狀態時，由其反應物與生成物之濃度可獲得一簡單的定量關係式。今考慮一化學反應

$$a\mathrm{A} + b\mathrm{B} + \cdots \rightleftharpoons c\mathrm{C} + d\mathrm{D} + \cdots \tag{6-1}$$

其中大寫字母（A、B、C、D、…）表示化學物質，小寫字母（a、b、c、d、…）表示該物質的莫耳反應係數。

以（6-1）式可得此一反應系的自由能變化爲

$$dG = VdP - SdT + \Sigma\mu_i dn_i \tag{6-2}$$

$$= VdP - SdT + (\mu_C dn_C + \mu_D dn_D + \cdots + \mu_A dn_A + \mu_B dn_B + \cdots) \tag{6-3}$$

因物系爲一密閉系統，未加入新物質，故任一成分（含反應物與生成物）量的變化，一定伴生對應量的所有其他成分的變化。今定義一反應系進行程度（Degree of advancement）的變數 ξ 爲：

$$n_j - n_j^\circ = \nu_j d\xi \qquad (6-4)$$

$$n_i - n_i^\circ = \nu_i d\xi \qquad (6-5)$$

其中下標 j 與 i 分別代表生成物與反應物的成分，n°表示某成分的初始莫耳數，ν 爲某成分在反應式中的化學計量係數（Stoichiometric coefficient，即 $-a$、$-b$、c、d 等)。

$$dn_j = \nu_j d\xi$$

$$dn_i = \nu_i d\xi$$

將此二關係式應用於（6－1）式

$$d\xi = -\frac{dn_A}{a} = -\frac{dn_B}{b} = \frac{dn_C}{c} = \frac{dn_D}{d} = \cdots \qquad (6-6)$$

上式之負號代表反應物的減少，而進行程度 ξ 的增量（Increment）等於一生成物成分莫耳數之增量除其在反應式中之化學計量係數，或一反應物成分莫耳數減量除其負化學計量係數。將（6－6）式代入（6－3）式，在定溫定壓的條件下可得

$$dG = (-a\mu_A - b\mu_B + c\mu_C + d\mu_D + \cdots)d\xi \qquad (6-7)$$

當反應達到平衡時，反應系之自由能必爲最小值，即

$$\left(\frac{dG}{d\xi}\right)_{T,P} = 0 \qquad (6-8)$$

或

$$\Delta G_{eq} = (-a\mu_A - b\mu_B + c\mu_C + d\mu_D + \cdots) = 0 \qquad (6-9)$$

其中下標 eq 表示反應達平衡狀態時。此式乃化學平衡之一般條件。

今爲得平衡之關係而以物質之活性（Activity）表示。化學勢（Chemical potential，μ）與活性（Activity，a）有如下關係：

$$\mu_i = \mu_i^\circ + RT\ln a_i \qquad (6-10)$$

式中 μ_i°爲成分 i 在活性等於 1 時（$a_i = 1$）的化學勢，今將（6－10）式代入（6－9）式中得

$$c\mu_C^\circ + d\mu_D^\circ - a\mu_A^\circ - b\mu_B^\circ \cdots = -RT\ln\left(\frac{a_C{}^c a_D{}^d \cdots}{a_A{}^a a_B{}^b \cdots}\right) \qquad (6-11)$$

以

$$\Delta\mu^\circ = (c\mu_C^\circ + d\mu_D^\circ - a\mu_A^\circ - b\mu_B^\circ\cdots) \qquad (6-12)$$

得

$$\Delta\mu^\circ = -RT\ln K \qquad (6-13)$$

其中

$$K = \frac{a_C{}^c a_D{}^d\cdots}{a_A{}^a a_B{}^b\cdots} \qquad (6-14)$$

K 爲熱力學平衡常數（Thermodynamic equilibrium constant）以反應物及生成物之活性表示。對一已達平衡之物系，其 K 值與溫度有關，而與壓力及濃度無關，即溫度固定，K 值就固定爲一常數。

由於反應物與生成物在其標準狀態（活性等於 1 之狀態）之化學勢等於其標準莫耳自由能，故（6－13）式可寫爲

$$\Delta G^\circ = -RT\ln K \qquad (6-15)$$

此式說明標準狀態時之莫耳自由能變化 ΔG°與溫度 T 及平衡常數 K 之間的關係，ΔG°可爲正值、負值或零，則平衡常數 K 可分別小於 1、大於 1 或等於 1。另利用此式可由已知溫度下由 ΔG°值由 K 值或由 K 值求 ΔG°值。（注意：當 ΔG°用 cal 當單位時，R 用 1.987 cal/mol K，ΔG°用 J 當單位時，R 用8.315 J/mol K。）

【例 6－1】

已知 450 ℃時氨合成反應

$$\frac{1}{2}N_2(g) + \frac{3}{2}NH_3(g) \rightleftharpoons NH_3(g) \qquad \Delta G^\circ = 7230\ \text{cal}$$

試求 450 ℃時之平衡常數。

【解】

由(6 － 15) 式得

$$\log K = -\frac{\Delta G^\circ}{2.303RT}$$

$$\log K = -\frac{7230\ \text{cal/mol}}{(2.303)(1.987\ \text{cal/mol K})(723.15\ \text{K})} = -2.185$$

$$\therefore K = 6.53 \times 10^{-3}$$

因此以例 6－1 爲例，平衡常數 K 值很小，說明當平衡達成時，氨之生成量（相對值）很少，即 K 值越小，反應在已知條件下，由反應物轉變爲生成物，其進行的程度越小。另由（6－14）式知，正向反應之平衡常數與逆向反應之平衡常數之乘積爲 1，即

$$K(\text{正向反應}) \cdot K(\text{逆向反應}) = 1$$

或

$$K(\text{正向反應}) = \frac{1}{K(\text{逆向反應})} \qquad (6-16)$$

故氨之分解反應以例 6－1 得其平衡常數 K 爲

$$K(\text{逆向反應}) = \frac{1}{6.53 \times 10^{-3}} = 153.1$$

6－2 氣體的反應平衡

6－2－1 氣體反應之平衡常數

氣體反應在定溫時之平衡常數，一般可用濃度、壓力或莫耳分率來表示其計量。假設反應氣體均符合 $PV = nRT$ 的理想氣體定律，今考慮反應式（6－1），則平衡常數 K 有以下三種表示方式：

$$K_C = \frac{C_C{}^c C_D{}^d \cdots}{C_A{}^a C_B{}^b \cdots} \qquad (6-17)$$

$$K_P = \frac{P_C{}^c P_D{}^d \cdots}{P_A{}^a P_B{}^b \cdots} \qquad (6-18)$$

或

$$K_X = \frac{X_C{}^c X_D{}^d \cdots}{X_A{}^a X_B{}^b \cdots} \qquad (6-19)$$

其中 C 表示濃度，P 表示壓力，X 表示莫耳分率。今令 C_i 表示每升氣體中含氣體 i 的莫耳數（即莫耳濃度），將 $P = \frac{n}{V}RT = CRT$ 之關係式代入（6－18）式及（6－19）式得

$$K_P = K_C(RT)^{\Delta n} \qquad (6-20)$$

其中 $\Delta n = (c + d + \cdots) - (a + b + \cdots)$，即反應式中氣體莫耳數變化，為氣相生成物之總莫耳數減去氣相反應物之總莫耳數。

另外亦可以莫耳分率表示平衡常數。以道爾敦分壓定律

$$P_i = X_i \Sigma P_i = X_i P \qquad (6-21)$$

成分氣體之分壓 P_i 等於混合氣體之總壓 P 與該氣體成分之莫耳分率 X_i 之乘積。將（6－21）式代入（6－18）式及（6－19）式，可得

$$K_P = \frac{(X_C P)^c (X_D P)^d \cdots}{(X_A P)^a (X_B P)^b \cdots} = \frac{X_C{}^c X_D{}^d \cdots}{X_A{}^a X_B{}^b \cdots} P^{(c+d+\cdots)-(a+b+\cdots)}$$

$$= K_X P^{\Delta n} \qquad (6-22)$$

因此若氣體平衡反應之氣體莫耳數無變化，即 $\Delta n = 0$，則由(6－20)式及(6－22)式知 $K_P = K_C = K_X$，即三種平衡常數值皆相等。碘化氫之合成（$H_2 + I_2 \rightleftharpoons 2HI$）與水煤氣之平衡（$H_2 + CO_2 \rightleftharpoons H_2O + CO$）即為此特例。但若 $\Delta n \neq 0$，則由（6－22）式知 K_X 將受總壓 P 之影響。

【例 6－2】

氨之合成反應

$$N_2(g) + 3H_2(g) \rightleftharpoons 2NH_3(g)$$

在 400 ℃時之 $\Delta G°$為 11700 cal/mol，求 K_P，K_C 及總壓為 50 atm 時

之 K_X。

【解】

假設此反應氣體皆爲理想氣體，則 $K = K_P$

$$\Delta G^\circ = -RT\ln K = -RT\ln K_P$$

$$\ln K_P = \frac{11700 \text{ cal/mol}}{(1.987 \text{ cal/mol K})(673.15 \text{ K})} = -3.798$$

$$\therefore K_P = 1.59 \times 10^{-4}$$

代入(6－20) 式及(6－22) 式

$$K_C = K_P(RT)^{-\Delta n} = (1.59 \times 10^{-4})(0.082 \times 673.15)^{-(2-1-3)}$$

$$= 0.48$$

$$K_X = K_P(P)^{-\Delta n} = (1.59 \times 10^{-4})(50)^{-(-2)} = 0.40$$

今若考慮眞實氣體，其氣體活性(Activity，a)爲其壓力 P 與活性係數(Activity coefficient，γ)的乘積，也相當於逸壓(Fugacity，f)

$$a = P\gamma = f \tag{6-23}$$

因此若考慮反應式 (6－1)，則平衡常數 K

$$K = \frac{a_C{}^c a_D{}^d \cdots}{a_A{}^a a_B{}^b \cdots} = \frac{f_C{}^c f_D{}^d \cdots}{f_A{}^a f_B{}^b \cdots} = \frac{P_C{}^c P_D{}^d \cdots}{P_A{}^a P_B{}^b \cdots} \cdot \frac{\gamma_C{}^c \gamma_D{}^d \cdots}{\gamma_A{}^a \gamma_B{}^b \cdots} \tag{6-24}$$

或

$$K = K_f = K_P \cdot K_\gamma \tag{6-25}$$

$$K_f = \frac{f_C{}^c f_D{}^d \cdots}{f_A{}^a f_B{}^b \cdots}, K_P = \frac{P_C{}^c P_D{}^d \cdots}{P_A{}^a P_B{}^b \cdots}, K_\gamma = \frac{\gamma_C{}^c \gamma_D{}^d \cdots}{\gamma_A{}^a \gamma_B{}^b \cdots} \tag{6-26}$$

其中之 P_i 爲平衡分壓。爲使系統單純化，視參與反應之氣體皆爲理想氣體時，則各成分之活性係數 γ_i 皆等於 1，即

$$f_i = P_i\gamma_i = P_i$$

則 $K_\gamma = 1$，$K = K_f = K_P$，而由 (6－13) 式及 (6－15) 式得

$$\Delta G^\circ = \Delta\mu^\circ = -RT\ln K_P \tag{6-27}$$

因此可由上式知平衡反應之標準自由能變化與溫度及平衡常數的關係，而求出欲得之未知數。

6－2－2　平衡常數之測定與特性

一化學平衡反應之平衡常數的量測，可直接測定該反應達平衡時各成分的組成而決定。一般採量測平衡時各濃度的方法，而濃度之量測可採用化學分析法，即用急冷法或觸媒破壞法等，而使反應終止於平衡狀態，以避免量測時濃度繼續變化。另可用壓力、密度、吸光、折射、電導等物理性質量測，如量測二氧化氮與四氧化二氮的平衡（$2NO_2\,(g) \rightleftharpoons N_2O_4\,(g)$）可用吸光法，因二氧化氮爲紅棕色，而四氧化二氮爲無色。以上利用物理性質的量測，一般因不需停止反應，特別可使用於平衡濃度的測定。平衡常數除可直接量測外，另可利用熱力學數據推算出，主要乃利用下列二公式：

$$\Delta G^{\circ} = -RT\ln K \qquad (6-28)$$

$$\Delta G^{\circ} = \Delta H^{\circ} - T\Delta S^{\circ} \qquad (6-29)$$

平衡常數於探討化學反應之平衡時有下列幾項要點與特性：

(1)平衡常數值僅爲平衡狀態時之特有值。考慮一化學反應，其反應平衡爲一動態平衡，即正反應速率與逆反應速率相等時謂之平衡。當反應未達平衡時，利用反應商數（Reaction quotient，Q）來代表，當反應達平衡時，則反應商數與平衡常數相等（$Q=K$，at equilibrium）。

(2)依（6－28）式知平衡常數由溫度及標準自由能之變化決定，而標準自由能變化又取決於溫度、各成分標準狀態之選定及反應方程式中各成分之莫耳數。

(3)化學反應進行之方向可由平衡常數推測。平衡常數 K 值大時，表示平衡時產物之濃度高於反應物之濃度，而反應有利產物之生成。

反之，若 K 值小時，表示平衡時反應物之濃度高於產物，即不利產物之生成。

(4)在相同的溫度下，反應會從任何一方向達成平衡，而平衡時之平衡常數為一固定值。例如 $H_2(g) + I_2(g) \rightleftharpoons 2HI\ (g)$ 的平衡，當加入 H_2 或 HI 氣體時將破壞平衡，然而當再達到平衡時，其平衡常數不變。

6-2-3 氣體反應之實例

(a)四氧化氮之解離

四氧化氮為無色之氣體解離成紅棕色的二氧化氮，此例常被應用因其反應單純，僅牽涉二氣體成分，且實驗常用，因可由顏色判斷其濃度。其解離反應可表示如下：

$$N_2O_4(g) \rightleftharpoons 2NO_2(g)$$

$$K_P = \frac{P^2_{NO_2}}{P_{N_2O_4}}$$

令 α 為其解離度（Degree of dissociation），n_0 為 N_2O_4 之初始濃度，則

	$N_2O_4(g)$	$\rightleftharpoons$	$2NO_2(g)$
反應前	n_0		0
平衡時	$n_0(1-\alpha)$		$2n_0\alpha$

平衡時系統之總莫耳數為 $n_0(1-\alpha)+2n_0\alpha = n_0(1+\alpha)$，設 P 為平衡時之總壓，則各分壓為

$$P_{N_2O_4} = \frac{n_0(1-\alpha)}{n_0(1+\alpha)}P = \frac{1-\alpha}{1+\alpha}P$$

$$P_{NO_2} = \frac{2n_0\alpha}{n_0(1+\alpha)}P = \frac{2\alpha}{1+\alpha}P$$

故平衡常數 K_P

$$K_P = \frac{P^2_{NO_2}}{P_{N_2O_4}} = \frac{\left(\frac{2\alpha}{1+\alpha}P\right)^2}{\left(\frac{1-\alpha}{1+\alpha}P\right)} = \frac{4\alpha^2 P}{1-\alpha^2} \qquad (6-30)$$

由此反應知 1 莫耳之 N_2O_4 解離為 2 莫耳之 NO_2。若體積保持不變，則反應進行後使總壓力增加。依勒沙特列原理（Principle of Le Chatelier），減小壓力有利於 N_2O_4 之解離，即解離度 α 增加，此乃 N_2O_4 解離後能增加系統之壓力，故有抵消此一外加因素之趨勢。今舉例說明之。

【例 6－3】

四氧化二氮 1.588 克在 25 ℃下置於 500 mL 之容器中，當反應達平衡時產生 1 atm 之總壓（含 N_2O_4 及 NO_2 氣體）。(a)試求此溫度下之解離度 α 及平衡常數 K_P。(b)若總壓降為 0.5 atm，求 α。(c)若總壓升為 2 atm，求 α。

【解】

由(6－30) 式知平衡常數 K_P、解離度 α 與總壓 P 之關係，亦可由此導出

$$\alpha = \sqrt{\frac{K_P}{4P + K_P}} \qquad (6-31)$$

(a)N_2O_4之初始莫耳數 n_0

$$n_0 = \frac{1.588\ \text{g}}{92.02\ \text{g/mol}} = 1.726 \times 10^{-2}\ \text{mol}$$

$$P \cdot V = n_{N_2O_4} \cdot RT = n_0(1+\alpha)RT$$

$$\alpha = \frac{PV}{n_0 RT} - 1 = \frac{1 \times 0.5}{(1.726 \times 10^{-2}) \times (0.082) \times (298.15)} - 1$$
$$= 0.1849$$

$$K_P = \frac{4\alpha^2 P}{1-\alpha^2} = \frac{4(0.1849)^2(1)}{1-(0.1849)^2} = 0.1416$$

(b)若總壓降爲 0.5 atm 爲原來總壓之一半，因溫度不變，K_P 之值不變。

則解離度可應用（6－31）式計算

$$\alpha = \sqrt{\frac{K_P}{4P + K_P}} = \sqrt{\frac{0.1416}{4(0.5) + 0.1416}} = 0.257$$

(c)同理若總壓增爲 2 atm，則解離度 α

$$\alpha = \sqrt{\frac{K_P}{4P + K_P}} = \sqrt{\frac{0.1416}{4(2) + 0.1416}} = 0.132$$

因此由(b)與(c)知，總壓降低則解離度增加，即增加系統之分子數目，若總壓增加則解離度降低，均符合勒沙特列原理的推測。

(b)**碘化氫之解離**

碘化氫之解離平衡反應爲

$$2HI(g) \rightleftharpoons H_2(g) + I_2(g)$$

在一組的實驗中，最初混合之 H_2 之濃度保持固定（約 0.01 mol/L），同時改變 I_2 的量，最後平衡時得表 6－1 之前三組數據，另同溫之實驗則由 HI 分解得表 6－1 之後二組數據。其平衡時的溫度爲 425.4 ℃。因此由表 6－1 知，由平衡兩側開始所獲得的平衡常數 K_C 值相當一致。此亦符合平衡常數的特性（見 6－2－2）。

表 6－1　425.4 ℃下氫、碘與碘化氫之平衡

C_{HI}(mol/L)	C_{H_2}(mol/L)	C_{I_2}(mol/L)	$K_C = \frac{C_{H_2} \cdot C_{I_2}}{C_{HI}^2}$
0.01767	0.001831	0.003129	0.01835
0.01559	0.003560	0.001250	0.01831
0.01354	0.004565	0.0007378	0.01837
0.003531	0.0004789	0.0004789	0.01839
0.008410	0.001141	0.001141	0.01841

假設反應容器最初含 a 莫耳氫及 b 莫耳碘，平衡時產生 $2x$ 莫耳之碘化氫，則平衡時之平衡常數 K_C 為

$$K_C = \frac{C_{H_2} \cdot C_{I_2}}{C_{HI}^2} = \frac{(a-x)(b-x)}{(2x)^2} = \frac{(a-x)(b-x)}{4x^2}$$

得

$$(1-4K_C)x^2 - (a+b)x + ab = 0$$

解二次方程式

$$x = \frac{(a+b) - \sqrt{(a-b)^2 + 16abK_C}}{2(1-4K_C)}$$

當系統增壓或減壓時，並不改變氣體反應之平衡常數，即 $\Delta n = 0$，$K = K_C = K_P = K_X$。

6－3　溶液的平衡

若溶液中有反應平衡類似（6－1）式的反應式，則亦可以等式

$$\Delta G^\circ = -RT\ln K$$

討論之。其中

$$K = \frac{a_C{}^c a_D{}^d \cdots}{a_A{}^a a_B{}^b \cdots}$$

熱力學平衡常數以物質在溶液中之活性表示。而活性可分別以莫耳分率、莫耳濃度（Molarity）及重量克分子濃度（Molality）表示其濃度標準的活性。今以莫耳分率說明之。

$$a_i = \gamma_i X_i \qquad (6-32)$$

則平衡常數 K

$$K = \frac{\gamma_C{}^c \gamma_D{}^d \cdots}{\gamma_A{}^a \gamma_B{}^b \cdots} \cdot \frac{X_C{}^c X_D{}^d \cdots}{X_A{}^a X_B{}^b \cdots} = K_\gamma \cdot K_X \qquad (6-33)$$

均勻液相中之酯化反應最具溶液反應平衡的代表性，如乙醇與醋酸作用，生成乙酸乙酯與水：

$$CH_3COOH\,(l) + C_2H_5OH\,(l) \rightleftharpoons CH_3COOC_2H_5\,(l) + H_2O\,(l)$$

平衡常數 K 可以上述三種方式之任一種表示之。於實驗結果得知 25 ℃時以 1 莫耳醋酸與 1 莫耳乙醇反應，達平衡時有 0.333 莫耳醋酸未反應，

	CH_3COOH +	C_2H_5OH $\rightleftharpoons$	$CH_3COOC_2H_5$ +	H_2O
反應前	1	1	0	0
平衡時	0.333	0.333	0.667	0.667

則總莫耳數 n_t 爲

$$n_t = 0.333 + 0.333 + 0.667 + 0.667 = 2 \text{ 莫耳}$$

平衡常數以 K_X 表示

$$K_X = \frac{X_{CH_3COOC_2H_5}\, X_{H_2O}}{X_{CH_3COOH}\, X_{C_2H_5OH}} = \frac{\left(\frac{0.667}{2}\right)\left(\frac{0.667}{2}\right)}{\left(\frac{0.333}{2}\right)\left(\frac{0.333}{2}\right)} = 4.00$$

若在 25 ℃下以 0.5 莫耳醋酸與 1 莫耳乙醇反應則令產生之乙酸乙酯或水有 x 莫耳，

	$CH_3\,COOH$ +	$C_2\,H_5OH$ $\rightleftharpoons$	$CH_3\,COOC_2H_5$ +	H_2O
反應前	0.5	1	0	0
平衡時	$0.5-x$	$1-x$	x	x

總莫耳數 n_t 爲

$$n_t = (0.5 - x) + (1 - x) + x + x = 1.5 \text{ 莫耳}$$

平衡常數 K_X 爲

$$K_X = \frac{\left(\frac{x}{1.5}\right)\left(\frac{x}{1.5}\right)}{\left(\frac{0.5-x}{1.5}\right)\left(\frac{1-x}{1.5}\right)} = \frac{x^2}{(0.5-x)(1-x)} = 4.00$$

解二元一次方程式得 $x=0.423$ 或 $x=1.577$（不合），所以有 0.423 莫

耳的乙酸乙酯與 0.423 莫耳的水產生，另有 0.077 莫耳的醋酸及 0.577 莫耳的乙醇未反應。

6－4　非均勻系的反應平衡

在一平衡反應中，若存在二相或二相以上的平衡反應，稱爲非均勻系的反應平衡（Heterogeneous equilibrium），其中固體與氣體或固體與液體之反應平衡爲最常見之非均勻系平衡。一般而言，牽涉固體之反應平衡，可視其固體濃度爲一定值，而僅以氣體或液體之壓力或濃度表示其平衡常數。例如碳酸鈣之熱分解：

$$CaCO_3(s) \rightleftharpoons CaO(s) + CO_2(g)$$

此反應之平衡常數爲

$$K = \frac{a_{CaO}\, a_{CO_2}}{a_{CaCO_3}}$$

因系統中之 $CaCO_3$ 與 CaO 均爲固相，並視 CO_2 爲理想氣體，則平衡常數

$$K = K_P = P_{CO_2}$$

因此在某一特定溫度下，此反應欲保持平衡，則在此系統內的 CO_2 必須有某一特定之壓力，其數值則爲在該溫度下的平衡常數值，此 CO_2 之平衡壓力，有時稱爲 $CaCO_3$ 的分解壓力，其數值隨溫度之升高而上升，如圖 6－1 爲 $CaCO_3$ 之分解壓力，此壓力爲溫度的函數，將縱軸與橫軸分別換爲 $\log P$ 與 $1/T$，則所得幾乎爲一直線。

今舉例含固相之非均勻系平衡之反應式及其平衡常數如下：

$$C(s) + H_2O(g) \rightleftharpoons CO(g) + H_2(g) \qquad K_P = \frac{P_{CO}P_{H_2}}{P_{H_2O}}$$

$$C(s) + CO_2(g) \rightleftharpoons 2CO(g) \qquad K_P = \frac{P_{CO}^2}{P_{CO_2}}$$

$$2Ag_2O(s) \rightleftharpoons 4Ag(s) + O_2(g) \qquad K_P = P_{O_2}$$

$$NH_4SH(s) \rightleftharpoons NH_3(g) + H_2S(g) \qquad K_P = P_{NH_3}P_{H_2S}$$

$$CuSO_4 \cdot 5H_2O(s) \rightleftharpoons CuSO_4 \cdot 3H_2O(s) + 2H_2O(g) \qquad K_P = P_{H_2O}^2$$

圖 6－1　$CaCO_3$ 之分解壓力

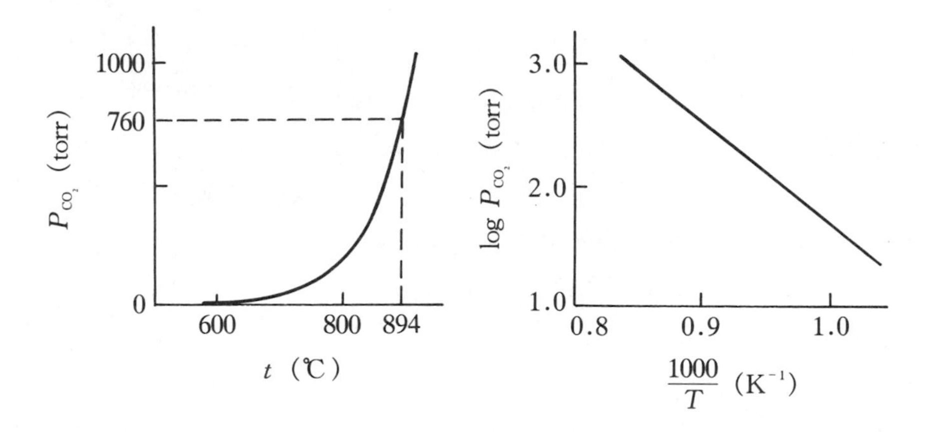

另外對於離子固體與水溶液間的平衡，一般爲方便起見而省略未解離固體的濃度，而用 K_{sp} 表示離子化合物固體之溶度積（Solubility product）。習慣上溶度積僅限於低溶解度或難溶之物質而言，高溶解度物質的濃度常異於其活性，因而其溶度積隨濃度的改變而產生偏差。又溶度積的關係式亦受平衡反應方程式係數的影響。由溶度積的大小可推算此鹽類的溶解度（Solubility），一般以 1 升的水中可溶解若干莫耳爲其溶解度。今舉例說明之。

【例 6－4】

氯化銀的溶度積爲 1.8×10^{-10}。求氯化銀的溶解度。

【解】

$$AgCl(s) \rightleftharpoons Ag^+(g) + Cl^-(aq)$$

$$K_{sp} = [Ag^+][Cl^-]$$

假設氯化銀的溶解度爲 S，則銀離子與氯離子的濃度皆爲 S，

$$K_{sp} = [Ag^+][Cl^-] = (S)(S) = 1.8 \times 10^{-10}$$

得

$$S = \sqrt{K_{sp}} = \sqrt{1.8 \times 10^{-10}} = 1.3 \times 10^{-5}\ M$$

溶質在二不互溶溶劑中之平衡亦爲非均勻系的反應平衡之一。萃取與層析即爲此平衡之應用。討論溶質 A 在兩液相間的平衡可用下式表示：

$$A(溶液 1) \rightleftharpoons A(溶液 2)$$

假設溶質 A 在溶液 1 與溶液 2 之活性等於其在溶液 1 及溶液 2 的莫耳分率 X_1 與 X_2，則平衡常數 K 爲

$$K = \frac{X_2}{X_1} \qquad (6-34)$$

若以莫耳濃度 C 表示，其溶質的分配平衡常數亦稱爲分配係數（Distribution coefficient），

$$K = \frac{C_2}{C_1} \qquad (6-35)$$

例如常溫下碘分子在四氯化碳與水中之分配係數約爲 90，此說明碘分子在四氯化碳的溶解度遠大於在水中的溶解度。

6-5　自由能與平衡常數

標準反應自由能變化 $\Delta G°$爲

$$\Delta G° = G°(產物) - G°(反應物)$$

自由能的絕對值是無法決定，一般採用相對標準，並以 25 ℃及 1 atm 下所有元素之自由能爲零。而自由能與平衡常數的關係爲

$$\Delta G^\circ = -RT\ln K \qquad (6-36)$$

另由熱力學定律知

$$\Delta G^\circ = \Delta H^\circ - T\Delta S^\circ \qquad (6-37)$$

可查表求出各物質之 ΔH°及 ΔS°，進而求出平衡常數。

【例 6－5】

試計算 25 ℃時下列反應之平衡常數 K_P

$$C(石墨) + 2H_2(g) \rightleftharpoons CH_4(g)$$

查表得知 $\Delta H^\circ = -17889$ cal，$S^\circ(CH_4) = 44.50$，$S^\circ(H_2) = 31.211$，S°(石墨) $= 1.3609$ cal/K。

【解】

$$\Delta S^\circ = 44.50 - 2(31.211) - 1.3609 = -19.28 \text{ cal/K}$$

$$\Delta G^\circ = \Delta H^\circ - T\Delta S^\circ = -17889 - (298)(-19.28)$$

$$= -12140 \text{ cal}$$

由（6－36）式，$\Delta G^\circ = -RT\ln K_P$

得

$$K_P = e^{-\Delta G^\circ/RT} = \exp\left(\frac{12140}{(1.987)(298)}\right) = 8.1 \times 10^8$$

當一反應達平衡時，有如下的關係式

$$\Delta G^\circ = 0 = \Delta G^\circ + RT\ln K \qquad (6-38)$$

故平衡常數 K 與標準反應自由能變化 ΔG°及反應之自發性可敘述如下：

(1)當平衡常數 $K \ll 1$ 時，ΔG°爲負值，反應屬非自發性。例如：

$$2Cl_2(g) + O_2(g) \rightleftharpoons 2Cl_2O(g)$$

$$K = 3.81 \times 10^{-17}，\Delta G^\circ = 22.4 \text{ kcal/mol}$$

(2)當平衡常數 $K \gg 1$ 時，ΔG°爲正值，反應屬自發性。例如：

$$H_2(g) + Br_2(l) \rightleftharpoons HBr(g)$$

$$K = 2.12 \times 10^9, \ \Delta G^\circ = 12.7 \text{ kcal/mol}$$

(3)當平衡常數 $K \approx 1$ 時，$\Delta G^\circ \approx 0$，反應已達平衡。例如：

$$N_2O_4(g) \rightleftharpoons 2NO_2(g)$$

$$K = 0.653, \ \Delta G^\circ = 0.251 \text{ kcal/mol}$$

6-6　溫度對化學平衡的影響

溫度的改變影響化學平衡反應的正與逆反應速率，而平衡常數 K 亦隨之改變。一般而言，當溫度升高時，速率常數 k 與反應速率皆增加，平衡常數 K 改變。當溫度降低時，速率常數與反應速率皆減少，平衡常數也改變。若考慮平衡反應的方向性，則需考慮勒沙特列原理。在放熱反應中，當溫度升高時，平衡常數降低，較有利於反應物，例如

$$H_2(g) + I_2(g) \rightleftharpoons 2HI(g) + 12.6 \text{ kcal}$$

$$K = 54.5 \ (\text{在 } T = 425.4 \ ^\circ\text{C 時})$$

$$K = 45.6 \ (\text{在 } T = 490.7 \ ^\circ\text{C 時})$$

當溫度升高時，將使 HI 分解降低 HI 的濃度並增加 H_2 及 I_2 的濃度，而使平衡常數值減小。在吸熱反應中，可將熱視為一反應物，當溫度升高時，平衡常數增加，較有利於生成物，例如

$$N_2(g) + O_2(g) + 43.3 \text{ kcal} \rightleftharpoons 2NO_2(g)$$

$$K = 3.60 \times 10^{-3} \ (\text{在 } T = 2000 \text{ K 時})$$

$$K = 4.08 \times 10^{-4} \ (\text{在 } T = 2500 \text{ K 時})$$

因此當溫度升高時，將使 N_2 及 O_2 的濃度降低並增加 NO_2 的濃度，而使平衡常數增加。故溫度對化學平衡的影響可用勒沙特列原理來推測平衡反應的改變。

溫度 T 對平衡常數 K 的影響則依標準反應熱 ΔH° 而定。由熱力學關係式可推導出吉布士一亥姆霍茲方程式（恆壓條件下）

$$\frac{\partial(\Delta G^\circ/T)}{\partial T} = -\frac{\Delta H^\circ}{T^2} \tag{6-39}$$

代入（6－36）式 $\Delta G^\circ = -RT\ln K_P$，得

$$\frac{\partial \ln K_P}{\partial T} = \frac{\Delta H^\circ}{RT^2} \tag{6-40}$$

若所討論的溫度範圍不大，ΔH° 可視爲一常數，則上式之不定積分爲

$$\ln K_P = -\frac{\Delta H^\circ}{RT} + C \tag{6-41}$$

或

$$\log K_P = -\frac{\Delta H^\circ}{2.303\ RT} + C' \tag{6-42}$$

其中 C，C' 爲積分常數。假設 ΔH° 爲一常數，以 $\log K_P$ 對 $1/T$ 作圖，則可得一直線，其斜率等於 $-\Delta H^\circ/2.303R$，由此可推算 ΔH°。

今以平衡反應 $N_2(g) + O_2(g) \rightleftharpoons 2NO_2(g)$ 爲例。表 6－2 爲溫度與平衡常數的關係，以 $\log K_P$ 爲縱軸，$1/T$ 爲橫軸作圖，得一直線，如圖 6－2 所示。此直線之斜率爲 －9510，因此可推算出反應焓 ΔH°

$$\begin{aligned}\Delta H^\circ &= -(2.303\ R) \times (\text{slope}) \\ &= -(2.303)(1.987)(-9510) \\ &= 43.5\ \text{kcal}\end{aligned}$$

由（6－41）式或（6－42）式於 T_1 與 T_2 二溫度間積分時可得

$$\ln\frac{K_{P_2}}{K_{P_1}} = \frac{\Delta H^\circ}{R}\left(\frac{T_2 - T_1}{T_1 T_2}\right) \tag{6-43}$$

或

$$\log\frac{K_{P_2}}{K_{P_1}} = \frac{\Delta H^\circ}{2.303\ R}\left(\frac{T_2 - T_1}{T_1 T_2}\right) \tag{6-44}$$

表 6－2　反應 $N_2(g)+O_2(g) \rightleftharpoons 2NO(g)$之平衡常數

溫度（K）	1900	2000	2100	2200	2300	2400	2500	2600
$K_P \times 10^4$	2.31	4.08	6.86	11.0	16.9	25.1	36.0	50.3

圖 6－2　反應 $N_2(g)+O_2(g) \rightleftharpoons 2NO(g)$之 $\log K_P$ 對$1/T$圖

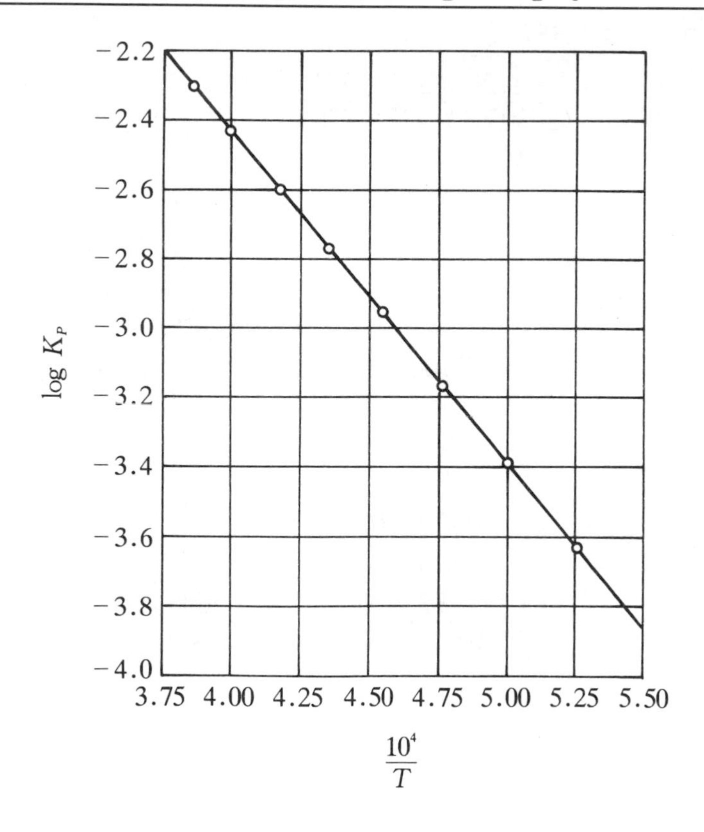

應用此式可由二溫度 T_1 及 T_2 的平衡常數 K_{P_1}與 K_{P_2}計算反應焓 $\Delta H°$，亦可由一已知溫度之 K_P 之 $\Delta H°$值計算另一溫度之 K_P 值。由(6－44）式知，若反應焓 $\Delta H°$等於零，即平衡反應不牽涉熱，則平衡常數不受溫度之影響，即 K 不為 T 的函數。

【例 6－6】

在 25 ℃下列反應之平衡常數為 20.5，

$$\frac{1}{2}I_2(g) + \frac{1}{2}Br_2(g) \rightleftharpoons IBr(g)$$

$\Delta H°$為 -1.26 kcal/mol，求 100 ℃之 K 值。

【解】

由已知數值代入(6 − 44) 式

$$\log\frac{K_2}{20.5} = \frac{-1.26\times10^3}{(2.303)(1.987)}\left(\frac{373-298}{298\times373}\right)$$

得 $K_2 = 13.4$ (100 ℃ 時)

【例 6－7】

由表 6－2 知反應 $N_2(g) + O_2(g) \rightleftharpoons 2NO(g)$ 在 2000 K 及 2500 K 之平衡常數分別為 4.08×10^{-4}及 3.60×10^{-3}，試求此反應之反應焓 $\Delta H°$。

【解】

由(6 − 44) 式得

$$\log\frac{K_{P,2500}}{K_{P,2000}} = \log\frac{3.60\times10^{-3}}{4.08\times10^{-4}}$$

$$= \frac{\Delta H°}{(2.303)(1.987)}\left(\frac{2500-2000}{2500\times2000}\right)$$

$$\Delta H° = 43.3 \text{ kcal}$$

6－7 壓力對化學平衡的影響

平衡反應中，反應物與產物均為理想氣體時，壓力的改變可依勒沙特列原理推測平衡改變的方向，但並不改變平衡常數 K_P，當 Δn (反應物的莫耳數減產物的莫耳數) 不為零時，則會改變平衡常數 K_X。

在氣相反應中，壓力增加會將平衡朝向產生較少莫耳數之反應的方向。例如氨的合成反應

$$N_2(g) + 3H_2(g) \rightleftharpoons 2NH_3(g)$$

當系統壓力增加時，正向反應的速率增加，而有利於氨的產生。另外如氣態 PCl_5 的分解則情況相反

$$PCl_5(g) \rightleftharpoons PCl_3(g) + Cl_2$$

加壓則有利於逆向反應，基本上壓力的改變乃在改變濃度，而不會改變平衡常數 K_P 值。但是由（6－22）式 $K_P = K_X P^{\Delta n}$ 其中 P 爲系統之總壓，得

$$K_X = K_P P^{-\Delta n} \tag{6-45}$$

等號兩邊取對數，

$$\ln K_X = \ln K_P - \Delta n \ln P \tag{6-46}$$

在恆溫時對 P 微分，

$$\left(\frac{\partial \ln K_X}{\partial P}\right)_T = -\frac{\Delta n}{P} = -\frac{\Delta V}{RT} \tag{6-47}$$

對一已知反應而言，其 Δn 已確知，則上式可導得

$$\frac{K_{X_2}}{K_{X_1}} = \left(\frac{P_1}{P_2}\right)^{\Delta n}$$

因此對理想氣體而言，反應前後氣體莫耳數相等時，若系統壓力改變，平衡常數 K_X 仍不受影響；但若反應前後氣體莫耳數不相等時，改變系統壓力，則平衡常數 K_X 將隨之改變。

前面所提之反應氣體僅指直接參與反應的氣體，但反應中常含不參與反應的氣體，稱爲惰性氣體（Inert gas），若此等氣體非爲理想氣體，則多少會改變活性係數 γ 及 K_γ，因此 K_P 亦會改變。若是理想氣體，雖然 K_P 不變，K_X 亦會受影響，因爲此種氣體佔有一定分壓而會影響反應平衡。

【例 6－8】

光氣（Phosgene）能解離為一氧化碳與氯氣

$$COCl_2(g) \rightleftharpoons CO(g) + Cl_2$$

在 394.8 ℃時，此反應之 $K_P = 0.0444$。(a)假設反應前只有 $COCl_2$，平衡時亦無其他氣體介入。若平衡總壓為 1 atm，求解離度 α 及 K_X。(b)假設平衡時有氮氣存在，其分壓為 0.4 atm，但總壓仍維持 1 atm，求其解離度 α 及 K_X。

【解】

(a) 假設反應前 $COCl_2$ 為 1 莫耳，平衡時解離度為 α，則

	$COCl_2$	$\rightleftharpoons$	CO	+ Cl_2
反應前	1		0	0
平衡時	$1-\alpha$		α	α

總莫耳數為$(1-\alpha)+\alpha+\alpha = 1+\alpha$，平衡分壓各為

$$P_{COCl_2} = \frac{1-\alpha}{1+\alpha}P = \frac{1-\alpha}{1+\alpha} \quad (\because P = 1\text{ atm})$$

$$P_{CO} = P_{Cl_2} = \frac{\alpha}{1+\alpha}P = \frac{\alpha}{1+\alpha}$$

$$K_P = \frac{P_{CO}P_{Cl_2}}{P_{COCl_2}} = \frac{\alpha^2/(1+\alpha)^2}{(1-\alpha)/(1+\alpha)} = \frac{\alpha^2}{1-\alpha^2} = 0.0444$$

得

$$\alpha = 0.206 = 20.6\%$$

而

$$K_X = K_P P^{-\Delta n} = (0.0444)(1)^{-1} = 0.0444$$

(b)$COCl_2$、CO 與 Cl_2 的總壓 $P = 1 - 0.4 = 0.6$ atm

$$P_{COCl_2} = \frac{1-\alpha}{1+\alpha} \times 0.6$$

$$P_{CO} = P_{Cl_2} = \frac{\alpha}{1+\alpha} \times 0.6$$

$$K_P = \frac{P_{CO}P_{Cl_2}}{P_{COCl_2}} = \frac{\alpha^2 \times 0.6}{(1-\alpha^2)} = 0.0444$$

得

$$\alpha = 0.262 = 26.2\%$$

而

$$K_X = K_P P^{-\Delta n} = (0.0444)(0.6)^{-1} = 0.074$$

6-8　結論

平衡現象存在於人類生活環境中，而化學平衡對化學工業也扮演著重要的角色，如哈柏製氨法，如何選擇最有效率最符合經濟利益的反應條件等。平衡反應存在於氣相、液相及固相中，並以自由能的觀點討論與平衡常數的關係，溫度或壓力的改變與平衡及平衡常數的關係，亦於本章中討論。另外催化劑雖然不改變平衡常數，但卻能加速平衡的達成，故觸媒工業的開發日趨重要。

詞　彙

1. **動態平衡**

(Dynamic equilibrium)

一反應步驟其正向與逆向之反應速率相同時，稱爲動態平衡。

2. **平衡常數**

(Equilibrium constant，K)

一化學反應達平衡時，有固定的一個常數稱之，此值等於反應平衡的每一個產物乘以其平衡係數的冪次方，除以每一個反應物乘上其平衡係數的冪次方。一般可用 K 表示，另以 K_C，K_P 及 K_X 表示用濃度、壓力或莫耳分率爲計量的平衡常數。

3. **勒沙特列原理**

(Le Chatelier's Principle)

如果一平衡系受到壓迫，則此系統將產生一個改變來抵消此壓迫。

4. **分配係數**

(Distribution coefficient)

兩互不相溶的溶劑間，其溶質的分配平衡常數稱之。

習　題

6－1　已知 25 ℃時反應

$$\frac{1}{2}N_2(g) + \frac{3}{2}H_2(g) \rightleftharpoons NH_3(g) \qquad \Delta G^\circ = -3.980 \text{ cal}$$

試求此反應在 25 ℃時之平衡常數及其逆反應之平衡常數。

6－2　在 25 ℃下反應

$$2CH_4(g) \longrightarrow C_2H_6(g) + H_2(g) \quad \Delta G^\circ = 18.8 \text{ kcal}$$

試求此反應之平衡常數，並預測反應之方向性。

6－3　試以勒沙特列原理預測(a)增加壓力，(b)降低溫度對下列平衡反應的影響。

(1) $H_2O(g) + CO(g) \rightleftharpoons CO_2(g) + H_2(g) \quad \Delta H^\circ = -10.838 \text{ kcal}$

(2) $H_2O(g) + C(s) \rightleftharpoons H_2(g) + CO(g) \quad \Delta H^\circ = 31.382 \text{ kcal}$

(3) $CO_2(g) \rightleftharpoons CO(g) + \frac{1}{2} O_2(g) \quad \Delta H^\circ = 67.536 \text{ kcal}$

(4) $SO_3(g) \rightleftharpoons SO_2(g) + \frac{1}{2} O_2(g) \quad \Delta H^\circ = 23.49 \text{ kcal}$

(5) $CO(g) + Cl_2(g) \rightleftharpoons COCl_2(g) \quad \Delta H^\circ = -28.884 \text{ kcal}$

6－4　下列反應在 25 ℃時

$$H_2(g) + I_2(g) \longrightarrow 2HI(g) \qquad \Delta G^\circ = 3.4 \text{ kJ}$$

若僅將 H_2 的壓力從 1.00 atm 增加至 10.0 atm，而另外兩種氣體皆保持 1.00 atm，求 ΔG。

6－5　反應：$CuS(s) + H_2(g) \longrightarrow Cu(s) + H_2S(g)$

已知：$H_2S(g)$ 之 $\Delta G_f^\circ = -33.6$ kJ/mol，$\Delta H_f^\circ = -20.6$ kJ/mol

CuS(s) 之 $\Delta G_f^\circ = -53.6$ kJ/mol，$\Delta H_f^\circ = -53.1$ kJ/mol

(a)求反應之 G_{298}°及 ΔH_{298}°，並說明反應自發與否、放熱與否。

(b)求 298 K 及 1 atm 時之平衡常數 K。

(c)求 798 K 及 1 atm 時之平衡常數 K。

(d)求反應之 ΔS_{298}°。

(e)求 798 K 及 1 atm 時之 ΔG°。

(f)估計在何溫度下其 ΔG°爲零。（假設溫度變化對 ΔH°及 ΔS°無顯著影響）

6－6　反應：$PCl_3(g) + Cl_2(g) \rightleftharpoons PCl_5(g)$，

於 400 K 時，$K_C = 96.2$。在 400 K 時，0.10 mol/L的 PCl_3 與 3.5 mol/L的 Cl_2 反應，求平衡時 Cl_2 之濃度。

6－7　反應：$2HI(g) \rightleftharpoons H_2(g) + I_2(g) \qquad K_C = 1.23 \times 10^{-3}$

當 2.00 mol 的 HI 置入 1.00 L 的密閉眞空容器內（25 ℃），求平衡時各成分濃度及總壓。

6－8　在 527 ℃時，光氣（Phosgene）的解離平衡常數 K_C 爲 4.63×10^{-3}：

$$COCl_2(g) \rightleftharpoons CO(g) + Cl_2(g)$$

求純光氣爲 0.760 atm，當平衡達成時各成分氣體的分壓。

6－9　在 1123 K 時，反應及平衡常數如下：

$$C(s) + CO_2(g) \rightleftharpoons 2CO(g) \qquad K_P = 1.3 \times 10^{14}$$

$$CO(g) + Cl_2(g) \rightleftharpoons COCl_2(g) \qquad K_P'' = 6.0 \times 10^{-3}$$

計算在 1123 K 時，反應

$$C(s) + CO(g) + 2Cl_2(g) \rightleftharpoons 2COCl_2(g)$$

之平衡常數 K_P。

6－10　反應：$H_2 + Cl_2(g) \rightleftharpoons 2HCl(g)$

在 2800 ℃時之平衡常數 K_P 爲 193，當在此溫度下有 0.47 莫耳的 H_2 與 3.59 莫耳的 HCl。當平衡達成時其總壓爲 2.00，求各成分的分壓。

6－11　碘分子的解離反應：

$$I_2(g) \rightleftharpoons 2I(g)$$

當 1 克碘分子置於 500 mL 容器加熱至 1200 ℃時，其平衡總壓為 1.51 atm，求平衡常數 K_P。

6－12　500 ℃時反應 $N_2(g) + 3H_2(g) \rightleftharpoons 2NH_3(g)$ 之平衡常數 $K_C = 6.00 \times 10^{-2}$，求平衡常數 K_P，並分別寫出 K_C 與 K_P 的單位。

6－13　反應 $A(g) \rightleftharpoons 2B(g)$ 有以下數據：

溫度（℃）	〔A〕	〔B〕
200	0.0125	0.843
300	0.171	0.764
400	0.250	0.724

計算各溫度下之 K_C 及 K_P，並說明反應放熱或吸熱。

6－14　水為一很弱的電解質，可進行自解離反應：

$$H_2O\,(l) \underset{K_{-1}}{\overset{K_1}{\rightleftharpoons}} H^+\,(aq) + OH^-\,(aq)$$

(a)若 $K_1 = 2.4 \times 10^{-5}\ s^{-1}$，$K_{-1} = 1.3 \times 10^{11}/M\ s$，計算平衡常數 K（$K = [H^+][OH^-]/[H_2O]$）。

(b)計算〔H^+〕〔OH^-〕、〔H^+〕與〔OH^-〕。

6－15　下列反應為單一基本步驟：

$$2A + B \underset{K_r}{\overset{K_f}{\rightleftharpoons}} A_2B$$

在某一溫度下，若其平衡常數 $K_C = 12.6$，$K_r = 5.1 \times 10^{-2}\ s^{-1}$，求 K_f 值。

6－16　在 830 ℃下反應 $2SO_2(g) + O_2(g) \rightleftharpoons 2SO_3(g)$ 為製造硫酸及形成酸雨的中間步驟。若初始反應為 2.00 莫耳的 SO_2 與 2.00 莫耳的 O_2，當平衡時有 80％的 SO_3（1.60 莫耳）產生，

求此時總壓爲何?

6－17 (a)一離子化合物 MX（分子量＝346 g/mol）的溶解度爲 4.63×10^{-3} g/L，求此化合物的 K_{sp}。
(b)一離子化合物 M_2X_3（分子量＝288 g/mol）的溶解度爲 3.60×10^{-17} g/L，求此化合物的 K_{sp}。

6－18 計算 $BaSO_4$ 的莫耳溶解度。(a)在純水中。(b)在一含 1.0 M SO_4^{2-} 離子的溶液中。($K_{sp} = 1.1 \times 10^{-10}$)

6－19 在 25 ℃下反應 $H_2(g) + I_2(g) \rightleftharpoons 2HI(g)$ 之 $\Delta G°$ 爲 0.621 kcal，求此反應的平衡常數 K_P 值。

6－20 計算反應 $PCl_5(g) \rightleftharpoons PCl_3(g) + Cl_2(g)$，(a)在 25 ℃時之 $\Delta G°$ 及 K_P 值。($\Delta G_f°$值：$PCl_3(g) = -68.4$ kcal/mol，$PCl_5(g) = -77.7$ kcal/mol)(b)初始反應之分壓爲：$P_{PCl_5} = 0.0029$ atm，$P_{PCl_3} = 0.27$ atm，$P_{Cl_2} = 0.40$ atm 時，反應之 $\Delta G°$值。

6－21 已知在 25 ℃反應

$$N_2O_4(g) \rightleftharpoons 2NO_2(g) \qquad \Delta H° = 13.9 \text{ kcal}$$

之平衡常數 K_C 爲 4.63×10^{-3}，計算在 65 ℃時之平衡常數。

6－22 AgCl 的 K_{sp}在 25 ℃爲 1.6×10^{-10}，求在 60 ℃時的 K_{sp}值。($\Delta H° = 15.7$ kcal)

6－23 水煤氣可由下式反應產生：

$$H_2O(g) + C(s) \longrightarrow CO(g) + H_2(g)$$

已知$\Delta H_f°$值：$\Delta H_f°(CO) = -26.41$ kcal/mol
$\Delta H_f°(H_2O) = -57.79$ kcal/mol

$S°$值：$S°(CO) = 47.30$ cal/mol K
$S°(H_2) = 31.31$ cal/mol K
$S°(H_2O) = 45.10$ cal/mol K
$S°(C) = 1.360$ cal/mol K

試求反應之 ΔH°及 ΔS°，並計算需加熱至何溫度始有利於水煤氣的生成。

6－24　在 25 ℃時，液態水與水蒸氣達平衡時

$$H_2O(l) \rightleftharpoons H_2O(g)$$

之 $\Delta G^\circ = 2.06$ kcal，計算其平衡常數 K_P。

6－25　已知 ΔG_f°之值：$\Delta G_f^\circ(CuSO_4 \cdot 5H_2O) = -449.26$ kcal/mol

$\Delta G_f^\circ(CuSO_4) = -158.2$ kcal/mol

$\Delta G_f^\circ(H_2O) = -54.64$ kcal/mol

求反應

$$CuSO_4 \cdot 5H_2O(s) \rightleftharpoons CuSO_4(s) + 5H_2O(g)$$

其中水的蒸氣壓。

第七章

物理平衡

平衡是任何一個體系，當環境條件（如溫度、壓力、體積、組成分濃度等）發生變化時，體系狀態改變的一種現象；而物理變化和化學變化即為達成平衡狀態所進行的一種體系的變化行為。一般而言，經由化學變化的過程而達到體系的平衡，乃是藉由化學組成的相對量(也就是濃度）的變化完成體系平衡的工作；至於維持體系的化學組成不變，而只改變體系的物理量或物理狀態，如溫度、壓力、揮發或凝結，則統稱為物理變化；然而因體系中各物理量或狀態的改變而達到平衡的各項條件時，則稱之為物理平衡，但在探討體系的平衡時，有時物理平衡與化學平衡是不可區分的。本章所討論的物理平衡將著重在，純物質或二、三成分混合體系的各不同相間的物理狀態平衡，換言之，將利用平衡熱力學的觀念探討因溫度、壓力及物質組成的變化所生成的物理變化及平衡的達成。

7-1　相律

7-1-1　相的觀念

在討論物理平衡之前，先定義相（Phase）的觀念。相即為空間中一定範圍內固定化學組成的示強性質（Intensive properties），如溫度、壓力或密度等，不因空間位置改變而不同，如圖 7-1 所示，在相範圍內的位置 a、b、c 或 d 的溫度、壓力或密度均一致，至於相範圍外物質的示強性質則不一定與相範圍內的相同。因氣體可以完全互相混合，因此對氣體而言，均形成單一氣相。如任意比例的氧分子與氬分子混合，在室溫、1 大氣壓下，平衡時皆為單一氣相；對於液體，由於互溶性的大小不同，可能生成單相或多相液體，如任意比例

圖 7－1 相的範例

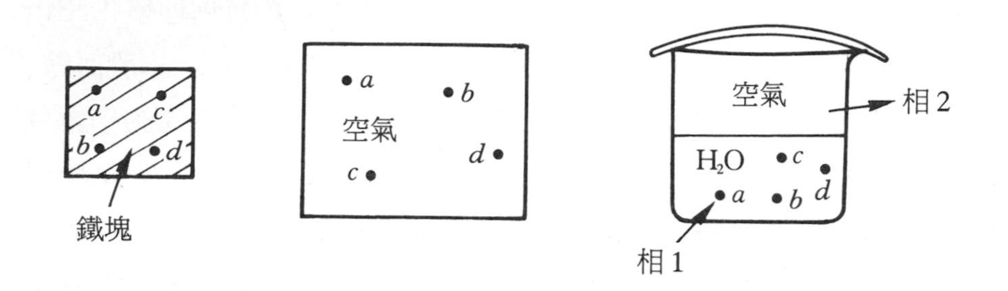

的水與甲醇或乙醇，在室溫、1 大氣壓，平衡時爲單一液相。然而對於水與丁醇混合溶液，由於室溫時，丁醇在水中的溶解度不佳，當丁醇與水以 1:1 混合，將形成二液態相，一爲水相、一爲丁醇相。對於固體混合物而言，由於混合過程與方式的不同，可能形成單一相或多相，如將銅粉與鎳粉，在室溫下混合則爲二固態相，若加溫至銅與鎳的熔點，再降溫至室溫，則爲單一固相。另外，若將不同的固液或固氣相混合，平衡時則生成較複雜的多相體系；如食鹽加入飽和食鹽水中，爲一固、液二相平衡，如固態 $KClO_3$在眞空密閉容器中，平衡時

$$KClO_3(s) \rightleftharpoons KClO(s) + O_2(g)$$

則體系爲二固相、一氣相的多相平衡。又如將活性碳置入一含有氧氣與氮氣的密閉容器中，平衡時將生成一個三相的體系，包括(1)氧與氮分子的氣相，(2)活性碳固相，(3)活性碳表面吸附的氧、氮分子的表面相。對於任何純物質常因物理性質的改變而發生相的變化，如汽化、揮發、熔化或凝結等物理狀態的變化，而這都與相的定義有著極密切的關係。因此，探討相平衡的物理變化，首先必須對相的區分與界定有明確的認定。

7－1－2 相平衡

當兩相（可以是固液、液氣、液液、固固、……等）達成平衡

時，兩相間亦達成：熱平衡（Thermal equilibrium）、機械平衡（Mechanical equilibrium）與質量平衡（Mass balance）。如圖 7－2(a)所示，α 與 β 相達成平衡時，兩相間的溫度應相同。這可證明於下：設兩相的溫度分別爲 T_α 與 T_β，若有一無限小量的熱 dq，由 α 相傳導至 β 相，根據熱力學第二定律，整個體系的熵（Entropy）變化 dS 必大於零；唯當兩相熱平衡時，在兩相間任何無限小的熱傳導，所造成體系熵的變化爲零，因此

$$dS = dS_\alpha + dS_\beta = \frac{-dq}{T_\alpha} + \frac{dq}{T_\beta} = 0 \qquad (7-1)$$

如圖 7－2(a)所示，一無限小量的熱由 α 相傳至 β 相，當體系在熱平衡的條件下，體系的總熵在熱傳導前後不變；由（7－1）式可得

$$T_\alpha = T_\beta$$

圖 7－2　兩相平衡示意圖

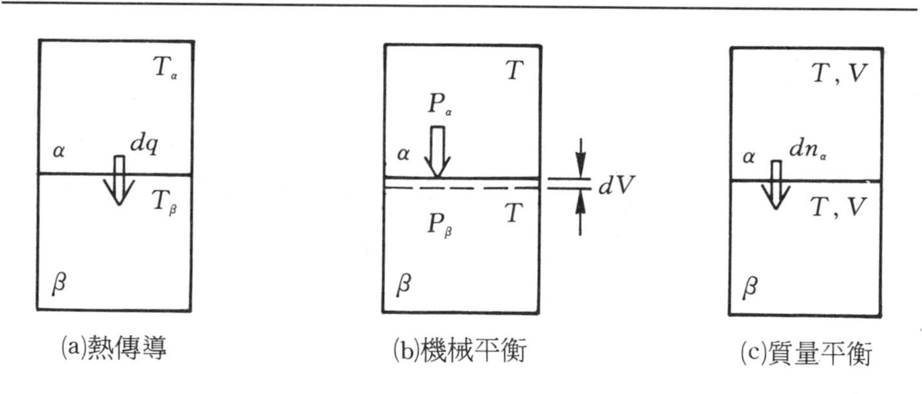

(a)熱傳導　(b)機械平衡　(c)質量平衡

若相平衡時，兩相間的壓力，P_α、P_β 不相等，則壓力較大的一相將膨脹，而另一相將被壓縮，如圖 7－2(b)所示，在總體積及溫度不變的條件之下，若 α 相 $dV>0$，則 β 相的體積減少相同量 dV。因此，整個體系的 A（Helmholtz free energy）將下降。當 α 相與 β 相達成平衡時，由熱力學第二定律得知，兩相間無限小的體積變化所造成的體系 A 的變化爲零，故而

$$dA = dA_\alpha + dA_\beta = -P_\alpha dV + P_\beta dV = 0 \qquad (7-2)$$

因此

$$P_\alpha = P_\beta$$

而兩相在溫度與總體積不變時，壓力相同稱爲機械平衡。除了熱平衡與機械平衡以外，相間的平衡尚具備化學位能的平衡，即兩相間無限小的物質傳遞，在定溫及定壓時，不會造成總體系的 G 值（Gibbs free energy）變化；換言之，若兩相間未達質量平衡，總體系的 G 值會隨兩相間無限小的物質傳遞下降，如圖 7－2(c)所示；待質量平衡的達成，兩相間無限小的物質傳遞，$dn = dn_\alpha + dn_\beta$，不會造成總體系 G 值的變化，因此，

$$dG = dG_\alpha + dG_\beta = 0 \qquad (7-3)$$

假設有 dn_α 莫耳的物質由 α 相傳入 β 相，則 $dn_\beta = -dn_\alpha$；在定溫及定壓下因物質的傳遞，兩相個別 G 值的變化分別爲

$$dG_\alpha = V_\alpha dP_\alpha - S_\alpha dT_\alpha + \mu_\alpha dn_\alpha \qquad (7-4)$$

$$dG_\beta = V_\beta dP_\beta - S_\beta dT_\beta + \mu_\beta dn_\beta \qquad (7-5)$$

因爲 $dT = dP = 0$ 且 $dn_\alpha = -dn_\beta$，故

$$dG = dG_\alpha + dG_\beta = (\mu_\alpha - \mu_\beta)dn_\alpha = 0 \qquad (7-6)$$

可得 $\mu_\alpha = \mu_\beta$。熱力學體系相平衡的達成，由以上的推導可知，必須是體系內的兩相間的溫度、壓力與化學位能皆相等，也就是熱平衡、機械平衡與質量平衡均達成。

7－1－3 相平衡的變數

爲了方便探討單一或多種物質體系的相平衡的因數，1876 年吉布士（J. W. Gibbs）根據熱力學平衡的觀念，以體系的組成分、體系內相的組成及溫度、壓力，導出相律（Phase rule），

$$F = C - P + 2 - r \qquad (7-7)$$

(7－7) 式中 F 爲體系的自由度（Degree of freedom），C 爲組成該平

衡體系的化學成分數，P 爲體系形成的相數，2 爲描述體系熱力學狀態必需的二變數——溫度與壓力，r 爲其他對體系的限制關係數，如化學平衡式、電中性等。體系相平衡的自由度爲完全描述該體系熱力學狀態所需最少的變數，可以是溫度、壓力、體積、濃度、……等任何熱力學變數。

相律的推導可以設一如圖 7－3 所示的 P 個相所組成的平衡系，其中有 C 種化學組成（Component），而體系的溫度、壓力固定；因此爲完全描述以上所指的平衡系，需要說明所有的化學組成分在 P 個相中的濃度及溫度、壓力值，因此體系有 $C \times P + 2$ 個變數；然而當體系達到熱力學平衡時，任何一種化學組成在所有 P 個相中的化學位能皆相等，故

$$\begin{aligned} &\mu_{11} = \mu_{12} = \mu_{13} = \mu_{14} = \cdots = \mu_{1P} \\ &\mu_{21} = \mu_{22} = \mu_{23} = \mu_{24} = \cdots = \mu_{2P} \\ &\vdots \qquad\qquad\qquad\qquad \vdots \\ &\mu_{C1} = \mu_{C2} = \mu_{C3} = \mu_{C4} = \cdots = \mu_{CP} \end{aligned} \tag{7-8}$$

而化學位能爲濃度的函數，（7－8）式可視爲（體系組成分間）濃度的關係，因此 P 個相中 C 種化學組成的濃度不是獨立變數。由（7－8）式得知，對於每一個成分有 $P-1$ 個關係式，對於有 C 個組成分的平衡系，總共有 $(P-1) \times C$ 個與濃度有關的關係式。另外，在 P 個相中，所有化學組成的莫耳分率和應爲 1，故對於組成的濃度有 P 個關係式，因此平衡系中獨立無關的熱力學變數，也就是體系的熱力學自由度爲

$$F = CP + 2 - (P-1)C - P = C - P + 2 \tag{7-9}$$

若平衡系有其他 r 個與濃度、壓力等熱力學變數有關的關係式，則（7－9）式可改爲

$$F = C - P + 2 - r \tag{7-10}$$

圖 7－3 P 個相與 C 個組成的密閉系統

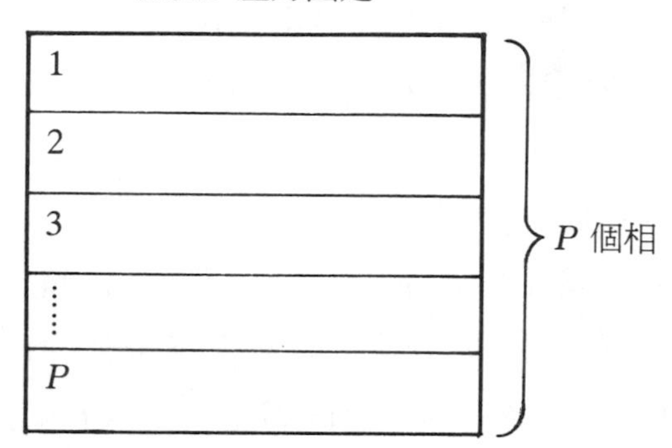

通常若組成分間的濃度存在 r 個關係，如化學平衡等，則可以將體系的組成數以 $C-r$ 表示，則(7－10)式與(7－9)式相同；而其中的不同處乃體系的組成數。由(7－9)或(7－10)式可知平衡系的自由度與組成分個數成正比，而因相數的增加而減少。以一定成分數而言，相數的增加使平衡系的自由度減少。對一 $C=2$ 的二成分系爲例，單一平衡相時，必需三個獨立參數方可完全描述體系的熱力學狀態，通常指出溫度、壓力與體系中任一成分的莫耳分率值即可；當三相平衡共存時，則二成分爲單一自由度體系，因此只須說明溫度或壓力值，而平衡系內各組成物種在各相的平衡濃度爲一定值。換言之，若在二成分的三相平衡系，標示任何一成分在任一平衡相的濃度值，其他的熱力學變數（溫度、壓力等）則應爲確定值，不爲獨立變數。以下7－2與 7－3 節將探討單一成分系，也就是純物質的相平衡現象。

【例 7－1】

計算以下各體系的相數與熱力學自由度，

(a)密閉容器中的 NaCl 飽和水溶液。

(b)1 大氣壓下的水與冰。

(c)空氣。

(d)木屑、鐵屑、鋁粉與砂。

【解】

(a)$P = 3$，NaCl(s)、NaCl(aq)與水蒸汽；$C = 2$；$F = 2 - 3 + 2 = 1$。

(b)$P = 3$，冰、液態水與空氣和水蒸汽所組成的氣相；$C = 1$；$F = 1 - 3 + 2 = 0$。

(c)$P = 1$；$C = 1$，因空氣的組成固定；$F = 1 - 1 + 2 = 2$。

(d)$P = 4$；$C = 4$；$F = 4 - 4 + 2 = 2$。

【例 7－2】

計算以下各體系的相數與熱力學自由度，

(a)CCl_4 與 C_6H_6 之均勻混合溶液。

(b)高溫下以碳還原氧化鋅 ZnO。

(c)碳酸鈣的高溫熱解平衡。

(d)①在室溫下將 $N_2(g)$、$H_2(g)$ 與 $NH_3(g)$ 以任何比例混合。

②$N_2(g)$、$H_2(g)$ 與 $NH_3(g)$ 以任意比例混合物，在高溫下達到以下的平衡，

$$N_2(g) + H_2(g) \rightleftharpoons 2NH_3(g)$$

③於密閉室中加熱 $NH_3(g)$ 至②所示反應平衡的達成。

(e)醋酸的水溶液。

(f)KCl 與 NaCl 水溶液。

【解】

(a)$P = 1$，CCl_4 與 C_6H_6 完全互溶；$C = 2$，因為二成分間不發生化學反應；$F = 2 - 1 + 2 = 3$。

(b)高溫平衡時，體系中有 ZnO(s)、C(s)、Zn(g)、CO(g) 與 $CO_2(g)$，並以如下的反應維持平衡，

$$ZnO(s) + C(s) \rightleftharpoons Zn(g) + CO(g)$$

$$2CO(g) \rightleftharpoons C(s) + CO_2(g)$$

故體系的 $P=3$，二固相與一液相；而體系有二反應平衡關係，因此 $C=5-2=3$；熱力學自由度 $F=3-3+2=2$。

(c)體系的熱解反應為

$$CaCO_3(s) \rightleftharpoons CaO(s) + CO_2(g)$$

體系的 $P=3$，二固相與一氣相平衡；$C=3-1=2$；故 $F=2-3+2=1$。

(d)①$N_2(g)$、$H_2(g)$ 與 $NH_3(g)$ 以任意比例在沒有化學反應的情況下混合，則 $C=3$；$P=1$；$F=3-1+2=4$。

②高溫下體系以如下反應達成平衡，

$$N_2(g) + 3H_2(g) \rightleftharpoons 2NH_3(g)$$

$P=1$；$C=3-1=2$；$F=2-1+2=3$；與①的物系比較，因組成分間以反應式達成濃度的平衡，故體系的熱力學自由度減 1。

③加熱前體系中只有 $NH_3(g)$，$NH_3(g)$ 會因加熱分解而生成 $H_2(g)$ 與 $N_2(g)$，但因以②的反應式熱分解，故除了遵守反應式的條件外，$H_2(g)$ 與 $N_2(g)$ 的壓力比為 1:3，故 $C=2-1=1$；$P=1$；$F=1-1+2=2$。

(e)醋酸水溶液中的化學組成為 $CH_3COOH(aq)$、$CH_3COO^-(aq)$、$H_2O(l)$、$H^+(aq)$ 及 $OH^-(aq)$，然而各組成分濃度間的平衡條件是：

$$CH_3COOH(aq) \rightleftharpoons CH_3COO^-(aq) + H^+(aq)$$

$$H_2O(aq) \rightleftharpoons H^+(aq) + OH^-(aq)$$

另外，溶液為電中性，

$$[H^+] = [OH^-] + [CH_3COO^-]$$

因此，體系的組成數 $C=5-3=2$，而所有組成均存在於溶液中，故 $P=1$，所以熱力學自由度為 $F=2-1+2=3$。

(f)體系中的化學物質為 $K^+(aq)$、$Na^+(aq)$、$Cl^-(aq)$、$H_2O(l)$、$H^+(aq)$ 及 $OH^-(aq)$，而各組成濃度間的關係式有：

$$H_2O(l) \rightleftharpoons H^+(aq) + OH^-(aq)$$

$$[H^+] = [OH^-]$$

$$[K^+] + [Na^+] + [H^+] = [Cl^-] + [OH^-]$$

體系組成數 $C = 6 - 3 = 3$，相數 $P = 1$，因此，$F = 3 - 1 + 2 = 4$。

7－2　單成分系之相平衡

7－2－1　物質的相穩定與相變換

對於純物質系而言，當以單一相存在時，由相律(7－9)式可知描述平衡狀態的獨立熱力學變數爲 2。一般常用的變數爲溫度與壓力，而該熱力學變數以實驗的觀點而言，也是較容易測量的熱力學變數。在其他的實驗條件時，體積與溫度或電導與壓力等也可作爲純物質系的熱力學變數。本節暫時以最常使用的溫度與壓力爲變數，討論純物質系相的穩定與變換。從熱力學第二定律可知，當體系本身的 Gibbs 或 Helmholtz 自由能最小或體系與環境的總熵最大時，純物質爲平衡穩定態，然而以何種熱力學能量變數(G、A)爲指標探討平衡系的達成，則視所使用的熱力學變數而定；當以溫度壓力爲熱力學變數時，Gibbs 自由能爲當然的熱力學能量變數，作爲相平衡與相穩定的判斷依據。對純物質而言，體系的莫耳 Gibbs 自由能，G/n，即爲體系的化學勢(Chemical potential)，而化學勢隨溫度與壓力變化關係爲

$$d\mu = -SdT + VdP \qquad (7-11)$$

其中

$$\left(\frac{\partial \mu}{\partial T}\right)_P = -S;\quad \left(\frac{\partial \mu}{\partial P}\right)_T = V \qquad (7-12)$$

由於物質的熵與體積恆大於零，(7－12) 式分別表示在定壓時，純物質的化學勢隨溫度上升而降低；而定溫下，化學勢隨壓力增加而上升。因此如圖 7－4 所示，在定壓下以 μ 對 T 作圖，其斜率爲負；而斜率由體系的熵決定。對於熵較大的體系，定壓下化學勢隨溫度的變化較明顯。以純物質的三個可能的固、液及氣相爲例，

$$\text{固相：}\left(\frac{\partial \mu}{\partial T}\right)_P = -S_s$$

$$\text{液相：}\left(\frac{\partial \mu}{\partial T}\right)_P = -S_l$$

$$\text{氣相：}\left(\frac{\partial \mu}{\partial T}\right)_P = -S_g \qquad (7-13)$$

在一般狀況下，對於物質的莫耳熵值間存在下列關係：$S_g > S_l > S_s$。如圖 7－4 所示，定壓下純物質化學勢隨溫度下降的趨勢，以氣態最顯著、液態次之，而以固態最爲緩和。因此，根據平衡時物質化學勢將最低的觀點，定壓下高溫時，物質以氣態形式存在的化學勢最低。

圖 7－4　定壓下純物質的化學勢與溫度的關係。圖中三條線的斜率分別爲 $-S_s$，$-S_l$ 與 $-S_g$，代表固相液相與氣相化學勢的變化斜率

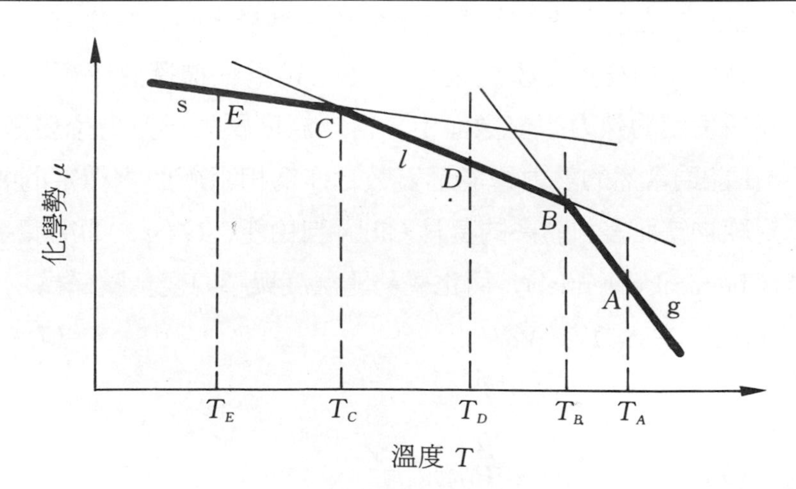

當溫度降低，氣相的化學勢隨溫度下降急劇上升，因而以凝態（固態或液態）的化學勢較低，物質則因相的穩定性而進行相轉換，以自由能最低的相達成平衡；如圖7－4中的黑線所示，體系在溫度爲 T_A 時，物質化學勢最低的熱力學狀態爲氣相，此時物質的穩定相爲氣相，然而 A 點氣相的化學勢因溫度下降而上升，當溫度降到 T_B 時氣、液相的化學勢相同，在這個溫度與壓力下物質兩相平衡共存，因爲在此時的熱力學條件下氣液相的自由能相同，T_B 也稱爲物質的沸點或揮發點（Evaporation temperature）；當溫度再度下降到介於 T_B 與 T_C 間時，如 T_D 點，物質以液相的化學勢最低，因此在這個溫度區間，物質的液相爲最穩定的存在相；當溫度再下降至 T_C 時，固態與液態的化學勢曲線交錯，固液相化學勢相等，因此固液相共存，T_C 因此稱爲熔點或凝固點；待體系溫度降至 T_C 以下至 T_E，如圖7－4所示的 E 點時，物質自然由液體凝結爲固體以降低物質的自由能，換言之，純物質最穩定的存在相爲固相。相反地，在維持體系平衡的條件下，若體系溫度自 T_E 上升至 T_B，爲維持體系定溫、定壓下，在最低的自由能的平衡態，物質會進行相變化，由固相轉換爲液相，再進行相轉換至氣態。

以上所述定壓下，溫度與物質相狀態的關係，可以說明一般熟悉的固體加熱時會發生融解，以至於汽化的現象。在低溫時，體系完全以固態存在，溫度上升至熔點，形成固、液共存，再生成液體，至沸點時體系汽化而生成氣相。然而對於有些物質，如乾冰——固態 CO_2，在常壓時自低溫升高溫度，固相不經液相的過程，直接轉換爲氣態，如圖 7－5 所示，在 1 大氣壓時不論溫度高低，液相的化學勢皆不是最低，因此乾冰自 T_C 的固相升溫至 T_B 時，固氣相共存，待溫度升至 T_A 時爲完全氣態，而自固相汽化過程不經液相。

（7－12）式對於定溫的化學勢變化關係中，物質的化學勢隨壓力增加而上升，然而上升的趨勢則因物質的莫耳體積有所不同，以物質的三相爲例：

$$固相：\left(\frac{\partial\mu}{\partial P}\right)_T = V_s$$

$$液相：\left(\frac{\partial\mu}{\partial P}\right)_T = V_l$$

$$氣相：\left(\frac{\partial\mu}{\partial P}\right)_T = V_g \qquad (7-14)$$

圖 7－5　不經液態的相變化

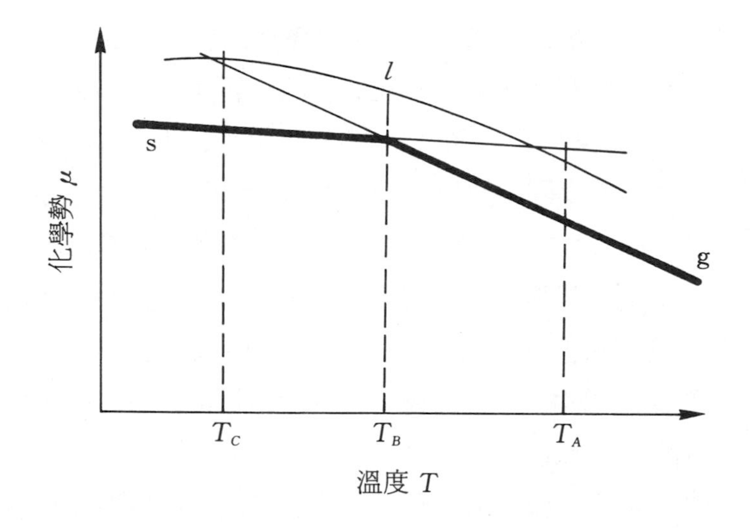

對於一般的物質，(7－14) 式中所示的莫耳體積 $V_g \gg V_l > V_s$，定溫下固相與液相的化學勢隨壓力的上升趨勢遠小於氣相，如圖 7－6 所示，在 μ、P 圖中固、液態的斜率小於氣態，因此在低壓時，如圖中的黑線所示，自 A 點的氣相狀態定溫加壓，由 (7－14) 式所示，氣相物質的化學勢急劇升高，待壓力爲 P_B 時氣相與液相的化學勢相同，物質在 B 點的熱力學座標發生相變化；同樣的，壓力爲 P_C 時物質自液相轉換爲固相；當壓力到達 P_D 時物質最穩定的形態爲單一固相。因此，若同時考慮壓力與溫度的變化對純物質化學勢的影響，如圖 7－7 所示不同壓力下，μ 與 T 的變化隨壓力的變化。如圖 7－7(a)

圖 7－6　定溫下純物質化學勢與壓力的關係。斜率爲 V_g，V_l 與 V_s

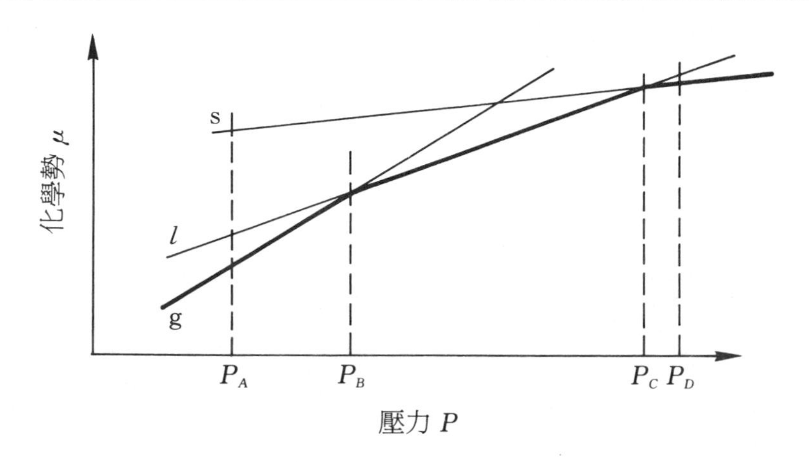

圖 7－7(a)　不同壓力下，物質化學勢隨溫度的變化。圖中虛線所示爲壓力降低時化學勢的變化

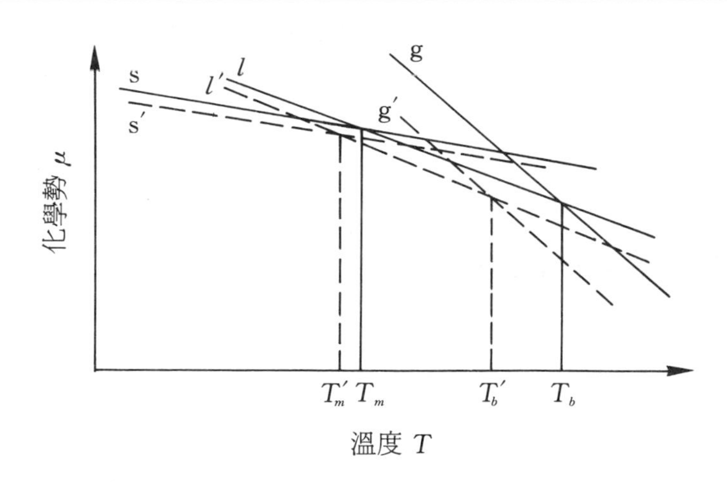

中，當壓力減小時，固液或氣態的化學勢曲線均下降，但（7－14）式顯示下降單位壓力時，氣態曲線變化大於液態或固態曲線；因此，改變單位壓力對物質沸點下降的影響大於凝固點，圖 7－7(a)中 T_b-T_b'大於 T_m-T_m'，主要因爲氣相莫耳體積大於固、液相的。因此若壓力再下降將使物質液態的化學勢曲線高於固態或氣態，因而物質在

低壓時沸點低於熔點溫度，如圖 7－5 所示 1 大氣壓時的乾冰，由固態升溫後，物質將直接由固相昇華成氣相物質。反之如圖 7－7(b)顯示，加壓於純物質時氣相物質的化學勢曲線急劇升高，因此造成物質熔點與沸點溫度差增加，液態存在的溫度範圍因而較大；一般而言，較大的壓力條件下，物質較易以液相狀態存在。

圖 7－7(b) 加壓後，物質化學勢的變化

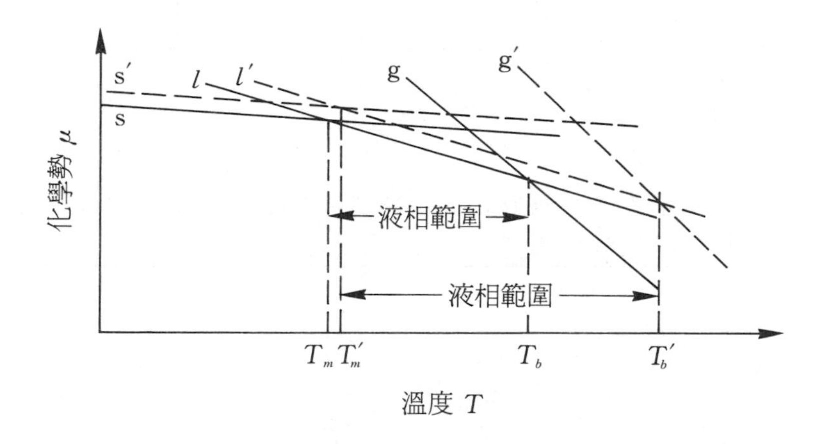

7－2－2 純物質的相圖

7－2－1 節的討論得知物質爲達最低的 Gibbs 自由能的平衡態，經由溫度或壓力的變化，物質可以固、液或氣相存在。因此，純物質各種相狀態的化學勢與溫度、壓力間的關係式，

固相：$\mu_s = f(P, T)$

液相：$\mu_l = g(P, T)$

氣相：$\mu_g = h(P, T)$ (7－15)

可以充分表達物質在不同的溫度、壓力條件時存在的狀態。如上節所述，在不同壓力與溫度下，平衡時物質以最低化學勢的狀態存在，然

而 μ、P、T 的關係爲三度空間的曲面關係，如圖 7－8 所示。與 7－2－1 節所述不同乃是上節所討論的爲化學勢在固定壓力（溫度）下隨溫度（壓力）的變化，是化學勢與溫度或壓力的二維線性關係。因此，函數 f、g 或 h 交會的曲線，表示在溫度、壓力改變時，物質在曲線上的狀態爲兩相平衡共存，而曲線兩邊爲不同的物質相。橫跨曲線兩邊則應發生相變化，如圖 7－8 所示，爲方便以二維圖形描述物質因溫度、壓力變化而發生的相變化，習慣上將（7－15）式物質不同相的三個 μ、P、T 函數的交會曲線圖投影於 P、T 平面，而此爲純物質相圖的基本定義。然而有時相圖亦可以 μ、T 或 μ、P 平面的投影圖表示，如圖 7－5、7－6 所示的相圖。基本上，一個表示物質在不同熱力學狀態時，各種物質可能的穩定平衡相，即可稱之爲相圖。

由於在 μ、P、T 曲面的交會曲線時的熱力學狀態爲兩相並存，因此，投影於 P、T 平面的曲線表示在曲線的溫度、壓力時兩相平衡共存。當純物質系的溫度與壓力不在 P、T 平面的曲線上時，則爲單一平衡相。應用相律的公式，$F = C - P + 2$，對於純物質 $C = 1$，

圖 7－8　物質化學勢與溫度、壓力的關係

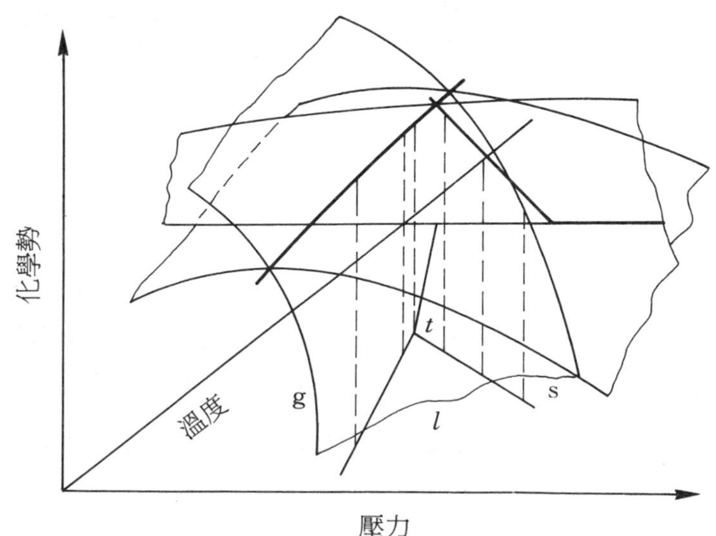

故 $F=3-P$，因此若單一相 $P=1$，如圖 7－8 中所示的 s、l 與 g 區，若溫度與壓力在該區域時物質爲單一固相、液相與氣相，則 $F=2$，表示平衡系的熱力學自由度爲 2，因此溫度與壓力爲完全描述純物質單一平衡相的兩個方便的獨立變數，當然以其他任何兩個熱力學變數亦可，如體積、壓力或體積、溫度等。若體系的狀態在圖 7－8 的曲線上，則爲兩相平衡態 $P=2$，故 $F=1$，因此物質系爲單一的熱力學自由度，故而只要描述物質的溫度或壓力即可，若在定壓下兩相共存時，則溫度不爲一獨立熱力學變數，反之亦然。換言之，以物質的熔解爲例，定壓下不同物質皆有一固定熔點溫度，然而當壓力改變時，物質的熔點亦改變。當物質三相共存時 $P=3$，則 $F=0$，如圖 7－8 所示的 t 點，物質不具任何熱力學自由度，也就是物質三相點的溫度與壓力，該溫度、壓力是物質的特性熱力學座標，此即爲純物質的三相點（Triple point）。如表 7－1 所示各不同物質的三相點溫度與壓力，只有在該溫度與壓力下，物質方可形成三相平衡系。

表 7－1　物質的三相點溫度與壓力

物質	溫度（K）	壓力	
		mmHg	Pa
He	2.177	37.77	50.35
H_2	13.97	52.8	7040
Ne	24.56	32.4	43200
O_2	54.36	1.14	152
N_2	63.15	94	12500
NH_3	195.40	45.57	6075
SO_2	197.68	1.256	167.5
CO_2	216.55	3880	517000
H_2O	273.16	4.58	611

以下將就水與硫的 $P-T$ 相圖，討論純物質相平衡的一些性質。

(a)**水的相平衡與相變化**

如圖 7－9 所示為水在低壓及高壓下的相圖。水為日常與生物體息息相關的一種重要物質，從水的相圖中可以了解一些水的基本物理特性。因為水的固態莫耳體積大於液態的，由(7－14)式及圖 7－6 得知當水熔解（固液相共存）時，因 $V_s > V_l$，如水的 P、T 相圖所示，固液平衡曲線的斜率為負，增壓時水的凝固下降。對於一般物質，由於 $V_l > V_s$，固液相平衡曲線的斜率為正，故物質的熔點溫度隨壓力增加而上升。以冰刀溜冰為例，溜冰時由於冰刀鋒的狹小受力面，因此冰刀加之於固態冰的壓力遠大於一大氣壓，故冰刀下冰的熔點較低而易於融化成液態水，因此增加冰刀與冰間的潤滑度，進而有利於溜冰時的行進；同時，溜冰時冰刀行進時，當冰刀離開原先的冰面後，冰面的壓力回復為一大氣壓狀態，故液態水因環境的低溫狀態而再凝結為固態冰。沿圖 7－9 中水的固液平衡曲線逐漸增壓，當壓力到達數千 atm 以上時，實驗發現有數種型態的固相冰形成。其中包括常態冰 Ⅰ 及分別命名為冰 Ⅱ、Ⅲ、Ⅴ、Ⅵ及Ⅶ等穩定型態的冰，另外有兩種不穩定的冰Ⅳ及冰Ⅷ被發現。高壓下各種固態冰的三相點資料條列於表 7－2。由水的高壓相圖可以發現，若壓力大於 10000 atm 時，水可以固態冰的形式在 30 ℃以上的高溫穩定存在；同時高壓下不同的固態冰可以因溫度的改變進行相變化，與常壓下的硫元素有相似的相轉換形式。

圖 7－9 中低壓時水的氣液相平衡曲線的斜率小於固液共存曲線，而且其斜率恆為正，因為對於任何物質，$V_g \gg V_l$，因此在 P、T 相圖中物質的沸點溫度皆因壓力的增加而上升。自水的三相點沿 OB 氣液平衡曲線升溫可到達曲線終點 B，稱為臨界點（Critical point），即液態水能存在的最高溫度，而此時的壓力稱為臨界壓力，分別為 374 ℃、218 atm。當水的溫度高於臨界點溫度時，在任何壓力下水分子

圖7-9 水的 $P-T$ 相圖。上圖爲中低壓而下圖爲高壓相圖

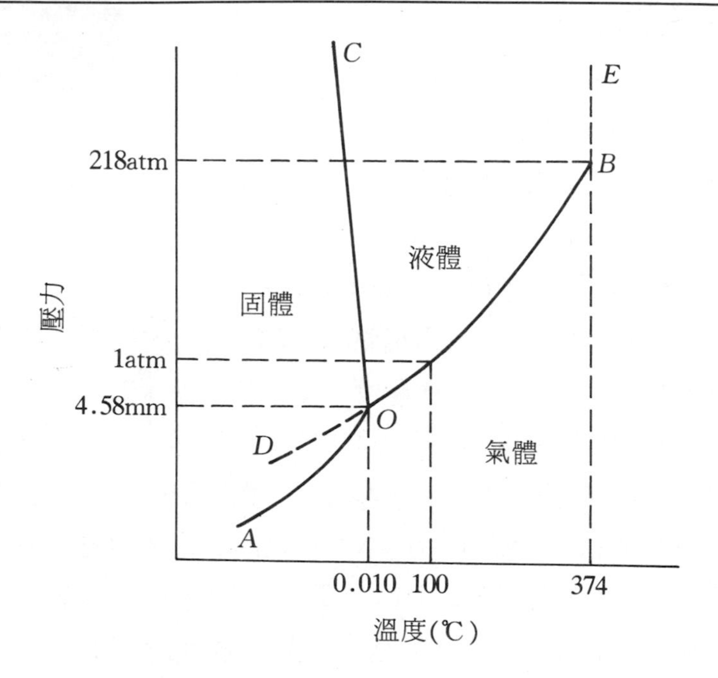

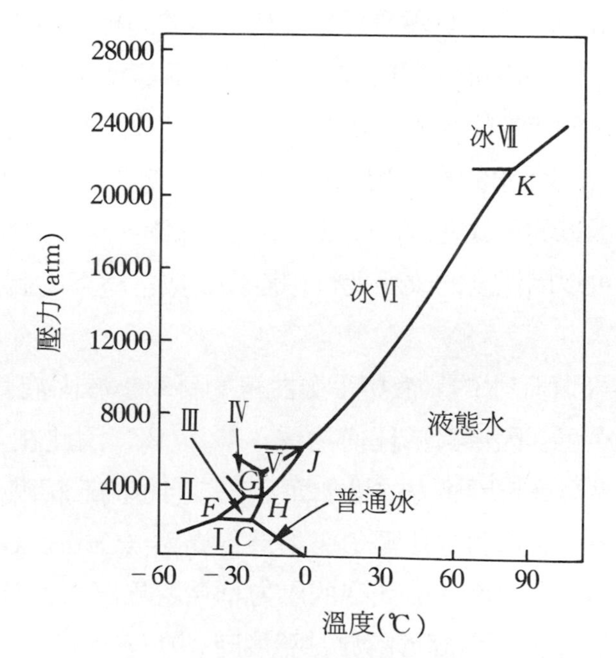

表 7－2　水的三相點條件

三相點	溫度（K）	壓力（mmHg）
冰Ⅰ、液相與氣相	273.16	4.584
冰Ⅰ、液相與冰Ⅲ	251.15	1.556×10^{6}
冰Ⅰ、冰Ⅱ與冰Ⅲ	238.45	1.597×10^{6}
冰Ⅱ、冰Ⅲ與冰Ⅴ	248.85	2.583×10^{6}
冰Ⅲ、液相與冰Ⅴ	256.15	2.598×10^{6}
冰Ⅴ、液相與冰Ⅵ	273.31	4.694×10^{6}
冰Ⅵ、液相與冰Ⅶ	354.75	1.648×10^{7}

皆以氣相形態存在，也就是在相圖中大於臨界溫度的區域，水爲單一穩定氣相。若沿 *BO* 氣液平衡曲線降溫可到達一虛線 *OD*（如圖 7－9），在相圖中只有實線所示爲穩定、平衡的熱力學狀態，而沿 *BO* 實線的 *OD* 虛線態爲一般所稱的過冷（Supercooling）現象，換言之，*OD* 線上的狀態點應爲單一固相，然而因降溫過速造成氣液共存的不穩定平衡，經適當的擾動將可使體系回復穩定平衡的固相。

在水的低壓相圖中，固液相平衡曲線的斜率相當大，近於無限大的垂直線，因此些微的熔點變化需很大的壓力改變，故壓力變化對冰的熔點影響並不明顯，此乃固態與液態的莫耳體積相差很小，$V_s \doteqdot V_l$；換言之，若欲改變純物質的熔點，壓力將有相當大的變化，而此種現象普遍存在純物質的熔解過程中。

(b)**硫的相平衡與相變化**

類似於高壓下的冰，固態硫在低壓時有兩種不同的結晶結構——斜方（Rhombic）與單斜（Monoclinic），因此在討論硫元素的相平衡時必須考慮四種可能的相：固相斜方（r，Orthorhombic）、固相單斜（m，Monoclinic）、液相（*l*）及氣相（g）。如圖 7－10 所示爲硫的相圖，圖中可概分爲四大區，分別爲四種可能的存在相，因爲純物質的 $C=1$，故 $F=3-P$，最多的相平衡點爲三相點，如圖中的點 A、B 與 C，分別表示：

$$r-m-g、r-m-l、m-l-g$$

的穩定三相平衡。另外 AB、BC、CA、EA、BF 與 CG 線段表示兩相穩定平衡：

$$r-m、m-l、m-g、r-g、r-l、l-g$$

粗略的比較圖 7－10 與圖 7－9 中水低壓的相圖可以發現兩個相圖頗爲相似，若將硫相圖中的單斜硫區縮爲 DB 線，則硫與水的相圖幾乎一致：高壓低溫爲固相、高壓高溫爲液相及低壓高溫爲氣相；唯一不同之處爲固液平衡的狀態線斜率正負不同。如圖 7－10 中的 D 點爲 $r-l-g$ 的介穩平衡（Metastable equilibrium）三相點，若固態斜

圖 7－10 硫的 $P-T$ 相圖

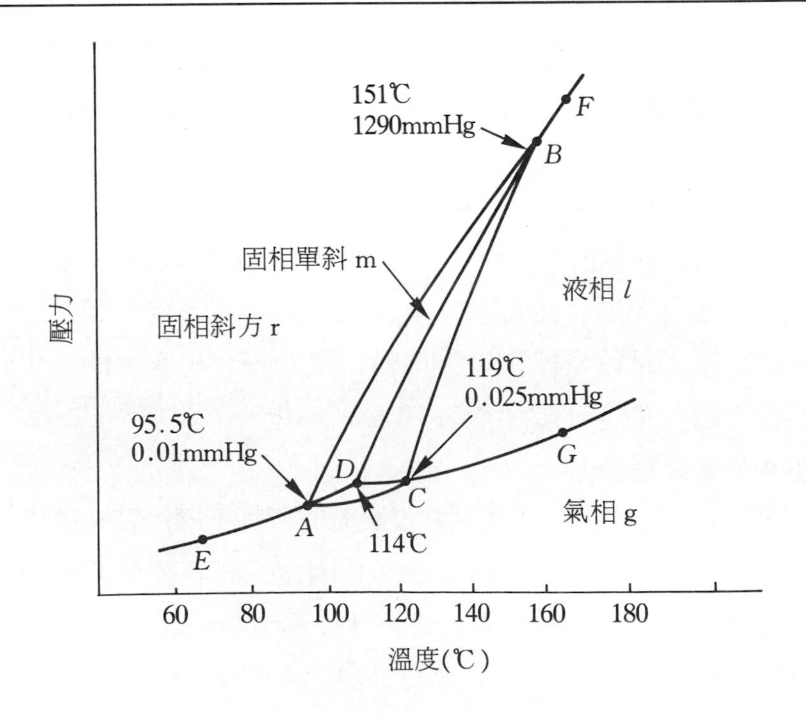

方硫急速加熱造成過熱（Superheating）或液態硫急速冷卻造成過冷，均會生成介穩平衡狀態，形成過熱斜方、過冷液態與過冷氣態的三相共存；就嚴格區分而言，介穩平衡態爲一不穩定平衡，些微的干擾或擾動皆會造成介穩狀態回復爲穩定的平衡狀態，至於會生成何種平衡態，則視干擾程度而定。相同的，圖 7－10 中的 *DA*、*DB* 與 *DC* 線表示 r－g、r－l、l－g 的介穩平衡，換言之，*DA* 線上的狀態爲過熱的斜方硫與氣相或過冷的氣態硫與斜方硫的平衡；*DB* 線的狀態爲過熱斜方硫與液態或過冷的液態與斜方硫的平衡；而 *DC* 線爲過冷液態與氣相的介穩平衡。一般而言，固態硫加熱過速或液態、氣態硫冷卻過速均不易觀察到單斜硫的出現。圖 7－10 中的 *A*、*B* 與 *C* 爲穩定三相點，而 *D* 點則爲介穩三相點(Metastable triple point)。

7－3 克拉泊壤（Clapeyron）方程式

7－3－1 純物質的相平衡理論

以相律而言，當純物質兩相平衡時，體系的熱力學自由度爲 1；若以溫度、壓力爲熱力學座標，則兩相平衡狀態，溫度與壓力不同時爲獨立變數，只有溫度或壓力爲單一獨立變數；因此，純物質兩相平衡時，溫度與壓力間應存在一關係式，而克拉泊壤（Clapeyron）方程式則是一探討純物質相變化與相平衡溫度與壓力條件的方程式。對於任何純物質而言，當其兩相（假設 α 及 β 相）平衡共存時，此二相組成物質粒子的化學位能（Chemical potential），$\mu(P,T)$，在相同壓力（P）及溫度（T）的條件下，必須符合下述條件：

$$\mu_\alpha(P,T) = \mu_\beta(P,T) \tag{7-16}$$

也就是說，當兩相共存時，整個純物質體系在定溫定壓下，

$$\Delta\mu = \mu_\alpha - \mu_\beta = 0 \tag{7-17}$$

由熱力學關係 $\mu = (\partial G/\partial n)_{P,T}$（其中 G 爲自由能，n 爲莫耳數），因此，(7－17) 式可以另一種方式表示——當純物質兩相平衡共存時

$$\Delta G = G_\alpha - G_\beta = 0 \tag{7-18}$$

其中 G_α 及 G_β 分別爲物質在 α 及 β 相的莫耳自由能。

故而對於純物質兩相平衡時，任何量的物質在 α 及 β 相間轉換，整個體系的 Gibbs 自由能，均保持一固定値；換言之，在適當的溫度、壓力兩相平衡時，體系的自由能的大小，不會因物質的兩相間相對量的改變而不同。至於在維持兩相平衡的條件之下，系統溫度和壓力的變化關係則可由下列關係式得到：當溫度、壓力爲 T、P 時兩相平衡共存，但當溫度、壓力分別改變爲 $T+dT$、$P+dP$ 時兩相仍然平衡共存，則 α 與 β 相的自由能隨溫度、壓力有相同量的變化，因此，

$$d\Delta G = 0 \equiv d(G_\alpha - G_\beta) = 0 \equiv dG_\alpha = dG_\beta \tag{7-19}$$

其中 $dG_\alpha = -S_\alpha dT + V_\alpha dP$，$dG_\beta = -S_\beta dT + V_\beta dP$，代入 (7－19) 式中得到

$$-S_\alpha dT + V_\alpha dP = -S_\beta dT + V_\beta dP \tag{7-20}$$

由上式可得任何溫度、壓力時兩相維持平衡共存的條件之下，溫度及壓力的變化必需遵守下列關係，

$$\frac{dP}{dT} = \frac{S_\beta - S_\alpha}{V_\beta - V_\alpha} = \frac{\Delta S}{\Delta V} \tag{7-21}$$

其中 ΔV、ΔS 分別是兩相在 P、T 時的單位數量體積和單位數量熵的差値。然而在兩相平衡共存時，因爲兩相的自由能相同，故而兩相之間的相變化是可逆反應，所以 ΔS 可表示爲

$$\Delta S = \frac{\Delta H}{T} \tag{7-22}$$

而 $\Delta H = H_\beta - H_\alpha$ 是純物質的兩相在 P、T 時的單位數量熱焓差値。

因此，(7－21) 式和 (7－22) 式可合併為 (7－23) 式，

$$\frac{dP}{dT}=\frac{\Delta H}{T\Delta V} \tag{7-23}$$

上式為系統維持兩相平衡共存的條件下，體系溫度、壓力變化的關係式，稱為 Clapeyron 方程式。

7－3－2　Clausius-Clapeyron 方程式

現在先針對 Clapeyron 方程式，來進一步探討。當 α、β 兩相平衡共存時，若 α 是凝相、β 是氣相，因此，$V_\beta \gg V_\alpha$，所以 ΔV 可近似 V_β。同時，假設氣相是理想氣體，則 Clapeyron 方程式中的 ΔV 可表示成

$$\Delta V=\frac{RT}{P} \tag{7-24}$$

假設莫耳數為 1，則 (7－24) 式是氣相與凝相莫耳體積差。由 (7－23) 及 (7－24) 式，Clapeyron 方程式可改寫成 Clausius-Clapeyron 方程式，

$$\frac{dP}{dT}=\frac{P\Delta H}{RT^2} \tag{7-25}$$

其中 ΔH 為物質的莫耳蒸發熱或莫耳昇華熱。因此，對於相圖中凝相與氣相平衡態的 P 與 T 關係斜率，dP/dT，恆大於零，因 (7－25) 式中的汽化熱或揮發熱恆為正；由實驗 P、T 相圖，經由兩相平衡狀態的 P 與 T 的斜率值可計算物質的莫耳汽化熱或揮發熱。

【例 7－3】

$NH_3(s)$ 及 $NH_3(l)$ 與氣相 NH_3 相平衡的蒸氣壓與溫度關係可分別表示為，

$$NH_3(s)：\ln P = 23.03 - \frac{3754}{T}$$

$$NH_3(l)：\ln P = 19.49 - \frac{3063}{T}$$

(a)計算氨三相平衡的溫度與壓力。

(b)氨的汽化熱、昇華熱及熔化熱。

【解】

(a)純物質三相平衡時，氣液平衡蒸氣壓應等於固氣平衡的蒸氣壓，故

$$23.03 - \frac{3754}{T} = 19.49 - \frac{3063}{T}$$

$$T = \frac{691}{3.54} = 195 \text{ K}$$

將溫度代入壓力式可得三相點壓力，

$$\ln P = 23.03 - \frac{3754}{195} = 3.75$$

$$P = 42.6 \text{ mmHg} = 0.056 \text{ atm}$$

(b)汽化熱與昇華熱可表示為，

對於昇華現象，

$$\frac{dP}{dT} = \frac{3754}{T^2} = \frac{\Delta H_{sub}}{RT^2}$$

$$\Delta H_{sub} = 3754R = (3754 \text{ deg})(1.987 \text{ cal deg}^{-1} \text{ mol}^{-1})$$
$$= 7459 \text{ cal mol}^{-1}$$

對於汽化現象，

$$\frac{dP}{dT} = \frac{3063}{T^2} = \frac{\Delta H_{vap}}{RT^2}$$

$$\Delta H_{vap} = 3063R = (3063 \text{ deg})(1.987 \text{ cal deg}^{-1} \text{ mol}^{-1})$$
$$= 6086 \text{ cal mol}^{-1}$$

利用黑斯定律（Hess' Law），熔化熱可以下式計算，

$$\Delta H_{fus} + \Delta H_{vap} = \Delta H_{sub}$$

因此，氨的熔化熱 ΔH_{fus}等於

$$\Delta H_{fus} = \Delta H_{sub} - \Delta H_{vap} = 1373 \text{ cal mol}^{-1}$$

【例 7－4】

正戊烷在溫度 100 與 197 ℃間的蒸汽壓可表示成

$$\log P(\text{atm}) = 3.752 - 1225.96T^{-1} + 8.0684 \times 10^{-4}T$$

試算正戊烷在溫度 400 K 時的汽化熱。

【解】

因

$$2.303 \log P = \ln P$$

$$\frac{d\ln P}{dT} = 2.303 \times (1225.96T^{-2} + 8.0684 \times 10^{-4})$$

由 Clapeyron 方程式

$$\frac{d\ln P}{dT} = \frac{1}{P}\frac{dP}{dT} = \frac{1}{P}\frac{dH}{TdV}$$

因此，

$$dH = (PT)^{-1}dV \times \frac{d\ln P}{dT}$$

$$= (PT)^{-1}dV \times 2.303 \times (1225.96T^{-2} + 8.0684 \times 10^{-4})$$

上式中的 $dV = V_g - V_l = V_g$，假設氣態爲理想氣體，故 $dV = RT/P$，因此，

$$\Delta H = 2.303R(1225.96 + 8.0684 \times 10^{-4}T^2)$$

將溫度 $T = 400$ K 代入 dH 式，可得 400 K 時的汽化熱 ΔH。

【例 7－5】

試問改變水的凝固點 1 K，壓力需變化若干 atm？在 0 ℃時冰的熔解熱爲 79.7 cal/g，0.9998 g/mL，冰的密度爲 0.9168 g/mL。

【解】

由 Clapeyron 方程式，

$$\frac{\Delta P}{\Delta T}=\frac{\Delta H_{\text{fus}}}{T(V_l-V_s)}=\frac{18.02\times 79.7\ \text{cal/mol}}{273.16\times(V_l-V_s)}\times\frac{1\ \text{atm}\cdot\text{L}}{24.22\ \text{cal}}$$

因

$$V_l-V_s=\frac{18.02}{1000}\left(\frac{1}{0.9998}-\frac{1}{0.9168}\right)=-1.63\times 10^{-3}\ \text{L/mol}$$

所以

$$\frac{\Delta P}{\Delta T}=-133\ \text{atm/K}$$

【例 7－6】

水的汽化熱為 539.7 cal/g，求其在 95 ℃之蒸汽壓。

【解】

$$\Delta H_{\text{vap}}=18.02\times 539.7=9720\ \text{cal/mol}$$

因 $T=373.16$ K，$P=760$ mmHg；故由（7－25）式假設 ΔH_{vap}不為溫度變數；因此積分（7－25）式可得：

$$\int\frac{dP}{P}=\int\frac{\Delta H}{RT^2}\,dT$$

因此

$$\ln P=-\frac{\Delta H}{RT}+B$$

其中 B 為積分常數；若 $\Delta H=\Delta H_{\text{vap}}$，計算兩溫度間的壓力差則為

$$\ln P_2-\ln P_1=-\frac{\Delta H_{\text{vap}}}{R}\left(\frac{1}{T_2}-\frac{1}{T_1}\right)$$

$$\ln\frac{P_2}{P_1}=\frac{\Delta H_{\text{vap}}(T_2-T_1)}{RT_1T_2}$$

相同的，對於固態昇華的固氣平衡，亦可表示成

$$\ln\frac{P_2}{P_1}=\frac{\Delta H_{\text{sub}}(T_2-T_1)}{RT_1T_2}$$

在本題中將 ΔH_{vap}及 T，P 代入可得，

$$\ln \frac{760}{P_1} = \frac{9720(373.16 - 368.16)}{1.987 \times 373.16 \times 368.16} = 0.178$$

$$P_1 = \frac{760}{1.195} = 636 \text{ mmHg}$$

【例 7－7】

鎢在溫度 2600 K 時的蒸汽壓爲 7.23×10^{-5} Pa，而蒸汽壓爲 0.341 Pa，當溫度爲 3400 K，試問元素鎢的莫耳汽化熱爲何？

【解】

$$\ln \frac{P_2}{P_1} = -\frac{\Delta H}{R}\left(\frac{1}{T_2} - \frac{1}{T_1}\right)$$

因此，

$$\ln \frac{0.341}{7.23 \times 10^{-5}} = 8.46 = -\left(\frac{\Delta H}{R}\right)\left(\frac{1}{3400} - \frac{1}{2600}\right)$$

故莫耳汽化熱爲：

$$\Delta H = \frac{(8.46)(8.314)}{0.905 \times 10^{-4}} = 777000 \text{ J} = 777 \text{ kJ mol}^{-1}$$

【例 7－8】

解釋高壓下水的相圖中垂直與水平狀態線所透露出的訊息。

【解】

純物質 $P-T$ 相圖中的水平相平衡狀態線指該二相平衡態的 dP/dT 等於零，換言之，所對應的相變化之 ΔH 與 ΔS 等於零。如相圖中冰 Ⅵ 與冰 Ⅶ 的相變化莫耳熵與熱焓爲零。對於相圖的垂直狀態線而言，則 dP/dT 爲無限大，因此，其倒數表示 ΔV 等於零，故二平衡相的莫耳體積相同；如冰 Ⅶ 與冰 Ⅷ 的密度相同。

7－4 二成分系的相平衡

含有二或更多成分的物系稱爲多成分系（Mutlicomponent system)。多成分系的相平衡現象較純物質系複雜許多，此乃物系的熱力學自由度較單成分系增加，而物系的組成分將成爲討論物系熱力學狀態的重要變數。本節將討論二成分系的相變化及相平衡，而對於二成分系的氣液或液液相平衡與物系組成之間的探討，是經由對理想溶液（Ideal solution）了解，進而學習一些有關溶液性質的基本觀念。

7－4－1 二成分系的相律

若物系由二成分組成，$C=2$，則物系的熱力學自由度爲 $F=4-P$，較純物質體系增加一個熱力學自由度，而可能的平衡狀態有下列四種：

$P=1$， $F=3$ 三變系(Trivariant system)

$P=2$， $F=2$ 二變系(Bivariant system)

$P=3$， $F=1$ 單變系(Univariant system)

$P=4$， $F=0$ 不變系(Invariant system)

由於二成分物系的可能自由度最大可爲 3，因此描述體系相平衡需要三度空間的狀態圖，通常使用的熱力學狀態參數爲：溫度、壓力與物系組成；因三度空間的立體相圖不易判讀與了解，通常將三個變數中的任一個固定，而討論其他二變數與相平衡間的關係；故而對二成分系的相圖可有三種不同的描述，

恆溫時：壓力(P)－組成(x)相圖

恆壓時：溫度(T)－組成(x)相圖

固定組成：溫度(T)－壓力(P)相圖

7－4－2　二成分系的相變化

爲容易了解二成分系的相變化過程，討論一固定組成與壓力爲一大氣壓的苯與甲苯混合系。純苯與甲苯的沸點在一大氣壓下分別爲80 ℃與110 ℃，假設苯與甲苯以1:1混合，且起始溫度爲200 ℃，如圖7－11(a)所示，此二成分系爲一均勻混合氣相，$P=1$，故體系有三個熱力學自由度：$T=200$ ℃、$P=1$ atm及$x_{苯}=0.5$。如圖7－11(b)所示，維持壓力一大氣壓，將物系自200 ℃降溫至約105 ℃時，發現物系呈現液態凝結，此時物系爲二相平衡，$P=2$，此時生成的液相與氣相混合物中，苯的組成可以表示爲$x_{苯1}$、$y_{苯1}$；因物系爲一封閉系統（Closed system），若$x_{苯1}>0.5$則$y_{苯1}<0.5$，反之亦然。若將物系溫度再下降至100 ℃，如圖7－11(c)所示，待平衡後物系中所形成的平衡液、氣相組成，$x_{苯2}$、$y_{苯2}$，不同於105 ℃時的物系平衡組成$x_{苯1}$與$y_{苯1}$。若將物系的溫度降至90 ℃以下，物系呈現一穩定液相混合物，$P=1$，如圖7－11(d)所示。

由苯與甲苯混合物系的相變化發現，二成分系的相變化與純物質系最大的不同爲物系的二相平衡，在定壓下，可以存在於一溫度區間；以苯、甲苯1:1混合系爲例，一大氣壓時，在105至90 ℃溫度範圍內均可呈現二相平衡；而相變換區爲二成分系相圖最重要的特質。

若將圖7－11的物系在不同的壓力下自200 ℃，重複降溫過程，發現液氣相平衡的溫度區間將不同於一大氣壓下所作的降溫。另外，若將物系組成改變爲苯、甲苯1:2，物系壓力固定爲一大氣壓，重複降溫過程也將觀察到與圖7－11不同的相平衡溫度區；因此，若針對各種不同組成的苯與甲苯，重複如圖7－11所示的降溫動作，並記錄

圖 7－11 定溫下苯與甲苯混合系在不同溫度下之相變化

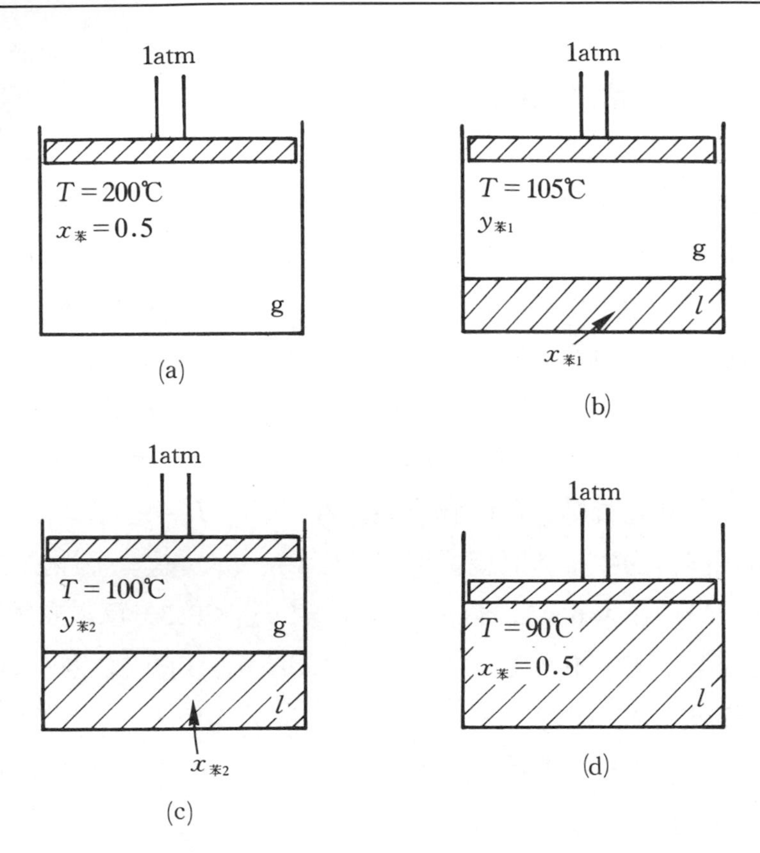

各物系，在一大氣壓下，自高溫單一氣態時，隨溫度降低所呈現液、氣二相平衡的最高溫與最低溫，再將不同組成物系，兩相平衡的高溫點與低溫點連成線，則爲固定壓力下二成分物系的氣相線（Vapor curve）與液相線（Liquid curve）；此乃二成分系氣液平衡時，氣相及液相組成與溫度的關係。如圖 7－12 所示爲苯與甲苯，一大氣壓下，溫度與組成的 $T-x$ 相圖。

圖 7－12 的相圖可區分爲氣相（g）、液相（l）與氣液相共存區（$l-$g），而區隔各區爲氣相線與液相線；與定壓 $T-x$ 相圖相對應的定溫 $P-x$ 相圖也可以圖 7－11 相似的實驗過程繪製。如圖 7－13(a)

圖 7－12　苯與甲苯以 1:1 混合的二成分系 $T-x$ 相圖

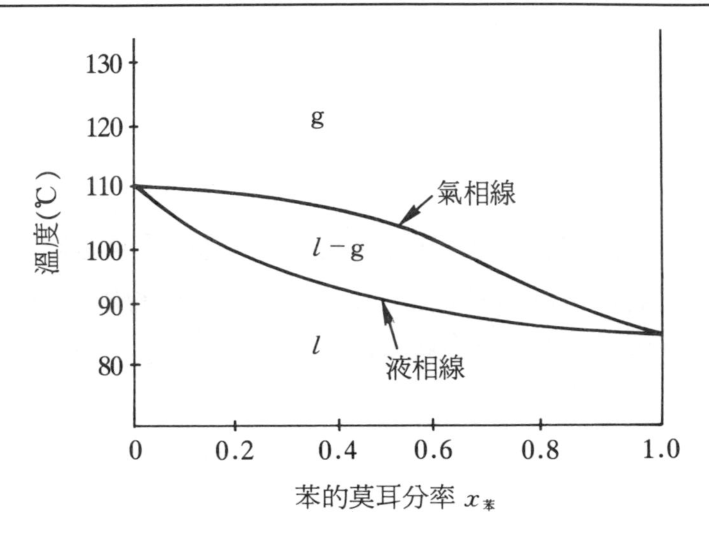

圖 7－13　定溫下，苯與甲苯二成分系在不同壓力下的相變化

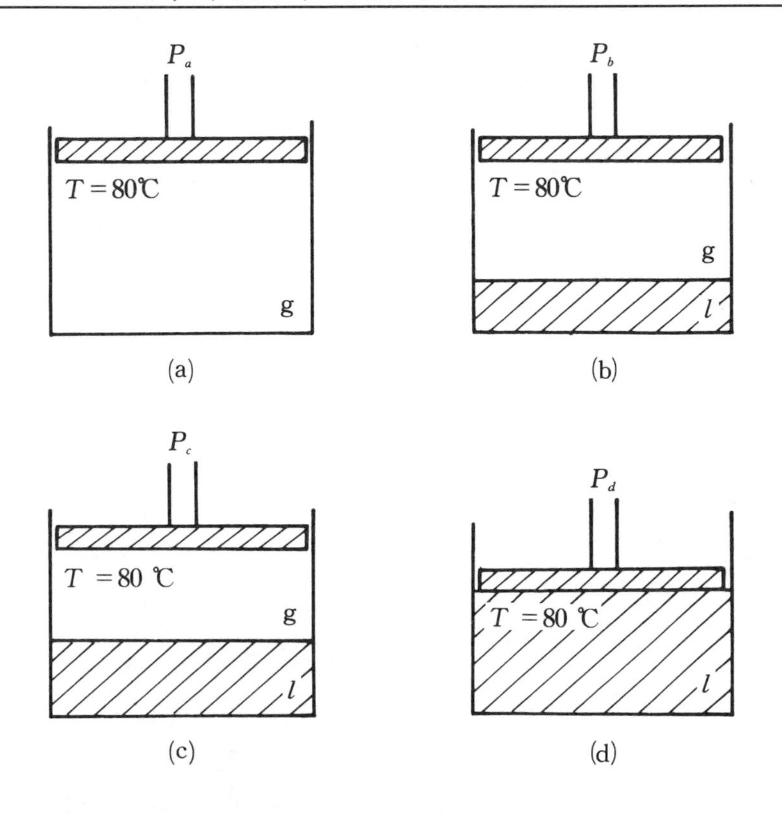

～(d)所示，將二成分物系置於恆溫槽的定溫下（80 ℃），自物系爲單一氣相的定溫低壓 P_a 加壓至 P_b，則物系呈現液氣相平衡，待壓力大於 P_c 時，物系爲單一液相溶液，直到物系壓力爲 P_d 時，熱力學自由度 $F=3$。記錄不同組成物系在相同溫度下的 P_b 與 P_c，並連成線則成定溫 $P-x$ 相圖，如圖 7－14 所示，與圖 7－12 $T-x$ 相圖不同的是，$P-x$ 相圖上部高壓時爲液相區，而低壓時爲氣相區，其中 b 點的線爲露點線（Dew point line），而 c 點所在的線爲汽化點線（Bubble point line）；而稱爲露點線乃因自氣相物系定溫降壓時，在露點壓力氣相將生成液態凝結，類似早晨所見的露水；至於汽化點是指液相物系定溫下自高壓減壓時，在汽化點壓力開始沸騰生成氣相，而有汽泡產生。若將二成分相圖 7－12 與 7－14 合併繪製，則成一完整的 $P-T-x$ 二成分相圖 7－15，當物系的熱力學狀態處於圖中二曲面之間，表示物系爲兩相平衡共存態（$l-g$）；當物系狀態在曲面 I 以上——高壓、低溫，物系爲單一液相（l），若物系在曲面 II 以下

圖 7－14　苯與甲苯的 $P-x$ 相圖

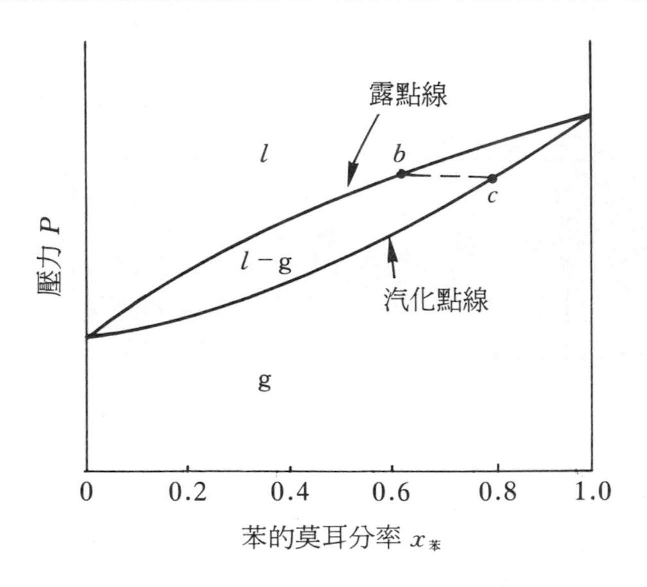

圖 7－15 苯與甲苯二成分系的 $P-T-x$ 相圖

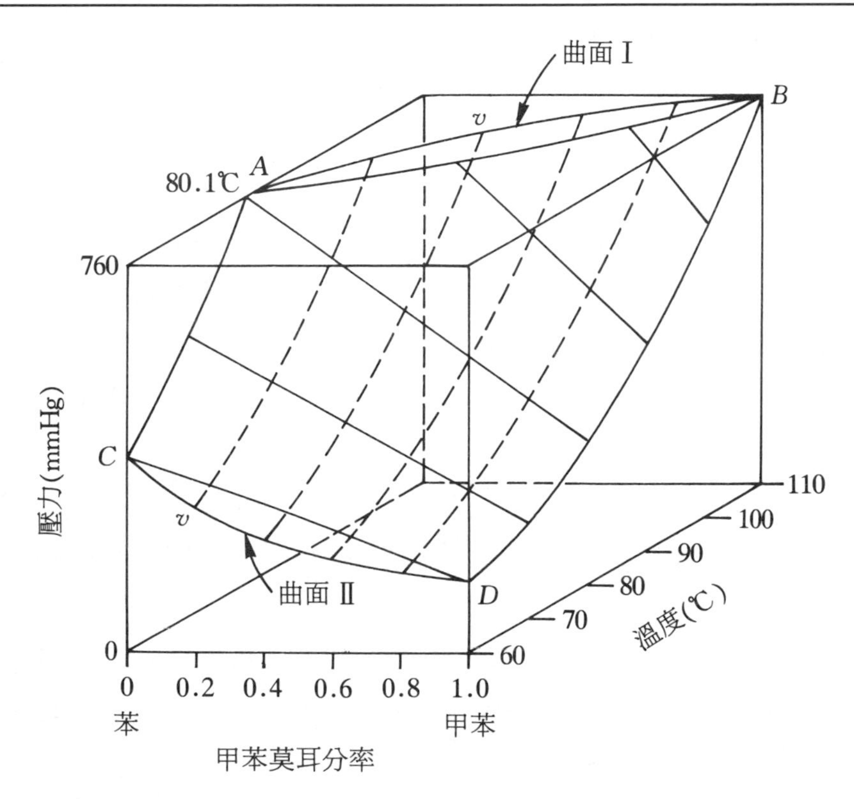

——低壓、高溫，熱力學坐標顯示物系為單一氣相 (g)。因此，沿著垂直於溫度軸或壓力軸作切面，可分別得定溫 $P-x$ 相圖與定壓 $T-x$ 相圖。

7－5 二成分系的氣液平衡

二成分物系的 $P-x$ 或 $T-x$ 相圖，除了理想溶液（Ideal solution，第八章將有詳細的討論）與其生成的理想氣體間的相平衡可經由計算繪出外，對於實際絕大部分的非理想物系的相圖，必須由實驗的觀察繪出。本節將先討論理想二成分物系的氣液相平衡，再探討非理想（Nonideal）物系的相圖。

7－5－1 理想二成分系氣液平衡

有關溶液性質，第八章將有詳盡的討論。本節考慮單一液相的二成分系理想溶液，而理想溶液的定義——當液氣相平衡時，組成分氣相的分壓遵守拉午耳定律（Raoult's law）。1884 年拉午耳針對二成分系理想溶液在溫度 T_0、壓力 P_0 下，形成兩相平衡時，氣相組成分的分壓可表示成：

$$P_i = x_i P_i^* \tag{7-26}$$

其中 P_i，x_i 與 P_i^* 分別爲物系中組成分 i 在氣相的分壓、組成分 i 在溶液中的莫耳分率及組成分純物質態在溫度 T_0 時的蒸氣壓。如 7－3 節所述，對於純物系，外壓爲 P_i^* 時，體系的沸點溫度爲 T_0。根據拉午耳定律，理想二成分系液氣相平衡時，物系氣相壓力爲

$$P_0 = x_1 P_1^* + x_2 P_2^* \tag{7-27}$$

因

$$x_1 + x_2 = 1$$

故

$$\begin{aligned} P_0 &= x_1 P_1^* + (1 - x_1) P_2^* \\ &= P_2^* + (P_1^* - P_2^*) x_1 \end{aligned} \tag{7-28}$$

若固定體系的溫度爲 T_0，如圖 7－13 所示加壓至物系到壓力爲 P_0 時達到物系的汽化點，而（7－28）式即爲二成分系沸騰壓力與物系組成間的關係式，也是 $P-x$ 相圖的汽化點線。另外分析二成分系液氣相平衡時，生成的理想氣態組成爲

$$y_1 = \frac{P_1}{P_1 + P_2} = \frac{x_1 P_1^*}{P_0} \tag{7-29}$$

將（7－28）式物系的總壓代入（7－29）式可得，

$$y_1 = \frac{x_1 P_1^*}{P_2^* + (P_1^* - P_2^*)x_1} \tag{7-30}$$

上式中的 x_1、y_1 分別爲二成分系氣液相平衡時液相與氣相中組成分1的莫耳分率，（7－30）式表示在溫度 T_0、壓力 P_0，兩相平衡時，液相與氣相中組成分1的平衡莫耳分率關係；如圖7－16中的 A、B 點，分別表示物系中的兩平衡相的濃度。而（7－30）式可改寫爲

$$x_1 = \frac{y_1 P_2^*}{P_1^* + (P_2^* - P_1^*)y_1} \tag{7-31}$$

而且

$$y_1 P_0 = x_1 P_1^* = P_1 \tag{7-32}$$

因此

$$P_0 = \frac{P_1^* P_2^*}{P_1^* + (P_2^* - P_1^*)y_1} \tag{7-33}$$

（7－33）式爲二成分系氣液相平衡時，氣相的組成與總壓力的關係，如圖7－13所示加壓至物系到壓力爲 P_b 時達到物系的露點，生成凝態物質，而（7－33）式即爲二成分系露點壓力與物系組成間的關係式，也是 $P-x$ 相圖的露點線。

定溫下二成分物系的 P_1^* 與 P_2^* 爲常數，將（7－28）與（7－33）式的 x 與 y 值隨物系的總壓 P_0 的變化算出，並繪成如圖7－16的相圖即爲一理想二成分物系的相圖，對於任何物種，只要遵守理想溶液與理想氣體定義的物系，當溫度決定則純物系的 P_1^* 與 P_2^* 即確定，因此可經由（7－28）與（7－33）式推算物系的相圖。

圖 7－16　理想二成分系的 $P-x$ 氣液相圖

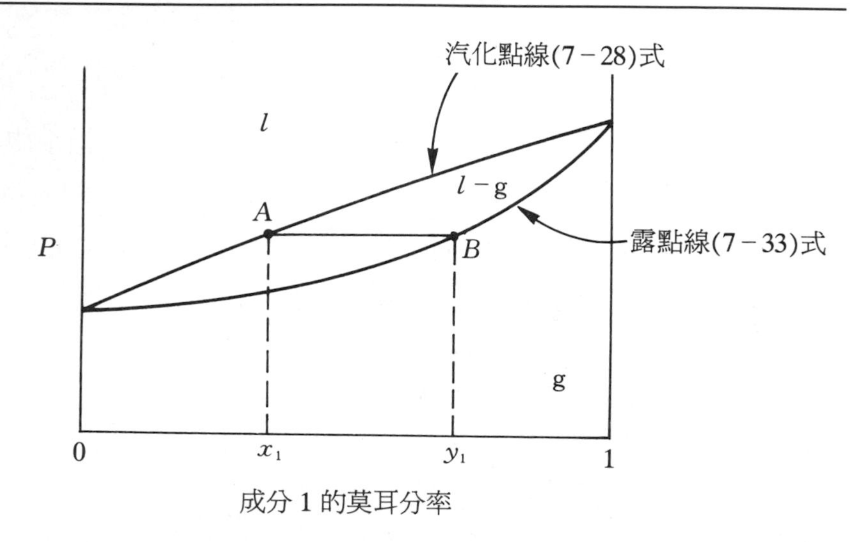

【例 7－9】

60 ℃時純苯及甲苯之飽和蒸氣壓分別爲 385 mmHg 及 139 mmHg。試求當甲苯之莫耳分率爲 0.6 時，二成分之蒸氣壓及溶液之總蒸氣壓爲若干？

【解】

$$P_1 = x_1 P_1^* = (385)(0.4) = 154.0 \text{ mmHg}$$

$$P_2 = x_2 P_2^* = (139)(0.6) = 83.4 \text{ mmHg}$$

$$P = P_1 + P_2 = 154 + 83.4 = 237.4 \text{ mmHg}$$

【例 7－10】

C_3H_7OH 與 C_4H_9OH 在 100 ℃ 之蒸汽壓分別爲 1440 mmHg 與 570 mmHg。求在 1 atm 及 100 ℃時蒸發的 C_3H_7OH 及 C_4H_9OH 混合溶液，其溶液相及蒸氣相的組成各若干？

【解】

因總壓等於分壓的和，因此

$$760 = 570x_1 + 1440x_2 = 570x_1 + 1440(1 - x_1)$$

所以

$$x_1 = 0.781,\ x_2 = 0.219$$

因

$$y_1 = \frac{P_1^* x_1}{P}$$

故而

$$y_1 = \frac{570 \times 0.781}{760} = 0.585$$

而

$$y_2 = \frac{P_2^* x_2}{P} = \frac{1440 \times 0.219}{760} = 0.415$$

7－5－2　理想二成分系沸點（$T-x$）相圖

如圖 7－11 所示定壓（P'）下的降溫或升溫過程，因此物系的壓力保持固定 P'，由拉午耳定律，若物系兩相平衡時，氣相的總壓等於各組成分壓的和，

$$P' = P_1 + P_2 = x_1 P_1^* + (1 - x_1) P_2^* \tag{7-34}$$

因此

$$x_1 = \frac{P' - P_2^*}{P_1^* - P_2^*} \tag{7-35}$$

因體系的壓力固定，故（7－35）式中的純物系相平衡蒸氣壓 P_1^* 與 P_2^* 隨混合物系相平衡溫度變化而不同，因此（7－35）式的 x_1——二成分系氣液相平衡時的液相中成分 1 的莫耳分率，爲相平衡溫度的函數 $f(T)$，由（7－35）式知 $f(T)$ 可由物系的固定總壓 P' 及組成分的 $P_1^*(T)$、$P_2^*(T)$ 計算而得。同時氣液相平衡時氣相中成分 1 的莫耳分率應爲

$$y_1 = \frac{P_1}{P'} = \frac{x_1 P_1^*}{P'} \tag{7-36}$$

將（7－35）的 x_1 表示式代入（7－36）中得下式

$$y_1 = \left(\frac{P' - P_2^*}{P_1^* - P_2^*}\right)\left(\frac{P_1^*}{P'}\right) \tag{7-37}$$

與 x_1 相似，y_1 爲一溫度函數 $g(T)$，可由 P' 及相平衡溫度所決定的 P_1^*、P_2^* 計算而得。因此物系在定壓下，利用理想溶液的拉午耳定律及組成分純物系的蒸氣壓，對於不同溫度時氣液相平衡，二成分系組成與溫度關係的沸點相圖，可以藉由 $f(T)$ 與 $g(T)$ 函數繪出，如圖 7－17 所示。

在圖 7－17 與實驗觀察所得的圖 7－12 相似，唯圖 7－17 乃理想溶液氣液平衡相圖，完全以拉午耳定律所獲得的結果。因此對於任何二成分物系皆可在理想溶液的假設下，由總壓力及 $P_1^*(T)$、$P_2^*(T)$ 資料，可得一理論 $T-x$ 相圖。

圖 7－17　理想二成分系的 $T-x$ 氣液相圖

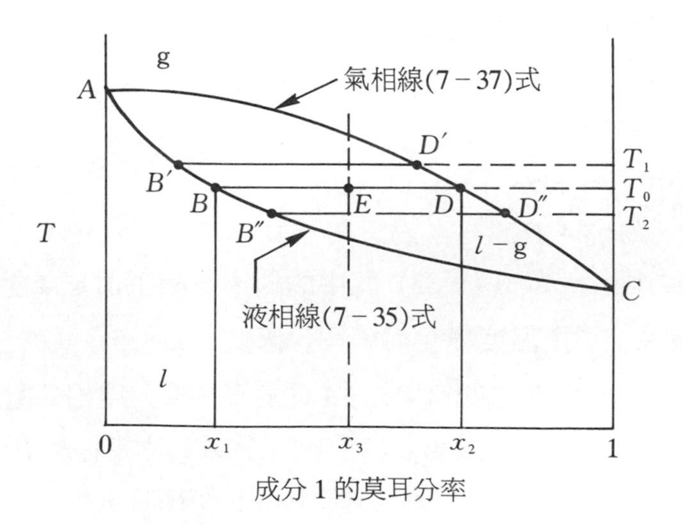

圖 7－17 即爲 $T-x$ 沸點相圖（Boiling-point phase diagram），圖中的 ABC 與 ADC 曲線分別爲 $f(T)$與 $g(T)$溫度函數。一般在沸點相圖中稱 ABC 爲液相線（Liquid curve），指氣液相平衡時溶液相的組成，與 $P-x$ 相圖中物系在沸點線的狀態是一致的；圖 7－17 的 ADC 曲線則稱爲氣相線（Vapor curve），與 $P-x$ 相圖的露點線所表示的物系狀態相同。

7－5－3　槓桿定則（Level rule）

對於多成分系的相平衡，由於各平衡相的組成隨相平衡狀態（溫度、壓力等）而不同，然此組成的資訊可由相圖中的狀態曲線獲得。以圖 7－17 爲例，連結互呈平衡之兩相的組成所畫平行於組成軸的直線 BD 爲縛線（Tie line）。B、D 與 E 的組成分別爲 x_1、x_2 與 x_3，其中 $B(x_1)$、$D(x_2)$ 分別爲在溫度 T_0 物系相平衡時，溶液相與氣相中組成分 1 的莫耳分率；而 $E(x_3)$ 表示物系中組成分 1 的總莫耳分率，由於物系爲一封閉系統（Closed system），不論物系的平衡態爲單相或多相，因物質不滅，故物系中組成分的總莫耳分率爲恆定值——x_3。因此 x_3 可表示成

$$x_3 = \frac{n_1}{n_1 + n_2} \tag{7-38}$$

其中 n_1、n_2 分別爲物系中組成分 1 與 2 的總莫耳數，n_l、n_g 分別表示物系兩相平衡時液相與氣相的物質總莫耳數，因物質不滅故 $n_1+n_2=n_l+n_g$。n_1 可表示成

$$n_1 = x_1 n_l + x_2 n_g \tag{7-39}$$

將（7－39）式代入（7－38）式，

$$x_3(n_l + n_g) = n_1 = x_1 n_l + x_2 n_g \tag{7-40}$$

故

$$\frac{n_l}{n_g}=\frac{x_2-x_3}{x_3-x_1} \tag{7-41}$$

(7－41) 式即爲二成分系相平衡時，不同相間的莫耳數或量的比，稱槓桿定則。如圖 7－17 所示，在溫度 T_0 兩相平衡時，氣相與液相物質的莫耳數比等於 *BE* 與 *ED* 線段比。若溫度上升至 T_1，待兩相平衡時，*BE* 線段增長而 *ED* 線段減短，物系中的氣相物質的總莫耳數增加，液相的則減少；反之，若體系溫度下降至 T_2，體系相平衡時，物系中液相物質莫耳數增大，而氣相的莫耳數則減少。因此，可以經由相圖及槓桿定則瞭解二成分物系相平衡時的組成變化及相的相對量關係。基本上，任何關係的多成分相圖，只要是以組成分爲軸的相圖，若物系的熱力學狀態爲多相平衡時，皆可經由槓桿定則，以物系各相的平衡濃度，瞭解體系各相間量的關係，以下在討論多成分相平衡時，將有進一步的說明。

7－5－4　實際非理想二成分物系的氣液平衡

7－5－2 節所探討的爲理想二成分系的氣液相平衡，然對於實際體系的相平衡現象應如何？就實際測得的相圖而言，大部分二成分物系爲非理想物系，換言之，實際的相圖與理想溶液的有相當的差異性，如圖 7－18 所示爲實驗所測甲醇與二硫化碳及醋酸與氯仿在 1 大氣壓下的露點線 $P-x$ 相圖。圖 7－18 中虛線所示爲理想體系的狀態線，如圖 7－18(a)甲醇與二硫化碳的二成分系，實際所測氣液相平衡的露點壓力較理想溶液高，此現象稱爲正偏差（Positive deviation），顯示組成分純物質分子間的作用力，大於不同成分物質分子間的作用力，因此形成溶液後其體積稍膨脹而平衡蒸氣壓較理想溶液爲高。反之，若組成分純物質分子間的作用力，小於不同成分物質分子間的作用力時，當形成溶液後其體積稍爲縮小而蒸氣壓較理想溶液低，因此如圖 7－18(b)所示醋酸與氯仿的二成分系，當氣液相平衡時，露點壓力小於拉午耳定律的計算壓力，此稱爲負偏差（Negative deviation）。

圖 7－18　(a)甲醇與二硫化碳的蒸氣壓與組成的關係
(b)醋酸與氯仿的蒸氣壓與組成的關係

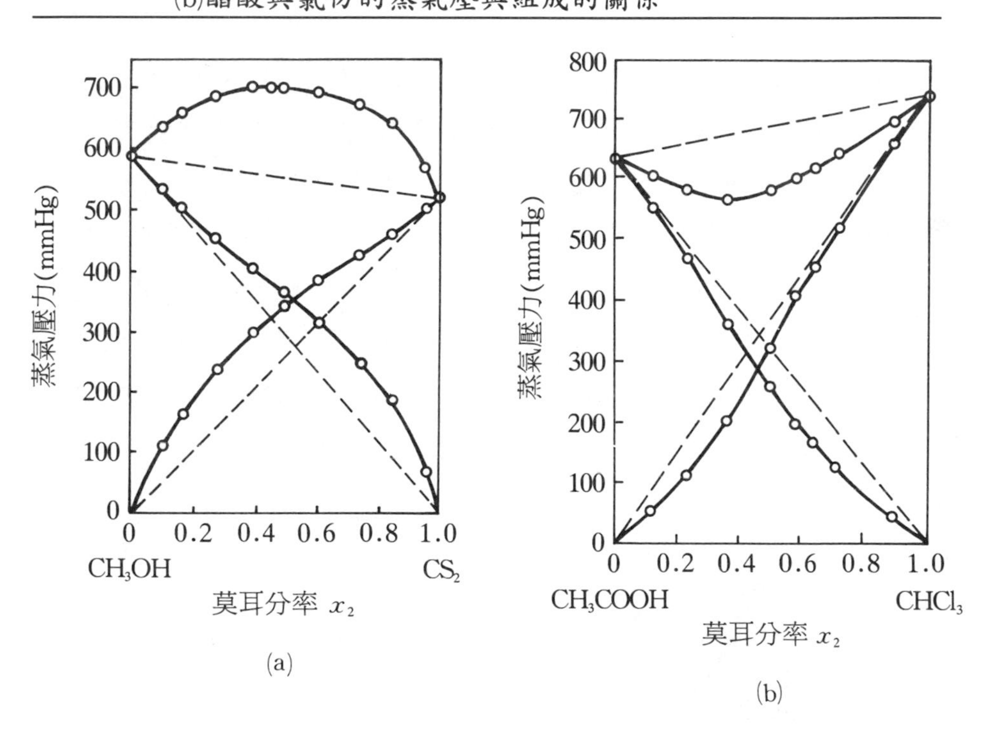

7－5－5　分餾（Fractional distillation）

分餾或蒸餾是多成分系氣液相平衡的一種最主要及常見的應用，分餾也是化學實驗或工業純化、分離過程中的重要步驟，如石化工業中的裂解分離、有機合成分離等。基本上，對於二成分系的分餾，一般較實際的作法，在 1 大氣壓下，經由物系不斷地氣液相平衡，最後獲得一純度較高的成分。在一固定溫度下，氣液平衡時，蒸氣相中揮發性較大的成分之莫耳分率，較溶液的大，因此蒸汽較溶液富於揮發性較大的成分。如圖 7－19 所示相圖的 2－甲基丙醇與丙醇的二成分系，由圖所示成分 A 及 B 的純物質態沸點為 108 及 82 ℃，成分 B 較 A 有較大的揮發性，若將成分 B 濃度為 x_1 的溶液在鍋爐中，定壓之下，自 T_0 加熱至 $T-x$ 相圖所示的沸點 T_1 時，溶液開始沸騰，生成另一氣相。以槓桿定則知，溫度 T_1 時生成成分 B 的組成為 x_2 之蒸汽，揮發性成分 B 的含量較溶液增加。將此蒸汽完全冷凝 (Condense)，則所得的溶液組成亦為 x_2，但其沸點低於 T_1。若再將組成為 x_2 的溶液加熱，於溫度在 T_2 時物系在生成氣液平衡，然此時蒸汽中成分 B 的組成為 x_3，由圖 7－19 中的虛線知道，溫度 T_2 相平衡時，於蒸汽中揮發性成分 B 的組成再增加。如此反覆汽化與冷凝蒸汽，最後所得的蒸汽冷凝所得的溶液組成將極為接近純物質 B。

圖 7－19　2－甲基丙醇 (A) 與丙醇 (B) 在一大氣壓的 $T-x$ 氣液相圖

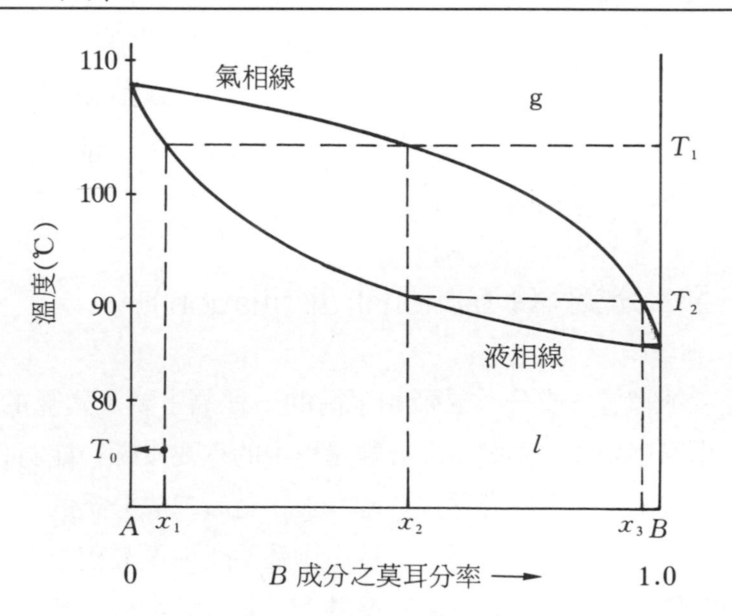

此重複的相平衡過程稱蒸餾（Distillation）。若在蒸餾的過程中不繼續添加組成爲 x_1 的溶液，而繼續將揮發的蒸汽冷凝取出，則因體系中揮發性較大的組成分 B 汽化的量較大，鍋爐體系中所剩溶液所含揮發性較小的組成分 A 濃度隨蒸汽的取出而增加，因此，體系中溶液的狀態將沿著 $T-x$ 相圖的液態線向左上方移動，最後鍋爐中的殘餘物（Residue）爲揮發性較小的純物質 A。

一般蒸餾是利用蒸餾管（Distillation column）或工業上的大量分餾，乃藉由分餾塔（Fractionating column）進行連續的汽化與冷凝。工業上常用的分餾塔爲圖 7-20 所示的泡罩式（Bubble-cap type）蒸餾塔。如圖所示，蒸餾塔中有一層層的板（Plate），各板上裝置許多泡罩，而泡罩的目的爲使下一層板的溶液所揮發的蒸汽，在泡罩處冷凝，因此，在一蒸餾塔中平衡溫度是隨板層的升高呈梯度而降低。各板上均有液體及平衡蒸汽，蒸汽經由泡罩的降溫冷凝，故第 n 層與 $n+1$ 層的溶液中較易揮發物質的濃度相當於圖 7-19 中，以第 n 層溫度所畫的一連結線兩端點所表示的組成。每一層板的液體若滿溢則經下流管（Downpipe）迴流至下一層板。基本上，蒸餾中每一層板的溶液不可太多，也就是層板的厚度不可過厚，因爲較少量的溶液較容易維持該層板的氣液平衡。蒸餾塔頂有一冷凝器（Condenser），可冷凝來自最上層板的蒸汽，其凝結液的一部分爲近於純物質的餾出物（Distillate）抽出，另一部分則回流（Reflux）進入最上板的溶液。分餾時，新溶液常自塔之中部加入，以維持塔內的溶液量與上層可不斷抽取餾出物。以進料的位置爲基準，可將蒸餾塔分爲兩部分：上部稱爲精餾部（Rectifying section）或增濃段（Enriching section），其功能爲提升高揮發性成分的濃度；下部則稱爲汽提段（Stripping section），其功用爲使高沸點、低揮發性物質沿分餾塔向下逐漸增加濃度。分餾塔的構造，除泡罩式以外，常見的尚有篩板塔（Sieve plate column）、填充塔（Packed column）等。

圖 7－20 泡罩式蒸餾塔

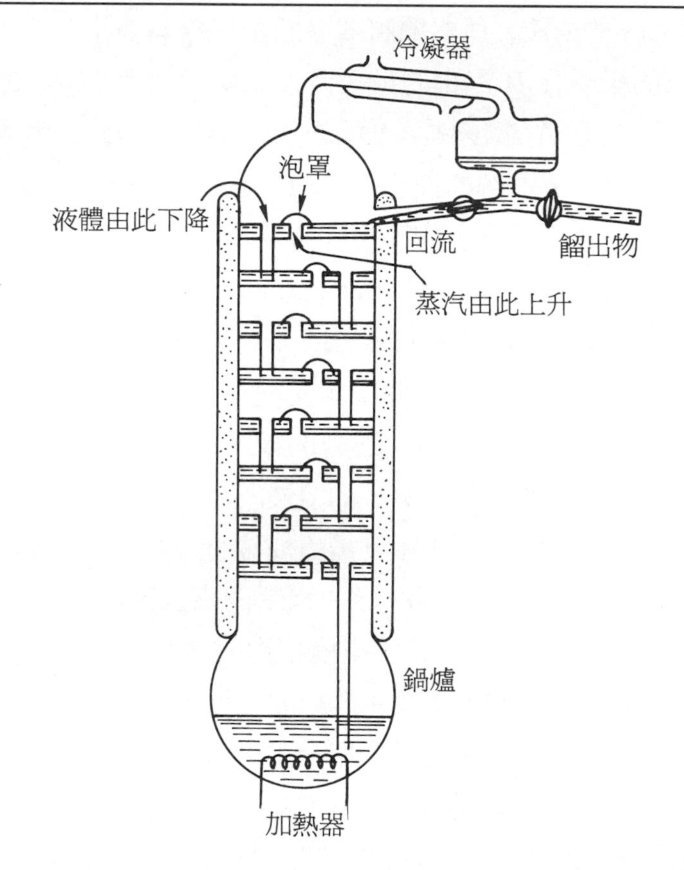

分離二成分所需板數與組成分的揮發性差別與蒸餾塔的回流比（Reflux ratio）有關。所謂回流比即爲最上層板的回流量與餾出量的比。溶液組成分的揮發性差別越小或回流比越小，爲有效分離混合物，所需板數越多。層板或填充塔之分離效率可以用理想板數（Number of theoretical plates）表示之。分餾塔中的每一氣液平衡步驟稱爲一理論板（Theoretical plate），換言之，在一理論板上的溶液與蒸汽爲完全平衡狀態。對於層板塔的分餾而言，由於塔中實際的每一個層板不可能完全達到氣液平衡，因此，實際板數大於完全分離所需的理論板數。如圖 7－19 所示的虛線數，以 4 個理論板數的重複平衡，餾出物的高揮發成分濃度約可達 0.98 莫耳分率。

對於有些非理想溶液的沸點（$T-x$）相圖，如圖 7－21 所示，沸點線溫度上有一極大或極小值，也就是液態線與氣態線在某一溶液組成時的斜率相同。在極大或極小沸點，溶液與蒸汽的組成相同，此時的組成溶液稱爲共沸物質（Azeotropes），顧名思義，這樣的組成系氣液相平衡時，因蒸汽與溶液的組成相同，表示兩種成分在共沸溫度同時沸騰，類似純物質的相變化。對於會發生共沸的溶液經過蒸餾過程，原則上可產生共沸混合溶液和一純物質，視溶液的最初組成而定。以圖 7－21(a) 丙酮與氯仿的 $T-x$ 相圖爲例，當氯仿莫耳分率 0.67 時溶液在 64 ℃共沸，若溶液中氯仿的莫耳分率小於 0.67，在蒸餾的過程中，丙酮可以餾出而殘餘物則爲氯仿濃度 0.67 的溶液；若最初溶液的氯仿組成大於 0.67，蒸餾後殘餘物爲共沸溶液，而餾出物則爲氯仿。對 $T-x$ 沸點圖有一溫度極大值的相圖而言，若最初溶液的組成大於共沸組成，則餾出物爲相圖右邊的物質；反之，最初溶液組成若小於共沸組成，餾出物則爲相圖左邊的物質，但無論溶液組成

圖 7－21　具有共沸點的二成分系相圖

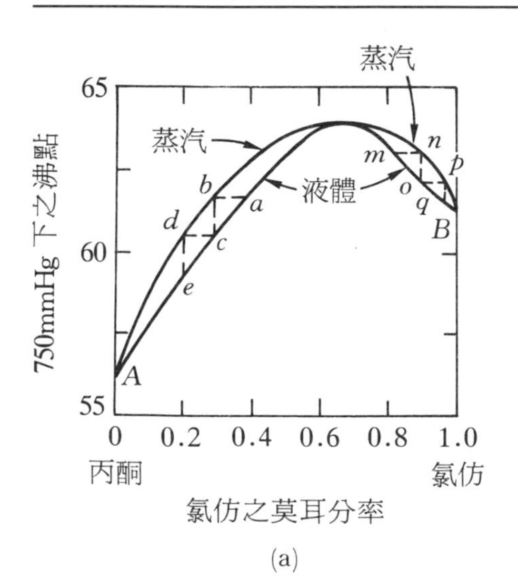

(a)

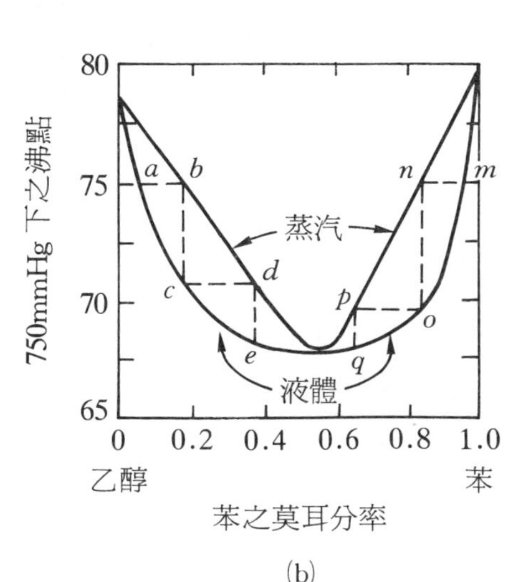

(b)

爲何，蒸餾的殘餘物均爲共沸溶液。另外，如以圖 7－21(b)乙醇與苯的沸點相圖爲例，該相圖溫度有一極小值約在苯莫耳分率 0.55。若溶液莫耳分率小於 0.55，則餾出物爲共沸物質，而殘餘溶液爲乙醇；反之，蒸餾溶液中的苯莫耳分率若大於 0.55，則殘餘溶液爲苯，餾出物爲共沸物質。表 7－3 與 7－4 分別列出壓力 1 atm 下常見的極大沸點與極小沸點的共沸混合液。

表 7－3　1 atm 壓力下 $T-x$ 相圖有極大沸點共沸混合溶液

A 成分	B 成分	A 莫耳分率	共沸點（℃）
H_2O	HCl	0.11	108.6
H_2O	HNO_3	0.37	121.0
H_2O	HBr	0.17	126.0
H_2O	HI	0.16	127.0
H_2O	HF	0.33	114.4
$CHCl_3$	$HCOOC_2H_5$	0.19	62.7
$CHCl_3$	CH_3COCH_3	0.34	64.7
CH_3COOH	C_5H_5N	0.41	140

表 7－4　1 atm 壓力下 $T-x$ 相圖有極小沸點共沸混合溶液

A 成分	B 成分	A 莫耳分率	共沸點（℃）
H_2O	$n-C_3H_7OH$	0.43	88.1
H_2O	C_2H_5OH	0.89	78.2
H_2O	C_5H_5N	0.22	96.2
CH_3COOH	C_6H_6	0.97	80.1
C_2H_5OH	C_6H_6	0.55	67.8
CS_2	$CH_3COOC_2H_5$	0.026	46.1
CH_3OH	$CHCl_3$	0.65	53.4

由於共沸混合溶液的液氣相變化為單一沸點，不似一般的二成分混合物為一溫度變化區；因此在 $T-x$ 相圖中可將共沸混合物視為一純物系，如圖 7－22 中的虛線，因此在相圖的左邊組成的物系可視為是純物質 1 與共沸物質 A 所混合的二成分物系；相圖右邊則可以物質 2 與共沸物 A 的混合物探討之。

圖 7－22

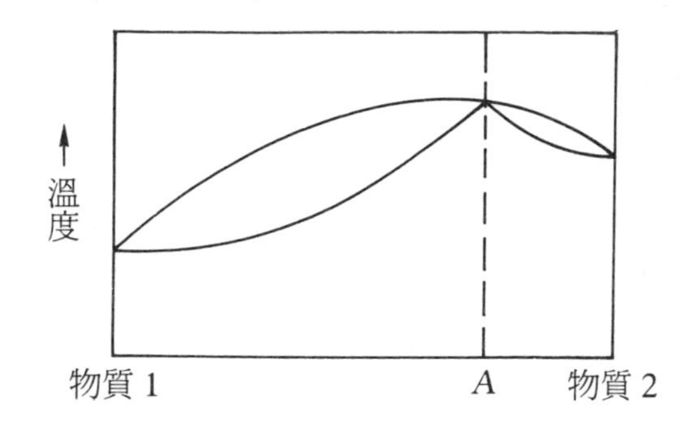

7－5－6　液相不完全互溶系之氣液平衡相圖

以上所討論的為液相完全互溶系的氣液相平衡，若二不同組成物質分子間的作用力遠小於單一組成分子間作用力，則此二成分系在低溫時可能不完全互溶，如水與苯胺（Aniline）系，液相時可能形成二液相共存，一為苯胺的飽和水溶液，另一為水的飽和苯胺溶液。圖 7－23 分別為水與苯胺的 $P-x$ 與 $T-x$ 相圖。定壓下，如圖 7－23(a)所示物系為溶液，因物系為二液相，體系自由度為 2，除去壓力的自由度，當溫度決定時物系的熱力學狀態即確定；在圖 7－23(a)中，溫度 T_1 時 A、B 點分別表示二平衡液相的飽和濃度。若以莫耳分率較大者為溶劑，則 AC 與 BD 曲線分別表示水在苯胺及苯胺在水中的飽和溶解度。因此，隨溫度的上升，x_A 增加而 x_B 減少，這表示在二飽

圖 7－23　水與苯胺二成分系的液氣相圖

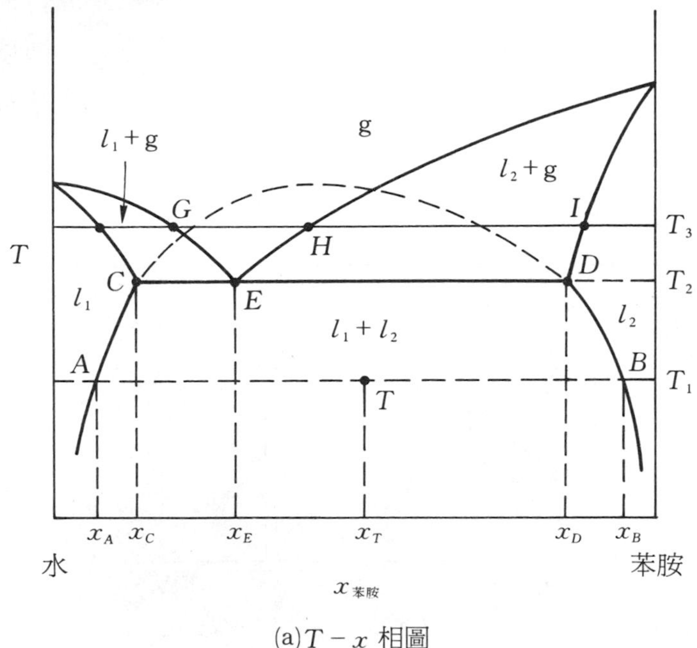

(a) $T-x$ 相圖

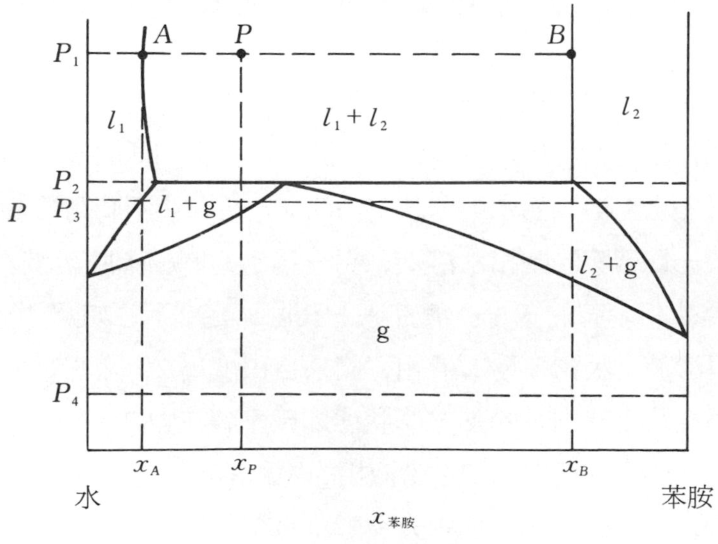

(b) $P-x$ 相圖

和溶液中溶質的溶解度隨溫度上升而增加。在定溫、定壓下互呈平衡的二溶液稱為共軛溶液（Conjugate solutions）。溫度 T_1 時若物系中苯胺的總莫耳分率為 x_T，則生成的二平衡溶液量的比，依照槓桿定則，為

水溶液的莫耳數 ： 苯胺溶液的莫耳數

= BT 線段 ： AT 線段

$$= (x_B - x_T) : (x_T - x_A) \qquad (7-42)$$

若物系中苯胺的 x_T 小於 x_A 或大於 x_B，物系為單一溶液，因為溶液中溶質的濃度低於飽和濃度。當 x_T 介於 x_A 與 x_B 間，若 x_T 離 x_A 越近，由（7－42）式可知，生成的二平衡液相中水溶液量將大於苯胺溶液；反之，若 x_T 越近 x_B，苯胺溶液將多於水溶液。升溫時，二溶液相平衡的濃度區間漸小，待溫度為 T_2 時為三相點，C、D 代表二液相的組成，而 $E(x_E)$ 代表蒸汽相的組成；二成分系三相點的自由度為 1，因此當溫度或壓力確定，物系的 C、D 及 E，即不可變。圖中的虛線表示水與苯胺 $T-x$ 相圖所表示的三相點溫度與組成隨壓力增加而改變的情形。如圖 7－24 所示，對不完全互溶的二成分系，若壓力上升，物系 $T-x$ 相圖的二溶液相平衡的濃度區間漸小，因此成分間的互溶性增加。當壓力大於 P_3 時，物系的氣液相平衡現象類似共沸物質，三相平衡不再出現，相圖為二相平衡相圖；壓力大於 P_3 時，對於不完全互溶二成分系在達到氣液共存溫度之前，當溫度高於某溫度後物系為單一液相溶液，而該溫度稱為上臨界溶液溫度（Upper critical solution temperature），在下節的液液相圖中將討論下臨界溶液溫度（Low critical sloution temperature）。

如圖 7－23(a)所示當溫度大於 T_2，物系的氣液平衡類似一般完全互溶物系。以溫度 T_3 為例，若體系中苯胺的組成大於 x_H、小於 x_I，則相平衡時物系中液相與氣相的苯胺組成分別為 x_I 與 x_H。當物系組成介於 x_G 與 x_H 間時，物系為單一氣相。

圖 7－24 高壓下二成分系的 $T-x$ 相圖

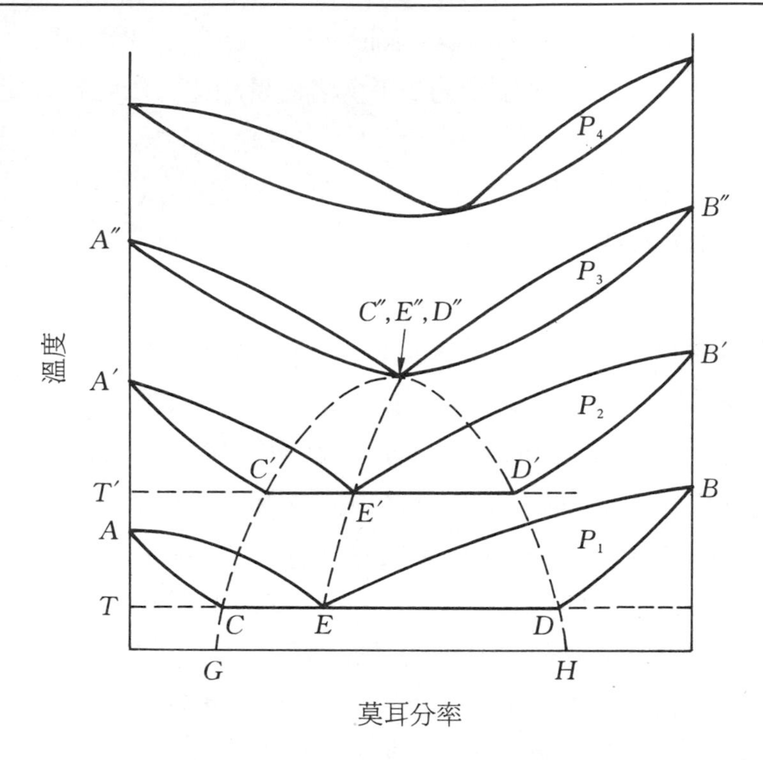

圖 7－23(b)爲水與苯胺的 $P-x$ 相圖。若體系中苯胺的組成爲 x_P，定溫下，高壓 P_1 時物系呈現組成爲 x_A 與 x_B 的二液相平衡，二不同成分溶液的總莫耳數比爲 $(x_P-x_A):(x_B-x_P)$；當壓力減爲 P_2 時體系爲一氣相、二液相的三相平衡態。壓力 P_3 時，體系液氣二相平衡，待壓力降至 P_4，物系爲單一氣相。比較圖 7－23(a)與(b)相圖的二液相區發現，$x-T$ 相圖的液相平衡區隨溫度變化較 $x-P$ 相圖明顯，換言之，$x-P$ 相圖的狀態線幾乎爲一垂直線，這是因爲壓力對液態的溶解度影響不大。然而改變溫度則可能大大地改變二液體的互溶性。

7-5-7　液相完全不互溶系之氣液平衡相圖

若不同組成分子間與單一組成分子間作用力相差太大，不論以何種比例混合，液態時二成分溶液爲二液相。如圖 7-25 所示爲一液體完全不互溶二成分系之 $T-x$ 相圖。圖中 $A-B$、$A-\mathrm{g}$ 與$B-\mathrm{g}$ 分別表示純 A 與純 B 二液相、純 A 與蒸汽及純 B 與蒸汽的二相平衡，而熱力學自由度爲 2，因此當壓力與溫度確定，物系狀態爲不可變。當物系溫度低於 T_1 時，不論組成分的比例，體系的熱力學狀態均爲二純物質液相的平衡系；當溫度升高爲 T_1 時，體系呈純 A、純 B 液相與 B 成分爲 x_E 的蒸汽相之三相平衡。當溫度介於 T_1 與 T_2 間，若物系的 B 組成小於 x_E，則因體系中成分 A 佔多數，因此多數成分 A 仍爲液相，並與 $A+B$ 的蒸汽相保持氣液二相平衡。若成分 B 的組成大於 x_E，且物系的溫度介於 T_1 與 T_3 間，由於純物質態的沸點 $A(T_2)$ 較 $B(T_3)$ 低，故成分 A 的揮發性較大，因此相平衡時，物質

圖 7-25　液相完全不互溶系的氣液相圖

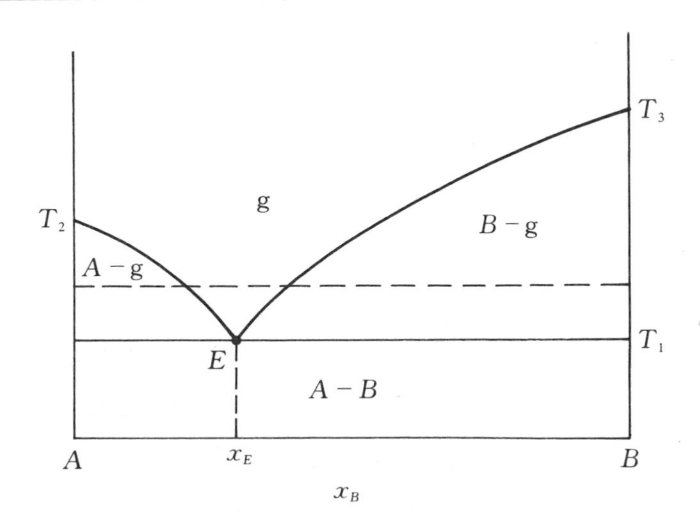

A 將完全汽化呈蒸汽相，大部分的 B 以液相存在，故二相平衡爲純 B 的液相與 $A+B$ 的蒸汽相。如圖所示，如物系中成分 B 的莫耳分率小於 x_E，則體系的氣液平衡溫度低於 T_2——物質 A 的沸點，同時，若物系中成分 B 大於 x_E，體系的氣液相平衡溫度則低於物質 B 的沸點 T_3。以苯與水爲例，1 大氣壓下，苯與水的沸點分別爲 80.1 與 100 ℃，但若在苯中加入定量的水進行蒸餾，則物系沸點將低於 80.1 ℃，因此可以在低於苯的沸點下進行苯的蒸餾；而且因苯與水不互溶，當高溫的蒸汽餾出物降溫凝結後，苯與水因不互溶極容易分離。工業上或有機物合成純化過程中，加水蒸餾有機物質，可以較低溫的方式蒸餾純化物質，避免物質因高溫蒸餾而分解，此法稱爲蒸汽蒸餾（Steam distillation）。但若水的量加入過多，則如圖 7－25 的相圖所示，溶液的沸點將高於純苯的沸點，因此利用蒸汽蒸餾法純化物質，所加入水的比例必須注意。

7－6 二成分系的液液平衡

對於不完全互溶的二成分混合以後，物系的相平衡與各液相的組成將隨溫度與壓力的改變而不同。由於不完全互溶，因此物系的相圖中主要的部分爲二液相共存區，如圖 7－26 二成分系 $T-x$ 相圖所示。在圖 7－26 的相圖中，液液共存區的熱力學自由度爲 2。以酚—水的體系爲例，在狀態線以內的區間爲兩相區，當溫度高於上臨界溶液溫度——70 ℃，物系爲完全互溶的單一液相。當溫度爲 30 ℃時，水的重量百分比若介於 w_A 與 w_B 間，體系將呈二飽和溶液共存的狀態。溶液中若水的重量百分比小於 w_A，則水可完全溶於酚，通常稱此時的水爲溶質，酚爲溶劑。反之，若水的重量百分比大於 w_B，酚將可完全溶於水溶液中，生成單一液相。溫度 30 ℃時，將水與酚以

w_C:(100 − w_C) 的重量比例混合，物系將呈兩液相，其水的重量百分比分別爲 w_A 與 w_B，而二液層的重量比例則爲 ($w_B - w_C$):($w_C - w_A$)。當溫度上升時，二液相共存區間漸漸減小，因此，酚在水中或水在酚中的溶解度均增加，故狀態線以 D 點呈拋物線形狀。

圖 7－26　二成分系的液液相圖

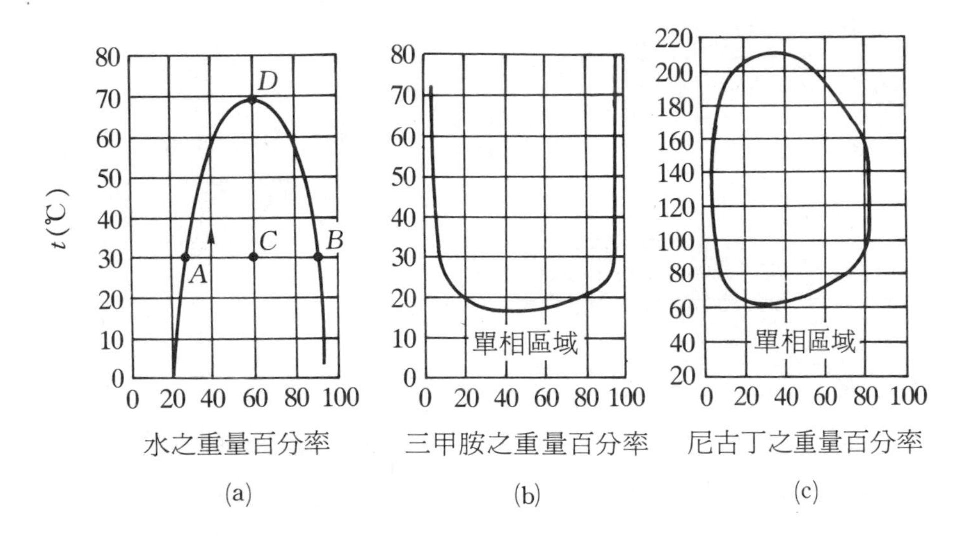

亦有二成分系 $T - x$ 相圖顯示下臨界溶液溫度（Low critical solution temperature）現象。如圖 7－26(b)所示的三乙氨一水之 $T - x$ 相圖。圖中顯示當溫度低於下臨界溫度——18.5 ℃，任何比例的三乙氨與水的混合，物系皆呈現單一液相；但當溫度高於下臨界溫度，物系將生成二不互溶液相，且狀態線呈上拋物線狀，故三乙氨與水的互溶性隨溫度的上升而些微下降。

有些二成分系溶液呈現上、下臨界點，如圖 7－26(c)所示的尼古丁一水的相圖。高壓下，在高溫及低溫時物系爲完全互溶液相；但當溫度介於 60.8 與 208 ℃間，物系可以二不互溶之液相平衡共存。表 7－5 列出一些具有上下臨界點之不完全互溶二成分系。

表 7-5 具上下臨界點之二成分系

物系	上臨界溫度（℃）	下臨界溫度（℃）
甲乙酮—水	133	-6
尼古丁—水	208	60.8
1-methylpiperidine—水	72.5	48
2-methylpiperidine—水	227	79
4-methylpiperidine—水	189	85
β-picolin—水	153	49
γ-collidine—水	225	6
甘油—間甲苯胺	120	6.7

在圖 7-26(b)與(c)的例子中顯示，對於有些混合物系，溫度上升反而造成物系呈現不互溶現象；在實際經驗中，有機低極性物質，如烷類或有機衍生物，在水溶液中的溶解度，會因溫度的上升而降低。

7-7 二成分系的固液平衡

類似液體二成分混合物，二成分固體混合物可以生成完全不互溶固相溶液（Solid solution），爲兩固相混合物，或可生成互溶的固體溶液，亦可稱爲固溶體，即爲合金。若爲固相混合物，根據相律，物系自由度爲 2；若生成固相合金則熱力學自由度爲 3。以下將討論不同的二成分系的固液相平衡現象。

7－7－1 固液相完全互溶系

如圖 7－27 所示爲金屬 Ni 與 Cu 的混合物固液 $T-x$ 相圖。該相圖的狀態線與二成分液相完全互溶系的液氣相圖（圖 7－17）完全一致，唯一不同之處乃平衡相，一爲氣液相，一爲固液相。圖 7－27 中 AD 與 FB 曲線分別爲液態線（Liquidus）和固態線（Solidus）。在圖 7－27 中金屬 Cu 與 Ni 的純物系熔點爲 1100 與 1400 ℃。因爲固液相完全互溶，相圖中固相與液相，在 1 大氣壓時，熱力學自由度爲 2，而固液共存相自由度爲 1。因此如圖所示，溫度爲 1300 ℃時，Ni 莫耳分率 x_T 的混合物，平衡時將生成 Ni 組成爲 x_A 的液相及 x_B 的合金固相溶液。當然實際上，一穩定平衡的固相合金的生成遠較液相溶液，需時更久，故而以熱力學觀點而言的平衡固相溶液的生成，不易

圖 7－27 Ni－Cu 定壓下的固液相圖

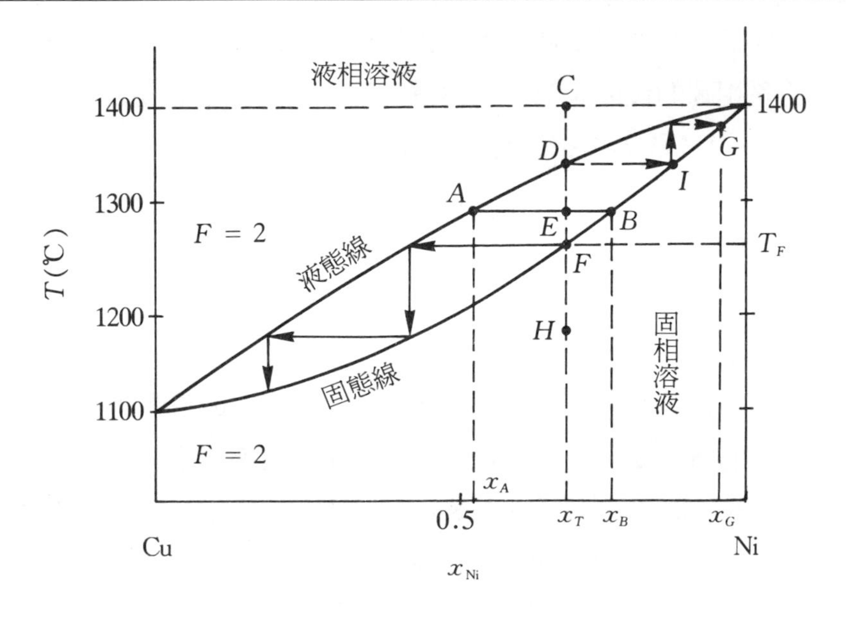

達成（按平時所見的固體合金，並不一定是熱力學穩定平衡態)。類似氣液相平衡，對於物系組成爲 x_T 的物系，當溫度 1400 ℃時，體系爲一融熔態的單一液相。溫度下降時，在 D 點開始生成 Cu－Ni 固體結晶，待 E 點時則爲 x_A 與 x_B 的固液平衡；溫度達 F 點則液相完全消失，物系生成單一固體溶液，直到 H 點以下，物系始終維持一固體合金態。相同的，自 H 點加熱升溫，物系亦將經過融熔、固液相平衡，直到完全互溶單一液相的 C 狀態點。從相圖的形狀可以發現，固液二相的平衡性質接近理想溶液的液氣相平衡行爲。二成分系中具有類似相變化性質的尚有：$PbCl_2$－$PbBr_2$、Ag－Au、Pt－Au、Cu－Ni、Co－Ni、Pd－Ni、AgCl－NaCl、NH_4CNS－KCNS、CoO－MgO 等物系。

相同於混合溶液以蒸餾的方式分離物質，根據圖 7－27 的 $T-x$ 相圖，理論上，Cu－Ni 的混合物可用部分結晶法（Fractional crystallization）分離物質；將組成分爲 x_T 的 Cu－Ni 混合物加熱到 T_F 時所得到的平衡液相有較小的 Ni 莫耳分率（x_A），若將該液相溶液降溫，如圖中箭頭所示，則平衡液相中 Ni 的莫耳分率，經多次的固液平衡過程，將隨相圖的液態線減少，換言之液相將是 Cu 金屬。若物系以狀態 C 點降溫，則 D 點固液相平衡時，所析出的結晶物中 Ni 金屬的莫耳分率（x_I）增加，如圖中的虛線 DI 所示，多次升溫、降溫平衡後，固相將呈現純的 Ni 結晶態。當然以實際的觀點，因固液平衡需時甚長，而且極不易達到，故若以部分結晶法純化混合物，並不是很經濟的作法，非必要時並不採行。在地質學上，地殼自地面至地層深處的岩石中化學成分隨地層的深度的不同，可以視爲早期火山爆發以後，高溫的熔岩受大氣冷卻的影響，故離地表不同高度形成溫度的梯度，故而冷卻時固液相平衡生成不一樣的固相組成分，因此地殼的岩石組成或岩層構形與岩層深度有關。另外，以薄環精鍊法（Zone refining）純化矽元素爲例，該方法可以獲得極高純度的矽以作爲半導體晶片的材料。在薄環精鍊法中，將高純度的矽與些微雜質的混合固相物質加熱融熔，如圖 7－27 的 D 與 I 狀態點，生成的固液平衡相中，固相高純度物質的莫耳分率將再提高，而雜質將溶入液相中，所以將圖 7－28 所示的高溫環以極緩慢的速度移動，將可使固液相平衡達成而將雜質自矽固相中溶出。

圖 7－28　高溫環利用不斷的固液平衡精鍊矽元素

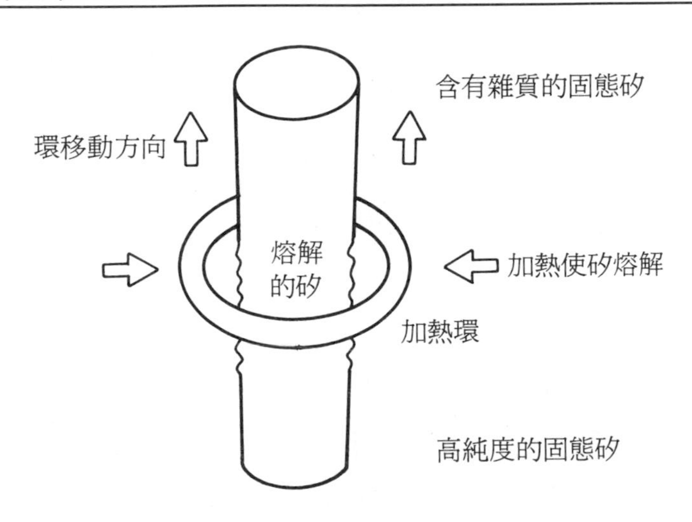

對於有些二成分系，如 Cu－Au 金屬，亦可呈現共熔點（Eutectic point），如圖 7－29 所示 Cu－Au 的 $T-x$ 相圖。在 Cu－Au 相圖中，當 $x_{Au}=0.56$、溫度 889 ℃時，固相的合金熔融生成液相，並沒有固液平衡區間。因此若以部分結晶法純化 Cu－Au 合金，則不論合金的成分，以重複加熱熔融、降溫結晶的過程，液相的組成將隨液態線的下降而達最終的 Au 金屬莫耳分率爲 0.56 的合金，與二成分共沸混合物的蒸餾相同。

圖 7－29 Cu－Au 的固液相平衡相圖

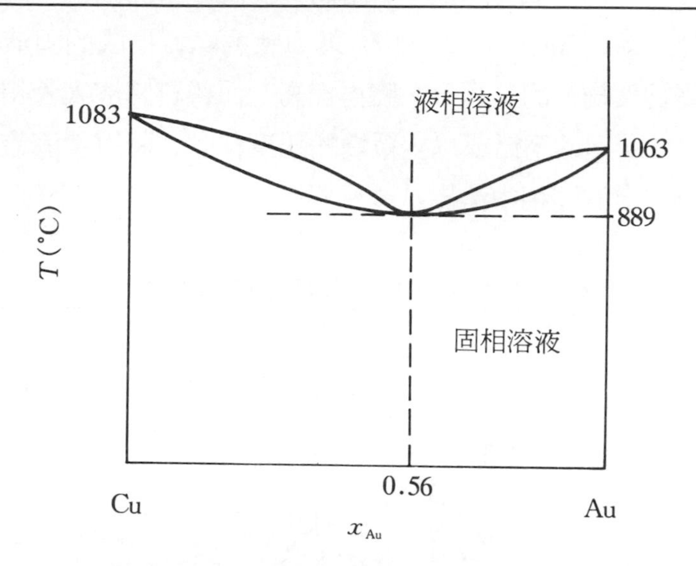

7－7－2 液相互溶、固相完全不互溶系

對於液相互溶與固相完全不互溶的二成分系，平衡時液相與固相的自由度分別爲 2 與 1，例如 Si－Al、KCl－AgCl、$NaNO_3$－H_2O、Pb－Sb、苯一萘、苯一氯仿、Bi－Cd、苯氨一氯仿等所組成的二成分系。圖 7－30(b)所示爲 Bi－Cd 的 $T-x$ 相圖。如圖所示，在 144 ℃時，Cd 重量百分組成爲 40 時，固相熔解爲單一液相。該溫度亦稱爲共熔溫度，而此時的組成爲共熔組成（Eutectic composition），混合物則稱爲共熔物（Eutectic mixture）。對於其他組成的 Bi－Cd 固態混合物，體系溫度達到共熔溫度時成三相平衡，包括純物系的 Bi 與 Cd 二金屬固相和組成爲 40％的溶液相；因 $P=3$、$C=2$，故 $F=C-P+2=1$，物系的自由度爲 1，因此，當物系的壓力決定後，共熔溫度與共熔組成即爲固定値。表 7－6 列出具有單一共熔點的二成分系。

圖 7－30(b)中若物系組成爲 70％的 Cd，在 G 狀態點時物系爲二

圖 7－30　Bi－Cd 的冷卻曲線及固液相圖

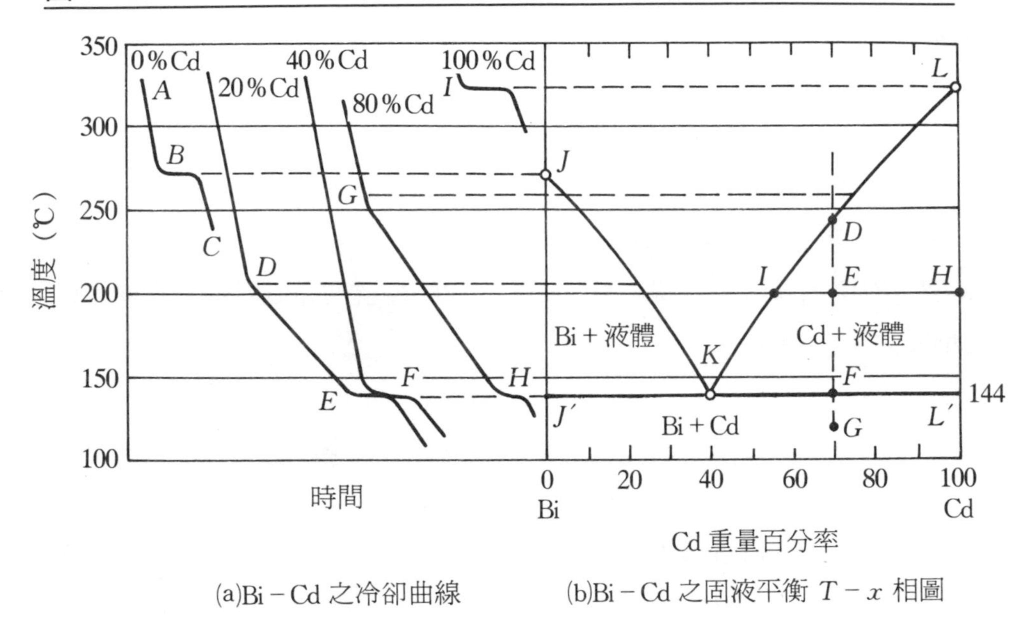

(a)Bi－Cd 之冷卻曲線　(b)Bi－Cd 之固液平衡 $T-x$ 相圖

表 7－6　具有單一共熔點的二成分系

物質 *A*	熔點（℃）	物質 *B*	熔點（℃）	共熔點（℃）
Sb	630	Pb	326	246
Si	1412	Al	657	578
Bi	317	Cd	268	144
KCl	790	AgCl	451	306
Na_2SO_4	881	NaCl	797	623
C_6H_6	5.4	CH_3Cl	－63.5	－79

固相混合物（類似白糖與奶粉的固體粉狀混合），溫度上升至共熔溫度（F 點），物系生成三相平衡。待溫度再上升至 E 點時，物系爲固液二相平衡。三相點時的 Bi 金屬完全熔融與 Cd 生成單一液相，並與未完全熔融的固體 Cd 維持二相平衡。至於 E 點溫度下，生成固液相的重量比亦可由槓桿定則計算，金屬Cd 重量：Cd－Bi 溶液重量＝

IE 線段長：*EH* 線段長。待物系溫度高於 *D* 狀態點後，物系為單一液相。由圖 7－30 中的液態線自 *K* 到 *L* 點隨物系組成的變化趨勢，金屬 Bi 在液相 Cd 中的飽和溶解度隨溫度上升而減小，換言之，物系自 *F* 點升溫，由於 Bi 金屬已完全溶解於液態的 Cd 中，然溫度越高熔融的 Cd 量越多（固相的 Cd 越少），因此 Bi 的濃度越低。相同的，若物系中 Bi 的重量百分比小於 40，則隨溫度的上升，金屬 Cd 在 Bi 溶液中的飽和溶解度遞減，而 *K* 至 *L* 或 *K* 至 *J* 的液態線亦稱溶解曲線或飽和曲線。

7－7－3 熱分析與固液 $T-x$ 相圖

由於固液熱平衡與相平衡的達成需時甚久，因此對於多成分系的固液 $T-x$ 相圖的量測，多是經由熱分析法（Thermal analysis）記錄不同組成物系的冷卻曲線，再轉繪出物系的固液相圖。如圖7－30(a)所示為 Bi－Cd 的冷卻曲線。在測量物系的冷卻曲線時，為了使物系的熱平衡較易達成，將少量固定組成的二成分混合加熱至融熔態，緩慢降溫並記錄物系的溫度與時間的關係，如圖中 0％、20％、40％Cd 等物系的冷卻曲線。由於不同組成系自單一液相降溫，可能經過的相轉換各不相同。以 0％Cd 的物系為例，對於純 Bi 的降溫過程，當固相生成時，體系因凝結將釋出凝結熱，因此物系的溫度下降會停頓直到物系完全轉換為固相，但若實驗時冷卻速度過快，則可能造成溫度停頓現象不明顯。當物系生成固相後，體系的比熱與液相時相差很大，因此體系的降溫速度與相轉換前的液態不同，換言之，冷卻曲線的斜率在相轉換前後不相同。由冷卻曲線的溫度斷點（Break point），可獲知相轉換溫度。另外，20％Cd 物系的冷卻曲線有兩個溫度斷點，故自液相至最後的固相，冷卻曲線有三段不同的溫度斜率。因此在物系冷卻相變化過程經過三種不同相，而且自冷卻曲線的溫度斷點亦得知各相轉換溫度。分別測量不同組成系的冷卻曲線，再如圖 7－30 對應冷卻曲線的相轉換溫度至物系的組成，可以正確的繪出固液 $T-x$ 相圖。對於固相完全不互溶物系，任何組成的冷卻曲線均呈現一相同的溫度斷點，即爲共熔溫度，如圖 7－30(a)所示的 E、F 或 H 點。

7－7－4 具合熔體之物系 $T-x$ 相圖

有些二成分系的組成分間會發生反應而生成固體化合物，如 Mg－Zn 生成 1:2 的 $MgZn_2$ 的固態化合物，稱之爲合熔體或共體組成 (Congruent form)。該合熔體不似一般的化合物，當物系高溫融熔時則爲單一液態溶液，因此固相合熔體 $MgZn_2$ 類似 Mg 與 Zn 以 1:2 的比例生成一種固態結晶態，因而在考慮物系相平衡時，可將合熔體視爲一有別於純 Zn 或 Mg 生成的固相。二成分系中能以其他比例，如 1:1、1:3、2:3 等，形成合熔體的物系尚有：Cu－Mg（Cu_2Mg 與 $CuMg_2$）、CaF_2－$CaCl_2$（CaF_2CaCl_2）、Au－Te（$AuTe_2$）、Au－Sb（$AuSb_2$）、K－Na（KNa_2）、Al－Se（Al_2Se_3）、$CaCl_2$－KCl（$CaCl_2KCl$）、CuCl－$FeCl_2$（$CuClFeCl_2$）、Na_2SO_4－H_2O（$Na_2SO_410H_2O$）等。

如圖 7－31 所示爲 Zn－Mg 的固液 $T-x$ 相圖。由於 Zn 與 Mg 生成 $MgZn_2$ 的穩定固態，因此低溫時可能的固相有三：Zn、Mg 與 $MgZn_2$。同時，因三種固態物質在固相完全不互溶，如相圖所示，以 Mg 莫耳分率 0.33（$MgZn_2$）爲分界，低溫固相平衡分別爲 Zn 與 $MgZn_2$ 以及 $MgZn_2$ 與 Mg 間的二固相。因此圖 7－31 的相圖類似兩個圖 7－30(b)相圖的合併。當 Mg 的莫耳分率低於 0.33（Zn 的莫耳分率大於 0.67），過量的 Zn 與物系所有的 Mg 生成穩定的 $MgZn_2$ 的固態，並與物系中過剩的 Zn 形成二平衡固相；高溫固液相轉換時，與 Zn－Mg 溶液維持相平衡的固相則爲 $MgZn_2$ 或金屬 Mg。反之，當物

圖 7－31 Zn－Mg 的固液平衡相圖

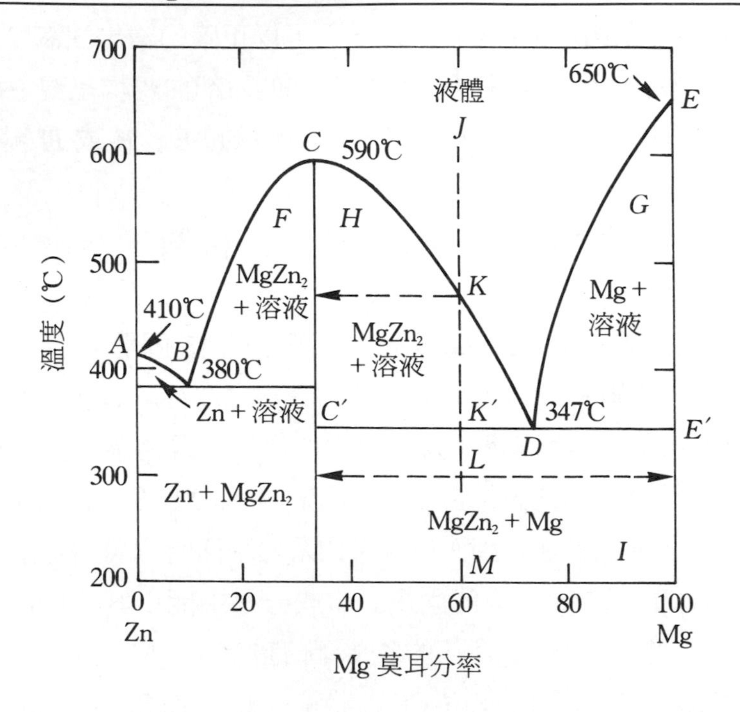

系 Mg 的莫耳分率大於 0.33 時，過量的 Mg 與所有的 Zn 化合爲 $MgZn_2$ 固相，並與多餘的 Mg 維持二平衡固相；因此與金屬溶液維持固液平衡的固相是 $MgZn_2$ 或金屬 Mg。因爲二平衡固相的不同，因此圖 7－31 有兩個共熔溫度 380 與 347 ℃。相圖中左半與右半邊的相平衡現象與圖 7－30(b)所示完全一致，狀態點 B、D 爲三相點，而 C 狀態點溫度（590 ℃）則爲 $MgZn_2$ 的熔點，稱爲合熔點（Congruent melting point）。熔融態的 $MgZn_2$，則爲一 Mg 溶於 Zn 溶液的液態。

7－7－5 具分熔反應之物系 $T-x$ 相圖

若干二成分系在固相時生成一種新的固相化合物，但並無合熔點，加熱物系於高溫時即完全分解爲另一固相與組成不同的平衡液相。此種相變化與反應稱爲過渡反應（Transition or Peritectic reaction）或分熔反應（Incongruent reaction）。其意爲該生成的固態化合物，不似 $MgZn_2$ 固體，並無眞實的熔點。換言之，在化合物熔解前即分解成其他的固相與不同組成的液態。以 CaF_2 與 BeF_2 組成的二成分系爲例（圖 7－32），低溫時 CaF_2 與 BeF_2 以 1:1 生成穩定固相 $CaBeF_4$（CaF_2BeF_2），因此 $T-x$ 相圖中 BeF_2 莫耳分率 0.5 處有一垂直狀態線，即爲 $CaBeF_4$ 化合物。當物系溫度高於 1300 ℃時，不論物系組成，皆呈現單一液態。自高溫冷卻，若物系組成 BeF_2 的莫耳分率小於 0.6，溫度介於 1300 與 890 ℃間時，物系以 CaF_2 與液態溶液相平衡。待溫度爲 890 ℃時，物系呈 CaF_2、$CaBeF_4$ 與 BeF_2 莫耳分率爲 0.6 溶液態的三相平衡，此時的溫度稱分熔溫度（Transition or Peritectic temperature），與共熔物系不同的是，在分熔溫度物系發生分熔反應，

圖 7－32　CaF_2-BeF_2 二成分系的固液相圖

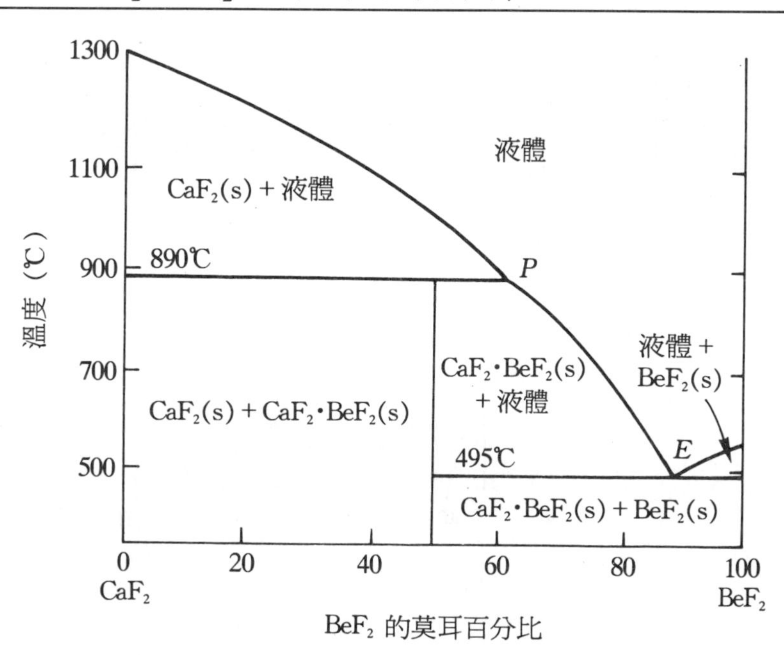

$$CaF_2BeF_2(s) \rightleftharpoons CaF_2(s) + 溶液(BeF_2 莫耳分率 = 0.6)$$

若物系是共熔系，則固態的 CaF_2BeF_2 不發生上述的固液相反應。當物系 BeF_2 莫耳分率小於 0.5 時，體系繼續冷卻至分熔溫度以下，物系中所有的 BeF_2 與等量的 CaF_2 生成 $CaBeF_4$ 固相化合物，並與多餘的 CaF_2 呈二固相平衡。對於 BeF_2 莫耳分率大於 0.5 的物系，在溫度 496 ℃時，可視爲一共熔溫度，物系是以 $CaBeF_4$、BeF_2 與固定液相組成溶液維持三相平衡。對於 CaF_2 與 BeF_2 組成的二成分系，自圖 7－32 可以發現，當 BeF_2 的莫耳分率大於 0.5 時，物系的相平衡現象極似共熔物系。

若二成分系在固相會生成多種化合物，其中可能包含共熔物及不穩定可進行分熔反應的化合物。如圖 7－33 所示的 Al－Ca 相圖。該

圖 7－33 Al－Ca 固液平衡相圖

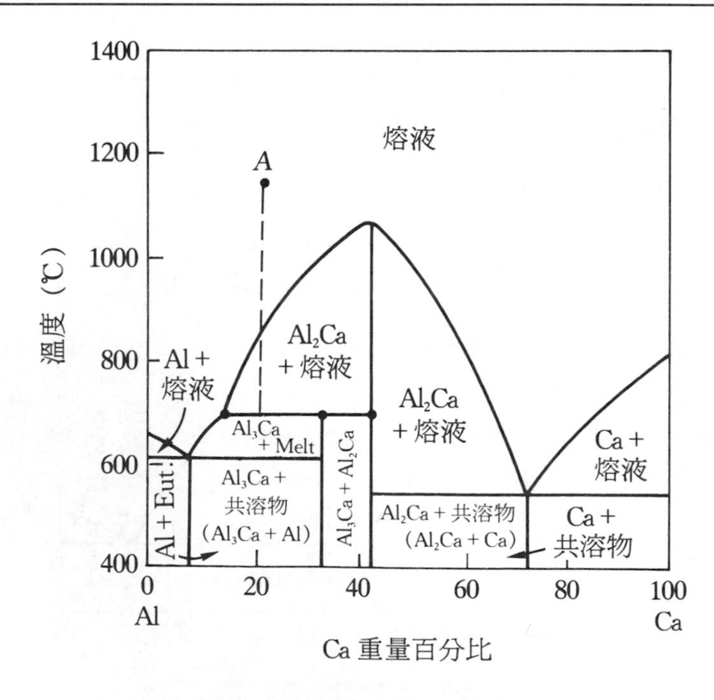

物系生成的化合物，一爲共熔物 Al_2Ca，另一化合物 Al_3Ca 則可進行分熔反應。如圖所示的虛線，當物系自 *A* 狀態點降溫，待溫度約 700 ℃時，物系達分熔狀態

$$Al_3Ca(s) \rightleftharpoons Al_2Ca(s) + Al - Ca \text{ 金屬溶液}$$

物系中所有的 Ca 金屬以 $AlCa_3$ 生成二固相、一液相的三相平衡。當溫度低於分熔溫度，大部分的 Ca 金屬以固相 Al_3Ca 的形式析出，物系中多餘的 Al 與 Ca 金屬則以金屬溶液或 Al_3Ca-Al 固態共熔物，與固相 Al_3Ca 維持相平衡。圖 7－33 右邊的相變化狀態線與一般固相完全不互溶系類似，然而唯一的不同乃共熔固態爲一固相平衡態，因此固相的二平衡相爲 Ca 與 $Ca-Al_2Ca$ 共熔物或 Al_2Ca 與 $Ca-Al_2Ca$ 共熔物。

圖 7－34 所示爲更複雜的 $MgSO_4$ 與 H_2O 的相圖。硫酸鎂與水的二成分系可生成：$MgSO_4-H_2O$、$MgSO_4-6H_2O$、$MgSO_4-7H_2O$ 與 $MgSO_4-12H_2O$ 等化合物，然所生成的化合物均無共熔點，換言之，所有化合物均進行如下的分熔反應：

$$T_1: MgSO_4-H_2O(s) \rightleftharpoons MgSO_4-6H_2O(s) + \text{濃度 } M_1 \text{ 的 } MgSO_4 \text{ 水溶液}$$

$$T_2: MgSO_4-6H_2O(s) \rightleftharpoons MgSO_4-7H_2O(s) + \text{濃度 } M_2 \text{ 的 } MgSO_4 \text{ 水溶液}$$

$$T_3: MgSO_4-7H_2O(s) \rightleftharpoons MgSO_4-12H_2O(s) + \text{濃度 } M_3 \text{ 的 } MgSO_4 \text{ 水溶液}$$

相圖中唯一穩定的共熔物爲 H_2O 與 $MgSO_4-12H_2O$ 形成的固態。

圖 7－34 $MgSO_4$ 與 H_2O 二成分系相圖

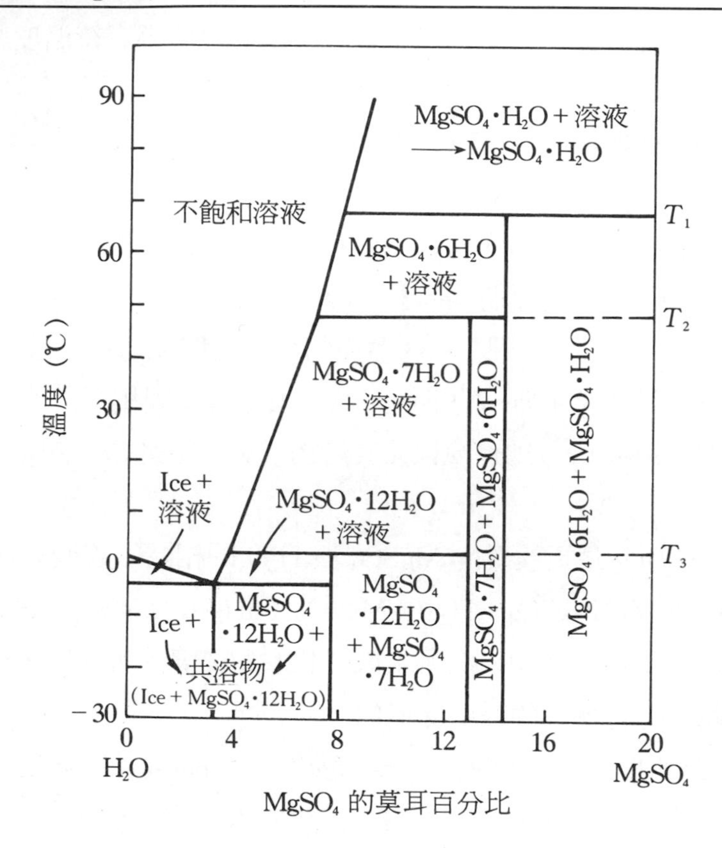

【例 7－11】

如下圖所示為 La－Cu 的固液 $T-x$ 相圖。該二成分系為分熔系，請標出所有的相平衡區、熱力學自由度及分熔反應與三相點。

【解】

La－Cu 二成分系的共熔體有：LaCu、$LaCu_2$、$LaCu_4$ 及 $LaCu_6$ 等四個；而分熔反應為：

$$LaCu_6(s) \rightleftharpoons LaCu_4(s) + La-Cu\ 溶液$$

$$LaCu_2(s) \rightleftharpoons LaCu(s) + La-Cu\ 溶液$$

下圖中長方形區域為兩固相共存區，而圖中所標示的物質即為相平衡

圖－例 7－11　La－Cu 二成分系的固液平衡相圖

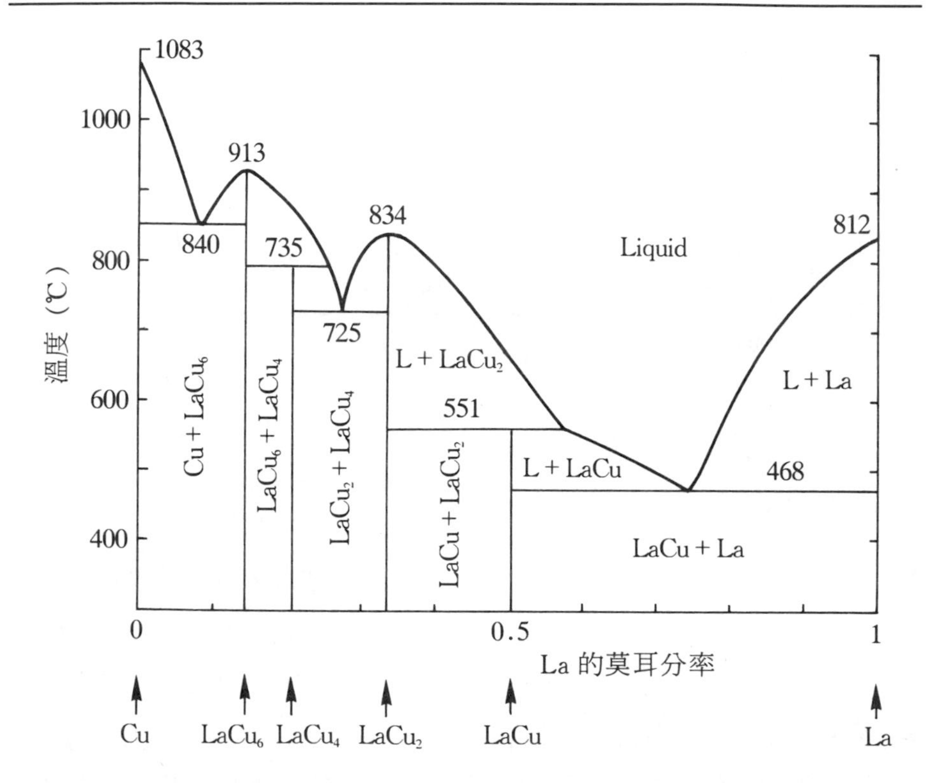

的物質，該區域的熱力學自由度則爲 1。另外，長方形區域以上，液相區以下的區域爲固液相平衡區，圖中所標示的 L 與物質分子式則分別是相平衡的溶液與固相物質，而此區域的自由度爲 1。相圖中曲線以上的區域則爲自由度 2 的液相區。而各液相線和二固相區的橫線交會點則爲熱力學自由度 0 的三相點，爲二固相與一液相平衡共存態。

7－7－6　固液相部分互溶系

對於部分二成分系，固體部分互溶的固液平衡 $T-x$ 相圖與液氣相圖相似。如圖 7－35 所示爲 Pb－Bi 系的 $T-x$ 相圖，圖中 Pb－Bi

圖 7－35 Pb－Bi 合金的固液相圖

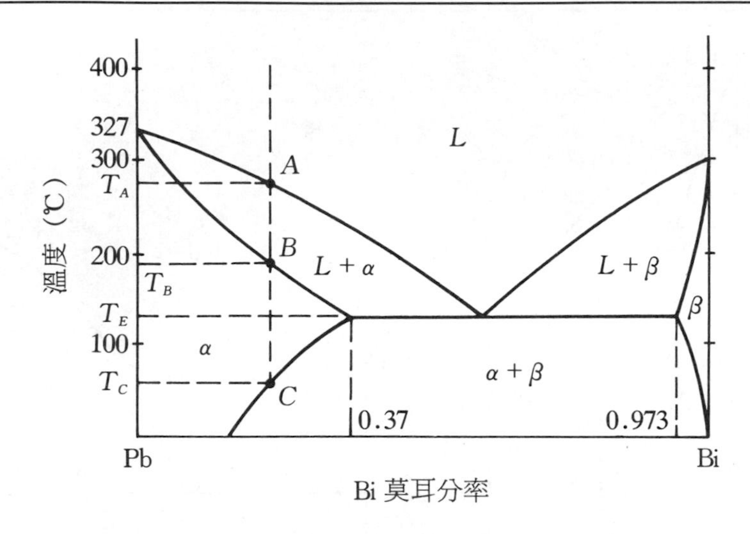

可以生成二固溶體 α 與 β，而固溶體的組成與溫度有關；另外，圖中 L 表示爲熔融的液態。當溫度爲共熔點 T_E 時，物系呈二固溶體（其中 Bi 的莫耳分率分別爲 0.37 與 0.973）與一熔融液相的三相平衡。若物系 Pb 的莫耳分率較大，如圖中的虛線所示，當溫度介於 T_A 與 T_B 間，物系以固溶體與溶液維持兩相平衡；待溫度冷卻至 T_B 與 T_C 間，物系將形成固溶體 α。溫度低於 T_C 後，物系爲二固溶體平衡系。與 Pb－Bi 系相似的固液相圖者尙有 Ag－Cu、Pb－Sb、Pb－Sn、Cd－Zn 系等。

如圖 7－36 所示爲 Fe－Cr 系的相圖。相圖中呈現二共熔溫度 T_1 與 T_E，換言之，物系有兩個三相點。溫度 T_1 時爲一固相與二液相共存，溫度 T_E 時則爲一般的共熔點——二固相一液相共存。Fe－Co 合金的相圖亦屬此類型。

圖 7－36　Fe－Cr 系的固液相圖

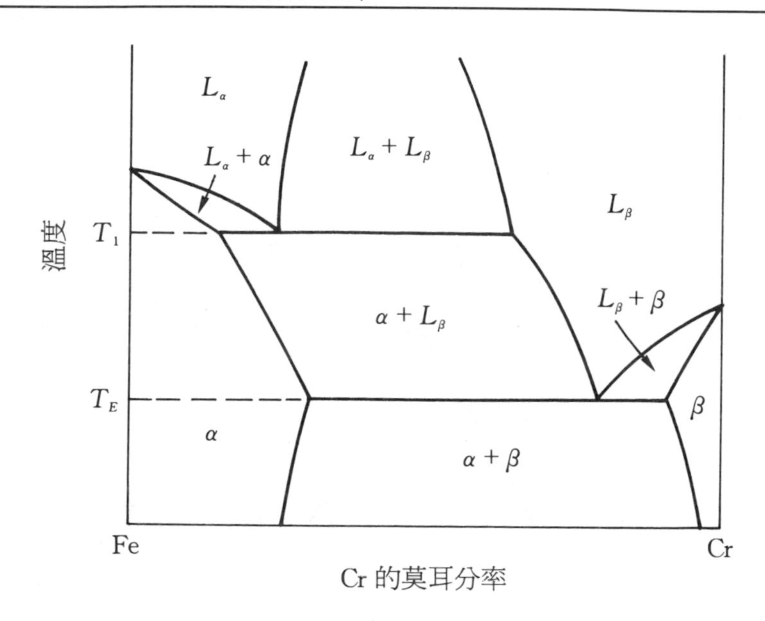

7－8　三成分系的相平衡

三成分物系的熱力學自由度爲 $F = 5 - P$。爲了方便表達三成分系的相平衡關係，通常以圖 7－37 所示的三角形圖示物系中的組成濃度與相平衡狀態的關係。在圖 7－37 的表示法中，物系的溫度及壓力爲定值，因此，物系的自由度爲 $F = 3 - P$；故此種相圖的自由度與平衡相數間的相關性爲，

$P = 1$；　$F = 2$　雙變系

$P = 2$；　$F = 1$　單變系

$P = 3$；　$F = 0$　不變系

因此，定溫、定壓時，三相平衡的三成分系的熱力學自由度爲零。一般而言，三成分系所討論的現象大都局限於溶液系互溶性的探討。對

圖 7－37　三成分系的相圖表示法

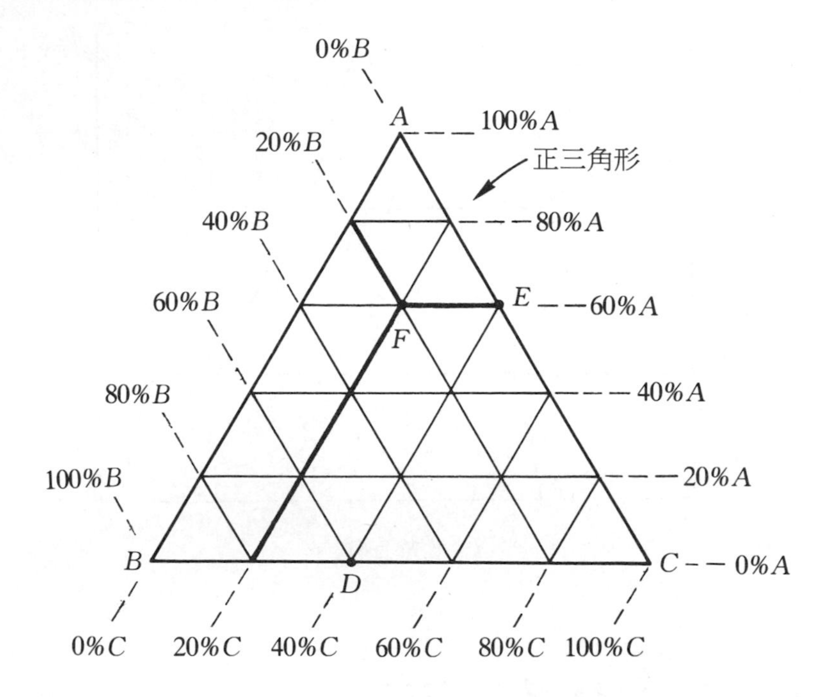

於溶液的混合，若物系成分間的互溶性佳，則物系將以單相存在，但若成分間的互溶性不佳，則物系所呈現的多液相平衡狀態將與物系組成濃度有極密切的關係；而定溫、定壓下，即是以相圖表達上述的組成濃度與相平衡關係。圖 7－37 的相圖以 *A*、*B* 及 *C* 的百分組成表示物系的組成狀態。以 *F* 點為例，該點代表由 *A*、*B* 及 *C* 以 60%、20%及 20%的比例組成的物系。圖中的三個頂點代表純物態，而在 *AB*、*BC* 與 *CA* 線上的點為二成分系。三角形內離該頂點越遠的物系組成，表示該成分在物系中的比例越少。如圖所示的 *DE* 線上的物系，其 *C* 成分的組成濃度為固定值——40%，物系自 *D* 點為 60% *B* 所組成的二成分系，至 *E* 點所示的 60% *A* 的二成分系；在 *DE* 線上的物系組成自 *D* 點 *A* 成分漸增，而成分 *B* 漸減，直到 *E* 點為 *A* 與

C 所組成的二成分系。討論三成分系的相圖可將三成分間的互溶性分類如下：

⑴兩對組成分互溶，一對組成分不互溶。

⑵兩對組成分部分互溶，一對組成分互溶。

⑶三對組成分部分互溶。

以下將就上述的分類討論三成分系相圖。所有三成分系的相圖，均由適當設計的實驗測量繪製，此處所討論的相圖僅就定性的現象說明之。

7-8-1　兩對組成分互溶，一對組成分不互溶系

三組成分間的互溶性關係，有一對不互溶，而其他組成間互溶的有水—苯—醋酸、水—丙酮—乙醚、水—醋酸—醋酸乙烯酯等所組成的物系。此類的三成分系相圖外觀如圖 7-38 所示，圖中的 DEF 圓弧線內狀態點所代表的物系為二液相共存，自由度為 1；而三角形內其他的物系則為完全溶於單一液相，自由度為 2。圖中的 GH 線為物系組成 I 點的縛線（Tie line），其代表的意義與二成分系的氣液相平衡相似；如將 A、B 及 C 以 I 點所表示的組成比例混合，物系平衡時以二溶液相共存，其組成濃度分別為 G 與 H 點，稱共軛組成(Conjugate composition)；而二液相量的比例可由槓桿定則計算之。由於 I 狀態點距 A 頂點頗遠，因此，物系中成分 A 的比例很少，主要成分為 B 與 C；而 B 與 C 不互溶，故物系形成 A 分別溶於 B 與 C 的二不互溶液相。同時，$G(H)$ 狀態點中的 $C(B)$ 成分濃度為 $C(B)$ 在 $B(C)$ 中的飽和溶解度；若 A 的成分為零，則 B 與 C 混合的二成分系中，B 成分的濃度大於 D 狀態點或 C 成分濃度大於 F 狀態點，則物系為完全互溶的單一液相；但若物系濃度介於狀態點 D 與 F 間，則生成二不互溶液相。由圖 7-38 發現，溶液 B 與 C 所形成的兩相

圖 7－38 兩對組成分互溶之相圖。其中 AB，AC 互溶而 BC 不互溶

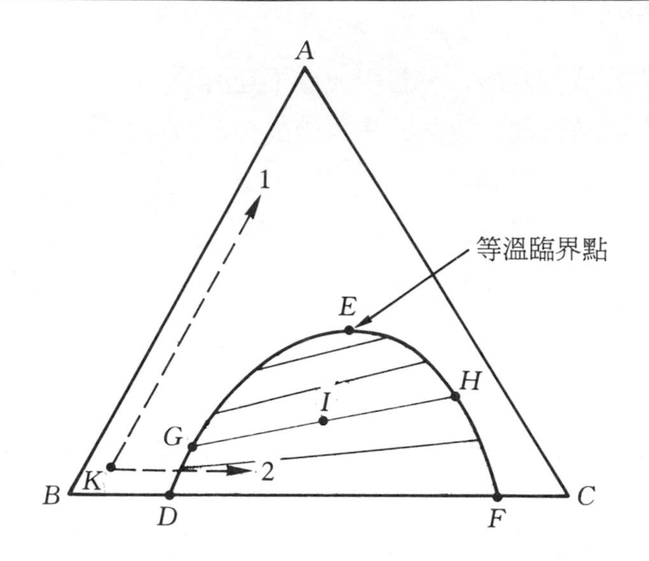

區隨 A 成分的增加而減小，換言之，兩相區的縛線因物系中 A 成分的增加而縮短，直到物系中 A 的比例大於 E 點，物系將以單一液相存在，而 E 點則稱爲等溫臨界點（Isothermal critical point）。該點代表的意義即 E 點以上的物系爲完全互溶的單一液相。因爲 AC 與 AB 完全互溶，因此在互溶性不佳的 B 與 C 二成分系中加入 A，將有助於 B 與 C 的互溶，故 B 與 C 間的不互溶區會因 A 的加入而減小，直到足量 A 的加入，使物系完全互溶，而形成單一液相。

在圖 7－38 中，距離三頂點附近的物系，均爲單一液相態，此乃若三成分物系中任一成分足夠大量，則其他較少量的成分將以溶質溶於溶劑的方式生成單一液相。以圖中的 K 點爲例，該狀態點的組成中 B 的比例大於 90%，物系爲 A、C 溶於 B 中的單一液相。如圖所示虛線 1 的變化，即在物系中加入 A 與 C，使成分 A 的濃度遞增而 C 的濃度不變，然由相圖所示，物系始終呈單一液相，此乃所加入的成分 A 與 B、C 完全互溶，故而 A 的加入不會造成不互溶相的生

成。若如虛線 2 所示，將成分 C 與 A 加入物系中，當 C 的濃度使物系進入相圖的兩相區，則物系將生成二不互溶相平衡；此乃 C 與 B 不完全互溶，當物系中 C 的量造成 C 在成分 B 中的濃度大於飽和濃度，則物系分成二液層，一為 B 層，一為 C 層。

7－8－2　兩對組成分部分互溶，一對組成分互溶系

如圖 7－39(a)所示為兩對組成部分互溶、一對組成分互溶系的相圖。屬於此類的三成分系有水—酚—苯氨、水—醋酸乙酯—正丁醇等物系。因物系中有二對成分部分互溶，因此，相圖中的兩相區應較 7－8－1 節所討論的物系廣。

圖 7－39　(a)定溫、定壓下 AB 互溶，AC 和 BC 不互溶三成分系的相圖，兩相區中的橫線為縛線（Tie line）
(b)AB 互溶、AC 和 BC 不互溶系相圖

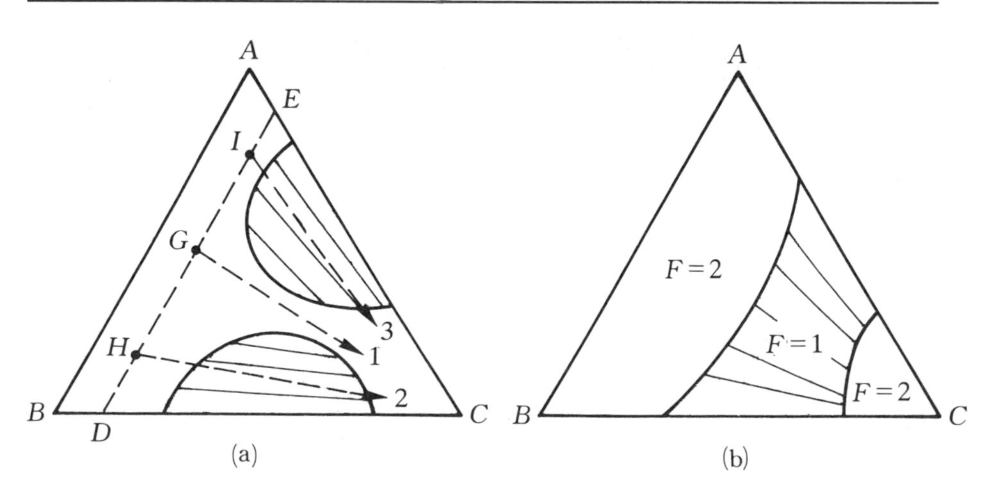

由於物系有兩對部分互溶的成分，故圖 7－39(a)中有二塊兩相區。換言之，該物系爲 AC、BC 部分互溶系，而 A 與 B 完全互溶。因此，若物系中 C 成分的濃度低，則不論 A 與 B 以何種比例混合，物系均呈單一液相，如 DE 線所代表的物系狀態。當物系組成爲 G 點狀態時，A 與 B 的組成比例相當，因此，逐漸加入成分 C 至物系中增加物系的 C 含量；如相圖虛線 1 所示物系的改變方向，物系始終爲單一液態。但若物系如虛線 2 或 3 所示爲較多 B 或 A 成分的物系，則加入 C 成分，物系將經過兩相平衡。以虛線 2 爲例，物系起始點爲 H 狀態，大部分爲成分 B，加入成分 C 後，物系呈兩相共存，其中之一爲 A、C 溶於 B，另一液相則爲 B、A 溶於 C。

如圖 7－39(b)所示，對於 AC 與 BC 的互溶性較小的物系，兩塊二相區將合而爲一，因此，只有 C 成分濃度很小或 C 成分濃度極大的物系以外，物系皆呈二不互溶相平衡態。此乃若 C 濃度低時，因 A 與 B 互溶，因此 C 可以完全溶於 AB 溶液中；而 C 濃度極大時，則 A 與 B 以溶質的型態溶於溶劑 C 中，生成單一溶液相。

7－8－3　三對組成分部分互溶系

若三成分物系中的任意二組成分間爲部分互溶，則物系的相圖如圖 7－40 所示。由於物系組成分的互溶性不佳，因此相圖中大部分爲兩相區。如圖 7－40(a)所示，只有三成分中的某一成分在物系中佔大部分（D、E 或 F）或三成分的組成幾乎一致（G），物系將呈二相平衡。當物系中的 AB、AC 互溶性不佳時，相圖如圖 7－40(b)所示，呈現帶狀兩相區。若三對組成的互溶性均不佳的物系，相圖則如圖 7－40(c)所示。在圖 7－40(c)中，DEF 爲三液相共存區，換言之，當物系組成在此區之內，三成分混合將生成三液相共存，而該三液相的組成爲 D、E 及 F 狀態點所示的組成。

圖 7－40　三對成分均部分互溶系的相圖

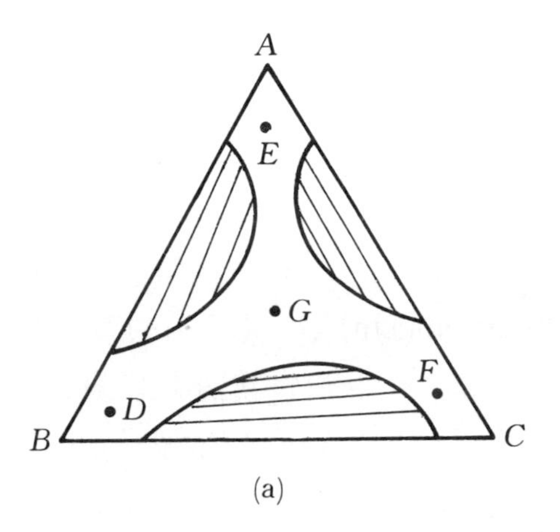

(a)

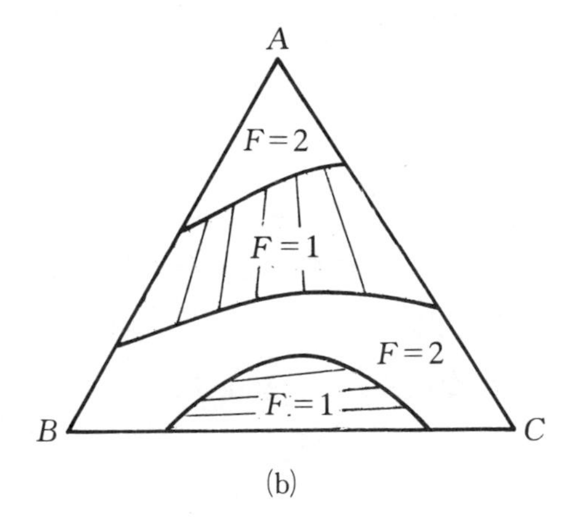

(b)

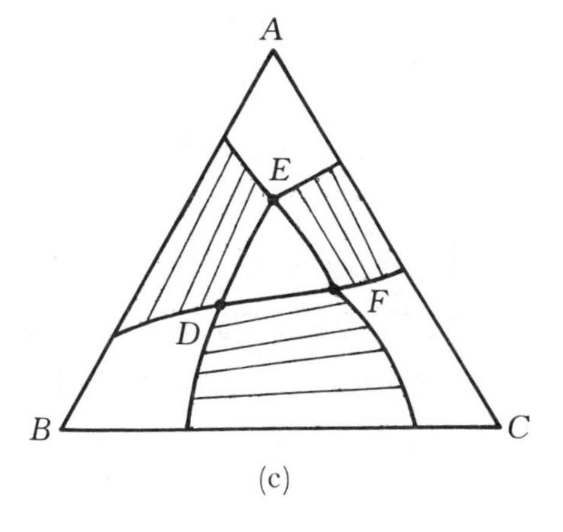

(c)

詞　彙

1. **熱平衡（Thermal equilibrium）**

兩相間的溫度相同。

2. **機械平衡（Mechanical equilibrium）**

兩相間的壓力相等。

3. **化學平衡（Chemical equilibrium）**

兩相間物質的化學勢相等。

4. **相律（Phase rule）**

爲吉布士於 1976 年所提出。$F=C-P+2-r$，經由物系組成數、相平衡數與其他任何與組成相關的平衡式，表示出物系達熱力學平衡時的自由度。

5. **相圖（Phase diagram）**

以圖形的方式表示物系相平衡時，物系熱力學變數與相平衡間的關係。一般常見的包括純物系、二成分系與三成分系的相圖。純物系以溫度與壓力相圖最爲常見；二成分系以組成與溫度$(T-x)$或組成與壓力$(P-x)$相圖較常見；至於三成分系則常以定溫、定壓下正三角形，組成分互溶相圖表示。

6. **三相點（Triple point）**

物系中三個相平衡共存時的溫度與壓力。

7. **臨界點（Critical point）**

物質以液態存在的最高溫度與最低壓力。

8. **過冷（Supercooling）**

若降溫過速，在低於物質應相變化的溫度時，其仍未進行相轉換。

9. **過熱（Superheating）**

若升溫過速，在高於物質應相變化的溫度時，其仍未進行相轉換。

10. **介穩三相點（Metastable triple point）**

物質過冷或過熱而呈現的三

相點。

11.克拉泊壤方程式

(Clapeyron equation)

表示純物質兩相平衡時的溫度與壓力間的關係。

12.克勞吉斯－克拉泊壤方程式

(Clausius-Clapeyron equation)

表示純物質凝相與氣相平衡時的溫度與壓力間的關係。

13.拉午耳定律 (Raoult's Law)

於 1884 年由拉午耳提出。混合系溶液的蒸汽壓，可以由純物質蒸汽壓乘以溶液中的莫耳分率得之：$P_i = x_i P_i^*$。

14.理想溶液 (Ideal solution)

物系氣液相平衡時，氣相的蒸汽壓遵守拉午耳定律的溶液系。

15.不變系 (Invariant system)

熱力學自由度為零的物系，如純物系的三相點。

16.單變系 (Univariant system)

熱力學自由度為 1 的物系，如二成分系的三相點。

17.雙變系 (Bivariant system)

熱力學自由度為 2 的物系，如三成分系的三相點。

18.三變系 (Trivariant system)

熱力學自由度為 3 的物系，如三成分系兩相平衡時。

19.露點線 (Dew point line)

定溫下多成分系氣相加壓時，首先發現蒸汽凝結為液相的壓力，稱為露點壓力。將不同組成物系的露點壓力與組成所連成的壓力線。

20.汽化點線 (Bubble point line)

定溫下將多成分系自單一液相減壓時，首先發現蒸汽揮發生成汽泡的壓力，稱為汽化點壓力。將不同組成物系的汽化點壓力與組成所連成的壓力線。

21.氣相線 (Vapor curve)

定壓下二成分系的氣液平衡 $T-x$ 相圖中，溫度與氣相組成的關係線。

22.液相線 (Liquid curve)

定壓下二成分系的氣液平衡 $T-x$ 相圖中，溫度與液相組成的關係線。

23.槓桿定則 (Level rule)

多成分系兩相平衡時，以相圖中的線段比可以得知各平衡相的量之比。

24.分餾（Fractional distillation）

利用多成分系重覆的氣液相平衡過程，分離物質的技術。

25.分餾塔（Fractioning column）

工業上利用分餾原理，大量分離純化物質的一種裝置，常見的有泡罩式、篩板式或塡充式等。

26.部分結晶

（Fractional crystallation）

利用多成分系重覆的固液相平衡過程，純化物質的技術。

27.理論板（Theoretical plate）

蒸餾管或分餾塔中氣液平衡的步驟次數。

28.薄環精鍊法（Zone refining）

利用物質的固液平衡，將固相中的雜質溶於液相中而提高固相物質的純度。

29.共沸物質（Azeotropes）

二成分系液體，在某一組成時二組成分同時沸騰，則此種物質稱爲共沸物質。

30.縛線（Tie line）

相圖中兩相平衡時，以兩相的狀態點所連成的線。

31.蒸汽蒸餾（Steam distillation）

爲了防止高溫蒸餾時，物質在達到沸點以前造成物質的分解，因此，加入適量的水於物系中，以降低物系的沸點。又因水與欲純化的物質不互溶，故極易自餾出溶液將水分離。

32.上臨界溶液溫度

（Upper critical temperature）

液相不完全互系的溶液，不論組成爲何，形單一液相的最低溫度。

33.下臨界溶液溫度

（Low critical temperature）

液相不完全互系的溶液，不論組成爲何，形單一液相的最高溫度。

34.熱分析（Thermal analysis）

利用物質加熱所發生各種與熱有關的物性變化，探討物質與熱力學相關的性質。

35.液態線（Liquidus）

定壓下多成分系的固液 $T-x$ 相圖中，固液相平衡時液相組成與溫度的關係線。

36.固態線（Solidus）

定壓下多成分系的固液 $T-x$ 相圖中，固液相平衡時固相組成與溫度的關係線。

37. **共軛溶液**

(Conjugate solution)

不完全互溶的二成分系，定溫、定壓下互呈平衡的二溶液。

38. **共熔溫度**（Eutetic point）

定壓下二成分系在適當的組成時，二成分於某溫度同時熔爲液體，此溫度稱爲共熔溫度。而此時的組成則稱爲共熔組成(Eutetic composition)。該混合物爲共熔物（Eutetic mixture）。

39. **合熔體**（Congruent form）

或稱爲共體組成，爲二成分系的組成間會發生反應而生成的固體化合物。

40. **分熔反應**

(Incongruent reaction)或稱爲**過渡反應**

(Peritectic reaction)

二成分系在固相時生成一種新的固相化合物，但並無合熔點，加熱物系於高溫時則完全分解爲另一固相與組成不同的平衡液相。此種相變化與反應同時發生的稱爲分熔反應。

41. **等溫臨界點**

(Isothermal critical point)

定溫、定壓時，一對組成分不完全互溶的三成分系，在等溫臨界點的組成狀態以上，物系呈單一液相。

習 題

7－1 對於下列平衡系，計算各體系的相數與熱力學自由度。

(a)冰塊和液態水。

(b)將碳酸鈣加熱而達到下述反應的平衡：

$$CaCO_3(s) \rightleftharpoons CaO(s) + CO_2(g)$$

(c)NaCl + KCl 的水溶液。

(d)$CuSO_4$ 的過飽和水溶液。

(e)25 ℃時，1 莫耳 N_2 和 1 莫耳 O_2 在 1 公升密閉容器中。

(f)10 M H_2SO_4 水溶液，H_2SO_4 部分解離為 H^+、HSO_4^- 和 SO_4^{-2}

(g)奶粉與砂糖的混合系。

(h)將(g)溶於水中所生成的溶液。

(i)25 ℃時，50 mL 苯和 50 mL 水的混合。

(j)25 ℃時，50 mL 甲醇和 50 mL 水的混合。

(k)25 ℃時，銅粉末和鋅粉末均勻混合。

(l)25 ℃時，銅－鋅合金粉末。

(m)室溫下 $I_2(s)$ 完全溶於 CCl_4 和 H_2O 的混合系中。

(n)1 M HCl 和 1 M CH_3COOH 水溶液。

7－2 試述下列程序中所發生的相變化。

(a)25 ℃和 1 atm 的液態水在恆溫下加壓到 200 atm。

(b)－1 ℃和 1 atm 的冰塊在恆溫下加壓到 200 atm。

(c)200 ℃和 1 atm 的水蒸汽在恆溫下加壓到 200 atm。

(d)200 ℃和 1 atm 的水蒸汽在恆溫下加壓到 250 atm，然後在定壓下降溫到 100 ℃，最後壓力在恆溫下減爲 2 atm。

7－3　試決定平衡系 $H_2SO_4(l) \rightleftharpoons H_2O(l) + SO_3(g)$ 的相數、成分數和自由度各爲若干?

7－4　試問改變水的凝固點 3 K 壓力需變化若干 atm? 在 0 ℃時冰的熔解熱爲 79.7 cal/g，水的密度爲 0.9998 g/mL，冰的密度爲 0.9168 g/mL。

7－5　水的汽化熱爲 539.7 cal/g，求其在 90 ℃時的蒸汽壓。

7－6　60 ℃時純苯及甲苯之飽和蒸汽壓分別爲 385 mmHg 及 139 mmHg。試求當甲苯之莫耳分率 0.5 時，二成分之蒸汽壓及溶液之總蒸汽壓爲若干?

7－7　丙烯在各溫度的蒸汽壓如下：

T (K)	150	200	250	300
P (mmHg)	3.82	198.0	2074	10040

試以繪圖法由上述數據求出丙烯在 225 K 時的(a)莫耳汽化熱和(b)蒸汽壓。

7－8　(a)冰的蒸汽壓在 −10.0 ℃和 0.0 ℃時分別是 1.950 torr 和 4.579 torr。試計算在上述溫度範圍之內，冰的昇華熱。

(b)若 25 ℃時水的蒸汽壓等於 23.756 torr，計算 0 ℃至 25 ℃的溫度範圍內，水的蒸發熱。

(c)試計算水的熔解熱。

7－9　溫度 −78.5 ℃時，乾冰（二氧化碳）的蒸汽壓爲 760 torr，而二氧化碳的三相點爲 216.55 K 與 5.112 atm。計算乾冰的昇華熱。

7－10　1 大氣壓下，氧的沸點爲 90.18 K，而 100 K 時，氧的蒸汽壓等於 2.509 atm。計算氧的汽化熱。

7－11 四氯化碳在各不同壓力下的熔點和熔解時體積的變化如下：

壓力（atm）	1	10^3	2×10^3
熔點（℃）	－22.6	15.3	48.9
V_o-V_s（cc/g）	0.0258	0.0199	0.0163

試計算四氯化碳在 1000 atm 時的莫耳熔解熱。

7－12 冰在 1 atm 和 0 ℃時的密度爲 0.9168 g/cc，而液態水在相同溫度和壓力下的密度則是 0.9998 g/cc。試計算冰在 400 atm 下的熔點。假設水與冰的密度在 1 atm 與 400 atm 的範圍之內保持不變。

7－13 乙醚在 1 atm、34.5 ℃沸騰，而其汽化熱爲 88.39 cal/g。

(a)計算乙醚在其沸點之蒸汽壓隨溫度的變化率。

(b)求乙醚在 750 mmHg 時的沸點。

(c)試計算乙醚在 36.0 ℃時的蒸汽壓。

7－14 試由下列數據繪製苯－乙醇溶液的沸點圖，並由所得的相圖推測其共沸組成，及在 1 atm 下分餾何種濃度範圍內的溶液可得到純苯。

1 atm 下的沸點(℃)	78	75	70	70	75	80
苯的莫耳分率						
溶液中	0	0.04	0.21	0.86	0.96	1.00
蒸汽中	0	0.18	0.42	0.66	0.83	1.00

7－15 下列數據爲 25 ℃時水和正丙醇在其溶液蒸氣中的分壓。試根據該數據繪製水和正丙醇二成分系的壓力－組成相圖，並由相圖中推測正丙醇莫耳分率 0.5 的溶液之平衡蒸汽中的組成爲何？

x（正丙醇）	0	0.020	0.050	0.100	0.200	0.400
P（水）	23.76	23.5	23.2	22.7	21.8	21.7
P（正丙醇）	0.00	5.05	10.8	13.2	13.6	14.2

x（正丙醇）	0.600	0.800	0.900	0.950	1.000
P（水）	19.9	13.4	8.13	4.20	0.00
P（正丙醇）	15.5	17.8	19.4	20.8	21.76

7－16　由鄰二硝基苯與對二硝基苯所組成的二成分系，根據熱分析的結果顯示，在不同對二硝基苯組成系的熔點如下：

對二硝基苯之莫耳分率	1	0.9	0.8	0.7	0.6	0.5	0.4	0.3	0.2	0.1	0
熔點(℃)	173.5	167.7	161.2	154.5	146.1	136.6	125.2	111.7	104.0	110.6	116.9

(a)試繪製此二成分系的溫度—組成相圖。

(b)由所繪相圖，推測共熔溫度與共熔組成。

7－17　硫酸鎳在水溶液中會生成 $NiSO_4 \cdot xH_2O$（$x=0$，1，6 或 7）的結晶沈澱，其中 x 的大小則取決於水溶液中 H_2SO_4 的濃度。因此，硫酸鎳與硫酸水溶液可以視爲是 $H_2O-NiSO_4-H_2SO_4$ 的三成分系，而在不同組成時，將會生成 $NiSO_4 \cdot xH_2O$ 固體結晶和 $NiSO_4/H_2SO_4$ 水溶液的二相平衡。故而利用該二不互溶相中 $NiSO_4 \cdot H_2SO_4$ 和 H_2O 的組成比例，可以繪製三成分系相圖，進而了解硫酸鎳在硫酸水溶液中溶解與沈澱的情形。試根據以下的實驗數據繪製 $NiSO_4-H_2SO_4-H_2O$ 的三成分系相圖，並討論該相圖所表達的訊息。

液相（水溶液）		固相（$NiSO_4 \cdot xH_2O$ 結晶）
$NiSO_4$ wt %	H_2SO_4 wt %	
28.13	0	$NiSO_4 \cdot 7H_2O$
27.34	1.79	$NiSO_4 \cdot 7H_2O$
27.16	3.86	$NiSO_4 \cdot 7H_2O$
26.15	4.92	$NiSO_4 \cdot 6H_2O$
15.64	19.34	$NiSO_4 \cdot 6H_2O$
10.56	44.68	$NiSO_4 \cdot 6H_2O$
9.65	48.46	$NiSO_4 \cdot H_2O$
2.67	63.73	$NiSO_4 \cdot H_2O$
0.12	91.38	$NiSO_4 \cdot H_2O$
0.11	93.74	$NiSO_4$
0.08	96.80	$NiSO_4$

7－18　水－酚－丙酮三成分系中，水與酚部分互溶。下圖爲 30 ℃時此三成分系的相圖，其中組成系以重量百分比表示。

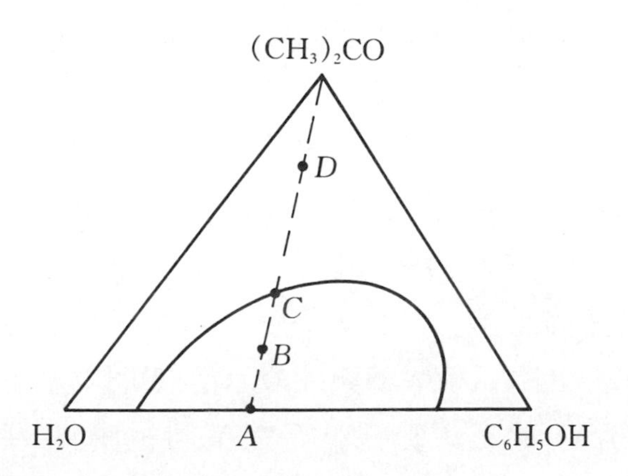

(a)試說明相圖中 A、B、C 與 D 點時三成分系的狀態爲何？

(b)若將丙酮加入組成爲 A 的酚－水系中，說明隨著丙酮量的增加，溶液系狀態的變化。

(c)將丙酮改爲水或酚，重覆步驟(b)。

7－19　在 25 ℃和 1 atm 時，苯－異丁醇－水三成分形成的二不互溶

液相之組成如下：（以重量百分比表示）

水相		苯相	
異丁醇	水	異丁醇	苯
2.33	97.39	3.61	96.20
4.30	95.44	19.87	79.07
5.23	94.59	39.57	59.09
6.04	93.63	59.48	33.98
7.32	92.64	76.51	11.39

根據以上數據繪製三成分系相圖，並標出縛線。

(a)試求將比例爲 20％異丁醇、55％水與 25％苯混合，三成分系所形成各相的狀態。

(b)若於 90％異丁醇和 10％苯所生成的溶液中加入水，討論相分離時各相組成的狀態。

7－20　Zn 與 Mg 二成分系在不同組成時所測量混合物自高溫熔融態隨時間降溫曲線發現，該降溫曲線有斷點（Break point）或下降平緩（Halt）等現象，如圖 7－30 左圖所示，而各組成系的 Break 或 Halt temperature 記錄如下：（組成濃度以重量百分比表示）

Zn 組成（%）	0	10	20	30	40	50
Break（℃）		623	566	530	443	356
Halt（℃）	651	344	343	347	344	346

Zn 組成（%）	60	70	80	84.3	90
Break（℃）	437	517	577		557
Halt（℃）	346	347	343	595	368

Zn 組成（%）	95	97	97.5	100
Break（℃）	456		379	
Halt（℃）	367	368	368	419

根據以上實驗數據繪製 Zn－Mg 二成分系溫度—組成相圖，並討論相圖中各區域的物理現象。

7－21 試說明蒸餾與分餾的相同與不同處。

7－22 根據圖 7－26(a)水和酚的液態相圖，

(a)試標出 20 ℃時，水重量百分率 10%、40%與 98%混合系的自由度與平衡相數。

(b)若在 40 ℃時，混合 50 g 水和 50 g 酚，平衡時試計算各液層的總重量與其組成。

(c)若在(b)所述的平衡系中，加入 20 g 的水，待溶液系重新平衡後，計算各液層的重量和組成。

(d)若將(b)所述的平衡系，加熱到 60 ℃，試計算平衡後，各液層的總重量與組成。

第八章

溶液

溶液是日常接觸最頻繁的一種物質狀態，尤其水溶液是生命現象源起與生命活動的重要根源。相較於固態與氣態，溶液是比較複雜的狀態；而溶液中的各種現象與溶液的組成有著密切的關係。如第七章所述，物質的沸點與溶點可經由物質所受外壓的變化而改變，其主要原因乃壓力促使物質的化學勢的變化；然而除了以壓力或溫度的方式外，加入不同的化學物質，亦可改變物系中物質的化學勢，因化學勢的定義爲 $\mu_i=(\partial G/\partial n_i)_{P,T,n_i\neq n_j}$；因此，物系的熔點或沸點亦會因物質濃度的改變而變化。另外，由於溶液相平衡的物理條件與純物質的不同，乃是因溶液與純物質有不同的物理性質，而這種不同於純物質的物理性質，將反應在溶液的各種現象中，如溶液的滲透壓、電導、沸點與熔點等。

溶液乃將多種物質混合而形成單一均勻相的物系（Homogeneous system）。溶液可以固態、液態或氣態存在。對於氣態物質，不論幾種物質以何種比例混合，都將生成氣相溶液。氣態、液態或固態物質，則以相當的溶解度溶於固態或液態物質中生成固相或液相溶液。如數種金屬元素混合而成的合金，即爲一種固體溶液；而乙醇與水混合成的則爲液態溶液。通常數種物質混合的均勻單一相，稱爲眞溶液(True solution)。對於溶液的型態，以物質混合前的狀態歸類，可以有六種溶液狀態，如表8－1 所歸納。

由於溶液的性質與其組成有極密切的關係，因此在討論溶液的各種物理或化學性質時，應先表明溶液的組成。莫耳分率是一種常用來描述溶液組成的方式，如一物系中有 n_a 莫耳的組成 a 、n_b 莫耳的組成 b 、n_c 莫耳的組成 c 等，則組成 a 的莫耳分率爲：

$$x_a=\frac{n_a}{n_a+n_b+n_c}$$

莫耳濃度 M 或 C（Molarity）也是一種常用來說明物系組成的表示法，但用此種方式必先區分物系中佔多量的物種，而稱此物質爲溶

表 8－1 溶液的型態

組成分 1	組成分 2	溶液狀態	例子
氣態	氣態	氣態	空氣
氣態	液態	液態	蘇打水（CO_2 溶於水）
氣態	固態	固態	H_2 溶於金屬 Pd
液態	液態	液態	乙醇溶於水
固態	液態	液態	NaCl 溶於水
固態	固態	固態	黃銅（Cu－Zn），焊錫（Sn－Pb）

劑（Solvent），則其他的物質爲溶質（Solute）。計算單位體積的溶液中溶質的莫耳數，則爲各溶質的莫耳濃度。由於物質體積爲溫度的函數，因此，物質體積會因溫度的變化而膨脹或收縮，故而物系溶質的莫耳濃度將隨溫度有些微變化。因此，在對濃度精確度要求很高的情形下，以莫耳濃度描述物系的組成有其缺點。另外，當以莫耳濃度表示時，通常無法對溶劑在溶液中的相對量有較直接的描述。至於重量莫耳濃度 m（Molality），則克服莫耳濃度隨溫度變化的缺點，其爲單位重量溶劑中溶質的莫耳數，所用的量與莫耳分率的計算相同，皆不爲溫度的函數。同時，由於重量較體積的測量精確，在實驗上，重量濃度較容易達到精確的要求。另外常用來表示溶液系組成的尙有重量百分比——組成分在溶液中所佔的重量比例、體積百分比——組成分體積與溶液體積的百分比。至於以何種方式描述溶液的組成較恰當，則端視實驗或計算上對濃度精確度的要求及組成的表示方式是否明確表達物系的特性等因素來決定。

本章將討論的溶液將以液體溶液爲主，包括氣體、液體或固體物質溶於液體中。爲方便探討溶液的性質，以種類的區分而言，可將溶液分爲電解質（Electrolyte solution）與非電解質溶液（Nonelectrolyte solution）。若以理論觀點，非電解質溶液又可再區分爲理想溶液（Ideal solution）與非理想溶液（Nonideal solution）。而電解質溶液的理論方面則包括無限稀釋溶液（Infinite-dilute solution）與一般電解質溶液。基本上，不論電解質或非電解質溶液均較氣態或純物質系複雜，而電解質溶液則更趨複雜與不易瞭解。本章將以由淺入深的方式探討溶液的物理性質；首先將以簡單的理想溶液觀點討論溶液的性質，再討論眞實溶液與理想溶液的差別，進而探討眞實溶液的各種物理性質。而在溶液的種類方面，將先討論非電解質溶液系，再探討較複雜的電解質溶液系。

8－1　理想及非理想溶液——拉午耳定律

在探討複雜的眞實溶液系時，通常以理想溶液作爲討論的起點。所謂理想溶液，其定義爲溶液的平衡蒸氣壓若遵守拉午耳定律(Raoult's Law)，則稱該溶液爲理想溶液。基本上，理想溶液是不存在的。爲了能以較簡單的方式瞭解眞實溶液，即非理想溶液，仿照對眞實氣體（Real gas）的探討模式，一般是透過虛擬的理想溶液瞭解眞實溶液。

拉午耳於 1886 年經由一系列二成分系溶液蒸氣壓的測量，發現對於某些溶液系的蒸氣壓，其存在下列的性質，

$$P_A = x_A P_A^*；P_B = x_B P_B^* \qquad (8-1)$$

其中 x_A、x_B 爲二成分溶液組成的莫耳分率，P_A、P_B 爲組成分的蒸氣分壓，P_A^*、P_B^* 則爲組成分純物質態的蒸氣壓。(8－1) 式即爲拉午耳定律。因此，溶液的蒸氣壓爲

$$P = x_A P_A^* + x_B P_B^*$$

拉午耳（F. M. Raoult）爲一法國化學家，是溶液化學研究的先驅；其在溶液蒸氣分壓及溶液凝固點下降的研究，奠定了溶液化學的基石，同時也開拓電解質溶液的研究；另外，其對溶液凝固點下降的

量測，可以精確的決定物質的分子量，在本章 8－8 節中將討論溶液凝固點的下降與溶質分子量的關係。拉午耳定律可以視為溶液研究的一個重要起點。

如圖 8－1 所示為苯與甲苯二成分系的溶液蒸氣與溶液組成間關係的實驗資料。苯與甲苯系乃少見的眞實溶液中，可由（8－1）式描述溶液的蒸氣壓。在圖 8－1 中的資料點，溶液的總壓力等於苯和甲苯蒸氣分壓的和，同時，苯與甲苯的分壓可以（8－1）式計算，因此圖中的實驗資料點與拉午耳定律所預測的實線，$P = x_A P_A^* + x_B P_B^*$，幾乎重疊。

圖 8－1 苯與甲苯的混合系實驗。蒸氣壓與拉午耳定律的計算值之比較。

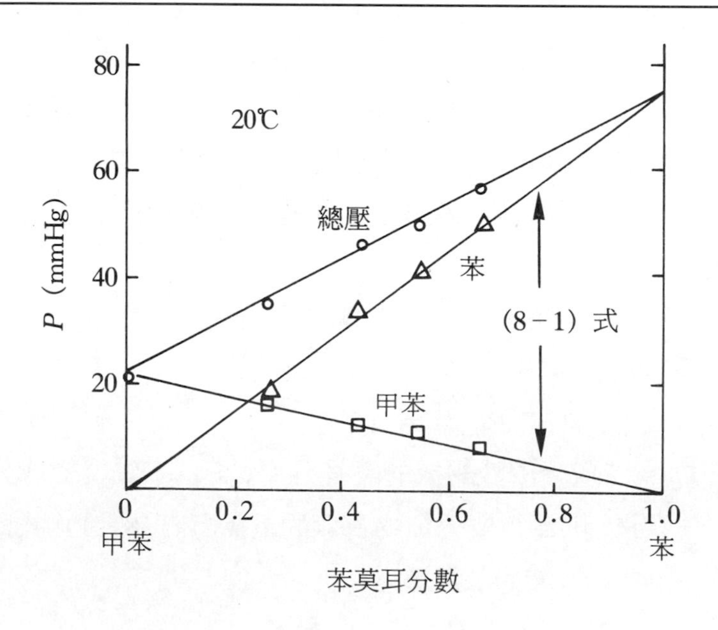

在理想氣體的觀點之下，氣體粒子間是沒有作用力的；換言之，任一粒子皆沒有感覺其他粒子的存在（按粒子間的「感覺」是靠彼此的作用力的大小來表現），故壓力、體積與溫度間的關係可以 $PV = nRT$ 表示；而該理想氣體方程式對眞實氣體而言，只有當體系的壓力近於零時，不論氣體的種類爲何，均可以成立。故而理想氣體定律亦稱爲氣體的極限定律（Limiting law）。相同的，溶液的極限定律爲理想溶液。對於物質 a 與 b 所組成的理想溶液，在分子的觀點而言，則是物質 a 分子間或 b 分子間的作用力與物質 a 和 b 間的作用力相同（按實際上並非如此），也就是 $a-a$、$a-b$ 和 $b-b$ 間作用力一樣。故而，純物質態的 a 或任意比例的 a 與 b 的混合溶液，因作用力相同，其溶液的蒸氣壓可以（8－1）式的分壓加成而得：$P = P_A + P_B$。因爲作用力的相同，分子無法區別在溶液中周圍的分子爲 a 或 b；因此，在眞實體系中若組成分間的差異性極小，如苯與甲苯、H_2O 與 D_2O 等二成分系，則其所混合形成的二成分系溶液可視爲理想溶液。由於不同物質間皆有相當的差異性，這也是理想溶液在眞實溶液系中佔極小比例的主要原因。但不論眞實溶液的性質如何，皆可以假設一虛擬的理想溶液討論其性質。

如上一章所說明的，對於平衡現象的探討，物質的化學勢是極有用的工具（有關化學勢的說明詳見 8－11 節）。對理想氣體而言，定溫下，由熱力學知道，

$$d\mu_i = \bar{V}_i \, dP \tag{8-2}$$

而

$$\bar{V}_i = \frac{RT}{P_i} \tag{8-3}$$

因此

$$d\mu_i = RT\frac{dP}{P_i} \tag{8-4}$$

積分（8－4）式可得

$$\mu_i = \mu_i^\circ + RT\ln\left(\frac{P_i}{P_i^\circ}\right) \qquad (8-5)$$

(8－5) 式說明了，定溫下，體系中物質 i 的化學勢隨壓力的變化關係。換言之，若知道壓力 P_i° 時物質 i 的化學勢為 μ_i°，則當溫度不變而體系壓力改變成 P_i 時，物質 i 的化學勢 μ_i 與 μ_i° 的差值為 $RT\ln(P_i/P_i^\circ)$。通常稱以壓力 $P_i^\circ=1$ atm 時體系的狀態作為討論的參考態 (Reference state)。因此，對於理想氣體，若知道壓力 P_i° 時物質 i 的化學勢，則定溫時，任何壓力下物質 i 的化學勢，皆可以 (8－5) 式算出。因為化學勢是探討物質各種平衡現象的重要熱力學狀態函數，故 (8－5) 式也是研究溶液問題的一個起點。

當壓力加大時，粒子間碰撞頻繁，氣態體系的粒子間作用力不可被忽略，則該體系為非理想氣體，氣體中物質 i 的化學勢可以修正為

$$\mu_i = \mu_i^\circ + RT\ln\left(\frac{f_i}{f_i^\circ}\right) \qquad (8-6)$$

(8－6) 式中的 f_i 稱逸壓 (Fugacity)，為一度量氣態體系粒子間作用力對於化學勢的影響，其單位為壓力單位。在探討溶液問題時，根據拉午耳定律，溶液的平衡蒸氣壓可以表示 $P_i = x_i\ P_i^*$；當溶液與蒸氣相平衡時，物質 i 在溶液與氣相的化學勢相同，因此，將 $x_i = P_i/P_i^*$ 代入 (8－5) 式中，可得

$$\mu_{i,\mathrm{id}}(\mathrm{g}) = \mu_{i,\mathrm{id}}(l) = \mu_i^\circ + RT\ln(x_i) \qquad (8-7)$$

其中 x_i 為物質 i 在溶液的莫耳分率。在 (8－7) 式中將氣態體系壓力——代表粒子間作用力，對化學勢的影響，改為理想溶液中以濃度作為分子間作用力的表示。(8－7) 式中，濃度為 x_i 的物質在溶液中的化學勢 $\mu_{i,\mathrm{id}}$ 與相同溫度下，純物質態的化學勢 μ_i° 的差值為 $RT\ln(x_i)$。因此，理想溶液中物質的化學勢與溶液組成的關係，可經由 (8－7) 式表示。首先，必需瞭解的是由 (8－7) 式，經由純物質態的化學勢與莫耳分率所計算的化學勢，$\mu_{i,\mathrm{id}}$，並不是物質 i 在溶

液中眞正的化學勢，此乃假設若溶液爲理想溶液時，其化學勢之値；而這個理想溶液與非理想溶液間的關係與理想氣體和眞實氣體間所存在的差異性是一樣的。

根據拉午耳定律，理想溶液中物質的化學勢應爲

$$\mu_{i,\mathrm{id}} = \mu_i^{\circ} + RT\ln(x_i) \qquad (8-8)$$

然而對於眞實的非理想溶液體系，(8－8) 式中代表分子間作用力的莫耳分率 (x_i)，如理想氣體化學勢的 P_i 改爲眞實氣體的 f_i，將修正爲其他參數，這將在 8－3 節中討論。

【例 8－1】

在 50 ℃時，純的苯及甲苯的蒸汽壓分別爲 35.7 及 12.4 kPa。苯與甲苯的溶液可視爲理想溶液。若一溶液中苯 (B) 與甲苯 (T) 的莫耳分率爲 $x_B = x_T = 0.5$，將此溶液於 50 ℃在密閉眞空容器中揮發。計算最初揮發的蒸氣組成及最後一滴未揮發的溶液組成。

【解】

由拉午耳定律，可計算最初揮發的蒸氣組成爲，

$$P_B = x_B P_B^* = 0.5(35.7) = 17.85 \text{ kPa}$$

$$P_T = x_T P_T^* = 0.5(12.4) = 6.2 \text{ kPa}$$

$$P_{\text{total}} = 17.85 + 6.2 = 24.05 \text{ kPa}$$

因此氣態的組成莫耳分率爲，

$$y_B = \frac{17.85}{24.05} = 0.742$$

$$y_T = \frac{6.2}{24.05} = 0.258$$

當該溶液持續揮發，物系中苯與甲苯的總莫耳分率始終爲 0.5，但因苯的揮發性較大，因此，氣態中苯的莫耳分率將逐漸增加，而溶液中甲苯的莫耳分率相對增加。若欲求最後一滴未揮發溶液的組成，因絕大部分的溶液已揮發爲蒸氣，故可假設此時蒸氣的組成爲 $y_B = y_T =$

0.5，然此時的液態組成爲未知的 $x_B{}'$ 與 $x_T{}'$。再利用拉午耳定律，

$$P_B = x_B{}'(35.7)$$

$$P_T = x_T{}'(12.4) = (1 - x_B{}')(12.4)$$

因此蒸氣組成爲

$$y_B = 0.5 = \frac{P_B}{P_B + P_T} = \frac{35.7x_B{}'}{35.7x_B{}' + 12.4 - 12.4x_B{}'}$$

可解得 $x_B{}' = 0.258$ 則 $x_T{}' = 1 - x_B{}' = 0.742$。最後一滴的溶液組成與最初揮發的蒸氣組成剛好相反。

8-2 拉午耳定律及亨利定律

所謂理想溶液爲溶液的蒸氣行爲在各種溶液組成時均遵守拉午耳定律稱之。另外有一種形式的溶液亦稱爲理想溶液，即理想稀釋溶液(Ideal-dilute solution)。當任一溶質，具有相當的蒸氣壓，以極少的量溶於溶劑時，溶液的蒸氣壓中該溶質的分壓，正比於溶質在溶液的莫耳分率：

$$P_B = Kx_B \tag{8-9}$$

(8-9) 式則稱爲亨利定律 (Henry's Law)，又可表示爲

$$C_B = K'P_B \tag{8-10}$$

其中 x_B、C_B爲溶質在溶液的飽和溶解度，以莫耳分率或莫耳濃度(mol/L) 表示。K、K'則爲不同濃度單位的實驗常數，稱亨利定律常數 (Henry's law constant)，與溶質、溶劑和溫度有關，其單位分別爲 atm 與 mol/L atm。此定律是由英國化學家亨利 (W. Henry) 於 1803 年，測量各種氣體在水中的溶解度與氣體壓力的關係，所獲得的結果。在日常經驗中有一與亨利定律息息相關的現象——潛水夫病。當潛水夫攜帶一氮氧 (N_2-O_2) 鋼瓶潛入深水中，因單位高度的水壓

遠大於氣壓，以水深約 7 公尺爲例，潛水者將承受約 1.7 atm 的壓力。在這樣的外壓下，身體內氮分子因高壓的因素，如（8－9）式所示，將增加其在身體體液或組織的溶解度。但當潛水者上浮時，壓力驟減，溶在身體內的氮分子，不似氧分子，因不爲身體所用，在低壓之下將大量自體液或組織中揮發並生成氣泡。這些氮分子氣泡將阻礙血液流通，或影響神經的傳導將導致潛水者意識不清，進而致命。爲了防止此種潛水疾病，現今的潛水鋼瓶均改以氦氧氣（$He-O_2$）瓶，因氦氣在水中的亨利定律常數極小，故相對於氮氣，同樣的外壓下，氦分子在體內的溶解度很小，故而沒有減壓揮發的問題。另一常見與亨利定律有關的是冷飲開罐。在很多冷飲中，均以高壓添加 CO_2，如汽水、可樂或香檳等，當開罐時，因原先密閉容器中氣體壓力驟減，故而溶於液體中的 CO_2 溶解度減少，因此溶液中揮發的 CO_2 分子在液體中生成氣泡。

基本上，雖然亨利定律與拉午耳定律皆是定義溶液爲理想狀態的條件，然二者的不同處爲拉午耳定律爲一虛擬態的理想溶液，而亨利定律可以實現在所有揮發性物質在某一溶劑的溶解行爲上。只要溶質在溶液中的莫耳分率夠小，近似無限稀釋的理想稀釋狀態，均可稱爲理想溶液。

如圖 8－2 所示爲一物質在溶液中，不同溶解度時，亨利與拉午耳定律所分別描述的狀態。圖中橫軸表示物質 B 在溶液中的莫耳分率，實線所示是實際測得的氣態物質 B 的分壓，虛線與點線分別代表亨利定律與拉午耳定律所定義理想溶液應有的氣態分壓值。如圖所示，當溶液的 x_B 趨近於零，即所謂的稀釋溶液，實線與點線幾近重疊，符合亨利定律所定義。對於拉午耳定律而言，通常當溶質的莫耳分率接近 1，也就是純物態時，實線與虛線常較易重疊，然此現象不是拉午耳定律的通則，因爲拉午耳定律的使用，沒有溶液濃度的限制。

圖 8－2 物質 A 和 B 的二成分系蒸氣壓與拉午耳定律及亨利定律的比較

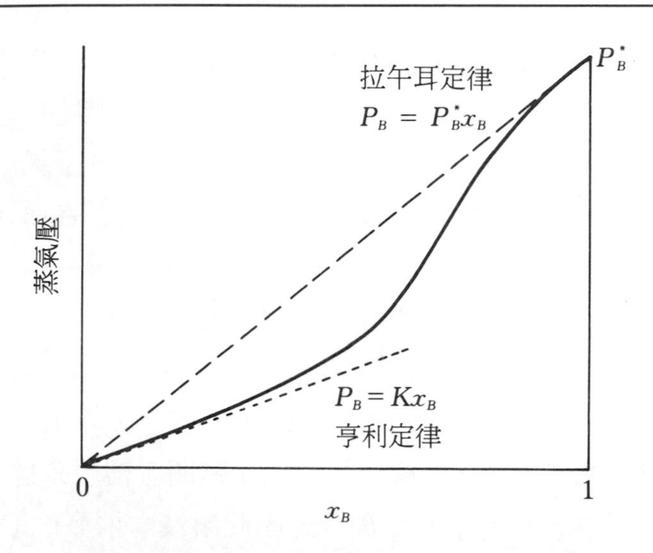

【例 8－2】

1 atm、25 ℃時氮氣與氧氣在水中的溶解度，也就是亨利定律常數，分別爲 6.8×10^{-4}與 3.5×10^{-4} mol/L。計算 1 大氣壓下氮氣與氧氣在水中的溶解度。

【解】

亨利定律爲 $P_B = Kx_B$ 或 $C_B = K'P_B$，因此氮與氧在水中的溶解度爲，

$$C_{N_2} = (6.8 \times 10^{-4}\ \text{mol/L atm})(0.78\ \text{atm})$$
$$= 5.3 \times 10^{-4}\ \text{mol/L}$$
$$C_{O_2} = (3.5 \times 10^{-4}\ \text{mol/L atm})(0.22\ \text{atm})$$
$$= 7.7 \times 10^{-5}\ \text{mol/L}$$

表8－2 列出在不同溫度下，不同氣體在水中的亨利定律常數；對於氣體而言，氣體在水中的飽和溶解度會因溫度的上升而下降。因此，亨利定律常數隨溫度的增加而變大。

表 8－2　氣體在水中的亨利定律常數，$K = P_B/x_B$(Pa)，$K \times 10^{-9}$

溫度（℃）	H_2	He	Ar	N_2	O_2	CO_2	CH_4
0	5.87	13.0	2.19	5.45	2.56	0.73	2.27
10	6.44	12.7	2.79	6.89	3.28	1.05	3.01
20	6.92	12.7	3.35	8.29	4.00	1.44	2.80
25	7.16		3.61	8.92	4.36	1.65	4.19
30	7.39	12.5	3.87	9.53	4.69	1.88	4.55
40	7.61	12.3	4.36	10.73	5.35	2.36	5.27
50	7.75	11.6	4.84	11.63	5.93	2.87	5.85

【例 8－3】

對於 25 ℃的室溫下，室內的一體積爲 40 dm^3 的魚缸，計算一大氣壓時，氧氣在水中的溶解體積（以 0 ℃、101.3 kPa 的狀態表示）。

【解】

假設室內壓力爲 101.3 kPa，氧氣的分壓爲

$$P_{O_2} = 0.22(101.3) = 22.28 \text{ kPa}$$

查表知 25 ℃ 時，氧氣的亨利定律常數爲 $K = 4.36 \times 10^9$，故氧在水中的飽和莫耳分率爲

$$x_{O_2} = \frac{22280}{4.36 \times 10^9} = 5.11 \times 10^{-6}$$

體積 40 dm^3 的水重量近似 40 kg，每 1 kg 水的莫耳數爲 55.5，因此水中氧分子的莫耳數爲

$$40(55.5)(5.11 \times 10^{-6}) = 0.01134 \text{ mol}$$

因此，如此數量的氧分子在 0 ℃、101.3 kPa 時的體積應爲

$$\frac{(0.01134)(8.314)(273)}{101325} = 2.31 \times 10^{-4} \text{ m}^3 = 231 \text{ cm}^3$$

8－3 溶液的熱力學

將溶質溶入不同溶劑時，體系會有不同的放熱或吸熱量；而且溶液的莫耳體積與溶液的組成有著密切的關係。因此，利用熱力學函數討論溶液的穩定性或溶液的生成，將可瞭解溶液性質與溶質、溶劑間的關係。

8－3－1 溶解熱

一般在配製酸或鹼的水溶液時，當濃的酸或鹼性物質加入水中都會有放熱現象；甚至發現將同樣的酸加入水中所釋放出的熱量將大於加入純硫酸中。將定量的溶質加入定量的溶劑所釋放的熱，稱為溶解熱（Heat of solution）；換言之，溶解熱是下列反應，在定壓下的熱焓變化，

$$n_a \text{ 莫耳溶質} + n_b \text{ 莫耳溶劑} \longrightarrow \text{溶液} \qquad \Delta H \qquad (8-11)$$

其中 $\Delta H = H$（溶液）$- H$(n_a 莫耳的溶質 + n_b 莫耳的溶劑)。基本上，(8－11) 式所表示的熱焓變化值與 n_a 與 n_b 有密切關係，換言之，溶解熱與溶液的組成或製備方式有關。

以 12 m 的硫酸水溶液的製備為例，有二種方式可以測量溶解熱。在第一個辦法中，將 12 莫耳的硫酸直接加入 1000 g 重的水中，並測量所釋出的熱量。若欲知道 12 m 硫酸水溶液的莫耳溶解熱，則將所測得的釋放熱除以 12 即可。一般稱此法所得的溶解熱為積分溶解熱 (Integral heat of solution)。至於第二種方式，則是將 12 莫耳的硫酸分 12 次逐次加 1 莫耳到水溶液中。因此，只有第一次是將硫酸加入純水，爾後均是將硫酸加入不同濃度的酸性水溶液中；直到最後一次是

將 1 莫耳硫酸加入 11 m 的硫酸水溶液，達 12 m 硫酸溶液。若將 12 個步驟所釋出的熱相加，與第一個方式所測得的熱應相同（按應遵守黑斯定律）。然而方法二中的每一步驟所測的溶解熱均不相同，若將方法二的步驟再細分，將每一步的溶解熱所加的硫酸量減到無限小，則所測的溶解熱稱微分溶解熱（Differential heat of solution）。

對於硫酸水溶液的積分溶解熱，乃是下列反應所釋放的熱焓，

$$H_2SO_4 + n_a\ H_2O \longrightarrow H_2SO_4(n_a\ H_2O) \qquad (8-12)$$

表 8－3　不同濃度硫酸水溶液的積分溶解熱，溫度爲 298.15 ℃

H_2O 莫耳數（n_a）	H_2SO_4 重量莫耳濃度（m）	ΔH_f° (kJ/mol)	ΔH_S (kJ/mol)
0	…	−811.31	0.00
0.5	111	−827.04	−15.73
1	55.5	−839.38	−28.07
1.5	37.0	−848.21	−36.90
2	27.75	−853.23	−41.92
3	18.5	−860.30	−48.99
5	11.10	−869.34	−58.03
10	9.09	−878.34	−67.03
50	1.110	−884.65	−73.35
100	0.555	−885.28	−73.97
1000	0.0555	−889.88	−78.58
5000	0.0111	−895.74	−84.43
10000	5.55×10^{-3}	−898.38	−87.07
50000	1.11×10^{-3}	−903.65	−92.34
100000	5.55×10^{-4}	−904.95	−93.64
∞	0	−907.50	−96.19

上式爲 1 莫耳的純硫酸加入 n_a 莫耳水中。生成的溶液中硫酸和水的莫耳分率分別爲 $1/(1+n_a)$ 與 $n_a/(1+n_a)$。表8－3 列出 1 莫耳硫酸加入不同 n_a 莫耳水之溶解熱的實驗數據。在表中利用生成熱（Heat of formation）計算積分溶解熱，其方法如下：測量 1 莫耳 H_2SO_4 在 n_a 莫耳 H_2O 中的生成熱，$\Delta H_f^\circ(H_2SO_4\ (n_aH_2O))$；再測量純硫酸的莫耳生成熱，$\Delta H_f^\circ(H_2SO_4\ (l))$，如表所示的第一列值 －811.31 kJ/mol。將兩生成熱值相減即得溶解熱，ΔH_S，

$$\Delta H_S = \Delta H_f^\circ(H_2SO_4(n_a\ H_2O)) - \Delta H_f^\circ(H_2SO_4(l)) \tag{8-12}$$

上式爲生成 $m = 1/(n_a \cdot 0.018)$ 重量莫耳濃度硫酸水溶液的溶解熱。

圖8－3 將表8－3 的不同濃度硫酸水溶液的溶解熱繪成圖。溶解熱隨硫酸濃度的增加而減少，此乃水中若酸的濃度越大，則所加入的酸溶解時，水合效應（Hydration effect）將減弱，故放熱量減少。對於隨後的章節所介紹的理想溶液，由於其混合熱焓爲零，因此，理想溶液的溶解熱恆爲零，與一般的酸鹼溶液不同。

圖8－3 硫酸水溶液的溶解熱與濃度之關係圖

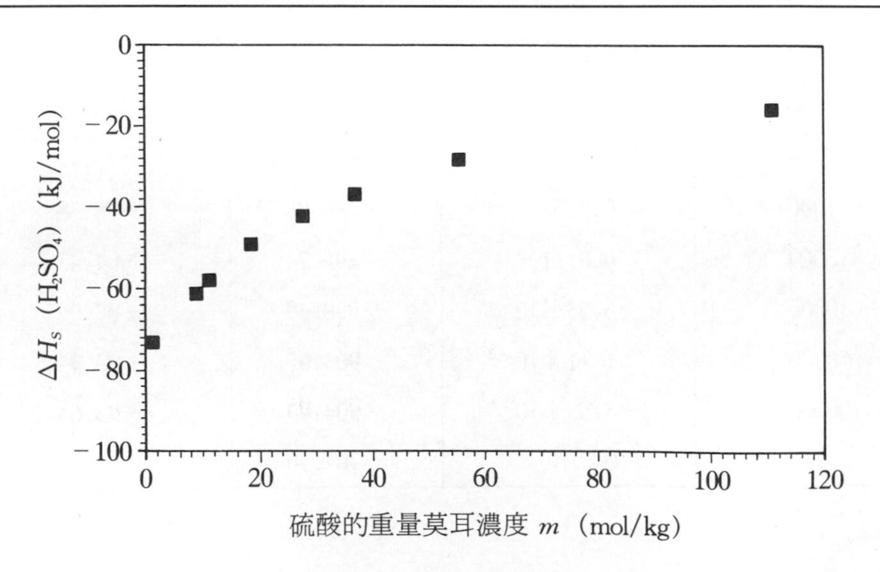

8-3-2 部分莫耳量 (Partial molar quanity)

部分莫耳量(Partial molar quantity)在熱力學上是一個古老且重要的物理量。任何一個熱力學的示量性質(Extensive property),如體積、自由能、焓、熵等皆可定義其部分莫耳量,而部分莫耳量的基本定義為

$$\bar{Y}_i = \left(\frac{\partial Y}{\partial n_i}\right)_{T,P,n_i \neq n_j} \qquad (8-13)$$

由以上的定義知道,對於純物質而言,部分莫耳量即為莫耳物理量,

$$Y^* = \left(\frac{\partial Y}{\partial n}\right)_{T,P} \qquad (8-14)$$

習慣上,我們用 $\bar{Y}_i$ 表示部分莫耳量,而以 Y^* 表示莫耳物理量。我們之所以在熱力學中引進部分莫耳量,乃是方便探討不同物種粒子間,因相互作用位能不同而組成之溶液的各種熱力學狀態。如熵(S)、焓(H)、自由能(G,A)、體積(V)等熱力學函數,與溶液的組成有密切關係。由於不同物種粒子間與相同物種粒子間作用位能的差異,經由混合物中各組成分的部分莫耳量的觀測,可以透過巨觀的熱力學函數與混合物組成分的關係,了解微觀層面的一些訊息——如液態中分子間的排列及作用位能的差異等。另外,如(8-13)式中的 Y 為溶液的 Gibbs 自由能,則 $\bar{Y}_i$ 是我們探討有關粒子間因化學反應或擴散運動而物質轉換常用的——化學勢,μ_i。又如在探討化學反應的熱效應時,常利用反應物、產物的熱焓計算反應體系因化學反應所造成的熱焓變化,因而需要知道體系中各物種的部分莫耳熱焓,$\bar{H}_i$。基本上,各種不同熱力學函數所定義的部分莫耳量,皆有其個別所代表的意義,至於如何選用,則視實際應用情況而定。

由(8-13)式的定義知道,部分莫耳量是一示強(Intensive)物

理量。以三成分溶液爲例，某一濃度溶質的部分莫耳量所代表的物理意義爲，在其他溶質組成分不變的條件下，該溶質 Δn 單位量的改變，所造成溶液熱力學函數值 ΔY 的相對變化量。然而，一般對於部分莫耳量的觀測，由於實驗技術上的問題，並非直接觀察 ΔY 對 Δn 在不同溶液濃度的變化，並求其斜率以得到部分莫耳量，$\bar{Y}_i$。各種熱力學函數的部分莫耳量，因其特性不同，皆有其獨立的實驗觀測方式。

流體（Fluid）物質的體積是一個容易測量的物理量，由於粒子在流體狀態時的碰撞頻繁及分子間距很小，因此，粒子在流體中的作用位能將會影響分子間距，進而使其巨觀上所表現出的體積，會隨著粒子間作用位能的改變——也就是溶液的組成改變，而有所不同。對於一個二成分溶液，在定溫、定壓下，所表現出的體積，V，爲溶液組成的函數，

$$V = V(n_a, n_b)$$

因此

$$\begin{aligned} dV &= \left(\frac{\partial V}{\partial n_a}\right)_{n_b} dn_a + \left(\frac{\partial V}{\partial n_b}\right)_{n_a} dn_b \\ &= \bar{V}_a\, dn_a + \bar{V}_b\, dn_b \end{aligned} \tag{8-15}$$

又溶液的體積可以部分莫耳體積（Partial molar volume）表示成，

$$V = n_a \bar{V}_a + n_b \bar{V}_b \tag{8-16}$$

式中 n_a、n_b 爲溶液中溶質及溶劑的莫耳數，$\bar{V}_a$、$\bar{V}_b$ 分別是溶質與溶劑，在以 n_a、n_b 的比例生成溶液的部分莫耳體積。將（8-16）式全微分可得，

$$dV = n_a\, d\bar{V}_a + n_b\, d\bar{V}_b + \bar{V}_a\, dn_a + \bar{V}_b\, dn_b \tag{8-17}$$

比較（8-15）式與（8-17）式可得吉布士—杜漢（Gibbs-Duhem）方程式，

$$n_a\, d\bar{V}_a + n_b\, d\bar{V}_b = 0 \tag{8-18}$$

（8-18）式可以溶液的莫耳分率表示，

$$n_a d\bar{V}_a = -\left(\frac{n_b}{n_a}\right)d\bar{V}_b \qquad (8-19)$$

$$= \frac{x_b}{x_b - 1}d\bar{V}_b \qquad (8-20)$$

以例 8－4 說明 NaCl 水溶液中水與 NaCl 的部分莫耳體積的計算。

【例 8－4】

表 8－4 中第一與第二行列出不同 NaCl 重量百分濃度的溶液密度。利用表 8－4 的實驗資料，計算不同濃度下的 NaCl 與水分子的部分莫耳體積。

表 8－4　溫度 25 ℃下，不同濃度 NaCl 水溶液的部分莫耳體積

NaCl 重量百分比	溶液密度 (g/cm^3)	1000g 水的溶液體積 (cm^3)	溶液的重量莫耳濃度(m)	計算體積 (8－21)式	$\bar{V}_a$ (H_2O) (8－26)式	$\bar{V}_b$ (NaCl) (8－22)式
0.	0.99709	1002.92	0.00000	1002.874	18.0680	17.8213
1.	1.00409	1005.99	0.17284	1005.980	18.0675	18.1192
2.	1.01112	1009.19	0.34920	1009.202	18.0662	18.4144
4.	1.02530	1015.96	0.71295	1016.007	18.0606	18.9954
6.	1.03963	1023.38	1.09218	1023.319	18.0514	19.5612
8.	1.05412	1031.15	1.48798	1031.169	18.0388	20.1082
10.	1.06879	1039.60	1.90119	1039.590	18.0228	20.6322
12.	1.08365	1048.64	2.33328	1048.614	18.0039	21.1282
14.	1.09872	1053.31	2.78547	1058.275	17.9826	21.5906
16.	1.11401	1068.64	3.25919	1068.605	17.9597	22.0129
18.	1.12954	1079.65	3.76502	1079.638	17.9361	22.3874
20.	1.14533	1091.39	4.27769	1091.403	17.9131	22.7055
22.	1.16140	1103.88	4.82611	1103.928	17.8926	22.9567
24.	1.17776	1117.20	5.40339	1117.234	17.8768	23.1290
26.	1.19443	1131.38	6.01188	1131.338	17.8687	23.2085

【解】

在以下的說明中，n_a、n_b 分別代表溶液中水與 NaCl 的莫耳數，其中 n_a 爲常數。首先將表 8－4 第一行的重量百分比換算成第四行的重量莫耳濃度，$m = 10 \times$(NaCl 重量百分比)/58.4。將表 8－4 中第三行的溶液體積對 NaCl 重量莫耳濃度作圖，如圖 8－4 所示。圖中的實線爲數值分析的解析方程式(Analytical equation)，表示如下：

$$V = 1002.874 + 17.8213m + 0.87391m^2 - 0.047225m^3 \qquad (8-21)$$

將（8－21）式的計算體積列於表 8－4 第五行，與第三行的實驗值比較極爲相近，平均誤差小於 0.05 cm^3。利用（8－21）式的溶液體積表示式，計算 NaCl 在水溶液中的部分莫耳體積，

$$\bar{V}_b(\text{NaCl}) = \left(\frac{\partial V}{\partial n_b}\right)_{n_a} = \frac{\partial V}{\partial m}$$

$$= 17.8213 + 1.74782m - 0.141675m^2 \qquad (8-22)$$

因此 $d\bar{V}_b$ 可寫成，

$$d\bar{V}_b = (1.74782 - 0.28335m)dm \qquad (8-23)$$

將（8－23）式代入（8－20）式可得

$$d\bar{V}_a = -\left(\frac{n_b}{n_a}\right)d\bar{V}_b = \frac{m}{55.508} \qquad (8-24)$$

欲求得水的部分莫耳體積 $\bar{V}_a$，可將（8－24）式自 $m = 0$ 積分至 m 值，因此，

$$\int_{m=0}^{m} d\bar{V}_a = \int_{m=0}^{m} -\left(\frac{14.74782}{55.508}m - \frac{0.28335}{55.508}m^2\right)dm \quad (8-25)$$

故

$$\bar{V}_a - \bar{V}_a^\circ = -\frac{1.74782}{2(55.508)}m^2 + \frac{0.28335}{3(55.508)}m^3$$

其中 $\bar{V}_a^\circ$ 爲 $m = 0$ 時水的部分莫耳體積，即爲水的莫耳體積。NaCl

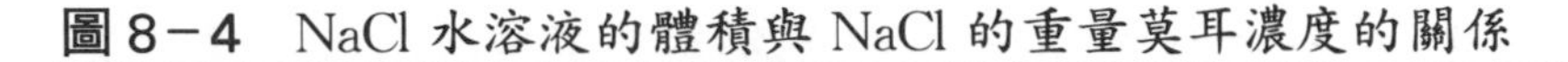
圖 8－4 NaCl 水溶液的體積與 NaCl 的重量莫耳濃度的關係

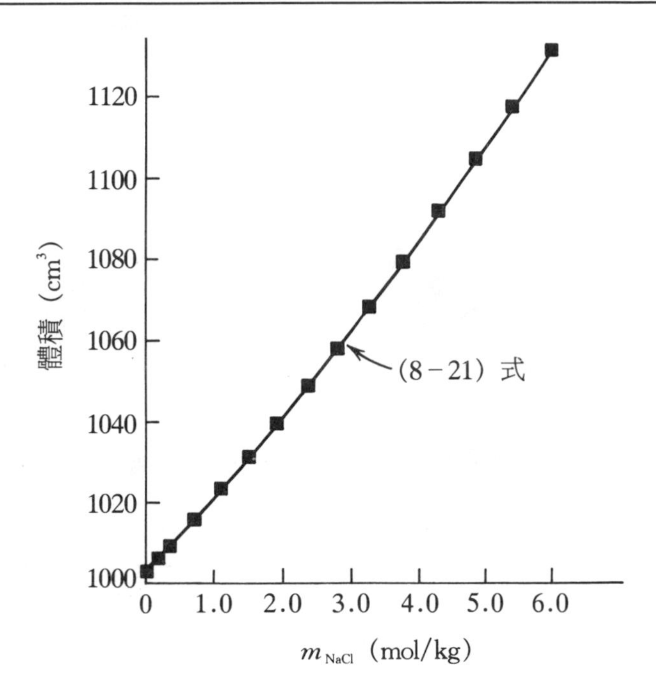

水溶液中水的部分莫耳體積則爲，

$$\bar{V}_a(H_2O) = 18.068 - 0.015744m^2 + 0.0017016m^3 \quad (8-26)$$

由（8－22）與（8－26）式所計算的 NaCl 及水的部分莫耳體積，分別列於表 8－4 的第七與第六行。

如圖 8－5 所示爲 NaCl 與水在水溶液中不同濃度時的部分莫耳體積。隨著 NaCl 濃度的增加，水的莫耳體積遞減，這是因爲溶液中的陰離子或陽離子存在時，離子水合現象導致水分子在離子周圍的排列，故較純水的體積小。反之，因正離子間或負離子間的斥力因氯化鈉濃度的增加而升高，故 NaCl 的部分莫耳體積將隨濃度升高而增加。

例 8－4 爲一眞實溶液（Real solution）的體積與濃度的關係，然對於理想溶液而言，由於不同物種粒子間作用力相同，因此溶液中部

圖 8－5 NaCl 水溶液中 NaCl 和水的部分莫耳體積隨溶液濃度的變化。其中◆表示 NaCl 的部分莫耳體積，■表示水的部分莫耳體積。

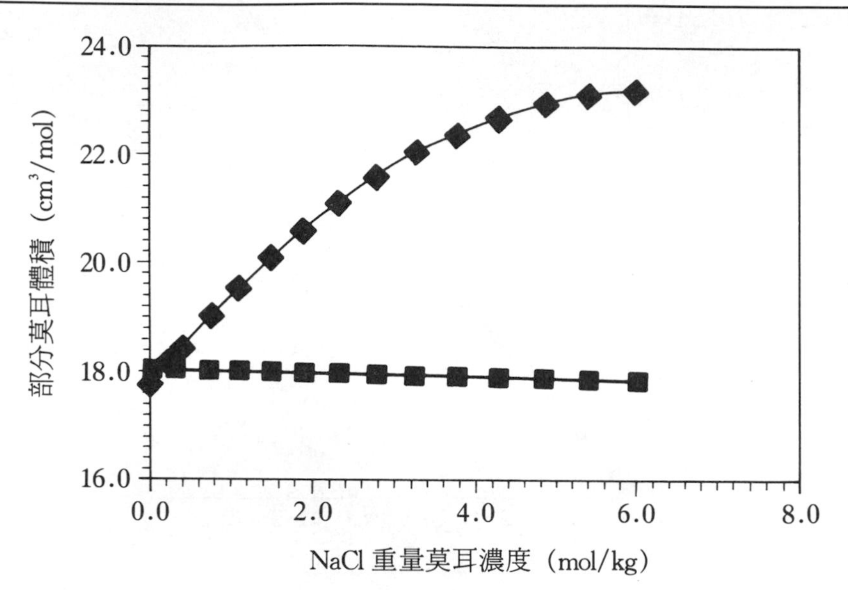

分莫耳體積應等於純物態的莫耳體積。以下章節將討論理想溶液中熱力學函數的部分莫耳性質。

8－3－3 混合系熱力學性質的變化

本節將以二成分系理想溶液爲例，探討溶液混合前後的熱力學狀態的變化。首先定義混合熱力學狀態變化——ΔY_{mix}，

$$\Delta Y_{mix} = Y - Y^* \qquad (8-27)$$

其中，

$$Y = n_1\bar{Y}_1 + n_2\bar{Y}_2;\quad Y^* = n_1 Y_1^* + n_2 Y_2^* \qquad (8-28)$$

如圖 8－6 所示，Y^*、Y 分別爲組成分混合前與溶液的熱力學性質。本節將討論的有 Gibbs 自由能、熱焓、體積與熵。n_1、n_2 爲組成分

圖8-6 溶液和其組成分混合前的莫耳熱力學性質

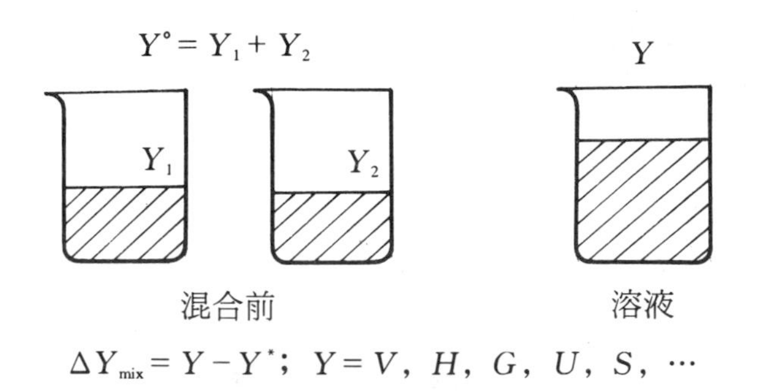

$\Delta Y_{mix} = Y - Y^*$；$Y = V, H, G, U, S, \cdots$

的莫耳數，Y_1^* 、Y_2^* 則為純物質的莫耳量，如莫耳體積、莫耳熱焓等。$\bar{Y}_1$、$\bar{Y}_2$ 是組成分在溶液中的部分莫耳量。

對於理想溶液而言，組成分的部分莫耳自由能 $\bar{G}$，即為化學勢，$G_i^* = \mu_i^*$、$\bar{G}_i = \mu_i$，其中 μ_i^* 為純物質的化學勢。根據拉午耳定律（8-8）式，

$$\bar{G}_i = \mu_{i,\mathrm{id}} = \mu_i^* + RT\ln(x_i) \quad i = 1,2 \tag{8-29}$$

因此，理想溶液的混合自由能的變化為，

$$\begin{aligned}\Delta G_{\mathrm{mix,id}} &= G - G^* = (n_1\bar{G}_1 + n_2\bar{G}_2) - (n_1G_1^* + n_2G_2^*) \\ &= (n_1\mu_1 + n_2\mu_2) - (n_1\mu_1^* + n_2\mu_2^*) \\ &= n_1(\mu_1 - \mu_1^*) + n_2(\mu_2 - \mu_1^*)\end{aligned} \tag{8-30}$$

將（8-29）式代入（8-30）式，

$$\Delta G_{\mathrm{mix,id}} = n_1RT\ln(x_1) + n_2RT\ln(x_2) \tag{8-31}$$

$$= RT(n_1\ln(x_1) + n_2\ln(x_2)) \tag{8-32}$$

若將（8-32）式除以溶液的總莫耳數（$n_1 + n_2$），則為理想溶液的莫耳混合自由能變化（Molar free energy change of mixing），

$$\Delta\bar{G}_{\mathrm{mix,id}} = RT(x_1\ln(x_1) + x_2\ln(x_2)) \tag{8-33}$$

對於有 n 個組成的理想溶液系，溶液自由能變化可以通式表示，

$$\Delta G_{\mathrm{mix,id}} = RT\sum_{i=1}^{n} x_i\ln(x_i) \tag{8-34}$$

由於（8－33）或（8－34）式中溶液組成分的莫耳分率 x_i 恆小於 1，因此 $\Delta G_{\text{mix,id}} < 0$，對於理想溶液而言，混合後的自由能一定小於混合前的。以熱力學第二定律的觀點，由於混合後自由能的下降，則溶液較未混合前的物系穩定。

對任何體系，根據熱力學馬克威爾關係（Maxwell relation），

$$\left(\frac{\partial G}{\partial P}\right)_T = V \qquad (8-35)$$

由於（8－33）式不為壓力的函數，因此，將（8－33）式兩邊在定溫下對壓力微分，則二成分溶液的混合體積變化為

$$\Delta V_{\text{mix,id}} = V - V^* = 0 \qquad (8-36)$$

故

$$n_1 V_1^* + n_2 V_2^* = n_1 \bar{V}_1 + n_2 \bar{V}_2 \qquad (8-37)$$

因此，對於理想溶液因不同物質粒子間作用力相同，與例 8－4 的實際溶液不同，純物質的莫耳體積等於該物質在溶液中的部分莫耳體積；且該部分莫耳體積不隨溶液的濃度而改變。

同樣地，在馬克威爾關係中，定壓下將自由能對溫度微分則得熵，

$$-\left(\frac{\partial G}{\partial T}\right)_P = S \qquad (8-38)$$

因此，（8－33）式對溫度微分可得，

$$\Delta S_{\text{mix,id}} = -R\sum_{i=1}^{n} x_i \ln(x_i) \qquad (8-39)$$

式（8－39）中的 x_i 恆小於 1，因此 $\ln x_i$ 恆為負，故理想溶液的莫耳混合熵恆大於零，這與 $\Delta G_{\text{mix,id}}$恆小於零是相對應的。換言之，因為理想溶液粒子間的作用力不變，故理想溶液與未混合前的純物質態比較，之所以傾向較穩定的溶液態，由（8－39）式得知，為物系的亂度增加；同時，由於理想溶液假設粒子間作用力不隨物種而改變，因此（8－39）式溶液的 $\Delta S_{\text{mix,id}}$與氣體的莫耳熵混合變化相同。以下將

進一步用溶液的莫耳熱焓變化說明此觀點。

利用熱力學第二定律的另一個表示式,

$$\Delta G = \Delta H - T\Delta S \qquad (8-40)$$

將 (8-34)、(8-39) 式代入 (8-40) 式可得

$$\Delta H_{\text{mix,id}} = \Delta G_{\text{mix,id}} + T\Delta S_{\text{mix,id}} \qquad (8-41)$$

$$= RT\sum_{i=1}^{n} x_i \ln(x_i) - RT\sum_{i=1}^{n} x_i \ln(x_i)$$

$$= 0 \qquad (8-42)$$

因此對於理想溶液而言,因物質粒子間的作用力不變,任意比例的混合,溶液的熱焓均為常數;故溶液混合的驅動力與能量無關,完全為亂度的因素。如圖 8-7 所示為二成分系的理想溶液各種熱力學函數的莫耳混合變化隨溶液組成的關係。當組成分以 1:1 的比例所生成的溶液最穩定,因為此時溶液的 Gibbs 自由能最低,而亂度卻是最大;這完全符合熱力學第二定律所描述。

圖 8-7　二成分系理想溶液的莫耳混合自由能變化、熱焓變化、熵變化與體積變化和溶液組成的關係

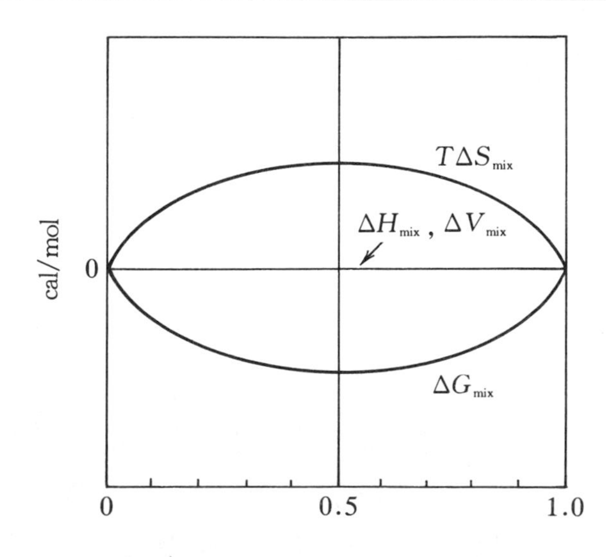

8－4 活性及活性係數

由於大部分的實際溶液系中組成分的行爲，如化學勢、部分莫耳體積等，與理想溶液所預測的有極大差距。爲進一步探究溶液中物質粒子的行爲，我們將定量地探討眞實溶液與理想溶液的不同。在 8－3 節的說明中發現，只要能瞭解溶液組成分的部分莫耳自由能或化學勢，將可推導出溶液其他相關的熱力學性質。本節及以後章節所討論的問題將環繞在化學勢上。

8－4－1 活性（Activity）

方法 I. 拉午耳定律爲理想溶液的參考態

以二成分系溶液氣液平衡爲例，如前所述，若氣相中組成分遵守拉午耳定律，則該溶液爲理想溶液。因此，組成分在氣相的分壓及溶液中的化學勢可表爲

$$P_i = x_i P_i^* \tag{8-43}$$

$$\mu_{i,\mathrm{id}}(\mathrm{g}) = \mu_{i,\mathrm{id}}(l) = \mu_i^* + RT\ln(x_i) \tag{8-44}$$

但實際測量時，對於非理想溶液系，氣相蒸汽分壓不等於（8－43）式所計算的壓力。因此，溶液中該組成分的化學勢改寫爲

$$\mu_{i,\mathrm{act}}(l) = \mu_i^\circ + RT\ln(a_i) \tag{8-45}$$

其中

$$a_i = \frac{P_{i,\mathrm{act}}}{P_i^*} \tag{8-46}$$

（8－46）式中的 $P_{i,\mathrm{act}}$ 爲眞實溶液的蒸汽分壓，而 a_i 則稱爲該組成在溶液中的活性（activity）。基本上，物種的活性是人爲定義，並賦予該物種在體系中物性或化性上活潑度的一種定量化指標，與化學勢是

一體的兩面。根據（8－45）式，溶液中組成分的化學勢，則可以由活性與純物質的化學勢計算之。同時，物質活性等於 1 時，溶液中組成分的化學勢則爲 μ_i°。當然，對於理想溶液，物質在溶液中的活性等於其莫耳分率。

【例 8－5】

100 ℃時某一水溶液的蒸汽壓爲 83.3 kPa，試求溶液中水的活性爲何?

【解】

由純水在 100 ℃ 時的蒸汽壓 $P_i^* = 101.3$ kPa，而如題所述溶液的 $P_{i,\mathrm{act}} = 83.3$ kPa，因此如(8－46) 式，溶液中水的活性爲

$$a_i = \frac{83.3}{101.3} = 0.921$$

【例 8－6】

溫度爲 298.15 K 下，壓力變化爲多少時純水的活性改變爲 1.01?

【解】

在本例題中，液相水的活性或化學勢的變化，不是經由溶質的加入，而是加壓於純水上，因爲化學勢與活性的關係爲

$$\mu_{\mathrm{act}} = \mu^{\circ} + RT\ln(a)$$

式中 μ°爲純水在壓力 1 atm、溫度 298.15 K 時的化學勢，而 μ_{act}則爲溫度不變、加壓後純水的化學勢。利用熱力學馬克思威爾關係，

$$\left(\frac{\partial \mu}{\partial P}\right)_T = V^* \tag{8－47}$$

式中 V^*爲純水在 298.15 K、1 atm 時的莫耳體積，因爲液體的體積壓縮係數極小，因此可以假設在壓力變化不是很大時，水的莫耳體積爲一常數。因此，定溫下，壓力與水的化學勢關係爲

$$\Delta\mu = \mu - \mu^* = V^*(P - P^*) - RT\ln(a)$$

因為 $a=1.01$、$V^*=18\times10^{-6}\ \mathrm{m^3/mol}$、$T=298.15\ \mathrm{K}$，代入上式中得，

$$(P-P^*)=\frac{RT\ln(1.01)}{V^*}=\frac{(8.315)(298.15)(\ln 1.01)}{18\times10^{-6}}$$
$$=1.37\times10^6\ \mathrm{Pa}=13.7\ \mathrm{bar}=13.5\ \mathrm{atm}$$

因此當壓力增加為 14.5 atm，純水的活性將比 1 atm 時，增加 1%。

方法 II. 亨利定律為理想溶液的參考態

另一種常用的溶液參考態為亨利定律理想溶液，即蒸氣壓力與溶液中莫耳分率的關係為，

$$P_i=Kx_i \tag{8-48}$$

則平衡時的化學勢可表為

$$\mu_{i,\mathrm{id}}(\mathrm{g})=\mu_{i,\mathrm{id}}(l)=\mu_i^*+RT\ln\left(\frac{K}{P^*}\right)+RT\ln(x_i) \tag{8-49}$$

因此亨利定律所定義之理想溶液中的物質，其純物質態的蒸氣壓 P^* 等於亨利定律常數 K，則（8－49）式與拉午耳定律的（8－44）式相同。故對於非理想溶液在實際測量時，揮發性溶質在溶液中的溶解度不等於（8－48）式所示的 $x_i=P_i/K$。因此，與拉午耳定律的參考態相同，溶液中該組成分的化學勢應改寫為

$$\mu_{i,\mathrm{act}}(l)=\mu_i^\circ+RT\ln\left(\frac{K}{P^*}\right)+RT\ln(a_i) \tag{8-50}$$

其中

$$a_i=\frac{P_{i,\mathrm{act}}}{K} \tag{8-51}$$

$P_{i,\mathrm{act}}$為蒸汽中物質 i 的分壓。若將（8－51）式代入（8－50）式中，則非理想溶液中組成分 i 的化學勢可以表示成

$$\mu_{i,\mathrm{act}}(l)=\mu_i^\circ+RT\ln\left(\frac{P_{i,\mathrm{act}}}{P^*}\right)$$

與（8－45）式，以拉午耳定律為理想溶液的參考態完全相同。

8-4-2　活性係數（Activity coefficient）

實際應用上，爲了進一步簡化活性與化學勢的關係，通常以活性係數（Activity coefficient）表示出活性與莫耳分率，也就是眞實溶液（Real solution）與理想溶液間的差距比例，

$$\gamma_i = \frac{a_i}{x_i} \quad (8-52)$$

因此化學勢又可表示成，

$$\mu_{i,\text{act}} = \mu_i^\circ + RT\ln(\gamma_i x_i) \quad (8-53)$$

對拉午耳定律的理想溶液，因 $a_i = P_{i,\text{act}}/P_i^*$，故活性係數爲

$$\gamma_i = \frac{P_{i,\text{act}}}{x_i P_i^*} \quad (8-54)$$

然對於以亨利定律理想溶液爲參考態，則 $a_i = P_{i,\text{act}}/K$，因此活性係數爲，

$$\gamma_i = \frac{P_{i,\text{act}}}{x_i K} \quad (8-55)$$

一般討論溶液中物質的活性時，通常以活性係數爲主。雖然對於同一溶液由（8－54）或（8－55）式與實際測得的蒸汽分壓 $P_{i,\text{act}}$所計算的活性係數不同，此乃拉午耳或亨利定律所定義的理想溶液參考態不同所致。這好比位於地平線 100 m 高度的物體，若自地平線以上 20 m 處爲新的地平線，則該物體位置不變，以新的地平線爲基準，該物體距地平線的高度爲 80 m，不同於以原地平線爲基準的 100 m。活性係數即爲一描述眞實溶液分別與兩種理想溶液的差距。然而不論活性或活性係數，其目的均爲瞭解溶液中物質的化學勢。因此，溶液中物質的行爲，可以用化學勢或活性或活性係數表達，故而利用實驗測量三者中的任一個，均可以瞭解物質在溶液中的行爲。一般比較常使用的，爲物質在溶液中的活性係數。

【例 8－7】

純水銀在溫度 325 ℃的蒸汽壓爲 55.48 kPa。對於 Tl（Thallium）溶於水銀的溶液（Amalgam）中含有 1.163 g Tl 與 18.7 g Hg，其在 325 ℃時的水銀蒸汽壓爲 52.04 kPa。假設溶液蒸汽爲理想氣體，計算溶液中水銀的活性與活性係數。

【解】

以拉午耳定律的理想溶液爲參考態，水銀在溶液中的活性爲

$$a_{\mathrm{Hg}} = \frac{P_{\mathrm{Hg,act}}}{P^*_{\mathrm{Hg}}} = \frac{52.04}{55.48} = 0.938$$

溶液中 Tl 與 Hg 的莫耳數分別爲 $n_{\mathrm{Tl}} = 1.163/204.37 = 0.00569$、$n_{\mathrm{Hg}} = 18.7/200.59 = 0.0932$，故溶液中 Hg 的莫耳分率爲

$$x_{\mathrm{Hg}} = \frac{0.0932}{0.0932 + 0.00569} = 0.942$$

因此，水銀的活性係數爲

$$\gamma_{\mathrm{Hg}} = \frac{P_{\mathrm{Hg,act}}}{x_{\mathrm{Hg}}\,P^*_{\mathrm{Hg}}} = \frac{a_{\mathrm{Hg}}}{x_{\mathrm{Hg}}} = \frac{0.938}{0.942} = 0.996$$

由於 Hg 與 Tl 生成的溶液中水銀的活性係數近似 1，基本上，可將該溶液視爲一理想溶液。

【例 8－8】

溫度 35.2 ℃時，不同比例的丙酮 (a) 與氯仿(c) 混合溶液的蒸氣壓，表列於表 8－5。(a)試計算不同組成時，溶液中丙酮與氯仿的活性係數。(b)計算 0.2 莫耳丙酮與 0.8 莫耳氯仿混合後的莫耳自由能變化 ΔG_{mix}。

【解】

(a) 如(8－46)、(8－47) 式所示，活性係數爲，

$$a_i = \frac{P_{i,\mathrm{act}}}{P^*_i};\ \ \gamma_i = \frac{a_i}{x_i}$$

表 8－5　35.2℃下，丙酮與氯仿溶液的蒸氣壓與蒸氣組成

x_a	y_a	P_a（torr）	x_c	y_c	P_c（torr）
0.000	0.000	293	0.604	0.687	267
0.082	0.050	279	0.709	0.806	286
0.200	0.143	262	0.815	0.896	307
0.337	0.317	249	0.940	0.972	332
0.419	0.437	248	1.000	1.000	344
0.506	0.562	255			

其中

$$P_{i,\text{act}}=y_i P$$

故

$$\gamma_i=\frac{P_{i,\text{act}}}{x_i P_i^*}=\frac{y_i P}{x_i P_i^*}\qquad i=a,\ c$$

以 $x_a=0.082$ 爲例，

$$\gamma_a=\frac{0.05\ (279)}{0.082\cdot 344}=0.494$$

$$\gamma_c=\frac{0.95\ (279.5)}{0.918\cdot 293}=0.987$$

其他溶液組成的活性係數計算結果表列於表 8－6。

(b)如（8－30）式所示，對於二成分系非理想溶液

$$\Delta G_{\text{mix}}=G-G^\circ=n_1(\mu_1-\mu_1^\circ)+n_2(\mu_2-\mu_2^\circ)$$

將（8－48）式 $\mu_i-\mu_i^\circ=RT\ln(\gamma_i x_i)$ 代入得，

$$\Delta G_{\text{mix}}=RT[n_a\ln(\gamma_a x_a)+n_a\ln(\gamma_c x_c)]$$

將 $n_a=0.2$、$n_c=0.8$ 代入上式，並查表 8－6 丙酮與氯仿的活性係數，因此，

$$\Delta G_{\text{mix}}=8.314(308.4)$$
$$[0.2\ln(0.554\cdot 0.2)+0.8\ln(0.957\cdot 0.8)]$$
$$=-1685\ \text{J}$$

若假設溶液爲理想溶液，則混合自由能的變化爲，

$$\Delta G_{\text{mix}} = RT\sum_{i=1}^{n} n_i \ln(x_i)$$
$$= 8.314(308.4)[0.2\ln(0.2) + 0.8\ln(0.8)]$$
$$= -1283\text{ J}$$

表 8－6　丙酮與氯仿在溶液中的活性係數

x_a	0	0.082	0.200	0.336	0.506	0.709	0.815	0.940	1
γ_a		0.494	0.544	0.682	0.824	0.943	0.981	0.997	1
γ_c	1	0.987	0.957	0.875	0.772	0.649	0.588	0.536	
x_c	1	0.918	0.800	0.664	0.494	0.291	0.185	0.060	0

【例 8－9】

在 25 ℃與 N_2 的壓力 101.325 kPa，N_2 在每 1 kg 的水中的溶解度爲 6.4×10^{-4} mol。計算 N_2 在水中的活性係數。

【解】

首先計算在水中的莫耳分率，

$$x_{N_2} = \frac{6.4\times10^{-4}}{55.5} = 1.136\times10^{-5}$$

欲計算活性與活性係數，必需知道 N_2 的亨利定律常數。自表 8－2 得知 25 ℃時，N_2 在水中的 $K = 8.92\times10^{9}$。因此，以亨利定律而言的理想溶液，若 N_2 在水中的溶解度爲 $x_{N_2} = 1.136\times10^{-5}$，則 N_2 的壓力應爲，

$$P_{N_2} = Kx_{N_2} = 1.002847\times10^{5}\text{ Pa}$$

因此，N_2 在水中的活性係數爲

$$\gamma_{N_2} = \frac{100284.7}{101325} = 0.9897$$

故 N_2 的活性

$$a_{N_2} = \gamma_{N_2}x_{N_2} = 0.9897(1.136\times10^{-5}) = 1.124\times10^{-5}$$

對於非理想溶液的組成分，不論是化學勢、活性或活性係數，均爲溶液組成濃度、溫度與壓力的函數，

$$\mu_i = \mu_i(P, T, x_1, x_2, x_3, \cdots, x_i \cdots)$$

$$a_i = a_i(P, T, x_1, x_2, x_3, \cdots, x_i \cdots)$$

$$\gamma_i = \gamma_i(P, T, x_1, x_2, x_3, \cdots, x_i \cdots)$$

熱力學在溶液的探討所扮的角色是經由實驗數據的整理，計算溶液中組成分的化學勢、活性或活性係數。本章隨後的章節將探討化學勢等熱力學函數在各種問題，如滲透壓、沸點升高或分子量的測量等的應用。

8-5　電解質溶液

一般在討論溶液時，會因溶質是否是鹽類（Salts）而區分溶液爲非電解質與電解質溶液二種。8-4 節所討論計算溶質活性或活性係數的辦法，較適用於非電解質溶液，因電解質的蒸汽壓幾乎爲零，因此拉午耳或亨利定律所定義的理想溶液狀態，對於電解質溶液而言是不切實際的。由於電解質溶液中物質的解離與帶電荷的粒子間的作用力較一般非極性或極性作用大許多，有另一適用於電解質溶液的理論。

以 HCl 水溶液爲例，如圖 8-8 所示爲鹽酸水溶液平衡蒸氣壓中 HCl 分壓與溶液中 HCl 的濃度關係。根據亨利定律理想溶液，以 $m_{HCl} \to 0$ 求得 $P_{HCl} = K \cdot m_{HCl}$的斜率 K——亨利定律常數。由圖 8-8 的資料顯示，當溶液中的鹽酸濃度趨近於零時，溶液的亨利定律常數值亦爲零，因此對於鹽酸水溶液，亨利定律所定義的理想溶液不具任何意義。若將圖 8-8 的實驗資料重新以 P_{HCl}對 m_{HCl}^2繪圖，則如圖 8-9 所示，當 HCl 在溶液中的濃度趨近零時，$P_{HCl} = K \cdot m_{HCl}^2$關係中

圖 8-8 水溶液中 HCl 的濃度與 HCl 的平衡蒸氣壓間的關係

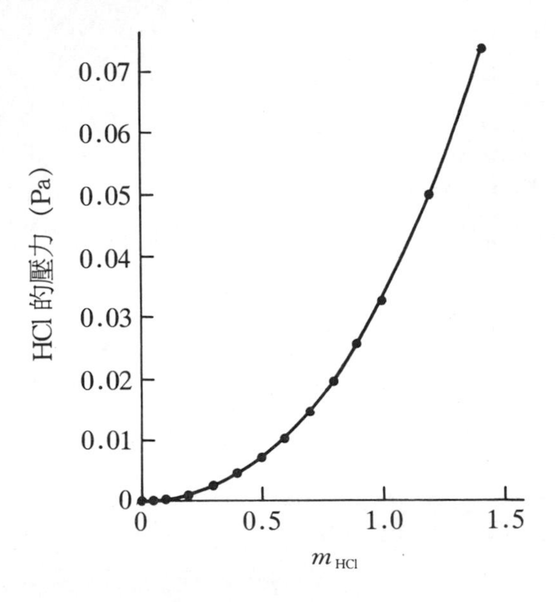

圖 8-9 水溶液中 HCl 濃度的平方與 HCl 的平衡蒸氣壓間的關係

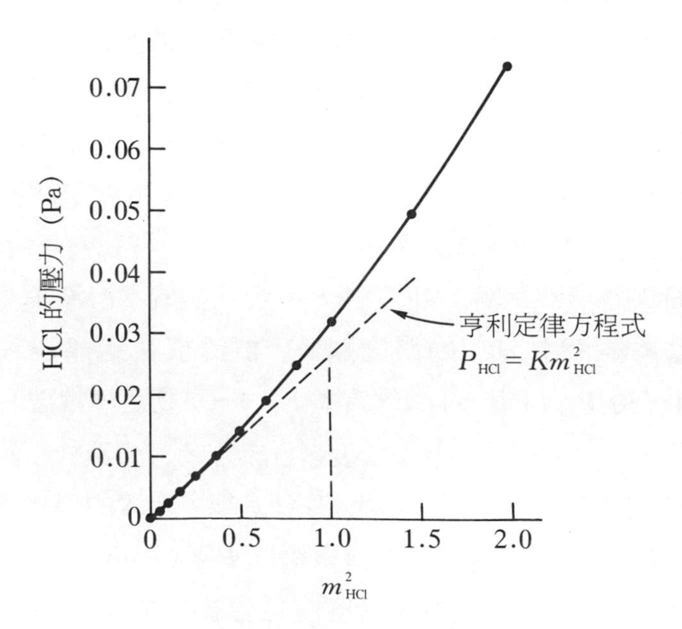

的斜率 K 值不爲零。然此斜率值與亨利定律常數的物理意義並不相同。而 P_{HCl}與 HCl 在溶液中的溶解度成平方關係，與電解質在水中解離有密切關係，而這種電解質解離的效應，則非一般溶液理論可以處理的。

8-5-1　溶液的電導

溶液導電性的測量是研究物質在溶液中性質的一個很方便的方法，尤其是對電解質水溶液。電解質溶液的導電能力稱爲電解質導電性（Electrolytic conductivity），或稱電導（Conductance）。

電解質溶液的導電性或電阻與金屬物質不同。金屬物質的導電性是經由金屬中自由熱電子，在高低電位間的移動傳導；而電解質溶液則是以溶液中溶質或溶劑分子解離所生成的帶電離子，或稱電流載體（Carrier），在高低電位電極板間的移動傳遞，造成電極間的電荷交流現象，而造成溶液與外電路的導通。因爲導電機制（Mechanism）的不同，金屬導電性因溫度升高造成熱電子的移動方向性紊亂而降低。反之，溶液的黏度及離子的水合（Hydration）程度因溫度的升高而減低，故離子的移動速率加快，因此溶液導電性增加。同時，金屬的電導對於外加的電位電極而言，只是電子的傳遞；但是對於溶液中的電極，溶液中的離子在電極表面，必須發生電解反應以完成溶液與電極間的導電。對於溶液導電性的探討，除了有利於溶液性質的瞭解外，一般在水質的鑑定上，水溶液中的電解質雜質，尤其是重金屬，將造成溶液電導偏高。因此導電性的量測可以顯示溶液中離子的總濃度，是水質鑑定的一個重要項目。

任何物質的導電性乃經由電阻的測量而得，如圖 8-10 所示的惠司登電橋（Wheatstone bridge）。圖中的 R_1 電阻代表待測物質或溶液，若待測物爲溶液，則以固定距離與面積的電極板置入溶液中作爲

圖 8－10 測量溶液電導的惠司登電橋

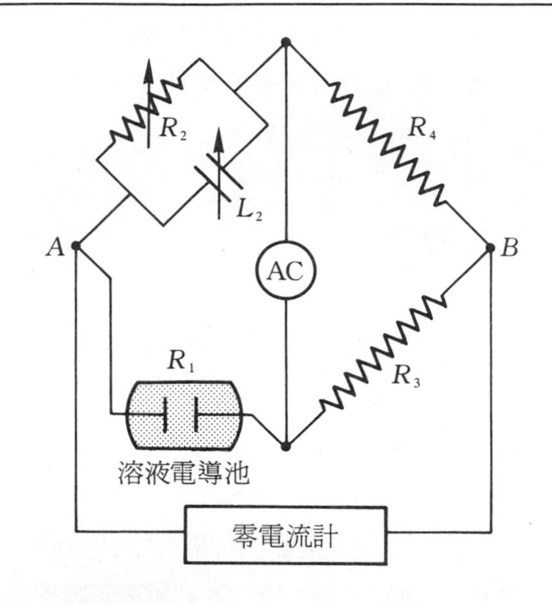

整個電路中電流傳遞的媒介。R_3、R_4 爲固定電阻，R_2、L_2 分別爲可變電阻及電容。調整 L_2 作爲補償溶液所造成的電容，而調整電阻 R_2 使電路自 A、B 點間所測電位爲零。R_1 的電阻值可由 R_2、R_3 與 R_4 計算而得；

$$\frac{R_1}{R_2}=\frac{R_3}{R_4} \tag{8-56}$$

一般在測量未知物的電阻以前，必須標定 R_1 電極板常數（Cell constant）。常用作標定的標準溶液爲 KCl 水溶液。

均勻導體的電阻 R 與其長度 l 成正比，與其截面積 A 成反比，

$$R=\frac{rl}{A}=\frac{l}{\kappa A} \tag{8-57}$$

上式中比例常數 r 稱爲電阻率（Specific resistance），而其倒數 κ 則稱爲電導率（Specific conductance）或導電性（Conductivity）；而電極板常數 c 等於 l/A，其與電極板的面積成反比，而與電極板間距成正比。實驗所測電阻 R 的單位爲歐姆（ohm，Ω）、長度與面積以 cgs 制

的單位表示，因此電阻率 r 的單位是 ohm cm，而電導率 k 的單位則爲 $ohm^{-1}cm^{-1}$。電阻率的單位所代表的意義爲單位立方體的物質當其邊長等於 1 cm 時的電阻，換言之，即大小爲 $l=1$ cm、$A=1$ cm^2 物質的電阻。而(8－57)式中的 $l/A=c$ 通常稱爲電極板常數(Cell constant)。經由電阻 R 的測量與（8－57）式，物質的電阻率可以表爲，

$$r = \frac{R}{c} \tag{8-58}$$

式中的 c 值在測量未知物的電阻前，必須經由標準溶液的實驗電阻值與該溶液的電導率值標定之。對於各種不同導電物質，爲了方便比較其導電性，將所測得的電阻以（8－58）式轉換成電導率。

另一常用於說明物質導電性的物理量爲電導（Conducance），是物質電阻 R 的倒數，以 L 表示之，其單位爲 ohm^{-1}或 mho（姆歐）。相同地，電阻率的倒數則是電導率。一般不論是討論溶液電導或導電率，都必須測量溶液的電阻；而電阻率與電阻則經由 $k=1/r$ 的轉換。溶液電阻的測量是將溶液置入具有二片平行電極板（通常是由金屬鉑 Pt 所製成）的電導電池（Conductance cell），如測量溶液的惠司登電橋圖所示的 R_1 電阻，再由惠司登電橋的操作得知介於二電極板間的物質之電阻。在量測電阻 R_1 時，爲避免以直流電位，造成溶液中的離子在鉑電極表面產生不可逆的電解反應，通常使用交流電位(如圖所示的 AC 電源）以測定溶液的電阻，如此將電極板的高低電位以一定頻率交替變換，可以使正反方向電解反應互相抵消而無淨電解反應發生。

對於電解質溶液或其他導電物質溶於溶液中所形成的導電物質，其導電行爲乃因溶液中的離子移動所造成，因此導電率的大小除了與溶液中離子種類有關外，並取決於離子的濃度。爲消除濃度在比較溶液導電行爲的影響，另定義溶液的莫耳電導（Molar conductance），Λ，乃每莫耳的物質溶於溶液中的導電性，

$$\Lambda = \frac{\kappa}{C} \qquad (8-59)$$

上式中 κ、C 分別爲溶液的電導率與溶液中的導電物質的莫耳濃度(mol/L)。若將濃度單位以 cgs 制表示：mol/(1000cm^3)，(8－59) 式可寫成，

$$\Lambda = \frac{1000\kappa}{C} \qquad (8-60)$$

因此，物質的在溶液的莫耳電導爲一與濃度無關的常數，由 (8－60) 式的定義得知，其爲固定量物質在一定體積、單位長度時的導電度，單位是 $\Omega^{-1}\,cm^3\,cm^{-1}\,mol^{-1}$或 $\Omega^{-1}\,cm^2\,mol^{-1}$；而電導率 κ 則爲物質在單位面積、一定長度時的導電度 ($\Omega^{-1}\,cm\,cm^{-2}$或 $\Omega^{-1}\,cm^{-1}$)。若物質中的導電粒子越多或粒子的移動率 (Mobility) 越大，則所度量的電阻越小而電導率則越大。一般在討論不同物質的導電性、離子導電性與濃度關係等現象，常用的物理量爲 Λ，莫耳電導；至於在探討特定物質的導電性隨著實驗條件，如溫度、濃度、溶劑、壓力或化學反應等，改變而變化時，則以計算物質在溶液中的電導率 κ 爲主；換言之，單位體積溶液中帶電物質的濃度會改變，因而利用溶液電阻的觀測，可以探討溶液組成變化的情形。因此，一般常用導電度探討的現象包括，化學反應、溶液結構、離子擴散、滴定等。另外，若將 (8－60) 式中的濃度單位改爲當量濃度，則所計算的電導爲當量電導 (Equivalence conductance)。

【例 8－10】

一個由鉑金屬電極板所構成的電導池，其電極板的邊長爲 4 cm、二電極板間距爲 2 cm。以此電導池測量 0.1 M HCl 水溶液所得的電阻爲 3.194 Ω。試計算 HCl 水溶液的莫耳電導。

【解】

因爲電阻與面積成反比、與長度成正比，因此以此 HCl 水溶液以 1 cm 間距與 1 cm^2 面積的電極板之電導池測量電阻，其值應是 r(電阻率) $= (4^2/2)(3.194) = 25.55\ \Omega$。因此溶液的莫耳電導爲

$$\Lambda = \frac{25.55 \cdot 1000}{0.1} = 391.3\ \text{ohm}^{-1}\ \text{cm}^2\ \text{mol}^{-1}$$

【例 8－11】

若以例 8－10 中的電導池測量一 NaCl 水溶液的電阻爲 22.502 Ω。試著不由電導池的電極板間距與面積資料，計算 NaCl 水溶液的莫耳電導。

【解】

因莫耳電導計算式爲：$\Lambda = \kappa / C = 1/(rC)$，因此，$\Lambda rC = 1$。故以相同的電導池測量不同溶液有以下關係：

$$(\Lambda rC)_{\text{HCl}} = (\Lambda rC)_{\text{NaCl}}$$

或

$$(\Lambda RC)_{\text{HCl}} = (\Lambda RC)_{\text{NaCl}}$$

因此 NaCl 水溶液的莫耳電導爲

$$\Lambda_{\text{NaCl}} = \frac{(\Lambda RC)_{\text{HCl}}}{(RC)_{\text{NaCl}}} = \frac{(391.3)(3.194)(0.1)}{(22.502)(0.05)}$$
$$= 111.1\ \text{ohm}^{-1}\ \text{cm}^2\ \text{mol}^{-1}$$

【例 8－12】

0.02 M KCl 水溶液的電導率爲 0.002768 $\text{ohm}^{-1}\ \text{mol}^{-1}$。將此溶液置於一電導池，溫度 25 ℃下，以惠司登電橋所測得之電阻爲 82.4 ohms。以同一電導池測當量濃度爲 0.005 N 的 K_2SO_4 水溶液，其電阻爲 326.0 ohms。(a)求該電導池的電極板常數 c (Cell constant)，(b)計算 K_2SO_4 水溶液的電導率 κ，(c)計算 0.005 N K_2SO_4 水溶液的當量電導。

【解】

(a) 電極常數、電阻與電阻率關係為：$r = R/c$，因此

$$c = \frac{R}{r} = R\kappa = (82.4\ \text{ohm})(0.002768\ \text{ohm}^{-1}\ \text{cm}^{-1})$$
$$= 0.2281\ \text{cm}^{-1}$$

(b) κ(電導率) $= \dfrac{c}{R} = \dfrac{0.2281}{326.0}$
$$= 6.997 \times 10^{-4}\ \text{ohm}^{-1}\ \text{cm}^{-1}$$

(c) $\Lambda = \dfrac{1000k}{C} = \dfrac{1000 \times 6.997 \times 10^{-4}}{0.005}$
$$= 139.9\ \text{cm}^2/\text{equiv-ohm}$$

圖 8－11 各種電解質在水溶液中的莫耳電導與濃度平方根的關係

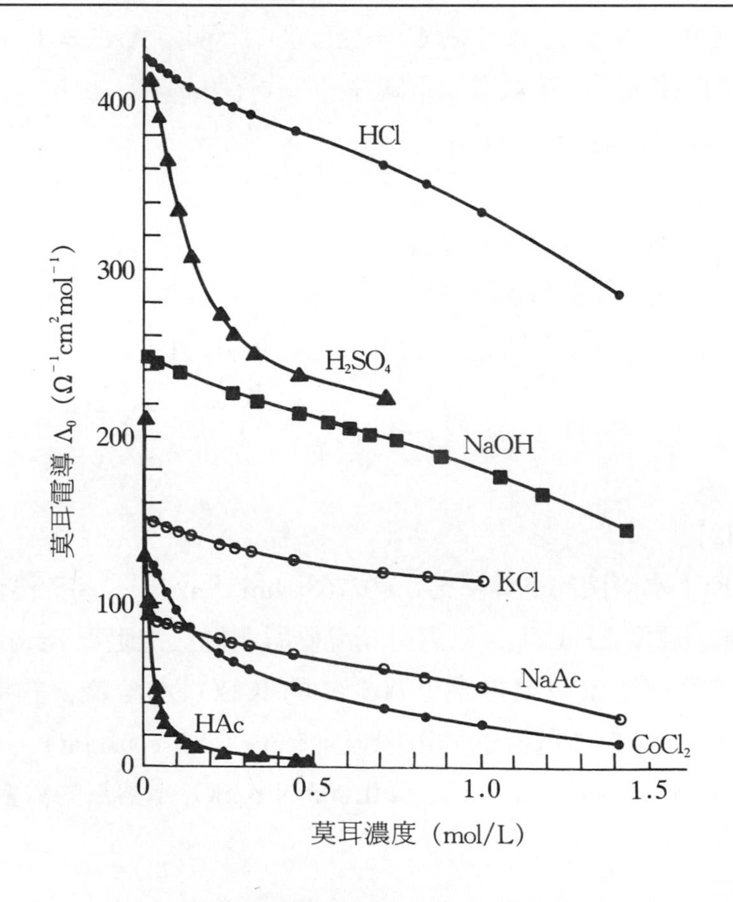

雖然如（8－59）式所示，計算溶液的莫耳電導時，已將濃度因素除去，然實際測量電解質水溶液顯示，不同濃度的溶液所換算的莫耳電導與濃度有關。如圖 8－11 所示爲數種電解質水溶液的莫耳電導與當量濃度平方根的關係。一般而言，電解質的莫耳電導隨濃度的降低而升高，這是因爲溶液中離子在二電極間的移動速率隨離子濃度減少而增加；尤其是對於強電解質水溶液，如圖 8－12 所示的 HCl 水溶液的莫耳電導，若以當量濃度的平方根作圖，則於濃度很低時，電導與濃度平方根間幾乎呈直線關係。通常可以一線性方程式表示之，

$$\Lambda = \Lambda_0 + b\sqrt{C} \qquad (8-61)$$

上式中 Λ_0 與 b 爲實驗決定值。而 Λ_0 則爲無限稀釋水溶液的莫耳電導值。各種電解質於不同濃度水溶液中的當量電導資料列於表 8－7。

圖 8－12 HCl 在水溶液中的莫耳電導與 HCl 的莫耳濃度平方根的關係。其中虛線爲 $\Lambda = \Lambda_0 + b\sqrt{C}$ 的關係線。

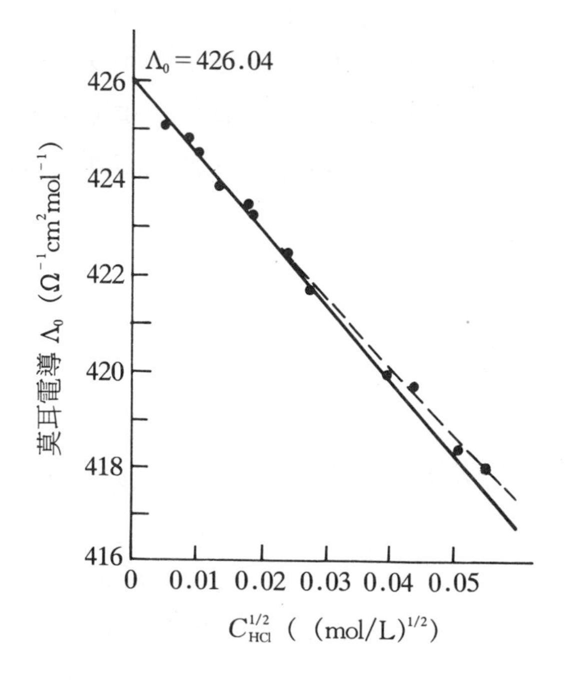

表 8－7 25 ℃時電解質水溶液於不同濃度的當量電導值 ($ohm^{-1}\ cm^2\ equiv^{-1}$)

電解質	0[a]	0.0005	0.001	0.005	0.01	0.02	0.05	0.1
HCl	426.6	422.7	421.4	415.8	412.0	407.2	399.1	391.3
LiCl	115.0	113.2	112.4	109.4	107.3	104.7	100.1	95.9
NaCl	126.5	124.5	123.7	120.7	118.5	115.8	111.1	106.8
KCl	149.9	147.8	147.0	143.6	141.3	138.3	133.4	129.0
NH_4Cl	149.7				141.3	138.3	133.3	128.8
$CaCl_2$	135.8	131.9	130.4	124.2	120.4	115.6	108.5	102.5
NaI	126.9	125.4	124.3	121.3	119.2	116.7	112.8	108.8
KI	150.4			144.4	142.2	139.5	135.0	131.1
NaAc	91.0	89.2	88.5	85.7	83.8	81.2	76.9	72.8
NaOH	247.8	245.6	244.7	240.8	238.0			
$AgNO_3$	133.4	131.4	130.5	127.2	124.8	121.4	115.2	109.1
$CuSO_4$	133.6	121.6	115.3	94.1	83.1	72.2	59.1	50.6
$LiClO_4$	106.0	104.2	103.4	100.6	98.6	96.2	92.2	88.6
$NaClO_4$	117.5	115.6	114.9	111.8	109.6	107.0	102.4	98.4
$KClO_4$	140.0	138.8	137.9	134.2	131.5	127.9	121.6	115.2
$AgClO_4$	126.6							
$NaBrO_3$	105.4							
$KBrO_3$	129.3							

註 a. 即為 (8－61) 式的 Λ_0 值。

8－5－2 科耳勞奇定律 (Kohlrausch's Law)

科耳勞奇 (Friedrich Wilhelm George Kohlrausch, 1840 － 1910) 是一位致力於溶液電導研究的德國化學及物理學家，是首位研究者提出可以交流 ac 電位取代直流 dc 電位，以精確量測溶液電導。其在 1876 年，繼希托夫（Hittorf）的溶液中離子遷移研究，針對離子對溶液電導的影響提出如下結論：在一稀釋電解質溶液中，不論離子自何種電解質解離，該離子對溶液電導的貢獻均相同。換言之，水溶液中不論以 NaCl、NaI、$NaNO_3$ 或 $NaClO_4$ 等電解質解離的鈉離子（Na^+），在稀釋溶液中其對電導的貢獻值爲常數。此即爲有關溶液電導的科耳勞奇定律（Kohlrausch's Law）。

以電解質 AB 爲例，在水中其解離爲 A^+ 與 B^- 離子。一般應用科耳勞奇定律於溶液電導則以如下方程式表示：

$$\Lambda_0 = \lambda_0^+ + \lambda_0^- \tag{8-62}$$

式中 λ_0^+、λ_0^- 分別爲 A^+ 與 B^- 離子的無限稀釋莫耳電導。因無限稀釋的關係，溶液中離子間沒有任何作用力，故溶液的電導可以各種離子個別的莫耳電導加成計算之。

【例 8－13】

溫度 25 ℃時，假設醋酸在水溶液中完全解離。試以科耳勞奇定律計算醋酸在水溶液的莫耳電導 Λ_0。

【解】

不論強或弱電解質，在濃度很低時，電解質均完全解離爲離子。然而以實驗的方便而言，強電解質在水溶液中完全解離的濃度較弱電解質高許多，故可以在較高實驗濃度時，使強電解質完全解離，而溶液有較大的電導，因此測量強電解質溶液的電導要比弱電解質精確。根據科耳勞奇定律，醋酸的莫耳電導由質子與醋酸根離子的遷移造成，並可寫爲，

$$\Lambda_0(HC_2H_3O_2) = \lambda_0(H^+) + \lambda_0(C_2H_3O_2^-)$$

或

$$\Lambda_0(HC_2H_3O_2) = \lambda_0(H^+) + \lambda_0(Cl^-) + \lambda_0(Na^+) + \lambda_0(C_2H_3O_2^-) - \lambda_0(Na^+) - \lambda_0(Cl^-)$$
$$= \Lambda_0(NaC_2H_3O_2) + \Lambda_0(HCl) - \Lambda_0(NaCl) \qquad (8-63)$$

(8－63）式的醋酸鈉、鹽酸與氯化鈉在水溶液中均爲強電解質，因此容易以實驗直接測得其 Λ_0 值。自表 8－7 查知實驗 Λ_0 並代入（8－63）式，可得

$$\Lambda_0(HC_2H_3O_2) = 91.0 + 426.2 - 126.5$$
$$= 390.6 \text{ ohm}^{-1} \text{ cm}^2 \text{ mol}^{-1}$$

由於溶液的電中性，離子無法以陽或陰離子單獨存在於溶液中。爲了進一步證實科耳勞奇定律，可以比較不同陰離子或陽離子與共同離子（Common ion）所形成的電解質間的莫耳電導 Λ_0。如表 8－8 所示，比較具有共同離子電解質的 $\Delta\Lambda_0$，發現在實驗誤差範圍之內，其值與電解質無關。以鈉與鉀離子爲例，

表 8－8　電解質水溶液的電導與共同離子效應

a.	$\Lambda_0(KClO_4)$	140.0	$\Lambda_0(KI)$	150.4	$\Lambda_0(KCl)$	150.0
b.	$\Lambda_0(NaClO_4)$	117.5	$\Lambda_0(NaI)$	126.9	$\Lambda_0(NaCl)$	126.5
	$\Delta\Lambda_0$	22.5		23.5		23.5
a.	$\Lambda_0(KBrO_3)$	129.3	$\Lambda_0(KC_2H_3O_2)$	114.4		
b.	$\Lambda_0(NaBrO_3)$	105.4	$\Lambda_0(NaC_2H_3O_2)$	91.0		
	$\Delta\Lambda_0$	23.9		23.4		
a.	$\Lambda_0(KCl)$	150.0	$\Lambda_0(NaCl)$	126.5	$\Lambda_0(LiCl)$	115.0
b.	$\Lambda_0(KClO_4)$	140.0	$\Lambda_0(NaClO_4)$	117.5	$\Lambda_0(LiClO_4)$	106.0
	$\Delta\Lambda_0$	10.0		9.0		9.0

註：$\Delta\Lambda_0 = \Lambda_0(a) - \Lambda_0(b)$

$$\Delta\Lambda_0 = \lambda_0(K^+) - \lambda_0(Na^+) = \Lambda_0(KClO_4) - \Lambda_0(NaClO_4)$$
$$= \Lambda_0(KI) - \Lambda_0(NaI) = \Lambda_0(KCl) - \Lambda_0(NaCl)$$
$$= 22.5 \text{ or } 23.5 \text{ ohm}^{-1}\text{ cm}^2\text{ mol}^{-1}$$

由表 8-8 的實驗數據說明科耳勞奇定律，在電解質水溶液的電導行爲。

8-5-3　阿瑞尼士（Arrhenius）電離與弱電解質

雖然現今我們都接受溶液中陰離子與陽離子的觀念，然而第一位應用溶液中穩定存在陰離子與陽離子觀念，乃於法拉第（Michael Faraday）定義陰、陽離子五十年後的阿瑞尼士（Svante Arrhenius）。阿瑞尼士（1859-1927）是一位瑞典化學家，被視爲是物理化學的奠基者之一；因其於電解質在溶液中解離理論的傑出貢獻，在 1903 年獲頒諾貝爾化學獎。阿瑞尼士於研究溶液電導時，特別注意電解質的莫耳電導隨濃度減低而增大的現象，如圖 8-11 所示。其將該現象的原因，假設爲電解質的電離或解離率（Degree of ionization）。以電解質 AB 爲例，若解離率爲 α，則濃度爲每立方公分溶液中 n 莫耳的 AB，其解離的離子爲，

$$(n - n\alpha)\text{AB} \rightleftharpoons n\alpha\text{A}^+ + n\alpha\text{B}^- \tag{8-64}$$

其中只有解離的 $n\alpha$ 莫耳的 A^+ 與 B^- 離子對溶液的電導有貢獻。若 A^+、B^- 在外加電場 E 下的移動速度爲 v_+ 與 v_-，則電解質 AB 解離的離子在溶液中的電流爲

$$i = (n_+ v_+ + n_- v_-)e = (v_+ + v_-)n\alpha e \tag{8-65}$$

式中 n_-、n_+ 分別爲每立方公分溶液中陰、陽離子的莫耳數，因解離其值等於 $n\alpha$。e 爲單位電荷量。其中陽離子向負極而陰離子向正極移動，因此溶液中總電流爲 n_+v_+e 與 n_-v_-e 相加。

現定義離子的遷移率或移動率（Mobility），其爲溶液中的離子在

單位電場強度下的移動速度，或可寫成 $\mu_+ = v_+/E$、$\mu_- = v_-/E$。單位電場的物理意義爲，順著正負電場方向移動每公分的距離，電場強度改變的伏特大小。根據歐姆定律（Ohm's Law），電場、電阻率與電流的關係爲，

$$E = ir \quad 或 \quad \frac{1}{r} = \frac{i}{E} \tag{8-66}$$

因爲電導率與電阻率互爲倒數，因此，

$$\kappa = \frac{i}{E} \tag{8-67}$$

將（8－65）式代入（8－67）式中，並以遷移率取代離子速度，則溶液的電導率爲

$$\kappa = (\mu_+ + \mu_-)n\alpha e \tag{8-68}$$

故溶液的莫耳電導可表示成

$$\Lambda = (\mu_+ + \mu_-)N_A\alpha e \tag{8-69}$$

（8－69）式的 N_A 爲亞佛加厥常數。因 N_Ae 爲一莫耳電荷，及法拉第電量 $F = 96500$ 庫侖，因此（8－69）式又可表爲

$$\Lambda = (\mu_+ + \mu_-)F\alpha \tag{8-70}$$

不論（8－68）或（8－70）式均將實驗容易測量的電導表示成溶液中離子運動的參數——遷移率。基本上，電導爲溶液巨觀（Macroscopic）物理量，而遷移率則爲與離子運動相關的微觀（Microscopic）物理量；經由阿瑞尼士的電離理論將二者結合爲一，這有助於我們對溶液電導的瞭解。

對於電解質水溶液而言，當濃度趨近於零爲稀釋溶液時，電解質的解離率 $\alpha \to 1$，因此溶液的電導則應是

$$\Lambda_0 = (\mu_+ + \mu_-)F \tag{8-71}$$

（8－71）與（8－70）式合併，則電解質的解離率可以溶液的電導表示之，

$$\alpha = \frac{\Lambda}{\Lambda_0} \qquad (8-72)$$

以上有關電解質溶液的電離理論，可以經由電導計算電解質的解離率。同時，配合科耳勞奇定律((8－62)式)，無限稀釋電導爲

$$\Lambda_0 = \lambda_0^{+} + \lambda_0^{-} = (\mu_{+} + \mu_{-})F \qquad (8-73)$$

故

$$\lambda_0^{+} = \mu_{+} F,\ \lambda_0^{-} = \mu_{-} F \qquad (8-74)$$

以醋酸水溶液爲例，可以透過溶液電導的測量，計算醋酸的解離平衡常數。醋酸在水溶液中解離爲醋酸根與質子

$$CH_3COOH \rightleftharpoons CH_3COO^{-} + H^{+} \qquad (8-75)$$

醋酸濃度爲 C mol/L，若解離率是 α，則$[CH_3COO^-] = [H^+] = C\alpha$、$[CH_3COOH] = (1-\alpha)C$，因此（8－75）式的平衡常數爲

$$K = \frac{[H^+][CH_3COO^-]}{[CH_3COOH]} \qquad (8-76)$$

將濃度與 $\alpha = \Lambda/\Lambda_0$ 代入（8－76）式中，則平衡常數可以電導與濃度表示成

$$K = \frac{\alpha^2 C}{1-\alpha} = \frac{\Lambda^2 C}{\Lambda_0(\Lambda_0 - 1)} \qquad (8-77)$$

【例 8－14】

25 ℃之下，濃度爲 0.003441 mol/L 的醋酸水溶液 $\Lambda = 27.19\ \text{ohm}^{-1}\ \text{cm}^2\ \text{mol}^{-1}$。若 $\Lambda_0(CH_3COOH) = 390.6\ \text{ohm}^{-1}\ \text{cm}^2\ \text{mol}^{-1}$，計算醋酸的解離率、溶液中離子的濃度與解離平衡常數。

【解】

將 Λ、Λ_0 代入(8－72)式，可計算醋酸在水溶液中的解離率

$$\alpha = \frac{\Lambda}{\Lambda_0} = \frac{27.19}{390.6} = 0.0696$$

因此溶液中質子與醋酸根離子的濃度為,

$$[CH_3COO^-] = [H^+] = C\alpha = (0.003441)(0.0696)$$
$$= 2.4 \times 10^{-4}\ M$$

而平衡常數則為

$$K = \frac{\alpha^2 C}{1-\alpha} = \frac{(0.0696^2)(0.003441)}{1-0.0696} = 1.79 \times 10^{-5}$$

如表 8－9 所列為 25 ℃之下，醋酸以不同莫耳濃度溶於水溶液中的莫耳電導、解離率與酸解離平衡常數。如表所列，溶液的電導因電解質濃度的增加而降低，若根據阿瑞尼士的電離理論，電導的降低乃由於解離率減小所致。有趣的是，在醋酸濃度低於 0.23 mol L^{-1}時，醋酸的解離常數幾乎為常數；但當濃度高於 1.001 mol L^{-1}後，電導

表 8－9 不同濃度醋酸水溶液的電導 (25 ℃)

濃度(mol L^{-1})	Λ(ohm^{-1} cm^2 mol^{-1})	解離率(Λ/Λ_0)	平衡常數(8－77)式
0	390.6	1.000	
0.00028	210.3	0.538	1.759×10^{-5}
0.000111	127.7	0.327	1.768
0.001028	48.13	0.123	1.780
0.002414	32.21	0.0825	1.789
0.003441	27.19	0.0696	1.792
0.009842	16.37	0.0419	1.804
0.01283	14.37	0.0368	1.803
0.05000	7.356	0.0188	1.807
0.10000	5.200	0.0133	1.796
0.20000	3.650	0.0093	1.763
0.23079	3.391	0.0088	1.755
1.011	1.443	0.0037	1.385

所計算的平衡常數劇降，這說明了對醋酸而言，當濃度高於 0.23 mol L^{-1}溶液爲一非無限稀釋的理想體系，而電導似乎不是探討解離平衡常數的有利方法。對於化學物質在水溶液中解離爲離子的觀念，在十九世紀末，並不爲大多數化學家所接受。表 8－9 所示的實驗資料，以醋酸水溶液的解離說明電導隨醋酸濃度的變化，爲溶液中化學物質解離的事例之一。

8－5－4　離子的移棲分率(Transference numbers)

根據阿瑞尼士電離理論，溶液中的電流的傳遞乃經由離子的遷移，然而因離子在電場下的移動速度大小不一，因此各種離子對於溶液電導的貢獻不同。以醋酸水溶液爲例，無限稀釋時，質子與醋酸根離子遷移對電流的貢獻分別爲 10.5% 及 89.5%。而離子對溶液總電流所貢獻的比例，即爲該離子的移棲分率（Transference or Transport number)。若不特別說明，一般離子移棲分率所指爲水溶液的電導而言。對於無限稀釋溶液，根據科耳勞奇定律，其電導爲

$$\Lambda_0 = \lambda_0^+ + \lambda_0^- \qquad (8-62)$$

因此離子的移棲分率可以表示成

$$t_0^+ = \frac{\lambda_0^+}{\Lambda_0},\ t_0^- = \frac{\lambda_0^-}{\Lambda_0} \qquad (8-78)$$

其中 t_0^+、t_0^-爲無限稀釋溶液中陰、陽離子的移棲分率。其涵意即爲陰、陽離子在溶液中電導的貢獻比例。對於一般濃度的強電解質溶液，因解離率爲 1，由（8－70）式電導可以表示成

$$\Lambda = (\mu_+ + \mu_-)F = \lambda^+ + \lambda^- \qquad (8-79)$$

而且

$$t^+ = \frac{\lambda^+}{\Lambda},\ t^- = \frac{\lambda^-}{\Lambda} \qquad (8-80)$$

因此

$$\lambda^{+} = \mu_{+} F = t^{+} \Lambda,\ \lambda^{-} = \mu_{-} F = t^{-} \Lambda \qquad (8-81)$$

經由實驗可以容易的測量溶液的電導，若可進一步測出離子的移棲分率，則由（8－81）式可計算離子的遷移率或移動率，μ_{+}、μ_{-}。以下將介紹溶液中離子移棲分率的量測。

希托夫法（Hittorf method）測離子移棲分率

以電解質 AB 的水溶液爲例，若電解質在水中解離爲 A^{+} 與 B^{-} 離子，同時假設陽離子的遷移速度是陰離子的四倍，$v_{+} = 4v_{-}$。如圖 8－13(a)所示，溶液在加電壓通電流以前爲電中性，且陰、陽離子在溶液中均勻分佈；若將溶液池區分爲陽極區、陰極區及中心區三個部分，因此如圖 8－13(b)，加電壓通電流以後，溶液中的離子因電極的電位差將趨使陽離子流向陰極，而陰離子流向陽極，並有等量的陰陽離子在電極表面放電，造成電流的流通，這即爲溶液的導電行爲。同時外加電壓，將造成靠近電極表面的陽極區與陰極區電解質濃度的變化。由於陽離子的遷移速度是陰離子的四倍，且整個溶液隨時保持電中性，如圖 8－13(b)所示，有四倍於陰離子的陽離子移向陰極。當電解完成時，圖 8－13(c)，陰極區的電解質濃度將高於陽極區的。若比較圖 8－13(a)與(c)中溶液各區離子對數目的變化，發現中心區溶液的電解質濃度不變，陰極區濃度因陽離子的移入，故離子對數爲 9，較電解前減少 1 對。而陽極區的 6 對離子則較電解前減少 4 對。同時自圖解發現，若所通的總電量是 5 F（法拉第），左、右電極表面電解放電的陰、陽離子爲 5 當量，則電解後陰陽極區的濃度減少的分別是 1 與 4 當量，剛好等於離子遷移速度比 1:4。若以通式表示則爲

$$\frac{\Delta N_{+}}{\Delta N_{-}} = \frac{v_{+}}{v_{-}} = \frac{t^{+}}{t^{-}} \qquad (8-82)$$

（8－82）式稱爲希托夫定則（Hittorf's Rule），上式中 ΔN_{+}、ΔN_{-}分

圖 8－13　希托夫法測量離子移棲分率

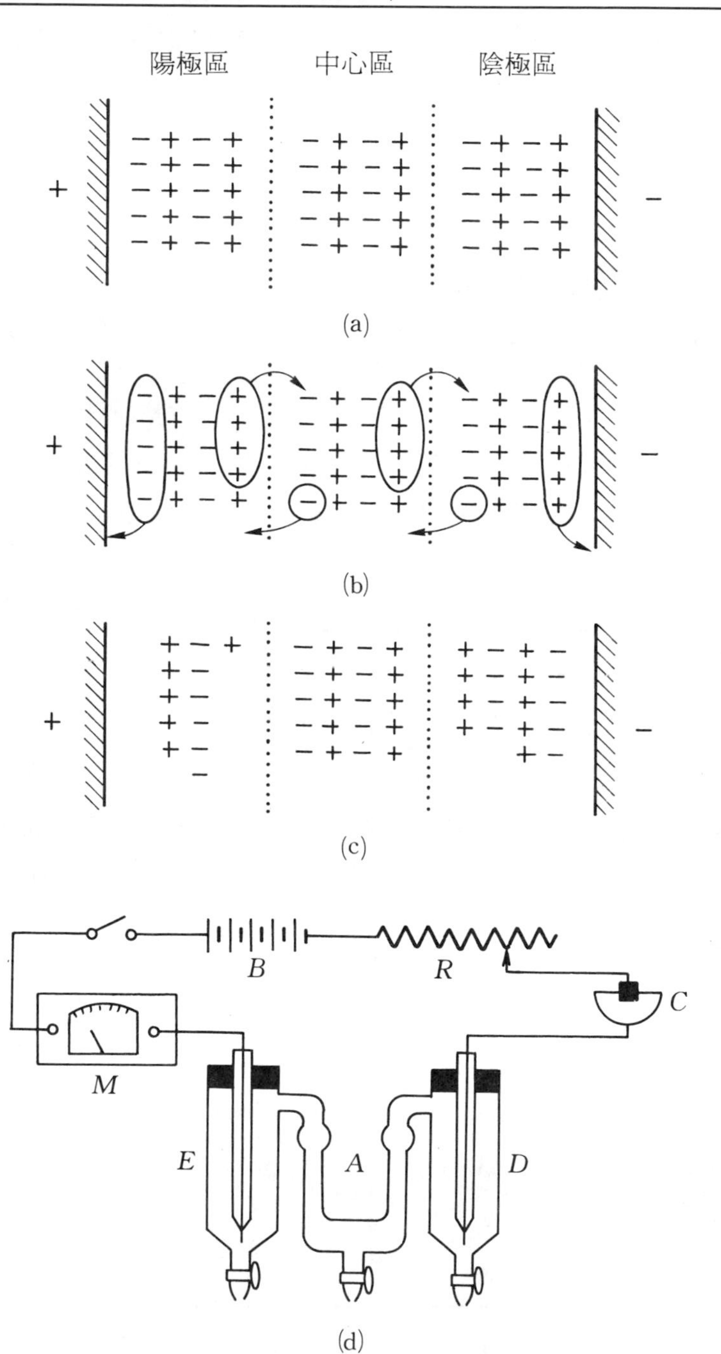

別是溶液以直流電壓電解前後，陰、陽極區溶液中電解質當量數的變化。假設電極所通電流總電量為 Q，則有 Q/F 當量的陰離子在陽極表面放電，相對地，也會有 Q/F 當量的陽離子在陰極放電，若以溶液的濃度變化表示，則 $\Delta N_+ + \Delta N_- = Q/F$。又（8－82）可寫成

$$\frac{\Delta N_+}{\Delta N_+ + \Delta N_-} = \frac{\Delta N_+}{Q/F} = \frac{t^+}{t^+ + t^-} \tag{8-83}$$

因 $t^+ + t^- = 1$，故

$$t^+ = \frac{\Delta N_+}{Q/F} \quad 或 \quad t^- = \frac{\Delta N_-}{Q/F} \tag{8-84}$$

故而利用實驗測量電解質溶液經直流電壓電解後的溶液的 ΔN 及總電量 Q，即可以(8－84)式計算離子的移棲分率。圖 8－13(d)即為以希托夫定則測量離子移棲分率的希托夫電解池(Hittorf transference cell)。

表 8－10 25 ℃下，離子水溶液的無限稀釋電導（$\Omega^{-1}\ cm^2\ mol^{-1}$）

陽離子	λ_0^+	陰離子	λ_0^-
H^+	349.8	OH^-	197.6
Li^+	38.69	Cl^-	76.34
Na^+	50.11	Br^-	78.3
K^+	73.52	I^-	76.8
NH_4^+	73.4	NO_3^-	71.44
Ag^+	61.92	HCO_3^-	44.5
$1/2Mg^{2+}$	53.06	ClO_4^-	67.32
$1/2Ca^{2+}$	59.5	CH_3COO^-	40.9
$1/2Ba^{2+}$	63.64	$1/2SO_4^{2-}$	80
$1/2Cu^{2+}$	54		
$1/2Zn^{2+}$	53		

如圖 8－13(d)，實驗時將待測溶液填充至電解池，而電解池中 A 部分爲圖 8－13(a)所示的溶液中心區，D、E 部分則爲陰、陽極區。M 爲測電流的毫安培計，R 是控制電壓的可變電阻。C 爲銀庫倫計，可以偵測所通的電流量。調整可變電阻可以控制電流值，再由電解前後銀庫倫計中銀電極重量的變化，精確計算所通的總電流量 Q。測量電解前後，D、E 管內溶液濃度變化，則可得知 ΔN_+、ΔN_-，再以（8－84）式計算離子移棲分率。以（8－80）式與離子移棲分率 t^+、溶液電導 Λ，可以分別計算溶液中離子的電導 Λ^+ 與 Λ^-。表 8－10 所列即爲實驗所測無限稀釋溶液的離子電導值。

【例 8－14】

AgCl 在溶解度爲 1.86×10^{-3} g/L。計算 AgCl 飽和水溶液的電導率與電阻。

【解】

AgCl 飽和水溶液的濃度是

$$\frac{1.86\times10^{-3}}{143.32} = 1.3\times10^{-5}\ \text{mol/L}$$
$$= 1.3\times10^{-8}\ \text{mol/cm}^{-3}$$

由於溶液中離子濃度極低，可視爲是無限稀釋溶液，查表 8－10 可得 $\Lambda_0(\text{AgCl}) = \lambda_0(\text{Ag}^+) + \lambda_0(\text{Cl}^-) = 138.26\ \Omega^{-1}\,\text{cm}^2\,\text{mol}^{-1}$，因此根據（8－59）式，溶液的電導率爲

$$\kappa = \Lambda C = (138.26)(1.3\times10^{-8})$$
$$= 1.8\times10^{-6}\ \Omega^{-1}\ \text{cm}^{-1}$$

電阻率則爲

$$r = \frac{1}{\kappa} = 5.55\times10^{5}\ \Omega\ \text{cm}$$

【例 8－15】

以希托夫電解池電解濃度爲 0.2 mol/kg 的 $CuSO_4$ 水溶液。電解後分析陰極室溶液重量是 36.434 g，內含銅 0.4415 g。而銀庫倫計的陰極銀電極重量增加 0.0405 g。試計算 Cu^{2+} 及 SO_4^{2-} 的移棲分率。

【解】

庫倫計中銀電極增加的重量顯示,電解所通的總電量爲

$$Q = \frac{0.0405}{107.87} = 0.000375 \text{ F}$$

陰極室溶液含銅 0.4415 g，故硫酸銅的含量爲

$$0.4415 \times \frac{159.5}{63.5} = 1.109 \text{ g}$$

因此溶液中水的重量是

$$36.434 - 1.109 = 35.325 \text{ g}$$

溶液初濃度爲 0.2 mol/kg，因此 35.325 g 水中含硫酸銅的重量爲

$$35.325 \times 0.2 \times \frac{159.5}{1000} = 1.1276 \text{ g}$$

因此，電解池陰極區溶液因電解所減少的電解質當量數是

$$\Delta N_{-} = 2 \times \frac{1.1276 - 1.109}{159.5} = 0.000233$$

根據（8－84）式，

$$t^{+} = \frac{\Delta N_{+}}{Q/F} \quad \text{或} \quad t^{-} = \frac{\Delta N_{-}}{Q/F} \qquad (8-84)$$

故

$$t^{-}(SO_4^{2-}) = \frac{0.000233}{0.000375} = 0.621$$

而

$$t^{+}(Cu^{2+}) = 1 - 0.621 = 0.379$$

表 8－11 列出 25 ℃之下實驗所測，各種電解質的陽離子在不同濃度溶液中的移棲分率。

表 8－11

電解質	當量濃度					
	0	0.01	0.02	0.05	0.10	0.20
HCl	0.8209	0.8251	0.8266	0.8292	0.8314	0.8337
LiCl	0.3364	0.3289	0.3261	0.3211	0.3168	0.3112
NaCl	0.3963	0.3918	0.3902	0.3876	0.3854	0.3821
KCl	0.4906	0.4902	0.4901	0.4899	0.4898	0.4894
KBr	0.4849	0.4833	0.4832	0.4831	0.4833	0.4841
Ki	0.4892	0.4884	0.4883	0.4882	0.4883	0.4887
KNO_3	0.5072	0.5084	0.5087	0.5093	0.5103	0.5120
$AgNO_2$	0.4643	0.4548	0.4652	0.4664	0.4682	

8－5－5　水的電導與解離率

水爲日常最重要的物質，尤其是水的純度對於水溶液化學，有舉足輕重的角色。當然測驗水質純度的方式很多，但水的電導是最快速與便捷的測量方式。對於水分子而言，因自身解離（Autoionization），

$$H_2O \rightleftharpoons H^+ + OH^- \qquad (8-85)$$

故純水也有一定的莫耳電導。自表 8－10 中得知 25 ℃時，$\lambda_0(H^+)$ 與 $\lambda_0(OH^-)$ 分別爲 349.8、197.6 $\Omega^{-1}\ cm^2\ mol^{-1}$。因此根據科耳勞奇定律，純水完全解離的莫耳電導是

$$\Lambda_0(H_2O) = \lambda_0(H^+) + \lambda_0(OH^-) = 349.8 + 197.6$$

$$= 547.4\ \Omega^{-1}\ cm^2\ mol^{-1} \qquad (8-86)$$

而表 8－12 列出不同溫度下，純水的電導率。溫度爲 25℃時，純水電導率 $\kappa = 0.58 \times 10^{-7}\ \Omega^{-1}\ cm^{-1}$。由於純水的莫耳濃度爲 55.5 mol/L，因此根據（8－60）式，純水的實際莫耳電導爲

表 8－12 純水的電導率

溫度（℃）	電導率（$\Omega^{-1}\ cm^{-1}$）
0	1.4×10^{-8}
18	4.0×10^{-8}
25	5.8×10^{-8}
34	8.9×10^{-8}
50	1.76×10^{-7}

$$\Lambda(H_2O) = \frac{1000\kappa}{C} = \frac{1000}{55.5}\times 0.58\times 10^{-7}$$
$$= 1.045\times 10^{-6}\ \Omega^{-1}\ cm^2\ mol^{-1}$$

因此純水中，水分子的解離率與自身解離反應平衡常數爲

$$\alpha = \frac{\Lambda(H_2O)}{\Lambda_0(H_2O)} = 1.9\times 10^{-9} \qquad (8-72)$$

$$K = \frac{[H^+][OH^-]}{[H_2O]} = \frac{\Lambda^2 C}{\Lambda_0(\Lambda_0-1)} = 2.026\times 10^{-16} \qquad (8-77)$$

因此一般常使用的水解離常數 K_W 爲

$$K_W = [H^+][OH^-] = [H_2O]\cdot K$$
$$= 55.5\times 2.026\times 10^{-16} = 1.12\times 10^{-14}$$

由於水的解離常數極小，故溶液中帶電物質濃度低，因此純水的電導或電導率很小。溫度 25 ℃時，因純水電導率爲 $0.58\times10^{-7}\ \Omega^{-1}\ cm^{-1}$，故其 1 立方公分體積的電阻爲 $1.72\times10^{7}\ \Omega$ 或 17.2 MΩ，而此電阻值即爲 25 ℃時，水溶液電阻的極大值。因此，一般是比較水溶液的電阻較純水的 17.2 MΩ 低多少來確定水的純度。自表 8－12 純水的電導資料發現，溫度越高水分子的解離率增加，因此電導隨溫度上升而增加。對於水溶液中的任何物質而言，均會解離生成離子。因此，若水中含有任何其他物質，1 立方公分水溶液的電導應大於純水。換言之，其電阻必小於 17.2 MΩ。若水中的雜質越多，其電阻則

減小。因此以簡單的電阻測量可以線上即時（On-line）監測水溶液的純度；然而電導或電阻只能提供溶液純度的訊息，至於溶液中雜質的種類及濃度，則需以其他分析方式測定。由於溶液電阻測量的簡便，一般純水製造機爲隨時監測出水的純度，均配有溶液電阻測量顯示，以便隨時偵知水的純度。而此種隨時偵測體系各種物理或化學性質的偵測方式，稱爲線上即時（On-line）監測。

8－5－6 電導滴定

對於溶液而言，滴定法是一種常使用決定濃度的方式。在滴定法中，影響濃度計算精確度最關鍵的因素爲滴定終點體積的測定。一般常用於滴定法中決定終點的方式有：指示劑、電位測定、光譜測定及電導法。各種決定滴定終點的方式之選用，取決於溶液中溶質的性質而定，在此不多贅述。以電導滴定爲例，溶液中溶質必須有相當的解離率，因此，以另一個溶液滴定時，因爲化學反應，所以溶液的電導隨滴定液的加入而改變，故可藉由溶液電導在滴定過程的變化，決定滴定終點體積，並計算溶液濃度。

如圖 8－14 所示爲電導滴定中溶液電導與滴定體積間的關係；其中曲線 *ABC* 與 *DEF* 分別爲強鹼滴定弱酸與強酸的變化。以 *ABC* 的滴定曲線爲例，由於弱酸的解離率不大，溶液的電導較低；因此當滴入些許解離率大的強鹼滴定液時，因 H^+ 與 OH^- 離子中和，故而酸與鹼的對應離子（Counter ion）濃度增加，溶液電導隨強鹼的加入而增大，直到滴定終點 *B*。由於溶液中酸已完全反應，因此再滴入的強鹼完全解離爲離子，故溶液電導的增加較終點前快速。利用滴定終點前後，溶液電導與滴定體積的斜率變化，可以容易決定滴定液的終點體積。另外，如圖中 *DEF* 曲線則爲強鹼滴定強酸時，溶液中電導的變化；由於強酸的解離率較大，溶液中離子濃度高，故滴入強鹼進

圖 8－14 電導滴定中溶液電導與加入滴定液體積的關係

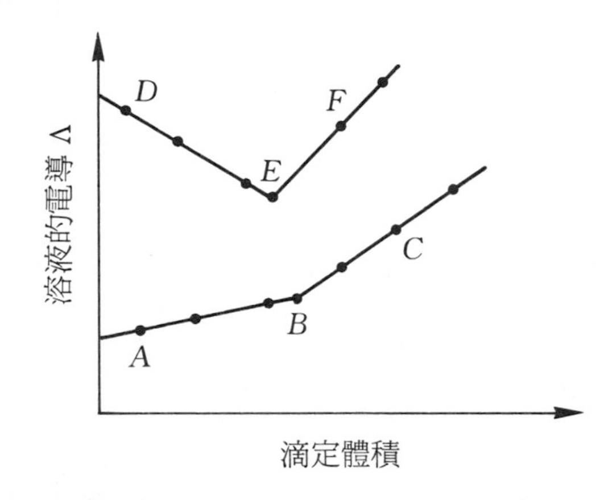

行酸鹼中和後，溶液中對電導貢獻較大的 H^+ 離子濃度降低，因此溶液電導因強鹼的滴入而降低。在滴定點 E 以後，溶液中強酸已反應完全，故加入的強鹼解離爲離子，溶液電導則隨強鹼的加入而增加。故強酸與強鹼的滴定中，溶液電導隨滴定液體積變化的最低點，爲滴定終點。

基本上，電導滴定可以運用在酸鹼中和以外的滴定反應。如圖 8－15 所示爲 HCl 溶液滴定 $AgNO_3$ 溶液的電導變化。自表 8－10 得知 $\lambda_0^+(Ag^+) = 61.9$、$\lambda_0^-(NO_3^-) = 71.4$、$\lambda_0^+(H^+) = 349.8$、$\lambda_0^-(Cl^-) = 76.3\ \Omega^{-1}\,cm^2\,mol^{-1}$。因溶液中的 $AgNO_3$ 完全解離，故加入 HCl 溶液後，因

$$Ag^+(aq) + Cl^-(aq) \longrightarrow AgCl(s) \qquad (8-87)$$

故溶液中銀離子因沈澱反應減少，而酸根離子因滴定液的加入增加，但因酸根離子較銀離子的莫耳電導大很多，故溶液電導因此增大。待達到滴定終點後，因溶液中的銀離子已完全沈澱，因此，滴入 HCl 溶液將使溶液中的酸根與氯離子同時增加，因此溶液電導增加較滴定終點前快速，與圖 8－14 中的強酸強鹼滴定曲線相似。而圖 8－15 中的溶液電導轉折點，即爲滴定終點。

圖 8－15　$AgNO_3$ 溶液以 HCl 溶液滴定時，溶液電導與滴入的 HCl 溶液體積間的變化關係。

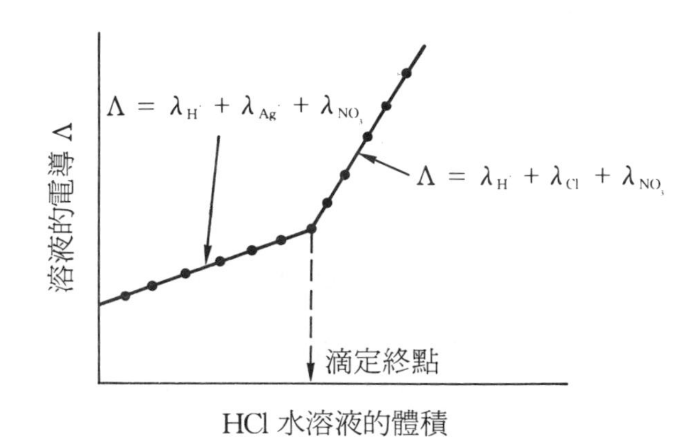

8－6　蒸汽壓降低

根據拉午耳定律，溶液組成分的蒸氣壓與該組成在溶液中的濃度有關，

$$P_i = x_i P_i^* \qquad (8-1)$$

若溶液的組成分數爲 n，則溶液的蒸氣壓則是

$$P = \sum_{i=1}^{n} x_i P_i^* \qquad (8-88)$$

以二成分溶液爲例，若非揮發性溶質溶於溶劑中，因爲只有溶劑揮發，故而 $P_i^* = 0$ 當 $i \neq 1$。因此溶液的蒸氣壓爲

$$P = x_1 P_1^* \qquad (8-89)$$

其中 x_1、P_1^* 分別爲溶劑在溶液中的莫耳分率與純溶劑的蒸氣壓。對於溶液而言，由於 x_1 恆小於 1，因此溶液的蒸氣壓比純溶劑低。如表 8－13 所示爲溫度 20 ℃時，水溶液的蒸氣壓隨不同電解質濃度的變化。

表 8－13 電解質水溶液的蒸氣壓（$P^* = 17.51$ mmHg）（20 ℃）

電解質濃度(mol/1000 g)	$\Delta P(CuSO_4)$mmHg	$\Delta P(K_2SO_4)$mmHg
0.0010		0.0032
0.0025	0.00455	0.00797
0.0050	0.00869	0.0156
0.0010	0.0163	0.0303
0.0500	0.0685	0.137
0.1000	0.125	0.259
0.2000	0.230	0.483
1.0000	1.012	0.895

因爲不揮發物質加入溶劑中，純溶劑與溶液蒸氣壓的差爲

$$\Delta P = P_1^* - x_1 P_1^* = (1 - x_1)P_1^* = x_2 P_1^* \qquad (8-90)$$

因此溶液蒸氣壓降低與純溶劑蒸氣壓的比例等於溶質的莫耳分率，

$$\frac{\Delta P}{P_1^*} = x_2 \qquad (8-91)$$

若溶質與溶劑的分子量分別爲 M_2 與 M_1，溶液中不揮發性溶質的重量爲 W_1、溶劑的重量爲 W_2。因此，溶質的莫耳分率可以表示成

$$x_2 = \frac{W_2/M_2}{W_1/M_1 + W_2/M_2} \qquad (8-92)$$

假設體系爲低濃度溶液，換言之，$x_2 \approx 0$ 或 $W_1/M_1 \gg W_2/M_2$。因此，(8－92) 式可以改寫爲

$$x_2 = \frac{M_1 W_2}{W_1 M_2} \qquad (8-93)$$

將 (8－93) 式代入 (8－91) 式中可得

$$\frac{\Delta P}{P_1^*} = \frac{M_1 W_2}{W_1 M_2} \tag{8-94}$$

或

$$M_2 = \left(\frac{M_1 W_2}{W_1}\right)\left(\frac{P_1^*}{\Delta P}\right) \tag{8-95}$$

根據（8－95）式，不揮發性溶質的分子量 M_2，可以經由溶液蒸氣壓下降的測量與溶劑分子量、溶液中溶質及溶劑的重量等計算而得。

若溶液中不揮發性溶質多於一種以上，因 $x_1 + x_2 + x_3 + x_4 + \cdots = 1$，則根據（8－90）式，溶液蒸氣壓下降為

$$\Delta P = (1 - x_1)P_1^* = P_1^*(x_2 + x_3 + x_4 + \cdots) \tag{8-90}$$

因此

$$\Delta P = \frac{\sum_{i=2}^{n} \frac{W_i}{M_i}}{\sum_{i=1}^{n} \frac{W_i}{M_i}} \tag{8-96}$$

其中 M_1、W_1 分別為溶液中溶劑的重量與溶劑的分子量，$M_2 \cdots M_n$、$W_2 \cdots W_n$ 則為溶液中溶質的重量與分子量。

【例 8－16】

25 ℃時純水的蒸氣壓為 23.756 mmHg。若將 1 g 尿素($(NH_2)_2CO$)與 2 g 蔗糖($C_{12}H_{22}O_{11}$)溶於 100 g 水中，試計算該溶液的蒸氣壓。

【解】

根據(8 － 96) 式,溶液與純水蒸氣壓的差值為

$$P_1^* - P_1 = \frac{\frac{W_2}{M_2} + \frac{W_3}{M_3}}{\frac{W_1}{M_1} + \frac{W_2}{M_2} + \frac{W_3}{M_3}} \cdot P_1^*$$

$$= \frac{1.0/60.0 + 2.0/342.3}{100.0/18.0 + 1.0/60.0 + 2.0/342.3} \cdot 23.756$$

$$= 0.096$$

故

$$P_1 = 23.756 - 0.096 = 23.660 \text{ mmHg}$$

8－7 沸點升高(Boiling point elevation)

由於不揮發溶質溶於溶液中，將造成溶液蒸氣壓的降低，若溶質的濃度不是很大，爲簡化方程式的處理過程，可以將多成分系的溶液視爲純物系。而該假設的純物系與純溶劑唯一的差別爲蒸氣壓，換言之，相同的物質有不同的蒸氣壓。根據第七章——純物質的相平衡理論，當氣液相共存，也就是液相沸騰時，沸點因壓力增加而升高。如圖 8－16 所示的實線 *ACB* 爲類似於圖 7－9 中純水的氣液共存 *OB* 狀態線。圖 8－16 中的虛線爲溶液的氣液共存狀態線。如上所述，雖然溶液爲多成分系，但若不揮發性溶質的濃度不大，可將溶液簡化爲另一純物系。由於不揮發物質的加入，溶液的蒸氣壓低於純溶劑。因此，溶液氣液平衡的相變化狀態線 *FED*，在圖 8－16 $P-T$ 相圖中的 *ACB* 狀態線的下方。

通常對物質液氣相變化的另一說明方式爲，當物系的蒸氣壓等於外壓時稱爲沸騰，也就是氣液平衡共存。對於純溶劑而言，如圖 8－16 中的 *C* 點，溫度、壓力分別爲 T_1、P_1 時，物系呈現沸騰狀態。然而在相同的溫度與壓力時，對溶液 *FED* 狀態線而言，*C* 點是位於單一液相區。換言之，若外壓爲 P_1 時，純溶劑在溫度 T_1 時沸騰；由於溶液的蒸氣壓較純溶劑低，因此溶液蒸氣壓低於 P_1，故仍呈液相狀態。定壓下，若溫度自 T_1 上升至 T_1'，則溶液沸騰而氣液共存，如 *E* 狀態點所示。相同地，溫度、壓力爲 T_1、P_1'時，如 *C′*狀態點所示，溶液爲沸騰狀態。然該狀態點對於純物系的 *ACB* 狀態線而言位於氣相區，因此純溶劑爲單一氣相。定溫 T_1 下，壓力自 P_1'增加至

圖 8－16　純物質及稀釋溶液的氣液平衡相圖

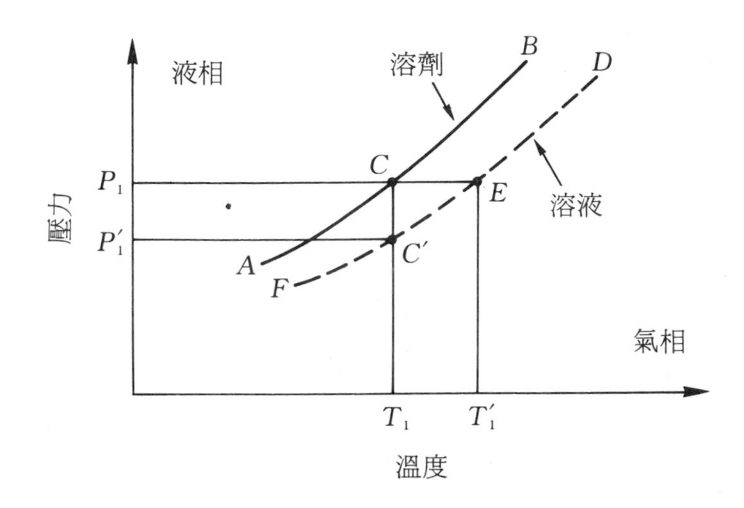

P_1，物系狀態點自 C' 移到 C，則純溶劑在此時為沸騰狀態，而溶液則為單一液相態。以下將利用純物質的相平衡理論，探討定壓下溶液和純溶劑間的沸點差與溶液中不揮發物質濃度的關係。

由於溶液為不揮發溶質與溶劑的混合系，根據物質相平衡理論，定溫、定壓下溶液氣液共存，

$$\mu_1(l) = \mu_1^\circ(g) \tag{8-97}$$

$\mu_1^\circ(g)$、$\mu_1(l)$ 分別為溶劑在氣相與溶液中的化學勢。假設物系為理想溶液，因此，依據（8－8）式溶劑在液態的化學勢為

$$\mu_1(l) = \mu_1^\circ(l) + RT\ln(x_1) = \mu_1^\circ(g) \tag{8-98}$$

x_1 為溶劑在溶液中的莫耳分率。將（8－98）式後兩項整理後得

$$RT\ln(x_1) = \mu_1^\circ(g) - \mu_1^\circ(l) \tag{8-99}$$

對於純物質而言，$\Delta\mu = \mu_1^\circ(g) - \mu_1^\circ(l) = \Delta G_{vap}$，而 ΔG_{vap} 為純溶劑的莫耳汽化自由能變化。故（8－99）式可寫成

$$\ln(x_1) = \frac{\Delta G_{vap}}{RT} \tag{8-100}$$

由於

$$\left(\frac{\partial(\Delta G_{vap}/T)}{\partial T}\right)_P = \frac{-\Delta H_{vap}}{T} \qquad (8-101)$$

其中 ΔH_{vap}為溶劑的莫耳汽化熱。將（8－100）式等號兩邊對溫度微分可得

$$\left(\frac{\partial \ln x_1}{\partial T}\right)_P = -\frac{\Delta H_{vap}}{RT} \qquad (8-102)$$

或

$$d\ln(x_1) = -\frac{\Delta H_{vap}}{R}\frac{dT}{T} \qquad (8-103)$$

積分上式左邊自 $x_1=1$ 的純溶劑至溶液濃度 x_1，而右邊則自純溶劑的沸點溫度 T_0 積分至溶液的沸點溫度 T；

$$\int_1^{x_1} d\ln x_1 = -\frac{1}{R}\int_{T_0}^{T}\frac{\Delta H_{vap}}{T}dT \qquad (8-104)$$

假設 ΔH_{vap}為定值，因此

$$\ln(x_1) = \frac{\Delta H_{vap}}{R}\left(\frac{1}{T}-\frac{1}{T_0}\right) = -\frac{\Delta H_{vap}}{R}\left(\frac{T-T_0}{TT_0}\right) \qquad (8-105)$$

根據（8－105）式，溶劑莫耳分率為 x_1 的溶液沸點 T，可經由相同壓力下純溶劑的沸點 T_0 與溶劑的莫耳汽化熱計算而得。

若討論溶液與溶劑的沸點差，且溶液的濃度不高，則 $T \approx T_0$、$TT_0 \approx T_0^2$，因此 $\Delta T = T - T_0$ 可以表示成

$$\Delta T = -\ln(x_1)\left(\frac{RT_0^2}{\Delta H_{vap}}\right) \qquad (8-106)$$

由於稀薄溶液中溶劑佔大部分，對於二成分溶液，$x_1 \approx 1$ 或 $x_2 \approx 0$，因此 $\ln(x_1) = \ln(1-x_2)$ 的泰勒展開式（Taylor's expansion）可以表為

$$\ln(x_1) = \ln(1-x_2) = -x_2 - \frac{1}{2}x_2^2 - \frac{1}{3}x_2^3 \cdots \qquad (8-107)$$

或

$$\ln(x_1) \approx -x_2 \qquad (8-108)$$

將（8－108）式代入（8－106）式可得

$$\Delta T = x_2\left(\frac{RT_0^2}{\Delta H_{vap}}\right) \qquad (8-109)$$

若將溶質的莫耳分率 x_2 以一般常使用的重量莫耳濃度 m_2——每 1000 g 溶劑中所溶解的溶質莫耳數表示，且溶液中溶劑莫耳數遠大於溶質的，則 x_2 可寫成

$$x_2 = \frac{m_2}{\frac{1000}{M_1} + m_2} \approx \frac{m_2 M_1}{1000} \qquad (8-110)$$

上式中 M_1 為溶劑的分子量。（8－109）與（8－110）式合併可得

$$\Delta T = \frac{M_1 RT_0^2}{1000\Delta H_{vap}} m_2 \qquad (8-111)$$

一般將（8－111）式等號右邊濃度以外的物理量合併為 K_b，

$$K_b = \frac{M_1 RT_0^2}{1000\Delta H_{vap}} \qquad (8-112)$$

因此，溶液沸點上升可表為

$$\Delta T = K_b m_2 \qquad (8-113)$$

K_b 稱之為溶劑的莫耳沸點上升常數（Molal boiling point elevation constant）或沸點測定常數（Ebullioscopic constant）。理論上，根據（8－112）式，K_b 可以由純溶劑的莫耳汽化熱及分子量計算之；然一般均以實驗測量為主。對於理想稀釋溶液而言，該常數為一與溶質無關的溶劑常數，每一種揮發性溶劑皆有其莫耳沸點上升常數，如表 8－14 所列。

自表 8－14 所列資料發現，實驗值與計算值的溶劑沸點上升常數極為接近，這是因為一般實驗測量溶劑沸點上升時，加入溶液的不揮發性溶質的量極少，使溶液盡可能近似稀釋理想溶液。故表列的實驗值與計算值相差極小。有些時候，可以經由稀釋溶液沸點的測量，以（8－113）式計算溶劑的 K_b 值，再以（8－112）式計算溶劑的莫耳汽化熱 ΔH_{vap}。

表 8－14 溶劑的莫耳沸點上升常數

溶劑	沸點（℃）	K_b（實驗值）K kg mol^{-1}	K_b（計算值）* K kg mol^{-1}
丙酮	56.5	1.72	1.73
四氯化碳	76.8	5.0	5.02
苯	80.1	2.57	2.61
氯仿	61.2	3.88	3.85
乙醇	78.4	1.20	1.19
乙醚	34.6	2.11	2.16
甲醇	64.7	0.80	0.83
水	100.0	0.52	0.51
二硫化碳	46.3	2.34	
甲苯	110.6	3.33	
氯己烷	81.4	2.79	
醋酸	118.1	3.07	

（*）由（8－112）式計算

【例 8－17】

1 大氣壓下純水的沸點爲 100 ℃，實驗所測的沸點上升常數爲 0.51。試計算(a)水的莫耳汽化熱，(b)1 大氣壓下，1 kg 水中溶 10 g 蔗醣（$C_{12}H_{22}O_{11}$）溶液的沸點。

【解】

(a) $M_1 = 18$ g/mol，$T_0 = 373.15$ K，$K_b = 0.51$。根據(8－112)式

$$K_b = \frac{M_1 R T_0^2}{1000 \Delta H_{vap}} \tag{8-112}$$

$$\Delta H_{vap} = \frac{M_1 R T_0^2}{1000 K_b} \tag{8-114}$$

$$= \frac{(18)(8.314)(373.15)}{(1000)(0.51)} = 40825.4 \text{ J/mol}$$
$$= 40.8 \text{ kJ/mol}$$

(b)蔗醣的分子量爲 342 g/mol，因此溶液的重量莫耳濃度爲

$$m_2 = \frac{10}{(342)(1.0)} = 0.0292 \text{ mol/kg}$$
$$\Delta T = (0.51 \text{ K kg/mol})(0.0292 \text{ mol/kg}) = 0.015 \text{ K}$$

故溶液的沸點爲

$$T = 373.15 + 0.015 = 373.165 \text{ K}$$

【例 8－18】

一水溶液中水與未知不揮發溶質重量分別爲 100 g 與 5 g，該溶液的沸點上升爲 0.4 ℃。計算未知溶質的分子量。

【解】

根據溶質重量 W_2、溶質分子量 M_2 與溶液的含水重 W_1，溶液的重量莫耳濃度可表爲

$$m_2 = \frac{W_2/M_2}{W_1/1000} = \frac{1000W_2}{W_1M_2} \qquad (8-115)$$

由（8－113）與（8－115）式，溶液沸點上升與溶質分子量間的關係可以表爲

$$\Delta T = K_b\frac{1000W_2}{W_1M_2} \quad \text{或} \quad M_2 = \frac{1000W_2K_b}{W_1\Delta T} \qquad (8-116)$$

因此溶質的分子量爲

$$M_2 = \frac{(1000)(5)(0.51)}{(100)(0.4)} = 63.75 \text{ g/mol}$$

8－8　凝固點降低 (Freezing point depression)

圖 8－17 所示為溶液與純溶劑的 $P-T$ 相圖。對於稀薄的溶液，若只有溶劑會凝結為固體，而溶質始終溶於液相中，則可將溶液的固液相轉換視為與純物質相似。圖 8－17 中的虛線為溶液的固液二相平衡狀態線，圖中的 CD、BH 線與圖 8－16 所示的 AB、FD 線相同。壓力 P_1、溫度 T_1 時的狀態點 G，對於純溶劑而言為固液相平衡態；但對於溶液而言，該狀態點位於 BF 與 BH 狀態線間的液相區，故為單一液相態。固定壓力為 P_1 之下，若溫度自 T_1 降為 T_1'，如 G' 狀態點，則溶液的溶劑生成固液平衡，換言之，發生凝固現象；而此時

圖 8－17　溶劑與稀釋溶液的固液平衡相圖

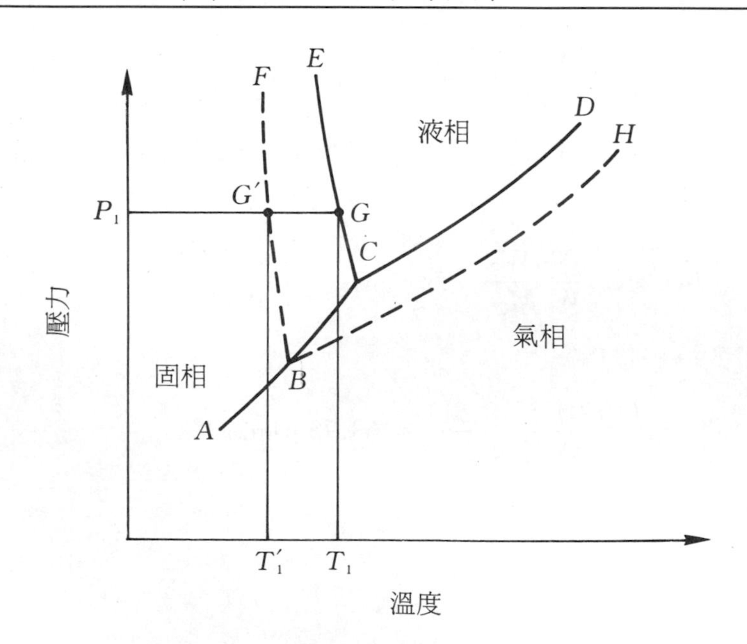

的純溶劑的狀態則位於 CE 固液相平衡狀態線的左方，為單一固相態。根據圖 8－17 的純溶劑與溶液的相圖，定壓下溶液的凝固點 T_1' 較 T_1 低。本節將以類似 8－7 節的方式探討溶液的凝固點下降。

根據物質相平衡理論，定溫、定壓下固液相平衡時

$$\mu_1(l) = \mu_1^\circ(s) \qquad (8-117)$$

$\mu_1(l)$、$\mu_1^\circ(s)$ 分別為溶劑在溶液與純物質固相的化學勢。假設溶液為理想溶液，則

$$\mu_1(l) = \mu_1^\circ(l) + RT\ln(x_1) = \mu_1^\circ(s) \qquad (8-118)$$

因此

$$RT\ln(x_1) = \mu_1^\circ(s) - \mu_1^\circ(l) = -\Delta G_{fus} \qquad (8-119)$$

或

$$\ln(x_1) = -\frac{\Delta G_{fus}}{RT} \qquad (8-120)$$

ΔG_{fus}為溶劑的莫耳熔解自由能變化。依照（8－101）式至（8－110）式的推導過程，溶液的凝固點下降 $\Delta T = T_0 - T$ 為

$$\Delta T = \frac{M_1 R T_0^2}{1000\Delta H_{fus}} m_2 \qquad (8-121)$$

T_0、T 分別為純溶劑與溶液的凝固點。ΔH_{fus}為溶劑的莫耳熔解熱焓的變化，M_1、m_2 分別是溶劑的分子量與溶液的重量莫耳濃度。因此溶液的凝固點下降可以表示成

$$\Delta T = K_f m_2 \qquad (8-122)$$

而

$$K_f = \frac{M_1 R T_0^2}{1000\Delta H_{fus}} \qquad (8-123)$$

K_f 為溶劑的凝固點下降常數（Freezing point depression constant）。表 8－15 列出溶劑的凝固點下降常數。

表 8－15 溶劑的莫耳凝固點下降常數

溶劑	凝固點（℃）	K_f（K kg mol^{-1}）
水	0.0	1.86
二硫化碳	−108.6	3.83
醋酸	16.6	3.90
乙醚	−116.0	1.79
苯	5.51	5.12
酚	42.0	7.27
氯己烷	6.5	20.2
樟腦	176.0	40.0

表 8－16 列出不同濃度的尿素水溶液之凝固點下降資料。如將表 8－16 中的 ΔT 對 m_2 作圖，自圖可以發現，該曲線的斜率幾乎爲常數，而該斜率值即爲水的凝固點下降常數。

表 8－16 尿素($(NH_2)_2CO$)水溶液的凝固點下降實驗

m_2	ΔT	$K_f=\Delta T/m_2$
0.000538	0.001002	1.862
0.004235	0.007846	1.851
0.007645	0.01413	1.849
0.012918	0.02393	1.850
0.01887	0.03496	1.853
0.03084	0.05696	1.848
0.04248	0.07850	1.852

如例 8－18 所述，一般可經由溶液沸點上升的方式測量溶質的分子量。由於凝固點的觀測較沸點簡單，故凝固點下降較沸點上升更常用於分子量的測定。基本上，不論凝固點下降或沸點上升法，溶液的濃度應越低則越近似理想溶液。因此 m_2 很小，根據（8－113）式或（8－122）式，溶液與純物質相變化的 ΔT 不大。故爲較精確測量溫度變化，一般選用 K_b 或 K_f 較大的溶劑，則相同的單位濃度時溶液的溫度變化較大，因此可以較精確地測量溫度的變化。

綜合 8－7 節與本節有關溶液的沸點上升與凝固點下降的現象，一般可以利用定壓下溶劑的化學勢與溫度的關係，如圖 8－18，表示沸點上升與凝固點下降。因爲只有溶劑分子會揮發成氣相或凝結成固體，故圖 8－18 中純溶劑或溶液的固相狀態線 CA 或氣相狀態線 BD 是相同的。但因液相時溶液中有溶質與溶劑，與純溶劑不同，故根據拉午耳定律處理稀釋理想溶液，

$$\mu_1(l) = \mu_1^\circ(l) + RT\ln(x_1) \qquad (8-98)$$

圖 8－18　溶液中溶劑化學勢與溫度的關係

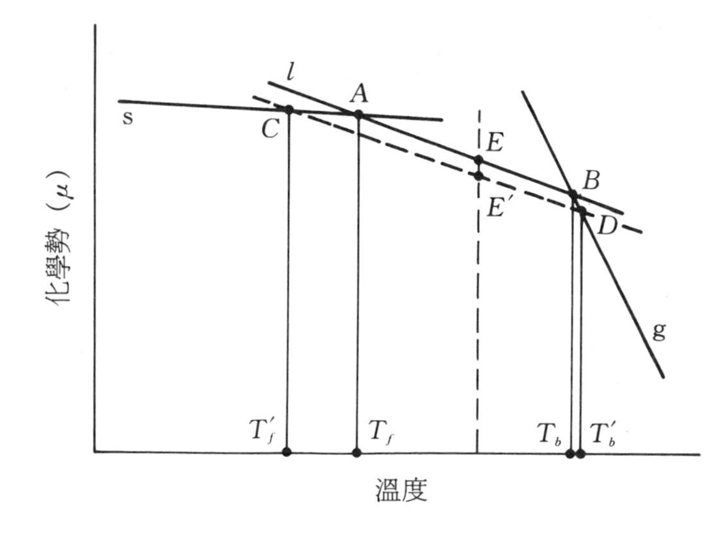

由於溶液中溶劑的莫耳分率 x_1 恆小於 1，故 ln (x_1) 爲負值，因此相同溫度與壓力下，溶液中溶劑的化學勢 $\mu_1(l)$ 一定小於純溶劑的化學勢 $\mu_1^\circ(l)$，如圖 8－18 所示的 E 與 E'的狀態點。因此，溶液中溶劑的化學勢與溫度的關係可以圖 8－18 中 AB 實線下方的虛線 CD 表示之；則溶劑固態線與溶液的液態線的交點 C，即爲溶液的凝固點 T_f'，恆低於純溶劑交點 A 的溫度 T_f。相同地，溶液液相線與溶劑氣相線的交點 D，則爲溶液的沸點 T_b'，恆高於純溶劑交點 B 的溫度 T_b。若將圖 8－18 增加壓力對化學勢的影響，並將各狀態面的交叉線投影至 $P-T$ 平面（如第七章圖 7－8），則可得圖 8－17 理想溶液與純溶劑相圖。

8－9 滲透壓

若將裝酒的皮囊置於水中，將會發現皮囊會逐漸腫大膨脹，或一般利用鹽水作爲殺菌的消毒劑，這都是利用液體的滲透壓（Osmotic pressure）所產生的效應。

通常在討論熱力學體系間的熱傳遞或作功，如圖 7－1 所示，體系間的邊界（Boundary）包括固定可傳熱邊界及活動可作功邊界二種。本節在討論溶液滲透壓時，將介紹另一種物質可選擇性通過的邊界——半透膜（Semipermeable membrane）。所謂的半透膜，如圖 8－19 所示，因其質料與構造的差異性，某物質可以自由地在溶液 A 與 B 間傳遞分佈，而其他物質則只能在體系 A 或 B 中存在；因此半透膜可以選擇性的讓物質通過邊界。一般可見的半透膜有：人工合成的醋酸纖維膜、亞鐵氰化酮膜、高分子聚合物薄膜與天然動物性薄膜的膀胱膜等。根據熱力學第二定律，如圖 8－20 所示，任何獨立體系均趨向吉布士自由能減少的方向改變，如圖 8－19 中體系 A 的吉布士

圖 8－19　半透膜的平衡

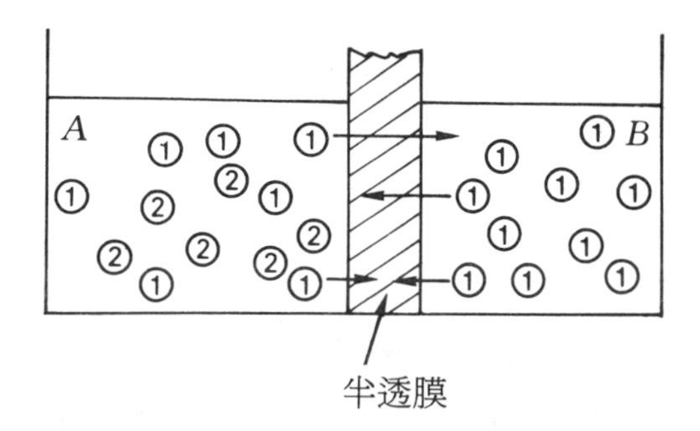

圖 8－20　體系的吉布士自由能的變化趨勢

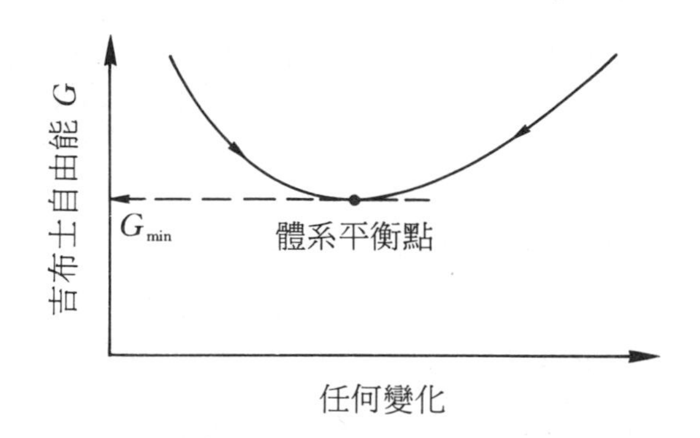

自由能的變化

$$dG = -SdT + VdP + \sum_i \mu_i dn_i \qquad (8-124)$$

上式中第一項 $-SdT$ 爲熱傳遞效應對體系 A 自由能變化的貢獻，第二項 VdP 爲圖 8－19 中體系 A 與 B 間作功對體系 A 自由能的影響，第三項 $\sum_i \mu_i dn_i$ 則爲物質在體系間傳遞，所造成濃度的改變對體系 A 自由能變化的貢獻。對於非平衡體系趨向平衡態，其體系間的任何變化，如溫度、壓力或濃度，乃是使總體系的自由能達到最小的狀態。

本節所討論的滲透現象即爲（8－124）式中的第三項，在定溫、定壓下，物質在體系間傳遞對總體系自由能的影響。一般是以如圖 8－21(a)所示的滲透壓計（Osmometer）測量溶液的滲透壓。圖中左半

圖 8－21(a) 滲透壓與滲透壓計

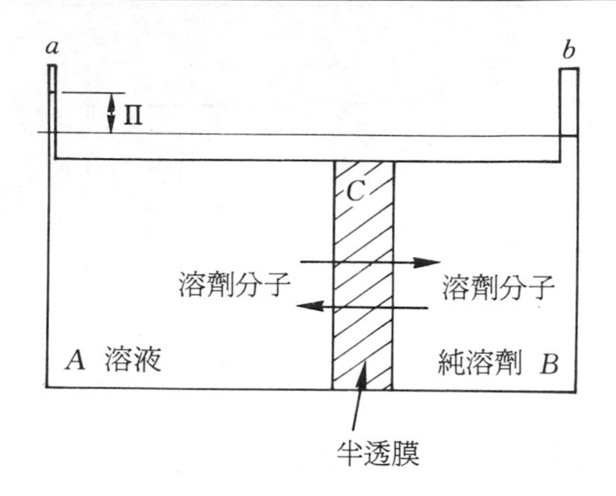

與右半分別裝入溶液與純溶劑，爲能精確測量 A、B 兩部分溶液的壓力差與體積，a、b 部分爲毛細管；c 部分則爲溶劑分子可以透過的半透膜。在測量起始點時，將等量的溶液與溶劑置入滲透壓計的 A、B 槽中，待整個體系達到平衡態，即吉布士自由能最小時，發現 A 部分溶液的體積大於 B 部分純溶劑的體積，換言之，溶液較純溶劑的壓力高出 Π 的溶劑柱高。此溶液多出的壓力即稱爲溶液的滲透壓。當滲透壓計在達到平衡以前，水分子在溶液中的化學勢較純水低；因此，水分子自高化學勢的純水經半透膜滲入低化學勢的溶液中，所以溶液的體積將增加而純水的體積減少。在水分子滲透的同時，整個滲透壓計系的吉布士自由能逐漸下降，直到平衡態的極小值。如圖 8－21(a)所示，當水分子滲入溶液後，A 槽的溶液體積增加，換言之，溶液較純水將承受較大的壓力，故溶液中水分子的化學勢隨著水分子的滲入而漸增，直到其值與純水的化學勢相同爲止。若溶液爲理想稀釋溶液，當滲透壓計平衡時，溶劑分子在整個體系的化學勢均相同，故

$$\mu(A) = \mu(B) \qquad (8-125)$$

而

$$\mu(A) = \mu^\circ(P + \Pi) + RT\ln(x_1); \ \mu(B) = \mu^\circ(P) \tag{8-126}$$

x_1 爲 A 部分溶液中溶劑的莫耳分率。由於平衡時左右兩液相的壓力不同，因此上式中純溶劑的化學勢 $\mu^\circ(P+\Pi)$ 與 $\mu^\circ(P)$ 不同。根據（8－125）與（8－126）式，

$$\Delta\mu = \mu^\circ(P + \Pi) - \mu^\circ(P) = -RT\ln(x_1) \tag{8-127}$$

由於定溫下化學勢與壓力間的關係可表示爲

$$\left(\frac{\partial\mu}{\partial P}\right)_T = V^\circ \tag{8-128}$$

或壓力變化很小時，

$$\frac{\Delta\mu}{\Delta P} = V^\circ \quad 或 \quad \Delta\mu = V^\circ\Delta P \tag{8-129}$$

上式中 V°爲溶劑的莫耳體積。將（8－129）式代入（8－127）式左邊則

$$V^\circ\Delta P = -RT\ln(x_1) \tag{8-130}$$

因爲 $\Delta P = P + \Pi - P = \Pi$，故

$$\Pi V^\circ = -RT\ln(x_1) \tag{8-131}$$

因爲溶液中溶質濃度極低，故 $x_1 \approx 1$ 或 $x_2 \approx 0$，因此 $\ln(x_1) = \ln(1 - x_2)$ 的泰勒展開式（Taylor's expansion）可以表爲

$$\ln(x_1) = \ln(1 - x_2) = -x_2 - \frac{1}{2}x_2^2 - \frac{1}{3}x_2^3 \cdots \tag{8-107}$$

或

$$\ln(x_1) \approx -x_2 \tag{8-108}$$

將（8－108）式代入（8－131）式可得

$$\Pi V^\circ = x_2RT \tag{8-132}$$

又 $x_2 = n_2/(n_1 + n_2)$，n_1、n_2 分別爲溶液中溶劑與溶質的莫耳數。對於稀釋溶液，$n_1 \gg n_2$，因此 $x_2 \approx n_2/n_1$，代入（8－132）式可得

$$\Pi V^\circ n_1 = n_2RT \quad 或 \quad \Pi V = n_2RT \tag{8-133}$$

其中 $V^{\circ}n_1$ 大約等於溶液體積 V，而 $n_2/V=C$，其爲溶液的莫耳濃度，故滲透壓與溶液濃度間的關係爲

$$\Pi = CRT \tag{8-134}$$

(8－134) 式即爲滲透壓的 van't Hoff 方程式，其型式類似於理想氣體方程式，適用於接近理想狀態的稀釋溶液。如表 8－17 列出蔗糖水溶液的實驗滲透壓與 (8－134) 式所計算的滲透壓。當蔗糖溶液的濃度低於 1.0 mol/L 時，實驗值與計算值非常接近。若蔗糖濃度高於 1.0 mol/L，溶液無法以理想溶液的假設計算其滲透壓。

表 8－17　30 ℃時蔗糖水溶液的滲透壓

濃度 C (mol/L)	Π (MPa，實驗值)	Π (MPa，計算值) (8－134) 式
0.1	0.228	0.250
0.3	0.700	0.749
0.6	1.441	1.489
1.0	2.509	2.464
2.0	5.56	4.842
3.0	9.12	7.139
4.0	13.14	9.360
5.0	17.26	
6.0	21.41	

【例 8－19】

溫度 30 ℃時，試計算 0.6 莫耳的蔗糖溶於 1000 g 水中所生成的水溶液之滲透壓。

【解】

滲透壓可以(8－132)、(8－133)或(8－134)式計算。若根據(8－132)式，則溶液中水的莫耳數爲 1000/18 = 55.5，蔗糖的莫耳分率爲

$$x_2 = \frac{0.6}{0.6+55.5} = 0.01069$$

而水的莫耳體積為 18.08 $cm^3 = 1.808 \times 10^{-6}$ m^3，因此

$$\Pi = \frac{x_2RT}{V} = \frac{(0.01069)(8.314)(303)}{0.00001808} = 1.49 \times 10^6 \text{ Pa}$$

溶液滲透壓的測量也可以計算溶質的分子量。根據（8－133）式，若將 W_2 g 分子量為 M_2 的溶質溶於 V 升的水中，則溶液的滲透壓為

$$\Pi V = \frac{W_2}{M_2}RT \tag{8-135}$$

因此溶質的分子量為

$$M_2 = \frac{W_2RT}{\Pi V} \tag{8-136}$$

一般滲透壓常運用在難溶性物質與高分子的分子量測定上，如生物分子蛋白質、聚合物或膠體等。由於難溶性物質或高分子溶於溶液中的莫耳濃度都很低，因此利用溶液凝固點下降或沸點上升，實驗誤差極大，因此不易精確計算溶質的分子量。但對於滲透壓的測量，根據（8－134）式 $\Pi = CRT$，若 $T = 300$ K、$C = 0.001$ mol/L，則滲透壓為 0.0244 atm 或 1.854 公分水柱，是極容易精確測量的物理量；甚至當濃度為 $C = 0.0001$ mol/L，溶液的滲透壓為 0.185 公分水柱，也是可以測量的。但是在如此低的濃度下，不論是溶液凝固點下降或沸點上升大約 $10^{-2} \sim 10^{-4}$ ℃。因此，在測量上會造成較大的相對誤差。

【例 8－20】

表 8－18 列出於溫度 25 ℃時，不同濃度高分子聚異丁烯（Polyisobutylene）溶於苯或環己烷溶液的滲透壓。根據表列資料計算聚異丁烯的平均分子量。

表 8－18　聚異丁烯溶液的滲透壓

聚異丁烯濃度	Π (atm)	
(g/cc)	苯	環己烷
0.0200	0.104	0.585
0.0150	0.101	0.44
0.0100	0.099	0.30
0.0075		0.23
0.0050	0.098	0.18
0.0025		0.14

【解】

由於高分子間的作用力較一般溶質間的大許多，因此若欲以(8－134)或(8－136)式計算滲透壓，必須以聚異丁烯濃度近似為0的稀釋理想溶液方可，因此根據(8－134)式 $\Pi = CRT$，故

$$\frac{\Pi}{C} = RT \qquad (8-137)$$

對於理想溶液狀態，定溫下 Π/C 應為一常數。因此對於高分子溶液，(8－136)式可以表示成

$$M_2 = \frac{W_2RT}{\Pi V} = \lim_{C \to 0} \frac{RT}{\Pi/C} \qquad (8-138)$$

其中 $C = W_2/V$。將表 8－18 的資料以 Π/C 對濃度 C 作圖，當濃度逼近0時，聚異丁烯在苯或環己烷溶液的 Π/C 值相同，為0.097。將該值代入(8－138)式可得聚異丁烯的平均分子量，

$$M_2 = \frac{(82.06)(298)}{0.097} = 250000 \text{ g/mol}$$

若溶液中有 n 種溶質，則根據（8－133）式溶液的滲透壓為

$$\Pi V = RT\sum_{i=1}^{n} n_i \qquad (8-137)$$

或

$$\Pi = RT\sum_{i=1}^{n} C_i \qquad (8-138)$$

其中 n_i、C_i 為溶液中溶質的莫耳數與莫耳濃度。基本上，當溶質的濃度不是很大時，各溶質對滲透壓的貢獻是可以加成的。

【例 8－21】

溫度 25 ℃時，計算 0.1 g NaCl、0.2g $(NH_2)_2CO$（尿素）及 0.5 g $C_{12}H_{22}O_{11}$（蔗糖）溶於 2 公升水所生成的溶液之滲透壓。

【解】

NaCl、$(NH_2)_2CO$ 及 $C_{12}H_{22}O_{11}$ 的分子量分別是 58、60 與 342 g。水溶液中溶質的莫耳數為 $n_1 = 0.00172$、$n_2 = 0.00333$ 及 $n_3 = 0.00146$，代入(8－137) 式可得溶液的滲透壓

$$\begin{aligned}\Pi &= \frac{RT}{V}(n_1 + n_2 + n_3)\\ &= \frac{(82.06)(298)}{2}(0.00172 + 0.00333 + 0.00146)\\ &= 79.5 \text{ atm}\end{aligned}$$

滲透現象或滲透壓是生物現象中常見的，其在所有的生命機體中的基礎過程上扮演著重要的角色。因所有的細胞均由半透膜所包圍而成，細胞膜內外的有機、無機物質與水的傳輸是經由滲透或其他過程進行。另外如生命機體的體液中溶有多種無機鹽類與有機物質，其與組織間水分或其他物質的交換，亦大都經由滲透的過程。體液即是經由調整其內含溶質的濃度來改變其滲透壓，若體液中的鹽類或有機質濃度高則滲透壓大，因此水分子自其他部分滲入體液中；反之，若降

低體液中溶質的濃度，則水分子可能較傾向離開體液。相同的調整機制亦發生在血液上。生物體即不斷經由組織或體液中溶質濃度的調整，以適應各種外來的可能變化。以海水魚爲例，由於魚類體液的鹽分濃度一般比周圍環境低，與海水相較其滲透壓較小，若魚體不靠其他方式吸收水分或調整體液的滲透壓，海水魚類將因水分不斷自魚體滲出而發生脫水現象。對於有些海水魚而言，其體液中除含有鹽類外，在血液中尚有大量尿素，使其體液濃度略高於海水，而避免失水過多的現象。淡水魚則恰好與海水魚相反，淡水魚的體液濃度較其周遭環境高，因此環境中的水分會經由半透性的魚體表面或魚鰓不斷滲入。所以淡水魚爲避免過多的水進入體內而腫脹，其主要的調節方法是靠排尿的方式排出體內過多的水分，因此淡水魚的排尿量遠多於海水魚。

另外常使用的鹽水殺菌或酒精消毒，皆是利用滲透現象達到滅菌的目的。由於鹽水或酒精水溶液的滲透壓較純水高許多，因此，將細菌置於高滲透壓的環境中，水分將自菌體內經由半透性的細胞膜不斷滲出，進而大量脫水而失去其生物機能。

一般都有身體某部位因碰撞而腫大的經驗，此乃身體的組織因撞擊而造成該部分微血管的破裂，血液不正常地流入組織內。由於血液中有多種有機及無機物質，因此，該組織體液中溶質濃度驟增，滲透壓增高，故其他組織部分的水分子不斷滲入，所以造成受創部位因而腫大。當組織以其他方式排除體液中多餘的溶質以後，水分子不再滲入，該受創部位自然消腫。若受創部位爲腦部則後果將極爲嚴重。因爲腦殼爲堅硬的組織，因此若因撞擊而導致微血管破裂，組織的滲透壓因血液流入而升高，但因堅硬的腦殼無法因水的滲入而膨脹，因此將造成腦殼內因腫脹擠壓而壓力升高，最高可達正常值的二倍，其後果非常嚴重。早期對滲透壓不瞭解時，將上述腦部的受傷病變，歸諸於血液的凝塊（Blood clot）對腦部組織的擠壓。於 1932 年 W. J.

Gardner 提出滲透壓是可能的原因，及至爾後的研究均指出滲透壓是主要導致該腦部病變的原因。此種腦部因撞擊出血，引起不正常滲透壓而導致的病變稱爲 Subdural hematoma。

日常中另一常見有關滲透壓的應用爲逆滲透淨水法。如圖 8－21(b)所示爲一逆滲透淨水器的示意圖。理論上，若在圖 8－21(a)左半邊的溶液槽上加一大於溶液滲透壓 Π 的壓力，則溶液中水分子的化學勢將因壓力增加而大於純水的化學勢，因此，水分子會自溶液滲入純水中，此現象稱爲逆滲透。圖 8－21(b)即根據此逆滲透的觀念設計的淨水器，乃將純水以加壓方式自溶液中取出。實際上，逆滲透淨水器的心臟部分爲半透膜，由於半透膜的使用壽命及價格，爲能儘可能延長其使用期限，通常待純化的水在送入逆滲透器以前，多會以其他簡易的方式（如離子交換法或活性碳管柱），先將高雜質的水溶液作前處理，使溶液中的雜質濃度降低，再將其以逆滲透器得到高純度的水。一般稱此法所得的水爲二次蒸餾級純水。

圖 8－21(b) 逆滲透水純化法

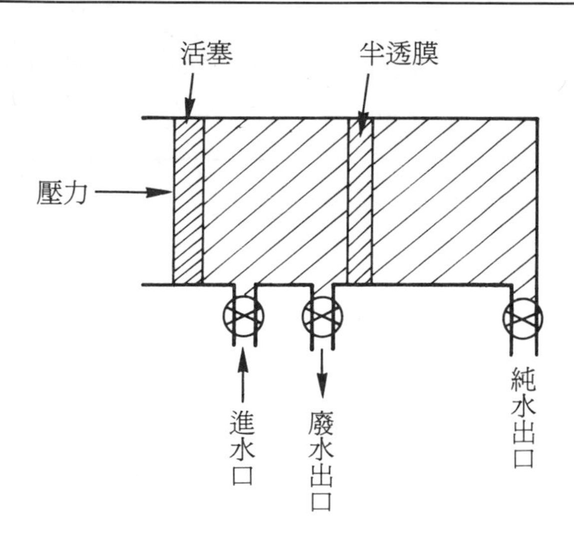

8－10 能士特分佈定律

由於單一溶質在二不互溶的溶劑間的溶解度不同，而定溫、定壓下，溶質在二溶劑間的濃度比則稱爲能士特分佈定律（Nernst Distribution Law）。以圖 8－22 的實驗爲例，圖中共四支試管，分別置入 CCl_4 與 H_2O 二溶劑，由於 CCl_4 較 H_2O 密度大，因此試管下層爲 CCl_4 溶液。其中 *a* 試管中水層溶有碘化鉀，由於鹽類在非極性的 CCl_4 中溶解度極低，碘化鉀（KI）完全溶於水層中，而 *a* 試管爲二透明無色溶液層。待加入數滴 NaOCl 水溶液於 *a* 試管中，因水層中的氧化還原反應

$$OCl^-(aq) + I^-(aq) \longrightarrow Cl^-(aq) + I_2(aq) + I_3^-(aq) \tag{8-139}$$

因非極性的碘分子在非極性的四氯化碳中溶解度很大，故大部分碘將自水層溶入四氯化碳層。因此，如 *b* 試管所示，上層水溶液因 I_3^- 與部分 I_2 而呈棕色，下層四氯化碳因碘而呈紫色。若將 *b* 試管劇烈搖

圖 8－22

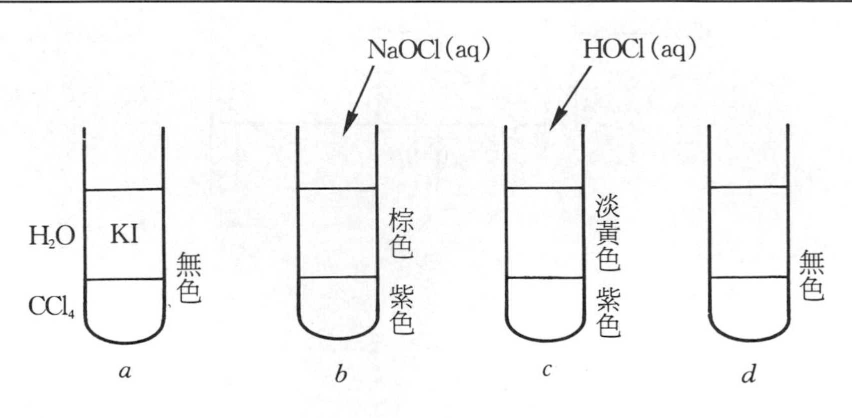

動以後，幾乎所有的碘被萃取溶於四氯化碳層。如 c 試管所示。下層爲紫色而上層爲淡黃色的 I_3^- 水溶液。若將過量的 HOCl 水溶液滴入 c 試管，則四氯化碳溶液中的碘分子，因與水層的 OCl^- 的氧化反應，自四氯化碳層擴散回水層並反應

$$OCl^-(aq) + I_2(aq) \longrightarrow Cl^-(aq) + IO_3^-(aq) \qquad (8-140)$$

由於 IO_3^- 爲無色離子。因此經過搖動反應後，四氯化碳中的碘分子完全反應，則如 c 試管所示二液層呈透明無色。

如以上所述，溶液顏色因化學反應與物質擴散，所產生的改變，則是物質（在不同溶液中）的溶解度不同，造成不同分佈的一個例子。利用溶質在二不互溶的液層溶解度的差異而進行的實驗頗多。如一般所熟知的萃取（Extraction），即是運用溶解度的差異性，將某一物質自低溶解度溶液中溶解至高溶解度的溶液中。通常是利用與水不互溶的有機溶劑萃取水溶液中的有機物質，或以水溶液萃取低極性溶劑中的高極性物質。

又如層析法（Chromatography）中的液相層析（Liquid chromatography，LC）即利用各種物質在二不互溶液層，一爲固定液層、一爲移動液層，間的不同溶解度，而達到分離物質的目的。以物質 A 與 B 爲例，若物質 A 在移動液層的溶解度較物質 B 大，如圖 8－23 所示，圖(a)起始時二物質在相同的位置分佈。但當移動液層向下移動後，由於物質 A 在移動層的分佈較多，因此，A 物質較 B 物質移動快速，如圖(b)所示。最終如圖(c)的狀態，二物質完全分離。基本上，液相層析法的原理是以移動液層與固定液層間不斷的萃取過程，以達分離物質的目標。

根據化學勢，可以導出物質在二液層間的分佈關係。定溫、定壓下，當溶質在二不互溶的溶劑間達到分佈平衡時，溶質在溶液 A、B 間的化學勢應相同

$$\mu(A) = \mu(B) \qquad (8-141)$$

圖 8－23 液相層析分離法

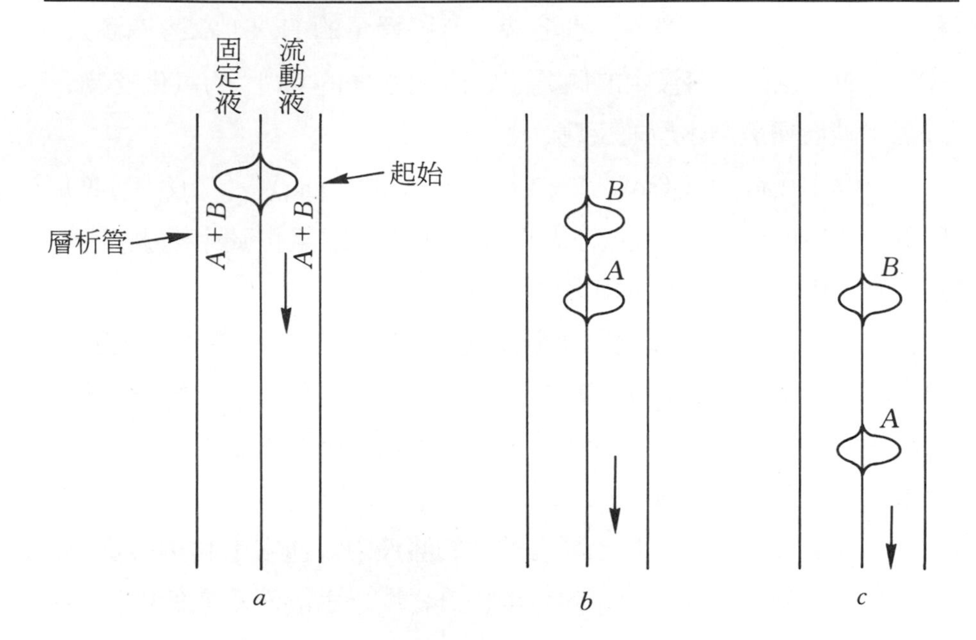

根據（8－45）式，眞實溶液中物質的化學勢爲

$$\mu(A) = \mu_A^{\circ} + RT\ln(a_A) \qquad (8-142)$$

其中 μ_A°、a_A 及 $\mu(A)$ 分別爲純溶質的標準化學勢、溶質在溶液 A 中的活性與溶質在溶液 A 中的化學勢。因此（8－141）式爲

$$\mu_A^{\circ} + RT\ln(a_A) = \mu_B^{\circ} + RT\ln(a_B) \qquad (8-143)$$

故而

$$\ln\frac{a_A}{a_B} = \frac{\mu_B^{\circ} - \mu_A^{\circ}}{RT} \qquad (8-144)$$

定溫下 $\frac{\mu_B^{\circ} - \mu_A^{\circ}}{RT}$ 爲常數，因此活性間的關係可以表示成

$$\ln\frac{a_A}{a_B} = C \quad 或 \quad \frac{a_A}{a_B} = K \qquad (8-145)$$

（8－145）式即爲能士特分佈定律；而式中的 K 爲分配常數（Distribution or Partition constant）。一般溶液中溶質的濃度不高時，物質的

活性可以濃度替代，因此（8－145）式爲

$$\frac{C_A}{C_B} = K \tag{8 - 146}$$

其中 C_A、C_B 分別爲平衡時溶質在二不互溶之溶液中的濃度。至於該濃度所使用的單位則視實際需要而定。若溶質具有相當的揮發性，則該溶質在二不互溶的溶劑間之分配常數可表示成（其推導過程在此省略）

$$K = \frac{K_B}{K_A} \tag{8 - 147}$$

K_A、K_B 分別爲溶質在溶劑 A、B 中的亨利定律常數。

【例 8－22】

25 ℃時，碘在水（A）與四氯化碳（B）中的分配常數爲 0.0022。若溶液系有 0.01 mol 碘、1.0 mol 水與 1.0 mol 四氯化碳，計算碘分別在二溶劑中的莫耳分率。假設水與四氯化碳完全不互溶。

【解】

根據(8 － 146) 式

$$\frac{n(H_2O)}{n(CCl_4)} = 0.0022$$

而

$$n(H_2O) + n(CCl_4) = 0.01$$

因此

$$\frac{n(H_2O)}{0.01 - n(H_2O)} = 0.0022$$

$$n(H_2O) = (0.0022)(0.01 - n(H_2O))$$

$$= 0.000022 - (0.0022)n(H_2O)$$

$$n(H_2O) = \frac{0.000022}{1.0022} = 2.2 \times 10^{-5}\ \text{mol}$$

$$n(CCl_4) = 0.01 - 2.2 \times 10^{-5} = 0.009978\ \text{mol}$$

由於碘的莫耳數遠小於溶劑的莫耳數，而溶劑的數量爲 1 莫耳，因此溶液中溶質的莫耳數即爲其在溶液中的莫耳分率。

(8－146) 式所描述的平衡分佈，只適用於溶質在二溶劑中沒有任何反應發生的狀況，如碘在水與四氯化碳間的分佈。以苯甲酸在水與苯間的分佈爲例，由於苯甲酸爲弱酸，因此在水層中的解離度很小，可將其視爲未解離的分子。但溶於苯溶液層的苯甲酸則會以氫鍵方式聚合而生成二聚物 (Dimer)

$$2\,C_6H_5COOH \rightleftharpoons C_6H_5C(=O)OH\cdots O{=}C(OH\cdots)C_6H_5 \quad (8-148)$$

因此苯甲酸在苯層中的總濃度應較未發生二聚物聚合爲高。如表 8－19 所示的實驗資料顯示，若以 $C_{C_6H_6}$除以 C_{H_2O}則如第三行所示，分配常數不爲一固定的常數，似乎與溶液的濃度有關；但若以 $C_{C_6H_6}$除以 C_{H_2O}的平方，則如表中的第四行所示近似一常數。因此，根據表 8－19 的計算結果，則濃度分佈的關係爲

$$\frac{C_{C_6H_6}}{C^2_{H_2O}} = K_d \quad 或 \quad \frac{C_{C_6H_6}}{C_{H_2O}} = K_d C_{H_2O} \qquad (8-149)$$

由於 K_d 爲常數，因此 $C_{C_6H_6}/C_{H_2O}$等於 $K_d C_{H_2O}$爲濃度 C_{H_2O}的函數。

表 8－19　苯甲酸在苯與水間的濃度分配 (mol/L) (25 ℃)

C_{H_2O}	$C_{C_6H_6}$	$\frac{C_{C_6H_6}}{C_{H_2O}}$	$\frac{C_{C_6H_6}}{C^2_{H_2O}}$
0.015	0.242	16.1	1070
0.0195	0.412	21.2	1090
0.0289	0.97	33.6	1160

若將苯甲酸在二溶劑層的分佈與在苯層的聚合反應表示如下：

$$C_6H_5COOH_{(H_2O)} \underset{K}{\rightleftharpoons} C_6H_5COOH_{(C_6H_6)} \underset{K_A}{\rightleftharpoons} \frac{1}{2}(C_6H_5COOH)_{2(C_6H_6)} \tag{8 - 150}$$

其中 K 為苯甲酸在苯和水層間的分配常數，而 K_A 則是苯甲酸在苯溶液中的聚合反應常數，其平衡式為

$$K_A = \frac{[(C_6H_5COOH)_2]^{1/2}_{C_6H_6}}{[C_6H_5COOH]_{C_6H_6}} \tag{8 - 151}$$

故苯溶液中二聚體的濃度為

$$[(C_6H_5COOH)_2]_{(C_6H_6)} = K_A{}^2[C_6H_5COOH]^2_{C_6H_6} \tag{8 - 152}$$

因此苯中苯甲酸的總濃度為

$$\begin{aligned} C_{C_6H_6} &= [C_6H_5COOH]_{(C_6H_6)} + 2[(C_6H_5COOH)_2]_{(C_6H_6)} \\ &= [C_6H_5COOH]_{(C_6H_6)} + 2K_A{}^2[C_6H_5COOH]^2_{C_6H_6} \\ &= C_{C_6H_6} + 2K_A{}^2C^2_{C_6H_6} \end{aligned} \tag{8 - 153}$$

根據（8－150）的平衡式，苯甲酸在水和苯層間的平衡濃度為

$$\frac{[C_6H_5COOH]_{C_6H_6}}{[C_6H_5COOH]_{H_2O}} = \frac{C_{C_6H_6}}{C_{H_2O}} = K \tag{8 - 154}$$

因此

$$C_{C_6H_6} = KC_{H_2O} \tag{8 - 155}$$

將（8－155）式代入（8－153）式等號的右邊可得

$$C_{C_6H_6} = KC_{H_2O} + 2K_A{}^2K^2C^2_{H_2O} \tag{8 - 156}$$

上式等號兩邊各除以 $C^2_{H_2O}$則為

$$\frac{C_{C_6H_6}}{C^2_{H_2O}} = \frac{K}{C_{H_2O}} + 2K_A{}^2K^2 \tag{8 - 157}$$

在一般狀態下，（8－157）式中等號右邊的第二項為平方式，較第一項大，因此

$$\frac{C_{C_6H_6}}{C^2_{H_2O}} \approx 2{K_A}^2K^2 \qquad (8-158)$$

如表8－19第四行所示，對於生成二聚物的濃度分佈，$\frac{C_{C_6H_6}}{C^2_{H_2O}}$為一常數。但若分配常數 K 較聚合常數 K_A 大許多，則（8－157）可寫成

$$\frac{C_{C_6H_6}}{C^2_{H_2O}} = \frac{K}{C_{H_2O}} \quad 或 \quad \frac{C_{C_6H_6}}{C_{H_2O}} \approx K \qquad (8-159)$$

表示苯甲酸在苯溶液的聚集反應和分佈比較起來，可以忽略之。因此與一般不反應的分佈行爲相同。對於在溶液中有解離或其他反應發生的溶質之在二不互溶的溶劑間的分佈，必須視其反應平衡方式，方可推導出適合的平衡濃度表示式。

在工業應用上，經常利用溶劑萃取化學物質，如從石油中除去有害物質或自水溶液中取出有機物質等。但爲節省使用溶劑的量，在萃取時，使用一次定量溶劑萃取的效率低於多次少量的方式。尤其是工業上有機溶劑的使用極爲大量，在經濟與環保的考量下，如何以較少的溶劑達到最佳的萃取效率，是一重要課題。以某溶質在溶液 A、B 間的分配常數 K_d 爲例，若體積爲 V_A 的溶液中有 N_A 莫耳的物質，以體積 V_B 的溶劑萃取之，則殘留在溶液 A 中的物質爲

$$\frac{C_A}{C_B} = \frac{(N_A - N_0)/V_A}{N_0/V_B} = K_d \qquad (8-160)$$

N_0 爲物質溶於溶劑 B 的莫耳數，則殘留於溶液 A 中的莫耳數爲 $N_A - N_0$。因此，殘留量爲

$$N_A - N_0 = \frac{K_dV_A}{V_B}N_0 \quad ; \quad N_0 = \frac{N_A}{1 + \frac{K_dV_A}{V_B}} \qquad (8-161)$$

因此

$$N_A - N_0 = \left(1 - \frac{1}{1 + K_d V_A / V_B}\right) N_A = \left(\frac{K_d V_A}{K_d V_A + V_B}\right) N_A \qquad (8-162)$$

或

$$\frac{N_A - N_0}{N_A} = \frac{K_d V_A}{K_d V_A + V_B} = f_E \qquad (8-163)$$

若 V_B 越大則（8－163）式中等號右邊項的分母越大，因此溶液 A 中的物質殘留量越少。（8－163）式所表示的意義爲每一次的萃取，殘留在溶液中的物質莫耳數的比例爲原來的 f_E。若 f_E 越小表示萃取效率越高，而 f_E 的值恆小於 1，且其值與 V_A、K_d 成正比、與 V_B 成反比。現若改以等量體積 V_B 的溶劑，但分成 n 次萃取，則每次以 V_B/n 的溶劑分次萃取，因此，每次的萃取效率爲

$$f'_E = \frac{K_d V_A}{K_d V_A + (V_B/n)} \qquad (8-164)$$

因此經過 n 次的 V_B/n 的萃取，溶液 A 中所殘餘的溶質莫耳數與萃取以前的比例爲

$$\frac{N_A - N_0}{N_A} = \left[\frac{K_d V_A}{K_d V_A + (V_B/n)}\right]^n \qquad (8-165)$$

由於

$$\left[\frac{K_d V_A}{K_d V_A + (V_B/n)}\right]^n < \frac{K_d V_A}{K_d V_A + V_B} \qquad (8-166)$$

因此多次少量萃取較一次多量萃取效率高。

【例 8－23】

假設 100 mL 的溶液 A 中溶有 1.0 莫耳的物質，若以總體積 1000 mL 不互溶的溶劑 B 萃取該物質，試分別計算 1、10 及 100 次萃取後，溶液 A 中該物質的殘留量。設物質在溶液 A 與 B 間的分配常數爲 3.0。

【解】

由於 $K_d = 3.0$，根據(8－165)式，1次萃取時，$n = 1$、$V_B = 1000$、$V_A = 100$，因此

$$\frac{N_A - N_0}{N_A} = \frac{(3.0)(100)}{(3.0)(100) + 1000} = 0.23$$

經過一次萃取後，溶液 A 中尚殘餘物質的莫耳數為 0.23。若分為 10 次萃取則 $n = 10$、$V_B/10 = 100$、$V_A = 100$，故而

$$\frac{N_A - N_0}{N_A} = \left[\frac{(3.0)(100)}{(3.0)(100) + 100}\right]^{10} = 0.0563$$

若非為 100 次萃取，則 $n = 100$、$V_B/100 = 10$、$V_A = 100$，因此

$$\frac{N_A - N_0}{N_A} = \left[\frac{(3.0)(100)}{(3.0)(100) + 10}\right]^{100} = 0.0377$$

很顯然地，若萃取溶劑的總體積固定，萃取次數越多，溶液中殘留的溶質量越少。

8－11 化學勢（Chemical potential）

化學勢是熱力學中探討混合系平衡現象的一個極為重要的物理量。在本章所討論的各種溶液現象、第七章探討的單成分系、多成分系相平衡或第六章的化學平衡等，在理論上，均是經由化學勢的應用而獲得結果。至於引進化學勢的觀念到熱力學上，則是吉布士（Josiah Williard Gibbs）在研究多成分系間的物質傳遞或交換過程中發現，若只以內能、熱焓或自由能等熱力學函數是無法對熱力學體系中物質的增減所獲致的平衡，有一簡單的探討方式。因此其定義一與物質數量有關的熱力學函數——化學勢。考慮一已達熱與機械平衡的單相多成分體系，該體系的吉布士自由能為極小值，而且此時的吉布士自由能是溫度、壓力及物系組成的函數，其可以表示成

$$G = G(P, T, n_1, n_2, \cdots, n_j) \qquad (8-167)$$

相同地，其他的熱力學函數亦可表示成

$$A = A(V, T, n_1, n_2, \cdots, n_j) \tag{8-168}$$

$$H = H(S, P, n_1, n_2, \cdots, n_j) \tag{8-169}$$

$$U = U(S, V, n_1, n_2, \cdots, n_j) \tag{8-170}$$

因此體系因各種因素改變，如溫度、壓力、體積變化或化學反應造成的組成變化，導致體系趨向新的平衡狀態，故而各熱力學函數的改變可以表示爲

$$dG = \left(\frac{\partial G}{\partial T}\right)_{P, n_i} dT + \left(\frac{\partial G}{\partial P}\right)_{T, n_i} dP + \sum_{i=1}^{j} \left(\frac{\partial G}{\partial n_i}\right)_{P, T, n_i \neq n_k} dn_i \tag{8-171}$$

$$dA = \left(\frac{\partial A}{\partial T}\right)_{V, n_i} dT + \left(\frac{\partial A}{\partial V}\right)_{T, n_i} dV + \sum_{i=1}^{j} \left(\frac{\partial A}{\partial n_i}\right)_{V, T, n_i \neq n_k} dn_i \tag{8-172}$$

$$dH = \left(\frac{\partial H}{\partial S}\right)_{P, n_i} dS + \left(\frac{\partial H}{\partial P}\right)_{S, n_i} dP + \sum_{i=1}^{j} \left(\frac{\partial H}{\partial n_i}\right)_{S, P, n_i \neq n_k} dn_i \tag{8-173}$$

$$dU = \left(\frac{\partial U}{\partial S}\right)_{V, n_i} dS + \left(\frac{\partial U}{\partial V}\right)_{S, n_i} dV + \sum_{i=1}^{j} \left(\frac{\partial U}{\partial n_i}\right)_{S, V, n_i \neq n_k} dn_i \tag{8-174}$$

以上四種熱力學函數的變化，其最後一項與體系組成的改變有關。換言之，在固定溫度、壓力等熱力學坐標的條件之下，因化學變化或物質擴散等過程，所導致組成的改變以使體系達成平衡狀態，而單位組成變化下之熱力學函數的變化則稱之爲化學勢

$$\mu_i = \left(\frac{\partial G}{\partial n_i}\right)_{P, T, n_i \neq n_j} = \left(\frac{\partial A}{\partial n_i}\right)_{V, T, n_i \neq n_j} = \left(\frac{\partial H}{\partial n_i}\right)_{S, P, n_i \neq n_j} = \left(\frac{\partial U}{\partial n_i}\right)_{S, V, n_i \neq n_j} \tag{8-175}$$

因此，(8－171) 式至 (8－174) 式可以改寫爲

$$dG = -SdT + VdP + \sum_{i=1}^{j} \mu_i dn_i \qquad (8-176)$$

$$dA = -SdT - PdV + \sum_{i=1}^{j} \mu_i dn_i \qquad (8-177)$$

$$dH = TdS + VdP + \sum_{i=1}^{j} \mu_i dn_i \qquad (8-178)$$

$$dU = TdS - PdV + \sum_{i=1}^{j} \mu_i dn_i \qquad (8-179)$$

通常以定溫、定壓的狀態最容易控制，也最常處理，因此常見的化學勢的應用是以吉布士自由能隨組成的變化而改變的斜率來表示

$$\mu_i = \left(\frac{\partial G}{\partial n_i}\right)_{P,T,n_i \neq n_j} \qquad (8-180)$$

其代表的物理意義爲定溫、定壓下，體系中其他物質的莫耳數不變，而物質 i 的莫耳數爲達成熱力學的平衡而有 dn_i 的改變所伴隨的吉布士自由能的變化量，稱之爲物質 i 在該組成下的化學勢。因此，體系中各物質的化學勢皆不相同，且爲溫度、壓力與組成的函數，

$$\mu_i = \mu_i(P, T, n_1, n_2, \cdots, n_j) \qquad (8-181)$$

對於純物質系在定溫、定壓下，化學勢與組成無關，其可表示成

$$\mu = \left(\frac{\partial G}{\partial n}\right)_{P,T} = \overline{G} \qquad (8-182)$$

上式中 $\overline{G}$ 爲莫耳自由能，其爲溫度與壓力的函數。以理想氣體爲例，如（8－5）式所示，其化學勢爲

$$\mu = \mu^\circ + RT\ln(P/P^\circ) = \mu(P, T) \qquad (8-183)$$

其等於物質的莫耳自由能。又如二成分理想溶液中，組成分的化學勢則爲

$$\mu_1 = \mu_1^\circ(P, T) + RT\ln(x_1) = \mu_1(P, T, n_1, n_2) \qquad (8-184)$$

其爲溫度、壓力與組成的函數，而體系的組成可以組成分的莫耳數或莫耳分率表示之。而化學勢本身則爲一熱力學狀態函數。

以定溫、定壓下物質的遷移（Migration or Transport）爲例，如

圖 8－24 所示的體系，物質可經由半透膜界面進行擴散遷移。假設體系 A 與 B 的溫度、壓力相同，則如（8－176）式所示，體系的自由能的改變爲

$$dG = \sum_{i=1}^{j} (\mu_i^A dn_i^A + \mu_i^B dn_i^B) \qquad (8-185)$$

其中 μ_i^A、μ_i^B 分別是物質 i 在 A 與 B 體系的化學勢。dn_i^A、dn_i^B 則爲物質在體系中莫耳數的改變。假設圖 8－24 中的界面是物質 1 可以通過的半透膜，因此，(8－185）式爲

$$dG = \mu_1^A dn_1^A + \mu_1^B dn_1^B \qquad (8-186)$$

圖 8－24　定溫、定壓下物質的遷移平衡

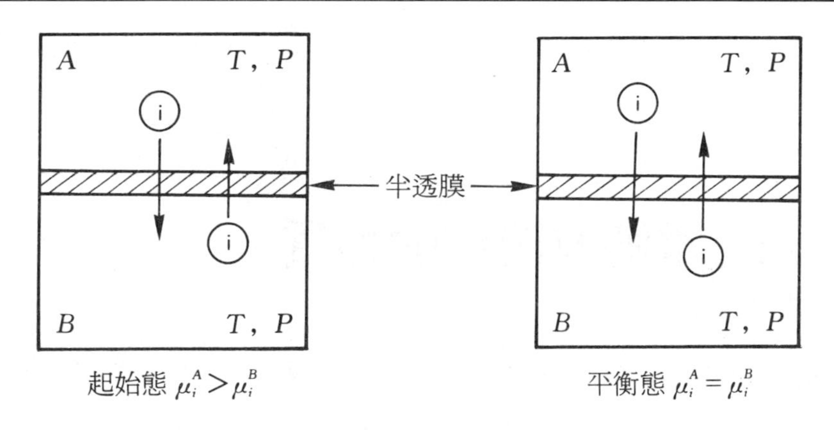

若體系初始時，物質 1 在體系 A 的化學勢大於在體系 B 的，$\mu_1^A > \mu_1^B$，因此，物質 1 將自體系 A 遷移至體系 B 中，所以 $dn_1^A < 0$、$dn_1^B > 0$。由於總體系爲一封閉系統（Closed system），故而

$$d(n_1^A + n_1^B) = 0 \quad 或 \quad dn_1^A = -dn_1^B \qquad (8-187)$$

將（8－187）式代入（8－186）式，則因物質 1 自體系 A 遷移至體系 B，總體系自由能的變化爲

$$dG = -\mu_1^A dn_1^B + \mu_1^B dn_1^B = (\mu_1^B - \mu_1^A) dn_1^B < 0 \qquad (8-188)$$

符合熱力學第二定律所述，定溫、定壓下，體系達到平衡態時其自由

能爲最低值；換言之，體系自非平衡狀態趨向平衡態時，其自由能將逐漸降低，如（8－188）式所示。由於化學勢爲組成的函數，因此當物質 1 遷移至體系 B 之後，物質 1 在 A 中的濃度降低、在 B 中的濃度升高；故因濃度的改變，μ_1^A 將下降而 μ_1^B 將上升。換言之，$\mu_1^B-\mu_1^A$ 的差距將減小，因此總體系自由能的降低將因物質的遷移越來越緩慢。直到物質 1 在 A、B 體系中的化學勢相等爲止，而此時體系達到新的平衡狀態。

因此定溫、定壓下，熱力學體系達到物質平衡的條件爲

$$dG = 0 \tag{8-189}$$

因此，均勻相體系中物質化學勢與組成的關係是

$$\sum_{i=1}^{j} \mu_i \, dn_i = 0 \tag{8-190}$$

物質的化學平衡的濃度關係式可以由（8－190）式推導得到。

8－12 電解質溶液的性質

本章 8－5 節中探討電解質溶液的電導與溶液中離子的移棲分率等觀念及實驗。本節將討論電解質溶液中最重要的問題——離子活性與活性係數；並將討論有關水溶液中離子活性係數的一個重要且古老的理論——Debye-Hückel 電解質理論。離子活性及相關理論是溶液化學的重要課題，其在分析及工業上有極重要的應用。另外離子活性的瞭解對於電化學的應用，也有著重要地位。

8－12－1 電解質的活性與活性係數

由於一般習慣以重量莫耳濃度（Molality，m）表示電解質的濃

度，因此溶質莫耳分率 x_i 與重量莫耳濃度 m_i 間的關係爲

$$m_i = \frac{n_i}{n_A M_A} \tag{8-191}$$

n_i、n_A 與 M_A 分別是溶質、溶劑的莫耳數與溶劑的分子量。將（8－191）式右邊分子與分母各除以溶液的總莫耳數，則 m_i 爲

$$m_i = \frac{n_i / n_{\text{tot}}}{n_A M_A / n_{\text{tot}}} = \frac{x_i}{x_A M_A} \tag{8-192}$$

或

$$x_i = m_i x_A M_A \tag{8-193}$$

x_i、x_A 則分別爲溶液中電解質與溶劑的莫耳分率。因此，以（8－53）式所表示的化學勢與活性係數、莫耳分率間的關係

$$\mu_i = \mu_i^{\circ} + RT\ln(\gamma_i x_i) \tag{8-53}$$

其中 γ_i 爲溶質以莫耳分率爲濃度單位的活性係數。若將（8－193）式代入上式中，可得

$$\begin{aligned} \mu_i &= \mu_i^{\circ} + RT\ln(m_i x_A M_A)(\gamma_i) \\ &= \mu_i^{\circ} + RT\ln(M_A) + RT\ln(x_A \gamma_i m_i) \end{aligned} \tag{8-194}$$

假設 $\gamma_{i,m} = x_A \gamma_i$ 而 $\mu_{i,m}^{\circ} = \mu_i^{\circ} + RT\ln(M_A)$，因此以重量莫耳濃度所表示的物質化學勢與活性係數、濃度間的關係是

$$\mu_i = \mu_{i,m}^{\circ} + RT\ln(\gamma_{i,m} m_i) \tag{8-195}$$

因此，重量莫耳濃度的溶質活性爲

$$a_{i,m} = \gamma_{i,m} m_i \tag{8-196}$$

若溶液以莫耳濃度（Molarity，C）爲單位，假設對於低濃度的溶液，其體積與溶劑的體積相同，則莫耳濃度與莫耳分率間的關係爲

$$C_i = \frac{n_i}{(n_A M_A)/d_A} = \frac{n_i d_A}{n_A M_A} \tag{8-197}$$

因此

$$C_i = \frac{(n_i / n_{\text{tot}}) d_A}{(n_A / n_{\text{tot}}) M_A} = \frac{x_i d_A}{x_A M_A} \tag{8-198}$$

或

$$x_i = C_i x_A\left(\frac{M_A}{d_A}\right) \qquad (8-199)$$

C_i、d_A 分別是溶質莫耳濃度與溶劑的密度。將式（8－199）代入（8－53）式中可得化學勢與莫耳濃度間的關係

$$\mu_i = \mu_i^\circ + RT\ln(C_i x_A M_A)\left(\frac{\gamma_i}{d_A}\right)$$

$$= \mu_i^\circ + RT\ln(M_A) + RT\ln\left[\left(\frac{x_A\gamma_i}{d_A}\right)C_i\right] \qquad (8-200)$$

假設 $\gamma_{i,C} = x_A\gamma_i/d_A$ 而 $\mu_{i,C}^\circ = \mu_i^\circ + RT\ln$（$M_A$），因此以莫耳濃度所表示的化學勢與活性係數、濃度間的關係是

$$\mu_i = \mu_{i,C}^\circ + RT\ln(\gamma_{i,C} C_i) \qquad (8-201)$$

因此，重量莫耳濃度的溶質活性爲

$$a_{i,C} = \gamma_{i,C} C_i \qquad (8-202)$$

茲將各種濃度單位下的電解質溶液之標準態化學勢、活性係數與活性表列於表 8－20。基本上，定溫、定壓及定組成時，溶質的化學勢爲一定值，不會因濃度單位的不同而改變。然而化學勢可以表爲

$$\mu_i = \mu_i^\circ + RT\ln(a_i) \qquad (8-203)$$

$$= \mu_i^\circ + RT\ln(\gamma_i Y_i) \qquad (8-204)$$

表 8－20

濃度單位 Y_i	標準態化學勢 μ_i°	活性係數 γ_i	活性 a_i
莫耳分率（x_i）	μ_i°	γ_i	$\gamma_i x_i$
重量莫耳濃度（m_i）	$\mu_i^\circ + RT\ln$（M_A）	$x_A\gamma_i$	$x_A\gamma_i m_i$
莫耳濃度（C_i）	$\mu_i^\circ + RT\ln$（M_A）	$x_A\gamma_i/d_A$	$x_A\gamma_i C_i/d_A$

註：x_A 爲溶劑的莫耳分率。

其中 a_i 爲溶質的活性，是沒有單位的物理量。因此假若以不同的濃度單位表示 Y_i，則活性係數與標準態化學勢自然不同，因爲化學勢不因組成分的濃度單位而變。如表 8－20 所示，不同濃度單位的活性表示式雖不同，但若將活性與標準態化學勢代入（8－203）式，則物質化學勢的結果完全相同。

8－12－2　電解質的化學勢

由於溶液中電解質的解離所生成的陰、陽離子，乃以固定的比例溶於溶液，以維持溶液的電中性。因此所謂電解質的化學勢或活性不是指未解離的電解質或陰、陽離子的化學勢，而是指未解離的電解質與解離的陰、陽離子在溶液自由能上的綜合表現，以 $M_{\nu_+}X_{\nu_-}$ 的電解質爲例，其在溶液中的解離反應爲

$$M_{\nu_+}X_{\nu_-} \rightleftharpoons \nu_+ M^{+\nu_-} + \nu_- X^{-\nu_+} \tag{8-205}$$

由於電解質未完全解離，溶液中所有的物質種類爲：解離的離子 $M^{+\nu_-}$和 $X^{-\nu_+}$、未解離的 $M_{\nu_+}X_{\nu_-}$ 及溶劑分子。其化學勢分別爲 μ_+、μ_-、μ_{IP}與 μ_A。假設溶液中電解質的總莫耳數與溶劑的莫耳數分別爲 n_0 與 n_A，而解離的陰、陽離子的莫耳數爲 n_+、n_-。根據（8－175）式化學勢的定義，

$$\mu_+ = \left(\frac{\partial G}{\partial n_+}\right)_{P,T,n\neq n_+} \tag{8-206}$$

$$\mu_- = \left(\frac{\partial G}{\partial n_-}\right)_{P,T,n\neq n_-} \tag{8-207}$$

$$\mu_{IP} = \left(\frac{\partial G}{\partial n_{IP}}\right)_{P,T,n_A} \tag{8-208}$$

$$\mu_{Ion} = \left(\frac{\partial G}{\partial n_0}\right)_{P,T,n_A} \tag{8-209}$$

由於 $M^{+\nu_-}$和 $X^{-\nu_+}$離子是共同存在溶液中，無法單獨討論其化學勢，

只有電解質在溶液中的整體化學勢 μ_{Ion} 可以表達電解質在溶液中的性質。首先根據（8－176）式，溶液的總自由能變化與溫度、壓力與組成間的關係爲

$$dG = -SdT + VdP + \mu_{\text{IP}}dn_{\text{IP}} + \mu_{\text{A}}dn_{\text{A}} + \mu_{+}dn_{+} + \mu_{-}dn_{-} \tag{8-210}$$

因電解質未完全解離，因此

$$n_{+} = \nu_{+}(n_0 - n_{\text{IP}}) \quad ; \quad n_{-} = \nu_{-}(n_0 - n_{\text{IP}}) \tag{8-211}$$

將（8－211）式代入（8－210）式中可得，

$$dG = -SdT + VdP + \mu_{\text{IP}}dn_{\text{IP}} + \mu_{\text{A}}dn_{\text{A}} + \mu_{+}\nu_{+}(dn_0 - dn_{\text{IP}}) + \mu_{-}\nu_{-}(dn_0 - dn_{\text{IP}}) \tag{8-212}$$

經整理以後

$$dG = -SdT + VdP + \mu_{\text{A}}dn_{\text{A}} + (\mu_{\text{IP}} - \mu_{+}\nu_{+} - \mu_{-}\nu_{-})dn_{\text{IP}} + (\mu_{+}\nu_{+} + \mu_{-}\nu_{-})dn_0 \tag{8-213}$$

在平衡的狀態時，根據（8－205）的解離平衡式，

$$\mu_{\text{IP}} = \mu_{+}\nu_{+} + \mu_{-}\nu_{-} \tag{8-214}$$

（8－213）式可以簡化爲

$$dG = -SdT + VdP + \mu_{\text{A}}dn_{\text{A}} + (\mu_{+}\nu_{+} + \mu_{-}\nu_{-})dn_0 \tag{8-215}$$

當溶液的溫度、壓力與溶劑的莫耳數固定不變時，體系自由能隨電解質莫耳數的變化爲

$$dG = (\mu_{+}\nu_{+} + \mu_{-}\nu_{-})dn_0 \tag{8-216}$$

因此，溶液中電解質的化學勢爲

$$\mu_{\text{Ion}} = \left(\frac{\partial G}{\partial n_0}\right)_{P,T,n_{\text{A}}} = \mu_{+}\nu_{+} + \mu_{-}\nu_{-} \tag{8-217}$$

假設離子的化學勢可以表示成

$$\mu_{+} = \mu_{+}^{\circ} + RT\ln(\gamma_{+}m_{+}) \; ; \quad \mu_{-} = \mu_{-}^{\circ} + RT\ln(\gamma_{-}m_{-}) \tag{8-218}$$

代入（8－217）式中，可得

$$\mu_{\text{Ion}} = \nu[\mu_{+}^{\circ} + RT\ln(\gamma_{+}\, m_{+})] + \nu_{-}[\mu_{-}^{\circ} + RT\ln(\gamma_{-}\, m_{-})] \qquad (8-219)$$

$$= (\nu_{+}\,\mu_{+}^{\circ} + \nu_{-}\,\mu_{-}^{\circ}) + RT\ln[(\gamma_{+}^{\nu_{+}}\gamma_{-}^{\nu_{-}})(m_{+}^{\nu_{+}} m_{-}^{\nu_{-}})] \qquad (8-220)$$

式中 m_{+}、m_{-}為溶液中離子的重量莫耳濃度，故（8－220）式中的 γ_{+}、γ_{-}則是以重量莫耳濃度為單位的活性係數。由於實驗上無法單獨測量離子化學勢或活性係數，因此，定義溶液中電解質的重量莫耳濃度活性係數為

$$\gamma_{\pm}^{\nu_{+}+\nu_{-}} = \gamma_{+}^{\nu_{+}}\gamma_{-}^{\nu_{-}}$$

或

$$\gamma_{\pm} = (\gamma_{+}^{\nu_{+}}\gamma_{-}^{\nu_{-}})^{\frac{1}{\nu_{+}+\nu_{-}}} = (\gamma_{+}^{\nu_{+}}\gamma_{-}^{\nu_{-}})^{\frac{1}{\nu}} \qquad (8-221)$$

其中 $\nu = \nu_{+} + \nu_{-}$，$\gamma_{\pm}$稱為平均活性係數（Mean-activity coefficient）。因此，電解質的化學勢可表為

$$\mu_{\text{Ion}} = \mu_{\text{Ion}}^{\circ} + RT\ln(\gamma_{\pm}^{\nu} m_{+}^{\nu_{+}} m_{-}^{\nu_{-}}) \qquad (8-222)$$

其中 $\mu_{\text{Ion}}^{\circ} = \nu_{+}\mu_{+}^{\circ} + \nu_{-}\mu_{-}^{\circ}$ 而 $m_{+} = n_{+}/W_{A}$、$m_{-} = n_{-}/W_{A}$。實際上，μ_{Ion}°為電解質在溶液中的一個虛擬態的化學勢。以下將就電解質的強弱分別討論電解質在溶液中的化學勢。

(a)強電解質溶液

濃度為 m_0 的強電解質 $M_{\nu_{+}}X_{\nu_{-}}$，由於其在水溶液中完全解離，因此溶液中離子的濃度為

$$m_{+} = \nu_{+}\, m_{0} \quad ; \quad m_{-} = \nu_{-}\, m_{0} \qquad (8-223)$$

故

$$m_{+}^{\nu_{+}} m_{-}^{\nu_{-}} = (\nu_{+}\, m_{0})^{\nu_{+}}(\nu_{-}\, m_{0})^{\nu_{-}} = (\nu_{+}^{\nu_{+}}\nu_{-}^{\nu_{-}})(m_{0}^{\nu}) \qquad (8-224)$$

$$= \nu_{\pm}^{\nu} m_{0}^{\nu} \qquad (8-225)$$

其中 $\nu^{\pm} = (\nu_+^{\nu_+} \nu_-^{\nu_-})^{1/\nu}$。因此根據（8－222）式，強電解質的化學勢為

$$\mu_{\text{Ion}} = \mu^{\circ}_{\text{Ion}} + RT\ln(\gamma_{\pm}^{\nu}\nu_{\pm}^{\nu}m_0^{\nu})$$
$$= \mu^{\circ}_{\text{Ion}} + \nu RT\ln(\gamma_{\pm}\,\nu_{\pm}\,m_0) \qquad (8-226)$$

因此，一般稱電解質的活性係數為 $\gamma_{\pm}$，其在溶液中的活性，$a_{\pm}$，則是 $\gamma_{\pm}\nu_{\pm}m_0$，稱之為平均活性（Mean activity）。

(b)**弱電解質溶液**

對於弱電解質 $M_{\nu_+}X_{\nu_-}$ 而言，由於不完全解離，若假設溶液中電解質的莫耳數是 n_0，而其解離率為 α，則溶液中各種溶質的莫耳數為

$$n_{\text{IP}} = \nu_+ n_0 - n_+ = \nu_+ n_0 - \alpha\nu_+ n_0 = (1-\alpha)\nu_+ n_0 \qquad (8-227)$$

$$n_+ = \alpha\nu_+ n_0 \qquad (8-228)$$

$$n_- = \nu_- n_0 - n_{\text{IP}} = \nu_- n_0 - (1-\alpha)\nu_+ n_0$$
$$= [\nu_- - (1-\alpha)\nu_+]n_0 \qquad (8-229)$$

因此溶液中離子的重量莫耳濃度為

$$m_+ = \alpha\nu_+ m_0 \quad ; \quad m_- = [\nu_- - (1-\alpha)\nu_+]m_0 \qquad (8-230)$$

則（8－222）式中的 $m_+^{\nu_+} m_-^{\nu_-}$ 可表示成

$$m_+^{\nu_+} m_-^{\nu_-} = (\alpha\nu_+ m_0)^{\nu_+}([\nu_- - (1-\alpha)\nu_+]m_0)^{\nu_-} \qquad (8-231)$$

$$= (\nu_+^{\nu_+}\nu_-^{\nu_-})(\alpha^{\nu_+})\left[1-(1-\alpha)\left(\frac{\nu_+}{\nu_-}\right)\right]^{\nu_-} m_0^{\nu} \qquad (8-232)$$

$$= (\nu_{\pm}^{\nu})(\alpha^{\nu_+/\nu})^{\nu}\left\{\left[1-(1-\alpha)\left(\frac{\nu_+}{\nu_-}\right)\right]^{\nu_-/\nu}\right\}^{\nu} m_0^{\nu} \qquad (8-233)$$

將（8－233）式代入（8－222）式，則溶液中弱電解質的化學勢為

$$\mu_{\text{Ion}} = \mu^{\circ}_{\text{Ion}} + \nu RT\ln(\nu_{\pm}\,\gamma_{\text{Ion}}m_0) \qquad (8-234)$$

而

$$\gamma_{\mathrm{Ion}} = \alpha^{\nu_+/\nu}\left[1 - (1 - \alpha)\left(\frac{\nu_+}{\nu_-}\right)\right]^{\nu_-/\nu}\gamma_{\pm} \qquad (8-235)$$

因此當解離率 $\alpha = 1$ 時，(8－235) 式的弱電解質活性係數表示式與強電解質的相等，

$$\gamma_{\mathrm{Ion}} = \gamma_{\pm} \qquad (8-236)$$

【例 8－23】

試表示濃度爲 m_0 的 HCl 在水溶液中的化學勢與活性。

【解】

由於 HCl 在水溶液中爲完全解離

$$HCl(aq) \longrightarrow H^+(aq) + Cl^-(aq)$$

因此 $\nu_+ = 1$，$\nu_- = 1$，所以 $\nu_\pm$ 等於

$$\nu_\pm = (\nu_+^{\nu_+}\nu_-^{\nu_-})^{1/\nu} = (1^1 1^1)^{1/2} = 1$$

若 HCl 在水中的活性係數爲 $\gamma_\pm$，則其活性則是 $\gamma_\pm m_0$。因此根據 (8－226) 式，HCl 在水溶液中的化學勢爲

$$\mu_{\mathrm{Ion}} = \mu^\circ_{\mathrm{Ion}} + \nu RT\ln(\gamma_\pm \nu_\pm m_0) = \mu^\circ_{\mathrm{Ion}} + 2RT\ln(\gamma_\pm m_0)$$

一般實驗則根據上式化學勢的表示式，測量得知鹽酸在水溶液中的活性係數值。如表 8－21 所示鹽酸在不同濃度的活性係數與活性值，乃經由電化學實驗所測得。自表中的資料發現，HCl 在水溶液中的活性係隨濃度的增加而減小，這是一般電解質或非電解質在溶液中極普遍的現象。

表 8−21 HCl 在水溶液中的活性（25 ℃）

濃度 m_0（mol/kg）	活性係數 $\gamma_\pm$	活性 $\gamma_\pm m_0$
0.003125	0.941	0.00296
0.003564	0.940	0.00332
0.004488	0.933	0.00418
0.004776	0.929	0.00443
0.005619	0.928	0.00514
0.006239	0.915	0.00569
0.008638	0.913	0.00785
0.009138	0.909	0.00829
0.009436	0.907	0.00851
0.011195	0.902	0.01002
0.013500	0.895	0.01208
0.01473	0.891	0.01312
0.01710	0.890	0.01522
0.02563	0.864	0.02214
0.04749	0.835	0.03965

8−12−3 Debye-Hückel 電解質理論

我們可以利用溶液凝固點下降法、蒸氣壓下降或滲透壓測量，決定電解質在水溶液中的活性或活性係數。但各種測量方式所根據的理論模型對於電解質的活性或活性係數的計算，均有某些限制。於 1923 年時，Debye 與 Hückel 根據離子在溶液中的庫倫作用力，成功的發展出第一個有關溶液中強電解質活性的理論，稱之爲Debye-Hückel電解質理論。P. J. W. Debye（1884～1966）是一位傑出的物理化學家，其在物理化學上的貢獻是多方面的。Debye 在有關比熱、分子偶極矩（Dipole moment）、氣體電子理論（Electron in gases）及物質的介電（Dielectric）現象方面有很重要的理論；另外，其在粉末 X-ray 結晶學方法對固態物質結構的決定上亦貢獻頗多。Debye 於 1936 年因其在 X-ray 結晶學、分子偶極矩及氣體電子等方面的研究貢獻，獲頒諾貝爾化學獎。

對於一稀釋的 $M_{\nu_+}X_{\nu_-}$ 強電解質溶液，Debye 與 Hückel 根據靜電場的電磁理論推導出離子的活性係數爲

$$\log(\gamma_i) = -Az_i^2 I^{1/2} \tag{8-237}$$

其中 I 爲溶液的離子強度（Ionic strength），

$$I = \frac{1}{2}\sum_i m_i z_i^2 \tag{8-238}$$

其中 z_i、m_i 分別是離子的電荷與重量莫耳濃度。A 爲一與溶劑介電係數（Dielectric constant）與溫度有關的常數，對於 25 ℃的水溶液其值爲 0.509。由於實驗上無法單獨測出離子的活性係數，因此，必須將活性係數改寫爲平均活性係數，方可應用於實驗測量上。根據（8－221）式的定義 $\gamma_\pm^\nu = \gamma_+^{\nu_+}\gamma_-^{\nu_-}$，因此

$$\log(\gamma_\pm) = \frac{1}{\nu}(\nu_+\log\gamma_+ + \nu_-\log\gamma_-) \tag{8-239}$$

（8－237）式代入（8－239）式可得

$$\log(\gamma_\pm) = -\frac{A}{\nu}(\nu_+ z_+^2 I^{1/2} + \nu_+ z_+^2 I^{1/2})$$

因溶液爲電中性，故 $\nu_+z_+ = -\nu_-z_-$，代入上式中，則

$$\log(\gamma_\pm) = -\frac{AI^{1/2}}{\nu}(-\nu_- z_- z_+ + \nu_- z_- z_-) \tag{8-240}$$

$$= -\frac{AI^{1/2}z_-}{\nu}(-\nu_- z_+ + \nu_- z_-)$$

$$= -\frac{AI^{1/2}z_-}{\nu}(-\nu_- z_+ - \nu_+ z_+)$$

$$= -\frac{AI^{1/2}z_-}{\nu}(\nu_+ + \nu_-)z_+$$

$$= AI^{1/2}z_+ z_- \qquad (8-241)$$

因此，對於 25 ℃的水溶液中電解質的平均活性係數爲

$$\log(\gamma_\pm) = -0.509\left|z_+ z_-\right|\sqrt{I} \qquad (8-242)$$

上式稱爲 Debye-Hückel Limiting Law，適用於計算完全解離的強電解質水溶液中電解質的平均活性係數。另一常使用的活性係數經驗式 (Empirical relation) 爲

$$\log(\gamma_\pm) = -0.509\sqrt{m} + bm \qquad (8-243)$$

m 與 b 分別爲電解質的濃度與實驗決定的常數。

【例 8-24】

試用 Debye-Hückel 電解質理論，計算 0.01 m 的 $CaCl_2$ 水溶液中 $CaCl_2$ 的平均活性係數。

【解】

溶液的離子強度爲

$$I = \frac{1}{2}\sum_i m_i z_i^2 = \frac{1}{2}[0.01(2)^2 + 0.02(1)^2] = 0.03$$

代入 (8-242) 式中可得

$$\log(\gamma_\pm) = -0.509(2)(1)\sqrt{0.03} = -0.406$$

因此活性係數

$$\gamma_\pm = 0.666$$

表 8－22 根據（8－242）式的 Debye-Hückel Limiting Law，計算不同電解質水溶液在各濃度下的平均活性係數值。而表 8－23 所列資料，則爲實驗所測之各電解質的平均活性係數。一般對於強電解質水溶液而言，當濃度低於 0.01 m 時，稱爲低濃度。由表列資料發現，當電解質爲低濃度時，由 Debye-Hückel Limiting Law 所計算的平均活性係數與實驗值頗爲接近。這顯示強電解質於低濃度時，所解離的離子間作用力可以被忽略，而離子的運動可以視爲是獨立的行爲，如科耳勞奇定律對電解質溶液電導的假設。當電解質濃度高時，解離的離子間作用力不可忽略，因此，實驗所得的活性係數將低於 Debye-Hückel Limiting Law 所計算的。此乃離子的運動將因相互間的庫倫作用而互相牽制，因而導致離子活性的降低。

表 8－22　電解質水溶液的平均活性係數

濃度（m）	電解質				
	A^+B^-	$A^{2+}B_2^-$	$A^{3+}B_3^-$	$A^{2+}B^{2-}$	$A_2^{3+}B_3^{2-}$
0.001	0.9636	0.8795	0.7616	0.7434	0.4226
0.002	0.9489	0.8340	0.6803	0.6575	0.2958
0.005	0.9205	0.7504	0.5439	0.5153	0.4158
0.01	0.8894	0.6663	0.4226	0.3916	0.0656
0.02	0.8473	0.5632	0.2958	0.2655	0.0212
0.05	0.7695	0.4034	0.1458	0.1229	0.0023
0.1	0.6903	0.2770	0.0656	0.0516	0.0002

表 8－23 電解質水溶液的實驗平均活性係數（25 ℃）

濃度(m)	電	解	質			
	HCl	NaCl	H_2SO_4	$LaCl_3$	$ZnSO_4$	$Al_2(SO_4)_3$
0.0005			0.885		0.780	
0.001	0.966	0.965	0.830	0.790	0.700	
0.002	0.952	0.952	0.757	0.729	0.608	
0.005	0.929	0.928	0.639	0.636	0.477	
0.01	0.905	0.903	0.544	0.560	0.387	
0.02	0.876	0.872	0.453	0.483	0.298	
0.05	0.830	0.822	0.340	0.388	0.202	
0.1	0.796	0.778	0.265	0.325	0.150	0.035
0.2	0.767	0.735	0.209	0.274	0.104	0.023
0.5	0.757	0.681	0.154	0.266	0.063	0.014
1.0	0.809	0.657	0.130	0.342	0.043	0.018
2.0	1.009	0.668	0.124	0.825	0.035	

詞　彙

1. **化學勢**（Chemical potential）

　　體系的吉布士自由能、熱焓或內能隨體系中物質濃度改變的變化率，是探討體系中物質濃度因化學或物理變化而改變的一個重要熱力學函數。

2. **均相體系**（Homogeneous system）

　　可以單一溫度、壓力與組成濃度等熱力學狀態函數描述的物系。

3. **眞溶液**（True solution）

　　數種物質混合的均勻單一相。

4. **溶質**（Solute）

　　溶液中莫耳分率較少的成分。

5. **溶劑**（Solvent）

　　溶液中莫耳分率最大的組成分。

6. **理想溶液**（Ideal solution）

　　氣液相平衡時，蒸氣壓遵守拉午耳定律的液體溶液。

7. **無限稀釋溶液**（Infinite-dilute solution）

　　溶質濃度趨近無限小的溶液。

8. **拉午耳定律**（Raoult's Law）

　　氣液相平衡時，溶液組成分的蒸氣分壓等於該組成在溶液中的莫耳分率乘以該組成純物質態的蒸氣壓。

9. **眞實氣體**（Real gas）

　　有別於理想氣體的物質，氣體粒子間的作用力不可忽略的氣態物質。

10. **極限定律**（Limiting law）

　　將眞實體系理想化所遵守的定律，如理想氣體定律 $PV = nRT$ 是眞實氣體的極限定律。

11. **參考態**（Reference state）

　　計算氣態物質化學勢隨壓力

變化或溶液中物質化學勢隨濃度變化時，所選取一已知化學勢的熱力學狀態。

12.理想稀釋溶液

(Ideal-dilute solution)

溶質濃度極低的溶液，而溶液可以視爲理想溶液。

13.亨利定律 (Henry's Law)

當任一溶質，具有相當的蒸氣壓，以極少的量溶於溶劑時，溶液的蒸氣壓中該溶質的分壓，正比於溶質在溶液的莫耳分率，並等於一常數乘以溶質的莫耳分率。

14.亨利定律常數

(Henry's law constant)

亨利定律中溶質蒸氣分壓隨溶質在溶液的莫耳分率增加而上升的比例常數。

15.溶解熱 (Heat of solution)

將定量的溶質加入定量的溶劑所釋放的熱量。

16.微分溶解熱

(Differential heat of solution)

將極小量的溶質加入定量的溶劑所釋放的熱量。

17.水合效應 (Hydration effect)

中性或帶電粒子在水溶液中與水結合生成類似錯化合物的效應。

18.部分莫耳量

(Partial molar quantity)

混合物中其它組成的莫耳數固定不變時，物系的某一熱力學量（如體積、熱焓、自由能等等）隨某一組成增加單位莫耳而量的增加。

19.吉布士－杜漢方程式

(Gibbs-Duhem equation)

混合物系中所有組成分的莫耳數乘以該組成莫耳物理量（如體積、內能或吉布士自由能等）的改變之和等於零。

20.部分莫耳體積

(Partial molar volume)

混合物中其它組成的莫耳數固定不變時，物系的總體積隨某一組成增加單位莫耳而增加的體積量。

21.活性 (Activity)

是人爲定義的一個描述任一物種在體系中物性或化性上活潑度的定量化指標，其與化學勢所代表的物理意義是一體的兩面。

22.**活性係數**

(Activity coefficient)

表示出物質活性與物質濃度間的比例關係，其大小與物質所用的濃度單位有關。

23.**電導 (Conductance)**

物質的導電能力或導電性，一般是測量物質的電阻而瞭解其導電性。

24.**電流載體 (Electric carrier)**

物質中的帶電離子稱電流載體，因其在高低電位電極板間的移動傳遞，造成電極間的電荷交流現象，而造成物質與外電路的導通。一般液體溶液中的電流載體爲陰、陽離子，而固體物質的電流載體則爲電子。

25.**惠司登電橋**

(Wheatstone bridge)

測量液體或固體物質電阻的一種電路設計。

26.**導電池 (Conductance cell)**

測量液體物質電導的一種樣品槽，其兩端各有一白金電極，可以測出介於兩電極板間溶液的電阻值。

27.**電極板常數 (Cell constant)**

與導電物質形狀有關的常數，其等於液體導電池二電極板間距離除以電極板的面積。

28.**電阻率 (Specific resistance)**

物質的電阻除以其形狀因素 l/A——導電物質的長度除以其截面積，對於液體物質而言，該形狀因素即爲導電池的電極板常數。

29.**電導率**

(Specific conductance)

物質電阻率的倒數。

30.**莫耳電導**

(Molar conductance)

每莫耳物質溶於溶液中的導電性。

31.**當量電導**

(Equivalence conductance)

每當量物質溶於溶液中的導電性。

32.**科耳勞奇定律**

(Kohlrausch's Law)

在一稀釋電解質溶液中，不論離子自何種電解質解離，該離子對溶液電導的貢獻均相同。

33.**共同離子 (Common ion)**

不同的電解質，所鍵結相同

的陰離子或陽離子，則該種離子稱爲各電解質的共同離子。

34.**電離率**（Degree of ionization）

電解質在溶液中解離成陰、陽離子的比率。

35.**移棲分率**

（Transference number）

電解質的陰、陽離子在溶液中，在溶液導電時對總電流的貢獻比率。

36.**希托夫法**（Hittorf method）

利用電解法測量電解質水溶液中，陰、陽離子的移棲分率。

37.**希托夫定則**（Hittorf rule）

以希托夫法所測的電解質陰、陽離子的移棲分率的比例，等於電解前後電解池陰、陽極區電解質莫耳數改變量的比值。

38.**自分解離**（Autoionization）

分子化合物解離成陰、陽離子的現象。

39.**電導滴定**

（Conductivity titration）

利用溶液電導隨滴定液加入體積的變化，測出各種滴定的滴定終點。

40.**沸點升高**

（Boiling point elevation）

溶劑中加入不揮發性物質，因而造成溶液的沸點高於純溶劑的沸點。

41.**沸點測定常數**

（Ebullioscopic constant）

與溶劑有關的特性常數，爲溶液中不揮發性溶質單位重量濃度時，造成溶液的沸點較純溶劑的沸點上升的大小。

42.**凝固點下降**

（Freezing point depression）

溶劑中加入不揮發性物質，因而造成溶液的凝固點低於純溶劑的凝固點。

43.**凝固點下降常數**（Freezing point depression constant）

與溶劑有關的特性常數，爲溶液中不揮發性溶質單位重量濃度時，造成溶液的凝固點較純溶劑的凝固點下降的大小。

44.**滲透壓**（Osmotic pressure）

物質自高濃度溶液向低濃度溶液滲透時，在低濃度溶液加壓使該滲透現象停止，則高、低濃度溶液間的壓力差即稱爲該物質在此低濃度溶液的滲透壓。以純水與電解質水溶液爲例，若水分子在此二溶液間滲透，則水分子將自純水滲透至較低水分子濃度的電解質溶液中，因此必須在電解質水溶液加壓，使水分子的滲透停止，此時電解質水溶液較純水高出的壓力，即爲該電解質水溶液的滲透壓；而滲透壓的大小，端視滲透物質在二溶液間的濃度差值。

45. 半透膜
（Semipermeable membrane）

一種人工合成或天然薄膜，因其質料與構造的差異性，可以選擇性地使某物質自由的在高低濃度差的溶液間滲透。一般可見的半透膜有：人工合成的醋酸纖維膜、亞鐵氰化酮膜、高分子聚合物薄膜與天然動物性薄膜的膀胱膜等。

46. 滲透壓計（Osmometer）

測量溶液滲透壓的儀器。

47. van't Hoff equation

$\Pi = CRT$，該方程式的含意爲定溫下，溶液中溶劑分子與純溶劑間的滲透壓，等於溶液中不滲透溶質的莫耳濃度乘以 RT。

48. 逆滲透

若對於高滲透壓溶液加一大於滲透壓的壓力，則滲透物質將自該溶液滲透出去，此即爲逆滲透現象。

49. 能士特分佈定律
（Nernst Distribution Law）

某溶質在二不互溶的溶劑間的溶解度不同，因此定溫、定壓下，溶質在二溶劑間的濃度比，即稱爲能士特分佈定律。

50. 萃取（Extraction）

利用溶質在不二互溶的溶劑間的飽和溶解度的不同，以溶解度較大的溶劑自溶解度較小的溶劑中，將該溶質分離出一種方法。

51. 分配常數（Distribution function or Partition constant）

定溫、定壓下，某溶質在二不互溶的溶劑間活性的比值。若溶質的濃度不是很高，分配常數可以等於溶質在二不互溶的溶劑間濃度的比值。

52. Debye-Hückel Electrolyte Theory

探討低電解質濃度水溶液中

離子活性係數的理論。

53.平均活性（Mean activity）

由於電解質在水溶液中會解離成陰離子與陽離子，因此說明電解質在溶液中的活性時，是以與該電解質解離的所有離子與未解離的離子對的整體活性討論之，此則稱該電解質的平均活性。

54.平均活性係數

（Mean-activity coefficient）

溶液中電解質的平均活性除以電解質的重量濃度。

55.離子強度（Ionic strength）

電解質溶液中所有離子的重量濃度乘以該離子電荷平方的總和，即爲溶液中的離子強度。一般用離子強度的大小，代表溶液中離子的總濃度效應。

56.Debye-Hückel Limiting Law

利用 Debye-Hückel Electrolyte Theory 計算完全解離的強電解質水溶液中電解質的平均活性係數。根據推導的結果，電解質的平均活性係數與電解質的種類無關，只與電解質解離後離子的電荷大小及溶液中電解質的離子強度有關。

習　題

8－1　20 ℃時重量百分率為 20% 的醋酸水溶液之密度為 1.026 g mL^{-1}，試求此溶液中醋酸的莫耳分率、重量莫耳濃度及莫耳濃度。

8－2　設由 100 g 水與 5 g 不揮發溶質所組成之溶液，若溶質的分子量分別為 100 g/mol，200 g/mol 與 10000 g/mol，試分別求溶液水的蒸氣壓下降量。

8－3　在 20 ℃時乙醚的蒸氣壓為 442.2 mmHg，在同溫度時若將某非揮發性溶質溶於乙醚中，則所組成的溶液之蒸氣壓為 416.2 mmHg。設蒸氣為理想氣體，試求

(a)在溶液中溶劑（乙醚）的活性。

(b)混合溶液的部分莫耳自由能。

8－4　在 300 K 時液體 A 的蒸氣壓為 300.0 mmHg，而某液體 B 的蒸氣壓為 190.0 mmHg。若將 1 莫耳 A 與 1 莫耳 B 混合，平衡時溶液的蒸氣壓為 340.0 mmHg，而蒸氣中物質 A 的莫耳分率為 0.62，若假設溶液的蒸氣為理想氣體，計算

(a)物質 A 及 B 在溶液中的活性。

(b)物質 A 及 B 在溶液中的活性係數。

(c)溶液的混合自由能。

8－5　在 50 ℃時，純苯及甲苯的蒸氣壓分別為 35.7 及 12.4 kPa。若假設苯與甲苯所組成的溶液為理想溶液。若某一溶液中苯與甲苯的莫耳分率分別是 0.6 與 0.4，將此溶液置於 50 ℃的

密閉眞空容器中揮發，試計算最初揮發的蒸氣組成及最後一滴未揮發的溶液組成。

8-6 1 atm 25 ℃時氮氣、氧氣與二氧化碳在水中的溶解度，也就是亨利定律常數，分別爲 3.61×10^9、8.92×10^9 和 4.36×10^9 Pa；計算 1 大氣壓與 10 大氣壓下氮氣、氧氣與二氧化碳在水中的溶解度。

8-7 對於 25 ℃的室溫下，室內一體積爲 60 dm^3 的魚缸，計算一大氣壓時，氧氣在水中的溶解莫耳數。

8-8 100 ℃時某一水溶液的蒸氣壓爲 91.2 kPa，試求溶液中水的活性爲何？

8-9 溫度 298.15 K 之下，壓力變化爲多少時純水的活性已變爲 1.02？

8-10 純水銀在溫度 325 ℃的蒸氣壓爲 55.48 kPa。對於 Tl（thallium）溶於水銀的溶液中含有 1.2 g Tl 與 19.1 g Hg，其在 325 ℃時水銀蒸氣壓爲 53.1 kPa。假設溶液蒸氣爲理想氣體，試計算溶液中水銀的活性與活性係數。

8-11 溫度 35.2 ℃時純丙酮與氯仿的蒸氣壓分別是 344 torr 與 293 torr。若將丙酮與氯仿以 1∶1（莫耳數）混合，在 35.2 ℃平衡時，蒸氣中丙酮的分壓和莫耳分率分別爲 251 torr 及 0.541，
(a)試計算該溶液中丙酮與氯仿的活性與活性係數。
(b)計算 1 莫耳丙酮與 1 莫耳氯仿混合後的莫耳自由能變化。

8-12 在 25 ℃與 N_2 的壓力爲 102.311 kPa，N_2 在每 1 kg 的水中溶解度爲 6.6×10^{-4} mol。試計算 N_2 在水中的活性與活性係數。

8-13 一個由鉑金屬電極板所構成的電導池，其電極板的邊長爲 4 cm、二電極板間距爲 2 cm。以此電導池測量 0.05 M HCl 水溶液所得的電阻爲 1.611 Ω。試計算 HCl 水溶液的莫耳電導。

8-14 若由題 8-13 中的電導池測量 NaCl 水溶液的電阻爲 22.502

Ω。試計算 NaCl 水溶液的莫耳電導。

8－15　在 25 ℃時以 0.02 N KCl 水溶液置於一電導池中，所測電阻爲 457.3 Ω。然後以每公升含 0.555 g $CaCl_2$ 之水溶液置於相同導電池，所測之電阻則爲 1050 Ω。試計算
(a)該導電池之電極板常數。
(b)$CaCl_2$ 水溶液的電導率。
(c)$CaCl_2$ 在此濃度時的當量電導。

8－16　試由以下數據，求得 KCl 在 25 ℃時的 Λ_0 值。

濃度（mol/L）	0.05	0.01	0.005	0.001	0.0005
莫耳電導（Λ）	100.11	107.32	109.40	112.40	113.15

8－17　在一希托夫電解池中電解 LiCl 水溶液。若通過 0.05 法拉第之電量後，陽極室中 LiCl 的質量減少 0.672 g。試計算 Li^+ 離子的移棲分率 t^+。

8－18　溫度 25 ℃時，假設 AgCl 在水溶液中完全解離，根據表 8－7 的資料，試以科耳勞奇定律計算氯化銀在水溶液的莫耳電導 Λ_0。

8－19　溫度 25 ℃時，濃度 0.01283 mol/L 的醋酸水溶液的莫耳電導爲 14.37 $ohm^{-1}\ cm^2\ mol^{-1}$。若 $\Lambda_0(CH_3COOH) = 390.6\ ohm^{-1}\ cm^2\ mol^{-1}$，試計算醋酸在水溶液中的解離率、溶液中離子的濃度與解離平衡常數。

8－20　若利用希托夫法電解每克水含有 0.00739 g $AgNO_3$ 的水溶液。經電解後有 0.6720 g 的銀被電鍍到陰極上，且實驗後陽極室的溶液中含有 23.14 g H_2O 和 0.236 g $AgNO_3$。試計算 Ag^+ 離子及 NO_3^- 離子的移棲分率。

8－21　25.0 mL 的 $NaC_2H_3O_2$（醋酸鈉）溶液以純水稀釋到 300 mL，然後以 0.0972 N HCl 溶液滴定之。所獲得的滴定數據如下：

HCl 溶液的滴定體積（mL）	溶液電導（10^4）（ohm^{-1} cm^2 mol^{-1}）
10.0	3.32
15.0	3.38
20.0	3.46
45.0	4.64
50.0	5.85
55.0	7.10

試計算未稀釋前 $NaC_2H_3O_2$ 水溶液的濃度。

8－22 25 ℃時純水的蒸氣壓為 23.756 mmHg。若將 1.2 g 尿素（$(NH_2)_2CO$）與 2.5 g 蔗糖（$C_{12}H_{22}O_{11}$）溶於 120 g 水中，試計算該溶液的蒸氣壓。

8－23 1 大氣壓下乙醇的沸點為 78.4 ℃，其沸點上升常數之實驗值為 1.20。試計算

(a)乙醇的莫耳汽化熱。

(b)1 大氣壓下，1 公升乙醇中溶解 10 g 蔗糖（$C_{12}H_{22}O_{11}$）溶液的沸點。

8－24 水溶液中水與未知不揮發性溶質重量分別為 100 g 與 3 g，該溶液的沸點上升為 0.35 ℃。計算該未知溶質的分子量。

8－25 一大氣壓下水的凝固點為 0.0 ℃，其凝固點下降常數之實驗值為 1.86。試計算

(a)水的莫耳熔解熱。

(b)1 大氣壓下，1 公升水中溶解 10 g 蔗糖水溶液的凝固點。

8－26 5.0 g 硫溶於 100 g 二硫化碳中，該二硫化碳溶液的沸點較純二硫化碳上升 0.317 ℃。試求溶於二硫化碳中硫的分子式。（所需資料參考表 8－14）

8－27 甲醇和乙二醇為常用的抗凍劑。若欲防止－10 ℃的水結冰，100 g 水中應加入此種抗凍劑若干重？

8－28　一水溶液中含有重量百分比 5% 與 10% 的尿素和蔗糖，試計算此水溶液的凝固點。

8－29　25 ℃時，碘在水與四氯化碳中的分配常數爲 0.0022。若溶液系有 0.02 mol 碘、1.2 mol 水與 1.5 mol 四氯化碳，計算碘分別在二溶劑中的莫耳分率。假設水與四氯化碳完全不互溶。

8－30　假設 100 mL 的溶液 A 中溶有 2.0 莫耳的物質，若以總體積 2000 mL 不互溶的溶劑 B 萃取該物質，試分別計算 1、10、50 及 100 次萃取後，溶液 A 中該物質的殘留量。該物質在溶液 A 與 B 間的分配常數爲 2.5。

8－31　水的汽化熱與熔解熱各爲 540 與 80 cal/g。對於 1.5 g 尿素在 200.0 g 水的溶液，試計算

(a)溶液的沸點上升。

(b)凝固點下降。

(c)25 ℃時該溶液的滲透壓。

8－32　溫度 25 ℃時 KNO_3 水溶液對水的滲透壓爲 253 mmHg。試求該溶液的蒸氣壓（純水在 25 ℃時的蒸氣壓爲 23.756 mmHg)，凝固點與沸點。

8－33　一水溶液在 25 ℃時之蒸氣壓爲 23.56 mmHg，試求此溶液的滲透壓。

8－34　25 ℃時 0.1 m CH_3COOH 溶液中 CH_3COOH 的解離率爲 0.0135。試求此溶液的凝固點與滲透壓。若假設 CH_3COOH 不解離，則溶液的凝固點與滲透壓爲何？

8－35　二氧化硫在 20 ℃時分別溶於 200 mL $CHCl_3$ 與 75 mL H_2O 之間。當兩溶液相平衡時，$CHCl_3$ 中溶有 0.14 莫耳二氧化硫，而 H_2O 中則含有 0.05 莫耳二氧化硫。試計算 20 ℃時，二氧化硫在 $CHCl_3$ 與 H_2O 間的分配常數。

8－36 25 ℃ 時 H_2S 在 H_2O 與 C_6H_6 間的分配常數為〔H_2S〕$_{H_2O}$/〔H_2S〕$_{C_6H_6}$＝0.167。對於 1 公升水溶液中溶有 0.2 莫耳 H_2S 的溶液，

(a)一次萃取該水溶液中 95％H_2S 所需 C_6H_6 的體積是多少？

(b)若將(a)中所使用的 C_6H_6 分五次相同體積萃取，則水溶液中殘留的 H_2S 為多少？

8－37 下列數據為 25 ℃時聚異丁烯溶入苯中所生成溶液的滲透壓，

濃度（g/100mL）	0.500	1.00	1.50	2.00
滲透壓（g/mL）	0.505	1.03	1.58	2.15

試由滲透壓隨濃度變化的趨勢，以外插法求得濃度零時Π/C的值，進而求得聚異丁烯的平均分子量。

第九章

界面化學

界面是指兩不互溶相的分界處。界面以物質的形態，區分爲固相與固相間，固相與液相間，固相與氣相間，液相與液相間，液相與氣相間，氣相與氣相間等六類。其中固相與氣相間，或液相與氣相間的界面，通常也稱爲固體或液體的表面。譬如，在杯中先後倒入水和油，由於水、油不互溶，因而可見水、油之間有一明顯的分界，這就是水、油之間的界面，它包括了水、油之表面。而油和空氣之間的界面，就是油的表面。而杯子和水、油之間的界面，包括杯子的表面和水、油之表面。本章將介紹在界面或表面上所發生的一些現象。

9－1　表面能（Surface energy）

在池塘常可看到一些昆蟲能停在水面上或在水面上行動。在靜置的一杯水上，輕輕地橫放一根針，針可留在水面上而不沈入杯底。這些現象都是水的表面張力所造成的。圖 9－1 顯示了另一個表面張力

圖 9－1　表面張力的簡例圖

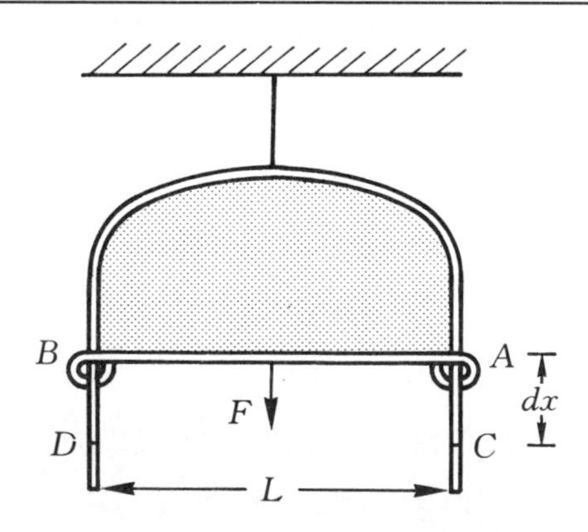

可滑動鐵絲靜止在 AB 處，此時往下拉之總力 F 等於往上的表面張力 $2L\gamma$。如果以可逆方式，將可滑動鐵線往下移至 CD 處，則所作的可逆功 $dW = Fdx = 2L\gamma dx = \gamma 2Ldx = \gamma dA$，這裡 $dA = 2Ldx$ 是肥皂水薄膜增加的表面積。

的例子。將一細鐵絲彎成 U 字型，再將一截細鐵絲連在 U 字型鐵絲的兩臂上，並且使這截細鐵絲可在兩臂上自由滑動。先放可滑動鐵絲在 U 型鐵絲近開口處，並將此裝置浸入肥皂水中一下，再以倒 U 方式把它懸掛起來。如果這截細鐵絲很輕，那麼它就會被形成的肥皀水膜拉向 U 型鐵絲的底部。爲了讓可滑動鐵絲靜止在原位置，須施予可滑動鐵絲一向下之力，使得整體往下的力等於肥皀水膜往上拉的力。這裡肥皀水膜往上拉的力就是肥皀水的表面張力。當可滑動鐵絲被往上拉時，肥皀水膜的表面積減少了，也代表肥皀水膜表面的分子移入肥皀水膜的內部。反之，當可滑動鐵絲被往下拉時，分子由膜內部移至膜表面。所以表面張力是肥皀水傾向降低它表面分子數目而顯出的力。我們可以利用圖 9－1 的裝置計算表面張力。假設可滑動鐵絲的長度爲 L，由於膜有兩面，所以表面張力施力的總長爲 $2L$。表面張力（Surface tension，γ）的定義爲每單位施力長度的表面力：

$$\gamma = \frac{F}{d} \tag{9-1}$$

這裡 F 是總表面力，它等於在可滑動鐵絲靜止時整體往下的力；施力長度 $d = 2L$。所以

$$\gamma = \frac{F}{2L} \tag{9-2}$$

由於表面張力是每單位長度的力，所以它的 SI 制單位爲牛頓/米（N/m）。但是一般常用的是 cgs 制的達因/公分（dyn/cm）。表 9－1 是一些液態物質的表面張力。其中汞的表面張力 465 達因/公分是最大的，而液氦的表面張力 0.12 達因/公分是最小的。另外，表面張力會隨溫度而改變。一般而言，表面張力隨溫度升高而降低，譬如，隨溫度從攝氏零度升至一百度，水的表面張力由 75.6 降至 58.9 達因/公分。

表 9－1　一些液態物質的表面張力（於空氣中）

物質	溫度（℃）	表面張力（達因/公分）
苯	20	28.9
四氯化碳	20	26.8
乙醇	20	22.3
甘油	20	63.1
汞	20	465
橄欖油	20	32
肥皂水	20	25
水	0	75.6
水	20	72.8
水	60	66.2
水	100	58.9
氧氣	－193	15.7
氖氣	－247	5.15
氦氣	－269	0.12

由以上所敍，我們可以得到一些初步的結論。昆蟲和針可留在水面上，是因爲水的表面張力能支持它們的重量。而表面張力的來源是液態物質要達到最低表面積。接著的問題是爲什麼液態物質要達到最低表面積？達到最低表面積，就是儘量讓最高數量的分子在液態物質的內部。表面分子和內部分子的最大差異是在它們的平均周圍分子數。由於表面分子在表面外沒有相鄰分子，表面分子的平均周圍分子數約爲內部分子的平均周圍分子數的七成。而一個分子與其他分子的平均吸引能量是與它的平均周圍分子數成正比的。因此表面分子的平均吸引能量亦約爲內部分子的平均吸引能量的七成。所以當最高數量的分子是在液態物質的內部，也就是液態物質處於最低能量的狀態。

前面提到表面張力的 SI 單位爲牛頓/米（N/m），如果將此單位之分子和分母各乘米，就得牛頓·米/米·米（N m/m²）。而牛頓·米代表力乘位移，也就是功。以圖 9－1 的例子，如果將可滑動鐵絲從靜止位置以 F 力可逆地往下移了 dx，則所作的可逆功（dW_{rev}）等於 F 乘 dx，

$$dW_{rev} = Fdx = \gamma 2Ldx = \gamma dA \qquad (9-3)$$

所以表面張力也可以用增加每單位表面積所作的功來代表。另外，牛頓·米就是焦耳。如此，表面張力的單位也可以是焦耳/平方米（J/m²）。因此，表面張力也可以用每單位表面積的能量（表面能）來代表。

我們在第四章學過，自由能（Gibbs free energy）的變化 dG 與溫度 T、壓力 P、莫耳數 n 有關：

$$dG = -SdT + VdP + \mu dn$$

如果牽涉表面能，則

$$dG = -SdT + VdP + \mu dn + \gamma dA$$

此處 A 是表面積，γ 是表面能。當溫度 T、壓力 P、莫耳數 n 都保持不變時，表面能就是單位表面積的自由能。

$$\gamma = \left(\frac{\partial G}{\partial A}\right)_{T,P,n} \qquad (9-4)$$

【例 9－1】

計算在攝氏 20 度最少所需的功，而能使水的表面積由 4 平方公分增至 8 平方公分。已知水的表面張力在攝氏 20 度爲 73 達因/公分。

【解】

$$\gamma = 73 \text{ 達因 / 公分} = 73 \text{ 耳格 / 平方公分}$$

$$\Delta W = \gamma \cdot \Delta A = 73 \cdot (8-4) \text{ 耳格} = 292 \text{ 耳格}$$

$$= 2.92 \times 10^{-5} \text{ 焦耳}$$

【例 9－2】

估計四氯化碳在攝氏 20 度的單位表面能。四氯化碳分子間的吸引力可由其蒸發熱（33770 焦耳/莫耳）估算。假設四氯化碳內部分子的平均周圍分子數爲 10，表面分子的平均周圍分子數爲 7。而四氯化碳在攝氏 20 度的密度爲 1.594 克/立方公分，分子量爲 153.82。

【解】

(1)估計表面能

$$內能的改變 = \Delta U_{vap} = \Delta H_{vap} - (PV) \approx \Delta H - RT$$

$$= 33770\ \mathrm{J\ mol^{-1}} - (8.314\ \mathrm{J\ K^{-1}\ mol^{-1}} \times 293\ \mathrm{K})$$

$$= 31330\ \mathrm{J\ mol^{-1}}$$

$$\approx 內部分子間的吸引力能量$$

$$表面能 = 表面分子間的吸引力能量$$

$$= 內部分子間的吸引力能量 \times \frac{7}{10}$$

$$= 31330\ \mathrm{J\ mol^{-1}} \times \frac{7}{10} = 21931\ \mathrm{J\ mol^{-1}}$$

$$一分子表面能 = \frac{21931\ \mathrm{J\ mol^{-1}}}{6.023 \times 10^{23}\ \mathrm{mol^{-1}}} = 1.6 \times 10^{-20}\ \mathrm{J}$$

(2)估計表面積

$$莫耳體積 = \frac{153.82\ \mathrm{g\ mol^{-1}}}{1.594\ \mathrm{g\ cm^{-3}}} = 96.5\ \mathrm{cm^3\ mol^{-1}}$$

$$一分子體積 = \frac{96.5\ \mathrm{cm^3\ mol^{-1}}}{6.023 \times 10^{23}\ \mathrm{mol^{-1}}} = 1.60 \times 10^{-28}\ \mathrm{m^3}$$

$$分子半徑 = 3.4 \times 10^{-10}\ \mathrm{m}$$

$$分子面積 = \pi r^2 = \pi (3.4 \times 10^{-10}\ \mathrm{m})^2 = 3.6 \times 10^{-19}\ \mathrm{m^2}$$

(3)單位表面能

$$單位表面能 = \gamma = \frac{1.6 \times 10^{-20}\ \mathrm{J}}{3.6 \times 10^{-19}\ \mathrm{m^2}} = 0.043\ \mathrm{J\ m^2}$$

而四氯化碳單位表面能的實驗值爲 $0.027\ \mathrm{J\ m^2}$。

9－2 潤濕（Wetting）

當雨滴落在人行道磚面時，會造成一個潮濕的圓面。而當雨滴落在荷葉上，卻造成一顆顆的小水珠在荷葉上滾動。前者即是一個潤濕現象的例子，而後者是一個不潤濕的例子。這其中牽涉了固體和液體界面的現象。

一滴液體置於一平整的固體表面，在氣、液、固三相的界面的任一點作液面的切線，那麼這條切線和固體平面夾角就稱爲接觸角(Contact angle)。圖 9－2 以剖面方式呈現接觸角。圖 9－2 亦顯示了接觸角的大小與潤濕有著密切關係。一般液、固體接觸角如果小於 90 度（圖 9－2(a)，(b)），就說此液體潤濕了固體表面。反之，接觸角如果大於 90 度（圖 9－2(c)，(d)），就說此液體不潤濕固體表面。

圖 9－2　潤濕和接觸角之關係

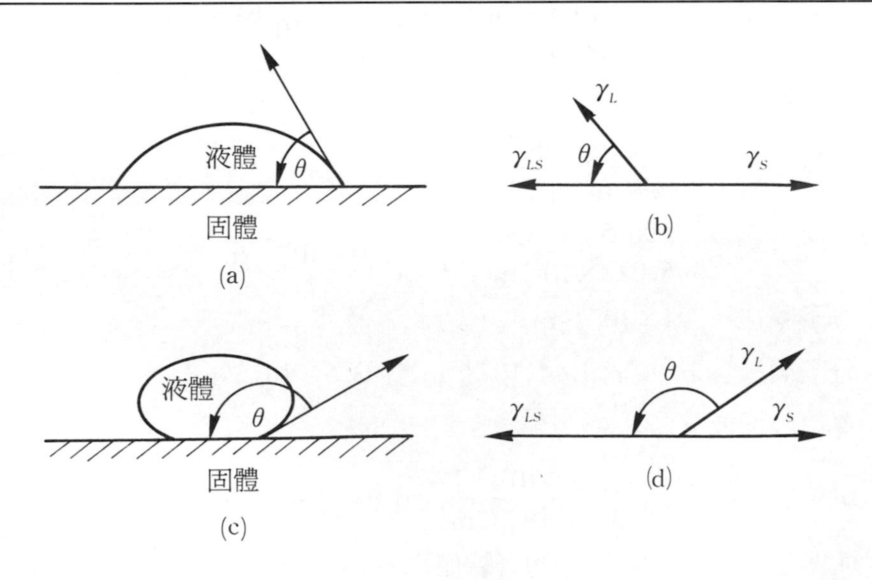

在氣、液、固三相的界面的任一點上的力是由固、液界面張力，固體表面張力，和液體表面張力所組成（圖 9－2(b)，(d)）。在平衡時，氣、液、固三相的界面的任一點上的合成力應爲零。因此所有力在任一軸上的投影總和亦應爲零。所以下式成立：

$$\gamma_{SL} - \gamma_S + \gamma_L \cos\theta = 0 \qquad (9-5)$$

這就是 Young 在 1805 年發表的公式，一般稱爲 Young's equation。此處，γ_{SL} 爲固、液界面張力，γ_S 爲固體表面張力，γ_L 爲液體表面張力所組成，而 θ 爲接觸角。

根據（9－5）式，當 θ 小於 90 度時（人行道上潮濕的圓面），$\gamma_L\cos\theta$ 爲正值，所以$(\gamma_{SL}-\gamma_S)$一定爲負值。這時固液界面能小於固體表面能，所以應增加固液界面面積，降低固體表面面積，以降低能量。因此液體傾向於覆蓋固體表面，也就是潤濕固體表面。而當 θ 大於 90 度時（在荷葉上的水珠），$\gamma_L\cos\theta$ 爲負值，所以固液界面能大於固體表面能，所以固液界面面積應盡量降低，以降低能量。

9－3　固體吸附（Adsorption）

當冰箱中有異味時，放入木炭一陣子後，異味即可淡化；如果再把此木炭從冰箱中拿出放於鍋中，待一會兒鍋中即有異味。這就是固體吸附和脫附的現象。木炭在冰箱中吸附異味分子，而在鍋中異味分子從木炭表面脫附。

固體吸附依吸附能量的高低，分爲物理吸附和化學吸附。物理吸附是分子藉由凡得瓦力而被吸附在固體表面。它的吸附能量在－20 仟焦耳/莫耳附近，相當於該被吸附物質的凝結熱。化學吸附則是被吸附分子與固體表面形成化學鍵。它的吸附能量在－200 仟焦耳/莫耳附近。一般而言，固體吸附皆是放熱的。這是由於固體吸附是自然發生，自由能 ΔG 是負的。而吸附物的移動自由度降低，ΔS 是負的。而 $\Delta G = \Delta H - T\Delta S$，所以 ΔH 必須是負的（也就是放熱）。表 9－2 呈現一些物質在金屬表面上的吸附熱。有些分子與表面作用時，會產生破裂的分子碎片，並被化學吸附在表面上。這也說明了爲什麼固體表面會催化某些反應。

表 9－2　一些物質在金屬表面的化學吸附熱（仟焦耳/莫耳）

被吸附物	吸附表面		
	Cr	Fe	Ni
乙烯（C_2H_6）	－427	－285	－209
一氧化碳（CO）		－192	
氫氣（H_2）	－188	－134	
氨氣（NH_3）		－188	－155

氣體分子和吸附在固體表面的氣體分子是呈現著動態平衡，也就是說吸附和脫附同時都在進行，而且氣體分子被吸附在固體表面的速率等於被吸附分子脫離表面的速率。在一固定溫度下，固體表面吸附程度與壓力的關係是謂等溫吸附。表面吸附程度通常以吸附物覆蓋表面的覆蓋分率 θ 表示（覆蓋分率 θ = 被吸附物覆蓋的表面/全部吸附表面）。以下介紹兩種等溫吸附，Langmuir 及 BET。前者適於描述化學吸附，而後者描述物理吸附。

9－3－1　Langmuir 等溫吸附

Langmuir 假設表面上具相同的吸附點，每一個吸附點都只吸附一個分子，並且吸附力不受周圍吸附點是否已有吸附物的影響。動態

平衡可以下式代表:

$$A(g) + M(surface) \rightleftharpoons AM(surface)$$

向右進行爲吸附，k_a 爲吸附速率常數；向左進行爲脫附，k_d 爲脫附速率常數。

覆蓋分率 θ 的吸附速率 $d\theta/dt$ 與氣體的壓力 p，空吸附點的數目 $N(1-\theta)$成正比:

$$\frac{d\theta}{dt} = k_a pN(1-\theta)，N \text{ 爲吸附點總數}$$

而覆蓋分率 θ 的脫附速率 $d\theta/dt$ 與已吸附 A 之吸附點的數目 $N\theta$ 成正比:

$$\frac{d\theta}{dt} = k_d N\theta$$

達平衡時，吸附速率等於脫附速率，

$$k_a pN(1-\theta) = k_d N\theta$$

由平衡常數 $K = k_a/k_d$ 代入上式，可得覆蓋分率與壓力的關係:

$$\theta = \frac{Kp}{1+Kp} \qquad (9-6)$$

【例 9－3】

以下是一氧化碳於 273 K 吸附在活性碳上的實驗數據。假設此吸附遵守 Langmuir 等溫吸附，求平衡常數 K 及完全覆蓋活性碳表面所需一氧化碳量。

平衡壓力 p（torr）	100	200	300	400	500	600	700
吸附量 N（10^{-4} mol）	4.6	8.3	11.4	14.1	16.5	18.6	20.6

【解】

從（9－6）式

$$\theta = \frac{Kp}{1 + Kp}$$

設 N_0 爲完全覆蓋活性碳表面所需一氧化碳量，則

$$\theta = \frac{N}{N_0}$$

代入（9－6）式得

$$\frac{N}{N_0} = \frac{Kp}{1 + Kp}$$

重新組合得

$$\frac{p}{N} = \frac{p}{N_0} + \frac{1}{KN_0}$$

此爲直線方程式，以 p/N 對 p 作圖可得一直線，而此直線的斜率爲 $1/N_0$，與縱軸之截距爲 $1/KN_0$。以 p/N 對 p 作圖的數據如下：

平衡壓力 p（torr）	100	200	300	400	500	600	700
p/N（torr/10^{-4} mol）	21.7	24.1	26.3	28.4	30.3	32.3	34.0

以 p/N 對 p 作圖得圖 9－3。大致爲一直線，以 least square method 求得的直線之斜率爲 0.02，截距爲 20。

$$N_0 = (0.02)^{-1} \times 10^{-4}\ \text{mol} = 5 \times 10^{-3}\ \text{mol}$$

$$\frac{1}{KN_0} = 20 \times 10^4\ \text{torr/mol}$$

代入 N_0 值，解得

$$K = 1 \times 10^{-3}\ \text{torr}^{-1}$$

圖 9-3　一氧化碳在活性碳上的 Langmuir 等溫吸附（273 K）

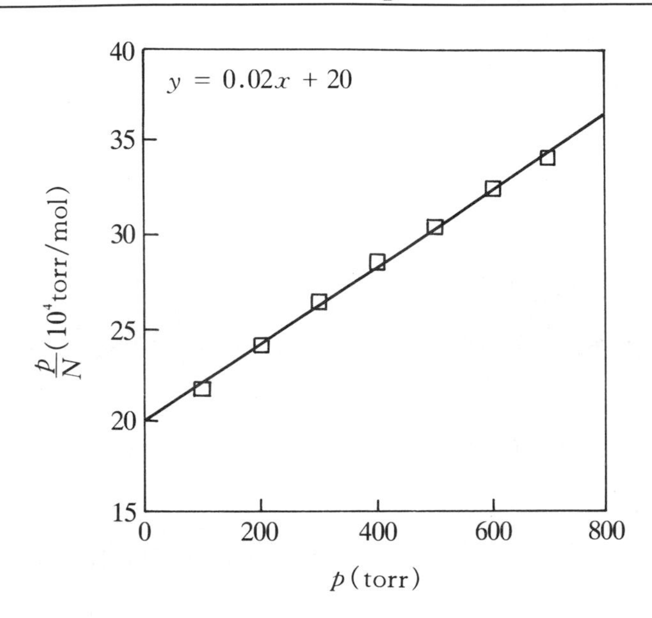

對於解離吸附，動態平衡可以下式代表：

$$A_2(g) + M(\text{surface site}) \rightleftharpoons 2AM(\text{surface site})$$

覆蓋分率 θ 的吸附速率 $d\theta/dt$ 與氣體的壓力 p，空吸附點的數目$[N(1-\theta)]^2$成正比：

$$\frac{d\theta}{dt} = k_a p[N(1-\theta)]^2$$

而覆蓋分率 θ 的脫附速率 $d\theta/dt$ 與已吸附 A 之吸附點的數目$(N\theta)^2$成正比：

$$\frac{d\theta}{dt} = k_d(N\theta)^2$$

達平衡時，吸附速率等於脫附速率，

$$k_a p[N(1-\theta)]^2 = k_d(N\theta)^2$$

由平衡常數 $K = k_a/k_d$ 代入上式得

$$Kp[N(1-\theta)]^2 = (N\theta)^2$$
$$(Kp)^{1/2}[N(1-\theta)] = N\theta$$
$$(Kp)^{1/2}(1-\theta) = \theta$$
$$(Kp)^{1/2} - (Kp)^{1/2}\theta = \theta$$

可得覆蓋分率與壓力的關係:

$$\theta = \frac{(Kp)^{1/2}}{1+(Kp)^{1/2}} \qquad (9-7)$$

由(9－7)式可知在解離吸附時，覆蓋分率對壓力的變化較不敏感。

9－3－2 BET 等溫吸附

在 Langmuir 等溫吸附中，第一層吸附物上之吸附並不考慮（物理吸附)。BET 等溫吸附是由 Brunauer，Emmett，Teller 三人發展出來的，它描述了多層吸附（無限層）的平衡現象。圖 9－4 展示了多層吸附現象。以下將詳細導出 BET 等溫吸附。

圖 9－4 BET 的多層吸附

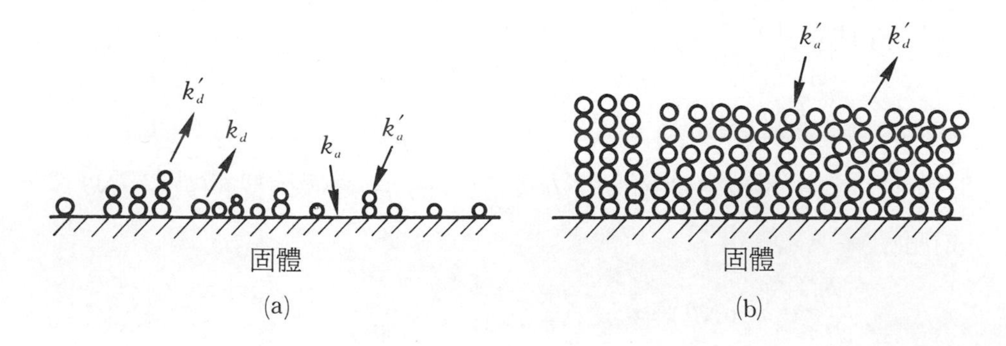

(a)**參考圖 9－4(a)，先考慮第一層吸附和脫附的平衡**

$$k_a pN_0 = k_d N_1 \qquad (9-8)$$

此處 k_a 和 k_d 分別爲第一層吸附物的吸附速率常數和脫附速率常數，p 爲平衡壓力，N_0 爲空吸附點的數目，N_1 爲吸附一層之吸附點的數目。同樣地，N_n 爲吸附 n 層之吸附點的數目。

(b)第二層吸附和脫附的平衡

$$k_a' p N_1 = k_d' N_2 \tag{9-9}$$

此處 k_a' 和 k_d' 分別爲第一層吸附物的吸附速率常數和脫附速率常數。

(c)第 n 層吸附和脫附的平衡

由於吸附面爲覆蓋的吸附分子，第二層以上的吸附和脫附速率應都相同。

$$k_a' p N_{n-1} = k_d' N_n \tag{9-10}$$

重組（9－10）式

$$N_n = \left(\frac{k_a'}{k_d'}\right) p N_{n-1} \tag{9-11}$$

同樣地，$n-1$ 層爲

$$N_{n-1} = \left(\frac{k_a'}{k_d'}\right) p N_{n-2} \tag{9-12}$$

此種關係可順推至 $n-2$，$n-3$，…，2 層。將（9－12）式之 N_{n-1} 代入（9－11）式中，再將 N_{n-2}代替 N_{n-1}，如此重複可得 N_n 和 N_0 的關係。

$$N_n = \left(\frac{k_a'}{k_d'}\right)^2 p^2 N_{n-2} = \left(\frac{k_a'}{k_d'}\right)^3 p^3 N_{n-3} = \cdots$$

$$= \left(\frac{k_a'}{k_d'}\right)^{n-1} \left(\frac{k_a}{k_d}\right) p^n N_0 \tag{9-13}$$

設

$$\frac{k_a'}{k_d'} = x \tag{9-14}$$

$$\frac{k_a}{k_d} = cx \tag{9-15}$$

將（9－14）和（9－15）式代入（9－13）式，則得（9－16）式

$$N_n = c(xp)^n N_0 \qquad (9-16)$$

(d)**被吸附氣體分子的總體積**

$$V \propto (N_1 + 2N_2 + 3N_3 + \cdots + nN_n + \cdots)$$

$$= \sum_{n=1}^{\infty} nN_n = cN_0\left[\sum_{n=1}^{\infty} n(xp)^n\right] \qquad (9-17)$$

根據級數公式（9－18）式

$$\sum_{n=1}^{\infty} ny^n = \frac{y}{(1-y)^2} \qquad (9-18)$$

（9－17）式簡化爲（9－19）式

$$V \propto cN_0\left[\frac{xp}{(1-xp)^2}\right] \qquad (9-19)$$

(e)**完全吸附第一層氣體分子的體積**

完全吸附第一層氣體分子的體積與吸附點的總數成正比：

$$V_{\text{mono}} \propto (N_0 + N_1 + N_2 + \cdots + N_n + \cdots)$$

$$= \sum_{n=0}^{\infty} N_n = N_0 + cN_0\left[\sum_{n=1}^{\infty} (xp)^n\right] \qquad (9-20)$$

根據級數公式（9－21）式

$$\sum_{n=1}^{\infty} y^n = \frac{y}{1-y} \qquad (9-21)$$

（9－20）式簡化爲（9－22）式

$$V_{\text{mono}} \propto N_0 + cN_0\left(\frac{xp}{1-xp}\right) \qquad (9-22)$$

以（9－19）式除以（9－22）式可得 V/V_{mono}比值

$$\frac{V}{V_{\text{mono}}} = \frac{cN_0[xp/(1-xp)^2]}{N_0 + cN_0[xp/(1-xp)]}$$

$$= \frac{cxp}{(1-xp)(1-xp+cxp)} \qquad (9-23)$$

(f)在表面完全被多層均勻吸附時，壓力 p 即爲被吸附物的蒸氣壓 p^*。而且 N 爲最外層的吸附分子數。

$$k_a' p N = k_d' N \tag{9-24}$$

所以得

$$k_a' p^* = k_d' \quad 或 \quad \frac{k_a'}{k_d'} = x = \frac{1}{p^*} \tag{9-25}$$

將 $x = 1/p^*$ 代入 $V/V_{\text{mono}} = cxp/(1-xp)(1-xp+cxp)$，並令 $z = p/p^*$ 則得 BET 等溫吸附

$$\frac{V}{V_{\text{mono}}} = \frac{cz}{(1-z)[1-(1-c)z]} \tag{9-26}$$

重新安排（9－26）式可得較常見的 BET 等溫吸附等式

$$\frac{z}{(1-z)V} = \frac{1}{cV_{\text{mono}}} + \frac{(c-1)z}{cV_{\text{mono}}} \tag{9-27}$$

或

$$\frac{p}{V(p^*-p)} = \frac{1}{cV_{\text{mono}}} + \frac{(c-1)p}{cV_{\text{mono}}p^*} \tag{9-28}$$

以 $p/V(p^*-p)$ 對 p/p^* 作圖，所得直線的斜率爲 $(c-1)/cV_{\text{mono}}$，截距爲 $1/cV_{\text{mono}}$。而斜率加上截距之值的倒數即得 V_{mono}。所以根據上法處理實驗數據，如得一直線關係，即驗證實驗系統是多層物理吸附。

BET 等溫吸附常用以測固體的表面積 S。使用公式如下：

$$S = \left(\frac{V_{\text{mono}}}{V_M}\right) N_A A \tag{9-29}$$

V_M 是吸附分子的莫耳體積，N_A 是亞佛加厥數，A 是一個吸附分子所覆蓋的面積。

【例 9－4】

以下是氮氣於 75 K 吸附在 1 克二氧化矽（SiO_2）上的實驗數據。所得氮氣吸附體積已轉成在 1 atm 及 273 K 下之氮氣體積。在 75 K 時，氮氣之飽和蒸氣壓 p^* 爲 570 torr。一個氮氣分子約覆蓋 $1.6\times10^{-19}\text{m}^2$ 表面。驗證此吸附遵守 BET 等溫吸附，求 V_{mono} 及 1 克二氧化矽的表面積。

平衡壓力 p（torr）	1.2	14.0	45.8	87.5	127.7	164.4	204.7
吸附體積 V（cm^3）	601	720	822	935	1046	1146	1254

【解】

首先分別計算 p/p^* 及 $p/V(p^*-p)$

平衡壓力 p（torr）	1.2	14.0	45.8	87.5	127.7	164.4	204.7
$10^3p/p^*$	2.11	24.6	80.4	154	224	288	359
$10^4p/V(p^*-p)\,(\text{cm}^3)$	0.035	0.35	1.06	1.95	2.76	3.53	4.47

以 $10^4p/V(p^*-p)$ 對 $10^3p/p^*$ 作圖，得一直線關係。這表示此吸附符合 BET 等溫吸附。以 Least Square Method 求得的直線與縱軸的截距爲 0.04，斜率爲 1.2×10^{-2}。

$$\frac{1}{cV_{\text{mono}}}=0.04\times10^{-4}\,\text{cm}^{-3}=4\times10^{-6}\,\text{cm}^{-3}$$

$$\frac{c-1}{cV_{\text{mono}}}=1.2\times10^{-2}\times10^{3}\times10^{-4}\,\text{cm}^{-3}=1.2\times10^{-3}\,\text{cm}^{-3}$$

解

$$V_{\text{mono}}=\left(\frac{1}{cV}+\frac{c-1}{cV}\right)^{-1}$$

$$=(4\times10^{-6}\,\text{cm}^{-3}+1.2\times10^{-3}\,\text{cm}^{-3})^{-1}$$

$$=830\,\text{cm}^3$$

每克 SiO_2 表面積為單層吸附 N_2 數目乘上一個 N_2 覆蓋之表面積，所以

$$S = 830\ \text{cm}^3 \div 22400\ \text{cm}^3 \times 6.023 \times 10^{23} \times 1.6 \times 10^{-19}\ \text{m}^2$$
$$= 3570\ \text{m}^2$$

圖 9－5　氮氣於 75 K 吸附在 1 克二氧化矽(SiO_2)上的 BET 等溫吸附

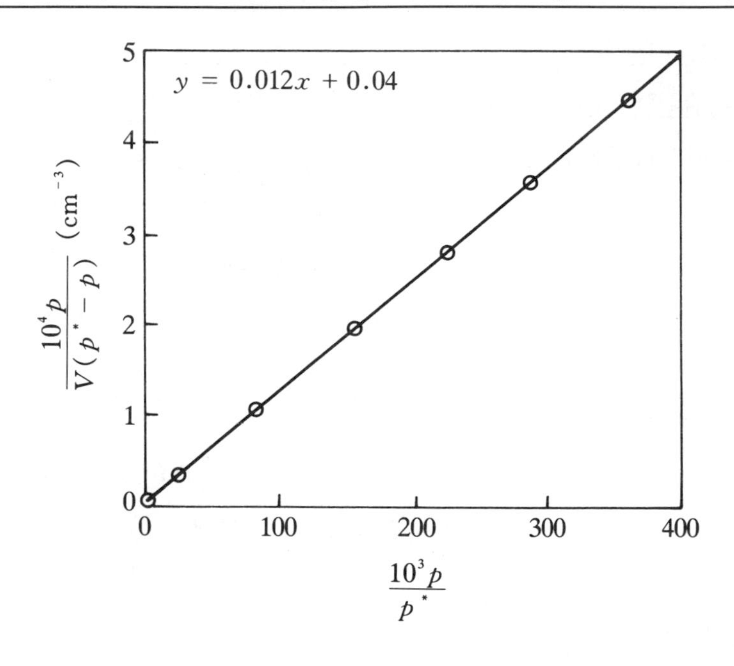

9－4　色層分析（Chromatography）

色層分析是一分離混合物的方法。在西元 1903 年，由俄國植物學家 Tswett 首先發展的。他將不同顏色的植物色素混合物置於填充碳酸鈣細顆粒的管內上面，再以有機溶劑從上流過管子。隨著有機溶劑的流動，色素混合物也漸漸隨有機溶劑往管下移動。但是混合物中的各成分移動的速度有快有慢，在一段時間後，原本聚在一起的色

素，就分成好幾個色帶了。如此分時段收集流出的溶液，即可將這些植物色素混合物分開了。由於早期用來分離有顏色物質，所以被稱爲色層分析。由於各種偵測方式的發展，現在色層分析已廣泛地運用在各種化合物的分離與純化。

色層分析以流動相的不同可分爲氣相層析法、液相層析法，及超臨界流體層析法。Tswett 的色層分析是用有機溶劑作流動相，所以是液相層析法中的一種。色層分析的固定相也大致可分爲固體、液體(通常吸附在固體表面上以固定)，及離子交換樹脂等。而相對於固定相，導致分離的平衡方式依次爲吸附、溶解度，和離子交換。在 Tswett 的色層分析中，色素混合物中的各成分移動的速度有快有慢，就是由於各成分在碳酸鈣表面吸附平衡常數不同所造成。吸附平衡常數較大者，停留在碳酸鈣表面上的時間則較長，所以移動的就較慢了。而吸附平衡常數較小者，則留在流動的有機溶劑的時間則較長，所以移動的就較快了。

在前一節我們介紹了固體吸附，現在更進一步介紹固體吸附和氣相層析的關係。假設一分析物 A 在氣相（流動相）和固體表面達成吸附平衡：

$$A_m \rightleftharpoons A_s$$

平衡常數 K 可由 A 分佈在兩相的數目比來表示，

$$K_A = \frac{N_{A_s}}{N_{A_m}} \tag{9-30}$$

N_{A_s} 爲 A 分佈在固相的數目，N_{A_m} 爲 A 分佈在流動相的數目。假設流動相氣體不被固體表面吸附，而且流速爲 v_m，則從流進管內到流出所需時間

$$t_m = \frac{L}{v_m} \tag{9-31}$$

L 爲管長。

因爲只有 A 在流動相氣體中才會移動，A 在管內的移動速度 v_A 是與 A 在流動氣體中所待的時間分率乘上氣體流速 v_m。而 A 待在固定相和流動相的時間比等於 A 分佈在兩相的數目比 K_A。所以 A 在流動氣體中所待的時間分率爲$\frac{N_{Am}}{N_{As}+N_{Am}}$，而$\frac{N_{Am}}{N_{As}+N_{Am}}=\frac{1}{1+K_A}$。如此 A 的流速可由下式代表：

$$v_A = v_m \times \frac{1}{1+K_A} = \frac{v_m}{1+K_A} \qquad (9-32)$$

在 K_A 不等於零時，也就是說 A 可被吸附在固體表面上時，則 v_A 小於 v_m。如果另有一 B 物質，它的平衡常數 K_B 大於 K_A。那麼 B 的移動速度 v_B 就比 A 的移動速度 v_A 小。A 和 B 滯留在管內的時間 t_A、t_B 分別爲

$$t_A = \frac{L}{v_A} = \frac{L(1+K_A)}{v_m} = (1+K_A)t_m \qquad (9-33)$$

$$t_B = \frac{L}{v_B} = \frac{L(1+K_B)}{v_m} = (1+K_B)t_m$$

所以 K 值愈大的物質，也就是與固定相表面吸附作用愈強的物質，滯留在管內的時間愈久。如果將 A 和 B 兩物質的混合物置入層析管內，A 和 B 即可在管中分開，而 A 會先流出管子。

【例 9－5】

將含戊烷、己烷和己烯的混合物作氣相層析分析。流動相爲每分鐘 20 mL 的空氣，固定相是矽沙。矽沙管爲 1 米長。空氣、戊烷、己烷和己烯在管內的滯留時間分別量測爲 1、2、4 和 3 分鐘。計算戊烷、己烷和己烯的吸附平衡常數，並比較它們在矽沙表面的吸附作用力。

【解】

由(9 － 33) 式重排得

$$\frac{t_A}{t_m} = 1 + K_A \quad \text{或} \quad K_A = \frac{t_A}{t_m} - 1$$

對戊烷，$K = \frac{2}{1} - 1 = 1$

對己烷，$K = \frac{4}{1} - 1 = 3$

對己烯，$K = \frac{3}{1} - 1 = 2$

而 K 值愈大者，吸附作用愈強。所以吸附作用力以己烷最大，己烯次之，戊烷最小。

詞　彙

1. **吸附**（Adsorption）

原子和分子與表面作用而滯留在表面上的現象。

2. **物理吸附**（Physisorption）

被吸附物與表面作用爲凡得瓦力的吸附。

3. **化學吸附**（Chemisorption）

被吸附物與表面作用爲化學鍵的吸附。

4. **等溫吸附**（Adsorption isotherm）

在恆溫下，表面吸附量和壓力的關係。

5. **色層分析法**（Chromatography）

利用各物質流經管柱的不同滯留時間而進行分離及分析的方法。

6. **滯留時間**（Retension time）

在色層分析時，被分析物從管柱中流出所需時間。

7. **界面化學**（Surface chemistry）

研究在各種界面裡（或表面上）所進行的化學變化的科學。

8. **表面能**（Surface energy）

每單位表面積表面的能量。當溫度 T、壓力 P、莫耳數 n 都保持不變時，表面能就是單位表面積的自由能。

$(\gamma = (\partial G/\partial A)_{T,P,n})$

9. **表面張力**（Surface tension）

每單位施力長度的表面力。

10. **接觸角**（Contact angle）

液滴曲面氣、液、固三相的界線的切線和固體平面夾角。

11. **潤濕**（Wetting）

液、固體接觸角小於 90 度的狀態。

12. **覆蓋分率**（Coverage）

被吸附物覆蓋表面佔全部吸附表面的分率。

習 題

9－1 分別計算在攝氏 0 度和 60 度時，而能使水的表面積由 3 平方公分增至 8 平方公分所須最少的功。

9－2 估計甲液體的單位表面能。甲液體蒸發熱爲四萬焦耳/莫耳。而甲液體在攝氏 20 度的密度爲 2 克/立方公分，分子量爲 300。

9－3 下面是一氧化碳在 298 K 吸附在鎳金屬上的實驗數據。此等溫吸附是否遵守 Langmuir 等溫吸附？求平衡常數 K 及完全覆蓋鎳金屬表面所須一氧化碳的量。

平衡壓力 p（torr）	100	200	300	400	500	600	700
吸附量 N（10^{-4}mol）	3.3	6.2	8.5	10.7	12.5	14.1	15.6

9－4 下面是氮氣於 75 K 吸附在 0.5 克三氧化二鋁（Al_2O_3）上的實驗數據。所得氮氣吸附體積已轉成在 1 atm 及 273 K 下之氮氣體積。在 75 K 時，氮氣之飽和蒸氣壓 p^* 爲 570 torr。一個氮氣分子約覆蓋 1.6×10^{19} m^2 表面。驗證此吸附遵守 BET 等溫吸附，並求 1 克三氧化二鋁的表面積。

平衡壓力 p（torr）	10	20	30	40	100	150	200
吸附體積 V（cm^3）	235	249	257	264	301.5	337.5	384.5

9－5 將含甲烷、乙烷和丙烷的混合氣作氣相層析分析。流動相爲

每分鐘 30 mL 的空氣，固定相是含碳數十八烷類的矽沙。矽沙管為 6 米長。空氣、甲烷、乙烷和丙烷在管內的滯留時間分別為 0.7、1.2、2 和 2.5 分鐘。計算甲烷、乙烷和丙烷的移動速度和吸附平衡常數，並比較它們在固定相表面的吸附作用力。

第十章

電化學

電化學包含兩部分，一為以氧化還原反應產生電流，另一為用電能產生氧化還原反應。所以電化學牽涉到化學能和電能的互相轉換。由於電化學反應經浸在電解質溶液中的電極進行，所以電解質溶液的性質和在電極上的反應過程都是與電化學密切相關的課題。

10－1　離子導體（Ionic conductor）之導電性

金屬能導電，是電的導體。金屬之導電性是由金屬之價電子的移動而造成的。由於離子是帶電荷（正或負）的，所以離子的移動也能導電。這一類經由離子導電的導體，就稱為離子導體。譬如，食鹽水溶液能導電，而導電的方式為鈉離子和氯離子在電場作用下移動而造成的。而一般電解質溶液都為離子導體。另外，熔融態的離子化合物亦為離子導體。除了上述的液態離子導體，也有固態的離子導體。譬如四碘基汞化銀（Ag_2HgI_4）。

根據歐姆定律，電阻（R）等於電壓（V）除以電流（I）。

$$R = \frac{V}{I} \tag{10-1}$$

在 SI 制裡，電壓的單位為伏特，電流的單位為安培。那麼電阻的單位就是歐姆（Ω）。而電阻的倒數被定義為電導（Electrical conductance，G），電導的 SI 制單位為西門（Siemens，$S = \Omega^{-1}$）。電導與導體的截面積（A）成正比，與導體的長度（L）成反比（而電阻與導體的截面積成反比，與長度成正比）。

$$G = \kappa \frac{A}{L} \tag{10-2}$$

而比例常數 κ 即是在一單位立方體積之電導。比例常數 κ 的 SI 制單位為西門/米（S/m，或 Ω^{-1}/m）。但是常用的單位為西門/公分

(S/cm，或 Ω^{-1}/cm)。在離子導體中，離子濃度會影響其電導。電解質溶液之電導隨著電解質的當量濃度增加而增大，因此光以單位立方體積之電導 κ 作比較並不適當。所以電解質溶液之電導通常以莫耳電導 Λ（Molar conductance, or Equivelent conductance）表示。莫耳電導 Λ 是電解質溶液在每莫耳當量濃度的單位立方體積之電導。

$$\Lambda = \frac{\kappa}{C} \qquad (10-3)$$

莫耳電導 Λ 的單位爲西門·平方公分/莫耳（S cm^2/mol，或 Ω^{-1} cm^2/mol)。

【例 10－1】

量測 0.01 M 的醋酸水溶液，得到電導值爲 0.8×10^{-4} S/cm。而量測 0.001 M 的硫酸水溶液，則得到電導值爲 3×10^{-4} S/cm。計算二者的莫耳電導 Λ。

【解】

0.01 M 的醋酸水溶液之當量濃度亦爲 0.01 M，根據（10－3）式，

$$\Lambda = \frac{\kappa}{C} = \frac{0.8\times10^{-4}\ \mathrm{S\ cm^{-1}}}{0.001\ \mathrm{M}} = \frac{0.8\times10^{-4}\ \mathrm{S\ cm^{-1}}}{0.01\ \mathrm{mol\ dm^{-3}}}$$

$$= \frac{0.8\times10^{-4}\ \mathrm{S\ cm^{-1}}}{10^{-5}\ \mathrm{mol\ cm^{-3}}} = 8\ \mathrm{S\ cm^2/mol}$$

0.001 M 的硫酸水溶液之當量濃度爲 0.002 M，根據（10－3）式，

$$\Lambda = \frac{\kappa}{C} = \frac{3\times10^{-4}\ \mathrm{S\ cm^{-1}}}{0.002\ \mathrm{M}} = \frac{3\times10^{-4}\ \mathrm{S\ cm^{-1}}}{0.002\ \mathrm{mol\ dm^{-3}}}$$

$$= \frac{3\times10^{-4}\ \mathrm{S\ cm^{-1}}}{2\times10^{-6}\ \mathrm{mol\ cm^{-3}}} = 150\ \mathrm{S\ cm^2/mol}$$

表 10－1 爲一些電解質水溶液在攝氏二十五度時的莫耳電導。表中給了三種濃度下各電解質水溶液的莫耳電導。對每一個電解質，當

量濃度愈小，莫耳電導愈大。如果有足夠的數據，以莫耳電導對當量濃度作圖，再將所得圖形外插至零當量濃度，所得之莫耳電導即爲電解質在無限稀釋時的莫耳電導 Λ_0。圖 10－1 爲鹽酸和醋酸水溶液的莫耳電導與當量濃度的關係圖。當量濃度爲 0.05～0.1 M 的鹽酸水溶液的莫耳電導大致在 400 S cm^2/mol 左右，而在外插至零當量濃度時，只略爲增加約 1%。當量濃度爲 0.05～0.1 M 的醋酸水溶液的莫耳電導小於 10 S cm^2/mol，但在濃度低於 0.01 M 時莫耳電導急速增大。在無限稀釋時，醋酸水溶液的莫耳電導 Λ_0 增爲鹽酸莫耳電導 Λ_0 的九成。這裡鹽酸水溶液莫耳電導隨濃度的變化代表一般強電解質水溶液的變化，而醋酸水溶液莫耳電導隨濃度的變化則代表一般弱電解質水溶液的變化。

表 10－1　一些電解質水溶液的莫耳電導（25 ℃）

電　解　質	莫耳電導 Λ（西門·平方公分/莫耳） 當量濃度（mol dm^{-3}） 0.001	0.01	0.1	Λ_0
KCl	147	141	129	150
NaCl	124	119	107	126
HCl	421	412	391	426
$AgNO_3$	131	125	109	133
KNO_3	142	133	120	145
NH_4Cl		141	129	150
LiCl	112	107	96	115
CH_3COOH		17	5	390

圖 10－1 鹽酸及醋酸水溶液的莫耳電導與當量濃度的關係（25 ℃）

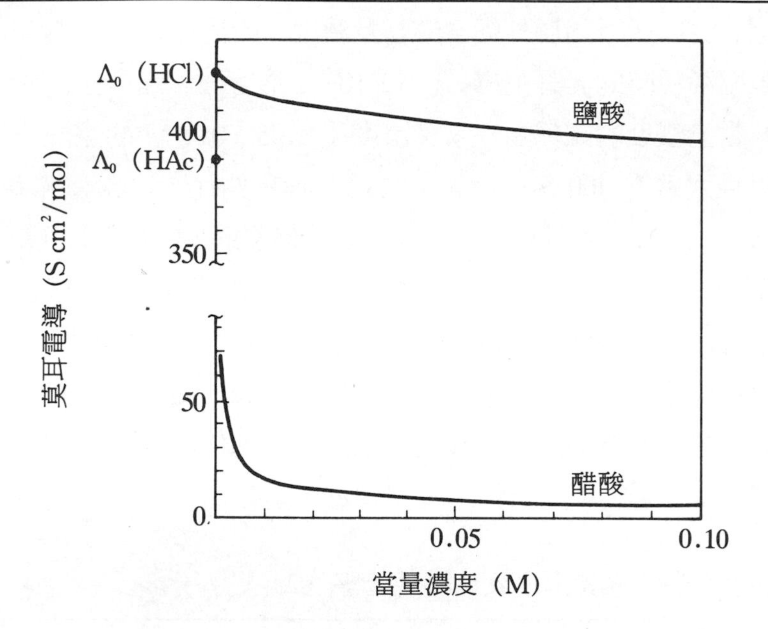

10－2 離子之移棲（Migration of ion）

離子移棲是離子在電場作用下的移動。在 1875 年，科耳勞奇（Kohlrausch）測量了許多強電解質水溶液的 Λ_0 值，發現了這些強電解質水溶液的 Λ_0 值具有規則性。表 10－2 呈現了一些科耳勞奇的實驗結果。這些結果顯示，在相同陰離子下，含鉀電解質水溶液的 Λ_0 值與含鈉電解質水溶液的 Λ_0 值之差值是一常數（23.4 S cm^2 mol^{-1}）。根據這類的實驗結果，科耳勞奇提出離子獨立移棲的法則（Kohlrausch of independent migration of ions）。此法則指出，在無限稀釋的電解質水溶液中，離子皆不受其對應離子影響而獨立移棲。電解質水溶液中含有陰、陽離子，二者各自帶負、正電荷。因此陰離子往正電場的移棲，就相當於電子流。而陽離子往負電場的移棲，就相當

表 10－2 各種鈉鹽和鉀鹽無限稀釋水溶液的莫耳電導（25 ℃）

電解質	莫耳電導 Λ_0 ($\Omega^{-1}\ cm^2\ mol^{-1}$)	差值
KCl	149.9	
NaCl	126.5	23.4
KI	150.3	
NaI	126.9	23.4
$\frac{1}{2}K_2SO_4$	153.5	
$\frac{1}{2}Na_2SO_4$	130.1	23.4

於電流。陰、陽離子移棲的方向相反，正如同電子流和電流的方向相反。由於陰、陽離子都可以導電，根據科耳勞奇的離子獨立移棲法則，無限稀釋電解質水溶液的莫耳電導 Λ_0 應爲二者電導之和。

$$\Lambda_0 = \lambda_0^+ + \lambda_0^- \qquad (10-4)$$

這裡 λ_0^+ 爲陽離子在無限稀釋時的莫耳電導，λ_0^- 爲陰離子在無限稀釋時的莫耳電導。

我們可以利用（10－4）式解釋表 10－2 呈現的實驗結果。對氯化鉀和氯化鈉而言，

$$\Lambda_{0(KCl)} = \lambda_{0(K^+)} + \lambda_{0(Cl^-)} = 149.9\ S\ cm^2\ mol^{-1} \qquad (1)$$

$$\Lambda_{0(NaCl)} = \lambda_{0(Na^+)} + \lambda_{0(Cl^-)} = 126.5\ S\ cm^2\ mol^{-1} \qquad (2)$$

由(1)式減(2)式得

$$\Lambda_{0(KCl)} - \Lambda_{0(NaCl)} = \lambda_{0(K^+)} - \lambda_{0(Na^+)} = 23.4\ S\ cm^2\ mol^{-1}$$

同樣地，對碘化物和硫酸化物而言，

$$\Lambda_{0(KI)} - \Lambda_{0(NaI)} = \lambda_{0(K^+)} - \lambda_{0(Na^+)} = 23.4\ S\ cm^2\ mol^{-1}$$

$$\Lambda_{0(K_2SO_4)} - \Lambda_{0(Na_2SO_4)} = \lambda_{0(K^+)} - \lambda_{0(Na^+)} = 23.4\ S\ cm^2\ mol^{-1}$$

在此例中，由於陰離子的莫耳電導 λ_0^- 不因相對陽離子是鉀或鈉而有

所不同，故在相減時可抵消。所以，在相同陰離子下，含鉀電解質水溶液的 Λ_0 值與含鈉電解質水溶液的 Λ_0 值之差值是一常數（23.4 S cm^2 mol^{-1}），而與陰離子的種類無關。

爲了求得各別離子的莫耳電導 λ_0，我們必須知道移棲分率（Migration number, or Transport number, or Transference number）。移棲分率是電解質溶液中陰、陽離子各別傳導電流的分率。陰、陽離子的移棲分率分別以 t^+ 和 t^- 代表。

$$\lambda_0^+ = \Lambda_0 \times t^+ \tag{10-5}$$

$$\lambda_0^- = \Lambda_0 \times t^- \tag{10-6}$$

1853 年 Hittorf 發展了以量測電極附近電解質濃度變化而求得移棲分率的方法。表 10－3 是一些氯化物水溶液中陽離子的移棲分率。氯離子的移棲分率可由 1 減去相對陽離子的移棲分率而得。表 10－4 呈現了部分陰、陽離子在無限稀釋水溶液中的莫耳電導。陽離子中以 H^+ 的莫耳電導最大，約爲其他陽離子的 5～8 倍。而陰離子中以 OH^- 的莫耳電導最大，約爲其他陰離子的 3～5 倍。大部分離子的莫耳電導都分佈在 50～80 S cm^2 mol^{-1} 之間。

表 10－3　一些電解質水溶液中陽離子的移棲分率（25 ℃）

電解質	移棲分率		
	當量濃度（mol dm^{-3}）		
	0.01	0.1	0.2
HCl	0.8251	0.8314	0.8337
LiCl	0.3289	0.3168	0.3112
NH_4Cl	0.4907	0.4907	0.4911
NaCl	0.3918	0.3854	0.3821
KCl	0.4902	0.4898	0.4894

表 10－4　一些陰、陽離子在無限稀釋水溶液中的莫耳電導 λ_0(25 ℃)

陽離子	λ_0^+ $(\Omega\ ^{1}\ cm^2\ mol\ ^{1})$	陰離子	λ_0 $(\Omega\ ^{1}\ cm^2\ mol\ ^{1})$
H^+	349.8	OH	198.6
Li^+	38.6	F	55.4
Na^+	50.1	Cl	76.4
K^+	73.5	Br	78.1
Rb^+	77.8	I	76.8
Cs^+	77.2	CH_3COO	40.9
Ag^+	61.9	$\frac{1}{2}SO_4^{2}$	80.0
Tl^+	74.7	$\frac{1}{2}CO_3^{2}$	69.3
$\frac{1}{2}Mg^{2+}$	53.1		
$\frac{1}{2}Ca^{2+}$	59.5		
$\frac{1}{2}Sr^{2+}$	59.5		
$\frac{1}{2}Ba^{2+}$	63.6		
$\frac{1}{2}Cu^{2+}$	56.6		
$\frac{1}{2}Zn^{2+}$	52.8		
$\frac{1}{3}La^{3+}$	69.7		

【例 10－2】

根據表 10－3 及表 10－4 的資料計算氯離子在 0.1 及 0.01 M 當量濃度之鹽酸和氯化鉀水溶液中的莫耳電導。

【解】

在當量濃度爲 0.1 時，$\Lambda_{HCl} = 391.32\ S\ cm^2$，$t^+ = 0.8314$

所以

$$\lambda_{Cl^-} = (1 - 0.8314) \times 391.32 = 65.97\ S\ cm^2$$

而 $\Lambda_{KCl} = 128.96\ S\ cm^2$，$t^+ = 0.4898$

所以

$$\lambda_{Cl^-} = (1 - 0.4898) \times 128.96 = 65.80\ S\ cm^2$$

在當量濃度爲 0.01 時，$\Lambda_{HCl} = 412.00\ S\ cm^2$，$t^+ = 0.8251$

所以

$$\lambda_{Cl^-} = (1 - 0.8251) \times 412.00 = 72.06\ S\ cm^2$$

而 $\Lambda_{KCl} = 141.27\ S\ cm^2$，$t^+ = 0.4902$

所以

$$\lambda_{Cl^-} = (1 - 0.4902) \times 141.27 = 72.02\ S\ cm^2$$

在當量濃度爲 0.1 M 時，λ_{Cl^-}在兩者的差值爲 0.17 $S\ cm^2$。在當量濃度降爲 0.01 M 時，兩者的 λ_{Cl^-}也更接近了（0.04 $S\ cm^2$）。

【例 10－3】

根據表 10－4 的資料計算在無限稀釋時醋酸水溶液的莫耳電導。如果通過此溶液的電流爲 0.1 安培，則多少安培是由醋酸根離子傳遞?

【解】

由（10－4）式

$$\begin{aligned}\Lambda_{0(CH_3COOH)} &= \lambda_{0(H^+)} + \lambda_{0(CH_3COO^-)} \\ &= 349.8\ S\ cm^2\ mol^{-1} + 40.9\ S\ cm^2\ mol^{-1} \\ &= 390.7\ S\ cm^2\ mol^{-1}\end{aligned}$$

醋酸根離子的移棲分率等於醋酸根離子的莫耳電導除以醋酸的莫耳電導

$$t_{(CH_3COO^-)} = \frac{\lambda_{0(CH_3COO^-)}}{\Lambda_{0(CH_3COOH)}} = \frac{40.9\ S\ cm^2\ mol^{-1}}{390.7\ S\ cm^2\ mol^{-1}} = 0.1$$

由醋酸根離子傳遞的電流爲總電流乘上醋酸根離子的移棲分率

$$0.1 \text{ 安培} \times 0.1 = 0.01 \text{ 安培}$$

所以醋酸根離子傳遞了 0.01 安培。

10－3　電極電位（Electrode potential）

任何氧化還原反應可以用兩個半反應——氧化及還原表示。譬如鋅和硫酸銅水溶液的反應 $Zn(s) + Cu^{2+}(aq) \longrightarrow Cu(s) + Zn^{2+}(aq)$，可以用 $Zn(s) \longrightarrow Zn^{2+}(aq) + 2e^-$ 及 $Cu^{2+}(aq) + 2e^- \longrightarrow Cu(s)$ 相加而得。前者失去電子，爲氧化半反應，後者得到電子，爲還原半反應。將鋅棒浸入硫酸銅水溶液中，鋅就會溶入水中，而銅會沈積出來。這是一個自然發生的反應，反應的自由能變化小於零。圖 10－2 顯示了一種電化學裝置，能使得兩個半反應在隔開的兩槽中進行。左槽是鋅棒浸在硫酸鋅水溶液中，右槽是銅棒浸在硫酸銅水溶液中。如果以導線連接鋅棒和銅棒，電子就會經導線由鋅棒傳遞至銅棒。此處鋅棒和銅棒都稱爲電極（Electrode）。而在左槽中，Zn 氧化成 Zn^{2+} 而釋出電子，鋅棒稱爲陽極（Anode）。在右槽中，Cu^{2+} 接受電子還原成 Cu 而附著在銅棒上，銅棒稱爲陰極（Cathode）。這裡的反應一樣是 $Zn(s) + Cu^{2+}(aq) \longrightarrow Cu(s) + Zn^{2+}(aq)$，所以在同樣反應條件下，直接同槽或分開兩槽反應自由能變化應是一樣的（因爲自由能是一狀態函數）。在兩槽反應時，電子經導線由鋅棒傳至銅棒，也就是說電流從銅棒流至鋅棒。電流的流動是由電壓所造成的，所以銅棒和鋅棒間有電壓（E）。電壓乘上電流即是電功。電功是一種能量，而這能量是氧化還原反應的自由能所提供。如果以可逆方式作功，就能作最大功——可逆功（Reversible work，W_{rev}）。假設一莫耳的物質反應了，上面所述關係以數學式表示如下：

圖 10－2　丹尼爾電化學電池

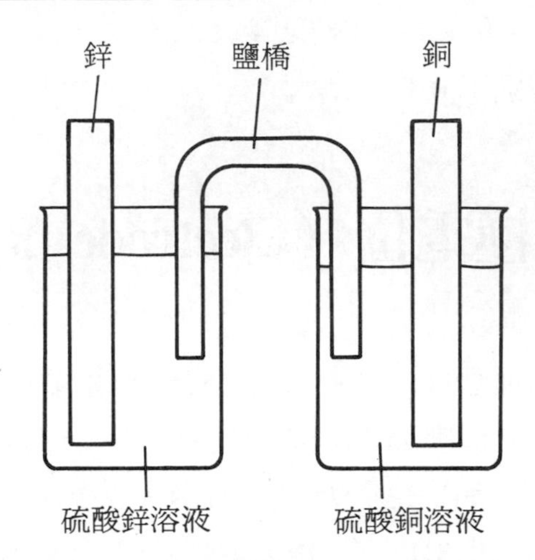

$$W_{rev} = E \times Q = E \times nF = nFE \tag{10-7}$$

此處 E 爲電壓，Q 爲電量，n 爲電子的莫耳數，F 爲法拉第。

另外，可逆功（W_{rev}）等於氧化還原反應的自由能的變化（ΔG_{rxn}）。

$$W_{rev} = -\Delta G_{rxn} \tag{10-8}$$

代入（10－7）式，得

$$nFE = -\Delta G_{rxn}$$

$$E = \frac{-\Delta G_{rxn}}{nF} \tag{10-9}$$

已知

$$\Delta G = \Delta G^\circ + RT\ln Q$$

將 $E = \Delta G_{rxn}/nF$ 代入上式，則得

$$E = E^\circ - \left(\frac{RT}{nF}\right)\ln Q \tag{10-10}$$

此式即爲能士特等式（Nernst equation）。E°爲標準狀態下的電壓，在電化學裡稱爲標準電動勢（Standard electromotive force），單位爲伏

特。而 Q 爲反應商式。在標準狀態下，標準電動勢 $E°$可由兩半反應電極各別的標準電位（Standard electrode potential）表示

$$E°_{rxn} = E_c° - E_a° \tag{10-11}$$

這裡，$E_c°$是陽極的標準還原電位，$E_a°$是陰極的標準還原電位。事實上，半反應電極的標準電位是無法測得的，我們只能測得全反應標準電動勢。如果指定某一半反應電極的標準電位是零，其他半反應電極的標準電位就可以相對於這個半反應電極電位而定之。傳統上，以白金爲導體的 $2H^+ (aq)(1\ M) + 2e^- \longrightarrow H_2(g)(1\ atm)$ 半反應電極的標準電位被指定爲零。它就是標準氫電極，以 $H^+ (aq)|H_2(g)$，Pt 表示。表 10－5 呈現以標準氫電極爲基準的各半反應電極的標準電位。對某一氧化還原反應而言、它的標準電動勢 $E°$可由表 10－5 所列相對兩半反應的標準電位而求得。

表 10－5　以標準氫電極爲基準的一些半電極反應的標準還原電位 (25 ℃，1 atm)

Electrode	Electrode reaction (Acidic solution)	$E°$ (V)
$Li^+ \mid Li$	$Li^+ + e \rightarrow Li$	−3.045
$K^+ \mid K$	$K^+ + e \rightarrow K$	−2.925
$Ba^{2+} \mid Ba$	$Ba^{2+} + 2e \rightarrow Ba$	−2.906
$Ca^{2+} \mid Ca$	$Ca^{2+} + 2e \rightarrow Ca$	−2.866
$Na^+ \mid Na$	$Na^+ + e \rightarrow Na$	−2.714
$Zn^{2+} \mid Zn$	$Zn^{2+} + 2e \rightarrow Zn$	−0.7628
$Fe^{2+} \mid Fe$	$Fe^{2+} + 2e \rightarrow Fe$	−0.4402
$Cd^{2+} \mid Cd$	$Cd^{2+} + 2e \rightarrow Cd$	−0.4029

$SO_4^{2-}\|PbSO_4\|Pb$	$PbSO_4+2e^-\rightarrow Pb+SO_4^{2-}$	−0.3546
$I^-\|AgI\|Ag$	$AgI+e^-\rightarrow Ag+I^-$	−0.1522
$Sn^{2+}\|Sn$	$Sn^{2+}+2e^-\rightarrow Sn$	−0.136
$Pb^{2+}\|Pb$	$Pb^{2+}+2e^-\rightarrow Pb$	−0.126
$Fe^{3+}\|Fe$	$Fe^{3+}+3e^-\rightarrow Fe$	−0.036
$D^+\|D_2$, Pt	$2D^++2e^-\rightarrow D_2$	−0.0034
$H^+\|H_2$, Pt	$2H^++2e^-\rightarrow H_2$	(zero by convention)
$Br^-\|AgBr\|Ag$	$AgBr+e^-\rightarrow Ag+Br^-$	0.0711
Sn^{4+}, $Sn^{2+}\|Pt$	$Sn^{4+}+2e^-\rightarrow Sn^{2+}$	0.15
Cu^{2+}, $Cu^+\|Pt$	$Cu^{2+}+e^-\rightarrow Cu^+$	0.153
$Cl^-\|AgCl\|Ag$	$AgCl+e^-\rightarrow Ag+Cl^-$	0.2225
$Cl^-\|Hg_2Cl_2\|Hg$	$Hg_2Cl_2+2e^-\rightarrow 2Hg+2Cl^-$	0.2680
$Cu^{2+}\|Cu$	$Cu^{2+}+2e^-\rightarrow Cu$	0.337
$I^-\|I_2\|Pt$	$I_2+2e^-\rightarrow 2I^-$	0.5355
$Ag^+\|Ag$	$Ag^++e^-\rightarrow Ag$	0.7991
$Hg^{2+}\|Hg$	$Hg^{2+}+2e^-\rightarrow Hg$	0.854
$Hg^+\|Hg$	$Hg^++e^-\rightarrow Hg$	0.92
$Br^-\|Br_2\|Pt$	$Br_2+2e^-\rightarrow 2Br^-$	1.0652
Mn^{2+}, $H^+\|MnO_2\|Pt$	$MnO_2+4H^++2e^-\rightarrow Mn^{2+}+2H_2O$	1.208
Cr^{3+}, $Cr_2O_7^{2-}$, $H^+\|Pt$	$Cr_2O_7^{2-}+14H^++6e^-\rightarrow 2Cr^{3+}+7H_2O$	1.33
$Cl^-\|Cl_2$, Pt	$Cl_2+2e^-\rightarrow 2Cl^-$	1.3595

	(Basic solutions)	
$OH^- \mid Ca(OH)_2 \mid Ca \mid Pt$	$Ca(OH)_2 + 2e^-$ $\rightarrow 2OH^- + Ca$	−3.02
ZnO_2^{2-} , $OH^- \mid Zn$	$Zn(OH)_4^{2-} + 2e^-$ $\rightarrow Zn + 4OH^-$	−1.215
$OH^- \mid H_2 \mid Pt$	$2H_2O + 2e^-$ $\rightarrow H_2 + 2OH^-$	−0.82806
$CO_3^{2-} \mid PbCO_3 \mid Pb$	$PbCO_3 + 2e^-$ $\rightarrow Pb + CO_3^{2-}$	−0.509
$OH^- \mid HgO \mid Hg$	$HgO + H_2O + 2e^-$ $\rightarrow Hg + 2OH^-$	0.097

【例 10－4】

根據表 10－5 的資料，計算 $Co + Ni^{2+} \longrightarrow Co^{2+} + Ni$ 在下列情況的電動勢：(a) $[Ni^{2+}] = 1$ M，$[Co^{2+}] = 0.1$ M，(b) $[Ni^{2+}] = 0.01$ M，$[Co^{2+}] = 1.0$ M。

【解】

從表 10－5 得

$$Ni^{2+} + 2e^- \longrightarrow Ni \qquad E^\circ = -0.25 \text{ V}$$

$$Co^{2+} + 2e^- \longrightarrow Co \qquad E^\circ = -0.28 \text{ V}$$

所以全反應 $Co + Ni^{2+} \longrightarrow Co^{2+} + Ni$ 的標準電動勢為

$$E^\circ = E_{cathode} - E_{anode} = -0.25 \text{ V} - (-0.28 \text{ V}) = 0.03 \text{ V}$$

(a) $$E = E^\circ - \left(\frac{RT}{nF}\right)\ln Q = E^\circ - \left(\frac{0.05916}{n}\right)\log Q$$

$$= E^\circ - \left(\frac{0.05916}{n}\right)\log\left(\frac{[Co^{2+}]}{[Ni^{2+}]}\right) = 0.03 - \left(\frac{0.05916}{2}\right)\log\left(\frac{0.1}{1}\right)$$

$$=0.03+0.03=0.06(\text{V})$$

(b) $E=0.03-\left(\frac{0.05916}{2}\right)\log\left(\frac{1}{0.01}\right)=0.03-0.059=-0.029(\text{V})$

10－4 電化學電池(Electrochemical cell)

電化學電池是研究電化學的基本裝置。通常它包含兩個金屬導體浸在電解質溶液（離子導體）中。這些金屬導體就是所謂的電極。電極分爲陽極與陰極。在陰極處發生還原半反應，在陽極處發生氧化半反應。一個電極和它浸在裡面的電解質溶液組合成電極槽（Electrode compartment）。兩電極可能浸在同一電解質溶液中。假使電解質溶液不同，那麼兩電極槽電解質溶液之間就需要鹽橋來傳導離子，以維持電解質溶液之電中性，不然反應不能進行。鹽橋（Salt bridge）是含有硝酸銨或硝酸鉀水溶液的洋菜凍。由鉀或銨陽離子移入陰極槽內，硝酸根陰離子移入陽極槽內，以分別維持兩槽電解質溶液之電中性。從電路學的觀點，鹽橋是兩槽電解質溶液之間的導體，它維持了電路暢通。

電化學電池分爲兩類。以自發性反應而在兩電極間產生電壓差的電化學電池稱爲電化電池（Galvanic cell），以外在電流使非自發性反應進行反應的電化學電池稱爲電解電池（Electrolytic cell）。電化電池中又分爲兩類。有淨產物的電化電池稱爲化學電池（Chemical cell），反應的結果只是反應物濃度改變的電化電池稱爲濃差電池（Concentration cell）。

(a)可逆電極

金屬/金屬離子電極是由一金屬和其離子溶液所組成，以 $M|M^{n+}$ 代表。如 $Cu|Cu^{2+}$（aq）是一金屬/金屬離子電極，其還原半反

應爲 $Cu^{2+}(aq)+2e^{-}\longrightarrow Cu(s)$。有些金屬，像鎳，須以氮氣或氦氣驅掉溶液中的氧氣，以避免金屬表面生成氧化膜而呈現不可逆的現象。

氣體電極（Gas electrode）中，一氣體和其離子溶液在鈍性金屬導體下達成平衡。通常使用白金作爲鈍性金屬導體，以傳送或接受電子。而除了有催化作用外，它並不直接參與反應。圖 10－3 顯示的氫電極就是一種氣體電極。固定壓力的氫氣從浸在溶液裡的白金板下冒成小氣泡，而吸附在白金表面上，並與溶液中的氫離子形成氧化還原對——H^{+}/H_2。氫電極可以作爲陽極或陰極。

圖 10－3　氣體電極的一種——氫電極

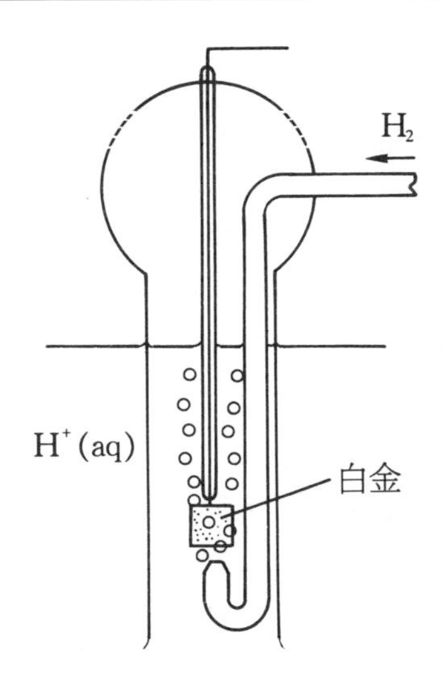

鹽類電極（Insoluble-salt electrode）是由外層是孔洞形態鹽類 MX 的金屬 M 和含 X^{-} 陰離子的溶液所組成，以 $M|MX|X^{-}$ 代表。銀/氯化銀電極（$Ag|AgCl|Cl^{-}$）就是一種鹽類電極。它的還原半反應爲 $AgCl(s)+e^{-}\longrightarrow Ag(s)+Cl^{-}(aq)$。圖 10－4 所呈現就是銀/氯化銀電極的簡圖。電極是在鍍銀的白金上再覆上一層氯化銀而製成。銀/氯化銀電極常被用來當作參考電極。圖 10－5 呈現了另一個也常被用

來當作參考電極的鹽類電極。這是甘汞電極(Calomel electrode，Hg|$Hg_2Cl_2(s)$|KCl(aq))，其還原半反應爲 $Hg_2Cl_2(s) + 2e^- \longrightarrow 2Hg + 2Cl^-(aq)$。

圖 10－4 銀/氯化銀電極

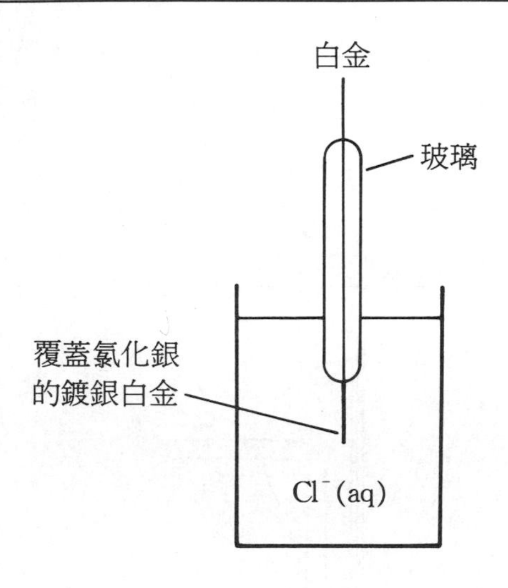

圖 10－5 甘汞電極

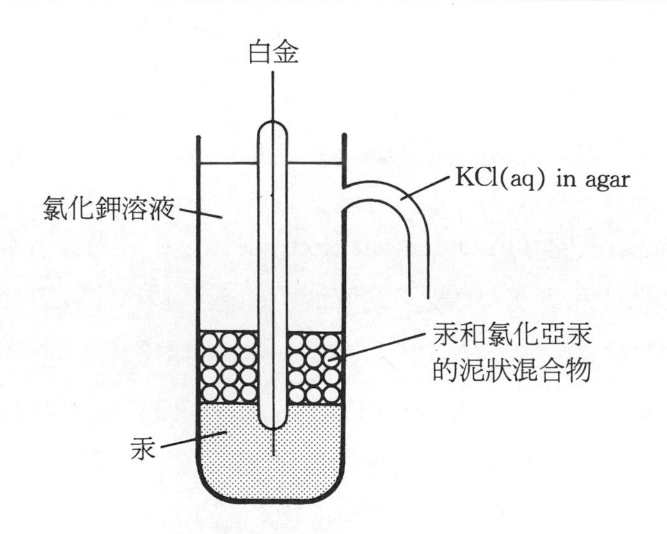

氧化還原電極(Redox electrode)是由氧化還原對是存在溶液中的離子和鈍性金屬導體所組成，以 M|Red，Ox 表示。譬如，鐵的二價和三價離子組成的 Pt|Fe^{2+}(aq)，Fe^{3+}(aq)是一個氧化還原電極。

汞齊是金屬溶在液態汞中而形成的溶液。在汞齊電極中，汞溶液中的金屬和水溶液中的金屬離子達成平衡，而汞並不參與反應。活性金屬如鈉、鈣等不能以金屬/金屬離子電極方式存在，可以形成汞齊電極。汞齊電極的還原半反應為

$$M^{n+}(aq) + ne^- \longrightarrow Mn(Hg)$$

(b)**鹽橋與液界電位（Liquid junction potential）**

電化學電池中如有連接的兩不同電解質溶液，那麼在這兩溶液的界面就會產生一電位稱為液界電位（Liquid junction potential）。在不同濃度但同電解質溶液的界面也存有液界電位。由於陰、陽離子擴散速率不同，就造成陰、陽離子在液體界面分開分佈，因而形成液界電位。所以液界電位的大小是與溶液中離子的活性和移棲分率有關。凡是具有液體界面的電池也稱為移棲電池（Cell with transference）。

以鹽橋連接兩電解質溶液可以消去液界電位。由於鹽橋中含有飽和的硝酸鉀（或硝酸銨，氯化鉀）溶液，而硝酸根離子和鉀離子具有高濃度及高移棲分率，在鹽橋兩端的液界電位幾乎都是由硝酸根離子和鉀離子造成的。而且硝酸根離子和鉀離子具有相近的電導，所以鹽橋兩端的液界電位幾乎是等值的。由於鹽橋兩端的液界電位的符號是相反的，它們就互相大致抵消了。一般在有這類鹽橋的電池，液界電位大概小於幾個毫伏特。

(c)**濃差電池**

濃差電池的兩極槽中含有相同的電解質或氣體，但是它們的濃度或壓力不同。而反應的趨勢是降低兩者間的濃度差或壓力差。含不同濃度電解質的濃差電池稱為電解質濃差電池(Electrolyte concentration cell)。含不同壓力之氣體電極的濃差電池稱為電極濃差電池(Electrode concentration cell)。譬如，以 KCl 鹽橋連接兩個含不同氫離子濃度的氫電極，就形成了一個濃差電池——Pt, H_2(1atm) | HCl(m_1) ‖ HCl(m_2) | H_2(1 atm), Pt。在陰極的半反應爲

$$\frac{1}{2}H_2 \longrightarrow H^+ (m_1) + e^-$$

而在陽極的半反應爲

$$H^+ (m_2) + e^- \longrightarrow \frac{1}{2}H_2$$

所以全反應爲

$$H^+ (m_2) \longrightarrow H^+ (m_1)$$

結果是將氫離子由陽極槽轉到陰極槽，並無淨產物。由能士特等式

$$E = \frac{RT}{F}\ln\left(\frac{m_2}{m_1}\right) \tag{10 - 12}$$

而 m_2 大於 m_1，所以電動勢爲正值。並且反應的結果是將較低氫離子濃度槽之氫離子濃度增加，將較高氫離子濃度槽之氫離子濃度降低。直到兩槽氫離子濃度相同時，電動勢爲零，反應達成平衡。

【例 10－5】

計算在攝氏 25 度時，Pt，H_2（1 atm）|HCl（m_1）‖ HCl（m_2）|H_2（1 atm），Pt 電池的電動勢。m_1，m_2 各爲 0.1 M 和 2 M。

【解】

由式

$$\begin{aligned} E &= \frac{RT}{F}\ln\left(\frac{m_2}{m_1}\right) \\ &= \frac{8.315 \text{ J K}^{-1}\text{ mol}^{-1} \times (273.15 + 25)\text{ K}}{96485 \text{ C mol}^{-1}} \ln\frac{2 \text{ M}}{0.1 \text{ M}} \\ &= 0.077 \text{ J/C} = 0.077 \text{ V} \end{aligned}$$

濃差電池的電動勢爲 0.077 伏特。

10－5　電解與極化

在電化學電池中，化學反應產生了電流，其中化學能轉換成電能。在電解槽中，電流造成了化學反應，其中電能轉換成化學能。對可逆反應而言，電解時進行的反應是電化學電池中的逆向反應。圖 10－6 呈現了一個電解槽。兩個白金電極分別以導線連接在直流電源的正、負座上，並將白金電極浸入氫氧化鈉水溶液中。電子由直流電源的負座流向連接負座的白金電極，水分子接受電子而還原成氫氣。其半反應爲 $2H_2O + 2e^- \longrightarrow H_2 + 2OH^-$（$E^\circ_{red} = -0.828$ V）。由於是還原半反應，所以這個白金電極是陰極（Cathode)。同時，氫氧根離

圖 10－6　電解槽

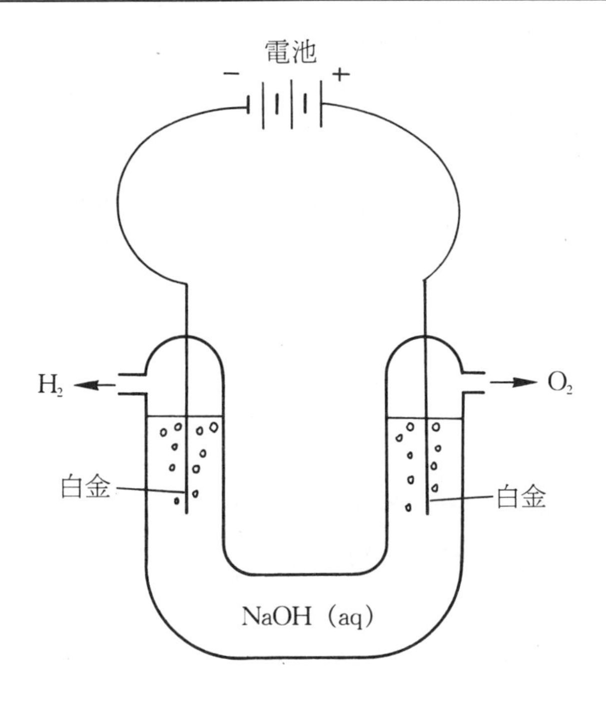

子氧化成氧氣，而將電子傳遞給連接在直流電源正座的白金電極。這裡進行的半反應是 $4OH^- \longrightarrow 2H_2O + O_2 + 4e^-$（$E^\circ_{ox} = -0.40$ V）。由於是氧化半反應，這個白金電極是陽極（Anode）。所以電解的全反應爲 $2H_2O \longrightarrow 2H_2 + O_2$（$E^\circ = -1.208$ V）。

以上所描述的電位皆是平衡狀態或是非常接近平衡狀態時才成立。換句話說，這些電極電位只適用於電池沒有電流通過的時候。如果有電流通過（譬如在進行電解的時候），電極電位就會偏離平衡時的值。這種偏離的現象稱爲電池的極化（Polarization）。在一固定電流下，影響極化程度的因素有反應的本質，電解質濃度，電極表面積，和攪拌狀況等。有些電極的電位隨著電流增加而顯著偏離平衡時的值，這些電極被稱爲是可極化的（Polarizable）。那些只有少量改變的電極被稱爲是非極化的（Non-polarizable）。

在進行電解時，所需加的電壓可分爲三部分。第一部分是反應的可逆電動勢，它可以由標準電極電位和能士特等式得到。第二部分是電解槽中離子導體電阻所造成的歐姆降（IR drop）。第三部分是過電壓（Overpotential），它是爲了達到一定電流時所必需額外加於可逆電動勢的電壓（但是不包括歐姆降）。過電壓代表了電極極化的程度。過電壓主要分爲兩類，一爲濃度過電壓（Concentration overpotential），另一爲活化過電壓（Activation overpotential）。前者是由於通電流後，反應物在電極表面消耗了，以致反應物之濃度在電極表面附近呈一梯度分佈。而電流量決定於反應物從溶液中擴散至電極表面的速率，且濃度梯度愈大，擴散速率愈快。所以爲了維持一定電流，就必須升高外加電壓，讓濃度梯度變大至某一値，而使反應物擴散速率增快至相配於此一電流。後者是反應的活化能在電極電位影響下而增大了，因而需增加外加電壓以維持某一電流。

10－6　電化學量測儀器

電化學之量測可分爲靜態（Static）與動態（Dynamic）兩大類。在靜態的量測模式中，儀器僅用於度量待測系統在平衡狀態之性質而並未擾亂系統之平衡。換言之，儀器本身在量測時並未使待測系統產生氧化還原反應，因此，在量測時待測系統內之各組成分並未發生改變也無明顯的電流產生。在動態的量測模式中，儀器則先經由對系統提供電流或電壓以促使系統內之組成物發生氧化還原反應而擾亂系統之平衡狀態。此平衡之改變則經由儀器度量而提供我們所需之資訊。通常，若使用定電流儀（Galvanostat）提供所需之電流而使系統內之物種發生氧化還原時，所度量之系統電位會隨著所給與之電流量而變化。另一方面，若系統內物種之氧化還原反應是由外加電位所造成，則其產生的氧化或還原電流可以被度量。

10－6－1　靜態量測

在靜態之量測中，最常見的是離子選擇電極，此等電極廣被用於各種離子濃度的度量，例如酸鹼度計（pH meter）即爲一氫離子選擇電極。在此以酸鹼度計爲代表，就離子選擇電極之原理作一介紹。酸鹼度計可視爲包含一參考電極與一指示電極的電化學電池（Cell）。整個電池的電位差（E_{cell}）爲參考電極電位（E_{ref}）與指示電極電位（E_{ind}）之差：

$$E_{cell} = E_{ref} - E_{ind} \qquad (10-13)$$

根據能士特（Nernst）公式，$E = E^\circ + RT/nF\ \ln Q$，參考電極與指示電極的電位各受其溶液組成成分的活性所決定。因爲參考電極之組成爲固定，其電位亦爲固定，因此，E_{cell}之值將隨著指示電極的組成而決定。在酸鹼度計中指示電極是玻璃電極（如圖 10－7 所示）。玻璃電極具有一球狀玻璃薄膜。該玻璃膜內含一固定濃度之氯化氫標準溶液（緩衝溶液）與一包覆氯化銀之銀電極。玻璃膜之外側則與待測溶液接觸。當玻璃膜與溶液接觸時，其表面產生水合現象，此時，玻璃中之鈉離子與水溶液中之氫離子進行交換

$$-\underset{\text{膜}}{SiO-Na^+} + \underset{\text{溶液}}{H^+(aq)} \longrightarrow -\underset{\text{膜}}{SiO-H^+} + \underset{\text{溶液}}{Na^+(aq)} \quad (10-14)$$

當此離子交換反應達成平衡時，在此膜—液界面產生一界面電位(Boundary potential，E_b)。界面電位由水溶液內之氫離子活性（a）和玻璃水合層內之氫離子活性（a'）決定

圖 10－7 玻璃電極

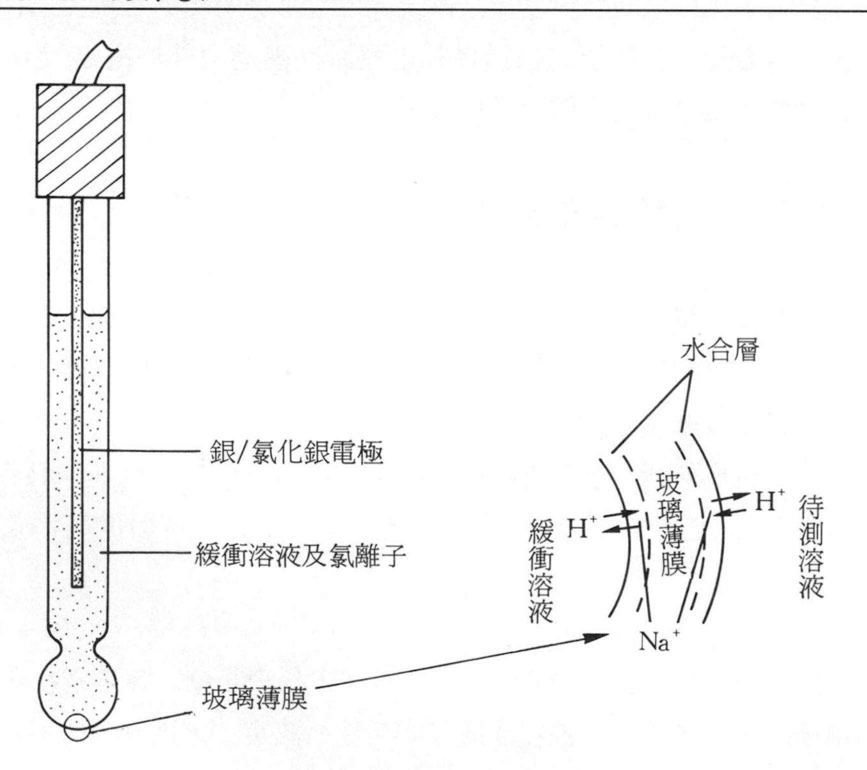

$$E_b = 常數 + \frac{RT}{nF} \ln\left(\frac{a'}{a}\right) \quad (10-15)$$

在同一玻璃膜上存在兩個界面電位，其一發生在玻璃膜外側與待測液之接觸處（令其為 E_{b1}），另一發生在玻璃膜內側與標準液之接觸界面(令其為 E_{b2})。因此，橫越玻璃膜之電位 E_{ind}為

$$E_{ind} = E_{b1} - E_{b2}$$

$$= 常數1 + \frac{RT}{nF} \ln\left(\frac{a_1}{a_1'}\right) - 常數2 - \frac{RT}{nF} \ln\left(\frac{a_2}{a_2'}\right) \quad (10-16)$$

由於標準液之氫離子活性為固定值，玻璃膜之電位變成為外側待測液內之氫離子活性的度量。

$$E_{ind} = 常數 + \frac{RT}{nF} \ln\left(\frac{a_1}{a_1'}\right) \quad (10-17)$$

通常，水合層之氫離子活性，a_1'，可視為常數，因此

$$E_{ind} = 常數 + \frac{RT}{nF} \ln a_1 \quad (10-18)$$

$$E_{cell} = E_{ref} - E_{ind} = 常數 + \frac{RT}{nF} \ln a_1 \quad (10-19)$$

或

$$E_{cell} = 常數 + \frac{2.3\ RT}{nF} \log a_1 \quad (10-20)$$

由

$$pH = -\log a_1 \quad (10-21)$$

可得

$$E_{cell} = 常數 - \frac{RT}{nF}\ pH \quad (10-22)$$

亦即待測溶液之酸鹼度可由所度量之電位確定。

若將玻璃薄膜以他種薄膜替代則可用於他種離子的度量，例如自來水中的氟離子濃度（活性）可利用以氟化鑭薄膜製成的氟離子選擇電極偵測。若薄膜具有疏水性與透氣性則可利用於氣體之偵測。

10－6－2 動態量測

在動態量測中，可利用定電位儀或定電流儀提供所需之電位或電流以促成電化學電池內待測物的電化學反應並由所產生的電流或電位改變獲得所欲知的資訊。電化學電池可分為雙極式（Two-electrodes）與三極式（Three-electrodes）。雙極式電池由一陰極（Cathode）及一陽極（Anode）組成。若待測之電化學半反應發生在陰極，則該陰極稱為工作電極（Working electrode），而此時氧化半反應發生的陽極被用做為參考電極。由於此時氧化反應發生在參考電極，參考電極內之組成將隨著反應而改變並造成參考電極之電位的改變，亦即量度的電位將因此而有誤差。此外，電流係流通於工作電極，待測溶液以及參考電極間。在此狀況下，溶液的電阻 R 將造成電位值的偏差，因為

$$E = IR$$

此電位差通常被稱為「歐姆降」（Ohmic drop），當電流值或溶液電阻愈大時，所造成的電位偏差愈大。

三極式電池乃為改進以上所提之二極式電池的缺點所製。在三極式電池中，除了參考電極與工作電極外，增加了一輔助電極（Auxiliary electrode）。經由儀器電子電路的安排，當工作電極上發生還原（或氧化）反應時，其相對應之氧化（或還原）反應將發生在輔助電極。因此參考電極並無氧化（或還原）反應發生，而得以保持固定之電位值。此外，電化學反應中產生的電流基本上均通過工作電極與輔助電極而僅有少部分通過參考電極，因此由溶液電阻造成的歐姆降對度量之電位不致引起太大之誤差。較進步之儀器更可提供所謂之「補償電位」將三極電池本身未能消除的歐姆降誤差加以消除。近來發展出的顯微電極（Microscopic electrode），它的大小在約百萬分之一米範圍。由於電極的面積小，在量測時所用的電流小至 10^{-9}～10^{-12}安培，

所以歐姆降也就小到不會影響電壓的量測。如此，在使用顯微電極時，就無須以三極式電池進行，儀器方面就較三極式的要簡單。

在電化學實驗中，工作電極材質與支持電解質（Supporting electrolyte）的選擇也應加以注意。所選擇的電極與電解質在度量的電位範圍內應爲惰性，亦即工作電極或電解液本身不應發生氧化或還原反應以免造成干擾。常用之工作電極有金、鉑、碳、汞等，而常用之支持電解質則包含氯化鈉、氯化鉀與四級氨鹽類。

詞彙

1. **離子導體**（Ionic conductor）

以離子傳導電流的物質稱爲離子導體，譬如電解質水溶液。

2. **電導**（Conductance）

電阻的倒數。常用的單位爲西門/公分。

3. **莫耳電導**

（Molar conductance）

每莫耳當量濃度的單位立方體積之電導。單位爲西門·平方公分/莫耳。

4. **離子移棲**（Ion migration）

離子在電場作用下的移動。

5. **移棲分率**（Migration number, or Transference number）

某離子在離子導體中傳導電流的分率。

6. **陽極**（Anode）

電化學電池中發生氧化半反應的電極。

7. **陰極**（Cathode）

電化學電池中發生還原半反應的電極。

8. **能士特等式**（Nernst equation）

描述電動勢隨濃度改變而變化的數學式，

$$E = E^{\circ}\left(\frac{RT}{nF}\right)\ln Q$$

9. **電化學電池**

（Electrochemical cell）

研究電化學的一種裝置，包括電化電池和電解電池。

10. **電化電池**（Galvanic cell）

以自發性變化而能在兩電極間產生電壓差的電化學電池，包括化學電池和濃差電池。

11. **化學電池**（Chemical cell）

以自發性氧化還原反應而產生電動勢的電化電池。

12. **濃差電池**（Concentration cell）

以濃度不同而產生電動勢的電化電池。

13.**電解**（Electrolysis）

以電流在電化學電池中進行非自發性氧化還原反應的現象。

14.**極化**（Polarization）

在通電流下，電極電位會偏離平衡值的現象稱爲電池的極化。

15.**過電壓**（Overpotential）

在電解時，爲了達到一定電流下所需額外加於可逆電動勢的電壓（但是不包括歐姆降）。它包含濃度過電壓和活化過電壓兩種。

16.**濃度過電壓**

（Concentration overpotential）

在電解時，爲了供應反應物至電極表面以維持一定電流，所需額外加的電壓。

17.**活化過電壓**

（Activation overpotential）

在電解時，爲了克服活化能之增大以維持一定電流，所須額外加的電壓。

18.**靜態量測**

（Static measurement）

在電化學中，指無電流下（或無氧化還原反應進行下），量測電池的電位。

19.**動態量測**

（Dynamic measurement）

相對於靜態量測。在電化學中，動態量測是指有電流下進行電流或時間的量測。

20.**顯微電極**

（Microscopic electrode）

大小在約百萬分之一米範圍的電極。由於電極的面積小，在量測時所用的電流小至 10^{-9}～10^{-12}安培，所以歐姆降也就小到不會影響電壓的量測。

21.**支持電解質**

（Supporting electrolyte）

在動態測量時，加入被測溶液中的大量不反應之電解質，稱爲支持電解質。其目的在於增加溶液之電導以降低電極電場的影響。

習 題

10－1 濃度 0.001 M 的鹽酸水溶液之電導爲 4.21×10^{-3} S/cm。而濃度 0.0001 M 的硫酸銅水溶液之電導爲 2.6×10^{-4} S/cm 。計算二者的莫耳電導 Λ_0。

10－2 計算在攝氏二十五度無限稀釋氯化鉀水溶液中，氯離子及鉀離子的移棲分率。

10－3 計算在無限稀釋時硫酸水溶液的莫耳電導。如果通過此溶液的電流爲 0.3 安培，則多少安培是由硫酸根離子傳遞?

10－4 計算 $Zn + Cu^{2+} \longrightarrow Zn^{2+} + Cu$ 在下列情況的電動勢:

(a)$[Cu^{2+}] = 0.99$ M，$[Zn^{2+}] = 0.01$ M

(b)$[Cu^{2+}] = 0.5$ M，$[Zn^{2+}] = 0.5$ M

(c)$[Cu^{2+}] = 0.01$ M，$[Zn^{2+}] = 0.99$ M

10－5 計算在攝氏 25 度時，Pt，H_2(1 atm) | HCl(0.05 M) ‖ HCl (1M) | H_2(1 atm) , Pt 電池的電動勢。

第十一章 化學動力學

化學動力學（Chemical Kinetics）是物理化學裡重要的一學門，它主要研究化學反應的速率及探討化學反應進行的機制。研究化學反應有時有二個基本問題：⑴反應朝何方向進行？⑵反應進行的速率有多快？第一個問題與熱力學有關，由熱力學可知反應會朝著反應自由能下降的方向進行，而反應自由能與產物及反應物自由能之差異有關。熱力學只討論反應前後產物及反應物能量狀態上的靜態關係，卻無法提供有關當一個反應朝向平衡點趨近時之速率快慢的資料，也無法提供反應進行過程的細節資料。第二個問題與化學動力學有關。化學動力學的研究可提供反應速率及過程的資料。因此，要能了解一個化學反應必須同時研究其熱力學及動力學。熱力學是靜態的而動力學則是動態的。動力學探討反應的速率，因此時間是一個重要的變數，而熱力學探討反應平衡的問題，時間並非其變數。由於時間變數的介入，使得動力學在理論發展上更困難，熱力學之理論相當完整，而動力學之理論則尚在發展階段。化學動力學除了在基礎理論方面之貢獻外，它在其他領域及工業上也有非常重要的應用。化學家可在實驗室經由動力學的研究，找尋最佳的反應條件。化學工程師則可根據動力學的資料，設計大型化學反應器及選擇最合乎經濟效益的操作條件。環境科學家從大氣層的反應動力學的研究，可了解臭氧層破洞的產生及其他空氣污染的問題，進而謀求解決之道。動力學與生物學裡所關心的新陳代謝，消化及細菌成長等現象也有密切的關係。藥物學家利用動力學的研究結果，可了解一些藥物的作用。本章將針對化學動力學相關的一些基本內容，諸如反應速率、速率法則、反應級數、碰撞理論、溫度效應及反應機制等作一初步的介紹。

11－1 反應速率

化學反應的速率與反應物或產物的單位時間內量的變化有關。若一化學反應的一般式以（11－1）式表示，

$$0 = \Sigma \nu_i A_i \tag{11-1}$$

則其反應速率可以其轉化速率（Rate of conversion）$d\xi/dt$表示，在此 ξ 代表反應程度（Extent of reaction），即

$$n_i = n_{i0} + \nu_i \xi \tag{11-2}$$

式中 n_{i0}及 n_i 爲物種 i 的最初及某反應時間之莫耳數。而 ν_i 爲物種 i 的計量係數，其符號產物爲正，反應物爲負。由（11－2）式可得（11－3）式及（11－4）式。

$$dn_i = \nu_i d\xi \tag{11-3}$$

$$\frac{d\xi}{dt} = \frac{1}{\nu_i}\frac{dn_i}{dt} \tag{11-4}$$

若反應期間，反應物系的體積不變，則反應速率（Rate of reaction）r 可用（11－5）式表示。

$$r = \frac{1}{V}\left(\frac{d\xi}{dt}\right)_V = \frac{1}{\nu_i V}\left(\frac{dn_i}{dt}\right)_V = \frac{1}{\nu_i}\frac{d[A_i]}{dt} \tag{11-5}$$

若以反應 $A + 2B \rightleftharpoons 3X$ 爲例，則其反應速率可表示如下：

$$r = \frac{1}{-1}\frac{d[A]}{dt} = \frac{1}{-2}\frac{d[B]}{dt} = \frac{1}{3}\frac{d[X]}{dt}$$

【例 11－1】

若在 $2NOBr(g) \longrightarrow 2NO(g) + Br_2(g)$ 反應中，NO 的生成速率爲 1.6×10^{-4} mol L^{-1} s^{-1}，試求 Br_2 生成速率及 NOBr 的消失速率。

【解】

$$反應速率 = \frac{1}{2}\frac{d[NO]}{dt} = \frac{1}{2}(1.6 \times 10^{-4}\ \text{mol L}^{-1}\ \text{s}^{-1})$$
$$= 8.0 \times 10^{-5}\ \text{mol L}^{-1}\ \text{s}^{-1} = \frac{d[Br_2]}{dt}$$

因

$$\frac{1}{-2}\frac{d[NOBr]}{dt} = \frac{1}{2}\frac{d[NO]}{dt}$$

故

$$\frac{-d[NOBr]}{dt} = \frac{d[NO]}{dt}$$
$$= 1.6 \times 10^{-4}\ \text{mol L}^{-1}\ \text{s}^{-1}\quad (莫耳/升 \cdot 秒)$$

由於化學反應速率會受溫度變化的影響，故研究動力學時，反應必須在恆溫下進行。反應速率可由反應物或生成物的濃度與時間的關係函數獲得。測定濃度的方法一般分爲化學法（Chemical method）及物理法（Physical method）。化學法往往需從反應系統定時取樣，中止反應並以化學定量分析法來測定反應物或產物的絕對濃度。常用的中止反應的方法有急速冷卻、稀釋、酸鹼中和及去除觸媒等。化學法往往需耗費較大量的試藥，操作上較不方便且費時，因此不適宜於較快反應或太昂貴反應之動力學研究。物理方法則可在不破壞或干擾反應系統的情形下，觀測反應系物理量隨時間變化的關係。數據資料可經由記錄儀或電腦印出或儲存。因此，物理方法具有方便、省時、經濟及適合研究快速反應動力學等優點。所選擇的物理性質需與反應物或產物的濃度有最簡的關係（如線性關係）。常用的物理性質有壓力、體積、折射率、導電度、電位、光譜之吸收度、旋光度及黏度等。

11－2 速率法則及反應級數

由反應速率之測定可了解影響速率的因素（如濃度、溫度、溶劑及觸媒等）及這些因素如何影響反應速率。一般而言，一個反應會選擇最合適的途徑來進行，因而會遵守某特定的法則。一個全反應的速率與其相關物種（反應物、生成物、觸媒等）的濃度的關係方程式，即爲該反應進行時所遵循的法則，稱爲速率法則（Rate law）。若一個反應的速率法則可寫爲（11－6）式，

$$r = k[A_1]^{n_1}[A_2]^{n_2}[A_3]^{n_3}\cdots \qquad (11-6)$$

則反應對 A_1 而言，其反應級數（Order）爲 n_1；對 A_2 而言，反應級數爲 n_2，依此類推。全反應的反應級數（Order of reaction）n 爲

$$n = n_1 + n_2 + n_3 + \cdots \qquad (11-7)$$

當 $n=1$ 時稱爲一級反應（First-order reaction）；$n=2$ 時稱爲二級反應（Second-order reaction）；$n=3$ 時稱爲三級反應（Third-order reaction）；$n=0$ 時稱爲零級反應（Zero-order reaction）；$n=1/2$時稱爲二分之一級反應（Half-order reaction），依此類推。在（11－6）式中，k 稱爲速率常數（Rate constant），它的單位將隨速率法則和濃度及時間的單位而不同。又因 k 相當於速率法則中各濃度項皆爲 1 時之反應速率，故亦稱爲比反應速率（Specific reaction rate）。一個反應的速率法則可能比（11－6）式複雜，如在氫與溴的反應中，其速率法則可以（11－9）式表示，

$$H_2 + Br_2 \longrightarrow 2HBr \qquad (11-8)$$

$$r = \frac{k_1[H_2][Br_2]^{1/2}}{k_2 + [HBr]/[Br_2]} \qquad (11-9)$$

在此情況下，將無法明確表示反應級數，但在特殊情況下，如反應開

始時〔HBr〕$_0$＝0，則 $r = (k_1/k_2)$〔H_2〕〔Br_2〕$^{1/2}$ 屬二分之三級反應。

【例 11－2】

溴與甲酸在水溶液中的反應可表示為

$$Br_2(aq) + HCOOH(aq) \longrightarrow 2Br^-(aq) + 2H^+(aq) + CO_2(g) \quad (11-10)$$

若在 25 ℃時其動力學數據為

t(s)	0.0	50.0	100	150	200
〔Br_2〕(M)	0.0120	0.0101	0.0085	0.0071	0.0060

t(s)	250	300	350	400
〔Br_2〕(M)	0.0050	0.0042	0.0035	0.0030

試求此反應的平均速率、瞬間速率及速率法則。

【解】

圖 11－1　溴濃度與時間的變化圖（依例 11－2）

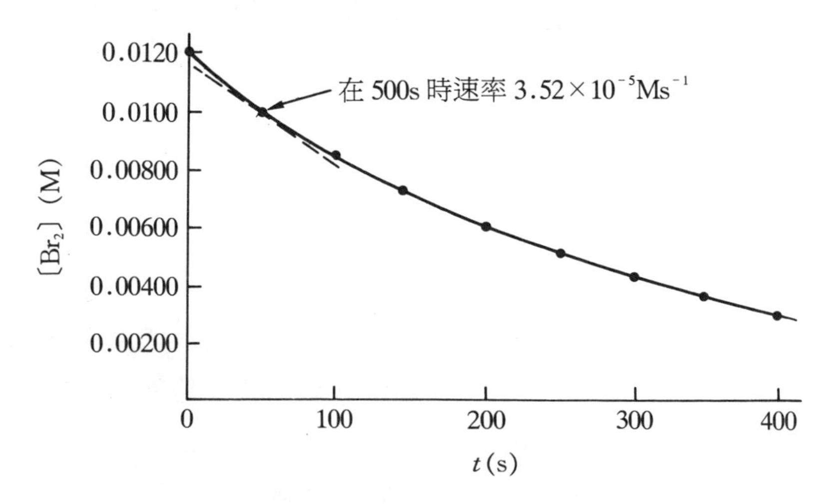

利用實驗數據以〔Br_2〕對 t 作圖可得圖 11－1。

依數據資料及圖 11－1 計算平均速率（$-\Delta[Br_2]/\Delta t$）(取某時間間隔內直線之斜率）及瞬間速率（$-d[Br_2]/dt$）(取某特定時間，求該點切線之斜率）可得下表

t (s)	〔Br_2〕(M)	平均速率 (10^{-5} M s^{-1})	瞬間速率 (10^{-5} M s^{-1})
0.0	0.0120		4.20
		3.8	
50.0	0.0101		3.52
		3.2	
100	0.0085		2.96
		2.8	
150	0.0071		2.49
		2.2	
200	0.0060		2.09
		2.0	
250	0.0050		1.75
		1.6	
300	0.0042		1.48
		1.4	
350	0.0035		1.23
		1.0	
400	0.0030		1.04

瞬間速率方可代表眞正的反應速率。若以瞬間速率對溴濃度作圖可得一直線，如圖 11－2 所示，可知此反應對溴而言是一級的。由直線的斜率可得速率常數爲 3.50×10^{-3} s^{-1}。

圖 11－2 瞬間速率與溴濃度之關係圖

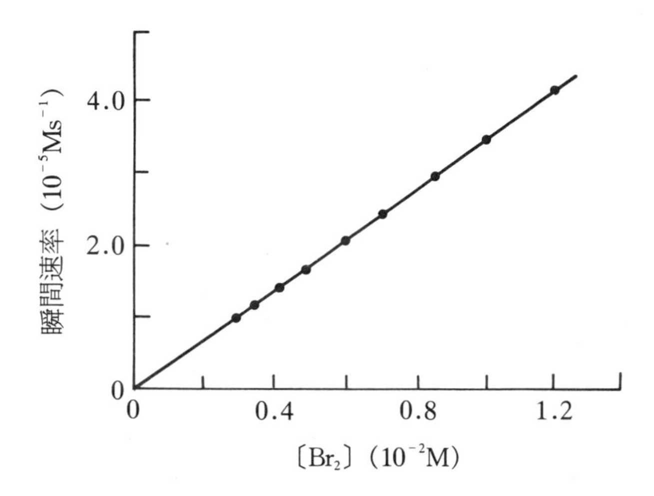

【例 11－3】

碘離子催化下，過氧化氫之分解反應為

$$2H_2O_2(aq) \xrightarrow{I} 2H_2O(l) + O_2(g)$$

若其動力學資料如下，求此反應的速率法則。

實驗	〔H_2O_2〕$_0$ (10 ^{2} M)	〔I 〕$_0$ (10) ^{3} (M)	初速率 (10 ^{7} M s ^{1})
1	1.0	2.0	2.3
2	2.0	2.0	4.6
3	3.0	2.0	6.9
4	2.0	4.0	9.2
5	1.0	6.0	6.9

【解】

由實驗數據可知初速率與 H_2O_2 及 I^- 之初濃度均成正比關係，故此反應為二級之反應，其速率法則可表示為

$$r = k[H_2O_2][I^-]$$

11－3 一級反應

在一級反應（First-order reaction）中，反應速率與反應物之濃度成正比。以（11－11）式之反應爲例，其速率法則可以（11－12）式表示。

$$A \xrightarrow{k} \text{產物} \tag{11-11}$$

$$\frac{-d[A]}{dt} = k[A] \tag{11-12}$$

在此［A］爲 A 在時間 t 時之瞬間濃度，k 稱爲一級速率常數（First-order rate constant）。若積分（11－12）式，將可獲得反應物 A 之濃度與時間之關係式。若［A］$_0$ 爲 A 之初濃度（Initial concentration），即 $t=0$ 時 A 之濃度，則（11－12）式可如下積分

$$\int_{[A]_0}^{[A]} \frac{-d[A]}{[A]} = \int_0^t kdt \tag{11-13}$$

$$-\ln[A]\Big|_{[A]_0}^{[A]} = kt\Big|_0^t \tag{11-14}$$

$$\ln\frac{[A]_0}{[A]} = kt \tag{11-15}$$

或

$$[A] = [A]_0\, e^{-kt} = [A]_0 \exp(-kt) \tag{11-16}$$

或

$$\ln[A] = \ln[A]_0 - kt \tag{11-17}$$

或

$$\log_{10}[A] = \log_{10}[A]_0 - \frac{kt}{2.303} \tag{11-18}$$

由（11－17）式可知，若以 ln［A］對 t 作圖，將可得到直線，其斜率

爲 $-k$，截距爲 $\ln[A]_0$ (圖 11－3)。若以 $\log_{10}[A]$ 對 t 作圖，則由 (11－18) 式可得直線之斜率爲 $-k/2.303$。

圖 11－3　一級反應的 ln〔A〕對 t 的關係圖

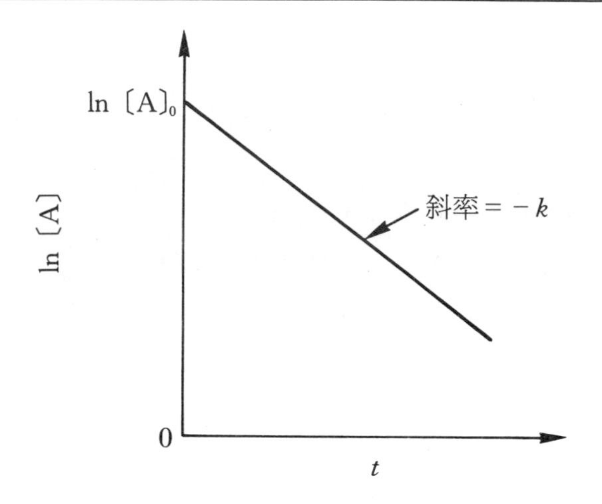

當反應物反應至剩下原來量之一半時，所需的時間稱爲半生期 (Half-life)，以 $t_{1/2}$ 表示。在 (11－17) 式中，〔A〕以 $\frac{1}{2}$〔A〕$_0$ 代入，則可得

$$t_{1/2} = \frac{1}{k}\ln\frac{[A]_0}{[A]_0/2}$$

或

$$t_{1/2} = \frac{1}{k}\ln 2 = \frac{0.693}{k} \qquad (11-19)$$

由 (11－19) 式可知一級反應的半生期與反應物濃度無關，亦即反應每減少一半量所需的時間均相同。放射性元素之蛻變爲一級反應。美國化學家李比 (Willard F. Libby) 即是利用碳－14 蛻變的一級反應動力學來追蹤考證古生物的年代。李比在 1960 年獲得諾貝爾化學獎。

若反應物 A 爲氣體，則在理想情況下，〔A〕可以壓力代替，因

$$[A] = \frac{n_A}{V} = \frac{P}{RT} \qquad (11-20)$$

代入（11－17）式可得

$$\ln\frac{[A]_0}{[A]} = \ln\frac{P_0/RT}{P/RT} = \ln\frac{P_0}{P} = kt \qquad (11-21)$$

【例 11－4】

五氧化二氮之分解反應為一級反應，若其速率常數在 45 ℃時為 5.1 $\times 10^{-4}\ s^{-1}$，

$$2N_2O_5(g) \longrightarrow 4NO_2(g) + O_2(g)$$

(a)若初濃度 $[N_2O_5]_0 = 0.25$ M，求 200 秒時 N_2O_5 之濃度。

(b)求 60％之 N_2O_5 反應掉所需之時間。

(c)求此反應之半生期。

【解】

(a)由

$$\ln\frac{[N_2O_5]_0}{[N_2O_5]} = kt$$

可得

$$\ln\frac{0.25\ M}{[N_2O_5]} = (5.1\times 10^{-4}\ s^{-1})(200\ s)$$

$$\frac{0.25\ M}{[N_2O_5]} = e^{0.102} = 1.11$$

$$\therefore [N_2O_5] = 0.23\ M \quad (\text{莫耳 / 升})$$

(b)

$$\frac{[N_2O_5]}{[N_2O_5]_0} = \frac{1-0.60}{1} = 0.40$$

$$t = \frac{1}{k}\ln\frac{[N_2O_5]_0}{[N_2O_5]} = \frac{1}{5.1\times 10^{-4}\ s^{-1}}\ln\frac{1.0}{0.40} = 1.8\times 10^3\ s\ (\text{秒})$$

(c)

$$t_{1/2} = \frac{0.693}{k} = \frac{0.693}{5.1\times 10^{-4}\ s^{-1}} = 1.4\times 10^3\ s\ (\text{秒})$$

【例 11－5】

偶氮甲烷（$CH_3N = NCH_3$）之分解反應在 300 ℃之動力學資料如下：

$$CH_3 - N = N - CH_3 \longrightarrow N_2(g) + C_2H_6(g)$$

t (s)	0	100	150	200	250	300
偶氮甲烷分壓 (torr)	284	220	193	170	150	132

試問此反應是否爲一級反應？若是的話，求此反應的速率常數。

【解】

設偶氮甲烷之分壓爲 P_A，以 $\ln P_A$對 t 作圖可得一直線（圖 11－4），故此反應爲一級反應。又直線的斜率爲 $-2.55\times10^{-3}\,s^{-1}$，故

$$k = 2.55 \times 10^{-3}\,s^{-1}\ (1/秒)$$

圖 11－4　偶氮甲烷分解反應之 $\ln P_A$ 對 t 圖

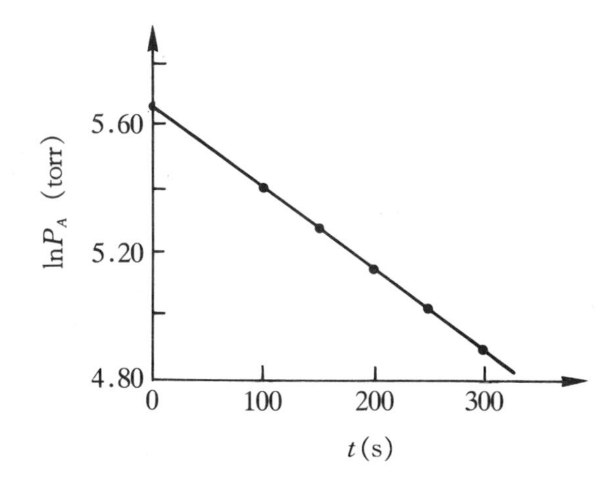

【例 11－6】

有一古樹的樣本，測得其^{14}C 放射線活性爲 10.0 dpm g^{-1}。若目前全世界活的樹木的^{14}C 放射線活性的平均值爲 15.3 dpm g^{-1}，求此古樹的年代。（^{14}C 之半生期爲 5730 年）

【解】

設^{14}C原子核數目爲 N，則

$$\ln \frac{N_0}{N} = kt$$

因放射線活性與放射性原子核數目成正比，故

$$\ln \frac{15.3 \text{ dpm g}^{-1}}{10.0 \text{ dpm g}^{-1}} = \frac{0.693}{5730 \text{ yr}} t$$

$$t = 3.52 \times 10^3 \text{ yr}（年）$$

11－4 二級反應

在二級反應（Second-order reaction）中，反應速率與某一反應物濃度的平方成正比或與二個反應物的濃度乘積成正比。

(1)若反應式爲 $2A \xrightarrow{k}$ 產物，其速率法則爲

$$\frac{-d[A]}{dt} = k[A]^2 \tag{11-22}$$

設 $[A]_0$ 爲 A 之初濃度，$[A]$ 爲反應 t 時間後 A 之濃度，則將（11－22）式重排可得

$$\frac{-d[A]}{[A]^2} = kdt \tag{11-23}$$

積分後可得（11－24）式。

$$\frac{1}{[A]} - \frac{1}{[A]_0} = kt \tag{11-24}$$

若以 $1/[A]$ 對 t 作圖，則可得一直線（圖 11－5），其斜率爲 k，截距爲 $1/[A]_0$。

若 $[A] = \frac{1}{2}[A]_0$ 代入（11－24）式中，則可得半生期 $t_{1/2}$。由

$$t_{1/2} = \frac{1}{k[A]_0} \tag{11-25}$$

圖 11－5　二級反應之1/〔A〕對 t 圖

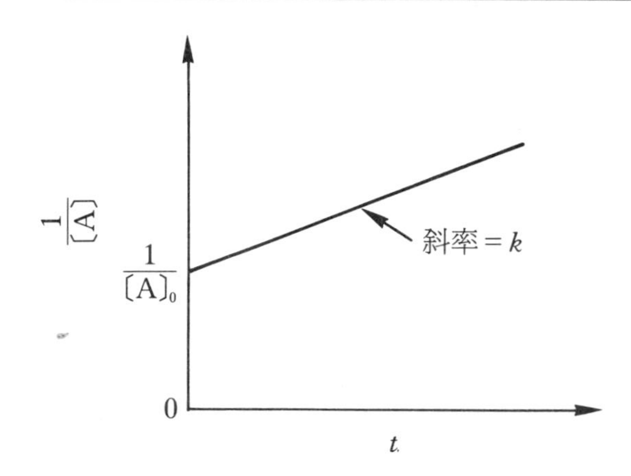

（11－25）式可知此二級反應的半生期與反應物之初濃度成反比關係，即半生期將愈來愈長，有別於一級反應的半生期。

⑵若反應式為 $aA + bB \xrightarrow{k}$ 產物，其速率法則為

$$\frac{-d[A]}{adt} = -\frac{1}{b}\frac{d[B]}{dt} = k[A][B] \qquad (11-26)$$

若 $b[A]_0 = a[B]_0$，則（11－26）式將可簡化為（11－22）式。

若 $b[A]_0 \neq a[B]_0$，則（11－26）式可積分如下：

設 $x = [A]_0 - [A]$，則 $[B] = [B]_0 - (bx/a)$ 且 $d[A]/dt = -dx/dt$，（11－26）式可改寫為（11－27）式

$$\frac{dx}{dt} = k([A]_0 - x)(a[B]_0 - bx) \qquad (11-27)$$

$$\frac{dx}{([A]_0 - x)(a[B]_0 - bx)} = kdt \qquad (11-28)$$

應用部分分數法（Method of partial fractions）可得

$$\frac{1}{a[B]_0 - b[A]_0}\left(\frac{dx}{[A]_0 - x} - \frac{bdx}{a[B]_0 - bx}\right) = kdt \qquad (11-29)$$

積分（11－29）式可得

$$\frac{1}{a[B]_0 - b[A]_0}\left(\ln\frac{[A]_0}{[A]_0 - x} + \ln\frac{a[B]_0 - bx}{a[B]_0}\right) = kt \qquad (11-30)$$

即

$$\frac{1}{a[B]_0 - b[A]_0}\ln\frac{[A]_0[B]}{[A][B]_0} = kt \qquad (11-31)$$

若 $a=b=1$，(11－31) 式可簡化為

$$\ln\frac{[A]_0[B]}{[A][B]_0} = ([B]_0 - [A]_0)\,kt \qquad (11-32)$$

或

$$\ln\frac{[B]}{[A]} = \ln\frac{[B]_0}{[A]_0} + ([B]_0 - [A]_0)kt \qquad (11-33)$$

由 (11－31) 式可知，若以 $\ln\frac{[A]_0[B]}{[A][B]_0}$或 $\ln\frac{[B]}{[A]}$對 t 作圖，可得一直線，其斜率為$(a[B]_0 - b[A]_0)k$。

【例 11－7】

自由基·ClO 之分解反應為二級反應。試利用下列之動力學資料，計算其速率常數。

$$2\cdot ClO(g) \longrightarrow Cl_2(g) + O_2(g)$$

t (10^{-3} s)	0.12	0.62	0.96	3.20	4.00	5.75
[ClO] (10^{-6} M)	8.49	8.09	7.10	5.20	4.77	3.95

【解】

以1/[ClO]對 t 作圖，可得圖 11－6，由直線斜率可計算其速率常數為 $2.35\times10^{7}\ M^{-1}\,s^{-1}$。

圖 11－6　1/〔ClO〕對 t 圖

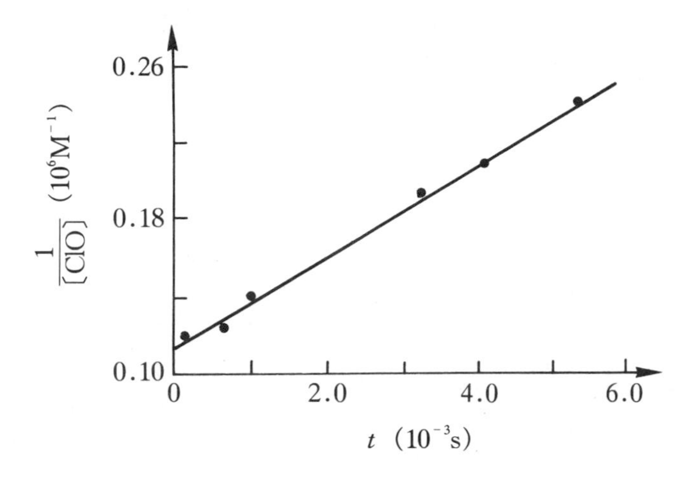

【例 11－8】

醋酸乙酯（$CH_3COOC_2H_5$）在鹼性水溶液之水解反應爲二級反應，在〔NaOH〕$_0$＝0.00980 M，〔$CH_3COOC_2H_5$〕$_0$＝0.00486 M 及 25 ℃下，所獲得之數據列於下表，試求其速率常數。

$$CH_3COOC_2H_5 + OH^- \longrightarrow CH_3COO^- + C_2H_5OH$$

t (s)	〔NaOH〕$(10^{-2}$ M)	〔$CH_3COOC_2H_5$〕$(10^{-2}$ M)	k $(M^{-1}s^{-1})$
0	9.80	4.86	–
178	8.92	3.98	0.108
273	8.64	3.70	0.109
531	7.92	2.97	0.106
866	7.24	2.30	0.104
1510	6.45	1.51	0.101
1918	6.03	1.09	0.106
2410	5.74	0.80	0.107

【解】

設〔A〕=〔NaOH〕,〔B〕=〔$CH_3COOC_2H_5$〕,則將$〔A〕_0$,$〔B〕_0$,〔A〕,〔B〕及 t 之值代入(11－32)式,可計算 k 值,列於上表最右一欄。由計算結果可知 k 值為一常數,取其平均值可得 $k = 0.106\ M^{-1}\ s^{-1}$(莫耳／升·秒)。

利用(11－32)式,以 $\log\frac{〔A〕〔B〕_0}{〔A〕_0〔B〕}$ 對 t 作圖,可得一直線(圖 11－7),其斜率 $2.29\times10^{-4}\ s^{-1} = (〔A〕_0 - 〔B〕_0)\ k/2.303$,計算可得 $k = 0.107\ M^{-1}\ s^{-1}$(莫耳／升·秒)。

圖 11－7 醋酸乙酯水解之動力學圖解

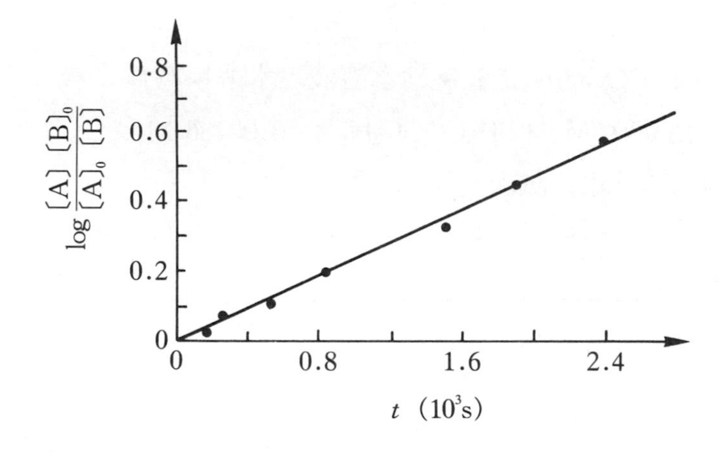

11－5 三級反應

在三級反應(Third-order reaction)中,反應速率與反應物濃度的三次方成正比。此類反應較一級及二級反應少,因涉及三個分子之同時碰撞,其發生的機率較小。不過,有些氣相反應屬三級反應,如一氧化氮與氯、溴、氧或氫之反應。

$$2NO + Cl_2 \longrightarrow 2NOCl$$

$$2NO + Br_2 \longrightarrow 2NOBr$$

$$2NO + O_2 \longrightarrow 2NO_2$$

$$2NO + H_2 \longrightarrow N_2O + H_2O$$

茲介紹三種三級反應的類型：

(1)若反應爲 $3A \xrightarrow{k}$ 產物，其速率法則爲

$$\frac{-d[A]}{dt} = k[A]^3 \qquad (11-34)$$

則（11－34）式可積分如下：

設 $[A]_0$ 爲 A 之初濃度，[A] 爲時間 t 時 A 之濃度，改寫（11－34）式爲（11－35）式。

$$\frac{-d[A]}{[A]^3} = kdt \qquad (11-35)$$

積分（11－35）式可得

$$\int_{[A]_0}^{[A]} \frac{-d[A]}{[A]^3} = \int_0^t kdt \qquad (11-36)$$

$$\frac{1}{[A]^2} - \frac{1}{[A]_0^2} = 2kt \qquad (11-37)$$

或

$$\frac{1}{[A]^2} = \frac{1}{[A]_0^2} + 2kt \qquad (11-38)$$

若以 $1/[A]^2$ 對 t 作圖，可得一直線，斜率爲 $2k$，截距爲 $1/[A]_0^2$，如圖 11－8 所示。速率常數 k 之單位爲 $M^{-2}s^{-1}$。

若 $[A] = \frac{1}{2}[A]_0$ 代入（11－37）式，則可得半生期 $t_{1/2}$，（11－39）式。

$$t_{1/2} = \frac{3}{2k[A]_0^2} \qquad (11-39)$$

圖 11－8 三級反應之 $1/[A]^2$ 對 t 之圖

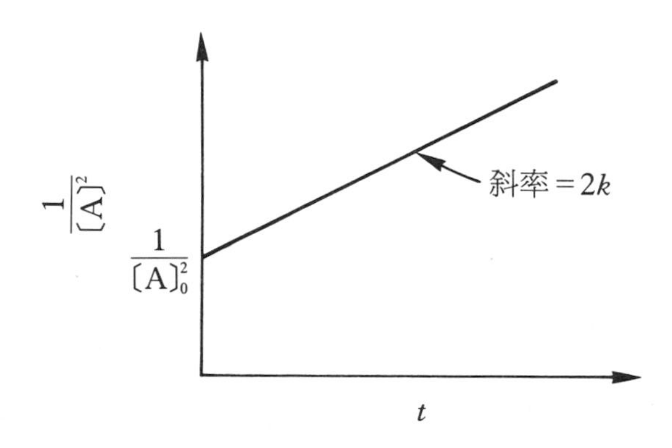

由（11－39）式可知此類型之三級反應的半生期與反應物初濃度的平方成反比關係。

(2)若反應為 $2A+B \xrightarrow{k}$ 產物，其速率法則為

$$\frac{-d[A]}{2dt}=\frac{-d[B]}{dt}=k[A]^2[B] \qquad (11-40)$$

則（11－40）式可積分如下：

設 $[A]_0$ 及 $[B]_0$ 分別為 A 及 B 之初濃度，而反應時間 t 時 B 濃度減少量為 x，即 $[A]=[A]_0-2x$，$[B]=[B]_0-x$，則（11－40）式可改寫為

$$\frac{dx}{dt}=k([A]_0-2x)^2([B]_0-x) \qquad (11-41)$$

移項重排可得

$$\frac{dx}{([A]_0-2x)^2([B]_0-x)}=kdt \qquad (11-42)$$

以部分分數法，積分（11－42）式可得

$$\frac{1}{2[B]_0-[A]_0}\left(\frac{1}{[A]}-\frac{1}{[A]_0}\right)+\frac{1}{(2[B]_0-[A]_0)^2}\ln\frac{[A][B]_0}{[A]_0[B]}=kt \qquad (11-43)$$

(3)若反應為 $A+B+C \xrightarrow{k}$ 產物，其速率法則為

$$\frac{-d[A]}{dt} = k[A][B][C] \qquad (11-44)$$

則（11－44）式可積分如下：

設〔A〕$_0$、〔B〕$_0$，及〔C〕$_0$ 分別爲 A、B 及 C 之初濃度，而時間 t 時之濃度改變量爲 x，即

$$x = [A]_0 - [A] = [B]_0 - [B] = [C]_0 - [C]$$

則（11－44）式可改寫爲

$$\frac{dx}{dt} = k([A]_0 - x)([B]_0 - x)([C]_0 - x) \qquad (11-45)$$

移項重排可得

$$\frac{dx}{([A]_0 - x)([B]_0 - x)([C]_0 - x)} = kdt \qquad (11-46)$$

以部分分數法，積分（11－46）式可得

$$([B]_0 - [C]_0)\ln\frac{[A]}{[A]_0} + ([C]_0 - [A]_0)\ln\frac{[B]}{[B]_0}$$
$$+ ([A]_0 - [B]_0)\ln\frac{[C]}{[C]_0}$$
$$= ([A]_0 - [B]_0)([B]_0 - [C]_0)([C]_0 - [A]_0)kt \qquad (11-47)$$

11－6　零級反應及 n 級反應

在零級反應（Zero-order reaction）中，反應速率與反應物的濃度無關。此種情形的發生，可能由於濃度以外的因素來限制反應速率，例如，在光化學反應中，光的強度可能限制其反應速率。有些催化反應（Catalytic reaction）之反應速率受到觸媒（Catalyst）的控制，反應速率只與觸媒濃度有關，而與反應物濃度無關。

零級反應的速率法則爲

$$\frac{-d[A]}{dt}=k \qquad (11-48)$$

設反應物 A 之初濃度爲〔A〕$_0$，反應時間 t 時之濃度爲〔A〕，則積分 (11－48) 式可得

$$[A]=[A]_0-kt \qquad (11-49)$$

由 (11－49) 式可知以〔A〕對 t 作圖，可得一直線，其斜率爲 k，截距爲〔A〕$_0$，如圖 11－9 所示。速率常數 k 的單位爲 M s^{-1}。

圖 11－9　零級反應的〔A〕對 t 之圖

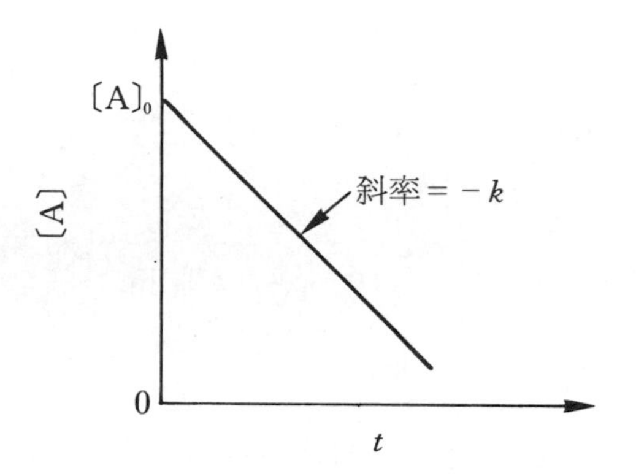

若以$[A]=\frac{1}{2}[A]_0$代入 (11－49) 式，則可得半生期$t_{1/2}$，(11－50) 式。

$$t_{1/2}=\frac{[A]_0}{2k} \qquad (11-50)$$

由 (11－50) 式可知，零級反應之半生期與反應物的初濃度成正比。

反應速率若與反應物濃度之 n 次方成正比的反應，通稱爲 n 級反應 (nth-order reaction)。若反應之速率法則爲

$$\frac{-d[A]}{dt}=k[A]^n \qquad \left(n=\frac{1}{2},1,\frac{3}{2},2,3\cdots\right) \qquad (11-51)$$

(11－51) 式可移項重排爲

$$\frac{-d[\mathrm{A}]}{[\mathrm{A}]^n}=kdt \qquad (11-52)$$

若 $n\neq1$，則（11－52）式可積分而得一通式

$$\frac{1}{n-1}\left(\frac{1}{[\mathrm{A}]^{n-1}}-\frac{1}{[\mathrm{A}]_0{}^{n-1}}\right)=kt \quad (n\neq1) \qquad (11-53)$$

或

$$\frac{1}{[\mathrm{A}]^{n-1}}=(n-1)kt+\frac{1}{[\mathrm{A}]_0{}^{n-1}} \quad (n\neq1) \qquad (11-54)$$

若以 $1/[\mathrm{A}]^{n-1}$ 對 t 作圖，可得一直線，其斜率爲 $(n-1)k$，其截距爲 $1/[\mathrm{A}]_0{}^{n-1}$。速率常數 k 之單位爲 $\mathrm{M}^{1-n}\mathrm{s}^{-1}$。

若以 $[\mathrm{A}]=\frac{1}{2}[\mathrm{A}]_0$ 代入（11－53）式，則可得半生期 $t_{1/2}$，（11－55）式。

$$t_{1/2}=\frac{2^{n-1}-1}{(n-1)k}\left(\frac{1}{[\mathrm{A}]_0{}^{n-1}}\right) \quad (n\neq1) \qquad (11-55)$$

11－7　反應級數之決定

在前面介紹一些典型反應級數的反應動力學及其特徵。在介紹時均先假設已知反應的級數及速率法則，然後再討論數據之處理方法。實際上，一個反應的速率法則及級數並無法事先確定，而必須由動力學實驗數據來決定之。一般決定反應級數的方法及步驟可歸納如下：

(a)**積分法（Method of integration）**

先假設反應符合某種典型級數的速率法則，然後依其積分式，將實驗數據逐一代入計算，看所得之 k 值是否爲常數，若是的話，則該反應之級數符合所假設的級數。若 k 值不是常數，則應再找尋另外的反應級數，重新再試。利用積分法處理動力學數據又可分爲以下的三

個方法：

(1)表列法（Tabular method）

將實驗數據逐一代入計算，將所得之 k 值列表，若 k 值相近，則取其平均值（參考例 11－8）。

(2)繪圖法（Graphical method）

將實驗數據逐一代入相關之函數計算其值後與時間作圖，若可獲得符合積分式所預期的圖形，通常為直線，則可從直線之斜率計算速率常數，例如，

一級反應：以 $\ln[A]$ 對 t 作圖

二級反應：以 $\dfrac{1}{[A]}$ 對 t 作圖

（參考例 11－8）。

(3)半生期法

因利用積分式可得半生期之方程式，故若知道反應之半生期，則可利用相關的方程式計算速率常數，例如，

一級反應：以（11－19）式計算。

二級反應：以（11－25）式計算。

(b)**微分法（Differential method）**

在微分法裡，利用實驗資料求得不同濃度時之瞬間反應速率，然後去找尋速率與濃度之關係。若實驗獲得之資料如下：

濃度	$[A]_0$	$[A]_1$	$[A]_2$	……
瞬間速率	r_0	r_1	r_2	……

設速率法則為

$$r = k[A]^n \tag{11-56}$$

兩邊取對數可得

$$\ln r = \ln k + n\ln[A] \qquad (11-57)$$

由(11－57)式可知，若以 $\ln r$ 對 $\ln[A]$作圖，可得一直線，其斜率即爲反應級數 n。而由其截距可計算其速率常數 k。如圖 11－10 所示。

圖 11－10　$\ln r$ 對 $\ln[A]$之圖

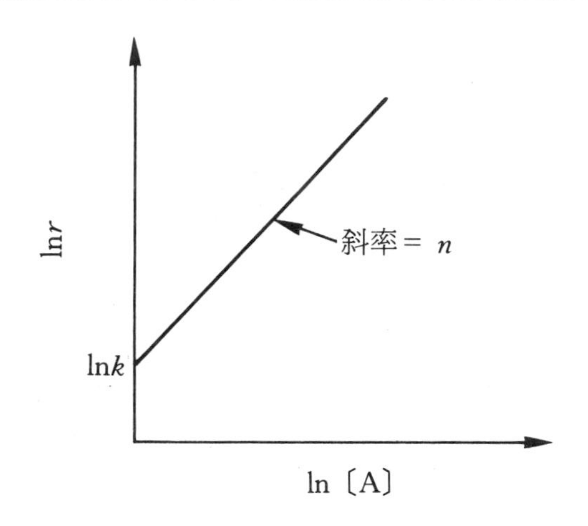

在微分法中，最常用的是初速率法（Initial-rate method），即是改變反應物濃度而測其反應剛開始時的速率。（11－56）式及（11－57）式可寫成

$$r_0 = k[A]_0^n \qquad (11-58)$$

$$\ln r_0 = \ln k + n\ln[A]_0 \qquad (11-59)$$

若速率法則爲

$$r = k[A]^n[B]^m \qquad (11-60)$$

則在使用初速率法時，可先固定某一反應物如 B 的濃度不變，而只改變 A 之濃度，則（11－60）式可寫成

$$r_0 = (k[B]_0^m)[A]_0^n \qquad (11-61)$$

因 $k[B]_0^m$ 一定，故可利用上法求得 A 之反應級數 n，而 B 之反應級數可利用類似方法獲得，即固定 A 之濃度而改變 B 之濃度（參考例

11－3)。

除上述方法外，還有一個經常使用的方法，稱爲孤立法（Isolation method)。此法往往用於簡化一個複雜的速率法則，使其變成爲簡單而易於處理的速率法則。在孤立法中，除了所要決定反應級數的反應物外，其餘的反應物均用計量比的大量，使得這些大量的反應物在反應中的濃度幾乎維持不變，如此就可將小量的反應物孤立起來而可決定其反應級數。例如，反應的速率法則爲

$$r = k[A]^{n_1}[B]^{n_2}[C]^{n_3} \tag{11-62}$$

若$[B]_0 \gg [A]_0$，$[C]_0 \gg [A]_0$，則（11－62）式可寫爲

$$r = (k[B]_0^{n_2}[C]_0^{n_3})[A]^{n_1} = k_{obs}[A]^{n_1} \tag{11-63}$$

如此，則 A 被孤立起來，而可用上述的積分法或微分法來決定 A 的級數。可用類似方法來孤立 B 或 C 而決定其級數。在此種情形下，所獲得的速率常數並非眞正的速率常數。以（11－63）式爲例，若 $n_1 = 1$ 則 k_{obs}稱爲僞一級速率常數（Pseudo-first-order rate constant)，若 $n_1 = 2$ 則稱爲僞二級速率常數（Pseudo-second-order rate constant）……等等。

【例 11－9】

$3H_2O_2 + BrO_3^- \longrightarrow Br^- + 3O_2 + 3H_2O$ 反應之動力學資料列於下表：

實驗	$[H^+]_0$ (M)	$[BrO_3^-]_0$(M)	$[H_2O_2]_0$(M)	$(-d[BrO_3^-]/dt)_0$ $(10^{-7}$ M s$^{-1})$
1	0.10	0.0059	0.036	9
2	0.10	0.0117	0.036	19
3	0.120	0.0098	0.039	20
4	0.120	0.0098	0.077	40
5	0.120	0.0049	0.036	9
6	0.240	0.0049	0.036	18

7	0.240	0.0049	0.036	18
8	0.360	0.0049	0.036	28

【解】

由實驗資料，可假設此反應之速率法則為

$$r = \frac{-d[BrO_3^-]}{dt} = k[H^+]^{n_1}[BrO_3^-]^{n_2}[H_2O_2]^{n_3}$$

或

$$\log r = \log k + n_1\log[H^+] + n_2\log[BrO_3^-] + n_3\log[H_2O_2]$$

利用初速率法，由實驗 1 及 2 可得

$$\log 19 - \log 9 = n_2(\log 0.0117 - \log 0.0059)$$

即

$$n_2 = 1.08$$

由實驗 6 及 7 亦可得 n_2 為 1。

由實驗 3 及 4 可得

$$\log 40 - \log 20 = n_3(\log 0.077 - \log 0.039)$$

即

$$n_3 = 1$$

由實驗 7 及 8 可得

$$\log 28 - \log 18 = n_1(\log 0.36 - \log 0.24)$$

即

$$n_1 = 1.09$$

由此可知，此反應之速率法則為

$$r = \frac{-d[BrO_3^-]}{dt} = k[H^+][BrO_3^-][H_2O_2]$$

速率常數 k 可由下式計算獲得

$$k = \frac{(-d[BrO_3^-]/dt)_0}{[H^+]_0[BrO_3^-]_0[H_2O_2]_0}$$

11－8 複雜反應

以動力學而言，化學反應可分爲基礎反應（Elementary reaction）及複雜反應（Complex reaction）。基礎反應爲一個單一步驟的反應，即一個反應由反應物直接反應變成生成物，而過程中沒有中間物（Intermediate）產生。在基礎反應中，參與反應的分子的數目稱爲分子數（Molecularity）。分子數爲 1 的基礎反應稱爲單分子反應（Unimolecular reaction）。分子數爲 2 的基礎反應稱爲雙分子反應（Bimolecular reaction），而分子數爲 3 的基礎反應稱爲叁分子反應（Trimolecular reaction）。在基礎反應中，反應的級數與分子數相等。因此，單分子反應必爲一級反應，而雙分子反應必爲二級反應。在複雜反應中，反應過程將不只一個步驟，也可能產生中間物。一般複雜反應可分爲平行反應（Parallel reactions），連續反應（Consecutive reactions），可逆反應（Reversible reactions）或這些反應之組合等。茲分別討論之。

11－8－1 平行反應

在平行反應中，同樣的反應物同時經由不同的反應步驟或途徑而產生不同的產物。以簡單的一級反應爲例，二個一級平行反應（Parallel first-order reaction）可表示爲

$$A \xrightarrow{k_b} B \qquad (11-64)$$

$$A \xrightarrow{k_c} C \qquad (11-65)$$

設 A 之初濃度爲 $[A]_0$，反應時間 t 時 A 之濃度爲 $[A]$，則速率方程

式可寫為

$$\frac{-d[A]}{dt} = k_b[A] + k_c[A] = (k_b + k_c)[A] \qquad (11-66)$$

積分（11－66）式可得

$$\ln\frac{[A]_0}{[A]} = (k_b + k_c)t \qquad (11-67)$$

$$[A] = [A]_0 e^{-(k_b+k_c)t} \qquad (11-68)$$

B 之生成速率方程式為

$$\frac{d[B]}{dt} = k_b[A] = k_b[A]_0 e^{-(k_b+k_c)t} \qquad (11-69)$$

積分（11－69）式可得

$$[B] = \frac{k_b[A]_0}{k_b + k_c}[1 - e^{-(k_b+k_c)t}] \qquad (11-70)$$

又

$$[A]_0 = [A] + [B] + [C] \qquad (11-71)$$

故將（11－68）式及（11－70）式代入（11－71）式可得

$$[C] = \frac{k_c[A]_0}{k_b + k_c}[1 - e^{-(k_b+k_c)t}] \qquad (11-72)$$

當 $t\to\infty$時 $[B]=k_b[A]_0/(k_b+k_c)$ 而 $[C]=k_c[A]_0/(k_b+k_c)$。在反應中 $\Delta[B]/\Delta[C]=k_b/k_c$。平行反應在有機化學上有不少實例，例如酚之硝化可生成鄰－及對－硝基酚。

$$C_6H_5OH + HNO_3 \longrightarrow o\text{-}C_6H_4(OH)NO_2 + H_2O \qquad (11-73)$$

$$C_6H_5OH + HNO_3 \longrightarrow p\text{-}C_6H_4(OH)NO_2 + H_2O \qquad (11-74)$$

11－8－2 連續反應

在連續反應中，反應係以階段式來完成，即第一步驟反應所產生的生成物（中間物），可能變成第二步驟反應的反應物，而其反應所產生的生成物也可能再繼續反應，如此連續下去直到產生最後產物為止。舉簡單的連續一級反應（Consecutive first-order reaction）為例

$$A \xrightarrow{k_1} B \xrightarrow{k_2} C \tag{11-75}$$

設開始時，$[A]_0 \neq 0$，$[B]_0 = [C]_0 = 0$，則任何時間下

$$[A]_0 = [A] + [B] + [C] \tag{11-76}$$

$$\frac{d[A]}{dt} = -k_1[A] \tag{11-77}$$

$$\frac{d[B]}{dt} = k_1[A] - k_2[B] \tag{11-78}$$

$$\frac{d[C]}{dt} = k_2[B] \tag{11-79}$$

積分（11－77）式可得

$$[A] = [A]_0 e^{-k_1 t} \tag{11-80}$$

將（11－80）式代入（11－78）式中，積分可得

$$[B] = \frac{k_1[A]_0}{k_2 - k_1}(e^{-k_1 t} - e^{-k_2 t}) \tag{11-81}$$

將（11－80）式及（11－81）式代入（11－76）式，可得

$$[C] = [A]_0\left[1 + \frac{1}{k_1 - k_2}(k_2 e^{-k_1 t} - k_1 e^{-k_2 t})\right] \tag{11-82}$$

A，B 及 C 之濃度與時間的關係將受 k_1 及 k_2 值的影響，設 $[A]_0$ = 1 M，$[B]_0 = [C]_0 = 0$ M，$k_1 = 0.1\ s^{-1}$，$k_2 = 0.05\ s^{-1}$，則 [A]，[B]，[C] 對 t 的圖形如圖 11－11(a)所示，若 $k_1 = 0.1\ s^{-1}$，$k_2 = 1.0\ s^{-1}$，則如圖 11－11(b)所示。在此 B 為一中間物，當 B 反應性不高時，

圖 11－11　連續一級反應 $A \xrightarrow{k_1} B \xrightarrow{k_2} C$ 其濃度對時間的關係圖。$[A]_0 = 1$ M，$[B]_0 = [C]_0 = 0$ M，$k_1 = 0.1\ s^{-1}$，$k_2 =$ (a) $0.05\ s^{-1}$；(b) $1\ s^{-1}$。

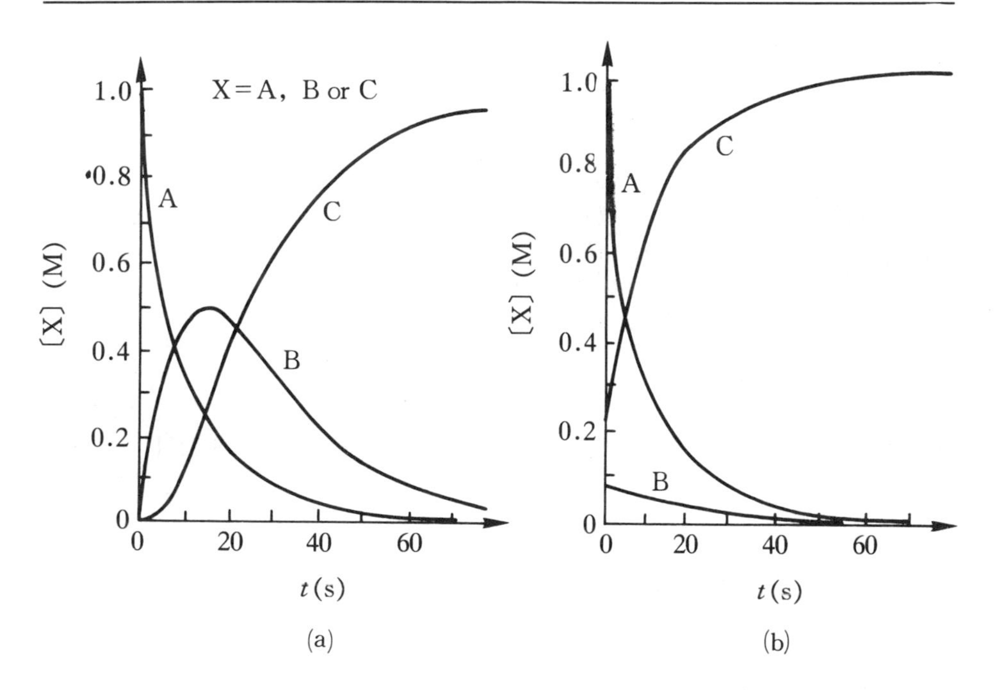

則可看到〔B〕有一極大值；當 B 反應性很高，非常不穩定時，則〔B〕一直維持相當低的值，甚至可忽略，此時 $d[B]/dt \approx 0$，而這個反應看起來像 $A \xrightarrow{k_1} C$。在這種情形下，B 將處於一恆定狀態(Steady state)，而 B 之恆定狀態濃度可以下式獲得

$$\frac{d[B]}{dt} = k_1[A] - k_2[B] \approx 0 \tag{11－83}$$

$$[B]_S = \frac{k_1[A]}{k_2} \tag{11－84}$$

在 11－11(a)圖中，〔B〕的極大值可用（11－81）式求得，即微分（11－81）式並令 $d[B]/dt = 0$，可得

$$-k_1 e^{-k_1 t} + k_2 e^{-k_2 t} = 0 \tag{11－85}$$

取對數得

$$t_{\max} = \frac{\ln(k_2/k_1)}{k_2 - k_1} \qquad (11-86)$$

將（11－86）式代入（11－81）式，可得〔B〕的極大值

$$[B]_{\max} = [A]_0\left(\frac{k_1}{k_2}\right)^{\frac{k_2}{k_2-k_1}} \qquad (11-87)$$

最具代表性的連續一級反應為放射性原子核的衰變反應，如$^{238}U \longrightarrow {}^{234}Th \longrightarrow {}^{234}Pa \longrightarrow {}^{234}U$。另外，丙二酸乙酯的酸催化水解反應，也可視為連續一級反應。

$$CH_2(COOC_2H_5)_2 + H_2O \xrightarrow{H^+} CH_2COOH(COOC_2H_5) + C_2H_5OH \qquad (11-88)$$

$$CH_2COOH(COOC_2H_5)_2 + H_2O \xrightarrow{H^+} CH_2(COOH)_2 + C_2H_5OH \qquad (11-89)$$

11－8－3 可逆反應

在前面所介紹的反應類型均假設為不可逆的，但事實上，反應多少會有逆反應發生，除非平衡常數為無限大。在可逆反應中，反應之初，逆反應不重要而可忽略，但隨著反應的進行，產物的濃度逐漸增加，而逆反應也因而逐漸重要，影響到正向反應的進行。當正逆兩向之反應速率相等時，淨反應速率（Net reaction rate）等於零，反應即達平衡。可逆一級反應（Reversible first-order reaction）為最簡單的可逆反應，它可表示如下：

$$A \underset{k_r}{\overset{k_f}{\rightleftharpoons}} B \qquad (11-90)$$

其正向反應（Forward reaction）為 $A \xrightarrow{k_f} B$，速率方程式為

$$\left(\frac{d[A]}{dt}\right)_f = -k_f[A] \qquad (11-91)$$

其逆向反應（Reverse or Backward reaction）爲 B $\xrightarrow{k_r}$ A，速率方程式爲

$$\left(\frac{d[\mathrm{A}]}{dt}\right)_r = k_r[\mathrm{B}] \tag{11-92}$$

（11－91）式加（11－92）式等於淨反應速率

$$\frac{d[\mathrm{A}]}{dt} = -k_f[\mathrm{A}] + k_r[\mathrm{B}] \tag{11-93}$$

設開始時 A 之初濃度爲 $[\mathrm{A}]_0$，B 之初濃度爲零；時間 t 時 A 及 B 之濃度分別爲 [A] 及 [B]；平衡時，A 及 B 之濃度分別爲 $[\mathrm{A}]_{eq}$ 及 $[\mathrm{B}]_{eq}$；平衡常數 $K = [\mathrm{B}]_{eq}/[\mathrm{A}]_{eq}$。在任何時間

$$[\mathrm{A}]_0 = [\mathrm{A}] + [\mathrm{B}] \tag{11-94}$$

將（11－94）式代入（11－93）式可得

$$\begin{aligned}\frac{d[\mathrm{A}]}{dt} &= -k_f[\mathrm{A}] + k_r([\mathrm{A}]_0 - [\mathrm{A}]) \\ &= k_r[\mathrm{A}]_0 - (k_f + k_r)[\mathrm{A}]\end{aligned} \tag{11-95}$$

平衡時，

$$\frac{[\mathrm{B}]_{eq}}{[\mathrm{A}]_{eq}} = \frac{[\mathrm{A}]_0 - [\mathrm{A}]_{eq}}{[\mathrm{A}]_{eq}} = \frac{k_f}{k_r} = K \tag{11-96}$$

由（11－96）式可得

$$[\mathrm{A}]_{eq} = \frac{k_r}{k_f + k_r}[\mathrm{A}]_0 \tag{11-97}$$

由（11－95）式及（11－97）式可得

$$\frac{d[\mathrm{A}]}{dt} = -(k_f + k_r)([\mathrm{A}] - [\mathrm{A}]_{eq}) \tag{11-98}$$

積分（11－98）式可得

$$-\int_{[\mathrm{A}]_0}^{[\mathrm{A}]} \frac{d[\mathrm{A}]}{[\mathrm{A}] - [\mathrm{A}]_{eq}} = (k_f + k_r)\int_0^t dt \tag{11-99}$$

$$\ln\frac{[\mathrm{A}]_0 - [\mathrm{A}]_{eq}}{[\mathrm{A}] - [\mathrm{A}]_{eq}} = (k_f + k_r)t \tag{11-100}$$

由（11－100）式及（11－94）式可得

$$〔A〕=\frac{k_f〔A〕_0}{k_f+k_r}〔1+\frac{k_f}{k_r}e^{-(k_f+k_r)t}〕 \quad (11-101)$$

$$〔B〕=\frac{k_f〔A〕_0}{k_f+k_r}〔1-e^{(-k_f+k_r)t}〕 \quad (11-102)$$

由（11－101）式及（11－102）式亦可獲得 A 及 B 到達平衡點之變化量的一半所需的時間，即 $〔A〕=(〔A〕_0+〔A〕_{eq})/2$ 及 $〔B〕=〔B〕_{eq}/2$ 之時間均為 $0.693/(k_f+k_r)$，如圖 11－12 所示。

圖 11－12　可逆一級反應 $A \underset{k_r}{\overset{k_f}{\rightleftharpoons}} B$ 其濃度對時間之關係圖。
$k_f=3\ s^{-1}$，$k_r=1\ s^{-1}$。

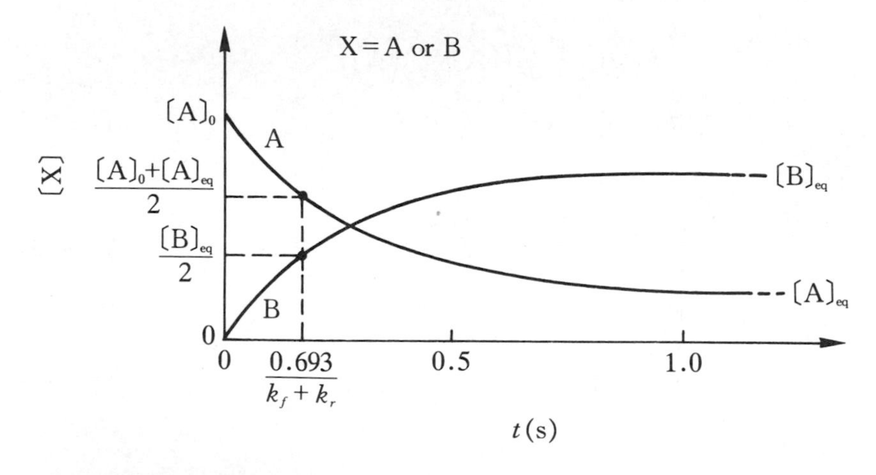

由動力學可獲得 k_f+k_r 之值，而由熱力學可得平衡常數 $K=k_f/k_r$ 之值。因此，k_f 及 k_r 之值可分別計算獲得。二甲基環丙烷之順式及反式異構化反應是可逆一級反應。

$$\begin{array}{ccc} CH_3 & & CH_3 \\ | & & | \\ C & — & C \\ | \diagdown & & \diagup | \\ H & CH_2 & H \end{array} \rightleftharpoons \begin{array}{ccc} CH_3 & & H \\ | & & | \\ C & — & C \\ | \diagdown & & \diagup | \\ H & CH_2 & CH_3 \end{array} \quad (11-103)$$

11－9　溫度對反應速率的影響

化學反應速率與溫度有密切的關係。我們都知道在沸水中煮熟雞蛋比在 90 ℃的水中煮來得快。大多數的反應速率均隨溫度的上升而增加。在水中的反應，往往溫度每上升 10 ℃，其速率將加倍。相當活潑的自由基反應，其速率往往不太受溫度的影響。因此，溫度對反應速率的影響隨著反應類型的不同而有所不同。若溫度不改變反應的過程，則溫度對速率的影響將可由速率常數值的改變來表示。

在 1889 年，阿瑞尼士（Svante Arrhenius）根據實驗結果，歸納出一經驗式來表示溫度與速率常數之關係，稱爲阿瑞尼士方程式(Arrhenius equation)。

$$k = A e^{-E_a/RT} \qquad (11-104)$$

式中 A 稱爲頻率因數（Frequency factor），$e^{-E_a/RT}$爲能量因數（Energy factor）。A 與反應物分子的碰撞頻率及方位有關，在小溫度範圍內，A 往往可當做常數。E_a 稱爲活化能（Activation energy）。將(11－104) 式取對數可得

$$\ln k = \ln A - \frac{E_a}{RT} \qquad (11-105)$$

由（11－105）式可知，若以 $\ln k$ 對$1/T$作圖，可得一直線，其斜率爲$-E_a/R$，其截距爲 $\ln A$。由（11－105）式可得

$$\ln\frac{k_2}{k_1} = \frac{E_a}{R}\left(\frac{T_2 - T_1}{T_1 T_2}\right) \qquad (11-106)$$

微分（11－105）式可得

$$\frac{d\ln k}{dT} = \frac{E_a}{RT^2} \qquad (11-107)$$

【例 11－10】

下列反應之級數爲二級，其速率常數與溫度的關係列於下表：

$$CH_3I + C_2H_5ONa \xrightarrow[C_2H_5OH]{k} CH_3OC_2H_5 + NaI$$

T（℃）	0.0	6.0	12.0	18.0	24.0	30.0
k（10^{-4} M^{-1} s^{-1}）	0.56	1.18	2.45	4.88	10.0	20.8

試求其活化能。

【解】

以 k 對 T 作圖，可得圖 11－13(a)，可知 k 與 T 之關係爲一指數函數。若以 $\ln k$ 對 $1/T$ 作圖，可得圖 11－13(b)，可知其爲一直線，故此反應之溫度效應符合阿瑞尼士方程式。由直線之斜率可得

$$\frac{E_a}{R} = 1.03 \times 10^4 \text{ K}$$

$$E_a = (1.03 \times 10^4 \text{ K})(8.314 \text{ J mol}^{-1} \text{ K}^{-1}) = 85.5 \text{ kJ mol}^{-1}$$

圖 11－13 CH_3I 與 C_2H_5ONa 反應之溫度效應。(a)k 對 T 作圖，(b)$\ln k$ 對 $1/T$ 作圖。

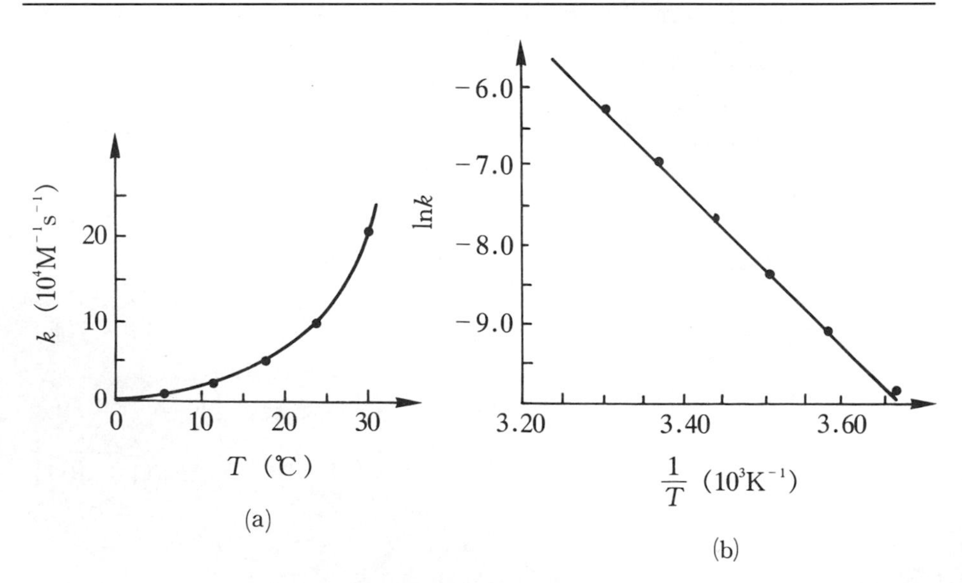

11－10　活化能

化學反應若涉及兩個或更多的分子，在邏輯上應可假設若要發生反應，則反應分子必須互相接觸，也就是說必須碰撞在一起。假若反應分子碰撞就能發生反應，則反應速率將等於分子碰撞速率，如此，氣體分子的反應速率將可由氣體動力理論計算獲得，且所有氣體反應將會非常快速而難以用一般的實驗方法來觀測之。事實上，反應速率隨著反應類型的不同而有相當大的差異。有些反應在 10^{-12}秒內完成，有些反應則需很多年才可完成。由此可見分子的碰撞速率並非決定反應速率的唯一因素。阿瑞尼士根據其所提出阿瑞尼士方程式，提出活化能的觀念。他認為反應若要發生，反應物分子必須具有足夠的能量去克服能量障礙（Energy barrier），換言之，反應物分子必須先被活化（Activated），然後才有機會發生反應。由氣體動力理論得知，溫度愈高則具有高能量的分子愈多，而碰撞時若分子的能量愈高則被活化的機會也愈大，反應物分子活化及反應的過程可以圖 11－14 來表示。反應物 A 及 B 碰撞活化產生活化複合物（Activated complex）或過渡狀態（Transition state）〔$X^{\ddagger}$〕，再由 $X^{\ddagger}$ 變化形成產物。活化複合物並非中間物，不易被鑑定。活化複合物與反應物之能量差稱為正向反應之活化能 E_a，而與產物之能量差稱為逆向反應之活化能 E_a'。對基礎反應而言，正向與反向反應活化能之差 $E_a - E_a'$即是反應熱 ΔH°（(11－108)式）。

$$\Delta H^\circ = E_a - E_a' \qquad (11-108)$$

ΔH°與平衡常數有密切的關係，即

$$\frac{d\ln K}{dT} = \frac{\Delta H^\circ}{RT^2} \qquad (11-109)$$

圖 11－14 反應過程中物系能量與反應座標之關係圖

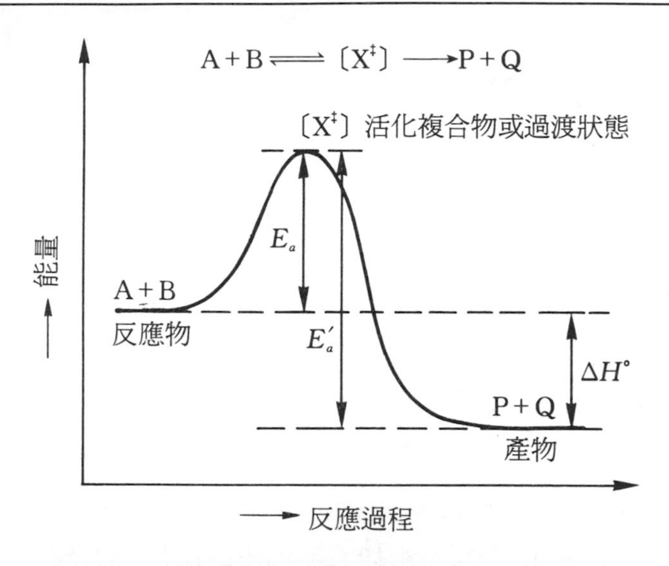

又因 $K = k_f / k_r$，故

$$\frac{d\ln(k_f/k_r)}{dT} = \frac{d\ln k_f}{dT} - \frac{d\ln k_r}{dT} = \frac{E_a}{RT^2} - \frac{E_a'}{RT^2} \qquad (11-110)$$

由（11－110）式亦可獲得阿瑞尼士方程式（11－107）式。

有些反應往往會由於某種物質的存在而加速其反應速率，此種物質稱爲催化劑或觸媒（Catalyst）。根據動力學研究的結果，觸媒所扮演之角色主要在改變反應的途徑，即反應可採活化能較低的途徑來進行。由於觸媒並未出現在全反應方程式中，因此它並不影響反應的熱量變化，即觸媒不能影響化學平衡常數。圖 11－15 爲催化反應時能量之示意圖。在工業上將二氧化硫氧化成三氧化硫是一個非常重要的製程，但該反應之反應速率非常慢，雖然其平衡常數在 300 K 時高達 10^{34}。若加入觸媒一氧化氮，則可大幅提高反應速率，其反應步驟如（11－112）式及（11－113）式所示。

$$2SO_2(g) + O_2(g) \rightleftharpoons 2SO_3(g) \qquad (11-111)$$

$$2NO + O_2 \longrightarrow 2NO_2 \qquad (11-112)$$

圖 11－15　催化及未催化反應之物系能量示意圖

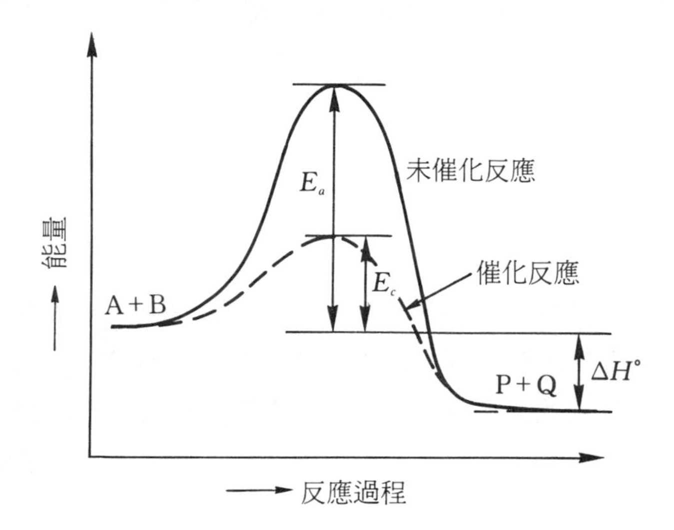

$$NO_2 + SO_2 \longrightarrow NO + SO_3 \qquad (11-113)$$

臭氧層破洞產生之原因也是由於觸媒催化臭氧之分解所導致。氟氯碳化物如 CF_2Cl_2 及 $CFCl_3$ 等是以前常用之冷媒，現在被禁用乃由於它會催化臭氧之分解，如 CF_2Cl_2 可被紫外光（波長在 180 nm～220 nm 之間）分解而產生氯原子，而氯原子會催化臭氧的分解，其原理如下：

$$O_3 \xrightarrow{h\nu} O_2 + O \qquad (11-114)$$

$$CCl_2F_2 \xrightarrow{h\nu} CF_2Cl + Cl \qquad (11-115)$$

$$CCl_2F_2 + O \longrightarrow CF_2Cl + ClO \qquad (11-116)$$

$$Cl + O_3 \longrightarrow ClO + O_2 \qquad (11-117)$$

$$ClO + O \longrightarrow Cl + O_2 \qquad (11-118)$$

酯類的酸催化水解反應，(11－119) 式，也是一個重要實例，

$$RCOOR' + H_2O \longrightarrow RCOOH + R'OH \qquad (11-119)$$

它的原理如下：

$$\mathrm{RCOOR' + H_3O^+ \rightleftharpoons R\underset{\underset{\displaystyle O}{||}}{C} - \overset{+}{\underset{\underset{\displaystyle H}{|}}{O}}R' + H_2O} \qquad (11-120)$$

$$\mathrm{R\underset{\underset{\displaystyle O}{||}}{C} - \overset{+}{\underset{\underset{\displaystyle H}{|}}{O}}R' + H_2O \longrightarrow RCOOH + R'OH + H^+} \qquad (11-121)$$

酵素（Enzyme）更是具有神奇催化能力的觸媒，許多生物體內重要生物化學反應若無酵素的催化，將無法順利發生。由於酵素有高度選擇及專一性，故幾乎每一個重要生化反應均需要一特定之酵素。也因此酵素之種類就相當多。在人體內將蔗糖轉化爲葡萄糖及果糖是一個非常重要的反應，若無轉化酵素的存在，則該反應將不易順利進行。

在能源危機存在下，如何把煤中之碳轉變爲可用的化學物質是非常重要的研究領域。若將熱水蒸氣通過熾熱的煤，會產生 H_2 及 CO，即所謂的水煤氣（Water gas）。在固態的觸媒催化下，CO 及 H_2 會反應產生有機化合物，其產物與觸媒的類型有密切的關係，如（11－122）式及（11－123）式所示。

$$3H_2 + CO \xrightarrow[60\%\,Ni/Al_2O_3]{} CH_4 + H_2O \qquad (11-122)$$

$$2H_2 + CO \xrightarrow[CuO,ZnO/Al_2O_3]{} CH_3OH \qquad (11-123)$$

此類反應屬於不均勻相觸媒反應（Heterogeneous catalytic reaction），因觸媒與反應系爲不同相。若觸媒與反應系爲同一相，則該反應稱爲均勻相觸媒反應（Homogeneous catalytic reaction），例如上述酯類的酸催化水解反應可在均勻相中進行。觸媒在石油化學工業中扮演相當重要的角色，如將分子量較高的重油催化裂解爲低分子量的汽油，對提高原油的經濟效益有相當大的幫助。

＊11－11　碰撞理論

瞭解化學反應速率的一個簡單理論就是碰撞理論（Collision theory）。以雙分子反應而言，二分子要反應必須碰撞而且碰撞時具有使其活化之足夠能量。若碰撞時能量不足，則碰撞後二分子會再分開來而不發生反應。考慮簡單的雙分子氣體反應 A＋B ⟶ 產物，反應速率 $r = k[\mathrm{A}][\mathrm{B}]$，碰撞理論將可提供計算 k 值的方法。根據碰撞理論，每單位時間單位體積 A 分子的變化速率可以下式表示：

$$\frac{dn_A}{dt} = -Z_{AB} \cdot f \qquad (11-124)$$

其中 Z_{AB} 爲 A 及 B 分子每單位時間單位體積碰撞數，f 爲碰撞時總動能超過臨界能量 E_a 所佔的分率，即 f 相當於波茲曼因數 $f = e^{-E_a/RT}$。以濃度表示（11－124）式可改寫爲

$$\frac{d[\mathrm{A}]}{dt} = \frac{-Z_{AB}}{N_A} e^{-E_a/RT} \qquad (11-125)$$

由氣體動力學可獲得硬球體分子碰撞頻率如下：

$$Z_{AB} = \sigma\left(\frac{8kT}{\pi\mu}\right)^{1/2} N_A{}^2[\mathrm{A}][\mathrm{B}] \qquad (11-126)$$

其中 $\sigma = \pi(r_A + r_B)^2$ ＝碰撞截面積（Collision cross-section），

$\left(\frac{8kT}{\pi\mu}\right)^{1/2} = \langle v_r \rangle$ ＝相對平均速率，

$\frac{1}{\mu} = \frac{1}{m_A} + \frac{1}{m_B}$ 或 $\mu = \frac{m_A m_B}{m_A + m_B}$ ＝對比質量（Reduced mass）。

由（11－125）式及（11－126）式可得

$$\frac{d[\mathrm{A}]}{dt} = -\sigma\left(\frac{8kT}{\pi\mu}\right)^{1/2} N_A e^{-E_a/RT}[\mathrm{A}][\mathrm{B}]$$

$$= -k[\mathrm{A}][\mathrm{B}] \qquad (11-127)$$

由（11－127）式可知

$$k = \sigma\left(\frac{8kT}{\pi\mu}\right)^{1/2} N_A e^{-E_a/RT} \quad (11-128)$$

若溫度範圍不大，則（11－128）式與阿瑞尼士方程式具有相同形式。有些反應，以（11－128）式計算之 k 值與實驗值相差不遠，但卻有相當多的反應，尤其是較複雜分子的反應，則其差距之幅度甚大。為修正此偏差，在（11－128）式中加入一修正因數 p，稱為立體因數 (Steric factor)，即考慮雙分子反應時，碰撞時的方位（Orientation）也會影響到是否能引發反應。若碰撞時方位不適合，則會降低其反應的機會。對球狀對稱為簡單分子或原子，立體選擇性較不重要，但不對稱的多原子分子則立體選擇性將會非常重要。加入立體因數後，(11－128) 式可改寫為

$$k = p\sigma\left(\frac{8kT}{\pi\mu}\right)^{1/2} N_A e^{-E_a/RT} \quad (11-129)$$

雖然（11－129）式比（11－128）式更能符合一些氣體反應的速率式，但仍有非常多的反應會有不尋常大或小的 p 值。

*11－12 絕對反應速率理論

有鑑於簡單碰撞理論的缺點，艾鈴（Henry Eyring）利用量子力學及統計熱力學的理論，提出了絕對反應速率理論（Theory of absolute reaction rate)，它常稱為過渡狀態理論（Transition-state theory)。此理論假設反應物分子在進行反應時，首先形成活化複合體，它與反應物間一直維持著平衡的關係，而由活化複合體變成生成物的速率將決定該反應的速率。以雙分子反應為例，反應物 A 與 B 之反應過程可以下式表示：

$$A + B \rightleftharpoons [X^{\ddagger}] \longrightarrow \text{生成物} \qquad (11-130)$$

活化複合體

艾鈴推導得到速率常數爲

$$k = \frac{RT}{N_A h} K^{\ddagger} \qquad (11-131)$$

N_A 爲亞佛加厥常數，h 爲普蘭克常數。而平衡常數 $K^{\ddagger}$ 爲

$$K^{\ddagger} = \frac{[X^{\ddagger}]}{[A][B]} \qquad (11-132)$$

由熱力學可得

$$\ln K^{\ddagger} = \frac{-\Delta G^{\ddagger}}{RT} = -\frac{\Delta H^{\ddagger}}{RT} + \frac{\Delta S^{\ddagger}}{R} \qquad (11-133)$$

其中 $\Delta G^{\ddagger}$ 爲活化自由能（Free energy of activation），$\Delta H^{\ddagger}$ 爲活化焓（Enthalpy of activation），而 $\Delta S^{\ddagger}$ 爲活化熵（Entropy of activation）。將（11－133）式代入（11－131）式可得

$$k = \frac{RT}{N_A h} e^{\Delta S^{\ddagger}/R} e^{-\Delta H^{\ddagger}/RT} \qquad (11-134)$$

兩邊除以 T，然後取對數可得

$$\ln \frac{k}{T} = \left(\ln \frac{R}{N_A h} + \frac{\Delta S^{\ddagger}}{R}\right) - \frac{\Delta H^{\ddagger}}{RT} \qquad (11-135)$$

因此，以 ln（k/T）對 $1/T$ 作圖，若可得一直線，則斜率爲 $\frac{-\Delta H^{\ddagger}}{R}$，而截距爲 $\ln \frac{R}{N_A h} + \frac{\Delta S^{\ddagger}}{R}$。實驗所得之 $\Delta H^{\ddagger}$ 及 $\Delta S^{\ddagger}$ 對反應物活化的過程及反應機構的了解有相當大的助益。對一系列相似的反應而言，$\Delta H^{\ddagger}$ 及 $\Delta S^{\ddagger}$ 可幫助了解一些取代基的效應。過渡狀態理論已廣被化學及化工學家所接受及應用。

＊11－13 反應機構

研究化學反應動力學的一個終極目標就是去幫助了解一個反應的中間過程。在上面已介紹過基礎反應，它是一個單一步驟的反應。因此，一個反應由反應物變成生成物的中間過程將可以一系列的基礎反應來描述之。描述一個複雜全反應的過程的基礎反應組合就稱爲該反應的反應機構（Reaction mechanism)。一個反應的機構無法由全反應本身獲得，一些表面看起來複雜的反應可能有簡單的反應機構，而有些表面上簡單的反應卻有複雜的反應機構。例如 $H_2 + \frac{1}{2}O_2 \longrightarrow H_2O$ 反應屬於簡單的雙分子反應，但其反應卻有人用二十個以上的步驟來描述。因此，一個反應的機構的獲得有賴動力學的研究。化學家根據動力學研究的結果並應用熱力學及動力學的理論，提出合理的反應機構以解釋該反應的過程細節。反應機構具有假設性及暫時性的性質。由於受目前實驗裝置及儀器設備的限制，而無法得到更好的實驗證據，可能導致不同的反應機構可同時合理解釋一個反應的動力學結果。但假設將來有更好的儀器及實驗方法可獲得進一步的證據，就可幫助化學家篩選或推翻某些反應機構。假若速率法則爲濃度的分數次方或爲數項之和，則表示此反應機構由幾個步驟所組成，其中之一是決定速率的步驟。假若反應級數超過三，則可能在決定速率步驟前包含了幾個平衡反應及中間物。假若速率法則包含了某物種濃度之倒數，則此物種必是在決定速率步驟前的平衡反應之產物。例如，在鹼性溶液中，碘離子與次氯酸根離子之反應，(11－136）式

$$I^- + OCl^- \longrightarrow OI^- + Cl^- \qquad (11-136)$$

其速率法則爲

$$\frac{-d[I^-]}{dt}=k\frac{[I^-][OCl^-]}{[OH^-]} \tag{11-137}$$

在此，速率與〔OH^-〕成反比關係，表示 OH^- 離子爲決定速率步驟前的一個平衡反應的產物。又 OH^- 離子不包含在（11－136）式中，故它只是一個中間物而已。此反應機構可表示如下：

$$OCl^- + H_2O \overset{K}{\rightleftharpoons} HOCl + OH^- \quad (快) \tag{11-138}$$

$$HOCl + I^- \xrightarrow{k_2} HOI + Cl^- \quad (慢) \tag{11-139}$$

$$OH^- + HOI \rightleftharpoons OI^- + H_2O \quad (快) \tag{11-140}$$

在此（11－138）式及（11－140）式均爲快速酸鹼中和平衡反應，而（11－139）式爲決定速率步驟，其逆反應忽略。（11－140）式在決定速率步驟之後，將不影響反應速率。

由（11－138）式平衡反應可得

$$K_{eq}=\frac{[HOCl][OH^-]}{[OCl^-][H_2O]} \tag{11-141A}$$

或

$$K=\frac{[HOCl][OH^-]}{[OCl^-]} \tag{11-141B}$$

$$K=K_{eq}\cdot[H_2O]$$

反應速率爲決定速率步驟的速率，即

$$\frac{-d[I^-]}{dt}=k_2[I^-][HOCl]=k_2K\frac{[I^-][OCl^-]}{[OH^-]}$$

$$=k\frac{[I^-][OCl^-]}{[OH^-]} \tag{11-142}$$

故可證明由此反應機構可導出實驗所得之速率法則。

在反應機構的研究發展中，N_2O_5 分解反應之機構扮演相當重要的角色，其全反應爲

$$2N_2O_5(g) \longrightarrow 4NO_2(g) + O_2(g) \tag{11-143}$$

其速率法則爲

$$-\frac{d[N_2O_5]}{dt} = k[N_2O_5] \quad (11-144)$$

經過相當多人用不同的實驗方法來進行動力學研究後，目前廣被肯定及接受的機構如下：

$$N_2O_5 \xrightarrow{k_1} NO_2 + NO_3 \quad (11-145)$$

$$NO_2 + NO_3 \xrightarrow{k'_1} N_2O_5 \quad (11-146)$$

$$NO_2 + NO_3 \xrightarrow{k_2} NO_2 + O_2 + NO \quad (11-147)$$

$$NO + N_2O_5 \xrightarrow{k_3} 3NO_2 \quad (11-148)$$

根據此機構，可寫出下列之速率方程式：

$$\frac{d[NO]}{dt} = k_2[NO_2][NO_3] - k_3[NO][N_2O_5] \quad (11-149)$$

$$\frac{d[NO_3]}{dt} = k_1[N_2O_5] - k'_1[NO_2][NO_3] - k_2[NO_2][NO_3] \quad (11-150)$$

由於 NO 及 NO_3 均是反應性相當高的中間物，在反應中其濃度均比反應物低很多，故可用恆定狀態估算法（Steady-state approximation）法來簡化（11－149）式及（11－150）式，即

$$\frac{d[NO]}{dt} \approx 0 \quad 及 \quad \frac{d[NO_3]}{dt} \approx 0$$

故

$$k_2[NO_2][NO_3] - k_3[NO][N_2O_5] = 0 \quad (11-151)$$

$$k_1[N_2O_5] - (k'_1 + k_2)[NO_2][NO_3] = 0 \quad (11-152)$$

而 N_2O_5 之消失速率爲

$$\frac{-d[N_2O_5]}{dt} = k_1[N_2O_5] - k'_1[NO_2][NO_3] + k_3[NO][N_2O_5] \quad (11-153)$$

將（11－151）式及（11－152）式代入（11－153）式可得

$$\frac{-d[N_2O_5]}{dt}=\frac{2k_1k_2[N_2O_5]}{k'_1+k_2}=k[N_2O_5] \qquad (11-154)$$

前面提及一個反應機構難以證實完全對的，除非所有的基礎反應均能證實；反而有時由於某些相關的實驗證據而被證明是不合適的。因此，爲了支持所提出的反應機構，須設計不同的實驗以獲得所須的證據。一些較有用的檢驗如下：

(1)仔細分析反應系之成分，以確定除主要生成物外是否還有少量的其他副產物存在。

(2)設法去觀測或分離反應之過渡中間產物，例如快速光譜掃瞄法常用於中間物的觀測。

(3)利用同位素當做追踪劑去追踪反應過程中，化學鍵的打斷及形成的位置。同位素對反應速率的影響也可提供一些有關反應機構的證據。

(4)研究分子立體結構在反應過程中之變化，尤其是光學異構物的鑑定，對機構之了解大有幫助。

雖然對於一個反應而言，熱力學及動力學著眼點不同，但平衡常數與速率常數間卻有密切關係。化學反應在達到平衡時，前向反應速率必須等於其反向反應的速率。例如下列反應

$$CO+Cl_2 \rightleftharpoons COCl_2 \qquad (11-155)$$

實驗所得之速率法則分別爲

$$\text{前向反應}\quad r_f=k_f[Cl_2]^{3/2}[CO] \qquad (11-156)$$

$$\text{反向反應}\quad r_r=k_r[Cl_2]^{1/2}[COCl_2] \qquad (11-157)$$

當反應達到平衡時，$r_f=r_r$，故

$$k_f[Cl_2]^{3/2}[CO]=k_r[Cl_2]^{1/2}[COCl_2]$$

即

$$\frac{k_f}{k_r}=\frac{[COCl_2]}{[CO][Cl_2]}=K \qquad (11-158)$$

詞彙

1. **速率法則（Rate law）**

一個全反應的速率與其相關物種（反應物，生成物，觸媒等）的濃度的關係方程式，即該反應進行時所遵循的法則。

2. **反應級數（Order of reaction）**

在一個簡單的速率法則中，物種濃度的冪次方數之和，稱爲該反應的反應級數，而某物種濃度的冪次方數則爲該物種之級數。

3. **一級反應**

(First-order reaction)

反應級數爲一之反應，即反應速率與反應物種濃度的一次方成正比的反應。

4. **二級反應**

(Second-order reaction)

反應級數爲二之反應，即反應速率與反應物種濃度的平方成正比的反應。

5. **三級反應**

(Third-order reaction)

反應級數爲三之反應，即反應速率與反應物種濃度的三次方成正比的反應。

6. **零級反應**

(Zero-order reaction)

反應級數爲零之反應，即反應速率與反應物種濃度無關的反應。

7. **基礎或基元反應**

(Elementary reaction)

一個單一步驟的反應，即一個反應由反應物直接反應變成生成物而過程中沒有中間物產生。

8. **分子數（Molecularity）**

在基礎反應中參與反應的分子數目。

9. **單分子反應**

(Unimolecular reaction)

分子數爲一的基礎反應。

10.雙分子反應

(Bimolecular reaction)

分子數為二的基礎反應。

11.叁分子反應

(Trimolecular reaction)

分子數為三的基礎反應。

12.平行反應 (Parallel reactions)

反應物同時經由不同的反應步驟或途徑而產生不同產物的反應。

13.連續反應

(Consecutive reactions)

反應過程為連續階段式之反應，即第一步驟反應所產生的生成物（中間物），可能成為第二步驟的反應而繼續反應。

14.阿瑞尼士方程式

(Arrhenius equation)

由阿瑞尼士所提出的速率常數與溫度的一個經驗關係式，它可以 $k = A\exp(-E_a/RT)$ 表示，其中 A 為頻率因數，$\exp(-E_a/RT)$ 為能量因數，而 E_a 為活化能。

15.活化能 (Activation energy)

反應發生時，反應物分子被活化形成活化複合物或過渡狀態所需的能量。

16.觸媒或催化劑 (Catalyst)

能介入化學反應的過程中，加速反應速率而反應後本質維持不變的物種。

17.均勻相觸媒反應 (Homogeneous catalytic reaction)

觸媒、反應物及介質均在同一相的催化反應。

18.不均勻相觸媒反應(Heterogeneous catalytic reaction)

觸媒、反應物或介質不在同一相的催化反應。

19.反應機構

(Reaction mechanism)

描述一個複雜反應過程的基礎反應的組合。

習 題

11－1 若 $N_2O_5(g)$之分解反應$2N_2O_5(g) \longrightarrow 4NO_2(g) + O_2$在328 K之速率爲$7.5 \times 10^{-5}$ mol L^{-1} s^{-1}，求 $d[N_2O_5]/dt$, $d[NO_2]/dt$ 及 $d[O_2]/dt$ 之値。

11－2 在一級反應中，99%反應所需時間將爲多少半生期?

11－3 $N_2O_5(g)$之分解反應爲一級的，若在 55 ℃時其速率常數 $k = 1.42 \times 10^{-3}$ s^{-1}，求

(a)反應的半生期。

(b)若 N_2O_5 之初壓爲 2.84 bar，則需多少時間其分壓會降至 0.355 bar?

11－4 若一級反應的速率法則爲 $-d[A]/dt = k[A]$，試求 A 之平均壽命 $\langle t \rangle$。

11－5 若 $H^+ + OH^- \longrightarrow H_2O$ 反應之二級速率常數爲 1.3×10^{11} L mol^{-1} s^{-1}，求此中和反應之半生期，若(a)$[H^+]_0 = [OH^-]_0 = 0.10$ mol L^{-1}及(b)$[H^+]_0 = [OH^-]_0 = 1.0 \times 10^{-4}$ mol L^{-1}。

11－6 C_2F_4 之雙分子化反應 $2C_2F_4 \longrightarrow C_4F_8$ 爲二級反應，在 450 K 下，其速率常數爲 0.0448 L mol^{-1} s^{-1}。若初濃度爲 0.0100 mol L^{-1}，求 205 s 後$[C_2F_4]$之值。

11－7 破壞臭氧層的一個反應 $NO(g) + O_3(g) \longrightarrow NO_2(g) + O_2(g)$ 爲二級反應，其在 298 K 之速率常數爲 1.3×10^6 L mol^{-1} s^{-1}。若初濃度分別爲 $[NO]_0 = 1.00 \times 10^{-6}$ mol L^{-1}，$[O_3]_0 =$

5.00×10^{-7} mol L^{-1}，求 3.50 s 後〔O_3〕=？

11－8　$2NO(g) + O_2(g) \longrightarrow 2NO_2(g)$之動力學資料如下：

〔NO〕(10^{-4} M)	〔O_2〕(10^{-4} M)	初速率 (10^{-6} M s^{-1})
1.0	1.0	2.8
1.0	3.0	8.4
1.0	3.0	3.4

試求其速率法則及速率常數。

11－9　C_2H_5Cl 在 500 ℃之分解反應動力學資料如下：

〔C_2H_5Cl〕$_0$ (10^{-2} M)	初速率 (10^{-4} M hr^{-1})
5.00	13.0
4.00	10.4
3.00	8.00
2.00	5.20
1.00	2.60

求其反應級數及速率常數。

11－10　N_2O_5 分解反應之一級速率常數在不同溫度下的資料如下：

t(℃)	0	25	35	45	55	65
$k(s^{-1})$	7.86×10^{-7}	3.46×10^{-5}	1.35×10^{-4}	4.98×10^{-4}	1.50×10^{-3}	4.87×10^{-3}

求此反應之活化能。

11－11　$H_2(g) + I_2(g) \longrightarrow 2HI(g)$反應之二級速率常數之值在 400 ℃及 500 ℃下，分別為 0.0234 $M^{-1}s^{-1}$及 0.750 $M^{-1}s^{-1}$，試求其活化能。

11－12 若一反應之活化能爲 50 kJ mol^{-1}，試求此反應在 300 K 及 400 K 之速率常數比。

11－13 $2NOCl(g) \longrightarrow 2NO(g) + Cl_2(g)$ 反應之活化能爲 100 kJ mol^{-1}。若在 350 K 時二級速率常數 $k = 8.0 \times 10^{-6}$ L mol^{-1} s^{-1}，求在 400 K 時 k 之值。

11－14 若反應 $A + 2B \longrightarrow Y + Z$ 之反應機構爲

$$A + B \xrightarrow{k_1} X \quad (很慢)$$

$$X + B \xrightarrow{k_2} Y + Z \quad (很快)$$

試寫出其速率法則。

11－15 若反應 $A + 2B \longrightarrow 2Y + 2Z$ 之反應機構爲

$$A \underset{k_{-1}}{\overset{k_1}{\rightleftharpoons}} 2X \quad (快速平衡)$$

$$X + B \xrightarrow{k_2} Y + Z \quad (慢)$$

試推導其速率法則。

11－16 反應 $A + B \rightleftharpoons Y + Z$ 之機構爲

$$A \underset{k_{-1}}{\overset{k_1}{\rightleftharpoons}} X$$

$$X + B \xrightarrow{k_2} Z$$

若 X 之反應性相當高，試推導其速率法則。

11－17 O_3 與 NO 反應而分解之反應 $O_3 + NO \longrightarrow O_2 + NO_2$，其速率法則爲 $-d[O_3]/dt = k[O_3][NO]$，試在下列假設之機構中選出最合適於此反應之機構並解釋之。

(a) $O_3 + NO \longrightarrow O + NO_3$ (慢)

$O + O_3 \longrightarrow 2O_2$ (快)

$NO_3 + NO \longrightarrow 2NO_2$ (快)

(b) $O_3 + NO \longrightarrow O_2 + NO_2$ (慢)

(c) $NO + NO \rightleftharpoons N_2O_2$ (快速平衡)

$N_2O_2 + O_3 \longrightarrow NO_2 + 2O_2$　（慢）

11－18 反應 $Cl_2(aq) + H_2S(aq) \longrightarrow S(s) + 2H^+(aq) + 2Cl^-(aq)$ 之速率法則爲 $-d[Cl_2]/dt = k[Cl_2][H_2S]$，試在下列假設之機構中選出最合適之反應機構並解釋之。

(a) $Cl_2 + H_2S \longrightarrow H^+ + Cl^- + Cl^+ + HS^-$　（慢）

$Cl^+ + HS^- \longrightarrow H^+ + Cl^- + S$　（快）

(b) $H_2S \rightleftharpoons HS^- + H^+$　（快速平衡）

$HS^- + Cl_2 \longrightarrow 2Cl^- + S + H^+$　（慢）

(c) $H_2S \rightleftharpoons HS^- + H^+$　（快速平衡）

$H^+ + Cl_2 \rightleftharpoons H^+ + Cl^- + Cl^+$　（快速平衡）

$Cl^+ + HS^- \longrightarrow H^+ + Cl^- + S$　（慢）

附錄A. 數　學

本附錄收集在學習物理化學的過程中，會需要的一些數學方法。一般同學學習物理化學的經驗，往往覺得較艱澀難懂，而其原因通常是在原理推導過程中，受限於數學方法不盡熟悉，導致無法完全瞭解物理化學原理本身的意義；此種現象，對學習者而言，殊爲可惜。因此，在本附錄中收集一些可能用到的基本數學運算，當然限於篇幅，無法完備，僅作爲讀者複習與快速查詢之用，若欲進一步探討，當然需要參考相關數學書籍，才能完備。

本附錄的內容如下：

A－1 代 數

1.一元二次方程式

對於一元二次方程式 $ax^2+bx+c=0$ 的解為，

$$x=\frac{-b\pm\sqrt{b^2-4ac}}{2a}$$

若 $b^2-4ac\geqslant 0$，x 為實數解；然而若 $b^2-4ac<0$，則為虛數解，又若 $b^2-4ac=0$，則一元二次方程式的兩個解相同。在一般物理體系中，虛數解是不被接受的，因此可以 b^2-4ac 判斷一元二次方程式解的合理性。

2.二項式的展開

(a) $$(x+y)^n=x^n+nx^{n-1}y+\frac{n(n-1)}{2!}x^{n-2}y^2+\frac{n(n-1)(n-2)}{3!}x^{n-3}y^3+\cdots$$

(b) $$(1\pm x)^n=1\pm nx+\frac{n(n-1)x^2}{2!}\pm\frac{n(n-1)(n-2)x^3}{3!}+\cdots$$

(c) $(1 \pm x)^{-n} = 1 \mp nx + \frac{n(n+1)x^2}{2!} \mp \frac{n(n+1)(n+2)x^3}{3!} + \cdots$

A－2 線性代數

A－2－1 矩陣與向量

多元一次線性方程組的應用很廣，如電路板的線路分析、化學反應式的平衡等。以二氧化氮溶於水的反應爲例，

$NO_2 + H_2O \longrightarrow HNO_3 + NO$

若欲平衡上述反應，則可分別根據氮、氫、氧原子守恆的關係，得到一組線性方程式，

$x_1NO_2 + x_2H_2O \longrightarrow x_3HNO_3 + x_4NO$

N：$x_1 - x_3 - x_4 = 0$

O：$2x_1 + x_2 - 3x_3 - x_4 = 0$

H：$2x_2 - x_3 = 0$

該線性方程式的解爲：$x_1 = 3s$，$x_2 = s$，$x_3 = 2s$，$x_4 = s$，故而化學反應平衡式爲，

$3NO_2 + H_2O \longrightarrow 2HNO_3 + NO$

一組 n 元多次線性方程組

$$
\begin{aligned}
a_{11}x_1 + a_{12}x_2 + \cdots + a_{1n}x_n &= b_1 \\
a_{21}x_1 + a_{22}x_2 + \cdots + a_{2n}x_n &= b_2 \\
&\vdots \\
a_{n1}x_1 + a_{n2}x_2 + \cdots + a_{nn}x_n &= b_n
\end{aligned}
$$

若以矩陣和向量的表示，則該線性方程組可以表示成

$$AX = B$$

其中 X 爲 n 個解所組成的 $n \times 1$ 向量, A 爲一 $n \times n$ 矩陣，而 B 爲另一 $n \times 1$ 向量，

$$X = \begin{pmatrix} x_1 \\ x_2 \\ \vdots \\ \vdots \\ x_n \end{pmatrix}_{n \times 1} \quad B = \begin{pmatrix} b_1 \\ b_2 \\ \vdots \\ \vdots \\ b_n \end{pmatrix}_{n \times 1} \quad A = \begin{pmatrix} a_{11} & a_{12} & \cdots & \cdots & a_{1n} \\ a_{21} & a_{22} & \cdots & \cdots & a_{2n} \\ \vdots & \vdots & \ddots & & \vdots \\ \vdots & \vdots & & \ddots & \vdots \\ a_{n1} & a_{n2} & \cdots & \cdots & a_{nn} \end{pmatrix}_{n \times n}$$

因此，若經由簡單的矩陣運算，可以由矩陣 A 的反矩陣 A^{-1} 與向量 B，方便的解出未知向量 X：

$$X = A^{-1}B$$

A-2-2 矩陣運算

若 A、B 與 C 爲 $n \times n$ 矩陣，α 爲一常數，以下爲常用的矩陣運算規則：

1.若

$$A = \begin{pmatrix} a_{11} & 0 & \cdots & \cdots & 0 \\ a_{21} & a_{22} & 0 & \cdots & 0 \\ \vdots & \vdots & \ddots & & \vdots \\ \vdots & \vdots & & \ddots & 0 \\ a_{n1} & a_{n2} & \cdots & \cdots & a_{nn} \end{pmatrix}_{n \times n}$$

則 A 稱爲三角矩陣（Triangular matrix）。

2.若

$$A = \begin{bmatrix} a_{11} & 0 & \cdots & \cdots & 0 \\ 0 & a_{22} & 0 & \cdots & 0 \\ \vdots & 0 & \ddots & \ddots & \vdots \\ \vdots & \vdots & \ddots & \ddots & 0 \\ 0 & 0 & \cdots & 0 & a_{nn} \end{bmatrix}_{n\times n}$$

則 A 稱為對角矩陣（Diagonal matrix）。

3.若

$$A = \begin{bmatrix} 1 & 0 & \cdots & \cdots & 0 \\ 0 & 1 & 0 & \cdots & 0 \\ \vdots & 0 & \ddots & \ddots & \vdots \\ \vdots & \vdots & \ddots & \ddots & 0 \\ 0 & 0 & \cdots & 0 & 1 \end{bmatrix}_{n\times n}$$

則 A 稱為單位矩陣（Unit matrix）。

4.矩陣相加：

$$A \pm B = C$$

A、B 與 C 的矩陣元（Elements）間的關係為：

$$a_{ij} \pm b_{ij} = c_{ij} \qquad i, j = 1,2,3,\cdots,n$$

5.矩陣乘常數：

$$B = \alpha A$$

$$b_{ij} = \alpha \cdot a_{ij}$$

6.$C = AB$，$c_{ij} = \sum_{k=1}^{n} a_{ik} b_{kj}$

7.矩陣相乘不可交換：

$$AB \neq BA$$

8.矩陣相乘結合律：

$$A(BC) = (AB)C$$

9.矩陣相乘與相加結合律：

$$(A+B)C = AC + BC$$
$$C(A+B) = CA + CB$$

10. $n \times n$ 矩陣 A 的行列式值：det A

$$\det A = a_{1k}C_{1k} + a_{2k}C_{2k} + \cdots + a_{nk}C_{nk} \quad k = 1,2,3,\cdots,n$$
$$C_{jk} = (-1)^{j+k}M_{jk}$$

其中 M_{jk} 為$(n-1)\times(n-1)$ 矩陣的行列式值。

11. 矩陣 A 與其反矩陣 A^{-1} 相乘等於單位矩陣 I：

$$AA^{-1} = A^{-1}A = I$$

12. 若

$$A = \begin{pmatrix} a_{11} & a_{12} & \cdots & \cdots & a_{1n} \\ a_{21} & a_{22} & \cdots & \cdots & a_{2n} \\ \vdots & \vdots & \ddots & & \vdots \\ \vdots & \vdots & & \ddots & \vdots \\ a_{n1} & a_{n2} & \cdots & \cdots & a_{nn} \end{pmatrix}_{n\times n}, \det A \neq 0$$

則

$$A^{-1} = \frac{1}{\det A}\begin{pmatrix} a_{11} & a_{21} & \cdots & \cdots & a_{n1} \\ a_{12} & a_{22} & \cdots & \cdots & a_{n2} \\ \vdots & \vdots & \ddots & & \vdots \\ \vdots & \vdots & & \ddots & \vdots \\ a_{1n} & a_{2n} & \cdots & \cdots & a_{nn} \end{pmatrix}_{n\times n}$$

A－3 指數與對數

指數與對數是互為反函數的運算，其運算基底（Base）一般為 a（實數）、10 與 e（2.7182）三種。在三種基底下，對於變數 x 與 y，指數與對數運算間的轉換為：

$$\log_a x = y \longleftrightarrow a^y = x$$

$$\log_{10} x = y \longleftrightarrow 10^y = x$$

$$\log_e x = \ln x \longleftrightarrow e^x = y$$

因此，不同基底 t 、s 間的指數與對數運算轉換則是：

$$\log_s x = y \longleftrightarrow \log_t x = (\log_t s) y$$

$$s^x = y \longleftrightarrow t^x = s^{\log_t y}$$

【例 A－1】

表示出以 e 與 10 爲基底的指數和對數運算的轉換。

【解】

$$\log_e x = y \longleftrightarrow \log_{10} x = (\log_{10} e) y \longleftrightarrow \log_{10} x = 0.4343 y$$

$$e^x = y \longleftrightarrow 10^x = e^{\log_{10} y}$$

一般常用的指數運算規則如下：

1. $a^m \cdot a^n = a^{m+n}$

2. $\frac{a^m}{a^n} = \begin{cases} a^{m-n} & \text{if} \quad m > n \\ 1 & \text{if} \quad m = n \\ \frac{1}{a^{n-m}} & \text{if} \quad m < n \end{cases}$

3. $(a^m)^n = a^{mn}$

4. $a^{1/n} = \sqrt[n]{a}$

5. $a^{m/n} = \sqrt[n]{a^m}$

6. $a^{-n} = \frac{1}{a^n}$ if $n > 0$

7. $(ab)^m = a^m \cdot b^m$

至於一般常用到的對數運算規則爲：

1. $\log_a(xy) = \log_a x + \log_a y$

2. $\log_a\left(\frac{x}{y}\right) = \log_a x - \log_a y$

3. $\log_a(x^n) = n\log_a x$

A-4 三角函數

三角函數是科學運算中常用的一種函數計算，根據以下的直角三角形 ABC，

$$c^2 = a^2 + b^2,\ 2s = a + b + c$$

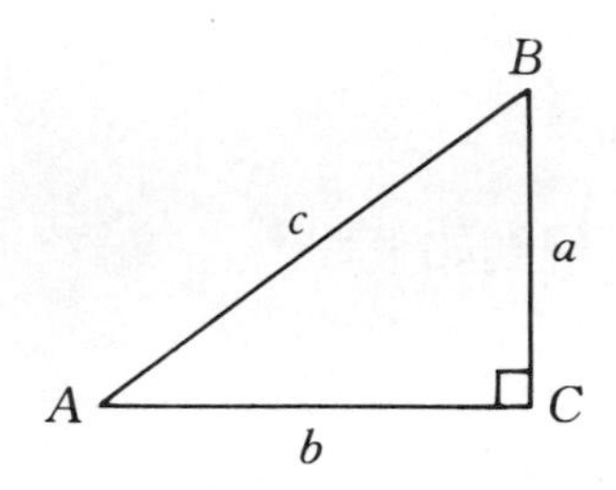

則三角形的面積$=\frac{1}{2}bc\sin A = \sqrt{s(s-a)(s-b)(s-c)}$，而三角函數的定義爲：

$$\sin A = \frac{a}{c},\ \csc A = \frac{c}{a}$$

$$\cos A = \frac{b}{c},\ \sec A = \frac{c}{b}$$

$$\tan A = \frac{a}{b},\ \cot A = \frac{b}{a}$$

另外，如下圖所示，在二維平面的點 $P(x,y)$，其與原點的距離爲 $r = \sqrt{x^2 + y^2}$、與 x 軸的夾角爲 α，則 P 點座標 x、y 與 α 間的三角函數關係爲：

$$\sin\alpha = \frac{y}{r},\ \csc\alpha = \frac{r}{y}$$

$$\cos\alpha = \frac{x}{r},\ \sec\alpha = \frac{r}{x}$$

$$\tan\alpha = \frac{y}{x},\ \cot\alpha = \frac{x}{y}$$

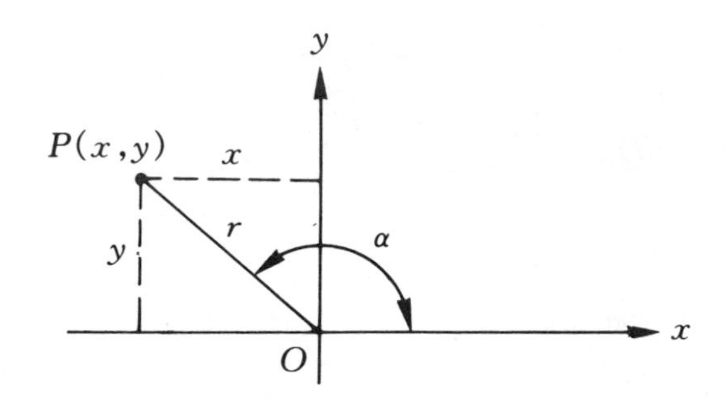

因此，P 點的座標$(x,y) = (r \cdot \cos\alpha, r \cdot \sin\alpha)$。

根據定義，各種三角函數間的運算關係如下：

$$\sin\theta = \frac{1}{\csc\theta},\ \cos\theta = \frac{1}{\sec\theta},\ \tan\theta = \frac{1}{\cot\theta}$$

$$\sin\theta = \tan\theta\cos\theta,\ \cos\theta = \cot\theta\sin\theta$$

$$\tan\theta = \sin\theta\sec\theta,\ \cot\theta = \cos\theta\csc\theta$$

$$\sec\theta = \csc\theta\tan\theta,\ \csc\theta = \sec\theta\cot\theta$$

$$\sin\theta = \frac{\tan\theta}{\sec\theta},\ \cos\theta = \frac{\cot\theta}{\csc\theta},\ \tan\theta = \frac{\sin\theta}{\cos\theta}$$

$$\csc\theta = \frac{\sec\theta}{\tan\theta},\ \sec\theta = \frac{\csc\theta}{\cot\theta},\ \cot\theta = \frac{\cos\theta}{\sin\theta}$$

$$\sin^2\theta + \cos^2\theta = 1,\ 1 + \tan^2\theta = \sec^2\theta,\ 1 + \cot^2\theta = \csc^2\theta$$

$$\sin(\alpha+\beta)=\sin\alpha\cos\beta+\cos\alpha\sin\beta$$

$$\sin(\alpha-\beta)=\sin\alpha\cos\beta-\cos\alpha\sin\beta$$

$$\cos(\alpha+\beta)=\cos\alpha\cos\beta-\sin\alpha\sin\beta$$

$$\cos(\alpha-\beta)=\cos\alpha\cos\beta+\sin\alpha\sin\beta$$

$$\tan(\alpha+\beta)=\frac{\tan\alpha+\tan\beta}{1-\tan\alpha\tan\beta}$$

$$\tan(\alpha-\beta)=\frac{\tan\alpha-\tan\beta}{1+\tan\alpha\tan\beta}$$

$$\sin2\theta=2\sin\theta\cos\theta=\frac{2\tan\theta}{1+\tan^2\theta}$$

$$\cos2\theta=\cos^2\theta-\sin^2\theta=2\cos^2\theta-1=1-2\sin^2\theta=\frac{1-\tan^2\theta}{1+\tan^2\theta}$$

$$\tan2\theta=\frac{2\tan\theta}{1-\tan^2\theta},\quad \cot2\theta=\frac{\cot^2\theta-1}{2\cot\theta}$$

$$\sin3\theta=3\sin\theta-4\sin^3\theta,\quad \cos3\theta=4\cos^3\theta-3\cos\theta$$

$$\tan3\theta=\frac{3\tan\theta-\tan^3\theta}{1-3\tan^2\theta}$$

$$\sin n\theta=2\sin(n-1)\theta\cos\theta-\sin(n-2)\theta$$

$$\cos n\theta=2\cos(n-1)\theta\cos\theta-\cos(n-2)\theta$$

$$\tan n\theta=\frac{\tan(n-1)\theta+\tan\theta}{1-\tan(n-1)\theta\tan\theta}$$

$$e^{i\theta}=\cos\theta+i\sin\theta,\quad i=\sqrt{-1}$$

$$\sin\theta=\frac{e^{i\theta}-e^{-i\theta}}{2i},\quad \cos\theta=\frac{e^{i\theta}+e^{-i\theta}}{2}$$

$$\tan\theta = -i\left(\frac{e^{i\theta} - e^{-i\theta}}{e^{i\theta} + e^{-i\theta}}\right) = -i\left(\frac{e^{2\theta i} - 1}{e^{2\theta i} + 1}\right)$$

A－5 解析幾何（Analytic Geometry）

在物理化學中，不論是實驗資料曲線或體系模型，常需要一些數學幾何曲線來輔助說明之，利用這些幾何曲線的數學方程式，可以幫助對實驗資料或體系的描述與討論，以下是一些常見幾何曲線的數學方程式。

1. 直線方程式

$$y = mx + b$$

m 爲斜率，b 爲直線在 y 軸的截距。其中斜率可以經由兩已知點座標 (x_1, y_1) 與 (x_2, y_2) 求出，

$$m = \frac{y_2 - y_1}{x_2 - x_1}$$

2. Linear-Least-Fitting（最佳線性曲線）

對於一組 n 點的線性 $x - y$ 二維資料，$P_1(x_1, y_1)$、$P_2(x_2, y_2)$、$P_3(x_3, y_3)$、…、$P_n(x_n, y_n)$，可以一最小平方誤差（Least Square）的直線代表該組資料，而該直線的斜率與方程式爲，

$$y - \bar{y} = m(x - \bar{x}) \qquad 或 \qquad y = mx + (\bar{y} - m\bar{x})$$

其中 $\bar{x}$、$\bar{y}$ 與斜率 m 分別是：

$$\bar{x} = \frac{x_1 + x_2 + x_3 + \cdots + x_n}{n}$$

$$\bar{y} = \frac{y_1 + y_2 + y_3 + \cdots + y_n}{n}$$

$$m = \frac{(x_1y_1 + x_2y_2 + \cdots + x_n y_n) - n\,\bar{x}\,\bar{y}}{(x_1^2 + x_2^2 + x_3^2 + \cdots + x_n^2) - n\,\bar{x}^2}$$

3. 平面圓形

以原點爲中心，半徑 r：

$$x^2 + y^2 = r^2$$

以 (a,b) 點爲中心，半徑 r：

$$(x-a)^2 + (y-b)^2 = r^2$$

4. **直角雙曲線**

$$xy = a$$

曲線以 $x=y$ 和 $x=-y$ 爲對稱軸，該曲線上的點與原點之最近距離爲 a，換言之，曲線頂點與原點相距 a，同時，當 x 或 y 漸增時，y 或 x 則趨近於 0。根據理想氣體方程式 $PV=NRT$，在定溫下，氣體的體積與壓力間即爲直角雙曲線的關係。

5. **拋物線（二次方曲線）**

頂點在原點，焦點在 $(p,0)$：

$$y^2 = 4px \quad 或 \quad x = \frac{1}{4p}y^2$$

頂點在原點，焦點在 $(-p,0)$：

$$y^2 = -4px \quad 或 \quad x = -\frac{1}{4p}y^2$$

頂點在原點，焦點在 $(0,p)$：

$$x^2 = 4py \quad 或 \quad y = \frac{1}{4p}x^2$$

頂點在原點，焦點在 $(0,-p)$：

$$x^2 = -4py \quad 或 \quad y = -\frac{1}{4p}x^2$$

頂點在 (a,b)，焦點在 $(a,b+p)$：

$$4p(y-b) = (x-a)^2 \quad 或 \quad y = \frac{1}{4p}(x-a)^2 + b$$

6. **橢圓方程式**

以原點爲中心，x、y 軸爲對稱軸，長軸與短軸分別是 a、b：

$$\frac{x^2}{a^2} + \frac{y^2}{b^2} = 1$$

以 (h,k) 爲中心，與 x 、y 軸平行線爲對稱軸，長軸與短軸分別是 a 、b：

$$\frac{(x-h)^2}{a^2}+\frac{(y-k)^2}{b^2}=1$$

A－6 微 分

A－6－1 微分的定義

微分（Derivative）是微積分中的基本觀念，其所代表的基本意義爲任一函數隨某參數的改變速率。一般經常在很多的科學或生活領域中，需要以某物理量的改變率，來描述事實，如汽、機車單位時間內所行進的距離——時速，化學反應系中反應物濃度在單位時間的改變量——反應速率，另外，又如物質的熱傳導速率、物質的擴散率、生物體的成長率等，皆是說明體系中某物理量的改變率。

以簡單的數學方式表達物理量的改變率即爲斜率，如圖 A－1 所示的 $y=f(x)$ 函數隨 x 變化曲線中各點的斜率，而各點斜率的正負與大小值，則說明曲線在該點的 y 值隨 x 的增加呈現增加或減少的變化，以及 y 變化率的大小。因此可以定義 $y=f(x)$ 函數的切線斜率，即爲該函數的微分：

$$f'(x)=\lim_{h\to 0}\frac{f(x+h)-f(x)}{h}$$

一般可以利用 $f(x)$ 函數的微分函數 $f'(x)$ 隨 x 的變化說明該函數曲線的變化趨勢，如描述地形或大氣氣壓變化的等高線圖，即是以表達地形高度或氣壓變化率爲主的一種函數表示。

圖 A－1

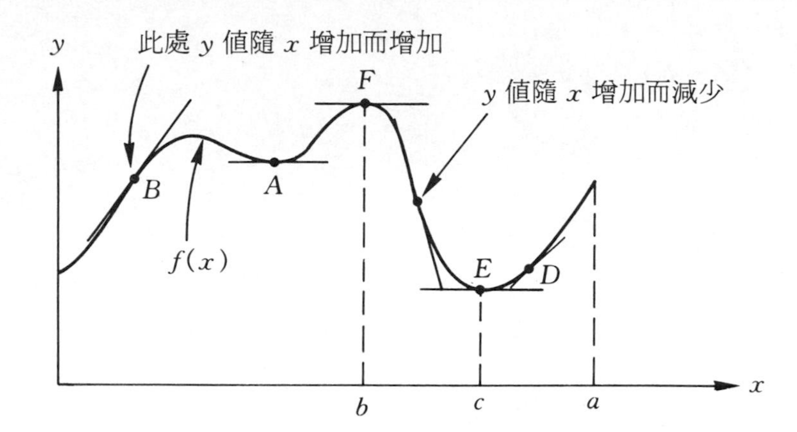

【例 A－2】

試根據定義算出下列函數的微分斜率：

(a) $f(x)=5x-4$；(b) $f(x)=\dfrac{1}{x^2}$，$x\neq 0$；(c) $f(x)=2x^3+1$。

【解】

(a) $$f'(x)=\lim_{h\to 0}\frac{f(x+h)-f(x)}{h}=\lim_{h\to 0}\frac{[5(x+h)-4]-(5x-4)}{h}$$

$$f'(x)=\lim_{h\to 0}\frac{5x+5h-4-5x+4}{h}=\lim_{h\to 0}\frac{5h}{h}=5$$

(b) $$f'(x)=\lim_{h\to 0}\frac{f(x+h)-f(x)}{h}=\lim_{h\to 0}\frac{\dfrac{1}{(x+h)^2}-\dfrac{1}{x^2}}{h}$$

$$f'(x)=\lim_{h\to 0}\frac{x^2-(x+h)^2}{h(x+h)^2x^2}=\lim_{h\to 0}\frac{x^2-x^2-2xh-h^2}{h(x+h)^2x^2}$$

$$f'(x)=\lim_{h\to 0}\frac{-2x-h}{(x+h)^2x^2}=\frac{-2x}{x^2x^2}=-\frac{2}{x^3}$$

(c) $$f'(x)=\lim_{h\to 0}\frac{[2(x+h)^3+1]-(2x^3+1)}{h}$$

$$f'(x)=\lim_{h\to 0}\frac{2(x^3+3x^2h+3xh^2+h^3)+1-2x^3-1}{h}$$

$$f'(x)=\lim_{h\to 0}\frac{6x^2h+6xh^2+2h^3}{h}$$

$$f'(x)=\lim_{h\to 0}\frac{h(6x^2+6xh+2h^2)}{h}=\lim_{h\to 0}(6x^2+6xh+2h^2)$$

$$f'(x)=6x^2$$

A－6－2 微分公式

根據函數微分的定義，可以得到各種基本函數的微分式，因此，在爾後的應用中可直接使用這些微分式。爲了方便，一般微分的表示爲：

$$f'(x)=\frac{df(x)}{dx}=D_x(f)(x)=\lim_{h\to 0}\frac{f(x+h)-f(x)}{h}$$

以下爲一般常使用的基本微分公式：

1.$D_x(m)=0$，m 爲一常數

2.$D_x(mx+b)=m$

3.The Power Rule：

$$D_x(x^n)=nx^{n-1}\text{，}n \text{ 爲大於 1 的整數}$$

4.The Sum Rule：

$$D_x(f+g)(x)=D_xf(x)+D_xg(x)$$

5.$D_x(cf)(x)=cD_xf(x)$，c 爲一常數

6. $D_x(a_nx^n+a_{n-1}x^{n-1}+a_{n-2}x^{n-2}+\cdots+a_2x^2+a_1x+a_0)$

$=n\,a_nx^{n-1}+(n-1)a_{n-1}x^{n-2}+\cdots+3a_3x^2+2a_2x+a_1$

7.The Product Rule：

$$D_x(fg)(x)=f(x)D_xg(x)+g(x)D_xf(x)$$

8.$D_x(fgh)(x)=f(x)g(x)D_xh(x)+h(x)f(x)D_xg(x)$

$+g(x)h(x)D_xf(x)$

9.The Reciprocal Rule：

$$D_x\left(\frac{1}{f}\right)(x)=-\frac{D_x f(x)}{[f(x)]^2}$$

10.The Quotient Rule：

$$D_x\left(\frac{f}{g}\right)(x)=\frac{g(x)D_x f(x)-f(x)D_x g(x)}{[g(x)]^2}$$

11.$D_x(x^n)=nx^{n-1}$，n 爲小於 0 的整數

12.$D_x(\sqrt{x})=\dfrac{1}{2\sqrt{x}}$

13.$D_x\left(\dfrac{f^n}{g^m}\right)=\dfrac{f^{n-1}}{g^{m+1}}\left(ng\dfrac{df}{dx}-mf\dfrac{dg}{dx}\right)$，$n$、$m$ 爲整數

14.$D_x\left(f^n g^m\right)=f^{n-1}g^{m-1}\left(ng\dfrac{df}{dx}+mf\dfrac{dg}{dx}\right)$，$n$、$m$ 爲整數

15.$D_x(f)=\dfrac{df}{dx}=\dfrac{1}{\dfrac{dx}{df}}$

16.$D_x(\log_a x)=(\log_a e)\dfrac{1}{x}$

17.$D_x(\log_e x)=D_x(\ln x)=\dfrac{1}{x}$

18.$D_x(e^{ax})=ae^{ax}$

19.$D_x(a^x)=a^x(\log_e a)$

20.$D_x(e^x)=e^x$

21.三角函數的微分：

(a)$D_x\sin x=\cos x$

(b)$D_x\cos x=-\sin x$

(c)$D_x\tan x=\sec^2 x$

(d)$D_x\cot x=-\csc^2 x$

(e)$D_x\sec x=\sec x\cdot\tan x$

(f)$D_x\csc x=-\csc x\cdot\cot x$

【例 A－3】

試計算下列各函數的微分式

(a) $f(x) = x^8$

(b) $f(x) = x^7 + 2x^5 + x^3 - 4x - 2$

(c) $f(x) = (x^3 + 2x^2 - x - 4)(x^2 + x + 1)$

(d) $f(x) = (x + 1)(x^3 - 1)(x^2 + 1)$

(e) $f(x) = \dfrac{x^3 - 2x + 1}{2x^2 + 1}$

(f) $f(x) = \dfrac{1}{x^3}$

(g) $f(x) = (x + 1)^{-2}$

(h) $f(x) = \sin x - x\cos x$

【解】

(a) 根據 Power Rule，

$$D_x(x^8) = 8x^{8-1} = 8x^7$$

(b) 根據 Sum Rule，

$$\begin{aligned} &D_x(x^7 + 2x^5 + x^3 - 4x - 2) \\ &= D_x(x^7) + D_x(2x^5) + D_x(x^3) - D_x(4x) - D_x(2) \\ &= 7x^6 + 10x^4 + 3x^2 - 4 \end{aligned}$$

(c) 根據 Product Rule，

$$\begin{aligned} &D_x[(x^3 + 2x^2 - x - 4)(x^2 + x + 1)] \\ &= (x^2 + x + 1)D_x(x^3 + 2x^2 - x - 4) \\ &\quad + (x^3 + 2x^2 - x - 4)D_x(x^2 + x + 1) \\ &= (x^2 + x + 1)(3x^2 + 4x - 1) \\ &\quad + (x^3 + 2x^2 - x - 4)(2x + 1) \\ &= (3x^4 + 7x^3 + 7x^2 + 3x - 1) + (2x^4 + 7x^3 - 9x - 4) \\ &= 5x^4 + 14x^3 + 7x^2 - 6x - 5 \end{aligned}$$

(d) $D_x[(x+1)(x^3-1)(x^2+1)]$

$$= (x+1)(x^3-1)D_x(x^2+1) + (x^2+1)(x+1)D_x(x^3-1) + (x^3-1)(x^2+1)D_x(x+1)$$

$$= (x+1)(x^3-1)(2x+1) + (x^2+1)(x+1)(3x^2-1) + (x^3-1)(x^2+1)$$

$$= (x^4+x^3-x-1)(2x+1) + (x^3+x^2+x+1)(3x^2-1) + (x^5+x^3-x^2-1)$$

$$= (2x^5+3x^4+x^3-2x^2-3x-1) + (3x^5+3x^4+2x^3+2x^2-x-1) + (x^5+x^3-x^2-1)$$

$$= 6x^5+6x^4+4x^3-x^2-4x-3$$

(e) 根據 Quotient Rule,

$$D_x\left(\frac{x^3-2x+1}{2x^2+1}\right)$$

$$= \frac{(2x^2+1)D_x(x^3-2x+1)-(x^3-2x+1)D_x(2x^2+1)}{(2x^2+1)^2}$$

$$= \frac{(2x^2+1)(3x^2-2)-(x^3-2x+1)(4x)}{(2x^2+1)^2}$$

$$= \frac{6x^4-4x^3+7x^2-4x+2}{(2x^2+1)^2}$$

(f) $D_x\left(\frac{1}{x^3}\right) = D_x(x^{-3}) = -3x^{-3-1} = -3x^{-4}$

(g) $D_x\left[(x+1)^{-2}\right] = D_x\left[\frac{1}{(x+1)^2}\right] = D_x\left(\frac{1}{x^2+2x+1}\right)$

$$= \frac{-D_x(x^2+2x+1)}{(x^2+2x+1)^2} = \frac{-(2x+2)}{(x+1)^4}$$

$$= \frac{-2}{(x+1)^3}$$

(h) $D_x(\sin x - x\cos x) = D_x(\sin x) - D_x(x\cos x)$

$$= D_x(\sin x) - \cos x D_x(x) - xD_x(\cos x)$$

$$= \cos x - \cos x + x\sin x = x\sin x$$

A－6－3 The Chain Rule

對於有些較複雜的函數可以利用 Chain Rule，進行函數的微分，再以 A－6－2 節中的基本微分公式，計算得到函數的微分式。一般在熱力學狀態函數的微分中，經常使用 Chain Rule，以便得知各熱力學函數間多種複雜的關係。

The Chain Rule 的定義如下：若 $f(x)$ 與 $g(x)$ 爲 x 的可微分函數，換言之，$f'(x)$ 與 $g'(x)$ 是存在的二函數，則函數 $f(g(x))$ 的微分爲

$$f'(x) = \frac{df(g(x))}{dx} = \frac{df(g(x))}{dg(x)}\frac{dg(x)}{dx} = \frac{df(g(x))}{dg(x)}g'(x)$$

因此，若 $u = g(x)$，則 $f(x) = f(g(x)) = f(u)$，故函數 $f(x)$ 的微分可表示成，

$$f'(x) = \frac{df(u)}{dx} = \frac{df(u)}{du}\frac{du}{dx}$$

若設 $y=f(u)$，利用 Chain Rule，函數 $y=f(x)$ 對 x 的微分式可表示成，

$$\frac{dy}{dx} = \frac{dy}{du}\frac{du}{dx}$$

【例 A－4】

試以 Chain Rule 計算下列函數的微分

(a) $f(x) = (3x+2)^{-3}$

(b) $f(x) = \dfrac{1}{(x^2+x+1)^{10}}$

(c) $f(x) = \cos^4 x$

(d) $f(x) = \cos x^4$

(e) $f(x) = [\cos(x^2+1)]^4$

【解】

(a) $u = 3x+2$，$y = f(x) = u^{-3}$

$$D_x(f(x)) = \frac{dy}{du}\frac{du}{dx} = \frac{du^{-3}}{du}\frac{d(3x+2)}{dx}$$

$$= -3u^{-4}\cdot 3 = -\frac{9}{(3x+2)^4}$$

(b) $u = x^2+x+1$，$y = f(x) = u^{-10}$

$$D_x(f(x)) = \frac{du^{-10}}{du}\frac{du}{dx} = (-10u^{-11})\frac{d(x^2+x+1)}{dx}$$

$$= -10u^{-11}(2x+1) = -10(x^2+x+1)^{-11}(2x+1)$$

(c) $u = \cos x$，$y = f(x) = u^4$

$$D_x(f(x)) = \frac{du^4}{du}\frac{du}{dx} = 4u^3\left(\frac{d\cos x}{dx}\right)$$

$$= 4\cos^3 x(-\sin x) = -4\cos^3 x\cdot\sin x$$

(d) $u = x^4$，$y = f(x) = \cos u$

$$D_x(f(x)) = \frac{d\cos u}{du}\frac{du}{dx} = -\sin u\left(\frac{dx^4}{dx}\right)$$

$$= (-\sin x^4)\cdot(4x^3) = -4x^3\cdot(\sin x^4)$$

(e) $u = \cos(x^2+1)$，$y = f(x) = u^4$

$$D_x(f(x)) = \frac{du^4}{du}\frac{du}{dx} = 4u^3\left[\frac{d\cos(x^2+1)}{dx}\right]$$

$$D_x(f(x)) = 4[\cos(x^2+1)]^3\left[\frac{d\cos(x^2+1)}{dx}\right]$$

$u = x^2+1$，$\cos(x^2+1) = \cos u$

$$D_x(f(x)) = 4[\cos(x^2+1)]^3\frac{d\cos u}{du}\frac{d(x^2+1)}{dx}$$

$$= 4[\cos(x^2+1)]^3[-\sin(x^2+1)](2x)$$

$$= -8x\cdot[\cos(x^2+1)]^3[\sin(x^2+1)]$$

A－6－4 高次微分與函數的極大和極小

如圖 A－1 所示的函數曲線，根據 $f(x)$ 對 x 的一次微分函數 $f'(x)$ 隨著 x 值的變化趨勢，可以對曲線的增加或減小有較明確的描述，然而隨著曲線的增加或減小，函數 $f(x)$ 會有極大值（Maximum）或極小值（Minimum）出現，亦即函數曲線在此處的一次微分值為 0，然而為進一步說明該處的 $f(x)$ 為極大或極小，則需由 $f(x)$ 的二次微分值區別之，因此，為更有效地描述一曲線的幾何變化情形，通常需要函數較高微分的資訊。

一般數學函數 $f(x)$ 的二次微分表示如下：

$$f'' = D_x^2 f = \frac{d^2 f}{dx^2} = \frac{d}{dx}\frac{df}{dx}$$

而函數的三次微分則為，

$$f''' = D_x^3 f = \frac{d^3 f}{dx^3} = \frac{d}{dx}\frac{d}{dx}\frac{df}{dx}$$

因此，對於 n 次的微分式其表示如下：

$$f^{(n)} = D_x^n f = \frac{d^n f}{dx^n}$$

【例 A－5】

眞實氣體 van der Waals 方程式的壓力與溫度、體積間的關係為

$$\left(P + \frac{a}{V^2}\right)(V - b) = RT$$

其中 a、b 與 R 為常數，試計算在臨界點時，$P-V$ 曲線反曲點的壓力對體積一次與二次微分式。

【解】

在臨界點時 $T = T_c$，van der Waals 方程式中 a、b、R 與 T_c 為常數，

壓力與體積間的關係可改寫成

$$P = f(V) = \frac{RT_c}{V-b} - \frac{a}{V^2}$$

則壓力對體積一次微分式為,

$$\frac{dP}{dV} = \frac{d}{dV}\left(\frac{RT_c}{V-b}\right) - \frac{d}{dV}\left(\frac{a}{V^2}\right) = -\frac{RT_c}{(V-b)^2} + \frac{2a}{V^3}$$

而壓力對體積的二次微分則為,

$$\frac{d^2P}{dV^2} = \frac{d\left(\frac{dP}{dV}\right)}{dV} = \frac{d}{dV}\left[\frac{-RT_c}{(V-b)^2}\right] + \frac{d}{dV}\left(\frac{2a}{V^3}\right)$$

$$\frac{d^2P}{dV^2} = \frac{2RT_c}{(V-b)^3} - \frac{6a}{V^4}$$

【例 A－6】

試計算函數 $f(x) = 2x^4 + x^3 - 3x^2 - 4x + 1$ 的一次至四次的微分。

【解】

$$f' = \frac{df}{dx} = 8x^3 + 3x^2 - 6x - 4$$

$$f'' = \frac{df'}{dx} = 24x^2 + 6x - 4$$

$$f''' = \frac{df''}{dx} = 48x + 6$$

$$f^{(4)} = \frac{df'''}{dx} = 48$$

對於函數的極大或極小值，根據二次微分，其定義如下：若函數 $f(x)$ 在 $x = c$ 時，其斜率 $f'(c)$ 等於0，因此

(a)若 $f''(c) < 0$，則函數在 $x = c$ 時為一極大值。

(b)若 $f''(c) > 0$，則函數在 $x = c$ 時為一極小值。

(c)若 $f''(c) = 0$，則函數在 $x = c$ 時為反曲點（Inflection point）。

【例 A－7】

試以二次微分計算 $f(x)=x^4-4x^3-2x^2+12x+1$ 極大和極小時的 x 值。

【解】

$$f'(x)=4x^3-12x^2-4x+12=0$$

$$f'(x)=4(x^3-3x^2-x+3)=4(x-1)(x-3)(x+1)=0$$

因此 $x=1$，3，-1 時，函數爲極大或極小。而 $f(x)$ 的二次微分爲，

$$f''(x)=\frac{df'}{dx}=12x^2-24x-4$$

故而 $x=1$，3，-1 時其二次微分值分別是：

$$f''(1)=12(1)^2-24(1)-4=-16<0$$

$$f''(3)=12(3)^2-24(3)-4=32>0$$

$$f''(-1)=12(-1)^2-24(-1)-4=32>0$$

根據定義，函數 $f(x)$ 在 $x=1$ 時爲極大值，而當 $x=3$，-1 時則爲極小值。

【例 A－8】

根據 van der Waals 氣體方程式，在臨界點 (P_c, T_c, V_c) 時，van der Waals 函數爲一反曲點，試計算臨界點的溫度、壓力與體積。

【解】

由例 A－5 的結果得知，壓力對體積的一次與二次微分分別是：

$$\frac{dP}{dV}=-\frac{RT}{(V-b)^2}+\frac{2a}{V^3}$$

$$\frac{d^2P}{dV^2}=\frac{2RT}{(V-b)^3}-\frac{6a}{V^4}$$

根據定義，反曲點的一次與二次微分值等於 0，因此

$$-\frac{RT_c}{(V_c-b)^2}+\frac{2a}{V_c^3}=0$$

$$\frac{2RT_c}{(V_c-b)^3}-\frac{6a}{V_c^4}=0$$

另外，由 van der Waals 方程式可知，

$$P_c=\frac{RT_c}{V_c-b}-\frac{a}{V_c^2}$$

由以上三個方程式可以解得氣體在臨界點的 P_c、T_c 與 V_c 值，

$$V_c=3b，T_c=\frac{8a}{27bR}，P_c=\frac{a}{27b^2}$$

由以上的結果可以發現，若由實驗可測得氣體的臨界點溫度、壓力與體積，則可利用以上關係計算 van der Waals 方程式中，描述氣體粒子體積效應與作用力效應參數 b 與 a 的大小。根據實驗計算結果，若氣體的臨界溫度與壓力越低，其粒子的 a 與 b 值越小，則該氣體越近似一理想氣體，換言之，氣體越不容易液化生成液態物質。

A－6－5 偏微分（Partial derivatives）

若一函數隨一個以上參數的改變而變化時，爲方便討論該函數與其參數間的關係，往往需要固定其他參數值，而探討函數隨某一參數單獨變化的改變趨勢，此即爲偏微分的基本觀念；如熱力學狀態函數是溫度、壓力或體積的函數，以二成分系的吉布士函數 $G(T,P,N_1,N_2)$ 爲例，其爲體系中物質 1 與物質 2 的粒子數、壓力與溫度的函數，若固定體系的粒子數與溫度，則體系的吉布士函數隨壓力改變的斜率，等於體系的體積；然而若壓力與粒子數不變，則吉布士函數對溫度的一次微分等於體系熵的負值；又若固定溫度、壓力與物質 1 的粒子數，則體系吉布士函數隨物質 2 粒子數變化的斜率，即爲物質 2 在體系中的化學勢。由吉布士函數的偏微分發現，對於同一函數的各種不同偏微分，可以發掘出體系多樣的物理性質。

假設 f 是 x 與 y 的函數，且為一連續函數，其對 x 的一次偏微分，定義如下：

$$f_x(x,y)=\left(\frac{\partial f}{\partial x}\right)_y=\lim_{h\to 0}\frac{f(x+h,y)-f(x,y)}{h}$$

相同地，$f(x,y)$ 對 y 的一次偏微分則是：

$$f_y(x,y)=\left(\frac{\partial f}{\partial y}\right)_x=\lim_{h\to 0}\frac{f(x,y+h)-f(x,y)}{h}$$

基本上，在偏微分計算時乃固定函數中其他參數，將其視為常數，對單一參數進行微分計算，因此A－6－2節中的微分公式，均可適用於函數的偏微分。

【例 A－9】

試分別計算 $f(x,y)=x^3+xy+y^2\sin x$ 的 f_x 與 f_y。

【解】

$$f_x=\frac{\partial(x^3+xy+y^2\sin x)}{\partial x}=3x^2+y+y^2\cos x$$

$$f_y=\frac{\partial(x^3+xy+y^2\sin x)}{\partial y}=x+2y\sin x$$

函數 $f(x,y)$ 的二次偏微分則定義如下：

$$f_{xx}=\frac{\partial^2 f}{\partial x^2}=\frac{\partial}{\partial x}\left(\frac{\partial f}{\partial x}\right),\quad f_{yy}=\frac{\partial^2 f}{\partial y^2}=\frac{\partial}{\partial y}\left(\frac{\partial f}{\partial y}\right)$$

$$f_{xy}=\frac{\partial^2 f}{\partial y\partial x}=\frac{\partial}{\partial y}\left(\frac{\partial f}{\partial x}\right),\quad f_{yx}=\frac{\partial^2 f}{\partial x\partial y}=\frac{\partial}{\partial x}\left(\frac{\partial f}{\partial y}\right)$$

【例 A－10】

試分別計算 $f(x,y)=x^3+x^2y+e^{2x}$ 的 f_{xx}、f_{xy}、f_{yy} 與 f_{yx}。

【解】

$$f_{xx}=\frac{\partial}{\partial x}\left(\frac{\partial(x^3+x^2y+e^{2x})}{\partial x}\right)$$

$$= \frac{\partial(3x^2 + 2xy + 2e^{2x})}{\partial x} = 6x + 2y + 4e^{2x}$$

$$f_{xy} = \frac{\partial}{\partial y}\left[\frac{\partial(x^3 + x^2y + e^{2x})}{\partial x}\right] = \frac{\partial(3x^2 + 2xy + 2e^{2x})}{\partial y} = 2x$$

$$f_{yy} = \frac{\partial}{\partial y}\left[\frac{\partial(x^3 + x^2y + e^{2x})}{\partial y}\right] = \frac{\partial(x^2)}{\partial y} = 0$$

$$f_{yx} = \frac{\partial}{\partial x}\left[\frac{\partial(x^3 + x^2y + e^{2x})}{\partial y}\right] = \frac{\partial(x^2)}{\partial x} = 2x$$

另外，若函數 $f(x,y)$ 中的 x、y 可以表示成 $x(t)$ 與 $y(t)$，則 f 對 t 的微分可以 Chain Rule 計算之，

$$\frac{df}{dt}(x(t),y(t)) = \frac{\partial f}{\partial x}\frac{dx}{dt} + \frac{\partial f}{\partial y}\frac{dy}{dt}$$

而函數的全微分則可以表示成，

$$df(x,y) = \frac{\partial f}{\partial x}dx + \frac{\partial f}{\partial y}dy = f_x dx + f_y dy$$

其所代表的含意爲函數 f 的總改變量等於 x 的改變量 dx 乘以函數在 x 方向的斜率 f_x，加上 y 的改變量 dy 乘以函數在 y 方向的斜率 f_y。

A－6－6　正合微分（Exact differential）

對於多變數連續函數 $f(x,y)$，其全微分可以下式表示：

$$df(x,y) = g(x,y)dx + h(x,y)dy$$

若 $g(x,y)$ 與 $h(x,y)$ 分別等於 $f(x,y)$ 的偏微分，

$$g(x,y) = \left(\frac{\partial f(x,y)}{\partial x}\right)_y,\quad h(x,y) = \left(\frac{\partial f(x,y)}{\partial y}\right)_x$$

則上述 $df(x,y)$ 的表示式稱爲該函數的正合微分，若上式不成立，則該微分則爲非正合微分（Inexact differential）。若欲測試微分是否爲一正合微分，可將一次微分的結果，以二次偏微分檢驗，若以下關係成立，

$$\left(\frac{\partial g(x,y)}{\partial y}\right)_x = \left(\frac{\partial h(x,y)}{\partial x}\right)_y$$

則表示 $g(x,y)$ 與 $h(x,y)$ 分別等於 $f(x,y)$ 的偏微分，因為

$$\left(\frac{\partial g(x,y)}{\partial y}\right)_x = \left[\frac{\partial}{\partial y}\left(\frac{\partial f(x,y)}{\partial x}\right)_y\right]_x = \left[\frac{\partial}{\partial x}\left(\frac{\partial f(x,y)}{\partial y}\right)_x\right]_y$$

$$= \left(\frac{\partial h(x,y)}{\partial x}\right)_y$$

函數的二次偏微分與微分順序無關。

在熱力學中的狀態函數的討論，因狀態函數的改變與路徑（也就是過程）無關，只與初始和最終平衡態的參數有關，因此在討論熱力學狀態函數的變化中，正合微分的應用極為方便，如 Maxwell Relations 的結果，即為體系狀態函數正合微分的應用。以純物系的吉布士 $G(P,T)$ 狀態函數為例，根據熱力學第一與第二定律，體系的 $G(P,T)$ 函數的改變為，

$$dG(P,T) = -S(P,T)dT + V(P,T)dP$$

因 dG 為正合微分，因此

$$-\left(\frac{\partial S}{\partial P}\right)_T = \left(\frac{\partial V}{\partial T}\right)_P$$

此即為熱力學 Maxwell Relations 的一部分。

A-6-7　微分的循環規則

對於一連續函數 $z = f(x,y)$，函數的全微分為

$$df = dz = \left(\frac{\partial z}{\partial x}\right)_y dx + \left(\frac{\partial z}{\partial y}\right)_x dy$$

若 $dz=0$，換言之，參數 z 為一常數，上式可改寫成，

$$\left(\frac{\partial z}{\partial x}\right)_y dx = -\left(\frac{\partial z}{\partial y}\right)_x dy \quad 或 \quad \left(\frac{\partial z}{\partial x}\right)_y\left(\frac{\partial x}{\partial y}\right)_z = -\left(\frac{\partial z}{\partial y}\right)_x$$

因此，

$$\frac{\left(\frac{\partial z}{\partial x}\right)_y\left(\frac{\partial x}{\partial y}\right)_z}{\left(\frac{\partial z}{\partial y}\right)_x} = \left(\frac{\partial z}{\partial x}\right)_y\left(\frac{\partial x}{\partial y}\right)_z\left(\frac{\partial y}{\partial z}\right)_x = -1$$

同時,

$$\left(\frac{\partial x}{\partial y}\right)_z = -\frac{1}{\left(\frac{\partial z}{\partial x}\right)_y\left(\frac{\partial y}{\partial z}\right)_x} = -\frac{\left(\frac{\partial z}{\partial y}\right)_x}{\left(\frac{\partial z}{\partial x}\right)_y}$$

A－7 泰勒多項式與泰勒級數

一般而言，對於任何一個 x 的函數，可以利用級數展開的一元高次多項式，求得該函數的近似值，其展開如下:

$$f(x) = \sum_{n=0}^{\infty} a_n x^n = a_0 + a_1 x + a_2 x^2 + \cdots$$

若 $f(x)$ 對 x 是一個可微分的函數，則 $f(x)$ 可以級數展開成,

$$f(x) = \sum_{n=0}^{\infty} \frac{f^{(n)}(0)}{n!} x^n$$

同樣地, $f(x)$ 也可以 $x = a$ 的方式，利用泰勒級數展開之,

$$f(x) = \sum_{n=0}^{\infty} \frac{f^{(n)}(a)}{n!}(x-a)^n$$

$$= f(a) + (x-a)f'(a) + \frac{(x-a)^2}{2}f''(a) + \cdots$$

若將 $x = a + h$ 代入上式中，則可得

$$f(a+h) = f(a) + hf'(a) + \frac{h^2}{2!}f''(a) + \frac{h^3}{3!}f'''(a)$$

$$+ \frac{h^4}{4!}f^{(4)}(a) + \cdots$$

若 $a = x$ 則 $f(x+h)$ 的函數值可以函數在 x 的各次微分值計算之，

$$f(x+h) = f(x) + hf'(x) + \frac{h^2}{2!}f''(x) + \frac{h^3}{3!}f'''(x) + \frac{h^4}{4!}f^{(4)}(x) + \cdots$$

【例 A－11】

以泰勒展開將函數 $f(x) = \cos x$ 展開至第三微分項，並計算 $x = 0.3\pi$ 時的函數值。

【解】

由於

$$f(x) = \cos x,\ f'(x) = -\sin x$$
$$f''(x) = -\cos x,\ f'''(x) = \sin x$$

因此

$$f(0) = 1,\ f'(0) = 0,\ f''(0) = -1,\ f'''(0) = 0$$

函數可以展開成，

$$f(x) = \cos x = f(0) + xf'(0) + \frac{x^2}{2}f''(0) + \frac{x^3}{6}f'''(0) = 1 - \frac{x^2}{2}$$

所以

$$f(0.3\pi) = 1 - \frac{(0.3 \cdot 3.1416)^2}{2} = 0.556$$

若將函數以泰勒展開至較高次微分，則所得的 $\cos(0.3\pi)$ 極限值為 0.5878。

【例 A－12】

試以泰勒多項式展開 $f(x) = \cos x$ 與 $f(x) = \sin x$ 。

【解】

(a) $f(x) = \cos x$，其微分呈一規律性重複：

$$f(x) = \cos x,\ f'(x) = -\sin x,\ f''(x) = -\cos x$$

$$f'''(x) = \sin x,\ f^{(4)}(x) = \cos x \cdots$$

因此，

$$f(0) = 1,\ f'(0) = 0,\ f''(0) = -1,\ f'''(0) = 0$$

$$f^{(4)}(0) = 1 \cdots (1, 0, -1, 0, 1) \cdots$$

則函數的展開可表示成，

$$f(x) = \cos x = f(0) + xf'(0) + \frac{x^2}{2!}f''(0) + \frac{x^3}{3!}f'''(0) + \frac{x^4}{4!}f^{(4)}(0) + \cdots$$

$$\cos x = 1 - \frac{x^2}{2!} + \frac{x^4}{4!} \cdots$$

(b)

$$f(x) = \sin x,\ f'(x) = \cos x,\ f''(x) = -\sin x$$

$$f'''(x) = -\cos x,\ f^{(4)}(x) = \sin x$$

因此，

$$f(0) = 0,\ f'(0) = 1,\ f''(0) = 0,$$

$$f'''(0) = -1,\ \cdots (0, 1, 0, -1) \cdots$$

則函數的展開為，

$$\sin x = x - \frac{x^3}{3!} + \frac{x^5}{5!} - \frac{x^7}{7!} \cdots$$

下列爲一般常見函數的泰勒展開式：

1.$e^x = 1 + x + \frac{x^2}{2!} + \frac{x^3}{3!} + \frac{x^4}{4!} + \cdots$

2.$a^x = 1 + x\log_e a + \frac{(x\log_e a)^2}{2!} + \frac{(x\log_e a)^3}{3!} + \cdots$

3.$\log_e x = (x-1) - \frac{1}{2!}(x-1)^2 + \frac{1}{3!}(x-1)^3 - \cdots$

4.$\log_e(1+x) = x - \frac{1}{2!}x^2 + \frac{1}{3!}x^3 - \frac{1}{4!}x^4 + \cdots$

A-8 積　分

A-8-1 積分的定義

積分計算是與微分相對應的一種常用的數學運算，其與幾何面積的計算有極密切的關係，如圖 A-2 所示的 $y = f(x)$ 曲線，自 $x = a$ 至 $x = b$ 以下的面積，可以下述的定義計算：若 $f(x)$ 是一連續函數，則圖 A-2 中曲線自 $x = a$ 至 $x = b$ 以下面積 L 爲

$$L = \lim_{|\Delta x_i| \to 0} \sum_{i=1}^{n} f(z_i)\Delta x_i$$

其中 $\Delta x_i = x_i - x_{i-1}$，$x_0 = a, x_n = b$，$x_{i-1} \leq z_i \leq x_i$，而 L 所代表的意義即等於圖 A-2 中，每一個寬無限小的長方形相加之結果。一般則稱以上有關 L 的計算爲函數 $f(x)$ 的定積分 (Definite integral)，並以如下的符號表示：

$$L = \int_a^b f(x)dx$$

若函數 $f(x)$ 的 L 值存在，則稱在 a 與 b 之間，此函數是可積分的。

圖 A－2 曲線的積分

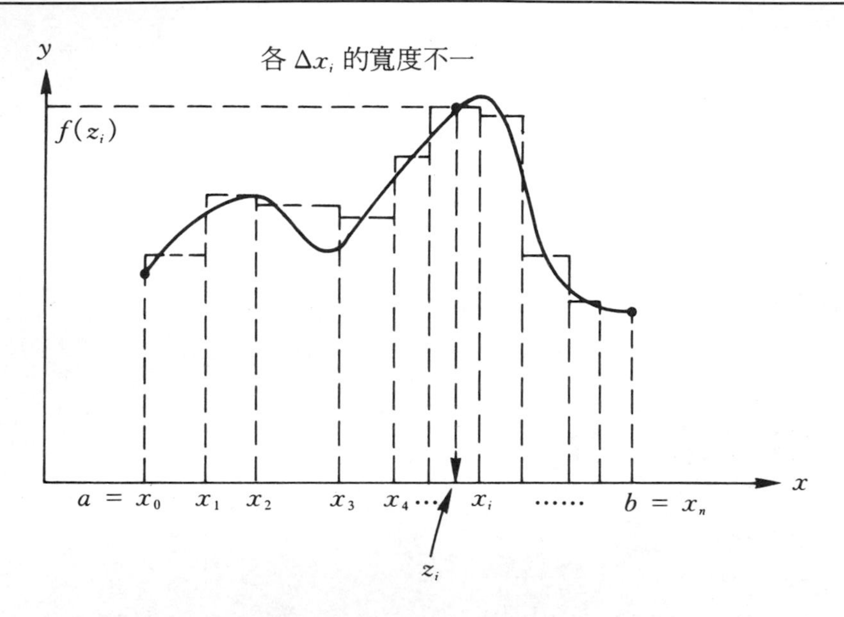

【例 A－13】

計算 $\int_0^4 3dx$ 的定積分。

【解】

$$\int_0^4 3dx = \sum_{i=1}^{n} f(z_i)\Delta x_i = 3\sum_{i=1}^{n}\Delta x_i$$

$$= 3[(x_1 - x_0) + (x_2 - x_1) + (x_3 - x_2) + \cdots + (x_n - x_{n-1})]$$

$$= 3(x_n - x_0) = 3 \cdot 4 = 12$$

A－8－2 定積分公式

根據積分的定義，一般常用的積分公式如下：

1. $\int_a^b cdx = c(b - a)$

2. $\int_a^b f(x)dx = -\int_b^a f(x)dx$

3. $\int_a^b f(x)dx = \int_a^c f(x)dx + \int_c^b f(x)dx$

A－8－3　不定積分公式

若對函數 $f(x)$ 的積分，不限制參數 x 的起始與終止值，則該積分爲不定積分（Indefinite integral）。以下爲一些常用的不定積分公式：

1. $\int adx = ax$

2. $\int af(x)dx = a\int f(x)dx$

3. $\int g(y)dx = a\int \frac{g(y)}{y'}dy$，$y' = \frac{dy}{dx}$

4. $\int (u \pm v)dx = \int udx \pm \int vdx$

5. $\int udv = u\int dv - \int vdu = uv - \int vdu$（部分積分）

6. $\int x^n dx = \frac{x^{n+1}}{n+1}$ $(n \neq -1)$

7. $\int \frac{1}{x}dx = \log_e x = \ln x$

8. $\int e^x dx = e^x$

9. $\int e^{ax}dx = \frac{1}{a}e^{ax}$

10. $\int b^{ax}dx = \frac{b^{ax}}{a\log_e b}$

11. $\int (\log x)dx = x\log x - x$

12. $\int (a+bx)^n dx = \frac{(a+bx)^{n+1}}{(n+1)b}$ $(n \neq -1)$

13. $\int \frac{dx}{a+bx} = \frac{1}{b}\log_e(a+bx)$

14. $\int \frac{xdx}{a+bx} = \frac{1}{b^2}[(a+bx) - a\log_e(a+bx)]$

15. $\int \frac{xdx}{(a+bx)^2} = \frac{1}{b^2}[\log_e(a+bx) + \frac{a}{a+bx}]$

16. $\int xe^{ax}dx = \frac{e^{ax}}{a^2}(ax-1)$

17. $\int \frac{dx}{a+be^{px}} = \frac{x}{a} - \frac{1}{ap}\log_e(a+be^{px})$

18. $\int (\sin ax)dx = -\frac{1}{a}\cos ax$

19. $\int (\cos ax)dx = \frac{1}{a}\sin ax$

20. $\int (\sin ax)(\cos ax)dx = \frac{1}{2a}\sin^2 ax$

21. $\int \frac{dx}{(a+bx)(c+dx)} = \frac{1}{ad-bc}\log_e\left(\frac{c+dx}{a+bx}\right)$

22. $\int \frac{dx}{(a+bx)^2(c+dx)} = \frac{1}{ad-bc}\left(\frac{1}{a+bx} + \frac{d}{ad-bc}\log_e\frac{c+dx}{a+bx}\right)$

23. $\int \frac{dx}{(a+bx)^n(c+dx)^m}$

$$= \left\{\frac{-1}{(a+bx)^{n-1}(c+dx)^{m-1}} - (m+n-2)b\int\frac{dx}{(a+bx)^n(c+dx)^{m-1}}\right\}$$

【例 A－14】

對於初始濃度〔A〕＝〔A〕$_0$、〔B〕＝0 的一級反應系

$$A \xrightarrow{k} B$$

若假設反應爲自 A 至 B 的單向完全反應，試計算反應物 A 與生成物 B 濃度隨反應時間的變化，其中 k 爲一級反應的反應速率常數。

【解】

對於 A 反應生成 B 的一級反應，其濃度對時間的微分即爲反應速率，由於反應系總量守恆，因此

$$\frac{d([A]+[B])}{dt}=0 \quad \Rightarrow \quad \frac{d[A]}{dt}=-\frac{d[B]}{dt}$$

而反應物的反應速率爲，

$$\frac{d[A]}{dt}=-k[A]$$

由於反應物濃度〔A〕爲時間函數，可以積分方法計算，將上式改寫成，

$$\frac{d[A]}{[A]}=-kdt \quad \Rightarrow \quad \int_{[A]_0}^{[A]}\frac{d[A]}{[A]}=-\int_{t=0}^{t}kdt$$

根據積分公式，

$$\int_{[A]_0}^{[A]}\frac{d[A]}{[A]}=\ln[A]-\ln[A]_0=-\int_{t=0}^{t}kdt=-kt$$

因此，〔A〕隨反應時間變化的關係爲

$$\ln\left(\frac{[A]}{[A]_0}\right)=-kt \quad \Rightarrow \quad [A]=[A]_0e^{-kt}$$

因反應系總量守恆，〔A〕+〔B〕=〔A〕$_0$，故生成物濃度隨反應時間變化的關係是

$$[B]=[A]_0-[A]=[A]_0-[A]_0e^{-kt}$$

基本上，根據計算的結果，一級單向反應中生成物的濃度自 0 以反應時間的指數函數增加爲〔A〕$_0$。反之，反應物濃度則自〔A〕$_0$ 以反應時間的指數函數減少到 0 爲止。

【例 A－15】

對於初始濃度〔A〕=〔A〕$_0$、〔B〕= 0 的一級反應系

$$A \underset{k_{-1}}{\overset{k_1}{\rightleftharpoons}} B$$

若反應爲可逆，k_1、k_{-1}分別是 A 至 B 正反應與逆反應的反應速率，試計算反應系中反應物與產物濃度隨時間的變化。

【解】

反應系中，反應物的反應速率為

$$\frac{d[\mathrm{A}]}{dt}=-k_1[\mathrm{A}]+k_{-1}[\mathrm{B}]$$

因反應系總量守恆，$[\mathrm{A}]+[\mathrm{B}]=[\mathrm{A}]_0$，上式可改寫成

$$\frac{d[\mathrm{A}]}{dt}=-k_1[\mathrm{A}]+k_{-1}([\mathrm{A}]_0-[\mathrm{A}])$$

或

$$\frac{d[\mathrm{A}]}{dt}=-(k_1+k_{-1})[\mathrm{A}]+k_{-1}[\mathrm{A}]_0$$

利用積分表示反應物 A 濃度與反應時間關係為

$$\int_{[\mathrm{A}]_0}^{[\mathrm{A}]}\frac{d[\mathrm{A}]}{-(k_1+k_{-1})[\mathrm{A}]+k_{-1}[\mathrm{A}]_0}=\int_{t=0}^{t}dt$$

根據積分公式，

$$\int\frac{dx}{a+bx}=\frac{1}{b}\log_e(a+bx)$$

若 $a=k_{-1}[\mathrm{A}]_0$，$b=-(k_1+k_{-1})$，則

$$\int_{[\mathrm{A}]_0}^{[\mathrm{A}]}\frac{d[\mathrm{A}]}{-(k_1+k_{-1})[\mathrm{A}]+k_{-1}[\mathrm{A}]_0}$$

$$=-\frac{\ln(k_{-1}[\mathrm{A}]_0-(k_1+k_{-1})[\mathrm{A}])}{k_1+k_{-1}}+\frac{\ln(k_{-1}[\mathrm{A}]_0-(k_1+k_{-1})[\mathrm{A}]_0)}{k_1+k_{-1}}$$

$$=-\frac{\ln(k_{-1}[\mathrm{A}]_0-(k_1+k_{-1})[\mathrm{A}])}{k_1+k_{-1}}+\frac{\ln(-k_1[\mathrm{A}]_0)}{k_1+k_{-1}}=\int_{t=0}^{t}dt=t$$

或

$$\ln\left(\frac{(k_1+k_{-1})[\mathrm{A}]-k_{-1}[\mathrm{A}]_0}{k_1[\mathrm{A}]_0}\right)=-(k_1+k_{-1})t$$

因此，反應物濃度隨反應時間的變化為，

$$(k_1+k_{-1})[\mathrm{A}]-k_{-1}[\mathrm{A}]_0=k_1[\mathrm{A}]_0e^{-(k_1+k_{-1})t}$$

或

$$〔A〕 = \frac{1}{k_1 + k_{-1}}(k_{-1}〔A〕_0 + k_1〔A〕_0 e^{-(k_1+k_{-1})t})$$

將〔B〕＝〔A〕$_0$－〔A〕代入上式，則產物濃度隨反應時間變化為，

$$〔B〕 = 〔A〕_0 - \frac{1}{k_1 + k_{-1}}(k_{-1}〔A〕_0 + k_1〔A〕_0 e^{-(k_1+k_{-1})t})$$

$$〔B〕 = \frac{k_1〔A〕_0}{k_1 + k_{-1}}(1 - e^{-(k_1+k_{-1})t})$$

根據以上的計算結果發現，基本上，反應物與產物的濃度隨反應時間各呈指數函數減小與上升；然而與單向反應不同的是，當反應時間 $t \rightarrow \infty$ 時，

$$〔A〕 = \frac{k_{-1}〔A〕_0}{k_1 + k_{-1}},\ 〔B〕 = \frac{k_1〔A〕_0}{k_1 + k_{-1}}$$

該濃度即為反應平衡時反應物與產物的平衡濃度，若將兩濃度值相除，則等於該反應的平衡常數值

$$\frac{k_1}{k_{-1}} = \frac{〔B〕}{〔A〕}\ (t \rightarrow \infty)$$

附錄B.　熱力學性質表

表一：298.15 K 及 1 bar 下的熱力學性質

物質	$\frac{\Delta_f H^\circ}{\text{kJ mol}^{-1}}$	$\frac{\Delta_f G^\circ}{\text{kJ mol}^{-1}}$	$\frac{\overline{S}^\circ}{\text{J K}^{-1}\text{ mol}^{-1}}$	$\frac{\overline{C}^\circ_P}{\text{J K}^{-1}\text{ mol}^{-1}}$
O(g)	249.170	231.731	161.055	21.912
O_2(g)	0	0	205.138	29.355
O_3(g)	142.7	163.2	238.93	39.20
H(g)	217.965	203.247	114.713	20.784
H^+ (g)	1536.202			
H^+ (ao)	0	0	0	0
H_2(g)	0	0	130.684	28.824
OH(g)	38.95	34.23	183.745	29.886
OH^- (ao)	− 229.994	− 157.244	− 10.75	− 148.5
$H_2O(l)$	− 285.830	− 237.129	69.91	75.291
H_2O(g)	− 241.818	− 228.572	188.825	33.577
$H_2O_2(l)$	− 187.78	− 120.35	109.6	89.1
He(g)	0	0	126.150	20.786
Ne(g)	0	0	146.328	20.786

Ar(g)	0	0	154.843	20.786
Kr(g)	0	0	164.082	20.786
Xe(g)	0	0	169.683	20.786
F(g)	78.99	61.91	158.754	22.744
F^- (ao)	− 332.63	− 278.79	− 13.8	− 106.7
F_2(g)	0	0	202.78	31.30
HF(g)	− 271.1	− 273.2	173.779	29.133
Cl(g)	121.679	105.680	165.198	21.840
Cl^- (ao)	− 167.159	− 131.228	56.5	− 136.4
Cl_2(g)	0	0	223.066	33.907
ClO_4^- (ao)	− 129.33	− 8.52	182.0	
HCl(g)	− 92.307	− 95.299	186.908	29.12
HCl(ai)	− 167.159	− 131.228	56.5	− 136.4
HCl in 100 H_2O	− 165.925			
HCl in 200 H_2O	− 166.272			
Br(g)	111.884	82.396	175.022	20.786
Br^- (ao)	− 121.55	− 103.96	82.4	− 141.8
Br_2(l)	0	0	152.231	75.689
Br_2(g)	30.907	3.110	245.463	36.02
HBr(g)	− 36.40	− 53.45	198.695	29.142
I(g)	106.838	70.250	180.791	20.786
I^- (ao)	− 55.19	− 51.57	111.3	− 142.3
I_2(sr)	0	0	116.135	54.438
I_2(g)	62.438	19.317	260.69	36.90

HI(g)	26.48	1.70	206.594	29.158
S(rhombic)	0	0	31.80	22.64
S(monoclinic)	0.33			
S(g)	278.805	238.250	167.821	23.673
S_2(g)	128.37	79.30	228.18	32.47
S^{2-}(ao)	33.1	85.8	− 14.6	
SO_2(g)	− 296.830	− 300.194	248.22	39.87
SO_3(g)	− 395.72	− 371.06	256.76	50.67
SO_4^{-2}(ao)	− 909.27	− 744.53	2.01	− 293
HS^- (ao)	− 17.6	12.08	62.8	
H_2S(g)	− 20.63	− 33.56	205.79	34.23
H_2SO_4(l)	− 813.989	− 690.003	156.904	138.91
H_2SO_4(ao)	− 909.27	− 744.53	20.1	− 293
N(g)	472.704	455.563	153.298	20.786
N_2(g)	0	0	191.61	29.125
NO(g)	90.25	86.57	210.761	29.844
NO_2(g)	33.18	51.31	240.06	37.20
NO_3^- (ao)	− 205.0	− 108.74	146.4	− 86.6
N_2O(g)	82.05	104.20	219.85	38.45
N_2O_4(l)	− 19.50	97.54	209.2	142.7
N_2O_4(g)	9.16	97.89	304.29	77.28
NH_3(g)	− 46.11	− 16.45	192.45	35.06
NH_3(ao)	− 80.29	− 26.50	111.3	
NH_4^+ (ao)	− 132.51	− 79.31	113.4	79.9

$HNO_3(l)$	−174.10	−80.71	155.60	109.87
HNO_3(ai)	−207.36	−111.25	146.4	−86.6
NH_4OH(ao)	−366.121	−263.65	181.2	
P(s,white)	0	0	41.09	23.840
P(g)	314.64	278.25	163.193	20.786
P_2(g)	144.3	103.7	218.129	32.05
P_4(g)	58.91	24.44	279.98	67.15
PCl_3(g)	−287.0	−267.8	311.78	71.84
PCl_5(g)	−374.9	−305.0	364.58	112.8
C(graphite)	0	0	5.74	8.527
C(diamond)	1.895	2.900	2.377	6.113
C(g)	716.682	671.257	158.096	20.838
C_2(g)	0	−0.0330	144.960	29.196
CO(g)	−110.525	−137.168	197.674	29.116
CO_2(g)	−393.509	−394.359	213.74	37.11
CO_2(ao)	−413.80	−385.98	117.6	
CO_3^{2-}(ao)	−677.14	−527.81	−56.9	
CH(g)	595.8			
CH_2(g)	392.0			
CH_3(g)	138.9			
CH_4(g)	−74.81	−50.72	186.264	35.309
C_2H_2(g)	226.73	209.20	200.94	43.93
C_2H_4(g)	52.26	68.15	219.56	43.56
C_2H_6(g)	−84.68	−32.82	229.60	52.63

HCO_3^- (ao)	− 691.99	− 586.77	91.2	
HCHO(g)	− 117	− 113	218.77	35.40
HCO_2H(l)	− 424.72	− 361.35	128.95	99.04
H_2CO_3(ao)	− 699.65	− 623.08	187.4	
CH_3OH(l)	− 238.66	− 166.27	126.8	81.6
CH_3OH(g)	− 200.66	− 161.96	239.81	43.89
$CH_3CO_2^-$ (ao)	486.01	− 369.31	86.6	− 6.3
C_2H_4O(ethylene oxide)(l)	− 77.82	− 11.76	153.85	87.95
CH_3CHO(l)	− 192.30	− 128.12	160.2	
CH_3CO_2H(l)	− 484.5	− 389.9	159.8	124.3
CH_3CO_2H(ao)	− 485.76	− 396.46	178.7	
C_2H_5OH(l)	− 277.69	− 174.78	160.7	111.46
C_2H_5OH(g)	− 235.10	− 168.49	282.70	65.44
$(CH_3)_2O$(g)	− 184.05	− 112.59	266.38	64.39
C_3H_6(propene)(g)	20.42	62.78	267.05	63.89
C_3H_6(cyclopropane)(g)	53.30	104.45	237.55	55.94
C_3H_8(propane)(g)	− 103.89	− 23.38	270.02	73.51
C_4H_8(1 − butene)(g)	− 0.13	71.39	305.71	85.65
C_4H_8(2 − butene cis)(g)	− 6.99	65.95	300.94	78.91
C_4H_8(2 − butene trans)(g)	− 11.17	63.06	296.59	87.82
C_4H_{10}(butane)(g)	− 126.15	− 17.03	310.23	97.45
C_4H_{10}(isobutane)(g)	− 134.52	− 20.76	294.75	96.82
C_6H_6(g)	82.93	129.72	269.31	81.67
C_6H_{12}(cyclohexane)(g)	− 123.14	31.91	298.35	106.27

C_6H_{14}(hexane)(g)	− 167.19	− 0.07	388.51	143.09
C_7H_8(toluene)(g)	50.00	122.10	320.77	103.64
C_8H_8(styrene)(g)	147.22	213.89	345.21	122.09
C_8H_{10}(ethylbenzene)(g)	29.79	130.70	360.56	128.41
C_8H_{18}(octane)(g)	− 208.45	16.64	466.84	188.87
Si(s)	0	0	18.83	20.00
SiO_2(s, alpha)	− 910.94	− 856.64	41.84	44.43
Sn(s, white)	0	0	51.55	26.99
Sn^{2+}(ao)	− 8.8	− 27.2	− 17	
SnO(s)	− 285.8	− 256.9	56.5	44.31
SnO_2(s)	− 580.7	− 519.6	52.3	52.59
Pb(s)	0	0	64.81	26.44
Pb^{2+}(ao)	− 1.7	− 24.43	10.5	
PbO(s, yellow)	− 217.32	− 187.89	68.70	45.77
PbO_2(s)	− 277.4	− 217.33	68.6	64.64
Al(s)	0	0	28.33	24.35
Al(g)	326.4	285.7	164.54	21.38
Al_2O_3(s, alpha)	− 1675.7	− 1582.3	50.92	79.04
$AlCl_3$(s)	− 704.2	− 628.8	110.67	91.84
Zn(s)	0	0	41.63	25.40
Zn^{2+}(ao)	− 153.89	− 147.06	− 112.1	46
ZnO(s)	− 348.28	− 318.30	43.64	40.25
Cd(s, gamma)	0	0	51.76	25.98
Cd^{2+}(ao)	− 75.90	− 77.612	− 73.2	

$CdO(s)$	− 258.2	− 228.4	54.8	43.43
$CdSO_4 \cdot \frac{8}{3}H_2O(s)$	− 1729.4	− 1465.141	229.630	213.26
$Hg(l)$	0	0	76.02	27.983
$Hg(g)$	61.317	31.820	174.96	20.786
$Hg^{2+}(ao)$	171.1	164.40	− 32.2	
HgO(s, red)	− 90.83	− 58.539	70.29	44.06
$Hg_2Cl_2(s)$	− 265.22	− 210.745	192.5	
$Cu(s)$	0	0	33.150	244.35
Cu^{+} (ao)	71.67	49.98	40.6	
$Cu^{2+}(ao)$	64.77	65.49	− 99.6	
$Ag(s)$	0	0	42.55	25.351
Ag^{+} (ao)	105.579	77.107	72.68	21.8
$Ag_2O(s)$	− 31.05	− 11.20	121.3	65.86
$AgCl(s)$	− 127.068	− 109.789	96.2	50.79
$Fe(s)$	0	0	27.28	25.10
$Fe^{2+}(ao)$	− 89.1	− 78.90	− 137.7	
$Fe^{3+}(ao)$	48.5	− 4.7	− 315.9	
Fe_2O_3(s, hematite)	− 824.2	− 742.2	87.40	103.85
Fe_3O_4(s, magnetite)	− 1118.4	− 1015.4	146.4	143.43
$Ti(s)$	0	0	30.63	25.02
$TiO_2(s)$	− 939.7	− 884.5	49.92	55.48
$U(s)$	0	0	50.21	27.665
$UO_2(s)$	− 1084.9	− 1031.7	77.03	63.60
$UO_2^{2+}(ao)$	− 1019.6	− 953.5	− 97.5	

UO_3(s，gamma)	−1223.8	−1145.9	96.11	81.67
Mg(s)	0	0	32.68	24.89
Mg(g)	147.70	113.10	148.650	20.786
Mg^{2+}(ao)	−466.85	−454.8	−138.1	
MgO(s)	−601.70	−569.43	26.94	37.15
$MgCl_2$(ao)	−801.15	−717.1	−25.1	
Ca(s)	0	0	41.42	25.31
Ca(g)	178.2	144.3	154.884	20.786
Ca^{2+}(ao)	−542.83	−553.58	−53.1	
CaO(s)	−635.09	−604.03	39.75	42.80
$CaCl_2$(ai)	−877.13	−816.01	59.8	
$CaCO_3$(calcite)	−1206.92	−1128.79	92.9	81.88
$CaCO_3$(aragonite)	−1207.13	−1127.75	88.7	81.25
Li(s)	0	0	29.12	24.77
Li^+ (ao)	−278.49	−293.31	13.4	68.6
Na(s)	0	0	51.21	28.24
Na^+ (ao)	−240.12	−261.905	59.0	46.4
NaOH(s)	−425.609	−379.494	64.455	59.54
NaOH(ai)	−470.114	−419.150	48.1	−102.1
NaOH in 100 H_2O	−469.646			
NaOH in 200 H_2O	−469.608			
NaCl(s)	−411.153	−384.138	72.13	50.50
NaCl(ai)	−407.27	−393.133	115.5	−90.0
NaCl in 100 H_2O	−407.066			

NaCl in 200 H_2O	− 406.923			
K(s)	0	0	64.18	29.58
K^+ (ao)	− 252.38	− 283.27	102.5	21.8
KOH(s)	− 424.764	− 379.08	78.9	64.9
KOH(ai)	− 482.37	− 440.50	91.6	− 126.8
KOH in 100 H_2O	− 481.637			
KOH in 200 H_2O	− 481.742			
KCl(s)	− 436.747	− 409.14	82.59	51.30
KCl(ai)	− 419.53	− 414.49	159.0	− 114.6
KCl in 100 H_2O	− 419.320			
KCl in 200 H_2O	− 419.191			
Rb(s)	0	0	76.78	10.148
Rb^+ (ao)	− 251.17	− 283.98	121.50	
Cs(s)	0	0	85.23	32.17
Cs^+ (ao)	− 258.28	− 292.02	133.05	− 10.5

表二：1 bar 及不同溫度下的熱力學性質

T/K	$\overline{C}^\circ_P$ / J K^{-1} mol^{-1}	$\overline{S}^\circ$ / J K^{-1} mol^{-1}	$\overline{H}^\circ - \overline{H}^\circ_{298}$ / kJ mol^{-1}	$\Delta_f H^\circ$ / kJ mol^{-1}	$\Delta_f G^\circ$ / kJ mol^{-1}
			C(graphite)		
0	0.000	0.000	− 1.051	0.000	0.000
298	8.517	5.740	0.000	0.000	0.000
500	14.623	11.662	2.365	0.000	0.000
1000	21.610	24.457	11.795	0.000	0.000
2000	24.094	40.771	35.525	0.000	0.000
3000	26.611	51.253	61.427	0.000	0.000
			C(g)		
0	0.000	0.000	− 6.536	711.185	711.185
298	20.838	158.100	0.000	716.670	671.244
500	20.804	168.863	4.202	718.507	639.906
1000	20.791	183.278	14.600	719.475	560.654
2000	20.952	197.713	35.433	716.577	402.694
3000	21.621	206.322	56.689	711.932	246.723
			CH_4(g)		
0	0.000	0.000	− 10.024	− 66.911	− 66.911
298	35.639	186.251	0.000	− 74.873	− 50.768
500	46.342	207.014	8.200	− 80.802	− 32.741
1000	71.795	247.549	38.179	− 89.849	19.492
2000	94.399	305.853	123.592	− 92.709	130.802

3000	101.389	345.690	222.076	− 91.705	242.332
			$CO(g)$		
0	0.000	0.000	− 8.671	− 113.805	− 113.805
298	29.142	197.653	0.000	− 110.527	− 137.163
500	29.794	212.831	5.931	− 110.003	− 155.414
1000	33.183	234.538	21.690	− 111.983	− 200.275
2000	36.250	258.714	56.744	− 118.896	− 286.034
3000	37.217	273.605	93.504	− 127.457	− 367.816
			$CO_2(g)$		
0	0.000	0.000	− 9.364	− 393.151	− 393.151
298	37.129	213.795	0.000	− 393.522	− 394.389
500	44.627	234.901	8.305	− 393.666	− 394.939
1000	54.308	269.299	33.397	− 394.623	− 395.886
2000	60.350	309.293	91.439	− 396.784	− 396.333
3000	62.229	334.169	152.852	− 400.111	− 395.461
			$C_2H_4(g)$		
0	0.000	0.000	− 10.518	60.986	60.986
298	43.886	219.330	0.000	52.467	68.421
500	63.477	246.215	10.668	46.641	80.933
1000	93.899	300.408	50.665	38.183	119.122
			$C_2H_6(g)$		
298	52.63	229.60	0.00	− 84.68	− 32.86
500	78.07	262.91	13.22	− 93.89	4.96

1000	122.72	332.28	64.56	− 105.77	109.55
$C_4H_{10}(g)$(n − butane)					
298	97.45	310.23	0.00	− 126.15	− 17.02
500	147.86	372.90	24.94	− 140.21	61.10
1000	226.86	502.86	120.96	− 155.85	270.31
$C_6H_6(g)$					
298	81.67	269.31	0.00	82.93	129.73
500	137.24	325.42	22.43	73.39	164.29
1000	209.87	446.71	112.01	62.01	260.76
$CH_3OH(g)$					
298	43.89	239.81	0.00	− 201.17	− 162.46
500	59.50	266.13	10.42	− 207.94	− 134.27
1000	89.45	317.59	48.41	− 217.28	− 56.16
$Cl(g)$					
0	0.000	0.000	− 6.272	119.621	119.621
298	21.838	165.189	0.000	121.302	105.306
500	22.744	176.752	4.522	122.272	94.203
1000	22.233	192.430	15.815	124.334	65.288
2000	21.341	207.505	37.512	127.058	5.081
3000	21.063	216.096	58.690	128.649	− 56.297
$HCl(g)$					
0	0.000	0.000	− 8.640	− 92.127	− 92.127
298	29.136	186.901	0.000	− 92.312	− 95.300
500	29.304	201.989	5.892	− 92.913	− 97.166

1000	31.628	222.903	21.046	−94.388	−100.799
2000	35.600	246.246	54.953	−95.590	−106.631
3000	37.243	261.033	91.478	−96.547	−111.968
			$Cl_2(g)$		
0	0.000	0.000	−9.180	0.000	0.000
298	33.949	223.079	0.000	0.000	0.000
500	36.064	241.228	7.104	0.000	0.000
1000	37.438	266.764	25.565	0.000	0.000
2000	38.428	293.033	63.512	0.000	0.000
3000	40.075	308.894	102.686	0.000	0.000
			$H(g)$		
0	0.000	0.000	−6.197	216.035	216.035
298	20.786	114.716	0.000	217.999	203.278
500	20.786	125.463	4.196	219.254	192.957
1000	20.786	139.871	14.589	222.248	165.485
2000	20.786	154.278	35.375	226.898	106.760
3000	20.786	162.706	56.161	229.790	46.007
			$H^+(g)$		
0	0.000	0.000	−6.197	1528.085	
298	20.786	108.946	0.000	1536.246	1516.990
500	20.786	119.693	4.196	1541.697	1502.422
1000	20.786	134.101	14.589	1555.084	1457.958
2000	20.786	148.509	35.375	1580.520	1350.840

3000	20.786	156.937	56.161	1604.198	1230.818
			H^- (g)		
0	0.000	0.000	−6.197	143.266	
298	20.786	108.960	0.000	139.032	132.282
500	20.786	119.707	4.196	136.091	128.535
1000	20.786	134.114	14.589	128.692	123.819
2000	20.786	148.522	32.375	112.557	125.012
3000	20.786	156.950	56.161	94.662	135.055
			HI(g)		
0	0.000	0.000	−8.656	28.535	28.535
298	29.156	206.589	0.000	26.359	1.560
500	29.736	221.760	5.928	−5.622	−10.088
1000	33.135	243.404	21.641	−6.754	−14.006
2000	36.623	267.680	56.863	−7.589	−21.009
3000	37.918	282.805	94.210	−10.489	−27.144
			H_2(g)		
0	0.000	0.000	−8.467	0.000	0.000
298	28.836	130.680	0.000	0.000	0.000
500	29.260	145.737	5.883	0.000	0.000
1000	30.205	166.216	20.680	0.000	0.000
2000	34.280	188.418	52.951	0.000	0.000
3000	37.087	202.891	88.740	0.000	0.000
			H_2O(g)		
0	0.000	0.000	−9.904	−238.921	−238.921

298	33.590	188.834	0.000	-241.826	-228.582
500	35.226	206.534	6.925	-243.826	-219.051
1000	41.268	232.738	26.000	-247.857	-192.590
2000	51.180	264.769	72.790	-251.575	-135.528
3000	55.748	286.504	126.549	-253.024	-77.163
			I(g)		
0	0.000	0.000	-6.197	107.164	107.164
298	20.786	180.786	0.000	106.762	70.174
500	20.786	191.533	4.196	75.990	50.203
1000	20.795	205.942	14.589	76.937	24.039
2000	21.308	220.461	35.566	77.992	-29.410
3000	22.191	229.274	57.332	77.406	-82.995
			I_2(g)		
0	0.000	0.000	-10.116	65.504	65.504
298	36.887	260.685	0.000	62.421	19.325
500	37.464	279.920	7.515	0.000	0.000
1000	38.081	306.087	26.407	0.000	0.000
2000	42.748	332.521	66.250	0.000	0.000
3000	44.897	351.615	110.955	0.000	0.000
			N(g)		
0	0.000	0.000	-6.197	470.820	470.820
298	20.786	153.300	0.000	472.683	455.540
500	20.786	164.047	4.196	473.923	443.584
1000	20.786	178.454	14.589	476.540	412.171

2000	20.790	192.863	35.375	479.990	346.339
3000	20.963	201.311	56.218	482.543	278.946
			$NO(g)$		
0	0.000	0.000	− 9.192	89.775	89.775
298	29.845	210.758	0.000	90.291	86.606
500	30.486	226.263	6.059	90.352	84.079
1000	33.987	248.536	22.229	90.437	77.775
2000	36.647	273.128	57.859	90.494	65.060
3000	37.466	288.165	94.973	89.899	52.439
			$NO_2(g)$		
0	0.000	0.000	− 10.186	35.927	35.927
298	36.974	240.034	0.000	33.095	51.258
500	43.206	260.638	8.099	32.154	63.867
1000	52.166	293.889	32.344	32.005	95.779
2000	56.441	331.788	87.259	33.111	159.106
3000	57.394	354.889	144.267	32.992	222.058
			$N_2(g)$		
0	0.000	0.000	− 8.670	0.000	0.000
298	29.124	191.609	0.000	0.000	0.000
500	29.580	206.739	5.911	0.000	0.000
1000	32.697	228.170	21.463	0.000	0.000
2000	35.971	252.074	56.137	0.000	0.000
3000	37.030	266.891	92.715	0.000	0.000

			$N_2O_4(g)$		
0	0.000	0.000	− 16.398	18.718	18.718
298	77.256	304.376	0.000	9.079	97.787
500	97.204	349.446	17.769	8.769	158.109
1000	119.208	425.106	72.978	15.189	305.410
2000	129.030	511.743	198.518	33.110	588.764
3000	131.200	564.555	328.840	49.178	862.983
			$NH_3(g)$		
0	0.000	0.000	− 10.045	− 38.907	− 38.907
298	35.652	192.774	0.000	− 45.898	− 16.367
500	42.048	212.659	7.819	− 49.857	4.800
1000	56.491	246.486	32.637	− 55.013	61.910
2000	72.833	291.525	98.561	− 54.833	179.447
3000	78.902	322.409	174.933	− 50.433	295.689
			$O(g)$		
0	0.000	0.000	− 6.725	246.790	246.790
298	21.911	161.058	0.000	249.173	231.736
500	21.257	172.197	4.343	250.474	219.549
1000	20.915	186.790	14.860	252.682	187.681
2000	20.826	201.247	35.713	255.299	121.552
3000	20.937	209.704	56.574	256.741	54.327
			$O^-(g)$		
0	0.000	0.000	− 6.571	105.814	105.814
298	21.692	157.790	0.000	101.846	91.638

500	21.184	168.860	4.318	98.926	85.532
1000	20.899	183.426	14.817	90.723	75.219
2000	20.816	197.878	35.661	72.545	66.619
3000	20.800	206.314	56.467	53.146	67.810
			$O_2(g)$		
0	0.000	0.000	−8.683	0.000	0.000
298	29.376	205.147	0.000	0.000	0.000
500	31.091	220.693	6.084	0.000	0.000
1000	34.870	243.578	22.703	0.000	0.000
2000	37.741	268.748	59.175	0.000	0.000
3000	39.884	284.466	98.013	0.000	0.000
			$e^-(g)$		
0	0.000	0.000	−6.197	0.000	0.000
298	20.786	20.979	0.000	0.000	0.000
500	20.786	31.725	4.196	0.000	0.000
1000	20.786	46.133	14.584	0.000	0.000
2000	20.786	60.541	35.375	0.000	0.000
3000	20.786	68.969	56.161	0.000	0.000

索　引

A

B

C

D

E

F

G

H

J

K

L

M

N

O

P

R

S

T

U

V

W

Z

生活法律漫談系列
是您最方便實惠的法律顧問

網路生活與法律　吳尚昆　著

在漫遊網路時，您是不是常對法律問題感到困惑？例如網路上隱私、個人資料的保護、散播網路病毒、網路援交的刑事規範、網路上著作權如何規定、網路交易與電子商務等等諸多可能的問題，本書以一則則案例故事引導出各個爭點，並用淺顯易懂的文字作解析，破解這些法律難題。除了提供網路生活中的法律資訊，作為保護相關權益的指南外，希望能進一步啟發讀者對於網路生活與法律的相關思考。

智慧財產權生活錦囊　沈明欣　著

作者以通俗易懂的文筆，化解生澀的法律敘述，讓您輕鬆解決生活常見的法律問題。看完本書後，就能輕易一窺智慧財產權法之奧秘。本書另檢附商業交易中常見的各式智慧財產權契約範例，包含智慧財產權的讓與契約、授權契約及和解契約書，讓讀者有實際範例可供參考運用。更以專文討論在面臨智慧財產權官司時，原告或被告應注意之事項，如此將有利當事人於具體案例中作出最明智之抉擇。

和國家打官司——教戰手冊　王泓鑫　著

如果國家的作為侵害了人民，該怎麼辦？當代的憲政國家設有法院，讓人民的權利在受到國家侵害時，也可以和「國家」打官司，以便獲得補償、救濟、平反的機會。但您知道怎麼和國家打官司嗎？本書作者以深入淺出的方式，教您如何保障自己的權益，打一場漂亮的官司。

世紀文庫

文明叢書——

把歷史還給大眾，讓大眾進入文明！

文明叢書 06

公主之死——你所不知道的中國法律史　李貞德／著

丈夫不忠、家庭暴力、流產傷逝——一個女人的婚姻悲劇，牽扯出一場兩性地位的法律論戰。女性如何能夠訴諸法律保護自己？一心要為小姑討回公道的太后，面對服膺儒家「男尊女卑」觀念的臣子，她是否可以力挽狂瀾，為女性爭一口氣？

文明叢書 07

流浪的君子——孔子的最後二十年　王健文／著

周遊列國的旅行其實是一種流浪，流浪者唯一的居所是他心中的夢想。這一場「逐夢之旅」，面對現實世界的進逼、理想和現實的極大落差，注定了真誠的夢想家必須永遠和時代對抗；顛沛流離，是流浪者命定的生命情調。

文明叢書 08

海客述奇——中國人眼中的維多利亞科學　吳以義／著

毓阿羅奇格爾家定司、羅亞爾阿伯色爾法多里……，這些文字究竟代表的是什麼意思——是人名？是地名？還是中國古老的咒語？本書以清末讀書人的觀點，為您剖析維多利亞科學這隻洪水猛獸，對當時沉睡的中國巨龍所帶來的衝擊與震撼！